国家出版基金资助项目

"十三五"国家重点出版物出版规划项目

现代土木工程精品系列图书·建筑工程安全与质量保障系列

岩土工程监测

Geotechnical Engineering Monitoring

何 林 刘 聪 编著

哈尔滨工业大学出版社
HARBIN INSTITUTE OF TECHNOLOGY PRESS

内 容 提 要

岩土工程监测是认识岩土力学规律、探索岩土与结构相互作用机理的重要科学研究内容,也是岩土工程安全保障、科学维护结构性态的重要工具。近十年来,岩土工程监测已成为当代重大、复杂工程科学设计、智能施工及管理的核心组成部分,是决定工程成败的关键因素。本书主要内容包括:岩土工程监测基本概念和原理,岩土工程监测的信号处理方法,桩基工程检测,深基坑监测,软土基础监测,城市地表沉降监测,探地雷达岩土监测技术,GPS 及 BDS 监测技术,以及边坡工程监测。

本书既可供工程勘察、设计、监理、安全等部门和单位工程技术人员参考,也可作为岩土工程、结构工程、工程勘察、市政工程、交通工程、海洋和能源工程等专业的研究生教材,以及高年级本科生的选修课教材。

图书在版编目(CIP)数据

岩土工程监测/何林,刘聪编著. —哈尔滨:哈尔滨
工业大学出版社,2021.6
建筑工程安全与质量保障系列
ISBN 978 - 7 - 5603 - 6472 - 8

Ⅰ.①岩…　Ⅱ.①何…②刘…　Ⅲ.①岩土工程－监测
Ⅳ.①TU4

中国版本图书馆 CIP 数据核字(2017)第 030631 号

策划编辑　王桂芝　张凤涛
责任编辑　李长波　王　玲　佟　馨　刘　威
出版发行　哈尔滨工业大学出版社
社　　址　哈尔滨市南岗区复华四道街 10 号　邮编 150006
传　　真　0451 - 86414749
网　　址　http://hitpress.hit.edu.cn
印　　刷　辽宁新华印务有限公司
开　　本　787mm×1092mm　1/16　印张 27　字数 688 千字
版　　次　2021 年 6 月第 1 版　2021 年 6 月第 1 次印刷
书　　号　ISBN 978 - 7 - 5603 - 6472 - 8
定　　价　128.00 元

国家出版基金资助项目

建筑工程安全与质量保障系列

编 审 委 员 会

序

党的十八大报告曾强调"加强防灾减灾体系建设,提高气象、地质、地震灾害防御能力",这表明党和政府高度重视基础设施和建筑工程的防灾减灾工作。而《国家新型城镇化规划(2014—2020年)》的发布,标志着我国城镇化建设已进入新的历史阶段;习近平主席提出的"一带一路"倡议,更是为世界打开了广阔的"筑梦空间"。不论是国家"新型城镇化"建设,还是"一带一路"伟大构想的实施,都迫切需要实现基础设施的建设安全与质量保障。

哈尔滨工业大学出版社出版的《建筑工程安全与质量保障系列》图书是依托哈尔滨工业大学土木工程学科在与建筑安全紧密相关的几大关键领域——高性能结构、地震工程与工程抗震、火灾科学与工程抗火、环境作用与工程耐久性等取得的多项引领学科发展的标志性成果,以地震动特征与地震作用计算、场地评价和工程选址、火灾作用与损伤分析、环境作用与腐蚀分析为关键,以新材料/新体系研发、新理论/新方法创新为抓手,为实现建筑工程安全、保障建筑工程质量打造的一批具有国际一流水平的学术著作,具有原创性、先进性、实用性和前瞻性。该系列图书的出版将有利于推动科技成果的转化及推广应用,引领行业技术进步,服务经济建设,为"一带一路"和"新型城镇化"建设提供技术支持与质量保障,促进我国土木工程学科的科学发展。

该系列图书具有以下两个显著特点:

(1)面向国际学术前沿,基础创新成果突出。

哈尔滨工业大学土木工程学科面向学术前沿,解决了多概率抗震设防水平决策等重大科学问题,在基础理论研究方面取得多项重大突破,相关成果获国家科技进步一、二等奖共9项。该系列图书中《黑龙江省建筑工程抗震性态设计规范》《岩土工程监测》《岩土地震工程》《土木工程地质与选址》《强地震动特征与抗震设计谱》《活性粉末混凝土结构》《混凝土早期性能与评价方法》等,均是基于相关的国家自然科学基金项目撰写而成,为推动和引领学科发展、建设安全可靠的建筑工程提供了设计依据和技术支撑。

(2)面向国家重大需求,工程应用特色鲜明。

哈尔滨工业大学土木工程学科传承和发展了大跨空间结构、组合结构、轻型钢结构、预应力及砌体结构等优势方向,坚持结构理论创新与重大工程实践紧密结合,有效地支撑了国家大科学工程 500 m 口径巨型射电望远镜（FAST）、2008 年北京奥运会主场馆国家体育场（鸟巢）、深圳大运会体育场馆等工程建设，相关成果获国家科技进步二等奖 5 项。该系列图书中《巨型射电望远镜结构设计》《钢筋混凝土电化学研究》《火灾后混凝土结构鉴定与加固修复》《高层建筑钢结构》《基于 OpenSees 的钢筋混凝土结构非线性分析》等，不仅为该领域工程建设提供了技术支持，也为工程质量监测与控制提供了保障。

该系列图书的作者在科研方面取得了卓越的成就，在学术著作撰写方面具有丰富的经验，他们治学严谨，学术水平高，有效地保证了图书的原创性、先进性和科学性。他们撰写的该系列图书，反映了哈尔滨工业大学土木工程学科近年来取得的具有自主知识产权、处于国际先进水平的多项原创性科研成果，对促进学科发展、科技成果转化意义重大。

中国工程院院士

2019 年 8 月

前　言

随着岩土测试和现代传感制造及信息技术的发展,岩土工程监测逐渐成为岩土工程安全的重要保障及探索岩土新技术的重要途径,也是验证岩土创新设计理念、发展岩土测试新装备、推动岩土科学创新研究的关键内容。无论是中国基础设施建设新高度的理论科学研究,还是"一带一路"的工程快速安全应用,都急需高端的岩土工程监测人才。

为了适应全球新型基础设施发展的新需求,在国家博士后科学基金(2004035532)、国家自然科学基金(50508012、51078110)、国家863项目(2001AA616110)和国家科技支撑研究计划(2014BAK14B05)研究成果的基础上,结合哈尔滨工业大学研究生院第七批研究生主干课程教材专项项目的成果,以使用6年的哈尔滨工业大学岩土工程监测讲义为蓝本,作者完成了本书的编著。本书主要面向已经拥有一定岩土工程基础理论、具备一定岩土工程实践经验的研究生和科研设计人员,目的在于帮助他们理解并建立岩土监测理论模型的机理,运用数值计算方法和现代仪器装备测试技术,揭示复杂岩土静动力演变过程,提高综合认知和处理岩土工程关键技术问题的创新能力。为此,本书在全面、深入介绍岩土工程监测理论的基础上,对涉及复杂岩土变形过程的建筑下部结构、地基基础处理、地下大型复杂工程开挖、核电基础、海洋海底与地下能源工程以及软土地区高速公路路基和城市路面沉陷等岩土工程的监测技术进行了介绍,同时阐述了岩土监测所必需的信号处理技术和重要的共性测试方法。

本书共分9章,第1章概论,第2章岩土工程监测的信号处理,第3章桩基工程检测,第4章深基坑监测,第5章软土基础监测,第6章城市地表沉降监测,第7章探地雷达岩土监测技术,第8章GPS及BDS监测技术,第9章边坡工程监测。

在本书撰写过程中,哈尔滨工业大学岩土与施工教研室的张克绪、徐学燕和耿永常教授对本书的组织结构及内容进行了多次深入的讨论,岩土与地下工程实验室的邱明国、耿建勋和王绍君老师对书稿中的试验及数据进行了认真的校对,哈尔滨工业大学结构工程灾变与控制教育部重点实验室的吴斌和关新春教授对本书的试验提供了热情的指导和无私的帮助,哈尔滨工业大学结构动力实验室的田玉滨老师就书稿传感器校验提出了宝贵意见,对上述专家学者为本书付出的努力,作者在此一并表示感谢。本书撰写过程中也引用和归纳了近几年岩土监测领域中的大量最新研究成果,感谢同行专家与学者的研究资料和有益的科学与工程实践经验。另外,作者也感谢研究生杨俊超、孙延军、龚敏、胡志敏、张珂、杨宇和陈佳星的研究成果及为本书的绘图、公式与图表的校验等工作所做出的贡献和付出的努力。作者亦向对本书给予帮助、支持及付出大量辛勤工作的出版人员致以诚挚的谢意。

最后感谢国家自然科学基金、国家 863 计划和国家科技支撑研究计划的支持。

由于岩土材料本身的复杂性,同时岩土工程监测涉及多个学科的交叉,新概念、新技术发展较快,囿于本书篇幅,加之作者水平有限,书中难免存在疏漏和不足,结构编排也有挂一漏万等诸多不足之处,敬请广大读者和专家批评、指正。

作　者

2021 年 3 月

目　　录

目　录

第1章 概　　论

岩土工程是一门非常古老的科学,早在公元前232年,《韩非子》中就有"堂高三尺,茅茨土阶"的土质基础形成技术的记载;到了公元23年,《汉书》记载了中国秦朝修建驰道时进行土体碾压的"隐以金椎"方法;公元668年,《法苑珠林》记载了古代中国在杭州五代大海塘运用木桩和石桩及承台的施工过程;公元1077年,北宋《营造法式》记载了世界最早的"三合土"浅基础工法;公元1097年,《梦溪笔谈》和《皇朝事实类苑》记载了中国古代著名木结构工程师喻皓设计开封倾斜宝寺木塔,以自身倾斜平衡风荷载的过程,这种技术在公元1324年由意大利的马可波罗将其从中国带到了欧洲,并从欧洲传播到了全球。中国古代勤劳聪慧的劳动人民对如何认识土体以及保证岩土工程安全有其特殊而又深刻的认识,对推动人类岩土工程技术进展做出了杰出的贡献。

现代岩土工程始端于18世纪中期,随着欧洲工业革命的兴起,建筑规模日益扩大,尤其是交易的迅猛发展催生了铁路技术的快速发展,斯蒂芬孙的蒸汽机车诞生之初,尽管输给了当时英国贵族的马车,但是其高速度的影响是不可抵挡的,铁路概念的出现,不可避免地让人类从海上运输发展到了陆上的火车运输,从而揭开了"火车铁路"欧洲新时代。因此无论是现代岩土工程,还是最初的土力学概念,都是从铁路路基问题的解决中来的,如何保证铁路路基的安全成为当时备受关注的岩土问题。

为了描述、理解和防止道路两旁的岩土滑坡、路基振裂,从18世纪开始,欧洲许多宗教团体和皇家科学院就对岩土工程现象进行了数学研究。1773年,法国的Coulomb通过试验创立了砂土抗剪强度公式,提出了挡土墙土压力楔体理论;90年后的1863年,英国的Rankine根据拉伸压缩理论提出了一套新的挡土墙土压力计算方法;1885年,法国的Boussinesq利用弹性理论计算了土体在集中力作用下任意一点的三维变形的半空间土体计算方法;1922年,瑞典的Fellenius提出了铁路路基塌方的土坡稳定性分析方法;3年之后的1925年,美国的波兰人Terzaghi集成了以往的土力学成果,发表了《土力学》;4年之后的1929年又发表了《工程地质学》,从而比较系统、完整地描述了岩土工程的主要力学特征,带动了各国对本学科的科学探索。从1936年在美国召开第一届国际土力学大会ISSMGE(International Society for Soil Mechanics and Geotechnical Engineering)到2013年9月在法国召开的第十八届国际土力学与岩土工程会议上,岩土学科已经从建筑基础技术转变为独立的岩土工程学科,并成为世界上发展最快、综合性最强的科学技术。82年来,岩土工程安全一直是ISSMGE关注的重点,作为第一届ISSMGE大会的主席,Terzaghi在第一届ISSMGE会议上就提出了岩土沉陷的安全问题,80多年过去了,岩土安全仍然是世界各国关注的重点,如世界许多国家均安排了专门的研究经费去测试、监测意大利的比萨斜塔,但时至今日,仍然没有最佳的解决方案。世界上许多岩土工程问题都亟待采用新技术、新方法、新设备去解决,在全球环境变化的今天,对岩土安全的期待更高。

我国岩土工程经过数十年的发展,已取得了很大的成绩,基坑开挖目前深度已经接近50 m,城市地下空间工程正在快速发展。截至2012年10月,我国批准的城市地铁建设已经覆盖我国所有省级城市,其中经济比较发达的地级城市的城市地铁和地下空间建设均得到了国家发改委的批准。虽然我国在"十二五"和"十三五"中的城市地下空间建设得到了飞速的发展,但同时我国也是岩土工程大国,许多大尺寸超期服役的岩土工程,如长城、四川的都江堰、西安的城墙、黄河悬堤以及我国近 20 亿平方米旧房基础改造等都急需可靠的岩土安全保障技术确保其今后的服役安全;与此同时,我国新建的大型岩土工程,如浙江和上海的天然气储气地下工程、三峡工程、西气东输、南水北调、高速列车基础工程、四纵四横、大型地下战略储备中心、新型人防工程、沉陷治理、新型核电基础、超大超长海底隧道、海底管廊、地下能源与垃圾处理中心以及地下生物农业工程等,也需要高效可靠的岩土安全监测技术保证其在不断变化的服役环境中安全地执行其全部功能,因此提高我国岩土安全监测技术,不断开创新技术,为我国既有和未来的重要基础工程提供技术支持,推动岩土工程安全技术发展具有重大意义。

岩土工程监测是以岩土作为主要的监测对象,同时结合岩土工程中的其他建筑和非建筑材料,利用物理、化学和生物等手段,结合信息技术,在监测模型基础上,对岩土工程进行参数提取并分析,实时给出监测结果和工程处理措施或预案的一种综合技术处理手段。

早期监测的主要功能是预测岩土工程中可能发生的岩土体本构行为,随着岩土新技术的发展和应用,岩土工程监测越来越集中在新材料、新工艺的验证上,除了监测特定的反应外,还通过测试手段获取材料或者子结构在荷载和环境下的反应,从而论证设计的各项指标,或者为今后的设计提供依据。这样岩土工程监测就具有了如下三重功能:

(1)岩土材料与结构的安全评定;

(2)岩土新技术与新工艺的验证;

(3)岩土创新功能参数的提取。

其中,第(3)项功能的本质是岩土工程的创新研究。岩土工程监测是岩土工程研究的重要途径,也是重要的技术方法,是揭示岩土自然规律的重要试验平台,因此岩土创新功能参数的提取是岩土工程监测在新时期的重要内涵,也是岩土专业技术人员应该掌握的重要研究方法。

随着信息技术的发展,一些其他学科的检测和监测技术在岩土工程监测领域中得到应用,如导波技术、声发射技术、超声成像技术、水平及垂直剖面预测技术等。这些技术的运用,大大提高了岩土监测的效率和质量,使岩土工程的隐蔽性逐渐得到降低,本书也将在不同的章节中对包含上述技术的新型监测技术进行详细的介绍。

1.1 岩土工程监测的基本理论

监测技术最早发端于机械领域,由于其理论和工程意义重大,后来逐渐应用到各个学科,时至今日,监测已经成为现代工程和科学不可或缺的关键功能。

不同工程研究领域有不同的监测方法和理论,但总的思路是相同的,如前所述,监测有三大目的,分别是安全评定、验证和参数提取。根据监测目的的不同,监测的理论基本上分为三大类,如图 1.1 所示。

1. 安全评定监测理论

岩土工程监测中的安全评定监测理论主要是为岩土结构安全状态预测、现行运行状态评价服务的,因此可从两方面进行分类。

（1）从监测数据的深度上可分为定性监测和定量监测。

①定性监测仅仅是监测某个或者某批数据的状态即可达到监测目的，如土体的破坏状态，当土体出现裂纹或者上拱，即可判断土体的破坏状态发生。

②定量监测需要进行数据的测量，该方法又分为有模型监测和无模型监测。

a. 有模型监测理论需要将监测的正确数据代入一个计算模型，通过计算，获得监测结果。这种监测

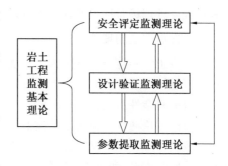

图1.1 岩土监测理论的分类

理论是岩土工程监测的主要方法，在实际工程中，绝大多数需要有定量的有模型监测理论才能得到需要的监测和最终的评定信息，如城市地下空间变形监测，需要一个合适的监测模型，处理分析采集的路面变形值，才能得到路面是否沉陷或者塌陷的可能。

b. 无模型监测理论不需要一个具体的计算模型，只需要采集某个或某几个关键参数，通过参数的大小或者参数的累积变化量，即可得到被监测结构或者构件的安全状况。这种监测理论相对有模型的监测要简单，而且工作量也少，但是监测精度不够，不能作为下一步结构维护或应急预案设计的依据。但是由于这种无模型的岩土工程监测理论过程简单，需要的仪器设备和人力相对较少，容易实现监测目的，因此是许多工程目前仍然在采用的方法，如深基坑坑壁或者挡土墙或桩的临时监测，由于只需知道土体或者桩墙的位移，通过经验，即可判断基坑与支护结构的状态。

（2）从数据反馈上可分为直接监测和反演监测。

这种监测理论一般针对比较复杂的岩土结构，如城市路面塌陷，大型坝体、核电站基础等重大岩土基础工程的监测。由于只靠一个或数个监测数据已经不能获得有意义的监测结果，因而需要监测好几类参数，每种参数需要同时监测几批甚至是长期的连续监测方能得到监测结果，因此这种监测理论一般是需要模型的，不能使用简单的非模型方法进行监测和判断。这类监测理论也分为两种：

①一种是根据大量监测种类和数据，直接根据计算模型得到监测量。这种方法主要应用于评价监测对象的各种参数均能有效采集的情况，比如：大坝坝体的变形监测，尽管大坝的尺寸较大，可能涉及环境和应力等因素，但是这些参数都能有效采集，因而是可以直接得到监测结果的，只是监测数据和种类很多，模型需要具有融合的功能。

②另一种是无法直接根据计算模型得到监测量，比如上述大坝坝体的变形监测。对于坝基变形的监测，则由于坝基的复杂性、传感器埋设的困难、内部力学机理和变形演变难以在后期进行测量，因而需要从其他的相关量采集上进行推演。这种推演几乎是反演的，不具有唯一性，因而需要从优化的角度进行计算，从而给监测结果的计算带来了困难。这种方法通常属于岩土工程监测中的反演监测理论。

2. 设计验证监测理论

设计验证监测理论主要是为了在实际工程或者在大型试验中，对某一项有争议或者有一定风险的岩土结构设计和施工工艺进行验证，这种验证分为现场验证和事后验证，这两种验证方法均需要进行岩土监测设计。在现场验证中，监测设计的基本理论和岩土结构安全评定和预测一致，也分为基于模型和非模型、反馈和反演的理论。对于事后验证，由于监测规模不大，

其紧迫程度较现场验证也低,因而一般采用直接监测的理论进行。

3.参数提取监测理论

进行岩土工程监测设计是为了发现岩土结构某种规律,或者为了探索岩土工程某种现象,因而大多数情况是在实验室或者现场进行缩尺模型试验。这种监测设计采用的监测理论根据研究对象的复杂性不同而采用不同的手段,与安全评定和预测相同,通常也具有直接监测理论和反演监测理论两种。但由于反演监测理论比较复杂,监测变量较多,监测系统复杂,费用和代价均较高,一般应该谨慎采用;如果直接监测理论能够满足研究的需要,尽量采用直接监测理论设计监测方案,如果仍然不能满足参数提取要求,才考虑采用反演监测理论的监测设计方法。

岩土工程监测基本理论中的三大类并不是孤立的,而是相互联系和互为补充的,每个监测理论均可以转化为另一个监测理论。根据不同的监测目的,可以设计成同时满足3种监测要求的监测方案,因此在具体岩土监测方案中可以根据业主的要求,或者根据监测系统自适应和智能程度的大小,建立一个统一的监测理论框架,以应对不同岩土工程时期的要求。比如:大型城市地下空间的岩土监测设计,在进行监测系统分析时,就可以根据不同的要求设计成一个单个功能相对简单的监测系统,也可以根据业主要求或者研究的目的,设计成一个完整的监测系统,以覆盖城市地下大型空间在安全预测、结构健康评定、地下空间结构未来延伸新工艺验证以及城市大型地下空间科学研究平台参数提取的完整岩土工程监测方案。这种方案就是对应于系统的岩土监测理论,采用了全面的监测技术设计,从而使得该系统能够胜任多项工作。当然,其不利一面是需要更长的设计时间、更多的变量采集、更复杂的监测系统、更困难的监测系统更新和维修以及更多的监测设计费用。但是一旦基于监测理论搭建的监测系统完成,将具有最好的功能,是未来智能岩土工程监测的重要发展方向,也是目前岩土工程监测领域发展的重要趋势。一些重要的岩土工程监测项目,如美国的洲际导弹地下发射井结构监测、英吉利海峡英法隧道监测等,目前正在从过去的基于单个监测理论设计的监测系统向基于全监测理论设计的监测方案改进。这种岩土监测系统的开发成功,将大大提高复杂岩土工程的可靠性和安全性,包含有这种监测系统的大型岩土工程结构管理系统,不仅会对岩土结构管理有质的提升,更能从先进的结构信息管理中获得很好的经济效益。

因此,现代岩土工程监测的基本理论在设计与监测条件下可以总结成如图1.2所示的模块化监测方案。

图1.2 岩土监测方案模块

1.2 岩土工程监测条件

岩土工程监测条件是指按照一定监测理论,根据设计的监测方案,达到监测目标所必需的基本条件。它一般包括岩土工程安全的自然条件和岩土工程监测的设备条件两个方面。

岩土工程安全的自然条件是岩土工程自身固有的地质条件和工程地质所具有的特殊的自

然环境因素及其对应的外部物理事件。岩土工程监测条件主要包含如下关键内容：

1. 岩土工程安全的自然条件

土体是一种由矿物颗粒、水和空气组成的散碎体，是一种非线性较强的结构材料。由岩石构成的岩体常为节理、层面、片理、断层等结构所分割，同样是非线性非连续结构材料，只有通过准确的详勘过程，结合场地开挖时的验槽，才能在一定程度上把握岩土工程地质条件。而岩土混合地基的情况更为复杂，由于土体软弱面和岩体的结构面的交错存在，使得结构在有结构面的部位强度较低，而结构面的分布又是难以掌握的，当基础较深时，这种情况更加突出。这些不能在结构施工前弄清楚的地基工程地质条件，成为影响岩土结构稳定性的主要内部因素。特别是结构面与岩土体中的地下水互相影响，更增加了岩土工程的危险程度。因此在岩土工程监测中，需要首先分清土体和岩体以及混合的岩土体各自的含量和物理化学性质，确定各自的力学参数，确定岩土体的稳定性，然后根据上部结构的类型和需要进行监测的目标，采用不同的监测理论，选择不同的监测方案。

岩土的力学性质是指岩土体的强度和刚度，它们是决定岩土变形和工程稳定性最直接的因素。岩土体的强度主要是由岩土的内部结构决定的，不同的微观结构具有不同的强度条件，但是其赋存条件也对其有重要的影响，因此岩土体的力学性质主要考虑其宏观组成和微观结构。作为建筑地基的岩土，主要由 6 类组成，分别为岩石、碎石土、砂土、粉土、黏性土和人工填土，其中人工填土又包含了素填土、压实填土、杂填土和冲填土 4 种。岩土工程常见的地基土中还有膨胀土，这种土的自由膨胀率较大，一般由大于 40%的黏性土和亲水矿物组成，具有吸水膨胀、失水收缩的特性，至于其他的特性土如盐渍土、湿陷性土、黄土和红土等都是由不同粒径的黏土和特殊的矿物成分组成。在 6 类岩土中除了岩石的颗粒间连接牢固外，其他颗粒都是比较松散的，其工程特性指标的确定显得尤为重要。因此在岩土工程力学性质中，地基土工程特性指标值中的标准值、平均值及特征值是岩土工程条件中的重要内容。并应该在工程地质条件中明确抗剪强度指标取平均值，压缩性指标取平均值，荷载试验承载力应取特征值的不同含义和在监测计算中的物理和几何意义。

为了取得上述岩土工程特性指标的代表值，应该在监测设计中建立相应的测试方法，荷载试验包括浅层平板试验和深层平板试验。浅层平板试验适用于浅层地基，深层平板试验适用于深层地基。土的抗剪强度指标，在监测中，可以采用原状土的室内剪切试验、无侧限抗压强度试验、现场剪切试验和十字板剪切试验等方法确定。当采用室内剪切试验方法确定时，应选择三轴压缩试验中的不排水、不固结试验，对于地基处理中的预压固结处理后的地基，可以采用固结不排水试验。在监测中，为了准确得到上述参数，每层土的试验数量不应少于 6 组，室内抗剪强度指标 c_k、φ_k 应按照现行国家规范《建筑地基基础设计规范》（GB 50007—2011）执行。

对于不同的岩土监测场合，为了获得准确的监测参数，需要有针对性地进行专门的试验，如高陡边坡的监测。在演算边坡的稳定性时，对于已有剪切破裂面或其他软弱结构面的抗剪强度，还应该在边坡所在场地进行野外大型剪切试验，以提取监测所用的稳定性判断参数。

对于软土的岩土工程监测，如软土地区高速公路的沉降监测，则需要对软土的压缩性指标进行测量，在获取这种工程地质条件时，如果既有工程不能提供所需要的参数，则需要进行相应的压缩性试验设计。土的压缩性指标可采用原状土室内压缩试验、原位浅层或深层平板试验、旁压试验确定，当采用室内压缩试验确定压缩模量时，试验所施加的最大压力应超过土自重压力与预计和附加压力之和,试验成果采用 $e-p$ 曲线表示。当考虑土的应力历史进行沉降监测时,应进行高压固结试验,确定先期固结压力、压缩指数,试验成果采用 $e-\lg p$ 曲线表示。为确定回弹指数,应在估计的先期固结压力之后进行一次卸荷,再继续加载至预定的最后一级压力。

岩土工程地质条件除了需要先整理出岩土的分类和地基土体的工程特性指标值外,其他的参数条件,如地下水、地应力等也是非常重要的监测参数。这些参数均应该从场地的详勘报告中提取出来。

由于详勘的任务是为建筑物地基或具体的地质问题提供详细的参数,是为进行施工图设计和施工提供可靠的依据或设计参数,因此详勘报告中有岩土监测所需要的绝大部分参数,如建筑物范围内的地层结构、岩土物理力学性质、地基稳定性及承载力评价、不良地质现象、地下水埋藏条件和腐蚀性、地层透水性和水位变化规律等十分重要的情况。由于详勘探点是以建筑物中岩土等级进行确定,对于一、二级建筑物,主要按照柱列或建筑物边线进行布置,其勘探深度以能控制地基主要受力层为原则,当基础短边不大于 5 m,且在基础沉降计算深度内无不良下卧层时,勘探深度对条形基础一般为 $3b$(b 为基础宽度);对单独基础为 $1.5b$,但不应小于 5 m,对需要进行变形验算的地基,控制性勘探点的孔深应该超过地基沉降计算深度。在一般情况下,控制性勘探点的孔深应考虑建筑物基础的宽度,地基土的性质和相邻基础的影响,并按国家现行勘探规范选定。上述方法对于建筑物设计是可行的,但是对于岩土监测,特别是已经出现岩土安全问题的建构筑物而言,勘探点和勘探深度要大于国家规范的规定,需要根据岩土监测的目的而定。

除了岩土工程地质条件外,岩土场地的自然环境与相应的外部物理事件也是岩土工程监测必须考虑的监测条件。岩土场地的自然环境影响因素较多,如温度、岩土水环境改变、风、空间电离、地电、岩土磁场、岩土环境化学变化和生物迁移及演变等。由于目前对绝大多数自然条件对岩土场地的影响还没有定量的计算公式,无法对其进行定量的评估,因此还处于研究之中。但是土体水和温度的变化对土体的影响已经取得了较多的研究成果,特别是土体中含水量的变化已经能够进行定量计算,能够给出有效的计算公式,因而本书将岩土对场地水自然环境的变化作为一个较重要的监测条件进行说明,在后续的章节中将根据不同的监测对象展开说明。

岩土中的水对其工程特性指标的影响是较大的。尽管岩土体中水的来源到现在还是有争论,但是对于普通的建筑基础而言,土体中的水是由地表水渗透而形成的,但是对于深基础,如基坑深度大于 30 m 的基础,地表水已经很难渗透到这个深度的地层里了,地层原始形成的水带,不论是承压水还是潜水带,一旦基础周围环境改变,其水环境必然要发生改变,从而进一步影响岩土的各项重要力学指标,稍有处理不当,将给基础和地基带来具有危害的沉降甚至稳定性问题,如何监测深基础中水的改变及其对基础和地基的影响,是岩土工程监测中必须面对的重要监测问题。本书主要对孔隙水的改变对建筑地基的稳定性和深基坑支护的影响进行分析。

与自然因素条件相联系的监测条件是岩土场地的外部物理事件,如场地附近的工程活动、场地附近人类活动等,有时这些外部物理事件对岩土监测也构成一个必要考虑的条件,甚至是重要的条件,这些因素均应在岩土监测的设计中得以体现,考虑一切对场地岩土有足够影响的参数,以避免出现变量的漏采给监测后期带来的不能弥补的损失。

2.岩土工程监测的设备条件

岩土工程监测条件中的设备条件是决定监测是否成功的关键。只有选择正确的设备,并建立符合设备监测的测试条件,才能完成测试任务,获得的数据才能满足监测设计理论的要求,最终完成监测任务。下面从传感器到监测系统的选择进行说明。

(1)传感器的选择。

传感器是岩土工程监测的重要设备,早期的岩土监测传感器种类与数量少、可靠度也低,经过近 60 年的发展,世界上许多国家包括中国已经拥有了门类齐全的传感器。本书主要介绍岩土监测原理和技术方法,具体的传感器技术已经在《岩土工程测试与检测技术》一书中做了详细的介绍,表 1.1 只简单列出岩土工程监测中所需要的主要传感器。

表 1.1 岩土工程监测主要传感器

传感器种类	传感器名称	主要测量用途
压力	土压力计	土压力
	锚杆荷重计	锚杆拉力荷载、结构压力
	液压荷重计	锚杆、土钉、岩栓拉力荷载
	荷重计(压力)	岩石和土压力
应变	应变计	岩土、支护结构应变
	分布式应变计	多点应变同时测量
	变形传感器	复合地基变形层间应变
位移	水准仪	垂直位移
	测距仪	点间距离
	全站仪	水平位移
	土体沉降计	浅层每层土体的沉降
	深层沉降板	深层土体每层土体沉降
	盒式沉降系统	路基和坝基每层沉降施工测量
	电磁式沉降仪	回填结构(堤岸、土坝、路基)、天然边坡、堤岸沉降和隆起
倾斜	倾斜仪	土体和岩体、支护结构的倾斜
	垂线测斜计	核点工程、坝基、桥墩侧线上点的相对水平位移
	测斜计	测量各种岩土体和支护结构静动态倾斜
	测斜管	土体内部某点的倾斜、土体内部位移的预测
水压力	孔隙水压力计	土体孔隙水压测量
	水位计	水位位置测量
	渗压计	土坡、堤岸、大坝、废物堆场工程的孔隙水压力、水位,反馈其稳定性
缝隙与收敛	伸长计	隧道、堤坝、地下大空间开挖的收敛位移,反馈其稳定性
	测缝计	基坑支护结构、隧道、地下结构等的裂缝宽度

续表 1.1

传感器种类	传感器名称	主要测量用途
原位及实验室参数试验	压实仪控制系统	压实土层表面的压缩模量
	钻孔弹模仪	钻孔孔底的强度
	标准贯入系统	SPT试验各项参数,主要是岩土抗剪强度、承载力参数的提取
	旁压仪	软性岩土、冻土的现场强度和应力应变特性
	十字剪切仪	黏性土的抗剪强度
	点荷载试验仪	测试点土压力
温度	分布式温度测量系统	岩土体中多点温度测量、大体积基础底板浇筑温度测量与控制
	热敏电阻器	单个岩土监测点温度测量
声与超声	导波传感器	刚性基础、支护结构、地下结构、核电和大型坝体工程缺陷检测
	超声波检测仪	岩体和支护结构内部缺陷检测
	高低应变检测仪	桩体或者类桩体完整性检测
	声发射传感器	岩体和支护结构、岩土工程内部缺陷检测
成像	GPR探地雷达	岩土体、衬砌等内部成像检测
	地震成像超前预报传感器及系统	岩土体、隧道、坝体、地下工程成像及施工环境预报
	红外线成像仪	海洋工程地下结构缺陷成像检测
	磁成像仪	海洋、核电工程缺陷检测

(2)监测变量的确定。

确定监测变量时应根据不同的监测理论,针对具体的监测任务,结合已经制定的监测方案,选取合理的监测变量。一般而言,岩土工程监测主要监测应力、应变、压力、变形、温度、水位以及满足各种特殊监测要求的变量,如振动参量、电磁场和断面扫描等。岩土监测的主要变量如下:

①岩土体与环境:服役环境条件(温度、湿度、气压、风速);地表水、降水量;地震与振动量,包含位移、速度、加速度、静动孔隙水压力、动应力、应变、动水压力;地应力与变形。

②宏观变量:位移,包含平行位移(水平、垂直位移)、转动位移、相对位移、收敛位移;应变;沉陷,包括地表沉陷、地中沉陷、分层沉陷、相对沉陷、拱顶下沉、路基和地基沉陷、建筑物沉陷;隆起;挠度;裂缝(开合度、错动位移),包括界面错动位移、结构面移动、接触移动、裂缝移动;体积变形;温度变形;膨胀变形;岩爆、砂爆。

③压力:土压力,包括主动土压力、被动土压力、正面土压力、垂直土压力、水平土压力;围岩压力,包括变形压力、松动压力、冲击压力、膨胀压力;地基压力;泥沙压力(坝前、库区淤积,下游冲淤)。

④冻土参数:冰压力;冰厚;冰盖位移;冻融;冻胀;冻土厚。

⑤水文条件:水位;水深;水温;波浪浪高;洪水,包括流量和流速。

⑥应力:岩体应力(初始应力、二次应力);支护结构应力;混凝土结构应力;钢结构应力锚杆预应力;锚杆预应力损失;接触应力;温度应力。

⑦荷载:锚固荷载(力);桩基承载力;桩侧摩阻力。

⑧岩体松动范围:爆破松动范围;塑性变形范围。

⑨锚杆灌浆饱和度。

⑩渗流:渗流量(渗漏量);地下水位;浸润线;孔隙水压力;绕坝渗流;坝体渗流压力;坝基渗流压力;场压力;围岩渗流压力;外水压力;混浊度;水质分析(水温、化学分析)。

⑪温度:坝基温度;岩体温度;坝体温度。

⑫岩土体及材料物理力学特性。

⑬水力学:流速;动水压力,包括时均动水压力和脉动压力;空化;掺气;振动;雾化冲刷;调压井水位。

⑭有害气体和放射性。

(3)测点位置确定。

传感器测点位置的确定是一个非常困难的问题,有时监测对象体量非常庞大,如软土地区高等级公路的不均匀沉降监测。由于涉及几十甚至几百千米,如何进行测点优化,是提高监测效率的关键,甚至是决定监测成败的关键,这已经在实际工程中得到了论证。图 1.3 是某软土地区高速公路某标段安全监测详细设计阶段中对传感器的优化对比图。图中同时给出了造价的对比,从图中可以明显看出,经过优化后的监测系统不仅可以节约大量监测经费,而且可以大幅度提高监测系统的可靠性和后期的维护成本,因此监测测点的优化是一项非常重要的监测设计技术,本书将根据不同工程对监测测点位置的优化进行阐述。

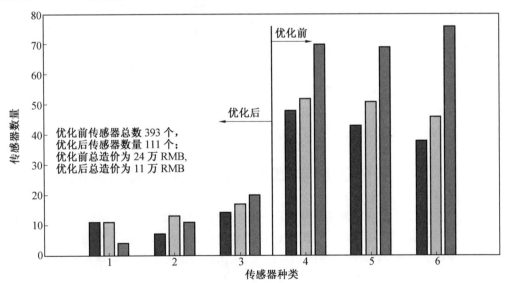

图 1.3 软土地区高速公路某标段安全监测详细设计阶段中对传感器的优化对比图

1,2,3 分别代表软土路基高速公路,填筑施工实际实施的 K1 施工标段、K2 施工标段、K3 施工标段;

4,5,6 代表设计时的 K1 施工标段、K2 施工标段、K3 施工标段

（4）采集系统设计。

采集系统设计是整个监测系统的重要组成部分，也是非常关键的研究内容。随着信息技术的发展，采集系统显得越来越重要，一个好的采集系统，不仅可以节约大量的成本，而且是决定监测系统能否实时的关键。目前信号采集系统由于监测量的增加，其集成度越来越高，新型的采集技术也不断涌现，由过去的集成式采集变成分散式采集，由过去的有线采集逐渐向无线采集发展，采集控制方式正在从过去的条件采集向智能采集方式发展，从而保证了采集的可靠性和可控性，可以预见，在未来的岩土工程监测技术中，数据采集系统的集成度将越来越高，并将呈现如下特点：

①数据采集的无线性；

②数据采集的高速性；

③数据采集存储的自选择性；

④数据采集的嵌入化、微型化；

⑤数据采集的自主性、智能性。

（5）监测分析和结果表达系统。

监测分析系统是整个岩土监测的核心，也是岩土监测系统的大脑和中心。岩土监测工程中的监测理论、监测方案、监测算法均在监测分析系统中实现。现代的岩土监测分析系统随着互联网技术的飞速发展，已经从过去的单台计算机发展至现在的网络计算和分析，在现代数据采集技术的支撑下，监测分析系统从过去的 C/S 模式过渡到基于网络的数据实时分析，并形成专用的物联网系统，通过专门的网络或者云技术，实现最高效率的实时分析和最低代价的数据存储和结果传输。

岩土监测工程结果表达系统也随着信息技术的发展体现出新的特征，过去的计算结果仅仅是表现在计算机屏幕上，或者通过监控系统向作动器发出指令，也就是将监测结果表达在执行机构上。由于监测目的愈加重视人的安全，现在监测结果的表达已经利用网络技术实时向所有的需要该信息的人进行主动传输，比如高陡边坡、高速公路沉降、城市路面沉陷等可能危及许多即将进入危险区域的人员。监测结果将在他们进入危险区域之前通过无线技术输入到他们的手机里并同步在其他信息媒介中进行表达，如微博、微信、电台、电视等，从而使监测结果不仅要第一时间传递给行政部门和领域专家，更为重要的是，要实时地更早地传给需要的广大民众，真正实现监测信息和监测结果的透明、实时和预报的功能。

1.3　岩土工程监测设计的基本原则和标准

岩土工程监测设计的基本原则是依据国家规定的法律和规范条件，结合岩土结构现役的状态，在充分掌握监测条件的前提下，提出设计技术先进、经济合理、满足监测目的的监测方案和整套监测系统。清晰、全面的基本原则和标准，是保证岩土工程监测设计过程和每个模块正确的重要环节。

岩土工程监测除了必须按照国家法律和法规进行，还应严格遵守行业标准。在监测设计和实施过程中应该遵循的基本原则如下：

1. 岩土工程监测设计协议的签订

根据甲方的要求，按照国家法律，签订具有法律效力的正式合同，任何监测只有在法律规定的合同之下才能进行,任何没有合同约束的监测设计都是具有风险的。

2. 岩土工程监测的初步设计

岩土工程监测的初步设计主要包括:监测设计资料的确定;监测设计条件的认定;监测设计的假定;监测目的与监测原则的确定;监测系统分析;监测变量选择;监测仪器选择;监测系统概念设计。

上述监测原则的确定,是针对某一项监测指标,可能现有的原则不止一个,或者目前还没有相对应的原则,因此业主或监测设计提供方会根据条件进行合理原则的选择和确定。这种情况在监测中是经常遇到的,有时候为了确定一个监测原则或者监测应该执行的标准,甚至会启动一个较大的试验或专门的研究课题,当课题完成后再进行监测系统的具体设计。当然,对于这种大型的监测工程,目前绝大多数是将研究课题作为监测设计中的验证设计内容,这也是我们在前面讲到的监测理论中的验证理论。

初步设计是岩土监测设计中任务量最大的阶段,该阶段主要是资料的收集整理,尤其是监测设计资料和系统分析,需要监测设计相关人员进行大量仔细的工作,有时候是往返和重复的。监测设计资料收集主要包含:岩土工程实地考察、拍摄录像取证、走访;场地勘探报告,仔细询问勘探过程中出现的任何异常情况;监测环境与监测条件确定;附近建筑结构和施工状况;岩土工程施工工艺;参数监测的参照模型,如 GPR 测试过程前的对比钻孔工作;确定需要做的岩土测试工作;传感器选择,采集系统、监控系统初步设计与选型;人员与经费安排;系统分析内容和日程的安排;岩土工程监测采用的监测理论。

3. 岩土工程监测的详细设计

岩土工程监测的详细设计是在充分分析初步设计资料和各种信息基础之上进行的。初步设计的深入程度直接关系到详细设计的成败,尽管在初步设计中的某些内容是不能完全完成的,系统分析是设计方和甲方或者施工方或者当地主管部门等多方进行功能划分和重点内容突出的主要工作,具有很强的阶段性,也受到多方面的影响,但是该任务在初步设计中也要完成整体的需求,这样才能保证详细设计能够进行下去。

岩土工程监测的详细设计主要内容包含:岩土工程监测标准的确定;岩土工程监测涉及的所有岩土材料的全部物理力学和化学特性参数,并进行细化,如力学参数的单位,变化的诱因,演变的基本过程;监测变量的确定,监测变量的变化范围,监测变量或者组合变量报警门槛值的确定,监测变量对传感器的约束;监测变量的数值计算和仿真分析,确定监测过程中监测变量在假定荷载作用下的可能变化途径和对岩土工程的影响;岩土测试设计和实施工艺;岩土工程监测验证子系统设计;传感器的选择,标定方法,传感器自身检测方法和步骤;岩土工程监测传感器位置确定优化算法及其实施;传感器埋设方法与保护措施设计;监测采集系统架构、设计和论证;监控系统和监测结果表达系统设计和仿真;应急预案的设计;设计任务的安排与执行;监测系统集成、评价、试运行设计;监测系统运行管理和后期管理设计。

岩土工程监测的详细设计阶段是监测产品形成的过程,涉及许多学科的交叉和融合,一个训练有素的岩土工程监测专业人员能够在抓住上述主要内容的同时,进行模块化的设计和管理。每一个设计模块都具有独立的质量检测和品质认证,同时充分考虑详细设计过程中可能遇到的变化,比如:初步设计中的系统分析,在详细设计过程中可能遇到变化,这是在大型岩土工程监测中经常碰到的情形。即便在简单的基坑开挖监测中,基坑隆起在最初的系统分析中是不被监测的,但是随着基坑开挖深度的增加,基坑隆起又要监测,这时如果已经进入详细设计阶段,那么就需要岩土监测技术总负责人对监测系统进行调整,而又不至于对监测系统有较大的影响,因此模块化、独立、可扩充的监测系统设计是非常重要的。

另外,在详细设计阶段,对监测变量的仿真计算是监测结果校验和评定的重要依据,现代岩土工程监测越来越要求降低对专家的依赖,希望监测系统的监测结果能够被普通的非领域人员甚至一般人员看懂,因此监测结果的表达需要用浅显易懂的信息进行描述,并保持监测系统的可靠性,这种监测系统的可靠性是靠监测系统后台专业数据库的计算和监测结果自我检查来完成的,这也是监测系统详细设计阶段必须考虑的问题。

4.岩土工程监测的实施阶段

岩土工程监测系统的实施主要是按照详细设计阶段确定的方案进行传感器的埋设、采集系统的调试、监控系统的试运行和最后监测系统的正常运行等工作。在这个阶段中,需要注意的是,对于大型岩土工程监测系统,为了降低监测的风险,保证监测系统运行的成功,有时需要对监测系统进行试运行,同时也检验初步设计和详细设计是否有错误和需要改善的地方。针对这种复杂系统,监测系统设计必须具有两个版本,其中一个是较为简约的监测系统,如不带监测结果表达系统而只有监测的核心部分,在岩土工程的初期阶段,如盾构机施工导洞阶段中测试监测系统的稳定性和其他相关品质。如果获得成功,在后续的施工中使用完整的监测系统版本,这一步也称为大型复杂岩土工程监测系统的初期验证系统;如果该验证系统没有达到预期的目的,将根据预案进行修改或者采用其他方案进行。

5.岩土工程监测的后期运营、维修和管理

岩土工程监测系统的效益只有在经过一段时间运营后才能体现出来,如核能工程,其岩土工程监测是核能的生命线,初期运营体现不出监测系统的价值,甚至还会因为某些传感器或者采集计算设备的更换而不断加大投资,但是随着监测时间的积累,根据监测数据所采取的维护措施就会体现出其巨大的经济价值。因此监测系统的运营管理、维修和后期的改善都必须结合详细设计阶段的要求,再结合岩土工程的新情况,做出合理科学的安排。这个阶段是岩土工程监测系统功能和价值体现非常重要的内容,不能因为系统的运行而疏于管理和维护,否则将给整个系统的功能带来严重的影响。

岩土工程监测的标准主要是对监测对象和监测系统各个分部的质量进行评价。岩土工程监测对象的核心是监测变量,因而监测对象的标准也就是监测变量的标准,这个标准主要包含两个方面的要求:

(1)监测变量的时间消耗。一般而言,绝大多数的岩土监测变量都是缓变型的,变化速度不会很快,因而如何确定采集频率,就需要一个标准,如果采集太快,不但要提高造价,而且对后续的分析和计算也会带来极大的工作量,但是采集频率又不能完全按照信号处理中的香农采集定理来确定,需要综合多方面的因素最终确定。比如锚杆拉力的监测,采样频率的确定标准,除了能够完全反映锚杆拉力变化的时程外,还需要综合考虑注浆的强度生成、岩土的收敛位移等,这样综合确定的采样频率才能使整个采集系统性能最优。监测变量的时间消耗除了采样频率的确定外,还有监测变量经过模型计算后,最终提交监测变量的时间限制,如果太慢则不利于监测的实时效果,如果太快,由于岩土监测的其他量还没有出来,则需要进行排队等候,如果数据积累太多,则将在后续计算中花费大量的时间进行排序和提取,这对复杂监测系统更是如此,因此需要综合一个最优的计算时间。这个时间也需要结合监测变量本身的变化规律来确定。

(2)变量采集门槛值确定的标准。对于实施采集的监测系统,当监测变量的值一直处于某一个标准值的下限之下时,该变量处于不变化的状态,如果进入一个范围,则启动相应的采集功能,这是数据智能采集中的重要功能。这个功能的实现主要是由变量的力学安全范围标准决定的,因而这种标准的建立是相当重要的。

除了上述岩土工程参数的标准之外,监测系统还有一个标准就是设备和系统本身的标准和限定。因此,根据目前岩土工程监测系统技术的发展现状和未来的发展趋势,其监测的标准主要包含:变量采样频率标准;变量采集标准,包括采集人员、采集技术的标准;传感器率定标准,包含传感器的分辨率、精度、灵敏度、耐久性等标准;采集系统技术标准,即采集系统物理、电气化标准;监控系统计算响应时间(耗时时间标准);岩土工程监测系统硬件、软件的各项标准。

总之,岩土工程监测系统的原则和标准是检查监测系统设计合理与否的依据,也是监测结果指导工程运营的基本依据,监测系统也是跟随监测原则和标准的发展而发展的,作为一个合格的监测系统设计人员,必须通晓和熟练掌握岩土工程的各项原则和标准。严格执行各项原则和标准,方能使监测系统反映岩土行为的复杂变化过程。

1.4 岩土工程监测报告

岩土工程监测报告是岩土工程监测最重要的监测结果之一,不同监测对象具有不同的监测报告。监测报告根据监测理论和方案的不同,又分为监测变量报告、监测过程报告、监测阶段报告、指点监测报告和整体监测报告。不同的监测报告具有不同的报告形式,但都包含:监测工作名称,监测目的、背景,监测采用的主要理论、方法和采用的方案,监测所跨越的时间,监测系统组成的简要描述、系统功能组成的图表,监测变量的描述,监测条件,监测变量的图表,监测标准和原则,监测结论,监测结果的预测,监测人员情况,监测相关人员签字。

作为一个整体监测报告,还需要监测数据的论证和比较,相关过程的数值计算和分析,其他计算软件的比较论证、误差分析,对可能出现的情况进行分析等其他内容。

现代岩土工程监测都要求监测系统能够自动生成监测报告,能够根据指定的报告形式生成指定的监测报告。由于监测报告中均有相关人员的电子签名,因而通过监测报告在各种媒体中的迅速传播,可以促进监测系统设计人员按照规定的原则和标准进行全面认真设计,从而提高整个监测系统的质量,真正实现监测的意义。

目前监测报告的形式都是按照现有国家规范和标准,结合监测合同的要求进行制定的。监测人员应该严格按照国家现行法律、规范和标准的要求,在满足和覆盖其全面要求的信息披露之外,再根据监测合同进行监测报告的编写。有保密要求的,必须按照现行国家和甲方的保密要求进行编写,监测报告编写完成之后,必须先进行主管部门主审,合格之后,方可进行发布,任何人或者组织不能独自行使监测结构的发布权。我们既要满足大众的知情权,同时也要符合国家的相关规定,否则带来的后果是难以估计的。

1.5 岩土工程监测的法律和职业道德

岩土工程监测由于涉及安全问题,有时候甚至是重大安全问题,因此,如何保证监测设计过程和监测结果的公正公开和公平是非常严肃的学术问题,也是非常重要的法律和职业道德问题。

岩土工程监测在我国起步较晚,大规模的现代岩土工程监测是从 20 世纪 80 年代开始的,主要从我国大型的水电站等工程开始,岩土工程监测才逐渐进入工程师的视野中。以前即使在国家的相关规范中有要求,但是认真执行的并不多,由于一直误认为监测是没有经济效益的活动,认为只要按照相关规范,就可以不出问题,因而从甲方到设计院都对监测保持一种漠视的态度。直到 20 世纪 90 年代后期,我国一些大型水电和地下交通工程的建设,人们才逐渐认识到,监测技术是必需的,而且经过 10 多年的运行后,人们才逐渐认识到监测是可以产生经济效益而且随着重大工程的服役时间增加,监测系统产生的经济效益会越来越大,在这种背景下,人们才开始认真考虑如何制定监测的法律。目前世界许多发达国家,如美国、英国、德国、加拿大、日本、瑞典等都制定了有关结构监测的法律,美国许多州都有相应的结构安全监测的法律,这些法律也是美国 PE 考试(Professional Engineering's License Examination)中的必考内容。作为一个合格的岩土工程安全监测工程师,不知道国家相关监测技术的法律是令人不安的。因此我国部分省市也已经制定了相关结构安全监测的法律,尽管我国目前还没有一部具体的、全国性的岩土工程监测的法律条文,但是作为严格训练的合格的岩土工程监测工程师,应该时刻认识到岩土工程监测是一个法律性很强的工作。我们应该遵守相关规定,即使在没有法律规定的条件下,也应该按照我国现有的技术规范、标准和地方规定,特别是国家和省市的规定进行设计。

一个国家或地方对某项技术所做出规定的多寡、法律条文的完整程度,反映了该项技术在该社会中的活跃程度和使用情况,也反映了当地技术力量和行政部门对此投入的程度,是一个社会发展的重要标志。另一方面,由于岩土工程监测的技术性非常强,各种新问题层出不穷,技术的要求总是领先于法律的规定。在这种背景下,作为岩土工程监测的技术工程师,除了按照国家现有规范执行外,还应在监测中充分设计伴随着研究过程,利用监测系统同步验证岩土工程中遇到的新问题,创新地解决规范中没有规定的超规超限的而又必须解决的各种技术问题。

岩土工程是一门实践性的学科,也是充满未知领域的不断发展的新学科,需要岩土工程师不断补充新的知识,在掌握基本理论的同时,融合贯通其他必要的技能,才能设计出优秀的监测系统。同时,正是由于岩土系统的复杂性,按照规范进行设计的岩土工程只是其必要条件,大量的岩土工程问题表明,出了问题的岩土工程设计肯定是没有按照规范进行的设计,但是按照规范设计的岩土工程,并不能保证就一定没有问题。因此,为了保证岩土工程的设计寿命和建筑功能,岩土工程设计人员和监测系统设计人员必须具有完备的职业道德。

因此,在本书中,除了强调专业领域知识的重要性外,还必须强调国家法律和个人职业道德,尤其是后者。职业道德是我们做事的根本,也是保证岩土工程监测系统设计成功最重要的人性的保证,我们应该时刻提醒自己要坚守职业底线和职业道德。

第2章 岩土工程监测的信号处理

岩土工程监测的数值处理方法与技术中,滤波占有十分重要的地位。具体工程中滤波方法多种多样,但最基本最重要的滤波方法仍然建立在基本的滤波理论上,了解掌握滤波频域和时域分析的基本数学过程,尤其是频域分析方法,是岩土工程信号分析与处理的重要内容,也是实际岩土监测工程的基本要求。

岩土工程数据频谱分析,是岩土结构动态特性计算、地基处理与过程监测的核心内容之一,也是岩土体内部动态演变跟踪及其反演计算的基础。为了获得原始信号频谱的组成,理解各种频域和时域计算过程,认识滤波提取工程信号重要基频的数学本质,应深刻分析岩土信号滤波建模的数理机理,这种岩土工程信号的建模本质即为岩土滤波设计,其数学过程实质上是设计一个特殊函数,对设定的频谱范围进行提取,即所谓滤波器频谱选择,完成该步之后,将其与原始信号频谱相乘,获得工程分析需要的频谱信号,如果再观察其时序信号,则可通过傅里叶逆变换来实现。另外,与频率域相对的时间域,上述滤波则可采用褶积方法实现,滤波与褶积在工程信号滤波计算上虽然处理的表达形式不同,但二者实质上是傅里叶变换的对应关系。本章将在引用我国陈乾生对滤波数学原理阐述的基础上,详细讨论时频分析的数学本质,以及岩土信号能谱、功率谱等概念的工程解释。为了更好地理解信号和滤波,本章也将讨论离散信号和频谱序列的 Z 变换过程,理解岩土工程信号时频分析 Z 变换工具,从数学本质上掌握滤波器在岩土工程监测信号处理中的设计和应用。

2.1 连续信号的褶积滤波

2.1.1 滤波的本质

岩土工程监测中所接收的信号 $x(t)$ 一般都包含两个部分,一个是有效信号 $s(t)$,它是我们所需要的信号,能够使我们了解所研究对象的性质;另一个是干扰信号 $n(t)$,它是我们所不需要的,对我们了解研究对象的性质起破坏作用。这两种成分合在一起就是我们实际接收的信号:$x(t) = s(t) + n(t)$。

对信号进行处理的一个重要目的,就是削弱干扰信号 $n(t)$,增强或保持信号 $s(t)$。如何做到这一点呢? 首先要了解信号 $s(t)$ 与干扰信号 $n(t)$ 的差异,分析它们之间的矛盾,只有了解矛盾,才能提出解决矛盾的方法。根据实际资料的分析,发现在许多情况下干扰信号 $n(t)$ 的频谱 $N(f)$ 与有效信号 $s(t)$ 的频谱 $S(f)$ 是不同的,一种特别的情况是,干扰信号频谱 $N(f)$ 与有效信号频谱 $S(f)$ 是分离的,二者的频谱关系如图 2.1 所示,当 $S(f) \neq 0$ 时 $N(f) = 0$。根据这种信号的特点,可以设计一个频率函数 $H(f)$,满足的关系如下:

$$H(f) = \begin{cases} 1, & \text{当 } S(f) \neq 0 \text{ 时} \\ 0, & \text{当 } S(f) = 0 \text{ 时} \end{cases}$$

将它与 $x(t)$ 的频谱 $X(f) = S(f) + N(f)$ 相乘,可得到:

$$Y(f) = X(f)H(f)$$

由于 $S(f)H(f)=S(f)$，$N(f)H(f)=0$，所以 $Y(f)=S(f)$，因此，$X(f)$ 经与 $H(f)$ 相乘处理后，就达到了消去干扰信号、保留有效信号的目的。

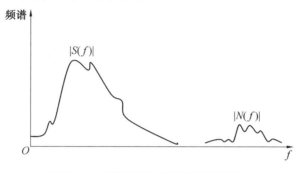

图 2.1　有效信号与干扰信号的频谱

对于岩土工程实际采集的信号，其干扰信号频谱 $N(f)$ 与有效信号频谱 $S(f)$ 并不是完全分离的，但可以近似看作是分离的。根据干扰信号频谱 $N(f)$ 与有效信号频谱 $S(f)$ 的不同特点，设计不同的频率函数 $H(f)$，也可以起到削弱干扰信号、增强有效信号的作用。

实际上，在岩土工程实时计算中，经常采用一个频率函数 $H(f)$ 与信号 $x(t)$ 的频谱 $X(f)$ 相乘，得到信号的频谱：$Y(f)=X(f)H(f)$，这个处理过程就称为滤波。简而言之，所谓滤波，通常指频率域内的滤波，就是对原始信号进行过滤，改变其频率成分，以达到削弱干扰信号、突出有效信号的目的。

2.1.2　褶积滤波的数学过程

设采集的原始信号 $x(t)$ 对应的频谱为 $X(f)$，用来滤波的信号对应的频谱为 $H(f)$，滤波频谱所对应的时间函数为 $h(t)$，滤波后信号的频谱为：$Y(f)=X(f)H(f)$，其所对应的时间函数为 $y(t)$。那么作为滤波后的信号 $y(t)$，它与原始信号 $x(t)$ 和用于滤波的时间函数 $h(t)$ 有什么关系呢？

为了回答这个问题，需要根据信号与频谱的一一对应关系来解决。根据信号与频谱的傅里叶变换（傅氏变换）公式，可进行下面的计算：

$$
\begin{aligned}
y(t) &= \int_{-\infty}^{+\infty} Y(f) e^{i2\pi ft} = \int_{-\infty}^{+\infty} X(f) H(f) e^{i2\pi ft}\,df \\
&= \int_{-\infty}^{+\infty} X(f) \left[\int_{-\infty}^{+\infty} h(\tau) e^{-i2\pi f\tau}\,d\tau \right] e^{i2\pi ft}\,df \\
&= \int_{-\infty}^{+\infty} h(\tau) \left[\int_{-\infty}^{+\infty} X(f) e^{i2\pi f(t-\tau)}\,df \right] d\tau \\
&= \int_{-\infty}^{+\infty} h(\tau) x(t-\tau)\,d\tau
\end{aligned}
\tag{2.1}
$$

$x(t)$ 和 $h(t)$ 通过式（2.1）形式的积分得到 $y(t)$。两个函数这种形式的积分在滤波中起着重要作用。为此给予专门的名称，把 $y(t)$ 由 $x(t)$ 与 $h(t)$ 通过式（2.1）的积分而成的过程称为褶积，并记为 $y(t)=x(t)\cdot h(t)$，以上的讨论可总结为如下两个关系式：

$$
\begin{cases}
Y(f) = X(f) H(f) \\
y(t) = x(t) \cdot h(t)
\end{cases}
\tag{2.2}
$$

其中

$$x(t) \cdot h(t) = \int_{-\infty}^{+\infty} h(\tau) x(t-\tau) d\tau \qquad (2.3)$$

式(2.2)的数学意义是两个频谱相乘,根据傅里叶变换定义,其时间函数就是相应的两个时间函数进行褶积;反之两个时间函数褶积,其频谱就是相应的两个频谱相乘。

式(2.2)从滤波角度看,其表达的物理意义是滤波可通过两种方式来实现:一是在频率域内实现,把频谱 $H(f)$ 与 $X(f)$ 相乘,得到 $Y(f)$,再由 $Y(f)$ 做逆傅氏变换,得到 $y(t)$;二是在时间域内实现,将时间函数 $h(t)$ 与 $x(t)$ 通过褶积积分而得到 $y(t)$。整个滤波过程可用表2.1所示的信号处理流程来表示。

表 2.1　信号褶积的数学过程

输入信号		滤波过程	输出信号
时间域	$x(t)$	$h(t)$ $H(f)$	$y(t) = x(t) \cdot h(t)$
频率域	$X(f)$		$Y(f) = X(f) H(f)$

表 2.1 中 $x(t)$ 为输入信号,$y(t)$ 为输出信号,$h(t)$ 为滤波因子,又称滤波器时间函数,或脉冲响应函数;$H(f)$ 为滤波器频谱或频率响应函数。这种滤波具有线性时不变性质,同时褶积还具有如下交换性:

因为 $Y(f) = X(f) H(f)$ 可以写为 $Y(f) = H(f) X(f)$,根据式(2.2)和式(2.3)的对应关系,$y(t)$ 也可以写为 $y(t) = h(t) \cdot x(t) = \int_{-\infty}^{+\infty} x(\tau) h(t-\tau) d\tau$,这表明褶积具有交换性质,即 $h(t) \cdot x(t) = x(t) \cdot h(t)$。

2.2　离散信号的褶积滤波

2.2.1　采集信号褶积滤波的时频变换

通过上节的讨论知道,对连续信号 $x(t)$ 用连续滤波因子 $h(t)$ 滤波,可以得到 $y(t)$,相应的频谱关系为 $Y(f) = X(f) H(f)$。

如果连续信号 $x(t)$ 和连续滤波因子 $h(t)$ 的频谱 $X(f)$、$H(f)$ 都有截频 f_c,对连续时间函数 $x(t)$、$h(t)$ 和 $y(t)$,按 Δ 间隔抽样得离散序列 $x(n\Delta)$、$h(n\Delta)$ 和 $y(n\Delta)$,这些离散序列的频谱分别为 $X_\Delta(f)$、$H_\Delta(f)$ 和 $Y_\Delta(f)$。按照抽样定理,当频率 f 在 $\left[-\frac{1}{2\Delta}, \frac{1}{2\Delta}\right]$ 范围内时,$X_\Delta(f) = X(f)$,$H_\Delta(f) = H(f)$,$Y_\Delta(f) = Y(f) = X(f) H(f)$。因此,在 $\left[-\frac{1}{2\Delta}, \frac{1}{2\Delta}\right]$ 范围内有 $Y_\Delta(f) = X_\Delta(f) = H_\Delta(f)$。这就是离散信号的频率域滤波公式。由 $Y_\Delta(f)$ 可确定 $y(n\Delta)$,由 $y(n\Delta)$ 按抽样定理可恢复出连续信号 $y(t)$,因此对连续信号的滤波,可以通过离散信号的滤波来实现,下面进行详细说明。

设离散序列 $x(n\Delta)$、$h(n\Delta)$ 和 $y(n\Delta)$ 的频谱分别为 $X_\Delta(f)$、$H_\Delta(f)$ 和 $Y_\Delta(f)$,且满足 $Y_\Delta(f) = X_\Delta(f) H_\Delta(f)$,根据上面的分析,求出 $y(n\Delta)$ 与 $x(n\Delta)$、$h(n\Delta)$ 的关系。

根据离散信号与频谱的关系,有

$$y(n\Delta) = \int_{-\frac{1}{2\Delta}}^{\frac{1}{2\Delta}} X_\Delta(f) H_\Delta(f) e^{i2\pi n\Delta f}$$

$$= \int_{-\frac{1}{2\Delta}}^{\frac{1}{2\Delta}} X_\Delta(f) \left(\Delta \sum_{\tau=-\infty}^{+\infty} h(\tau\Delta) e^{-i2\pi n\Delta f}\right) e^{i2\pi n\Delta f}$$

$$= \Delta \sum_{\tau=-\infty}^{+\infty} h(\tau\Delta) \int_{-\frac{1}{2\Delta}}^{\frac{1}{2\Delta}} X_\Delta(f) e^{i2\pi(n-\tau)\Delta f} df$$

$$= \Delta \sum_{\tau=-\infty}^{+\infty} h(\tau\Delta) x[(n-\tau)\Delta]$$

因此，$y(n\Delta)$ 可写成如下形式：

$$y(n\Delta) = \Delta \sum_{\tau=-\infty}^{+\infty} h(\tau\Delta) x[(n-\tau)\Delta] \tag{2.4}$$

离散序列 $x(n\Delta)$、$h(n\Delta)$ 通过式(2.4)运算得到 $y(n\Delta)$，$y(n\Delta)$ 为 $x(n\Delta)$ 与 $h(n\Delta)$ 的褶积，表示为：$y(n\Delta) = x(n\Delta) \cdot h(n\Delta)$。

以上的分析可总结为下面的公式：

$$\begin{cases} Y_\Delta(f) = X_\Delta(f) H_\Delta(f) \\ y(n\Delta) = x(n\Delta) h(n\Delta) \end{cases} \tag{2.5}$$

其中

$$y(n\Delta) = x(n\Delta) \cdot h(n\Delta) = \Delta \sum_{\tau=-\infty}^{+\infty} h(\tau\Delta) x[(n-\tau)\Delta] \tag{2.6}$$

式(2.6)为离散信号的频率域滤波公式，式(2.5)为离散信号的时间域滤波公式。离散信号滤波的过程见表2.2。

表 2.2　离散信号滤波

输入信号	滤波器结构	输出信号
$x(n\Delta)$ $X_\Delta(f)$	$h(n\Delta)$ $H_\Delta(f)$	$y(n\Delta) = x(n\Delta) \cdot h(n\Delta)$ $Y_\Delta(f) = X_\Delta(f) H_\Delta(f)$

在表2.2中，$x(n\Delta)$ 为输入信号，$y(n\Delta)$ 为输出信号，$h(n\Delta)$ 为滤波因子或滤波器时间序列，$H_\Delta(f)$ 为滤波器频谱。另外，由于 $X_\Delta(f)H_\Delta(f) = H_\Delta(f)X_\Delta(f)$，根据式(2.5)和式(2.6)，有 $x(n\Delta) \cdot h(n\Delta) = h(n\Delta) \cdot x(n\Delta)$，说明褶积的次序可以变换。

2.2.2　褶积的数学意义

为了说明褶积的直观意义，在公式(2.6)中，令 $\lambda = -\tau$，有

$$y(n\Delta) = x(n\Delta) \cdot h(n\Delta) = \Delta \sum_{\lambda=-\infty}^{+\infty} h(-\lambda\Delta) x[(n+\lambda)\Delta] \tag{2.7}$$

为了说明式(2.7)运算的过程，设 $\Delta=1$，离散序列 $x(n\Delta)$ 和 $h(n\Delta)$ 分别为

$$x(n\Delta) = x(n) = \begin{cases} 1, & n=0,1 \\ 0, & 其他 \end{cases}, \quad h(n\Delta) = h(n) = \begin{cases} 1, & n=0 \\ 1/2, & n=1 \\ 1/4, & n=2 \\ 0, & 其他 \end{cases}$$

式(2.7)的褶积实现步骤如下：

(1) 把 $h(\lambda)$ 变为 $h(-\lambda)$，从图 2.2(a) 可以看出，这实际上是褶积的过程；以 h 轴为对称轴，把 h 轴右边的图形褶到左边去，把 h 轴左边的图形褶到右边去，于是得到 $h(-\lambda)$，如图 2.2(a)、(b) 所示。

(2) 为了得到 $y(1)$，$n=1$ 时，把 $h(-\lambda)$ 与 $x(-\lambda)$ 按式(2.7)作运算，这个过程如图 2.2 中的(c) 和(d) 所示；把图 2.2(d) 中 $h(-\lambda)$ 图上的 h 轴，对准图 2.2(c) 中 $x(\lambda)$ 图上的 $\lambda=n=1$ 的点，然后将上下两个图形对应的点两两相乘，之后再加在一起就得到 $y(1)=3/2$，如图 2.2 中的(e)。这种先乘积然后相加的过程，我们称为"积"的过程，因为乘积之后的相加也是求和的积累，也可看作是"积"，所以从这个角度看岩土工程上的信号"褶积"过程，本质上是两个采集的岩土工程电信号离散序列，按一定对应规则相乘，然后再相加的一种特殊的"积"。最后，取 $n=0,\pm 1,\pm 2,\cdots,\pm N$（$N$ 为采样个数），重复上述过程，就得到 $y(n)$，如图 2.2 中的(f) 图所示。

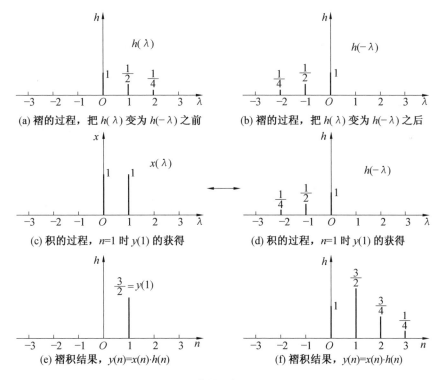

图 2.2　信号的褶积过程

由上可知，把由式(2.7)或式(2.6)确定的 $y(n\Delta)$ 称为 $x(n\Delta)$ 与 $h(n\Delta)$ 的褶积是完全合理的。

2.3　信号的能量与功率谱

岩土工程监测中，分析采集信号的能量与功率谱，对提取信号的特征和帮助判断岩土状态具有十分重要的作用。

2.3.1 连续信号的能量等式

如果采用 $x(t)$ 表示电压,假定电阻为单位 1,则瞬时功率为 $x^2(t)$,总的能量则为

$$\int_{-\infty}^{+\infty} x^2(t) \qquad (2.8)$$

式(2.8)即定义为信号的能量。

$x(t)$ 的能量与频谱 $X(f)$ 具有较强的数学关系,按照褶积性质,如果 $y(t)$ 为 $x(t)$ 和 $h(t)$ 的褶积,即 $y(t) = x(t) \cdot h(t)$,则相应的频谱关系为 $Y(f) = X(f) \cdot H(f)$。考虑到信号与频谱具有傅里叶积分关系,即 $y(t) = \int_{-\infty}^{+\infty} Y(f) \mathrm{e}^{\mathrm{i}2\pi ft} \mathrm{d}f$,因此有

$$\int_{-\infty}^{+\infty} x(\tau) h(t-\tau) \mathrm{d}\tau = \int_{-\infty}^{+\infty} X(f) H(f) \mathrm{e}^{\mathrm{i}2\pi ft} \mathrm{d}f$$

在上式中取 $t = 0$ 则有

$$\int_{-\infty}^{+\infty} x(\tau) h(t-\tau) \mathrm{d}\tau = \int_{-\infty}^{+\infty} X(f) H(f) \mathrm{d}f \qquad (2.9)$$

在式(2.9)中,不妨取 $h(t) = x(-t)$,令 $s = -t$,$h(t)$ 的频谱则可写为

$$H(f) = \int_{-\infty}^{+\infty} x(-t) \mathrm{e}^{-\mathrm{i}2\pi ft} \mathrm{d}t = \int_{-\infty}^{+\infty} x(s) \mathrm{e}^{\mathrm{i}2\pi sf} \mathrm{d}s = \overline{X(f)}$$

因此式(2.9)就变为

$$\int_{-\infty}^{+\infty} x^2(\tau) \mathrm{d}\tau = \int_{-\infty}^{+\infty} |X(f)|^2 \mathrm{d}f \qquad (2.10)$$

式(2.10)称为能量等式,又称为帕塞瓦尔(Parseval)等式。式(2.10)表明 $x(t)$ 的能量可通过 $|X(f)|^2$ 表示出来,故又称 $|X(f)|^2$ 为 $x(t)$ 的能谱。

2.3.2 连续信号的功率谱与平均功率等式

当连续信号 $x(t)$ 的总能量式(2.8)为无限时,工程上就要考虑平均功率和功率谱,称

$$\frac{1}{T_2 - T_1} \int_{T_1}^{T_2} |x(t)|^2 \mathrm{d}t$$

为 $x(t)$ 在区间 $[T_1, T_2]$ 上的功率谱。为此,设如下定义:

$$x_{[T_1, T_2]}(t) = \begin{cases} x(t), & T_1 \leqslant t \leqslant T_2 \\ 0, & \text{其他} \end{cases} \qquad (2.11)$$

其频谱为

$$X_{[T_1, T_2]}(f) = \int_{-\infty}^{+\infty} x_{[T_1, T_2]}(t) \mathrm{e}^{-\mathrm{i}2\pi ft} \mathrm{d}t = \int_{T_1}^{T_2} x(t) \mathrm{e}^{-\mathrm{i}2\pi ft} \mathrm{d}t \qquad (2.12)$$

按照能量等式,$x_{[T_1, T_2]}(t)$ 的能量和能谱的关系为

$$\int_{-\infty}^{+\infty} x_{[T_1, T_2]}^2(t) \mathrm{d}t = \int_{-\infty}^{+\infty} |X_{[T_1, T_2]}(f)|^2 \mathrm{d}f$$

把式(2.11)式(2.12)代入上式,并在两边除以 $T_2 - T_1$,得到

$$\frac{1}{T_2 - T_1} \int_{T_1}^{T_2} x^2(t) \mathrm{d}t = \int_{-\infty}^{+\infty} \frac{1}{T_2 - T_1} \left| \int_{T_1}^{T_2} x(t) \mathrm{e}^{-\mathrm{i}2\pi ft} \mathrm{d}t \right|^2 \mathrm{d}f \qquad (2.13)$$

式(2.13)中左边为 $x(t)$ 在区间 $[T_1, T_2]$ 上的平均功率,它可以通过 $\dfrac{1}{T_2 - T_1} \cdot$

$\left| \int_{T_1}^{T_2} x(t) \mathrm{e}^{-\mathrm{i}2\pi ft} \mathrm{d}t \right|^2$ 表示出来，于是得到功率谱的定位为：$\dfrac{1}{T_2-T_1} \left| \int_{T_1}^{T_2} x(t) \mathrm{e}^{-\mathrm{i}2\pi ft} \mathrm{d}t \right|^2$，称为 $x(t)$ 在区间 $[T_1, T_2]$ 上的功率谱。对于数学上的整个时间轴 $(-\infty, +\infty)$ 上的信号 $x(t)$ 的平均功率可写为

$$P = \lim_{T \to +\infty} \frac{1}{2T} \int_{-T}^{T} x^2(t) \mathrm{d}t \tag{2.14}$$

式（2.14）称为 $x(t)$ 的平均功率，把

$$G(f) = \lim_{T \to +\infty} \frac{1}{2T} \left| \int_{-T}^{T} x(t) \mathrm{e}^{-\mathrm{i}2\pi ft} \mathrm{d}t \right|^2 \tag{2.15}$$

称为 $x(t)$ 的功率谱。

在式（2.15）中，取 $T_2 = T, T_1 = -T$，并令 $T \to +\infty$，便可得到：$P = \int_{-\infty}^{+\infty} G(f) \mathrm{d}f$ 或

$$\lim_{T \to +\infty} \frac{1}{2T} \int_{-T}^{T} x^2(t) \mathrm{d}t = \int_{-\infty}^{+\infty} \lim_{T \to +\infty} \frac{1}{2T} \left| \int_{-T}^{T} x(t) \mathrm{e}^{-\mathrm{i}2\pi ft} \mathrm{d}t \right|^2 \mathrm{d}f \tag{2.16}$$

式（2.16）称为全时间轴上的信号 $x(t)$ 的平均功率等式。

2.3.3 离散信号的能谱与能量等式

对于类似于连续信号 $x(t)$ 的能量式（2.11），下面的表达式：

$$\Delta \sum_{n=-\infty}^{+\infty} x^2(n\Delta) \tag{2.17}$$

称为离散信号 $x(n\Delta)$ 的能量。

下面讨论 $x(n\Delta)$ 的能量与它的频谱 $X(f)$ 的关系。根据离散信号褶积的性质，若 $y(n\Delta) = x(n\Delta) \cdot h(n\Delta) = \Delta \sum_{n=-\infty}^{+\infty} x(\tau\Delta) h[(n-\tau)\Delta]$，则相应的频谱关系为 $Y(f) = X(f) H(f)$，由于信号与频谱的关系有 $y(n\Delta) = \int_{-\frac{1}{2\Delta}}^{\frac{1}{2\Delta}} X(f) H(f) \mathrm{e}^{\mathrm{i}2\pi n\Delta f} \mathrm{d}f$，因此有

$$\Delta \sum_{n=-\infty}^{+\infty} x(\tau\Delta) h[(n-\tau)\Delta] = \int_{-\frac{1}{2\Delta}}^{\frac{1}{2\Delta}} X_\Delta(f) H_\Delta(f) \mathrm{e}^{\mathrm{i}2\pi n\Delta f} \mathrm{d}f$$

在上式中令 $n=0$，有

$$\Delta \sum_{n=-\infty}^{+\infty} x(\tau\Delta) h(-\tau\Delta) = \int_{-\frac{1}{2\Delta}}^{\frac{1}{2\Delta}} X(f) H(f) \mathrm{d}f \tag{2.18}$$

取 $h(\tau\Delta) = x(-\tau\Delta)$，其对应频谱为

$$H_\Delta(f) = \Delta \sum_{n=-\infty}^{+\infty} x(-\tau\Delta) \mathrm{e}^{-\mathrm{i}2\pi \tau f} \xrightarrow{(n=-\tau)} \Delta \sum_{n=-\infty}^{+\infty} x(n\Delta) \mathrm{e}^{\mathrm{i}2\pi nf} = \overline{X_\Delta(F)}$$

再根据式（2.18）有

$$\Delta \sum_{n=-\infty}^{+\infty} x^2(n\Delta) = \int_{-\frac{1}{2\Delta}}^{\frac{1}{2\Delta}} |X_\Delta(f)|^2 \mathrm{d}f \tag{2.19}$$

式（2.19）即为离散信号的能量等式，亦称为离散信号 $|X_\Delta(f)|^2$ 的能谱。

2.3.4 离散信号的功率谱与平均功率等式

理论上有时候需要研究离散信号 $x(\tau\Delta)$ 的能量等式（2.19）为无限时，对应的平均功率和

功率谱。此时我们把下式

$$\frac{1}{2N+1}\sum_{n=-N}^{N}x^2(n\Delta)$$

称为 $x(\tau\Delta)$ 在 $[-N,N]$ 范围内的平均功率。为了研究其相应的功率谱,可设

$$x_N(n\Delta)=\begin{cases}x(n\Delta),& -N\leqslant n\leqslant N\\0,&\text{其他}\end{cases} \tag{2.20}$$

它的频谱为

$$X_N(f)=\Delta\sum_{n=-\infty}^{+\infty}x(n\Delta)\mathrm{e}^{-\mathrm{i}2\pi n\Delta f}=\Delta\sum_{n=-N}^{N}x(n\Delta)\mathrm{e}^{-\mathrm{i}2\pi n\Delta f} \tag{2.21}$$

根据离散信号的能量等式,有

$$\Delta\sum_{n=-\infty}^{+\infty}x_N^2(n\Delta)=\int_{-\frac{1}{2\Delta}}^{\frac{1}{2\Delta}}|X_N(f)|^2\mathrm{d}f$$

把式(2.20)和式(2.21)代入上式,然后在两边同时除以 $(2N+1)\Delta$,于是有

$$\frac{1}{2N+1}\sum_{n=-N}^{N}x_N^2(n\Delta)=\int_{-\frac{1}{2\Delta}}^{\frac{1}{2\Delta}}\frac{1}{(2N+1)\Delta}\left|\Delta\sum_{n=-N}^{N}x(n\Delta)\mathrm{e}^{-\mathrm{i}2\pi n\Delta f}\right|^2\mathrm{d}f \tag{2.22}$$

在式(2.22)中,等式左边代表 $x(n\Delta)$ 在 $[-N,N]$ 范围内的平均功率,因此把右边的被积函数 $\frac{1}{(2N+1)\Delta}\left|\Delta\sum_{n=-N}^{N}x(n\Delta)\mathrm{e}^{-\mathrm{i}2\pi n\Delta f}\right|^2$ 称为 $x(n\Delta)$ 在 $[-N,N]$ 范围内的功率谱,通常称 $\lim_{N\to+\infty}\frac{1}{2N+1}\sum_{n=-N}^{N}x_N^2(n\Delta)$ 为 $x(n\Delta)$ 的平均功率,称 $\lim_{N\to+\infty}\frac{1}{(2N+1)\Delta}\left|\Delta\sum_{n=-N}^{N}x(n\Delta)\mathrm{e}^{-\mathrm{i}2\pi n\Delta f}\right|^2$ 为 $x(n\Delta)$ 的功率谱。针对式(2.22),对其两边同时取极限得

$$\sum_{n=-N}^{N}x_N^2(n\Delta)=\int_{-\frac{1}{2\Delta}}^{\frac{1}{2\Delta}}\lim_{N\to+\infty}\frac{1}{(2N+1)\Delta}\left|\Delta\sum_{n=-N}^{N}x(n\Delta)\mathrm{e}^{-\mathrm{i}2\pi n\Delta f}\right|^2\mathrm{d}f \tag{2.23}$$

式(2.23)称为离散信号 $x(n\Delta)$ 的平均功率等式。

2.4　离散信号与频谱的简化表示

以后讨论的主要是离散信号,为了方便,现对离散信号、频谱及褶积采用一些简化表示。

2.4.1　离散信号与频谱的简化表示

通过前面介绍已经得知,离散信号 $x(n\Delta)$ 的频谱为 $X_\Delta(f)=\Delta\sum_{n=-\infty}^{+\infty}x(n\Delta)\mathrm{e}^{-\mathrm{i}2\pi n\Delta f}$,在实际处理中,抽样间隔 Δ 事先已确定好,为已知常数,因此可用 $x(n\Delta)$ 或 x_n 表示 $x(n\Delta)$,用 $X(f)=\sum_{n=-\infty}^{+\infty}x(n)\mathrm{e}^{-\mathrm{i}2\pi n\Delta f}$ 表示离散信号 $x(n\Delta)$ 的频谱。要注意的是,过去用 $X(f)$ 表示连续信号 $x(t)$ 的频谱,由于现在讨论的是离散信号 $x(n)$,所以这里的 $X(f)$ 表示的是离散信号 $x(n)$ 的频谱,注意到这点,符号的意义就不会混淆。令 $\omega=2\pi f$,$\widetilde{X}(\omega)=\sum_{n=-\infty}^{+\infty}x(n)\mathrm{e}^{-\mathrm{i}n\omega}$,此时也称 $\widetilde{X}(\omega)$ 为离散信号 $x(n)$ 的频谱。下面列出离散信号 $x(n)$ 与三种频谱之间的对应关系:

$$X_{\Delta}(f) = \Delta \sum_{n=-\infty}^{\infty} x(n) e^{-i2\pi n \Delta f}, \quad x(n) = \int_{-\frac{1}{2\Delta}}^{\frac{1}{2\Delta}} X_{\Delta}(f) e^{i2\pi n \Delta f} df \tag{2.24}$$

$$X(f) = \sum_{n=-\infty}^{\infty} x(n) e^{-i2\pi n \Delta f}, \quad x(n) = \Delta \int_{-\frac{1}{2\Delta}}^{\frac{1}{2\Delta}} X(f) e^{i2\pi n \Delta f} df \tag{2.25}$$

$$\widetilde{X}(\omega) = \sum_{n=-\infty}^{+\infty} x(n) e^{-in\omega}, \quad x(n) = \frac{1}{2\pi} \int_{-\pi}^{\pi} \widetilde{X}(\omega) e^{-in\omega} d\omega \tag{2.26}$$

离散信号 $x(n)$ 的三种频谱 $X_{\Delta}(f)$、$X(f)$ 和 $\widetilde{X}(\omega)$ 之间的关系可写为

$$X_{\Delta}(f) = \Delta X(f), \quad X(f) = \widetilde{X}(2\pi \Delta f), \quad \widetilde{X}(\omega) = X(\frac{\omega}{2\pi \Delta}), \quad \omega = 2\pi \Delta f \tag{2.27}$$

离散信号 $x(n)$ 的能量与频谱的关系为

$$\begin{cases} \displaystyle\sum_{n=-\infty}^{\infty} x^2(n) = \frac{1}{\Delta} \int_{-\frac{1}{2\Delta}}^{\frac{1}{2\Delta}} |X_{\Delta}(f)|^2 df \\[2mm] \displaystyle\sum_{n=-\infty}^{\infty} x^2(n) = \Delta \int_{-\frac{1}{2\Delta}}^{\frac{1}{2\Delta}} |X(f)|^2 df \\[2mm] \displaystyle\sum_{n=-\infty}^{\infty} x^2(n) = \frac{1}{2\pi} \int_{-\pi}^{\pi} |\widetilde{X}(\omega)|^2 d\omega \end{cases} \tag{2.28}$$

2.4.2　离散信号褶积的简化

离散信号 $x(n\Delta)$ 与 $h(n\Delta)$ 的褶积和频谱关系可写为

$$\begin{cases} y(n\Delta) = x(n\Delta) \cdot h(n\Delta) = \Delta \displaystyle\sum_{\lambda=-\infty}^{+\infty} h(-\lambda\Delta) x[(n+\lambda)\Delta] \\[2mm] Y_{\Delta}(f) = X_{\Delta}(f) H_{\Delta}(f) \end{cases} \tag{2.29}$$

离散序列 $x(n)$ 与 $h(n)$ 的褶积简化公式可表示为

$$g(n) = x(n) \cdot h(n) = \sum_{\tau=-\infty}^{+\infty} h(\tau) x(n-\tau) \tag{2.30}$$

式(2.30)中的 $g(n)$ 和式(2.29)中的 $y(n\Delta)$ 是不同的,对照两式可得

$$y(n\Delta) = \Delta g(n) \tag{2.31}$$

因此,$Y_{\Delta}(f) = \Delta G_{\Delta}(f)$,根据式(2.29)可得

$$\Delta G_{\Delta}(f) = X_{\Delta}(f) H_{\Delta}(f) \tag{2.32}$$

由式(2.31),有 $G_{\Delta}(f) = \Delta G(f)$,$X_{\Delta}(f) = \Delta X(f)$ 和 $H_{\Delta}(f) = \Delta H(f)$,得 $G(f) = X(f) H(f)$,令 $f = \frac{\omega}{2\pi \Delta}$,由式(2.31)可得:$\widetilde{G}(\omega) = \widetilde{X}(\omega) \widetilde{H}(\omega)$,因此,对褶积式(2.32),其频谱为

$$g(n) = x(n) \cdot h(n) = \sum_{\tau=-\infty}^{+\infty} h(\tau) x(n-\tau), \quad G(f) = X(f) H(f) \tag{2.33}$$

$$g(n) = x(n) \cdot h(n) = \sum_{\tau=-\infty}^{+\infty} h(\tau) x(n-\tau), \quad \widetilde{G}(\omega) = \widetilde{X}(\omega) \widetilde{H}(\omega) \tag{2.34}$$

由以上的推导可知,离散信号 $x(n\Delta)$(或 $x(n)$、x_n)的频谱有三种形式,这三种频谱及与信号的关系如式(2.31)、式(2.32)和式(2.33)所示,这三种频谱之间的关系如式(2.34)所示。

离散信号的褶积有两种,这两种褶积与频谱的关系如式(2.32)、式(2.33)和式(2.34)所示。在实际应用中,采用哪一种频谱、哪一种褶积式,应视具体问题而定。在问题的讨论中,用简化表示比较方便,因此式(2.29)是频谱应用的主要方式,式(2.34)是褶积应用的主要表达式。

2.5 离散信号的 Z 变换

离散信号(或离散序列)的 Z 变换是信号处理中一类基本变换,因为 Z 变换形式简单,易于应用。由于信号数字处理的基本原理是建立在频谱和频谱分析基础之上的,因此我们把离散信号的 Z 变换作为离散信号频谱的一种简化,从而既简单直观,又反映了问题的实质。

2.5.1 离散序列的频谱与 Z 变换

设 x_n 为离散序列,由以前的讨论可知 x_n 的频谱为

$$X(f) = \sum_{n=-\infty}^{+\infty} x_n \mathrm{e}^{-\mathrm{i}2\pi n \Delta f} \tag{2.35}$$

如果已知频谱 $x(f)$,则可知 x_n 为

$$x_n = \Delta \int_{-\frac{1}{2\Delta}}^{\frac{1}{2\Delta}} X(f) \mathrm{e}^{\mathrm{i}2\pi n \Delta f} \mathrm{d}f \tag{2.36}$$

在式(2.36)中,$\mathrm{e}^{-\mathrm{i}2\pi n \Delta f}$ 可表示为 $(\mathrm{e}^{-\mathrm{i}2\pi \Delta f})^n$,令

$$Z = \mathrm{e}^{-\mathrm{i}2\pi \Delta f} \tag{2.37}$$

则式(2.35)就变为 $X(f) = \sum_{n=-\infty}^{+\infty} x_n Z^n$,其形式显然比式(2.35)简单,引入符号

$$\widetilde{X}(Z) = \sum_{n=-\infty}^{+\infty} x_n Z^n \tag{2.38}$$

$\widetilde{X}(Z)$ 称为 $X(f)$ 的 Z 变换。Z 变换与频谱的关系可以这样理解:把频谱 $X(f)$ 中的 $\mathrm{e}^{-\mathrm{i}2\pi \Delta f}$ 换成 Z 就得到 Z 变换 $\widetilde{X}(Z)$;同样的道理,把 Z 变换 $\widetilde{X}(Z)$ 中的 Z 换成 $\mathrm{e}^{-\mathrm{i}2\pi \Delta f}$,就得到频谱 $X(f)$。由于频谱与 Z 变换之间只是一种符号的代换,而其实质并未改变,因此由频谱的性质可立即得出 Z 变换相应的性质。

2.5.2 褶积的 Z 变换

设离散序列 x_n 与 h_n 的褶积为 $y_n = h_n \cdot x_n = \sum_{\tau=-\infty}^{+\infty} h_\tau x_{n-\tau}$,相应的频谱关系为 $Y(f) = H(f)X(f)$,具体写出来就是:$\sum_{n=-\infty}^{+\infty} y_n \mathrm{e}^{-\mathrm{i}2\pi n \Delta f} = \sum_{n=-\infty}^{+\infty} h_n \mathrm{e}^{-\mathrm{i}2\pi n \Delta f} \sum_{n=-\infty}^{+\infty} x_n \mathrm{e}^{-\mathrm{i}2\pi n \Delta f}$。在该式中,使用 Z 代换 $\mathrm{e}^{-\mathrm{i}2\pi \Delta f}$,就得到 $\sum_{n=-\infty}^{+\infty} y_n Z^n = \sum_{n=-\infty}^{+\infty} h_n Z^n \sum_{n=-\infty}^{+\infty} x_n Z^n$,按 Z 变换的符号表示,上式可写为

$$\widetilde{Y}(Z) = \widetilde{H}(Z)\widetilde{X}(Z) \tag{2.39}$$

式(2.39)表明,两个信号褶积的 Z 变换,等于两个信号 Z 变换的乘积。

2.5.3 反转信号的 Z 变换

设 y_n 为离散序列,我们称 $g_n = y_{-n}$ 为 y_n 的反转信号,因为从图形上看 g_n 的图形是 y_n 的图

形以 $n=0$ 为中心进行反转的结果(图 2.2(a)、(b)),反转信号的频谱为

$$G(f) = \sum_{m=-\infty}^{+\infty} g_m e^{-i2\pi m\Delta f} = \sum_{n=-\infty}^{+\infty} y_n e^{-i2\pi n\Delta f} = \sum_{n=-\infty}^{+\infty} y_n \left(\frac{1}{e^{-i2\pi n\Delta f}}\right)^n$$

在 $G(f)$ 中用 Z 代换 $e^{-i2\pi\Delta f}$,就得到 $\widetilde{G}(Z) = \sum_{n=-\infty}^{+\infty} y_n \left(\frac{1}{Z}\right)^n$,而 y_n 的 Z 变换为 $\widetilde{Y}(Z) = \sum_{n=-\infty}^{+\infty} y_n Z^n$,因此有

$$\widetilde{G}(Z) = \widetilde{Y}(1/z) \tag{2.40}$$

2.5.4　相关序列信号的 Z 变换

离散序列 x_n 与 y_n 的相关序列 $r_{xy}(n)$,本质上也是一种褶积。$r_{xy}(n) = x_n \cdot y_{-n}$,按照褶积和反转信号的 Z 变换性质,可得到相关序列 $r_{xy}(n)$ 的 Z 变换为

$$\widetilde{R}_{xy}(Z) = \widetilde{X}(Z)\widetilde{Y}(1/z) \tag{2.41}$$

则对于自相关序列:$r_{xx}(n) = x_n \cdot x_{-n}$,其 Z 变换为

$$\widetilde{R}_{xx}(Z) = \widetilde{X}(Z)\widetilde{X}(1/z) \tag{2.42}$$

下面给出 Z 变换的算例。

例 2.1　假设有离散信号如下:$g_n = 1(n=0)$;$g_n = q_1(n=\alpha,\alpha$ 为一整数$)$;$g_n = 0(n$ 为其他时$)$,计算其 Z 变换。

解　根据前面的公式,g_n 的 Z 变换为:$\widetilde{G}(Z) = \sum_{n=-\infty}^{+\infty} g_n Z^n = 1 + q_1 Z^\alpha$;$g_n$ 的自相关函数 $r_{gg}(n)$ 的 Z 变换为

$$\widetilde{R}_{gg}(Z) = \widetilde{G}(Z)\widetilde{G}(1/Z) = (1 + q_1 Z^\alpha)(1 + q_1/Z^\alpha) = (1 + q_1^2) + q_1 Z^{-\alpha} + q_1 Z^\alpha$$

2.5.5　频谱与 Z 变换展开式的唯一性

离散序列 x_n 的频谱 $X(f)$ 的 Z 变换为 $\widetilde{X}(Z)$。式(2.35)为 x_n 的频谱展开式,也称为频谱三角级数展开式。式(2.39)为 x_n 的 Z 变换展开式,也称为 Z 变换幂级数展开式。频谱和 Z 变换展开式具有一个重要的性质即频谱和 Z 变换展开式的唯一性。设离散序列 x_n 的频谱为 $X(f)$,其 Z 变换为 $\widetilde{X}(Z)$,若 $X(f)$、$\widetilde{X}(Z)$ 有展开式:

$$X(f) = \sum_{n=-\infty}^{+\infty} c_n e^{-i2\pi n\Delta f} \tag{2.43}$$

$$\widetilde{X}(Z) = \sum_{n=-\infty}^{+\infty} c_n Z^n \tag{2.44}$$

则离散序列 x_n 和 c_n 相等,即 $x_n = c_n$,即在展开式中,$e^{-i2\pi n\Delta f}$ 或 Z^n 前的系数就是 x_n。可以进行如下证明。　在式(2.43)两边乘上 $e^{-i2\pi m\Delta f}$,再从 $-\frac{1}{2\Delta}$ 积分到 $\frac{1}{2\Delta}$,得到:$c_m = \Delta \int_{-\frac{1}{2\Delta}}^{\frac{1}{2\Delta}} X(f) e^{i2\pi m\Delta f} df$,将其与式(2.36)比较,便得 $x_n = c_n$。同样,对式(2.44)取 $Z = e^{-i2\pi\Delta f}$,得式(2.43)成立,由式(2.44)成立可知 $x_n = c_n$。利用唯一性,我们可以从频谱或 Z 变换的展开式中,直接求得相应的离散序列。该方法可以用在算例中。

例 2.2 已知 x_n 的 Z 变换为 $\widetilde{X}(Z)=7+3Z+8Z^2$，求 x_n。

解 在展开式 $7+3Z+8Z^2$ 中，常数项 7 是 Z 的 0 次方即 Z^0 前的系数，所以 $x_0=7$；3 是 Z 的 1 次方即 Z^1 前的系数，所以 $x_1=3$；8 是 Z 的 2 次方即 Z^2 前的系数，所以 $x_2=8$。在展开式中，Z 的其他次方皆不出现，表示它们前面的系数为 0，即相应的 x_n 为 0。综上所述，有

$$x_n=7(n=0);\quad x_n=3(n=1);\quad x_n=8(n=2);\quad x_n=0(n\text{ 为其他})$$

例 2.3 由例 2.1 可知 g_n 的自相关函数 $r_{gg}(n)$ 的 Z 变换为 $\widetilde{R}_{gg}(Z)=(1+q_1^2)+q_1Z^{-\alpha}+q_1Z^\alpha$，由唯一性知 $r_{gg}(n)$ 为

$$r_{gg}(n)=\begin{cases}1+q_1^2, & n=0\\ q_1, & n=-\alpha\\ q_1, & n=\alpha\\ n, & \text{其他}\end{cases}$$

例 2.4 已知 b_n 的 Z 变换为 $\widetilde{B}(Z)=Z-\alpha$，由唯一性可得：

$$b_n=-\alpha(n=0);\quad b_n=1(n=1);\quad b_n=0(n=\text{其他});\quad \text{或写成 } b_n=(b_0,b_1)=(-\alpha,1)$$

例 2.5 已知 a_t 的 Z 变换为 $\widetilde{A}(Z)=1/Z-\alpha$，计算 a_t。

解 把 $\widetilde{A}(Z)$ 展开成用等比级数表达的形式，根据 α 不同情况进行讨论。

(1) 当 $|\alpha|>1$ 时：

$$\widetilde{A}(Z)=Z-\alpha=\frac{1}{-\alpha}\cdot\frac{1}{1-\frac{1}{\alpha}Z}$$

令 $p=\dfrac{1}{\alpha}Z$，则 $|p|=\left|\dfrac{1}{\alpha}Z\right|=\left|\dfrac{1}{\alpha}e^{-i2\pi\Delta f}\right|=\dfrac{1}{|\alpha|}<1$，按等比级数有

$$\widetilde{A}(Z)=\frac{-1}{\alpha}\left(1+\frac{1}{\alpha}Z+\frac{1}{\alpha^2}Z^2+\cdots\right)$$

根据展开式的各个系数，得到相应的 a_t 为

$$a_t=(a_0,a_1,a_2,\cdots,a_n,\cdots)=\left(\frac{-1}{\alpha},\frac{-1}{\alpha^2},\frac{-1}{\alpha^3},\cdots,\frac{-1}{\alpha^{n+1}},\cdots\right)$$

(2) 当 $|\alpha|<1$ 时：

$$\widetilde{A}(Z)=\frac{1}{Z-\alpha}=\frac{1}{Z}\frac{1}{1-\alpha Z^{-1}}=Z^{-1}(1+\alpha Z^{-1}+\alpha^2 Z^{-2}+\alpha^3 Z^{-3}+\cdots)$$

这时相应的 a_t 为

$$a_t=(\cdots,a_{-4},a_{-3},a_{-2},a_{-1})=(\cdots,\alpha^3,\alpha^2,\alpha^1,1)$$

(3) 当 $|\alpha|=1$ 时：

在 $\left[-\dfrac{1}{2\Delta},\dfrac{1}{2\Delta}\right]$ 之间一定有一点 f_0 使 $e^{-i2\pi\Delta f_0}-\alpha=0$，频谱 $A(f)$ 在 f_0 的值为 $A(f_0)=1/(e^{-i2\pi\Delta f_0}-\alpha)=1/0=\infty$，一般情况下认为这时的频谱 $A(f)$ 没有意义，因此相应的 a_t 也就不存在。如果把 $|\alpha|=1$ 看成是 $|\alpha|\to1$ 的结果，则当 $|\alpha|\to1_+$ 时，a_t 可写成 $a_t=(a_0,a_1,\cdots)=(-1/\alpha,-1/\alpha^2,\cdots)$；当 $|\alpha|\to1_-$ 时，a_t 可写成 $a_t=(\cdots,a_{-2},a_{-1})=(\cdots,\alpha,1)$。

2.5.6 离散序列的时移与滤波

我们首先介绍离散序列的时移与时移定理。离散序列 x_n，其中 n 表示时间，x_n 反映的是

离散信号。延迟时间 τ 发出这个信号,便得到 $x_{n-\tau}$,$x_{n-\tau}$ 为 x_n 的时移信号。时移信号的频谱和 Z 变换,与原来信号的关系正是时移定理要回答的问题。

时移定理:设 x_n 的频谱为 $X(f)$、Z 变换为 $\widetilde{X}(Z)$,则时移信号 $x_{n-\tau}$ 的频谱为 $\mathrm{e}^{-\mathrm{i}2\pi\tau\Delta f}X(f)$、$Z$ 变换为 $Z^{\tau}\widetilde{X}(Z)$;反之,$\mathrm{e}^{-\mathrm{i}2\pi\tau\Delta f}X(f)$ 或 $Z^{\tau}\widetilde{X}(Z)$ 所对应的信号是 $x_{n-\tau}$。下面推导 $x_{n-\tau}$ 的频谱。

$$\sum_{n=-\infty}^{+\infty} x_{n-\tau}\mathrm{e}^{-\mathrm{i}2\pi n\Delta f} = \sum_{m=-\infty}^{+\infty} x_m \mathrm{e}^{-\mathrm{i}2\pi(m+\tau)\Delta f} = \mathrm{e}^{-\mathrm{i}2\pi\tau\Delta f}\sum_{m=-\infty}^{+\infty} x_m \mathrm{e}^{-\mathrm{i}2\pi m\Delta f} = \mathrm{e}^{-\mathrm{i}2\pi\tau\Delta f}X(f) \qquad (2.45)$$

在式(2.45)中,用 Z 代替 $\mathrm{e}^{-\mathrm{i}2\pi\tau\Delta f}$,就得到时移信号 $\mathrm{e}^{-\mathrm{i}2\pi\tau\Delta f}$ 的 Z 变换 $Z^{\tau}\widetilde{X}(Z)$。由于频谱和 Z 变换以及和离散信号的关系都是一一对应的,所以 $\mathrm{e}^{-\mathrm{i}2\pi\tau\Delta f}X(f)$ 或 $Z^{\tau}\widetilde{X}(Z)$ 所对应的信号是 $x_{n-\tau}$。

例 2.6　设 y_n 的 Z 变换为 $\widetilde{Y}(Z)$。求 $Z^3\widetilde{Y}(Z)$、$\widetilde{Y}(Z)+6Z\widetilde{Y}(Z)+7Z^5\widetilde{Y}(Z)$ 所对应的信号。

解　按时移定理,$Z^3\widetilde{Y}(Z)$ 所对应的信号为 y_{n-3}。$\widetilde{Y}(Z)$、$6Z\widetilde{Y}(Z)$ 和 $7Z^5\widetilde{Y}(Z)$ 所对应的信号分别为 y_n、$6y_{n-1}$ 和 $7y_{n-5}$。所以 $\widetilde{Y}(Z)+6Z\widetilde{Y}(Z)+7Z^5\widetilde{Y}(Z)$ 所对应的信号为 $y_n+6y_{n-1}+7y_{n-5}$。

2.5.7　离散信号的时移与滤波

我们知道,离散信号 x_n 经过滤波因子 h_n 滤波后得到 y_n 实际上就是 h_n 与 x_n 褶积的结果:

$$y_n = \sum_{\tau=-\infty}^{+\infty} h_{\tau}x_{n-\tau} \qquad (2.46)$$

上式中,$h_{\tau}x_{n-\tau}$ 为时移信号 $x_{n-\tau}$ 乘上一个系数 h_{τ}。因此,从式(2.46)可看出,对 x_n 滤波就是把 x_n 的不同时移信号 $x_{n-\tau}$ 乘上系数 h_{τ},然后叠加起来;反过来,把 x_n 的不同时移信号 $x_{n-\tau}$ 乘上一定的系数叠加起来就是滤波,而且 $x_{n-\tau}$ 前的系数就是 h_{τ}。

例 2.7　设 x_n 和 y_n 为离散信号,$y_n=3x_{n+4}+2x_{n-1}+5x_{n-5}$。$y_n$ 是 x_n 的不同的时移信号乘上一定的系数叠加,因此 y_n 是 x_n 经滤波后的结果,求滤波因子 h_{τ}。

解　由于 $x_{n-\tau}$ 前的系数就是 h_{τ},所以 $x_{n+4}=x_{n-(-4)}$ 前的系数为 $h_{-4}=3$,x_{n-1} 前的系数是 $h_1=2$,x_{n-5} 前的系数为 $h_5=5$,对于其他的 τ,在 y_n 的表示中不出现,这表明 $h_{\tau}=0$。综上所述,滤波因子为

$$h_{\tau}=3(\tau=-4),\quad h_{\tau}=2(\tau=1),\quad h_{\tau}=5(\tau=5),\quad h_{\tau}=0(\tau=\text{其他})$$

例 2.8　设 x_n 和 y_n 为离散信号,且 $y_n=1/(2N+1)\cdot(x_{n-N}+x_{n-N+1}+\cdots+x_n+x_{n+1}+\cdots+x_{n+N})$,求其滤波因子。

解　由于 y_n 是 x_n 的不同时移信号乘上一定系数的叠加,因此 y_n 是 x_n 经滤波处理后的结果。可得滤波因子为 $h_{\tau}=1/(2N+1)(\tau\in[N,-N])$,$h_{\tau}=0(\tau\in\text{其他})$。

2.6　两个时间函数或序列相乘的频谱

如果两个时间函数或序列进行褶积,则对应的序列在频率域的关系为相应两个时间函数或序列的频谱进行相乘。如果两个时间函数或序列相乘,我们需要确定相应的频谱对应关

系。这是理解岩土工程信号时间域实时处理需要掌握的基本概念。

2.6.1 两个时间函数相乘的频谱

设连续函数 $g(t)$ 和 $h(t)$ 的频谱为 $G(f)$ 和 $H(f)$，则 $g(t)$ 与 $h(t)$ 的褶积 $g(t) \cdot h(t)$ 仍为一个时间函数，它的频谱为 $G(f)H(f)$。按照频谱对称定理，$G(t)H(t)$ 的频谱为 $G(-f) \cdot H(-f)$，其中 $G(-f)$ 为 $G(t)$ 的频谱，$H(-f)$ 为 $H(t)$ 的频谱。这表明两个时间函数 $g(t)$ 和 $h(t)$ 相乘 $g(t) \cdot h(t)$，它的频谱为 $g(t)$ 和 $h(t)$ 二者频谱 $G(-f)$ 和 $H(-f)$ 的褶积 $G(-f) \cdot H(-f)$。它蕴含如下的规律：设连续时间函数 $x(t)$、$y(t)$ 的频谱分别为 $X(f)$、$Y(f)$，则 $x(t) \cdot y(t)$ 的频谱为 $X(f) \cdot Y(f) = \int_{-\infty}^{+\infty} X(\lambda)Y(f-\lambda)\mathrm{d}\lambda$。这种规律在一维滤波中有很好的应用。

例 2.9 在桩基工程监测中，无论是小应变还是大应变信号处理中，经常遇到信号截尾的频谱问题，设连续时间信号函数 $x(t)$ 的频谱为 $X(f)$，$x(t)$ 的截尾信号 $x_T(t)$ 为：$x_T(t) = x(t)(-T \leqslant t \leqslant T)$，$x_T(t) = 0$（其他）。截尾信号 $x_T(t)$ 相当于 $x(t)$ 与一个方波 $g_T(t)$ 相乘的结果，其中方波 $g_T(t)$ 为：$g_T(t) = 1(-T \leqslant t \leqslant T)$，$g_T(t) = 0$（其他）。很明显我们有 $x_T(t) = x(t) \cdot g_T(t)$，$x(t)$ 的频谱为 $X(f)$，方波 $g_T(t)$ 的频谱为 $\dfrac{\sin 2\pi T f}{\pi f}$，按照上面提出的规律，截尾信号 $x_T(t)$ 的频谱 $X_T(f)$ 为

$$X_T(f) = X(f) \cdot \frac{\sin 2\pi T f}{\pi f} = \int_{-\infty}^{+\infty} \frac{\sin 2\pi T f}{\pi f} X(f-\lambda)\mathrm{d}\lambda$$

例 2.10 设连续时间函数 $x(t)$ 的频谱为 $X(f)$，按频移定理，信号 $x(t)\cos 2\pi f_0 t$ 为 $\dfrac{1}{2}[X(f-f_0) + X(f+f_0)]$，这其实是频移定理的表现，可以从两个时间函数相乘的角度来考察这一问题。设 $y(t) = \cos 2\pi f_0 t = \dfrac{1}{2}(\mathrm{e}^{\mathrm{i}2\pi f_0 t} + \mathrm{e}^{-\mathrm{i}2\pi f_0 t})$，它的频谱 $Y(f) = \dfrac{1}{2}[\delta(f-f_0) + \delta(f+f_0)]$。由于 $x(t)\cos 2\pi f_0 t = x(t) \cdot y(t)$，根据上面的规律，$x(t)\cos 2\pi f_0 t$ 的频谱为

$$
\begin{aligned}
X(f) \cdot Y(f) &= \int_{-\infty}^{+\infty} Y(\lambda)X(f-\lambda)\mathrm{d}\lambda \\
&= \frac{1}{2}\int_{-\infty}^{+\infty} [\delta(f-f_0) + \delta(f+f_0)]X(f-\lambda)\mathrm{d}\lambda \\
&= \frac{1}{2}[X(f-f_0) + X(f+f_0)]
\end{aligned}
$$

上式运用了冲激函数 $\delta(t)$ 积分号下的运算规则，该式从另一角度印证了频移定理的结论。

2.6.2 两个时间序列相乘的频谱

设以抽样间隔 Δ 抽样，从两个时间函数中得到两个离散序列 $x(n)$ 和 $y(n)$，按照式（2.32），$x(n)$ 和 $y(n)$ 的频谱为

$$X(f) = \sum_{n=-\infty}^{+\infty} x(n)\mathrm{e}^{-\mathrm{i}2\pi n \Delta f}, \quad Y(f) = \sum_{n=-\infty}^{+\infty} y(n)\mathrm{e}^{-\mathrm{i}2\pi n \Delta f} \qquad (2.47)$$

这里要注意，$G(f)$、$Y(f)$ 均是以 $\dfrac{1}{\Delta}$ 为周期的函数。因此直接计算 $g(n) = x(n)y(n)$ 的频

谱 $G(f)$ 为

$$G(f) = \sum_{n=-\infty}^{+\infty} x(n) y(n) \mathrm{e}^{-\mathrm{i}2\pi n\Delta f} \tag{2.48}$$

根据式(2.31)，$y(n) = \Delta \int_{-\frac{1}{2\Delta}}^{\frac{1}{2\Delta}} Y(\lambda) \mathrm{e}^{\mathrm{i}2\pi n\Delta \lambda} \mathrm{d}\lambda$，有下式：

$$
\begin{aligned}
G(f) &= \sum_{n=-\infty}^{+\infty} x(n) \left[\Delta \int_{-\frac{1}{2\Delta}}^{\frac{1}{2\Delta}} Y(\lambda) \mathrm{e}^{\mathrm{i}2\pi n\Delta \lambda} \mathrm{d}\lambda \right] \mathrm{e}^{-\mathrm{i}2\pi n\Delta f} \\
&= \Delta \int_{-\frac{1}{2\Delta}}^{\frac{1}{2\Delta}} Y(\lambda) \left[\sum_{n=-\infty}^{+\infty} x(n) \mathrm{e}^{-\mathrm{i}2\pi n\Delta (f-\lambda)} \right] \mathrm{d}f \\
&= \Delta \int_{-\frac{1}{2\Delta}}^{\frac{1}{2\Delta}} Y(\lambda) X(f-\lambda) \mathrm{d}\lambda
\end{aligned}
$$

即有

$$G(f) = \Delta \int_{-\frac{1}{2\Delta}}^{\frac{1}{2\Delta}} Y(\lambda) X(f-\lambda) \mathrm{d}\lambda \tag{2.49}$$

上式右端为 $X(f)$ 和 $Y(f)$ 在区间 $[-\frac{1}{2\Delta}, \frac{1}{2\Delta}]$ 上的褶积。由于 $X(f)$ 和 $Y(f)$ 均是以 $\frac{1}{\Delta}$ 为周期的函数，在式(2.49)右边做变换 $\mu = f - \lambda$，即可得到

$$\Delta \int_{-\frac{1}{2\Delta}}^{\frac{1}{2\Delta}} Y(\lambda) X(f-\lambda) \mathrm{d}\lambda = \Delta \int_{-\frac{1}{2\Delta}}^{\frac{1}{2\Delta}} X(\mu) Y(f-\mu) \mathrm{d}\mu \tag{2.50}$$

这里，把 $X(f)$ 和 $Y(f)$ 在区间 $[-\frac{1}{2\Delta}, \frac{1}{2\Delta}]$ 上的褶积记为 $X(f) \cdot Y(f)_{[-\frac{1}{2\Delta}, \frac{1}{2\Delta}]}$，并定义它为

$$X(f) \cdot Y(f)_{[-\frac{1}{2\Delta}, \frac{1}{2\Delta}]} = \Delta \int_{-\frac{1}{2\Delta}}^{\frac{1}{2\Delta}} Y(\lambda) X(f-\lambda) \mathrm{d}\lambda \tag{2.51}$$

上面的讨论蕴含了下面的规律：设以 Δ 间隔抽样得到两个序列 $x(n)$ 和 $y(n)$，它们的频谱分别为 $X(f)$ 和 $Y(f)$，则两个序列 $x(n)$ 和 $y(n)$ 相乘所得序列 $g(n) = x(n) \cdot y(n)$ 的频谱 $G(f)$ 为 $X(f)$ 和 $Y(f)$ 在区间 $\left[-\frac{1}{2\Delta}, \frac{1}{2\Delta}\right]$ 上的褶积 $X(f) \cdot Y(f)_{[-\frac{1}{2\Delta}, \frac{1}{2\Delta}]}$。该规律在一维滤波中具有很好的应用。

例 2.11　设时间序列 $x(n)$ 的频谱为 $X(f)$，抽样间隔为 Δ，$x(n)$ 的截尾序列 $x_N(n)$ 为

$$x_N(n) = x(n)(-N \leqslant n \leqslant N); \quad x_N(n) = 0(其他)$$

设有一方波序列 $g_N(n)$：$g_N(n) = 1(-N \leqslant n \leqslant N)$；$g_N(n) = 1(其他)$。由上两式可知，$x_N(n) = x(n) g_N(n)$，则 $g_N(n)$ 的频谱为

$$G_N(f) = \sum_{n=-\infty}^{+\infty} g_N(n) \mathrm{e}^{-\mathrm{i}2\pi n\Delta f} = \sum_{n=-N}^{N} \mathrm{e}^{-\mathrm{i}2\pi n\Delta f} = \frac{\mathrm{e}^{\mathrm{i}2\pi N\Delta f} - \mathrm{e}^{-\mathrm{i}2\pi (N+1)\Delta f}}{1 - \mathrm{e}^{-\mathrm{i}2\pi\Delta f}}$$

在上式分子、分母中同乘 $\mathrm{e}^{\mathrm{i}\pi\Delta f}$，于是得

$$\frac{\mathrm{e}^{\mathrm{i}2\pi (N+\frac{1}{2})\Delta f} - \mathrm{e}^{-\mathrm{i}2\pi (N+\frac{1}{2})\Delta f}}{\mathrm{e}^{\mathrm{i}\pi\Delta f} - \mathrm{e}^{-\mathrm{i}\pi\Delta f}} = \frac{\sin 2\pi (N+\frac{1}{2})\Delta f}{\sin \pi\Delta f}$$

即有

$$G_N(f) = \sum_{n=-N}^{N} \mathrm{e}^{-\mathrm{i}2\pi n\Delta f} = \frac{\sin 2\pi (N+\frac{1}{2})\Delta f}{\sin \pi\Delta f}$$

利用上面总结的规律,截尾序列 $x_N(n)$ 的频谱为

$$X_N(f) = X(f) \cdot G_N(f)_{\left[-\frac{1}{2\Delta}, \frac{1}{2\Delta}\right]} = \Delta \int_{-\frac{1}{2\Delta}}^{\frac{1}{2\Delta}} \frac{\sin 2\pi(N+\frac{1}{2})\Delta\lambda}{\sin \pi\Delta\lambda} X(f-\lambda)d\lambda$$

如果我们不知道抽样间隔 Δ 是多少,仅知道序列 $x(n)$ 和 $y(n)$,这时序列的频谱用 $\widetilde{X}(\omega)$ 和 $\widetilde{Y}(\omega)$ 表示,在这种情况下,上述的规律可表示成如下的一般形式。设两个序列 $x(n)$ 和 $y(n)$ 的频谱为 $\widetilde{X}(\omega)$ 和 $\widetilde{Y}(\omega)$,则 $g(n)=x(n)y(n)$ 的频谱 $\widetilde{G}(\omega)$ 为 $\widetilde{G}(\omega)=\frac{1}{2\pi}\int_{-\pi}^{\pi}\widetilde{Y}(\lambda)\widetilde{X}(\omega-\lambda)d\lambda$。

2.7　一维频率滤波

在岩土工程监测信号数字处理中,低通、高通、带通、带阻滤波是最基本也是最常用的滤波器,也是工程信号处理中需要经常使用的滤波器,掌握这些滤波器的基本原理,对提高信号的识别能力具有重要作用。为此在本节将讨论频率域和时间域滤波器的基本设计、理想滤波器及其存在的问题、在频率域如何对滤波器进行镶边处理、在时间域如何对滤波器进行时窗加权处理,最后本节讨论一维频率波的实现问题。

2.7.1　理想滤波器

下面给出 4 种理想滤波器。当离散信号的抽样间隔 Δ 确定之后,理想滤波器在频率 $\left[-\frac{1}{2\Delta}, \frac{1}{2\Delta}\right]$ 范围之内进行讨论,设计滤波器时也只需在 $\left[-\frac{1}{2\Delta}, \frac{1}{2\Delta}\right]$ 之内给出滤波器的频谱。理想滤波器是在频率范围 $\left[-\frac{1}{2\Delta}, \frac{1}{2\Delta}\right]$ 内进行设计。

1. 理想低通滤波器

理想低通滤波器的频谱 $H_1(f)$ 为

$$H_1(f) = \begin{cases} 1, & |f| \leqslant f_1 \\ 0, & f_1 < |f| \leqslant \frac{1}{2\Delta} \end{cases} \tag{2.52}$$

其中,f_1 为高截止频率。$H_1(f)$ 的图形如图 2.3(a) 所示。相应于 $H_1(f)$ 的时间函数 $h_1(n)$ 为

$$h_1(n) = \int_{-\frac{1}{2\Delta}}^{\frac{1}{2\Delta}} H_1(f)e^{i2\pi n\Delta f}df = \frac{\sin 2\pi f_1 n\Delta}{\pi n\Delta}, \quad -\infty < n < +\infty \tag{2.53}$$

2. 理想带通滤波器

理想带通滤波器的频谱 $H_2(f)$ 为

$$H_2(f) = \begin{cases} 1, & f_1 \leqslant |f| \leqslant f_2 \\ 0, & 其他 \end{cases}, \quad \left(|f| \leqslant \frac{1}{2\Delta}\right) \tag{2.54}$$

其中,f_1 为低截止频率,f_2 为高截止频率。$H_2(f)$ 的图形如图 2.3(b) 所示。相应于 $H_2(f)$ 的时间函数 $h_2(n)$ 为

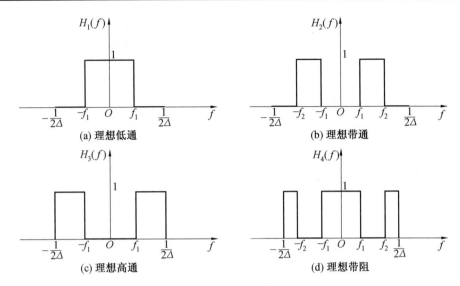

图 2.3　理想滤波器频谱

$$h_2(n) = \int_{-\frac{1}{2\Delta}}^{\frac{1}{2\Delta}} H_2(f) \mathrm{e}^{\mathrm{i}2\pi n\Delta f} \mathrm{d}f = \frac{2\sin \pi(f_2 - f_1)n\Delta \cos \pi(f_2 + f_1)n\Delta}{\pi n\Delta}, \quad -\infty < n < +\infty$$

(2.55)

3. 理想高通滤波器

理想高通滤波器的频谱 $H_3(f)$ 为

$$H_3(f) = \begin{cases} 0, & |f| \leqslant f_1 \\ 1, & f_1 < |f| \leqslant \dfrac{1}{2\Delta} \end{cases}$$

(2.56)

其中，f_1 为高截止频率。$H_3(f)$ 的图形如图 2.3(c) 所示。

从图 2.3(a) 和图 2.3(c)，以及式(2.53) 和式(2.56) 可知，理想高通滤波器 $H_3(f)$ 可通过理想低通滤波器 $H_1(f)$ 得到：

$$H_3(f) = 1 - H_1(f), \quad |f| \leqslant \frac{1}{2\Delta}$$

(2.57)

因此，可立即得到相应于 $H_3(f)$ 的时间函数 $h_3(n)$：

$$h_3(n) = \int_{-\frac{1}{2\Delta}}^{\frac{1}{2\Delta}} H_3(f) \mathrm{e}^{\mathrm{i}2\pi n\Delta f} \mathrm{d}f = \int_{-\frac{1}{2\Delta}}^{\frac{1}{2\Delta}} \mathrm{e}^{\mathrm{i}2\pi n\Delta f} \mathrm{d}f - \int_{-\frac{1}{2\Delta}}^{\frac{1}{2\Delta}} H_1(f) \mathrm{e}^{\mathrm{i}2\pi n\Delta f} \mathrm{d}f$$

$$= \frac{1}{\Delta}\delta(n) - \frac{\sin 2\pi f_1 n\Delta}{\pi n\Delta}, \quad -\infty < n < +\infty$$

(2.58)

式中

$$\delta(n) = \begin{cases} 1, & n \neq 0 \\ 0, & n = 0 \end{cases}$$

(2.59)

4. 理想带阻滤波器

理想带阻滤波器的频谱 $H_4(f)$ 为

$$H_4(f) = \begin{cases} 1, & f_1 \leqslant |f| \leqslant f_2 \\ 0, & 其他 \end{cases}, \quad \left(|f| \leqslant \frac{1}{2\Delta}\right)$$

(2.60)

其中，f_1 为低截止频率，f_2 为高截止频率。$H_4(f)$ 的图形如图 2.3(d) 所示。它可通过理想带通滤波器 $H_2(f)$ 得到。从图 2.3(b) 和图 2.3(d)，以及式 (2.54) 和式 (2.60) 可知

$$H_4(f) = 1 - H_2(f), \quad |f| \leqslant \frac{1}{2\Delta} \tag{2.61}$$

因此，可得到相应于 $H_4(f)$ 的时间函数 $h_4(n)$ 为

$$
\begin{aligned}
h_4(n) &= \int_{-\frac{1}{2\Delta}}^{\frac{1}{2\Delta}} H_4(f) e^{i2\pi n\Delta f} df \\
&= \frac{1}{\Delta} \delta(n) - \frac{2\sin \pi(f_2 - f_1)n\Delta \cos \pi(f_1 + f_2)n\Delta}{\pi n\Delta}, \quad -\infty < n < +\infty
\end{aligned}
\tag{2.62}
$$

上述简要介绍了理想滤波器的频谱频带分布的基本特征，这些滤波器的频谱又称 Wiener 滤波器的频率响应，滤波器的时间函数又称为滤波器的脉冲响应或滤波因子。

在岩土工程实际监测中会出现各种信号，如工地打桩时桩体振动、基础和地基振动、位移连续监测信号、空隙水压力信号等，当采集信号中的有效信号和干扰信号的频谱完全分离时，通过设计上述类型的滤波器，可以较好地压制干扰信号，提取有效信号，但这只是一种简单的理想的情况，因此把上述各种滤波器称为理想滤波器。

虽然理想滤波器是一种简单、特殊的滤波器，在大多数情况下它不能起到完全消除干扰、保留有效信号的作用，但在许多实际工程信号处理过程中，它可以起到削弱干扰信号、突出有效信号的作用。所以不论在理论上还是在实践上，对理想滤波器频谱本质的认识，仍然有着十分重要的意义。

2.7.2 理想滤波器存在的问题

根据理想滤波器的频谱分析，理想滤波器的时间函数 $h(n)$ 的长度是无限的，即 n 从 $-\infty$ 变化到 $+\infty$，对应这无限长度的时间函数 $h(n)$，它的频谱才是理想滤波器频谱，如图 2.4 所示。

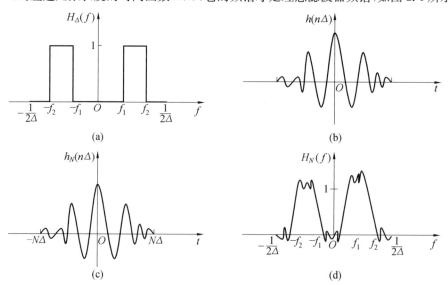

图 2.4　无限长度与有限长度时间函数滤波器频谱

然而在实际滤波中，只能取 $h(n)$ 的有限部分，另外 $h(n)$ 是偶函数，可取 n 在 $-N$ 到 N 之间的部分，而把 $|n| \geqslant N$ 的部分截掉，即取 $h(n)$ 的截尾函数 $h_N(n)$，其表达式为

$$h_N(n) = \begin{cases} h(n), & -N \leqslant n \leqslant N \\ 0, & \text{其他} \end{cases} \tag{2.63}$$

经过截断后,无限长度时间函数 $h(n\Delta)$ 变成了有限长度时间函数 $h_N(n\Delta)$,其对应的图形如图 2.4(c) 所示,对应于时间函数 $h_N(n)$ 的频谱为 $H_N(n)$,它的图形如图2.4(d) 所示。从图 2.4(d) 可以看出,在点 f_1、f_2、$-f_1$、$-f_2$ 左右,曲线产生了较为严重的振动现象,这种现象即为信号处理中的吉布斯现象。产生吉布斯现象的原因有两个:一个是 $h(n)$ 的频谱 $H(f)$ 在点 f_1、f_2、$-f_1$、$-f_2$ 处产生突跳,另外一个是由截尾引起的。把无限长时间函数 $h(n)$ 截尾称为有限长时间函数 $h_N(n)$,在第一个原因的内在条件下,有限与无限的矛盾就导致了吉布斯现象的产生。

滤波过程产生吉布斯现象,造成滤波效果不好,它不仅不能有效地压制干扰信号、突出有效信号,而且还可能使有效信号的频谱产生畸变,为了克服吉布斯现象,一般从两个方面入手:一是在频率域中,避免理想滤波器频谱中出现突跳现象,把它改造成为一条连续甚至光滑的曲线,所采用的方法就是通常所说的镶边法;二是在时间域内,对截尾函数 $h_N(n)$ 进行改造,所采用的方法就是所谓的时窗函数法,下面对镶边法和时窗函数法的数学本质进行介绍。

2.8 镶边理想滤波器

本节对镶边法中的直接构造镶边法和褶积镶边法进行分析。

2.8.1 直接构造镶边法

为了说明什么是镶边理想滤波器,下面以镶边带通滤波器为例进行分析。镶边带通滤波器的频谱 $H(f)$ 如图 2.5 所示,它有 f_1、f_2、f_3、f_4 4 个频率参数。区间 $[f_2, f_3]$ 称为通过带,在这个范围内,频谱的值为 1。区间 $[f_1, f_2]$ 和 $[f_3, f_4]$ 称为过渡带,在这个范围内,频谱的值连续地由 0 过渡到 1 或由 1 过渡到 0。区间 $[0, f_1]$ 和 $[f_1, 1/2\Delta]$ 称为压制带,在这个范围内,频谱的值为 0。

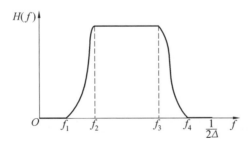

图 2.5　镶边带通滤波器频谱

镶边带通滤波器的频谱 $H(f)$ 可写为

$$H(f) = \begin{cases} 1, & f_2 \leqslant |f| \leqslant f_3 \\ g_1(|f|), & f_1 \leqslant |f| \leqslant f_2 \\ g_2(|f|), & f_3 \leqslant |f| \leqslant f_4 \\ 0, & \text{其他} \end{cases} \tag{2.64}$$

式中，$g_1(f)$、$g_2(f)$ 为过渡函数。要求 $g_1(f)$ 在 $[f_1,f_2]$、$g_2(f)$ 在 $[f_3,f_4]$ 上连续，且 $g_1(f_1)=g_2(f_4)=0$，$g_1(f_2)=g_2(f_3)=1$。这时 $H(f)$ 为连续函数。如果在以上基础上，还要求 $g_1(f)$ 在 $[f_1,f_2]$ 上一阶微商 $g'_1(f)$ 存在，$g_2(f)$ 在 $[f_3,f_4]$ 上一阶微商 $g'_2(f)$ 存在，且 $g'_1(f_1)=g'_1(f_2)=g'_2(f_3)=g'_2(f_4)=0$，则 $H(f)$ 为一阶光滑函数。若在以上基础上，再对 $g_1(f)$、$g_2(f)$ 的二阶微商做同样要求，则 $H(f)$ 就为二阶光滑函数，还可依此类推下去。

所谓直接构造镶边法，就是直接把过渡函数 $g_1(f)$、$g_2(f)$ 构造出来。通常取 $g_1(f)$、$g_2(f)$ 为线性函数或余弦函数，一般的构造过程如下：

不妨设线性镶边带通滤波器的频谱 $H(f)$ 为

$$H(f)=\begin{cases}1, & f_2\leqslant|f|\leqslant f_3 \\ \dfrac{|f|-f_1}{f_2-f_1}, & f_1<|f|<f_2 \\ \dfrac{|f|-f_4}{f_3-f_4}, & f_3<|f|<f_4 \\ 0, & \text{其他}\end{cases} \tag{2.65}$$

余弦镶边带通滤波器的频谱 $H(f)$ 为

$$H(f)=\begin{cases}1, & f_2\leqslant|f|\leqslant f_3 \\ \dfrac{1}{2}\left(1+\cos\dfrac{|f|-f_2}{f_1-f_2}\pi\right), & f_1<|f|<f_2 \\ \dfrac{1}{2}\left(1+\cos\dfrac{|f|-f_3}{f_4-f_3}\pi\right), & f_3<|f|<f_4 \\ 0, & \text{其他}\end{cases} \tag{2.66}$$

式(2.66)表明，线性镶边频谱 $H(f)$ 是连续函数，但不是一阶光滑函数。也可表明，余弦镶边频谱 $H(f)$ 是一阶光滑函数，但不是二阶光滑函数。在式(2.66)中，含有余弦的函数表达式还可写成另外一种形式：

$$\begin{cases}\dfrac{1}{2}\left(1+\cos\dfrac{|f|-f_2}{f_1-f_2}\pi\right)=\cos^2\left(\dfrac{\pi}{2}\cdot\dfrac{|f|-f_2}{f_1-f_2}\right)=\sin^2\left(\dfrac{|f|-f_1}{f_2-f_1}\right) \\ \dfrac{1}{2}\left(1+\cos\dfrac{|f|-f_3}{f_4-f_3}\pi\right)=\cos^2\left(\dfrac{\pi}{2}\cdot\dfrac{|f|-f_3}{f_4-f_3}\right)=\sin^2\left(\dfrac{|f|-f_4}{f_3-f_4}\right)\end{cases} \tag{2.67}$$

对于低通、高通、带阻、镶边滤波器的构造方法，可用类似上述方法得到。

2.8.2 褶积镶边法

与镶边理想滤波器相比，褶积镶边法的优点是方法灵活，可以比较容易地求出镶边理想滤波器的时间函数。

1. 褶积镶边低通滤波器的构造

褶积镶边滤波器的构造是，把理想低通滤波器频谱与一个褶积因子频谱进行褶积，就得到了褶积镶边低通滤波器频谱。设理想低通滤波器频谱为

$$H_1(f)=\begin{cases}1, & |f|\leqslant\alpha \\ 0, & |f|>\alpha\end{cases} \tag{2.68}$$

褶积因子频谱 $Q(f)$ 为

$$Q(f) = \begin{cases} Q(f), & |f| \leqslant \delta \\ 0, & |f| > \delta \end{cases} \tag{2.69}$$

频谱对上述两式的要求为

$$\begin{cases} Q(f) \geqslant 0, Q(f) \text{ 为偶函数, 满足}: Q(-f) = Q(f) \\ \int_{-\infty}^{+\infty} Q(f)\mathrm{d}f = \int_{-d}^{d} Q(f)\mathrm{d}f = 1 \\ Q(f) \text{ 在区间} [-\delta, \delta] \text{ 上连续} \end{cases} \tag{2.70}$$

式(2.68)和式(2.69)中参数 α 和 δ 满足 $\alpha \geqslant \delta > 0$。理想低通滤波器频谱 $H_1(f)$ 和褶积因子频谱 $Q(f)$ 的图形如图 2.6(a)、(b) 所示。

褶积镶边低通滤波频谱 $\widetilde{H}_1(f)$ 为 $H_1(f)$ 和 $Q(f)$ 的褶积,其表达式如下:

$$\widetilde{H}_1(f) = H_1(f) \cdot Q(f) = \int_{-\infty}^{+\infty} Q(\mu) H_1(f-\mu)\mathrm{d}\mu$$

$$= \int_{-\delta}^{\delta} Q(\mu) H_1(f-\mu)\mathrm{d}\mu = \int_{-\delta}^{\delta} Q(\lambda) H_1(f+\lambda)\mathrm{d}\lambda \tag{2.71}$$

计算积分(2.71),须考虑 λ 在 $[-\delta, \delta]$ 范围内取值。当 $|f| \leqslant \alpha - \delta$ 时,$H_1(f+\lambda) \equiv 1$,所以式(2.71)等于 $\int_{-\delta}^{\delta} Q(\lambda)\mathrm{d}\lambda$,由式(2.70)知它等于 1。当 $|f| > \alpha + \delta$ 时,$H_1(f+\lambda) \equiv 0$,所以式(2.71)等于 0。当 $\alpha - \delta \leqslant f \leqslant \alpha + \delta$ 时,对 λ 而言,只有 $f+\lambda \leqslant \alpha$,即 $\lambda \leqslant \alpha - f$ 时,$H(f+\lambda) = 1$,否则 $H(f+\lambda) = 0$,所以这时式(2.71)等于 $\int_{-\delta}^{\alpha-f} Q(\lambda)\mathrm{d}\lambda$。由于 $H_1(f)$、$Q(f)$ 是实偶函数,所以 $\widetilde{H}_1(f)$ 也是实偶函数,当 $f < 0$ 时 $\widetilde{H}_1(f)$ 的值可由 $\widetilde{H}_1(|f|)$ 得到。这样,$H_1(f)$ 可写为

$$\widetilde{H}_1(f) = \begin{cases} 1, & |f| \leqslant \alpha - \delta \\ \int_{-\delta}^{\alpha-|f|} Q(\lambda)\mathrm{d}\lambda, & \alpha - \delta < |f| < \alpha + \delta \\ 0, & |f| \leqslant \alpha - \delta \end{cases} \tag{2.72}$$

$\widetilde{H}_1(f)$ 的图形如图 2.6(c) 所示。

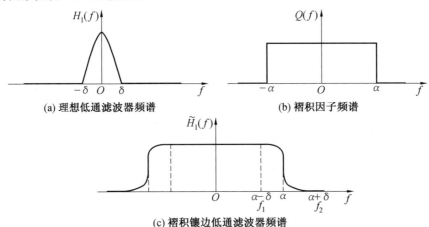

(a) 理想低通滤波器频谱　　(b) 褶积因子频谱

(c) 褶积镶边低通滤波器频谱

图 2.6　褶积镶边低通滤波器的形成

除了了解褶积镶边滤波器的构造外,还需要明确褶积镶边低通滤波器中参数的意义,令

$f_1 = \alpha - \delta, f_2 = \alpha + \delta$，可得参数 $\alpha = (f_1 + f_2)/2, \delta = (f_2 - f_1)/2$。由图 2.6(c) 知，对褶积镶边低通滤波器，$f_1$ 为高通频率，f_2 为低通频率，2δ 为过渡带宽度。根据式(2.70)，$\widetilde{H}_1(f)$ 在 α 时，值 $\widetilde{H}_1(\alpha) = \int_{-\delta}^{0} Q(\lambda)\mathrm{d}\lambda = \frac{1}{2}$，故称 α 为半值点。对褶积镶边低通滤波器，给定了 f_1、f_2 或者 α、δ 后，从而就可以确定滤波器的通过带、过渡带、压制带。参数 f_1、f_2 或者 α、δ 可通过上述关于参数含义的表达式进行相互转换。

在应用中，镶边低通滤波器通常给出参数 f_1、f_2，所以为了明确起见，把 $\widetilde{H}_1(f)$ 记为 $\widetilde{H}_1(f, f_1, f_2)$，即

$$\widetilde{H}_1(f, f_1, f_2) = \widetilde{H}_1(f) = H_1(f) \cdot Q(f) \tag{2.73}$$

按照式(2.65)，$H_1(f)$ 对应的连续时间函数 $h_1(t)$ 为 $h_1(t) = \frac{\sin 2\pi \alpha t}{\pi t}$，$-\infty < t < +\infty$，设 $Q(f)$ 对应的连续时间函数为 $q(t)$。根据式(2.73)和褶积定理，$\widetilde{H}_1(f, f_1, f_2)$ 对应的连续时间函数 $\widetilde{h}_1(t, f_1, f_2)$ 为 $h_1(t)q(t)$，即

$$\widetilde{h}_1(t, f_1, f_2) = \frac{\sin 2\pi \alpha t}{\pi t} q(t), \quad -\infty < t < +\infty \tag{2.74}$$

其中，$q(t)$ 是对应于频谱 $Q(f)$ 的连续时间函数。

当抽样间隔 Δ 满足 $1/(2\Delta) > f_2$ 时，得到离散褶积镶边低通滤波器的时间函数为

$$\widetilde{h}_1(n\Delta, f_1, f_2) = \frac{\sin 2\pi \alpha n\Delta}{\pi n\Delta} q(t), \quad -\infty < n < +\infty \tag{2.75}$$

2. 工程中常用的褶积镶边低通滤波器

由上述滤波器的分析知道，在参数 f_1、f_2 给定之后，只要确定了褶积因子频谱 $Q(f)$，褶积镶边低通滤波器就可完全确定。下面给出在工程和研究中常用的褶积因子频谱 $Q(f)$，并给出相应镶边低通滤波器。

（1）方波褶积镶边低通滤波器。

方波褶积因子频谱 $Q(f)$ 为

$$Q(f) = \frac{1}{2\delta}, \quad |f| \leqslant \delta; \quad Q(f) = 0, \quad |f| > \delta \tag{2.76}$$

相应于 $Q(f)$ 的连续时间函数 $q(t)$ 为 $q(t) = (\sin 2\pi \delta t)/(2\pi \delta t)$，计算式(2.76)中的积分，有

$$\int_{-\delta}^{\alpha - |f|} Q(\lambda)\mathrm{d}\lambda = \frac{1}{2\delta}(\alpha - |f| + \delta)$$

把参数 α、δ 换成 f_1、f_2，根据上述滤波器中参数的意义，有 $\int_{-\delta}^{\alpha - |f|} Q(\lambda)\mathrm{d}\lambda = \frac{f_2 - |f|}{f_2 - f_1}$，根据式(2.72)，方波褶积镶边低通滤波器的频谱 $\widetilde{H}_1(f, f_1, f_2)$ 为

$$\widetilde{H}_1(f, f_1, f_2) = \begin{cases} 1, & |f| \leqslant f_1 \\ \dfrac{f_2 - |f|}{f_2 - f_1}, & f_1 < |f| < f_2 \\ 0, & |f| \geqslant f_2 \end{cases} \tag{2.77}$$

从上式可以看出，这就是线性镶边低通滤波器频谱。$\widetilde{H}_1(f, f_1, f_2)$ 对应的连续时间函数为 $\widetilde{h}_1(t, f_1, f_2)$，按式(2.74)和 $q(t)$ 的表达式，可写为

$$\tilde{h}_1(t,f_1,f_2)=\frac{\sin 2\pi\alpha t}{\pi t}\cdot\frac{\sin 2\pi\delta t}{2\pi\delta t} \tag{2.78}$$

把上式中 t 换成 $n\Delta$，参数 α、δ 换成 f_1、f_2，则有

$$\tilde{h}_1(n\Delta,f_1,f_2)=\frac{\sin \pi(f_1+f_2)n\Delta}{\pi n\Delta}\cdot\frac{\sin \pi(f_2-f_1)n\Delta}{\pi(f_2-f_1)n\Delta} \tag{2.79}$$

（2）半余弦褶积镶边低通滤波器。

半余弦褶积因子频谱为

$$Q(f)=\begin{cases}\dfrac{\pi}{4\delta}\cos\dfrac{\pi}{2\delta}f, & |f|\leqslant\delta\\ 0, & |f|>\delta\end{cases} \tag{2.80}$$

可以证明，上式 $Q(f)$ 满足条件式(2.70)，$Q(f)$ 所对应的连续时间函数 $q(t)$ 为

$$q(t)=\frac{\cos 2\pi\delta t}{1-(4\delta t)^2} \tag{2.81}$$

现在计算式(2.72)中的积分

$$\int_{-\delta}^{\alpha-|f|}Q(\lambda)\mathrm{d}\lambda=\frac{\pi}{4\delta}\int_{-\delta}^{\alpha-|f|}\cos\frac{\pi}{2\delta}\lambda\,\mathrm{d}\lambda=\frac{1}{2}\int_{-\delta}^{\alpha-|f|}\mathrm{d}\sin\frac{\pi}{2\delta}\lambda=\frac{1}{2}\left[\sin\frac{\pi}{2}+\sin\frac{\pi}{2\delta}(\alpha-|f|)\right]$$

在上式中把参数 α、δ 转换成 f_1、f_2，可得到 $\int_{-\delta}^{\alpha-|f|}Q(\lambda)\mathrm{d}\lambda=\frac{1}{2}(1+\cos\frac{|f|-f_1}{f_2-f_1}\pi)$，因此，

按照式(2.72)，半余弦褶积镶边低通滤波器的频谱 $\widetilde{H}_1(f,f_1,f_2)$ 为

$$\widetilde{H}_1(f,f_1,f_2)=\begin{cases}1, & |f|\leqslant f\\ \dfrac{1}{2}\Big(1+\cos\dfrac{f_2-|f|}{f_2-f_1}\pi\Big), & f_1<|f|<f_2\\ 0, & |f|\geqslant f_2\end{cases} \tag{2.82}$$

从式(2.82)可知，这就是余弦镶边低通滤波器的频谱。

$\widetilde{H}_1(f,f_1,f_2)$ 所对应的连续时间函数 $\tilde{h}_1(t,f_1,f_2)$，按照式(2.74)和式(2.82)，为

$$\tilde{h}_1(t,f_1,f_2)=\frac{\sin 2\pi\alpha t}{\pi t}\cdot\frac{\cos 2\pi\delta t}{1-(4\delta t)^2} \tag{2.83}$$

把上式中参数 α、δ 转换成 f_1、f_2，并把 t 换成离散值 $n\Delta$，则有

$$\tilde{h}_1(n\Delta,f_1,f_2)=\frac{\sin \pi(f_1+f_2)n\Delta}{\pi n\Delta}\cdot\frac{\cos \pi(f_2-f_1)n\Delta}{1-4(f_2-f_1)^2n^2\Delta^2} \tag{2.84}$$

（3）三角波褶积镶边低通滤波器。

三角波褶积因子频谱为

$$Q(f)=\begin{cases}\dfrac{1}{\delta}\Big(1-\dfrac{|f|}{\delta}\Big), & |f|\leqslant\delta\\ 0, & |f|>\delta\end{cases} \tag{2.85}$$

可以证明 $Q(f)$ 满足条件式(2.70)，所对应的连续时间函数 $q(t)$ 为

$$q(t)=\frac{\sin^2\pi\delta t}{\pi^2\delta^2 t^2} \tag{2.86}$$

现在计算式(2.70)中的积分。当 $\alpha-|f|\geqslant0$ 时，

$$\int_{-\delta}^{\alpha-|f|}Q(\lambda)\mathrm{d}\lambda=\int_{-\delta}^{0}Q(\lambda)\mathrm{d}\lambda+\int_{0}^{\alpha-|f|}\frac{1}{\delta}(1-\frac{\lambda}{\delta})\mathrm{d}\lambda=\frac{1}{2}+\frac{\alpha-|f|}{\delta}-\frac{1}{2}\Big(\frac{\alpha-|f|}{\delta}\Big)^2$$

$$= 1 - \frac{(\alpha - |f| - \delta)^2}{2\delta^2}$$

当 $\alpha - |f| < 0$ 时，

$$\int_{-\delta}^{\alpha - |f|} Q(\lambda) \mathrm{d}\lambda = \frac{1}{\delta} \int_{-\delta}^{\alpha - |f|} \left(1 - \frac{-\lambda}{\delta}\right) \mathrm{d}\lambda = \frac{(\alpha - |f| + \delta)^2}{2\delta^2}$$

因此按照式(2.70)，三角波褶积镶边低通滤波器的频谱 $\widetilde{H}_1(f, f_1, f_2)$ 为

$$\widetilde{H}_1(f, f_1, f_2) = \begin{cases} 1, & |f| \leqslant \alpha - \delta \\ 1 - \dfrac{(\alpha - |f| - \delta)^2}{2\delta^2}, & \alpha - |f| \geqslant 0, \alpha - \delta < |f| < \alpha + \delta \\ \dfrac{(\alpha - |f| + \delta)^2}{2\delta^2}, & \alpha - |f| < 0, \alpha - \delta < |f| < \alpha + \delta \\ 0, & |f| \geqslant \alpha + \delta \end{cases} \tag{2.87a}$$

由于 $\alpha - |f| < 0$ 和 $\alpha - \delta < |f| < \alpha + \delta$ 在一起是 $\alpha < |f| < \alpha + \delta$，而 $\alpha - |f| \geqslant 0$ 和 $\alpha - \delta < |f| < \alpha + \delta$ 在一起是 $\alpha - \delta < |f| < \alpha$，所以上述公式可写为

$$\widetilde{H}_1(f, f_1, f_2) = \begin{cases} 1, & |f| \leqslant \alpha - \delta \\ 1 - \dfrac{(\alpha - |f| - \delta)^2}{2\delta^2}, & \alpha - \delta < |f| \leqslant \alpha \\ \dfrac{(\alpha - |f| + \delta)^2}{2\delta^2}, & \alpha < |f| < \alpha + \delta \\ 0, & |f| \geqslant \alpha + \delta \end{cases} \tag{2.87b}$$

按照式(2.78)和式(2.87b)，三角波褶积镶边低通滤波器的连续时间函数为

$$\widetilde{h}_1(t, f_1, f_2) = \frac{\sin 2\pi \alpha t}{\pi t} \cdot \frac{\sin^2 \pi \delta t}{\pi^2 \delta^2 t^2} \tag{2.88}$$

把上式中参数 α、δ 转换成 f_1、f_2，并把 t 换成离散值 $n\Delta$，则有

$$\widetilde{h}_1(n\Delta, f_1, f_2) = 4 \frac{\sin \pi(f_1 + f_2)n\Delta}{\pi n\Delta} \cdot \frac{\sin^2 \frac{1}{2}\pi(f_2 - f_1)n\Delta}{[\pi(f_2 - f_1)n\Delta]^2} \tag{2.89}$$

3. 褶积镶边带通、高通、带阻滤波器

褶积镶边带通、高通和带阻滤波器均可以在褶积镶边低通滤波器的基础上进行构造，下面对它们的基本频谱分别进行阐述。

（1）褶积镶边带通滤波器。

褶积镶边带通滤波器的4个频率参数为 f_1、f_2、f_3 和 f_4，参数的物理意义如图2.5所示。

不妨设褶积镶边带通滤波器的频谱为 $\widetilde{H}_2(f, f_1, f_2, f_3, f_4)$，离散时间函数为 $\widetilde{h}_2(n\Delta, f_1, f_2, f_3, f_4)$，褶积镶边带通滤波器频谱可以通过两个镶边低通滤波器频谱相减得到，其构造公式为

$$\widetilde{H}_2(f, f_1, f_2, f_3, f_4) = \widetilde{H}_1(f, f_3, f_4) = \widetilde{H}_1(f, f_1, f_2) \tag{2.90}$$

其对应的离散时间函数为

$$\widetilde{h}_2(n\Delta, f_1, f_2, f_3, f_4) = \widetilde{h}_1(n\Delta, f_3, f_4) = \widetilde{h}_1(n\Delta, f_1, f_2) \tag{2.91}$$

（2）褶积镶边高通滤波器。

褶积镶边高通滤波器的两个频率参数为 f_1 和 f_2，其意义如图2.7所示。

设褶积镶边高通滤波器的频谱为 $\widetilde{H}_3(f,f_1,f_2)$，离散时间函数为 $\tilde{h}_3(n\Delta,f_1,f_2)$。

从图 2.7 可以看出,褶积镶边高通滤波频谱是由 1 减去褶积镶边低通滤波频谱得到的,具体公式为

$$\widetilde{H}_3(f,f_1,f_2)=1-\widetilde{H}_1(f,f_1,f_2),\quad |f|\leqslant\frac{1}{2\Delta} \tag{2.92}$$

相应的离散时间函数为

$$\tilde{h}_3(n\Delta,f_1,f_2)=\frac{1}{\Delta}\delta(n)-\tilde{h}_1(n\Delta,f_1,f_2) \tag{2.93}$$

其中,$\delta(n)$ 的意义如式(2.59)所示。

(3) 褶积镶边带阻滤波器。

褶积镶边带阻滤波器的 4 个频率参数为 f_1、f_2、f_3 和 f_4,它们的意义如图 2.8 所示。

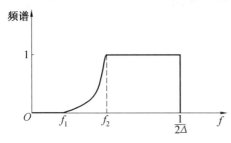

图 2.7　褶积镶边高通滤波器频谱　　图 2.8　褶积镶边带阻滤波器频谱

设褶积镶边带阻滤波器的频谱为 $\widetilde{H}_4(f,f_1,f_2,f_3,f_4)$,离散时间函数为 $\tilde{h}_4(n\Delta,f_1,f_2,f_3,f_4)$,从图 2.8 可以看出,褶积镶边带阻滤波频谱是 1 减去褶积镶边带通滤波频谱得到的,具体公式为

$$\widetilde{H}_4(f,f_1,f_2,f_3,f_4)=1-\widetilde{H}_2(f,f_1,f_2,f_3,f_4),\quad |f|\leqslant\frac{1}{2\Delta} \tag{2.94}$$

再由式(2.90)得到

$$\widetilde{H}_4(f,f_1,f_2,f_3,f_4)=1+\widetilde{H}_1(f,f_1,f_2)-\widetilde{H}_1(f,f_3,f_4),\quad |f|\leqslant\frac{1}{2\Delta} \tag{2.95}$$

相应的离散时间函数为

$$\tilde{h}_3(n\Delta,f_1,f_2,f_3,f_4)=\frac{1}{\Delta}\delta(n)+\tilde{h}_1(n\Delta,f_1,f_2)-\tilde{h}_1(n\Delta,f_3,f_4) \tag{2.96}$$

上面的阐述,已分别给出了褶积镶边带通、高通、带阻滤波器的频谱表达式,也分别给出了镶边带通、高通、带阻滤波器的离散时间函数(离散脉冲响应)。在岩土工程监测信号处理应用中,镶边低通滤波器频谱及通过滤波器的时间函数,可取上述形式中的一种。

4. 关于镶边理想滤波器的几点总结

构造镶边理想滤波器的两种方法:直接构造法和褶积镶边法。从上面讨论可以知道,褶积镶边法有两个优点:一是灵活性,只要给出褶积因子频谱 $Q(f)$,就可以得到一个镶边理想滤波器。我们可以给出各种各样的 $Q(f)$,得到各种各样的镶边理想滤波器,这就为我们进行镶边提供了一个有力的工具。二是可以直接得到镶边滤波器的时间函数。这是从两个频谱褶积的时间函数等于两个时间函数相乘这个结论得到的,这就避免了从频谱直接计算时间函数的复杂演算。

理想滤波器频谱与镶边理想滤波器频谱的不同在于,理想滤波器频谱是一个不连续函数,而镶边理想滤波器频谱是一个连续函数(如线性镶边),甚至是光滑函数(如余弦镶边)。频谱的差异,在时间函数上的反映,就是理想滤波器时间函数衰减得比较慢,镶边理想滤波器时间函数衰减得比较快。以低通滤波器为例,理想低通滤波器的时间函数按 $1/n$ 衰减,方波褶积镶边低通滤波器的时间函数按 $1/n^2$ 衰减,半余弦和三角波褶积镶边低通滤波器的时间函数按 $1/n^3$ 衰减。时间函数衰减得快,在做截尾处理时所受的损失就比较小,即截尾时间函数的频谱接近于原来的频谱。原则上说,频谱越光滑,时间函数衰减得越快。为了使镶边频谱充分光滑,在褶积镶边法中,我们只要使褶积因子频谱 $Q(f)$ 充分光滑就行了。若 $Q(f)$ 连续,则褶积镶边频谱 $\widetilde{H}_1(f)$ 二阶光滑。一般地,若 $Q(f)$ 为 m 阶光滑,则 $\widetilde{H}_1(f)$ 为 $(m+1)$ 阶光滑。

2.9 时窗函数

用时窗函数可以改造一个由无穷长度时间函数产生的截尾时间函数,使其频谱更好地反映原来频谱的特点。

2.9.1 由截尾所引起的时窗 —— 矩形时窗

设有一个无穷长的时间序列,满足如下通式:
$$x(n) = x(\Delta n), \quad -\infty < n < +\infty \tag{2.97}$$
式中,Δ 为抽样间隔。$x(n)$ 的频谱为
$$X(f) = \sum_{n=-\infty}^{+\infty} x(n) e^{-i2\pi n \Delta f} \tag{2.98}$$
考虑 $x(n)$ 的截尾函数为
$$x_N(n) = \begin{cases} x(n), & -N \leqslant n \leqslant N \\ 0, & \text{其他} \end{cases} \tag{2.99}$$
实际上,由于截尾函数 $x_N(n)$ 是原始函数 $x(n)$ 与一矩形时窗 $g_N(n)$ 相乘的结果,这个矩形时窗 $g_N(n)$ 可写为
$$g_N(n) = \begin{cases} 1, & -N \leqslant n \leqslant N \\ 0, & \text{其他} \end{cases} \tag{2.100}$$
因此,很容易看出
$$x_N(n) = x(n) g_N(n) \tag{2.101}$$
设 $g_N(n)$ 的频谱为 $G_N(f)$,则 $x_N(n)$ 的频谱 $X_N(f)$ 为
$$X_N(f) = X(f) \cdot G_N(f)_{\left[-\frac{1}{2\Delta}, \frac{1}{2\Delta}\right]} = \Delta \int_{-\frac{1}{2\Delta}}^{\frac{1}{2\Delta}} X(\lambda) G_N(f-\lambda) d\lambda$$
$$= \Delta \int_{-\frac{1}{2\Delta}}^{\frac{1}{2\Delta}} G_N(\lambda) X(f-\lambda) d\lambda \tag{2.102}$$
由上式知,截尾函数的频谱 $X_N(f)$ 与原始函数的频谱 $X(f)$ 二者之间的差异完全由矩形时窗 $g_N(n)$ 的频谱 $G_N(f)$ 确定,因此研究 $G_N(f)$ 的频谱特点具有十分重要的意义。

由例 2.11 中的 $G_N(f)$ 表达式可知

$$G_N(f) = \sum_{n=-N}^{N} e^{-i2\pi n\Delta f} = \frac{\sin 2\pi(N+\frac{1}{2})\Delta f}{\sin \pi\Delta f} \tag{2.103}$$

表明，$G_N(f)$ 是以 $\frac{1}{\Delta}$ 为周期的函数，其频谱图形如图 2.9 所示。

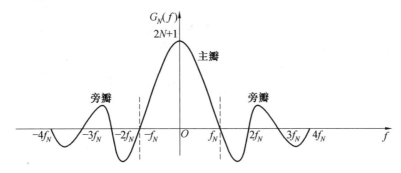

图 2.9　矩形时窗 $G_N(f)$ 的频谱图，其中 $f_N = 1/[(2N+1)\Delta]$

因为 $G_N(f)$ 是以 $\frac{1}{\Delta}$ 为周期的，因此我们只需在区间 $\left[-\frac{1}{2\Delta}, \frac{1}{2\Delta}\right]$ 内研究时窗频谱 $G_N(f)$。从图 2.9 可以看出，时窗频谱 $G_N(f)$ 在靠近原点的两个零点之间的部分，即频谱的中间波峰，习惯上称为主瓣。在图 2.9 中，靠近原点的两个零点是 $-f_N$ 和 f_N，$G_N(f)$ 在 $[-f_N, f_N]$ 上的部分称为主瓣。这两个零点之间的距离称为主瓣宽度，在图 2.9 中，主瓣宽度为 $2f_N$。时窗频谱 $G_N(f)$ 在主瓣两旁的部分称为旁瓣，在图 2.9 中，$G_N(f)$ 在 $\left[-\frac{1}{2\Delta}, -f_N\right]$ 和 $\left[f_N, \frac{1}{2\Delta}\right]$ 上的部分称为旁瓣。时窗频谱 $G_N(f)$ 的主瓣和旁瓣，在形成截尾函数 $x_N(n)$ 的频谱 $X_N(f)$ 的过程中起着重要的作用。可把式(2.102)改写为如下的形式：

$$X_N(f) = \Delta\int_{-\frac{1}{2\Delta}}^{\frac{1}{2\Delta}} G_N(\lambda)X(f-\lambda)\mathrm{d}\lambda$$

$$= \Delta\int_{-f_N}^{f_N} G_N(\lambda)X(f-\lambda)\mathrm{d}\lambda + \Delta\int_{-\frac{1}{2\Delta}}^{-f_N} G_N(\lambda)X(f-\lambda)\mathrm{d}\lambda + \Delta\int_{f_N}^{\frac{1}{2\Delta}} G_N(\lambda)X(f-\lambda)\mathrm{d}\lambda$$

该式右端第一个积分是主瓣所起作用的结果，如图 2.9 所示，主瓣是一个宽度为 $2f_N$ 的正的波峰。第一个积分 $\Delta\int_{-f_N}^{f_N} G_N(\lambda)X(f-\lambda)\mathrm{d}\lambda = \Delta\int_{f-f_N}^{f+f_N} G_N(f-\mu)X(\mu)\mathrm{d}\mu$，它表示频谱 $X(\mu)$ 在范围 $[f-f_N, f+f_N]$ 内乘上正的权函数 $G_N(f-\mu)$ 之后积分的结果，而积分实际上可以看成一种求和平均，因此第一个积分使原始频谱在宽度为 $2f_N$ 的范围内被主瓣平滑了。在原始频谱有尖锐值的地方，平滑以后的频谱与原始频谱有较大的差异。因此，要使第一个积分接近于原始频谱，就要求主瓣宽度越窄越好。再考虑该式右端的第二、第三个积分，它们是旁瓣所起作用的结果。把这两个积分改写为

$$\Delta\int_{-\frac{1}{2\Delta}}^{-f_N} G_N(\lambda)X(f-\lambda)\mathrm{d}\lambda + \Delta\int_{f_N}^{\frac{1}{2\Delta}} G_N(\lambda)X(f-\lambda)\mathrm{d}\lambda$$

$$= \Delta f + \int_{f+f_N}^{f_N+\frac{1}{2\Delta}} G_N(f-\mu)X(\mu)\mathrm{d}\mu + \Delta\int_{f-\frac{1}{2\Delta}}^{f-f_N} G_N(f-\mu)X(\mu)\mathrm{d}\mu$$

上式积分是由原始频谱 $X(\mu)$ 在范围 $[f-f_N, f+f_N]$ 之外的值所确定，它是原始频谱在旁瓣范围内产生的值。若要使结尾函数 $x_N(n)$ 的频谱 $X_N(f)$ 与原始频谱 $X(f)$ 接近，则原始

频谱在旁瓣范围内所产生的值只能起破坏作用,因此把原始频谱在旁瓣范围内所产生的值称为"时窗泄漏"。为了使时窗泄漏小,我们希望时窗频谱旁瓣水平越低越好,使旁瓣的振幅值或能量越小越好。根据这种要求,考查矩形时窗频谱 $G_N(f)$ 的旁瓣,旁瓣包含许多小瓣,波动起伏较大,在主瓣两边第一个负瓣的振幅值可以大到主瓣波峰的 $1/5$,因此矩形时窗的泄漏是较大的,下面举例说明。

例 2.12 设 $x(n)$ 的频谱为理想低通频谱 $X(f)$,如图 2.10 所示,其中 f_0 为高通频率。$x(n)$ 的截尾函数 $x_N(n)$ 的频谱为 $X_N(f)$,按式(2.102)和式(2.103)有

$$X_N(f) = \Delta \int_{-\frac{1}{2\Delta}}^{\frac{1}{2\Delta}} X(\lambda) G_N(f-\lambda) \mathrm{d}\lambda = \Delta \int_{-f_1}^{f_0} G_N(f-\lambda) \mathrm{d}\lambda$$

$$= \Delta \int_{f-f_0}^{f+f_0} G_N(\mu) \mathrm{d}\mu = \Delta \int_{f-f_1}^{f+f_1} \frac{\sin 2\pi(N+\frac{1}{2})\Delta\mu}{\sin \pi\Delta\mu} \mathrm{d}\mu \qquad (2.104)$$

取高通截频 $f_0 = \dfrac{1}{4\Delta}$,$N=5$,$X_N(f)$ 与 $X(f)$ 的图形如图 2.10 所示。

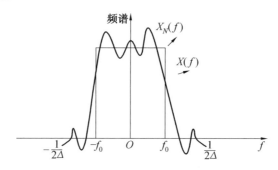

图 2.10　理想低通频谱 $X(f)$ 和截尾时间函数频谱 $X_N(f)$

在图 2.10 中,原始频谱 $X(f)$ 在点 $-f_0$ 和 f_0 处的变化则没有那样剧烈,而是以斜线形式单调上升或下降,单调上升或下降的频率范围都相当于矩形时窗频率 $G_N(f)$ 主瓣的宽度 $2f_N = 2/(11\Delta)(N=5)$。这说明 $X_N(f)$ 在 $-f_0$ 和 f_0 及其邻近区域的这种变化,主要是由时窗频谱 $G_N(f)$ 主瓣所引起的。原始频谱 $X(f)$ 在点 $-f_0$ 和 f_0 之外变化是平缓的,截尾频谱 $X_N(f)$ 在点 $-f_0$ 和 f_0 之外却产生了强烈的波动,这种现象即所谓的"吉布斯现象"。这主要是由矩形时窗频谱 $G_N(f)$ 旁瓣所引起的,从图 2.10 可以看到,$G_N(f)$ 旁瓣水平较高,开始振幅比较大,后来振幅衰弱又较慢,再加之旁瓣中有一半是负的,在关系式(2.104)的作用下,更加引起了 $G_N(f)$ 图形中的波动现象。总之,由于矩形时窗 $g_N(n)$ 的作用,截尾频谱 $X_N(f)$ 较之原始频谱有较大的畸变。

由以上分析知道,矩形时窗函数并不是一个很好的时窗函数,对于一个好的时窗函数,我们希望它满足两个条件:① 主瓣宽度尽可能小;② 旁瓣水平,或者说其振幅值或能量,相对于主瓣来说也尽可能小。但是,这两个标准之间彼此也是矛盾的,也就是说只有主瓣宽度越大,旁瓣水平才可能越低。因此,实际上我们只能在这两个标准之间做权衡,针对具体问题,找出一个适当的时窗函数。下面我们举出在应用中出现的各种时窗函数,相当于给出主瓣宽度的条件下,从振幅值和能量角度,分别求出可能最佳的时窗函数。

2.9.2 各种时窗函数

为了方便,先给出连续时窗函数 $\omega(t)$,t 是连续变化的时间序列,即

$$\omega(t) = \begin{cases} \omega(t), & |t| \leqslant T \\ 0, & |t| > T \end{cases} \tag{2.105}$$

其中,$2T$ 为时窗长度。为了获得离散时窗函数 $\omega(n)$,只要把式(2.105)的 t 换成 $n\Delta$,T 换成 $N\Delta$ 即可。于是由式(2.105)可得

$$\omega(n) = \begin{cases} \omega(n\Delta), & |n| \leqslant N \\ 0, & |n| > N \end{cases} \tag{2.106}$$

下面分别介绍工程应用中出现的各种时窗函数。

1. 矩形时窗

$$\omega_1(t) = \begin{cases} 1, & |t| \leqslant T \\ 0, & |t| > 0 \end{cases} \tag{2.107}$$

其频谱为

$$W_1(f) = \frac{\sin 2\pi f T}{\pi f} \tag{2.108}$$

2. 三角形时窗

$$\omega_2(t) = \begin{cases} 1 - |t|/T, & |t| \leqslant T \\ 0, & \text{其他} \end{cases} \tag{2.109}$$

其频谱为

$$W_2(f) = T \left(\frac{\sin \pi f T}{\pi f T} \right)^2 \tag{2.110}$$

3. 钟形时窗

$$\omega_3(t) = \begin{cases} e^{-\alpha\left(\frac{t}{T}\right)^2}, & |t| \leqslant T \\ 0, & \text{其他} \end{cases} \tag{2.111}$$

其频谱近似为

$$W_3(f) \approx \frac{\sqrt{\pi} T^2}{\alpha} e^{-\frac{\pi^2 T^4 f^2}{\alpha^2}} \tag{2.112}$$

式中参数 α 取值为 $4 \sim 7$。当要求频谱 $W_3(f)$ 的中间波峰比较突出时,α 就取得小些,此时相当于要求旁瓣水平低一些。

4. Hanning 时窗

$$\omega_4(t) = \begin{cases} \dfrac{1}{2}\left(1 + \cos\dfrac{\pi t}{T}\right), & |t| \leqslant T \\ 0, & \text{其他} \end{cases} \tag{2.113}$$

其频谱为

$$W_4(f) = \frac{1}{2}W_1(f) + \frac{1}{4}W_1\left(f - \frac{1}{2T}\right) + \frac{1}{4}W_1\left(f + \frac{1}{2T}\right) = \frac{\sin 2\pi f T}{2\pi f} \cdot \frac{1}{1 - (2Tf)^2}$$

$$\tag{2.114}$$

5. Hamming 时窗

$$\omega_5(t) = \begin{cases} 0.54 + 0.46\cos\dfrac{\pi t}{T}, & |t| \leqslant T \\ 0, & |t| > T \end{cases} \tag{2.115}$$

其频谱为

$$W_5(f) = 0.54W_1(f) + 0.23\left[W_1\left(f - \frac{1}{2T}\right) + W_1\left(f + \frac{1}{2T}\right)\right]$$

$$= \frac{\sin 2\pi fT}{\pi f} \cdot \frac{0.54 - 0.28(2Tf)^2}{1 - (2Tf)^2} \tag{2.116}$$

6. Parzen 时窗

$$\omega_6(t) = \begin{cases} 1 - 6(|t|/T)^2 + 6(|t|/T)^3, & |t| \leqslant T/2 \\ 2(1 - |t|/T)^3, & T/2 < |t| \leqslant T \\ 0, & |t| > T \end{cases} \tag{2.117}$$

其频谱为

$$W_6(f) = \frac{3}{4}\left[\frac{\sin(\pi fT/2)}{\pi fT/2}\right]^4 \tag{2.118}$$

7. Daniell 时窗

$$\omega_7(t) = \begin{cases} \dfrac{\sin(\pi t/T)}{\pi t/T}, & |t| \leqslant T \\ 0, & |t| > T \end{cases} \tag{2.119}$$

其频谱为

$$W_7(f) = W_1(f) \cdot U(f) \tag{2.120}$$

其中 $U(f) = (T, |f| \leqslant 1/2T); U(f) = (0, |f| > 1/2T)$。

在上面介绍的时窗中，三角形时窗 $\omega_2(t)$ 在许多文献里又称巴特勒特(Bartlett)时窗；Daniell 时窗 $\omega_7(t)$，在某种意义下是最佳时窗。关于时钟时窗，科技工作者早已用它来构造滤波因子。在岩土工程信号处理中，经常还采用 Hanning 和 Hamming 时窗；在由自相关函数计算功率谱时，往往还采用 Parzen 时窗 $\omega_6(t)$ 和三角形时窗 $\omega_2(t)$。

2.9.3 关于时窗函数的说明

时窗函数是用来修改截尾时间函数的一个工具。设截尾函数为 $x_N(n)$，时窗函数为 $\omega(n)$，则修改后的截尾函数为

$$\tilde{x}_N(n) = \omega(n)x_N(n) \tag{2.121}$$

$\tilde{x}_N(n)$ 可用于不同目的的数字处理。如果对原始时间函数 $x_N(n)$ 进行截取，截取的形式不是 $x_N(n)$，而是

$$x_{MN}(n) = \begin{cases} x(n), & M \leqslant n \leqslant N \\ 0, & \text{其他} \end{cases} \tag{2.122}$$

这时怎样取时窗函数呢？这时选取离散时窗函数依旧可以通过 $\omega(t)$ 来进行，公式如下：

$$\omega(n) = \begin{cases} \omega(-T + (n-M)[2T/(N-M)]), & M \leqslant n \leqslant N \\ 0, & \text{其他} \end{cases} \tag{2.123}$$

或者用公式

$$\omega(n) = \begin{cases} \omega(-T + (n-M)[2T/(N-M+1)]), & M \leqslant n \leqslant N \\ 0, & \text{其他} \end{cases} \tag{2.124}$$

在具体应用中,我们可以根据情况选择一个连续时窗,如选择 Hamming 时窗 $\omega_5(t)$,则由式(2.123)可以计算出离散时窗函数

$$\omega_5(t) = \begin{cases} 0.54 + 0.46\cos\left(\dfrac{\pi}{T}\left(-T + (n-M)\dfrac{2T}{N-M}\right)\right), & M \leqslant n \leqslant N \\ 0, & \text{其他} \end{cases}$$

$$= \begin{cases} 0.54 + 0.46\cos\dfrac{2\pi(n-M)}{N-M}, & M \leqslant n \leqslant N \\ 0, & \text{其他} \end{cases} \tag{2.125}$$

特别地,当 $M=0$ 时,式(2.125)为

$$\omega(n) = \begin{cases} 0.54 - 0.46\cos\dfrac{2\pi n}{T}, & M \leqslant n \leqslant N \\ 0, & \text{其他} \end{cases} \tag{2.126}$$

岩土工程监测信号处理中常用的离散时窗见表 2.3。

表 2.3　离散时窗表

时窗名称	时窗函数 $\omega(n)$,$\lvert n \rvert \leqslant N$
矩形	$\omega(n) = 1$,$\lvert n \rvert \leqslant N$
三角形	$\omega(n) = 1 - (n/N)$,$\lvert n \rvert \leqslant N$
钟形	$\omega(n) = e^{-a(n/N)^2}$,$\lvert n \rvert \leqslant N$,$a > 0$
Hanning	$\omega(n) = (1/2) \cdot [1 + \cos(\pi n/N)]$,$\lvert n \rvert \leqslant N$
Hamming	$\omega(n) = 0.54 + 0.46\cos(\pi n/N)$,$\lvert n \rvert \leqslant N$
Parzen	$\omega(n) = \begin{cases} 1 - 6(\lvert n \rvert/N)^2 + 6(\lvert n \rvert/N)^3, & \lvert n \rvert \leqslant N/2 \\ 2[1 - (\lvert n \rvert/N)]^3, & N/2 < \lvert n \rvert \leqslant N \end{cases}$
Daniell	$\omega(n) = \sin(\pi n/N)/(\pi n/N)$,$\lvert n \rvert \leqslant N$

2.10　最佳时窗函数设计

设计最佳时窗函数,是获取岩土工程信号处理的重要内容,这一节我们根据对时窗函数的具体要求,提出关于时窗函数频谱的振幅和能量标准,然后基于此给出最佳时窗函数。

2.10.1　最佳时窗函数 —— 最大振幅比时窗函数(切比雪夫时窗函数)

设实数离散时窗函数 h_n 为

$$h_n = h_{-n}, \quad n = -N, -N+1, \cdots, 0, 1, 2, \cdots, N \tag{2.127}$$

式中,h_n 为偶函数,因此 h_n 的频谱 $H(f)$ 为

$$H(f) = \sum_{n=-N}^{N} h_n \cos 2\pi f n \Delta, \quad \lvert f \rvert \leqslant 1/(2\Delta) \tag{2.128}$$

其中，Δ 为抽样间隔，显然 $H(f)$ 也是偶函数。下面讨论最大振幅比的数学意义和构造过程。

给出一个参数 $\delta:0<\delta<1/(2\Delta)$，参数 δ 的直观意义相当于要求 $(-\delta,\delta)$ 是时窗函数频谱的主瓣范围，在给定 δ 以后，从振幅角度考虑衡量视窗函数好坏的一个标准，是 $H(f)$ 在 $(-\delta,\delta)$ 中心点的值 $|H(f)|$ 与在范围 $\delta\leqslant f<1/(2\Delta)$ 内 $H(f)$ 的最大振幅值 $\max\limits_{\delta\leqslant f\leqslant 1/(2\Delta)}|H(f)|$ 之比：

$$Q(f)=|H(0)|/(\max_{\delta\leqslant f\leqslant 1/(2\Delta)}|H(f)|)=|\sum_{n=-N}^{N}h_n|/(\max_{\delta\leqslant f\leqslant 1/(2\Delta)}|\sum_{n=-N}^{N}h_n\cos 2\pi fn\Delta|)$$

$$(2.129)$$

式中，$Q(f)$ 为振幅比，其值越大，表明时窗函数的性质越好。因此最大振幅比可以描述为：在式（2.127）条件下，求 $h_n(|n|\leqslant N)$ 使振幅比 $Q(f)$ 达到最大值，这样的函数 h_n 即为最大振幅比时窗函数，通常记为 w_n。对任何一个常数 $\beta(\beta\neq 0)$，βw_n 也是最大振幅比时窗函数，因为按照式（2.128）时窗函数 βw_n 和 w_n 的振幅比值是相同的，即 $Q(\beta w_n)=Q(w)$，常数 β 在分子分母中被删除，所以对时窗函数 h_n 和 h'_n，如果 $h_n=\alpha h'_n$ 或 $h'_n=\beta h_n$，则称 h_n,h'_n 为等价的。寻找最大振幅比时窗函数，只要在等价的时窗函数中找到一个就行了。

对满足式（2.127）的 h_n，要求 h_n 不恒等于零，不妨令 $h'_n=\beta h_n$，其中 $\beta=[\max\limits_{\delta\leqslant f\leqslant 1/(2\Delta)}|\sum_{n=-N}^{N}h_n\cos 2\pi fn\Delta|]^{-1}$，则可得到

$$\beta=[\max_{\delta\leqslant f\leqslant 1/(2\Delta)}|\sum_{n=-N}^{N}h'_n\cos 2\pi fn\Delta|]=1 \qquad (2.130)$$

$$Q(h)=Q(h')=|\sum_{n=-N}^{N}h'_n| \qquad (2.131)$$

因此，构造最大振幅比时窗函数的问题，就变成了求最大和的问题。这种构造的数学描述可写为：在条件 $h_n=h'_{-n}(|n|\leqslant N)$ 和式（2.129）之下，求 h'_n，使得 $|\sum_{n=-N}^{N}h'_n|$ 达到最大值。由上面的分析可知，这个 h'_n 就是最大振幅比时窗函数 w_n。其求解思路如下：

由于 $\cos 2\pi fn\Delta$ 可以表示为 $\cos 2\pi f\Delta$ 的 $|n|$ 次多项式，因此，$\sum_{n=-N}^{N}h'_n\cos 2\pi fn\Delta$ 可以表示成 $\cos 2\pi f\Delta$ 的 N 次多项式，令 $x=\cos 2\pi f\Delta$，则 $\sum_{n=-N}^{N}h'_n\cos 2\pi fn\Delta=P(x)$，其中 $P(x)$ 是 x 的 N 次多项式，因此有

$$\begin{cases} \max\limits_{\delta\leqslant f\leqslant 1/(2\Delta)}|\sum_{n=-N}^{N}h'_n\cos 2\pi fn\Delta|=\max\limits_{-1\leqslant x\leqslant a}|P(x)| \\ |\sum_{n=-N}^{N}h'_n|=|P(1)| \end{cases} \qquad (2.132)$$

式中，$a=\cos 2\pi\delta\Delta$。由于 $0<\delta<1/(2\Delta)$，可知 $\alpha<1$。因此求最大和的问题转化为下面的最佳多项式的问题，其描述如下：

已知 N 次多项式 $P(x)$ 满足 $\max\limits_{-1\leqslant x\leqslant a}|P(x)|=1$，求 $P(x)$，使得 $P(1)=1$ 达到最大值，这里 $\alpha=\cos 2\pi\delta\Delta<1$。设 $P_N(x)=\cos[N\arccos((2x-a+1)/(a+1))]$，其中 $\cos[N\arccos y]$ 为 y 的 N 次切比雪夫多项式，$P_N(x)$ 就是最佳多项式问题的解，其证明可见关于切比雪夫多项式的更多定义及数学性质，可以参考相关数学书籍（北京大学计算数学教研室，《计算方法》，人民

教育出版社,1964 年)。

2.10.2　最佳振幅比时窗函数 w_n —— 切比雪夫时窗函数

我们把求最大和问题的解 h'_n 记为 w_n,它就是最大振幅比时窗函数,由于是从切比雪夫多项式得来的,所以又称切比雪夫时窗函数。根据 x 的假设,w_n 满足

$$\sum_{n=-N}^{N} w_n \cos 2\pi f n \Delta = P_N(\cos 2\pi f \Delta) \tag{2.133}$$

现在根据式 $P_N(x) = \cos[N \arccos((2x - a + 1)/(a + 1))]$ 和式(2.133)计算 w_n。令

$$W(f) = P_N(\cos 2\pi f \Delta) \tag{2.134}$$

计算 $W\left(\dfrac{m}{(2N+1)\Delta}\right)$,$m = -N, \cdots, 0, \cdots, N$,根据有限离散傅里叶变换公式,可计算得到

$$w_n = \frac{m}{(2N+1)\Delta} \cdot \sum_{m=-N}^{N} W\left(\frac{m}{(2N+1)\Delta}\right) e^{i\frac{2\pi}{2N+1} \cdot mn}, \quad n = -N, \cdots, 0, \cdots, N \tag{2.135}$$

式(2.135)可用 FFT(快速傅里叶变换)进行计算,但计算量很大,当 $N = 2^k$ 时,可采用递推方法进行快速计算,获得最佳振幅比时窗函数 w_n,下面简述如下。

当 $N = 2^k$ 时,满足式(2.133)的 w_n 记为 $w_n^{(k)}$,则有

$$\sum_{n=-2^k}^{2^k} w_n^{(k)} \cos 2\pi f n \Delta = P_{2^k}(\cos 2\pi f \Delta) \tag{2.136}$$

由于 $w_n^{(k)}$ 为偶函数,$w_{-n}^{(k)} = w_n^{(k)}$,所以有

$$\sum_{n=-2^k}^{2^k} w_n^{(k)} e^{-i2\pi f n \Delta} = \sum_{n=-2^k}^{2^k} w_n^{(k)} \cos 2\pi f \Delta = P_{2^k}(\cos 2\pi f \Delta) \tag{2.137}$$

根据三角等式的关系:$\cos 2\theta = 2\cos^2 \theta - 1$,上式可继续写为

$$\begin{aligned}
P_{2^k}(\cos 2\pi f \Delta) &= \cos\left(2^k \arccos \frac{2\cos 2\pi f \Delta - a + 1}{a + 1}\right) \\
&= 2\left[\cos\left(2^{k-1} \arccos \frac{2\cos 2\pi f \Delta - a + 1}{a + 1}\right)\right]^2 - 1 \\
&= 2P_{2^{k-1}}^2(\cos 2\pi f \Delta) - 1
\end{aligned} \tag{2.138}$$

根据式(2.137)和式(2.138)可得

$$\sum_{n=-2^k}^{2^k} w_n^{(k)} e^{-i2\pi f n \Delta} = 2\left(\sum_{n=-2^{k-1}}^{2^{k-1}} w_n^{(k-1)} e^{-i2\pi f \Delta}\right)^2 - 1 \tag{2.139}$$

式(2.139)为频谱关系式,其对应的信号关系式为

$$w_n^{(k)} = 2w_n^{(k-1)} \cdot w_n^{(k-1)} - \delta_n \tag{2.140}$$

由于 $w_{-n}^{(k)} = w_n^{(k)}$,所以只需要计算 $0 \leqslant n \leqslant 2^k$ 时对应的 $w_n^{(k)}$ 值即可。另外,由于 $w_{-n}^{(k-1)} = w_n^{(k-1)}$,且当 $|n| > 2^{k-1}$ 时 $w_n^{(k-1)} = 0$,因此当 $n \geqslant 0$ 时有

$$w_n^{(k-1)} \cdot w_n^{(k-1)} = w_n^{(k-1)} \cdot w_{-n}^{(k-1)} = \sum_{l=-2^{k-1}}^{2^{k-1}} w_{n+l}^{(k-1)} w_l^{(k-1)} = \sum_{l=-2^{k-1}}^{2^{k-1}-n} w_{n+l}^{(k-1)} w_l^{(k-1)}, \quad n \geqslant 0$$

$$\tag{2.141}$$

因此,式(2.140)可具体写为

$$w_n^{(k)} = \begin{cases} 2\sum\limits_{l=-2^{k-1}}^{2^{k-1}-n} w_{n+l}^{(k-1)} w_l^{(k-1)} - \delta_n, & 0 \leqslant n \leqslant 2^k \\ w_{|n|}^{(k)}, & -2^k \leqslant n \leqslant -1 \end{cases}, \quad \delta_n = \begin{cases} 1, & n = 0 \\ 0, & n \neq 0 \end{cases} \quad (2.142)$$

式(2.142)就是切比雪夫最大振幅比时窗函数快速递推计算的递推公式。如果给定 $N = 2^k$,要计算 $w_n^{(k)}$,$n = 0,1,\cdots,2^K$,则在递推公式(2.142)中依次取 $k = 1,2,\cdots,K$,这时需要计算初值 $w_0^{(0)}$,$w_0^{(1)}$,考虑到 $w_0^{(0)} + 2w_1^{(1)} \cos 2\pi f\Delta = P_1(\cos 2\pi f\Delta) = \dfrac{2\cos 2\pi f\Delta - a + 1}{a+1}$ 有 $w_0^{(0)} = \dfrac{1-a}{1+a}$,$w_0^{(1)} = \dfrac{1}{1+a}$。在获得递推公式后,可以计算最大振幅比时窗函数 $w_n(\mid n \mid \leqslant N)$ 的最大振幅比 $Q(w)$,根据式(2.131)、式(2.132)和 $P_N(x) = \cos[N\arccos((2x - a + 1)/(a+1))]$,可得

$$Q(w) = PN(1) = \cos\left(N\arccos\frac{3-a}{1+a}\right)$$

$$= \frac{1}{2}\left[\left(\frac{3-a}{1+a}\right) + \sqrt{\left(\frac{3-a}{1+a}\right)^2 - 1} + \left(\frac{3-a}{1+a}\sqrt{\left(\frac{3-a}{1+a}\right)^2 - 1}\right)^N\right] \quad (2.143)$$

在上式中,因为 $a = \cos 2\pi\delta\Delta$,$0 < \delta < 1/(2\Delta)$,所以 $-1 < a < 1$,因此 $\dfrac{3-a}{1+a} > 1$,于是在式(2.143)方括号内的第一项大于1,第二项小于1,而且互为倒数。当 N 很大时,主要是第一项起作用,如果事先给定振幅比水平 q,计算 N 取多大时最大振幅比 $Q(w) = P_N(1) \geqslant q$,此时可以取 N 使得 $\dfrac{1}{2}\left(\dfrac{3-a}{1+a} - \sqrt{\left(\dfrac{3-a}{1+a}\right)^2 - 1}\right)^N \geqslant q$,就可以得到 $N \geqslant \ln 2q / \ln\left(\dfrac{3-a}{1+a} - \sqrt{\left(\dfrac{3-a}{1+a}\right)^2 - 1}\right)$。从而确定了 N 值的大小。

2.10.3 最佳时窗函数 —— 最大能量比时窗函数

最大能量之比也可以用来刻画时窗函数的性态,下面给出用最大能量之比来衡量时窗好坏的标准,指出在实践中如何近似获得最大能量比时窗函数。

1. 最大能量比离散时窗函数

设离散时窗函数为实函数

$$h_n, \quad n = -N, -N+1, \cdots, 0, \cdots, N \quad (2.144)$$

h_n 的频谱为

$$H(f) = \sum_{n=-N}^{N} h_n \mathrm{e}^{-\mathrm{i}2\pi fn\Delta}, \quad \mid f \mid \leqslant 1/(2\Delta) \quad (2.145)$$

设参数 δ 满足 $0 < \delta < 1/(2\Delta)$,从能量角度上,希望时窗函数 $H(f)$ 的能量集中在区间 $(-\delta, \delta)$ 内,因此可给出一个衡量时窗函数好坏的能量比标准,令

$$Q(h) = \frac{\displaystyle\int_{-\delta}^{\delta} \mid H(f) \mid^2 \mathrm{d}f}{\displaystyle\int_{-\frac{1}{2\Delta}}^{\frac{1}{2\Delta}} \mid H(f) \mid^2 \mathrm{d}f} \quad (2.146)$$

在式(2.144)的条件下,求 h_n,使式(2.146)中的能量比 $Q(h)$ 达到最大值。这种构造出来的时窗函数 h_n 就是最大能量比离散时窗函数。

上述数学描述的构造过程,可以用多元函数求极值的方法,求出最大能量比离散时间函数,令 $U = \int_{-\delta}^{\delta} |H(f)|^2 \, df = \int_{\delta} (\sum_{n=-N}^{N} h_n e^{-i2\pi fn\Delta})(\sum_{n=-N}^{N} h_n e^{i2\pi fn\Delta}) \, df$,那么有

$$\frac{\partial U}{\partial h_k} = \int_{-\delta} (e^{-i2\pi fk\Delta} \sum_{n=-N}^{N} h_n e^{i2\pi fn\Delta} + e^{i2\pi fk\Delta} \sum_{n=-N}^{N} h_n e^{-i2\pi fn\Delta}) \, df$$

$$= 2 \sum_{n=-N}^{N} h_n \int_{-\delta}^{\delta} e^{i2\pi f(n-k)\Delta} \, df = 2 \sum_{n=-N}^{N} h_n \frac{\sin 2\pi(n-k)\Delta\delta}{\pi(n-k)\Delta} \tag{2.147}$$

设 $V = \int_{-\frac{1}{2\Delta}}^{\frac{1}{2\Delta}} |H(f)|^2 \, df = (1/\Delta) \sum_{n=-N}^{N} h_n^2$,则有 $\frac{\partial V}{\partial h_k} = \frac{2}{\Delta} h_k$,这样有 $Q(h) = \frac{U}{V}$。根据求极值的方法,最大能量之比离散函数 h_n 必须满足的条件是

$$\frac{\partial Q(h)}{\partial h_k} = \frac{\partial}{\partial h_k}\left(\frac{U}{V}\right) = \left(V \frac{\partial U}{\partial h_k} - U \frac{\partial V}{\partial h_k}\right)/V^2 = 0$$

即

$$\frac{\partial U}{\partial h_k} = \frac{U}{V} \cdot \frac{\partial V}{\partial h_k} = Q(h) \frac{\partial V}{\partial h_k}$$

把式(2.147)代入有

$$\sum_{n=-N}^{N} h_n \frac{\sin 2\pi(n-k)\Delta\delta}{\pi(n-k)} = Q(h)h_k, \quad k = -N, \cdots, 0, \cdots, N \tag{2.148}$$

在上式中,$Q(h)$ 的物理意义是最大能量比,从线性方程的角度看,$Q(h)$ 是式(2.147)的最大特征根,最大能量离散时窗函数 h_n 是式(2.147)对应方程最大特征根的特征向量。式(2.147)的最大特征向量可用迭代方法进行计算,当 N 很大时,计算量也是相当大的。可以证明当 N 比较大时,最大能量比离散时窗函数与最大能量比连续时窗函数是比较接近的,因此可以用最大能量比连续时窗函数去近似离散时窗函数,这样可使计算量大量减少,提高计算效率。

2. 最大能量比连续时窗函数及其近似计算

设连续时窗函数 $h(t)$ 为

$$\begin{cases} h(t), & |t| \leqslant T \\ \int_{-T}^{T} h^2(t) \, dt < +\infty \end{cases} \tag{2.149}$$

其相应的频谱为:$H(f) = \int_{-T}^{T} h(t) e^{-i2\pi ft} \, dt$,考虑能量比为 $Q(h) = \dfrac{\int_{-\delta}^{\delta} |H(f)|^2 \, df}{\int_{-\infty}^{+\infty} |H(f)|^2 \, df}$,其中参数 $2T$ 为时窗长度,2δ 为低频宽度。在这种条件下,求时窗函数 $h(t)$,使其能量比 $Q(h)$ 达到最大,称 $h(t)$ 为最大能量比连续时窗函数。下面给出一个最大能量比连续时窗函数的近似求法。令

$$\varphi_0(t) = \frac{1}{\sqrt{2T}}, \quad \varphi_k(t) = \frac{1}{\sqrt{T}} \cos 2\pi k \frac{t}{2T}, \quad k \geqslant 1 \tag{2.150}$$

$$w(t) = \sum_{k=0}^{m} \beta_k \varphi_k(t), \quad |t| \leqslant T \tag{2.151}$$

时窗函数 $w(t)$ 的能量比为

$$Q(w) = \frac{\int_{-\delta}^{\delta} |W(f)|^2 \mathrm{d}f}{\int_{-\infty}^{+\infty} |W(f)|^2 \mathrm{d}f} \tag{2.152}$$

其中，$W(f) = \int_{-T}^{T} w(t) \mathrm{e}^{-\mathrm{i}2\pi f t} \mathrm{d}t = \sum_{k=0}^{m} \beta_k \int_{-T}^{T} \varphi_k(t) \mathrm{e}^{-\mathrm{i}2\pi f t} \mathrm{d}t$，可得初始条件值为

$$\begin{cases} \psi_0(k) = \int_{-T}^{T} \varphi_0(t) \mathrm{e}^{-\mathrm{i}2\pi f t} \mathrm{d}t = \frac{1}{\sqrt{2T}} \cdot \frac{\sin 2\pi f T}{\pi f} \\ \psi_k(f) = \int_{-T}^{T} \varphi_k(t) \mathrm{e}^{-\mathrm{i}2\pi f t} \mathrm{d}t = \frac{(-1)^k f \sin 2\pi f T}{\sqrt{T} \pi (f^2 - \frac{k^2}{4T^2})}, \quad k \geqslant 1 \end{cases} \tag{2.153}$$

将 $W(f)$ 代入式(2.153)得到

$$\int_{-\delta}^{\delta} |H(f)|^2 \mathrm{d}f = \sum_{l=0}^{m} \sum_{k=0}^{m} \beta_l \beta_k A_{lk} \tag{2.154}$$

其中，$A_{lk} = \int_{-\delta}^{\delta} \psi_l(f) \psi_k(f) \mathrm{d}f = \delta \int_{-1}^{1} \psi_l(\delta\lambda) \psi_k(\delta\lambda) \mathrm{d}\lambda$，把式(2.154)代入，可以发现 A_{lk} 仅仅和参数 δ 与 T 的乘积 $T\delta$ 有关，即 A_{lk} 是 $T\delta$ 的函数。根据能量等式，有

$$\int_{-\infty}^{+\infty} |W(f)|^2 \mathrm{d}f = \int_{-T}^{T} w^2(t) \mathrm{d}t = \sum_{k=0}^{m} \beta_k^2 \tag{2.155}$$

这样，时窗函数能量比 $Q(w)$ 就可写为

$$Q(w) = \frac{\sum_{l=0}^{m} \sum_{k=0}^{m} \beta_l \beta_k A_{lk}}{\sum_{k=0}^{m} \beta_k^2} \tag{2.156}$$

求 $\beta_0, \beta_1, \cdots, \beta_m$，使 $Q(w)$ 达到最大，这样的 $\beta_0, \beta_1, \cdots, \beta_m$ 是矩阵 $[A_{lk}]_{(m+1)\times(m+1)}$ 的最大特征向量。从 A_{lk} 的表达式可知，A_{lk} 由 δT 决定，求得 β_k 之后，我们即得到近似的最大能量比连续时窗函数：

$$w(t) = \sum_{k=0}^{m} \beta_k \varphi_k(t) = \frac{1}{\sqrt{T}} \left(\frac{\beta_0}{\sqrt{2}} + \beta_1 \cos 2\pi \frac{t}{2T} + \cdots + \beta_m \cos 2\pi m \frac{t}{2T} \right) \tag{2.157}$$

关于式(2.157)的具体应用，这里有几点需要注意：① 在应用中 m 取 2、3、4 就可以了；② δ 通常取 $\frac{1}{T}$、$\frac{2}{T}$、$\frac{3}{T}$，这样 $\delta T = 1, 2, 3$；③ 关于积分 A_{lk} 的计算，选择一种计算量少而精度较高的近似计算方法就可以了，具体参阅近似积分的相关计算方法。因为 $A_{lk} = A_{kl}$，在计算中只要计算一半就行了。计算 A_{lk} 的工作量虽然大一点，但求出 β_k 之后，就可以永远使用其值了。上述给出的近似最大能量比连续时窗函数 $w(t)$ 是余弦和形式，凯苏(Kaiser)用第一类零阶贝塞尔(Bessel)函数形式给出了近似最大能量比连续时窗函数。具体如下：

贝塞尔时窗函数，也称为凯苏时窗函数，即

$$w(t) = \frac{\mathrm{I}_0(\theta\sqrt{1-(t/T)^2})}{\mathrm{I}_0(\theta)}, \quad |t| \leqslant T \tag{2.158}$$

相应的频谱为

$$W(f) = \frac{2T \sin\sqrt{(2\pi f T)^2 - \theta^2}}{\mathrm{I}_0(\theta) \sqrt{(2\pi f T)^2 - \theta^2}} \tag{2.159}$$

其中,I_0 是变形的第一类零阶贝塞尔函数;θ 是参数,当 θ 比较大时,主瓣宽度较大,旁瓣水平较小,但是式(2.159)中根号内出现负值时 $W(f)$ 为

$$W(f) = \frac{2T \mathrm{sh} \sqrt{\theta^2 - (2\pi fT)^2}}{I_0(\theta) \sqrt{\theta^2 - (2\pi fT)^2}}, \quad (2\pi fT)^2 < \theta^2 \tag{2.160}$$

其中,sh 为双曲正弦函数,其物理意义可以参见复三角函数和复双曲函数。

2.11 一维频率滤波的设计

一维频率滤波可以在时间域内实现,也可以在频率域中实现,两种方法都是目前使用较多的滤波技术,也是岩土工程信号处理应该掌握的基本方法,下面分别予以说明。

2.11.1 在时间域内实现一维频率滤波

在时间域内实现一维频率滤波一般有两种方法,一是褶积滤波,另一是递归滤波。褶积滤波是用一个有限长度的滤波因子与所要滤波的信号进行褶积。褶积滤波的关键是设计一个有限长度的滤波因子。这个有限长度的因子就是所谓的 FIR(Finite Impulse Response)。数字滤波褶积问题就是 FIR 数字滤波设计的问题。递归滤波是利用一个反馈系统,对信号进行滤波,递归滤波器的频谱,也称为滤波因子或者脉冲响应,其长度是无限的,这就是所谓的 IIR(Infinite Impulse Response)。设计递归滤波器,也就是 IIR 数字滤波器设计,其核心就是要确定递归滤波器的频谱,其形式是 $z = \mathrm{e}^{-i2\pi\Delta}$ 的有理多项式,关键是确定该有理多项式的分子和分母的系数。下面介绍有限长度滤波因子设计的一般规则。

对于有限长度滤波因子的镶边法设计,设 $\tilde{h}(n)$ 为镶边理想滤波器的时间函数,其有限长度滤波因子 $\hat{h}(n)$ 设计为

$$\hat{h}(n) = \begin{cases} \tilde{h}(n), & |n| \leqslant N \\ 0, & |n| > N \end{cases} \tag{2.161}$$

对于有限长度滤波因子的时窗设计,设 $h(n)$ 为理想的滤波器时间函数,$w(n)(|n| \leqslant N)$ 为时间窗函数,其有限长的滤波因子 $\hat{h}(n)$ 可设计为

$$\hat{h}(n) = w(n)h(n) \tag{2.162}$$

在上述有限长度滤波器基础上,一维频率滤波器的实现可以这样设计:不妨设 $x(n)$ 为输入信号,它为滤波前的信号,$\hat{h}(n)$ 为设计的有限长度滤波因子,则经过滤波后,输出信号 $y(n)$ 为

$$y(n) = \hat{h}(n) \cdot x(n) = \sum_{n=-N}^{N} h(\tau)x(n-\tau) \tag{2.163}$$

式(2.163)即为时间域内一维频率滤波公式。

上述介绍的有限长度滤波因子镶边法和时窗法,是传统滤波应用最广泛的方法,由于简单易行、效果良好,一直是工程滤波设计的基础性方法,也是嵌入式简单滤波器设计的基本方法。下面举例进行说明。

例 2.13 用时窗法设计有限长带通滤波因子。设理想带通滤波器的低通频率 $f_1 = 10$ Hz,高通频率 $f_2 = 50$ Hz,抽样间隔 $\Delta = 2$ ms,根据上述信息,设计滤波因子。

解　根据式(2.55)，对应的时间函数为

$$h_2(n)=\int_{-\frac{1}{2\Delta}}^{\frac{1}{2\Delta}}H_2(f)e^{i2\pi n\Delta f}\mathrm{d}f=\frac{2\sin\pi(f_2-f_1)n\Delta\cos\pi(f_2+f_1)n\Delta}{\pi n\Delta},\quad -\infty<n<+\infty$$

在钟形时窗式(2.112)中，取 $\alpha=5.12,T=80$ ms，由于抽样间隔 $\Delta=2$ ms，根据式(2.111)，得到离散钟形时窗：

$$\omega_3(t)=\begin{cases}e^{-5.12(\frac{t}{40})^2},&|t|\leqslant 40\\0,&|t|>40\end{cases}$$

于是可设计有限长带通滤波因子为

$$\hat{h}(n)=w(n)h(n),\quad |n|\leqslant 40$$

$\hat{h}(n)$ 的图形如图2.11所示，$\hat{h}(n)$ 的频谱 $H(f)$ 如图2.12所示。在应用中，可认为图2.12那样的频谱就可满足要求。设计有限长度滤波因子还有其他方法，但是这些方法相对上述介绍的方法来说显得较为复杂，它们没有镶边法和时窗法简便、灵活。

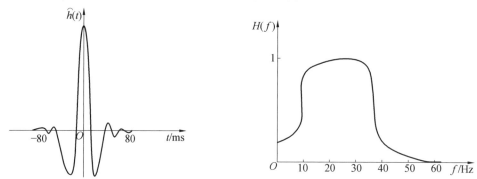

图 2.11　基于钟形时窗设计的有限长度带通滤波因子　图 2.12　钟形时窗有限长度带通滤波因子频谱

另外，设计有限长度滤波因子的镶边法和时窗法在本质上是相同的，这个可以从连续信号中看出。设理想滤波器的时间函数为 $h(n)$，频谱为 $H(f)$，时窗函数为 $w(n)$，频谱为 $W(f)$，根据时窗法，有限长度滤波因子 $\hat{h}(n)=w(n)h(n)$，它的频谱为 $\widetilde{H}(f)=W(f)\cdot H(f)$。从这个频谱关系可以看出，$W(f)$ 相当于一个褶积因子频谱，只不过它比前面讨论的褶积因子要复杂得多，这表明时窗法本质上是一种褶积镶边法。

反之，褶积镶边法实质上也是一种时窗法。以褶积镶边低通滤波器为例进行说明，设褶积因子频谱为 $G(f)$，相应的时间函数为 $g(t)$，则褶积镶边低通滤波器的时间函数 $\tilde{h}(t)=g(t)h(t)$。从该式可以看出，$g(t)$ 也相当于一个时间函数，当取 $\tilde{h}(t)$ 的截尾函数 $\tilde{h}(t)(|t|\leqslant T)$ 作为有限长滤波因子时，$g(t)$ 的截尾函数 $g(t)(|t|\leqslant T)$ 本身就是一个时窗函数。

2.11.2　在频率域内实现一维频率滤波

在频率域内实现一维频率滤波，用得较多的是FFT方法。这种FFT方法也是数字信号处理的基本技术，是岩土工程测试需要掌握的基本理论和重要内容。

1.在频率域内实现一维滤波的步骤

设信号 $x_n=x(n\Delta),n=0,1,\cdots,N-1$，其中 Δ 为抽样间隔；滤波器频谱 $H(f)$，$|f|<\dfrac{1}{2\Delta}$，

$H(f)$ 近似为理想滤波器的频谱。在频率域内实现一维频率滤波的步骤如下:

(1) 对 x_n 做 FFT,求 x_n 的离散频谱 $X_m,m=0,1,\cdots,N-1$。 $X_m=X(f_m)=\sum\limits_{n=0}^{N-1}x_n\mathrm{e}^{-\mathrm{i}nm\frac{2\pi}{N}}$,

$m=0,1,\cdots,N-1$,其中 $f_m=\dfrac{m}{N\Delta}$。

(2) 把滤波器频谱 $H(f)$ 离散比设为 $H_m,m=0,1,\cdots,N-1$,取 $H_m=H(f_m),m=0,1,\cdots,$ $N-1$。滤波器频谱 $H(f)$ 一般在 $[0,1/(2\Delta)]$ 上给出,由于 $H(f)$ 是偶数,并以 $1/\Delta$ 为周期函数,因此可根据 $H(f)$ 在 $[0,1/(2\Delta)]$ 上的值求出全部 H_m。相应公式为

$$H_m=\begin{cases}H(f_m), & 0\leqslant m\leqslant N/2 \\ H(f_m), & N/2<m\leqslant N-1\end{cases} \tag{2.164}$$

式中,$f_m=m/(N\Delta)$。

(3) 把信号 x_n 的离散频谱 X_m 与滤波器的离散频谱 H_m 相乘得到:$Y_m=H_mX_m,m=0,$ $1,\cdots,N-1$。对 Y_m 做逆 FFT 变换,得到 $y_n,n=0,1,\cdots,N-1$。 y_n 就是经过频率滤波后的信号。

由上可知,在频率域内实现一维频率滤波的关键是在频率范围 $[0,1/(2\Delta)]$ 内设计一个滤波器频谱 $H(f)$。该 $H(f)$ 设计的基本方法在下面进行叙述。

2. 设计滤波器频谱 $H(f)$ 的直接方法

该方法实际上就是设计一个镶边理想滤波器频谱,下面以镶边带通滤波器频谱设计进行说明。不妨设镶边带通滤波器频谱在 $[0,1/(2\Delta)]$ 上的图形如图 2.5 所示,用 $\tilde{f}_1$、$\tilde{f}_2$、$\tilde{f}_3$、$\tilde{f}_4$ 表示 4 个频率参数,区间 $[\tilde{f}_2,\tilde{f}_3]$ 为通过带,区间 $[\tilde{f}_1,\tilde{f}_2]$ 和 $[\tilde{f}_3,\tilde{f}_4]$ 为过渡带。线性镶边和余弦镶边频谱由式(2.65)和式(2.66)给出。三角形褶积镶边带通滤波器频谱根据式(2.87)和式(2.90)可以得到

$$H(f)=\begin{cases}0, & 0\leqslant|f|<\tilde{f}_1 \\[2mm] 2\left(\dfrac{f-\tilde{f}_2}{\tilde{f}_2-\tilde{f}_1}\right)^2, & \tilde{f}_1<f\leqslant\dfrac{\tilde{f}_1+\tilde{f}_2}{2} \\[2mm] 1-2\left(\dfrac{f-\tilde{f}_2}{f_1-f_2}\right)^2, & \dfrac{\tilde{f}_1+\tilde{f}_2}{2}<f\leqslant\tilde{f}_2 \\[2mm] 1, & \tilde{f}_2<f\leqslant\tilde{f}_3 \\[2mm] 1-2\left(\dfrac{f-\tilde{f}_3}{\tilde{f}_4-\tilde{f}_3}\right)^2, & \tilde{f}_3<f\leqslant\dfrac{\tilde{f}_3+\tilde{f}_4}{2} \\[2mm] 2\left(\dfrac{f-\tilde{f}_4}{\tilde{f}_3-\tilde{f}_4}\right)^2, & \dfrac{\tilde{f}_3+\tilde{f}_4}{2}<f\leqslant\tilde{f}_4 \\[2mm] 0, & \tilde{f}_4<f\leqslant\dfrac{1}{2\Delta}\end{cases} \tag{2.165}$$

有时为了计算方便,把镶边带通滤波器的 4 个频率参数 $\tilde{f}_1$、$\tilde{f}_2$、$\tilde{f}_3$、$\tilde{f}_4$ 规格化,使之变为 f_{m_1}、f_{m_2}、f_{m_3}、f_{m_4},其中

$$\begin{cases} m_j = \left[\dfrac{\tilde{f}_j}{1/(N\Delta)} + \dfrac{1}{2}\right] = \left[\tilde{f}_j N\Delta + \dfrac{1}{2}\right], \quad j = 1,2,3,4 \\ f_{m_j} = m_j/(N\Delta) \end{cases} \tag{2.166}$$

其中符号[ ]表示取括号内的数的整数部分,在得到 $f_{m_j}(1 \leqslant j \leqslant 4)$ 之后,我们就用 $f_{m_j}(1 \leqslant j \leqslant 4)$ 表示镶边带通滤波器的 4 个频谱参数,然后再用上述介绍的方法计算频谱。

3. 插值法

插值法的过程是在 $[0,1/(2\Delta)]$ 内,给 $(l+2)$ 个频率,$0 = \tilde{f}_0 < \tilde{f}_1 \cdots < \tilde{f}_{l-1} < \tilde{f}_l < \tilde{f}_{l+1} = 1/(2\Delta)$,对每一个频率 $\tilde{f}_j$,给定一个非负值 $\tilde{H}_j, j = 0,1,\cdots,l,l+1$,如图 2.13 所示。

在 $[0,1/(2\Delta)]$ 范围内,把各点按一定的插值法连接起来,就得到我们所需要的频谱 $H(f)$。图 2.13 所用的插值法是线性插值法。插值法是一种比较灵活的方法,它可以根据具体问题,设计出频谱,l 一般为 $4 \sim 7$,当需要处理的情况复杂时,l 可以取得更大一些。关于插值法的更进一步的详细介绍,可以参阅有关计算方法的书籍。

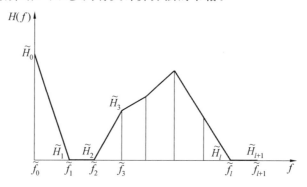

图 2.13 插值法设计滤波器频谱

4. 设计滤波器频谱的间接方法

在信号处理中,两个有限离散频谱相乘,经过逆 FFT 变换后,成为两个有限离散信号的循环褶积。为了保证在时间域内褶积的效果,希望与有限离散滤波器频谱相对应的有限离散滤波因子有充分多的零值,这个要求可以通过时窗法来实现。下面通过低通频谱的设计,对滤波器间接法设计进行说明。

(1)首先,给出初始频谱。一般只要给出理想滤波器频谱就行,以理想低通滤波器频谱为例,只要给出高通频率参数就可以了,即

$$H(f) = \begin{cases} 1, & 0 \leqslant f \leqslant \tilde{f}_1 \\ 0, & \tilde{f}_1 \leqslant f \leqslant 1/(2\Delta) \end{cases} \tag{2.167}$$

按照式(2.167),可以计算有限离散低通频谱 $H_m, m = 0,1,\cdots,N-1$,如图 2.14(a)所示。

(2)对 H_m 做逆 FFT,得 $h_n, n = 0,1,\cdots,N-1$,如图 2.14(b)所示。

(3)用时窗函数对 h_n 进行修改,取时窗函数 $w_M(n) = \begin{cases} w(n), & |n| \leqslant M \\ 0, & |n| > M \end{cases}$,其中 $M < N/2$,

取 Hamming 时窗,则相应的时窗函数为 $w_M(n) = \begin{cases} 0.54 + 0.46\cos\dfrac{\pi n}{M}, & |n| \leqslant M \\ 0, & |n| > M \end{cases}$。用时窗

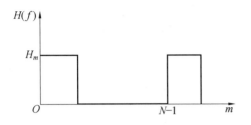

(a) 间接法设计滤波器频谱：初始频谱 H_m

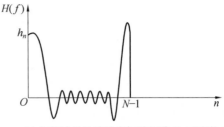

(b) 间接法设计滤波器初始频谱 H_m 对应的 h_n

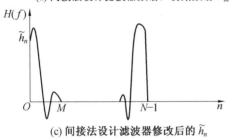

(c) 间接法设计滤波器修改后的 $\tilde{h}_n$

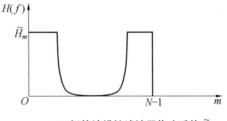

(d) 间接法设计滤波器修改后的 $\widetilde{H}_m$

图 2.14　间接法设计滤波器

函数 $w_M(n)$ 对 h_n 进行修改, 其公式为: $\tilde{h}_n = \begin{cases} w_M(n)h_n, & 0 \leqslant n \leqslant M \\ 0, & 0 \leqslant n \leqslant M \\ \tilde{h}_{N-1}, & N/2 < n \leqslant N-1 \end{cases}$, 其中 $\tilde{h}_n, n = 0,$ $1, \cdots, N-1$, 其图形如图 2.14(c) 所示。

(4) 对 $\tilde{h}_n$ 做 FFT, 得到有限离散频谱 $\widetilde{H}_m, m = 0, 1, \cdots, N-1$。$\widetilde{H}_m$ 就是所要求的用于实现滤波的频谱, 其图形如图 2.14(d) 所示。

设要滤波的信号为 $x_n(0 \leqslant n \leqslant N-1)$, 离散频谱为 $x_M(0 \leqslant m \leqslant N-1)$, 令 $\widetilde{Z}_m = \widetilde{H}_m X_m$, 做 $\widetilde{Z}_m$ 的逆 FFT, 得到 $\tilde{z}_m(0 \leqslant m \leqslant N-1)$, $\tilde{z}_m$ 就是频率域滤波后的结果。根据前面的讨论知, $\tilde{z}_m$ 是 x_n 与 $\tilde{h}_n$ 循环褶积的计算结果, 与普通褶积是不同的。设普通褶积因子为 $h_n^{(0)} = \begin{cases} \tilde{h}_{|n|}, & |n| \leqslant M \\ 0, & |n| > M \end{cases}$, 做 x_n 与 $h_n^{(0)}$ 的普通褶积可得

$$z_n = h_n^{(0)} \cdot x_n = \sum_{\tau = -M}^{M} h_\tau^{(0)} x_{n-\tau} = \sum_{\tau = -M}^{M} \tilde{h}_{|\tau|} x_{n-\tau} \qquad (2.168)$$

根据式(2.168)和循环褶积的计算规律(可参见相关书籍), 可知: $\tilde{z}_n = z_n, M < n < N - M$, 这说明了在时间域内和在频率域内做一维频率滤波的关系。从图 2.14 可以看出, 设计滤波器的间接方法实际上就是对初始频率进行修改的方法, 但对用镶边法或插值法设计出来的频谱, 是否也需要进行修改呢？原则上也可以进行修改, 但由于镶边法或插值法设计出来的频谱 H_m 基本上是连续变化的, 相应 h_n 的图形与图 2.14(c) 是类似的, 因此我们一般不需要进行再次修改。除非 h_n 的连续性较差, 或者滤波需要特殊的要求, 我们才做进一步的修改。

5. 频率域一维滤波计算速度的提高

提高滤波器设计计算速度需要在不同情况下采用不同的计算方法, 下面仅对两种常用的情形进行说明。

（1）设实信号 $x_n(x_0,x_1,\cdots,x_{N-1})$ 对应的有限离散频谱为 $X_m(X_0,X_1,\cdots,X_{N-1})$，$N$ 为偶数；又设滤波器的有限离散频谱为 $H_m(0\leqslant m\leqslant N-1)$，满足：$H_0=0$，$H_{N/2}=0$；则对 x_n 的滤波可以通过下述方式进行实现：

步骤 1：计算 $\tilde{Y}_m=\begin{cases}H_mX_m, & 0\leqslant m\leqslant N/2\\ 0, & N/2\leqslant m\leqslant N-1\end{cases}$；

步骤 2：计算 $\tilde{Y}_m$ 的逆 FFT，得到 $\tilde{y}_n$，最后得 $y_n=2\mathrm{Re}(\tilde{y}_n)$，$n=0,1,\cdots,N-1$，Re 表示实部，$y_n$ 就是需要求出的滤波结构，这种计算方法比传统的要快得多。

（2）设实信号 $x_n=(x_0,x_1,\cdots,x_{N-1})$ 和 $y_n=(y_0,y_1,\cdots,y_{N-1})$ 具有相同的长度，都要用同一滤波器频谱 $H_m(0\leqslant m\leqslant N-1)$ 进行滤波。则计算过程可以如下：

步骤 1：构造复信号：$z_n=x_n+\mathrm{i}y_n$，$0\leqslant n\leqslant N-1$；

步骤 2：对 z_n 做逆 FFT，得到：$Z_m(0\leqslant m\leqslant N-1)$；

步骤 3：计算 $\tilde{Z}_m=H_mZ_m(0\leqslant m\leqslant N-1)$；

步骤 4：对 $\tilde{Z}_m$ 做逆 FFT，得到 $\tilde{z}_n(0\leqslant n\leqslant N-1)$，则 $\tilde{x}_n$ 是 x_n 滤波后的结果，$\tilde{y}_n$ 是 y_n 滤波后的结果。

上述计算过程需要做 2 次 FFT，如果分别对 x_n 和 y_n 滤波，则要做 4 次 FFT，因此节省了时间。

第3章　桩基工程检测

桩基工程检测是桩基监测技术的基础,基于桩基检测技术的桩基监测,是根据桩基或者基桩的物理力学特性,利用传感器采集桩基或基桩上某个区域的信号,通过检测系统,计算分析并实时获取桩体性能的一种现场实时检测技术。桩基监测是桩基检测技术的延伸,也是各种有效桩基检测技术在监测中的应用。桩基监测一般分为两个过程,一个过程是施工期监测,它主要针对施工期间桩体质量难以控制,或者桩体采用了新技术,需要观测桩体的早期变形及力学特性的对象,根据桩体受力特征和已掌握的本构机理,对桩体进行实时检测的过程。该过程除了监测建筑基础桩以外,也包含支护结构桩的监测。桩基监测的另外一个过程是服役期的长期监测,该过程主要利用置于桩体或桩体附近地基中的传感器,根据计算模型和判断准则,推测桩体的实时力学性能。该过程是评价基础结构剩余寿命、评估结构性态的重要内容,也是目前建筑结构灾损评估的重要组成部分。除了少量重大和军方工程外,我国民用工程中桩体长期监测还不普遍,但桩基长期监测将是今后建筑结构技术服务的重要增长点。桩基监测技术的核心是检测,检测的核心是桩基工程基本测试方法与数据的处理,其中重点是桩基的动力测试方法。经过多年的桩基施工全过程实时监测的实践,动力法检测为重大桩基、复杂桩基工程的检测和监测提供了可靠的保证。

3.1　桩基工程检测的动力学方法

桩基是我国应用最广泛的基础形式,从1965年交通部率先在桥梁工程中推广钻孔灌注桩技术以来,桩基技术发展迅速,无论是桩径、桩长,还是成桩工艺,在国际上都处于领先地位。尤其是我国新建建筑中有90%以上的建筑基础均采用桩基,且高层建筑无一例外均采用桩基作为基础的主要部分,因此我国在桩基技术领域积累了丰富的经验。尽管桩基具有施工速度快、承载力高的优点,但是桩基施工工序大都在地下甚至水下进行,其隐蔽性非常强,同时影响桩基质量的各种主要因素都隐蔽在地基土体中,各种削弱桩基强度和刚度的隐蔽事件往往难以发现,导致桩基成为建筑工程未来隐患的重要来源。近年来,桩基础工程质量隐患,在许多地震中皆得到暴露,尤其是桩基础整体性不一致,或者桩基础与地基非协调变形的建筑,在地震中容易形成整体倾斜和坍塌,给上部结构带来极大的安全威胁。在近10年的地震破坏性调查中,因桩基础失效导致上部结构的破坏,是同类结构破坏中震损最严重的一类,而且在后期的加固修复中,付出的代价和面对的难度都将成倍增加。因此保证桩基础工程的安全和可靠,对采用桩基础的建筑结构具有十分重要的现实意义。

现代桩基监测技术,主要应用于大型结构的施工过程中,如大型桥梁、各类大型地下仓库、各种大型工业设备基础、海洋平台固定式基础和各种浮式平台的锚碇基础等。这些桩基础的监测基本都来源于各种桩的检测技术,其中桩的动测技术是现代桩基监测技术的基础,也是应用最多的方法,它与声波法等技术的结合组成了现代桩基监测技术的主要内容。

在历史上,我国古代很早就有利用敲击的方法判断地基密实程度的技术记载,这是古代波动理论检桩的雏形,也是我国古代进行结构完整性检测的历史先例。现代桩基动测技术,是随着现代应力波理论的发展而逐渐成熟起来的。1931 年,Isaacs 首先提出了桩基波动理论传播路径,并用一维波动方程描述了桩基的振动,由于考虑过多的不连续条件,其对应的波动方程解较为复杂,难以在实际工程中应用;1938 年,Fox 对桩的边界条件进行简化,提出了可应用于实际工程中的桩基动力方程求解算法,从而使波动方程成功应用于桩基的分析;1950 年,Smith 对桩土体系提出了质量离散模型,并用阻尼器模拟了土体阻尼,给出了波动方程数值差分解;1960 年,Smith 发表了桩体波动方程数值分析论文,从而奠定了桩基 Smith 波动算法的基础,使波动方程第一次真正从理论走上了工程实际应用。为了进一步提高桩体参数的合理性模拟及计算效率的优化,后来不少学者如 Forehand、Reese、Coyle、Bowles、Samon、Mosley、Davisson、Fisher、Rausche 和 Goble 等,都对打桩算法的改进做出了卓越贡献。

桩基动力计算的方法发展很快,截至目前已经拥有了多种桩基动测算法,但其核心还是波动方程数值解程序的应用。由于不同的波动方程数值计算方法具有不同的计算结果,因而早期的桩基测方法主要体现在不同程序能够考虑不同的测试过程这一方面。例如,早期的美国 Texas 州运输研究所提供的 TTI 打桩程序,考虑了桩身接头松动的激振特点,和同一时期出现的 Ocean wave 和 Tidy wave 打桩程序相比,TTI 方法能够适用于液压锤,Ocean 系列方法能够考虑实际的输入力;另外,美国 Duke 大学开发的 DUKFOR 程序,考虑了打桩时的残余应力,后来在 DUKFOR 程序基础上,又推出了 WEAP 和 SWEAP 程序;PSI 程序则能考虑多锤同时激振的情况,主要用于难以起振的桩的锤击测试;CAPWAP 程序是利用 Goble 对 Smith 波动程序数值解的改进而建立起来的一种打桩程序,这种程序的本质是同时考虑了输入激振力和输出的反射波信息,经过计算,获得桩承载力和阻力的分布,通过与标准桩的对比,从而获得桩性能的一种动测技术。

除了上述桩体的波动方程数值解技术外,在欧洲的瑞士、瑞典等国家也在同步发展桩的动测方法,出现了较为优秀的桩基波动方程、计算和判断方法,如 PIT 技术等,其技术可以在相关技术专著中进行查阅。为了了解桩基动力测试的波动过程,本章将对桩基动测技术的基本原理进行阐述,为后面的桩基检测和监测技术提供基础理论。

3.2　桩的纵向振动与应力波传播

将桩体假设为理想等截面直杆,其物理特征是弹性连续体,材料均匀、各向同性,满足胡克定律。桩体每个截面的位移很小,对每个激振力的反应都是线弹性的,同时假定纵波波长比桩体横截面尺寸大得多,从而可以不考虑桩的横向振动效应,桩体的动力反应可以按照振型叠加进行求和来计算。

为了便于分析,不失一般性,假设桩体的截面积为 A,弹性模量为 E,密度为 ρ。当理想桩体沿轴向振动时,假定截面保持平面,截面上的应力为均匀分布,为讨论桩体任意截面的纵向振动 $u(x,t)$,即任意时刻 t,在 x 处横截面的纵向位移,如图 3.1 所示,在桩体中取截面微段 $\mathrm{d}x$,微段的 D'Alembert 方程为

$$\sigma_x + \frac{\partial(A\sigma)}{\partial x}\mathrm{d}x - A\sigma - \rho A\,\mathrm{d}x\frac{\partial^2 u}{\partial t^2} = 0 \tag{3.1}$$

式中,$A\sigma$ 为 x 处横截面上的内力轴向应力的合力;$\rho A\,\mathrm{d}x\dfrac{\partial^2 u}{\partial t^2}$ 为惯性力,由胡克定律有

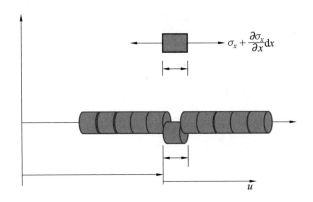

图 3.1　理想桩体纵向振动模型示意图

$$A\sigma = EA\varepsilon = EA\,\frac{\partial u}{\partial t} \tag{3.2}$$

式中,σ 为截面应力;ε 为应变;E 为弹性模量。将式(3.2) 代入式(3.1),整理后得到

$$\frac{\partial^2 u}{\partial x^2} = \frac{1}{v_c}\frac{\partial^2 u}{\partial t^2} \tag{3.3}$$

式中,v_c 为桩体中纵波波速,$v_c = \sqrt{\dfrac{E}{\rho}}$。

方程(3.3)为杆的一维波动方程,表示杆中有以纵波速度 v_c 传播的机械波,这个传播速度也就是桩体内部的材料声速。为求解 D'Alembert 微分方程,令

$$u(x+t) = X(t)(A\cos \omega t + B\sin \omega t) \tag{3.4}$$

式中,A、B 为常数;ω 为角频率;X 为 x 的任意函数,该函数是波动方程质点振动的振型函数,将式(3.4) 代入式(3.3),用分离变量法整理后,得到

$$\frac{\partial^2 X}{\partial x^2} + \frac{\omega^2}{v_c^2}X = 0 \tag{3.5}$$

式(3.5) 的通解为

$$X = C\cos \frac{\omega}{v_c} + D\sin \frac{\omega}{v_c}x \tag{3.6}$$

式中,C 和 D 为桩端边界条件确定的常数。

下面分别讨论几种常见桩的边界条件:

(1) 桩两端自由。

此时边界条件为

$$\begin{cases} \left(\dfrac{\mathrm{d}X}{\mathrm{d}x}\right)\Big|_{x=0} = 0 \\[2mm] \left(\dfrac{\mathrm{d}X}{\mathrm{d}x}\right)\Big|_{x=L} = 0 \end{cases} \tag{3.7}$$

在此边界条件下,若使方程有非凡解,则有

$$\sin \frac{L\omega}{v_c} = 0 \tag{3.8}$$

即有

$$\frac{L\omega}{v_c} = i\pi, \quad i = 1,2,\cdots \tag{3.9}$$

式(3.9)就是桩体两端自由时,桩体振动的频率方程,由式(3.9)可以得到方程各振型的频率为

$$\omega_i = \frac{i\pi v_c}{L}, \quad i = 1, 2, 3, \cdots \tag{3.10}$$

与式(3.10)圆周频率对应的振型为

$$X_i(x) = C\cos\frac{ip}{L}, \quad i = 1, 2, 3, \cdots \tag{3.11}$$

桩体前3阶振型如图3.2所示。图中桩长取18 m,D'Alembert微分参数 C 取2, x 长度取值范围为0到 9π。

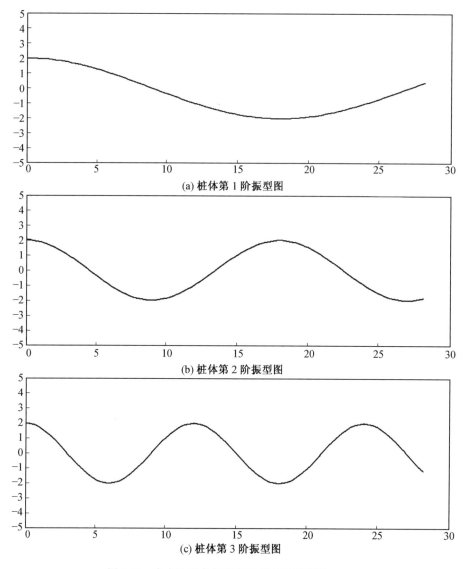

(a) 桩体第1阶振型图

(b) 桩体第2阶振型图

(c) 桩体第3阶振型图

图3.2　自由边界条件下桩体前3阶振型图

这样方程(3.3)波动微分方程在两端自由边界条件下的通解为

$$u_i(x+t) = C\cos\frac{i\pi x}{L}\left(A\cos\frac{i\pi v_c t}{L} + B\sin\frac{i\pi v_c t}{L}\right) \tag{3.12}$$

通过叠加，得到桩的纵向自由振动的解为

$$u_i(x+t) = \sum_{i=1}^{\infty} C\cos\frac{i\pi x}{L}\left(A\cos\frac{i\pi v_c t}{L} + B\sin\frac{i\pi v_c t}{L}\right) \tag{3.13}$$

（2）桩一端固定、一端自由。

此时边界条件为

$$\begin{cases} (u)\,\big|_{x=0} = 0 \\ \left(\dfrac{\mathrm{d}u}{\mathrm{d}x}\right)\bigg|_{x=L} = 0 \end{cases} \tag{3.14}$$

在此边界条件下，式（3.6）的非零解为

$$\cos\frac{L\omega}{v_c} = 0 \tag{3.15}$$

对应的频率方程为

$$\frac{L\omega}{v_c} = \frac{i\pi}{2}, \quad i = 1,2,\cdots \tag{3.16}$$

桩体对应的固有频率为

$$\omega_i = \frac{i\pi v_c}{2L}, \quad i = 1,2,3,\cdots \tag{3.17}$$

固有频率对应的振型函数为

$$X_i = D\sin\frac{i\pi}{2L}x, \quad i = 1,3,5,\cdots \tag{3.18}$$

得到一端固定、一端自由的一般解为

$$u_i(x+t) = D\sin\frac{i\pi x}{2L}\left(A\cos\frac{i\pi v_c t}{2L} + B\sin\frac{i\pi v_c t}{2L}\right) \tag{3.19}$$

理想桩体的纵向自由振动解为

$$u_i(x+t) = \sum_{i=1}^{\infty} D\sin\frac{i\pi x}{2L}\left(A\cos\frac{i\pi v_c t}{2L} + B\sin\frac{i\pi v_c t}{2L}\right) \tag{3.20}$$

（3）理想桩体两端固定。

此时边界条件为 $x=0$；$x=L$ 时，$X=0$。

得到

$$\sin\frac{L\omega_i}{v_c} = 0 \tag{3.21}$$

得到圆频率的值为

$$\omega_i = \frac{i\pi v_c}{L}, \quad i = 1,2,3,\cdots \tag{3.22}$$

对应的振型函数为

$$X_i = C\sin\frac{i\pi}{L}x, \quad i = 1,2,3,\cdots \tag{3.23}$$

（4）上端自由、下端为弹性支撑。

此时边界条件为

$$\begin{cases} \left(EA\,\dfrac{\partial u}{\partial x} - ku\right)\bigg|_{x=0} = 0 \\ \left(\dfrac{\partial u}{\partial x}\right)\bigg|_{x=L} = 0 \end{cases} \tag{3.24}$$

波动方程对应的频率方程为

$$\frac{EA}{k}\left(\frac{\omega}{v_c}\right)^2\sin\frac{\omega L}{v_c}=\frac{\omega}{v_c}\cos\frac{\omega L}{v_c} \tag{3.25}$$

引入参数 $\xi=\dfrac{\omega L}{v_c}$、$\eta=\dfrac{kL}{EA}$，代入式(3.25)，有

$$\xi\tan\xi=\eta \tag{3.26}$$

由式(3.26)可以得到 ξ 和 η 的关系，从而可以得到理想桩体各阶固有频率 ω_i，然后得到各阶频率的主振型为

$$X_i=D_i\left(\frac{EA}{k}\frac{\omega_i}{v_c}\cos\frac{\omega_i x}{v_c}+\sin\frac{\omega_i x}{v_c}\right),\quad i=1,2,3,\cdots \tag{3.27}$$

式(3.27)中，当弹簧系数很小时，$K\to0$，方程式(3.24)变为

$$\sin\frac{L\omega}{v_c}=0 \tag{3.28}$$

式(3.28)表明，频率方程变为两端自由时的频率方程；反之，当弹簧系数很大时，$K\to\infty$，方程式(3.25)变为

$$\cos\frac{L\omega}{v_c}=0 \tag{3.29}$$

即此时方程变成上端自由、下端固定的频率方程。

(5)上端具有集中质量 M、下端自由的理想桩体。

此时边界条件为

$$\begin{cases}(EA\frac{\partial u}{\partial x}+M\frac{\partial^2 u}{\partial t^2})\mid_{x=L}=0\\[2mm](\frac{\partial u}{\partial x})\mid_{x=0}=0\end{cases} \tag{3.30}$$

得到相应的频率方程为

$$\frac{EA}{k}\left(\frac{\omega}{v_c}\right)^2\sin\frac{\omega L}{v_c}=-M\omega^2\cos\frac{\omega L}{v_c} \tag{3.31}$$

同样引入参数 $\xi=\dfrac{\omega L}{v_c}$、$\eta=\dfrac{\omega AL}{M}$，则式(3.31)简化为

$$\frac{1}{\xi}\tan\xi=-\frac{1}{\eta} \tag{3.32}$$

式(3.32)中 ξ 和 η 的关系如图3.3所示。

(6)上端有集中质量 M，下端固结。

此时边界条件为

$$\begin{cases}\left(EA\frac{\partial u}{\partial x}+M\frac{\partial^2 u}{\partial t^2}\right)\Big|_{x=L}=0\\[2mm](u)\Big|_{x=0}=0\end{cases} \tag{3.33}$$

得到其频率方程为

$$\frac{EA}{k}\left(\frac{\omega}{v_c}\right)^2\cos\frac{\omega L}{v_c}=M\omega^2\sin\frac{\omega L}{v_c} \tag{3.34}$$

同样，引入参数 $\xi=\dfrac{\omega L}{v_c}$、$\eta=\dfrac{\omega AL}{M}$，引入参数之间的关系如图3.4所示，得到频率方程：

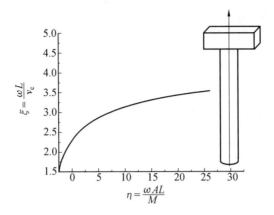

图 3.3　一端自由一端固定时 ξ 和 η 的关系

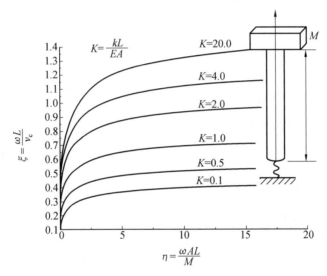

图 3.4　桩体集中质量与弹性支撑频率方程数值解图

$$\xi \tan \xi = \eta \tag{3.35}$$

（7）上端具有几种质量 M，下端为弹性支撑。

此时边界条件为

$$
\begin{cases}
\left(EA\,\dfrac{\partial u}{\partial x} - ku\right)\Big|_{x=0} = 0 \\[2mm]
\left(EA\,\dfrac{\partial u}{\partial x} + M\,\dfrac{\partial^2 u}{\partial t^2}\right)\Big|_{x=L} = 0
\end{cases}
\tag{3.36}
$$

根据式（3.36），得到频率方程为

$$\tan \frac{\omega L}{v_c} = \frac{EA v_c (k - M\omega^2)}{\omega(MK v_c^2 + E^2 A^2)} \tag{3.37}$$

从式（3.37）可以发现：当 k 很小时，边界条件则变为下端自由、上端具有质量 M 的边界条件；当 k 很大时，边界条件则变为上端具有质量 M、下端固定的情况。同样，引入参数 $\xi = \dfrac{\omega L}{v_c}$、

$\eta = \dfrac{\omega AL}{M}$ 可以得到类似的频率方程和振型方程。

（8）理想桩体强迫纵向振动。

设桩体一端固定，求顶部受到激振力 $Q(t)$ 作用的波动方程的解。根据桩体在自由振动时的振型函数

$$X_i = D\sin\frac{i\pi}{2L}x, \quad i = 1,3,5,\cdots \tag{3.38}$$

式（3.38）在线性范围内可叠加生成任何位移函数 $u = f(x)$，激振力 $Q(t)$ 引起的振动可用下列级数表示为

$$u(x,t) = \sum_{i=1,3,5,\cdots}^{\infty} \phi_i \sin\frac{i\pi x}{2L} \tag{3.39}$$

式中，ϕ_i 是时间 t 的函数。根据虚功原理，单元内的惯性力、桩变形引起的单元弹性力、作用于桩端的干扰力，其 ϕ_i 满足如下微分方程：

$$\ddot{\phi}_i + \omega_i \phi_i = \frac{2}{\rho AL}(-1)^{(i-1)/2}Q(t) \tag{3.40}$$

式中，$\omega_i = \frac{i\pi v_c}{2L}(i=1,3,5,\cdots)$；$\rho$ 为桩的密度；A 和 L 分别为桩体的横截面积和长度。假设激振时桩体的速度和位移都为零，根据 Duhamel 积分，当处于零初始条件的系统受到任意激振力作用时，可以将激振力看作一系列脉冲力的叠加，根据 Borel 定理，线性系统对任意激励的响应，等于它的脉冲响应与激励的卷积，结合 Duhamel 积分形式，可以写出式（3.39）的解为

$$\phi_i = \frac{4}{i\pi v_c \rho A}(-1)^{(i-1)/2}\int_0^t Q(t)\sin\left[\frac{i\pi v_c}{2L}(t-t')\right]\mathrm{d}t' \tag{3.41}$$

将上式代入式（3.39），得到桩体在激振力 $Q(t)$ 作用下所产生的下列形式的动力反应：

$$u(x,t) = \frac{4}{\pi v_c \rho A}\sum_{i=1,3,5,\cdots}^{\infty}\frac{(-1)^{(i-1)/2}}{i}\sin\frac{i\pi v_c}{2L}\int_0^t Q(t)\sin\left[\frac{i\pi v_c}{2L}(t-t')\right]\mathrm{d}t' \tag{3.42}$$

如果桩体输入的激振力是正弦周期力，即 $Q(t) = Q_0\sin\omega t$，代入式（3.41）可以得到理想桩体在正弦扫描下的频幅曲线，如图 3.5 所示。

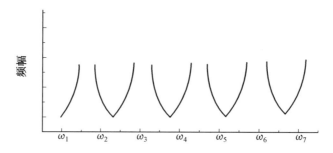

图 3.5　理想桩体正弦激振作用下的频幅曲线

3.3　波在桩体中传播的特性分析

上节讲述了用桩体振型描述其动力反应，在桩基动力检测中，由于波的传播简单，因此应用场合更多。理想桩基的波动传播是从理想桩杆的 D'Alembert 波动解开始的，根据上节桩波动方程解的推导，可以得到桩在动力作用下，其 D'Alembert 解的形式为

$$u(x+t) = h(x-Ct) + f(x+Ct) \tag{3.43}$$

式(3.43)就是一维波动方程著名的 D'Alembert 线性通用函数解答,函数 h 及 f 的具体表达式由所讨论问题的具体条件确定。

设在时刻 t_1,桩中 x_1 处的波动分量为

$$u_1 = h(x - Ct_1) \qquad (3.44)$$

当时间过了 Δt 后,即 $t_2 = t_1 + \Delta t$ 时刻在桩体中的 x_2 的波动分量为

$$u_2 = h[x + \Delta x - C(t_1 + \Delta t)] \qquad (3.45)$$

由于 $\Delta x = C\Delta t$,因此有

$$u_2 = h(x - Ct_1) \qquad (3.46)$$

比较式(3.45)和式(3.43),发现桩体中的波经过时间 Δt 后,从桩体中的 x_1 处到了桩体中的 x_2 处,C 为波在桩体中的传播速度;$h(x - Ct_1)$ 为正向传播,而波动方程式(3.40)中的 $f(x + Ct)$ 则为反向传播。在无阻尼的理想状态下,当纵波在无限长桩体中传播时,它将沿着某一方向传播,把能量传输到无限远处;若桩长有限,当波传播到桩端时,将在边界处发生反射和透射。为了更好地理解单桩动测的应力波法,应理解应力波在边界中的变化,下面讨论波在桩体中的边界效应。

3.3.1　固定端边界

对于半无限长桩,在 $x = 0$ 处为固定端,边界条件为 $u(0,t) = 0$,设纵波 $u^i(x,t) = f(x + Ct)$,式中 i 表示入射波。该纵波沿着 x 轴负向入射到边界上,由于边界上的位移等于零,为了满足边界条件,则桩内必须存在另外一个反射纵波 $u^r(x,t)$,r 表示反射波,并满足如下关系:

$$u^r(0,t) + u^i(0,t) = 0 \qquad (3.47)$$

式中,令 $u^r(x,t) = h(x - Ct)$,引入 $\xi = x - Ct$、$\eta = x + Ct$ 代换,得到反射波函数为

$$h(\xi) = -f(-\xi) \qquad (3.48)$$

式(3.48)表示的波形相当于将波形 $f(\xi)$ 对于竖向轴做 180° 的翻转,波形 $f(\xi)$ 则与翻转后的波形在横轴上对称。反射波沿着 x 轴正向传播,其表达式为

$$u^r(x,t) = h(x - Ct) = -f(-x + Ct) \qquad (3.49)$$

桩体上的总波长为

$$u(x,t) = f(x + Ct) - f(-x + Ct) \quad (x \geqslant 0) \qquad (3.50)$$

从上式可以看出,由于固定端的入射波和反射波的位移大小相等、方向相反,当它们都到达 $x = 0$ 处时,其总波场的位移恒为零,满足固定端的条件。因此,应力波在桩体固定端处使波的传播方向反转,并使入射波的正向位移改变为负向位移。

利用胡克定律,可以得到入射波和反射波的应力场为

$$\begin{cases} \sigma^i(x,t) = \dfrac{\partial u^i}{\partial x} = Ef'(x + Ct) \\ \sigma^r(x,t) = \dfrac{\partial u^r}{\partial x} = -Ef'(-x + Ct) \end{cases} \qquad (3.51)$$

从式(3.51)可知,入射应力波和反射应力波的传播方向相反,它们的波形在 $x = 0$ 处对称;在固定端处,反射应力波与入射应力波的大小和方向均相同,总应力为入射波应力的 2 倍。

3.3.2　自由端边界

其边界条件为 $\sigma(0,t) = 0$,利用上述同样的分析方法,可以得到如下的结论:

反射所形成的应力波与入射所形成的应力波符号相反,即在自由端的反射,形成拉压互变;自由端对位移的反射过程,经过反射以后,位移的大小和方向不变,总位移为入射位移的2倍。

3.3.3 桩体截面发生突变处的应力波的反射与透射

基桩中经常会遇到桩体几何尺寸的突变,除了多盘扩肢桩等变截面桩外,在桩基检测中主要体现在桩身的扩颈和缩颈现象,本节主要从桩体性质突变处的弹性波与反射及透射波基本性状进行讨论。

假设变截面桩体在交界处紧密结合、共轴,如图 3.6 所示。

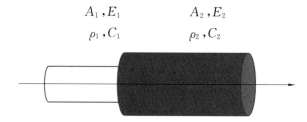

图 3.6 变截面桩体应力波传播特性

图 3.6 交界面上的边界条件为

$$\begin{cases} u_1 = u_2 ; \dot{u}_1 = \dot{u}_2 ; N_1 = N_2 ; \\ u_i + u_r = u_t ; \dot{u}_i + \dot{u}_r = \dot{u}_t ; N_i + N_r = N_t \end{cases} \tag{3.52}$$

式中,下标 i、r、t 分别表示入射、反射和透射,上标"·"表示导数;u、N 分别表示位移和内力,根据材料力学,它们满足如下关系式:

$$N = A\sigma = AE \frac{\partial u}{\partial x} \tag{3.53}$$

结合速度及位移的连续条件,得到激振力波的反射、透射和位移波反射、透射系数分别为

$$\frac{N_r}{N_i} = \frac{d-1}{d+1} ; \quad \frac{N_t}{N_i} = \frac{2d}{d+1} ; \quad \frac{u_r}{u_i} = -\frac{d-1}{d+1} ; \quad \frac{u_t}{u_i} = \frac{2}{d+1} \tag{3.54}$$

式中,$d = C_1 E_2 A_2 / C_2 E_1 A_1 = (\sqrt{E_2 \rho_2} \cdot A_2)/(\sqrt{E_1 \rho_1} \cdot A_1)$。从上式可以看出,若桩体材料相同,只要截面积不同也将出现应力波和位移波的反射与透射,其中 d 为阻抗匹配系数,反映了桩体连接处的突变特性,并控制反射波和透射波的相对幅值。如果界面两端材料和断面都一样,或者材料和断面虽不同,但 $d = 1$,即阻抗匹配,则 $u_r = N_r = 0$,$u_t = u_i$,$N_t = N_i$,此时如同没有界面一样,入射波完全透射到相邻的桩体中,界面上没有任何反射。

由式(3.54) 中的 u_r/u_i 可以看出,当减小桩体 2 的刚度以至 $d < 1$ 时,反射的位移波形和入射位移波形同号;当增加桩体 2 的刚度以至 $d > 1$ 时,反射位移波形和入射位移波形相反。

3.3.4 激励力在桩界面处产生的波形和波速

桩体在受到冲击后,会出现横波和纵波,并在界面处产生表面波,这些表面波中位移较大的是瑞利波;在桩体动测中,主要关心的是纵波、横波和瑞利波,它们的速度分别如下:

$$
\begin{cases}
C_{\mathrm{p}}=\sqrt{\dfrac{E}{\rho}\dfrac{1-\nu}{(1+\nu)(1-2\nu)}} \\[3mm]
C_{\mathrm{s}}=\sqrt{\dfrac{E}{\rho}\dfrac{1}{2(1+\nu)}} \\[3mm]
C_{\mathrm{R}}=\dfrac{1}{K}C_{\mathrm{s}}
\end{cases}
\tag{3.55}
$$

式中，ν 是桩体材料的泊松比；K 是系数，随泊松比的变化而改变，当 $\nu=0.2\sim0.3$（相当于混凝土的泊松比）时，$K=1.08\sim1.03$，从而得到纵波 C_{p} 与瑞利波的关系为

$$
C_{\mathrm{p}}=\beta C_{\mathrm{R}}，\quad \beta=\sqrt{\dfrac{2(1-\nu)}{1-2\nu}}
\tag{3.56}
$$

一般而言，质量好的混凝土，其纵波传播速度为 $3\,600\sim4\,600$ m/s。

3.4　桩土相互作用的振动分析

桩土相互作用的振动分析，是获取桩动力反应的重要理论基础，也是桩基础在地震作用下，性能监测的重要依据。考虑到材料的非线性，为了简化振动过程，现对桩土振动做如下假设：

(1) 桩体是半无限长等截面的均质杆；

(2) 桩侧土与桩之间的相互作用由弹簧和阻尼器构成；

(3) 桩侧土是均匀的，如图 3.7 所示；

(4) 桩侧土的剪切应力与深度无关。

不妨设桩顶受到一个激振力作用后，取桩体中任意一个微段进行分析：

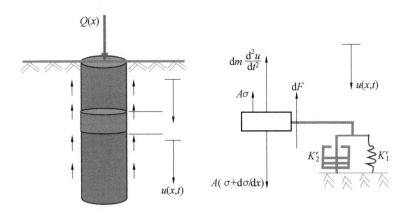

图 3.7　桩土相互作用振动计算模型

从桩中取出 $\mathrm{d}x$ 段，其上的剪切力为

$$
\mathrm{d}F=K'_1 u\,\mathrm{d}x+K'_2\frac{\partial u}{\partial t}\mathrm{d}x
\tag{3.57}
$$

由胡克定律，微段上的剪切应力可写为

$$
\tau(x,t)=\frac{\mathrm{d}F}{s\,\mathrm{d}x}=\frac{K'_1}{s}u+\frac{K'_2}{s}\frac{\partial u}{\partial t}
\tag{3.58}
$$

式中,K'_1 和 K'_2 为常数;s 是桩断面边长。根据材料力学,$\sigma = E\varepsilon = E\frac{\partial u}{\partial x}$,得到

$$A\frac{\partial \sigma}{\partial x}\mathrm{d}x - \frac{\partial^2 u}{\partial t^2}\mathrm{d}m - \mathrm{d}F = 0 \tag{3.59}$$

式中,$\mathrm{d}m = \rho A\mathrm{d}x$;$\mathrm{d}F = K'_1 u\mathrm{d}x + K'_2\frac{\partial u}{\partial t}\mathrm{d}x$;$\rho$ 为桩的质量密度;A 为桩断面积,令

$$v_c^2 = \frac{E}{\rho} \tag{3.60}$$

代入式(3.59),得到

$$\frac{\partial^2 u}{\partial x^2} - \frac{1}{v_c^2}\frac{\partial^2 u}{\partial t^2} - \frac{K'_2}{EA}\frac{\partial u}{\partial t} - \frac{K'_1}{EA}u = 0 \tag{3.61}$$

式(3.61)即为桩土相互作用时,桩纵向振动的物理方程。

不失一般性,令桩顶作用有激振力 $Q(x)$,桩土共同作用的边界条件为

$$\begin{cases} Q(t) = AE\frac{\partial u}{\partial x}(0,t), Q(t) < 0, & x = 0 \\ u(\infty,t) = 0, & x = \infty \\ u(x,t) = 0, & t = 0 \\ \frac{\partial u}{\partial t}(x,t) = 0, & t = 0 \end{cases} \tag{3.62}$$

令 $K_1 = K'_1/EA$,$K_2 = K'_2/EA$,代入桩土微分方程(3.61),整理后有

$$\frac{\partial^2 u}{\partial x^2} - \frac{\partial^2 u}{\partial \tau^2} - K_2\frac{\partial u}{\partial \tau} - u = 0 \tag{3.63}$$

其中,$\tau = v_c t$,引入坐标变换:

$$\begin{cases} \zeta = x - \tau, & x = \frac{\zeta + \eta}{2} \\ \eta = x + \tau, & \tau = \frac{\eta - \zeta}{2} \end{cases} \tag{3.64}$$

代入式(3.63),得到

$$4\frac{\partial^2 u}{\partial \eta \partial \zeta} + K_2\frac{\partial u}{\partial \zeta} - K_2\frac{\partial u}{\partial \eta} - K_1 u = 0 \tag{3.65}$$

显然,式(3.65)是可以用分离变量法进行微分方程求解的,先将变量进行分离为

$$u(\zeta,\eta) = V(\zeta,\eta)e^{\frac{K_2}{4}(\zeta-\eta)} \tag{3.66}$$

上式中 $V(\zeta,\eta)$ 应该满足

$$\frac{\partial^2 V}{\partial \eta \partial \zeta} + \frac{1}{4}K^2 V = 0 \tag{3.67}$$

式中,$K^2 = \left(\frac{K_2}{2}\right)^2 - K_1$,方程(3.67)可以通过黎曼函数进行求解,其结果为

$$u(x,t) = \frac{v_c}{EA}\int_0^{t-\frac{x}{v_c}} J_0\{K[v_c^2(t-x)^2]^{\frac{1}{2}}\}e^{\frac{K_2}{2}v_c(t-x)}Q(x)\mathrm{d}x \tag{3.68}$$

式中,$K = \left[K_1 - \left(\frac{K_2}{2}\right)^2\right]^{1/2}$,$J_0$ 为扩展贝塞尔函数,满足如下关系:

$$J_0 = I_0 \frac{\{i\left[K_1 - \left(\frac{K_2}{2}\right)^2\right]^{1/2}\left[v_c^2(t-x) - x^2\right]^{1/2}\}}{\{\left[K_1 - \left(\frac{K_2}{2}\right)^2\right]^{1/2}\left[v_c^2(t-x) - x^2\right]^{1/2}\}} \tag{3.69}$$

式中,I_0 为第一类贝塞尔函数,这样通过式(3.69)即可得到桩土相互作用条件下,当桩顶有激振力 $Q(x)$ 时,桩体位移的解析表示。当然式(3.69)是在均匀性假设和土剪切应力假设条件下求得的,这种假设对于一般的桩体动力求解,可以满足以较高精度分析桩体的完整性状态的要求。

3.5　桩体低应变检测

3.5.1　桩基低应变检测基本要求

低应变法 LSIT(Low Strain Integrity Testing)主要指采用低能量瞬态或稳态激振方式,在桩顶激振,实测桩顶部的速度时程曲线或速度导纳曲线,通过波动理论中的时频域分析,对桩身完整性进行判定的一种检测方法。

低应变检测(监测)桩基是目前应用最多的一种技术,该方法主要以应用低应变测桩技术作为桩基监测的主要内容,将低应变检测技术转变为低应变监测技术。

在低应变检测技术中,目前国内外普遍采用瞬态冲击方式,通过实测桩顶加速度或速度响应时域曲线,及一维波动理论分析来判定基桩的桩身完整性,这种方法称为反射波法(或瞬态时域分析法)。根据住房和城乡建设部所发工程桩动测单位资质证书的数量统计,我国绝大多数单位采用上述方法进行桩基的完整性测试,所用动测仪器一般都具有傅里叶变换功能,可通过速度幅频曲线辅助分析判定桩身完整性,即所谓瞬态频域分析法;也有些动测仪器还具备实测锤击力并对其进行傅里叶变换的功能,进而得到导纳曲线,这称为瞬态机械阻抗法。当然,采用稳态激振方式直接测得导纳曲线,则称为稳态机械阻抗法。无论瞬态激振的时域分析还是瞬态或稳态激振的频域分析,只是从波动理论或振动理论两个不同角度去分析,数学上忽略截断和信号泄漏误差时,时域信号和频域信号皆可通过傅里叶变换建立对应关系,所以,当桩的边界和初始条件相同时,时域和频域分析结果应殊途同归。综上所述,考虑到目前国内外使用方法的普遍程度和可操作性,我国现有规范将上述方法合并统称为低应变(动测)法。

低应变法的理论基础以一维线弹性杆件模型为依据,因此受检桩的长细比、瞬态激励脉冲有效高频分量的波长与桩的横向尺寸之比均宜大于 5。另外,一维理论要求应力波在桩身中传播时平截面假设成立,所以,对薄壁钢管桩和类似于 H 型钢桩的异型桩,本方法具有较大的理论误差。由于小应变技术对桩身缺陷程度只做定性判定,尽管利用实测曲线拟合法分析能给出定量的结果,但由于桩的尺寸效应、测试系统的幅频相频响应、高频波的弥散、滤波等造成的实测波形畸变,以及桩侧土阻尼、土阻力和桩身阻尼的耦合影响,曲线拟合法还不能达到精确定量的程度。

对于桩身不同类型的缺陷,低应变测试信号中主要反映出桩身阻抗减小的信息,缺陷性质往往较难区分。例如,混凝土灌注桩出现的缩颈与局部松散、夹泥、空洞等,只凭测试信号就很难区分。因此,对缺陷类型进行判定,应结合地质、施工情况综合分析,或采取钻芯、声波透射等其他方法综合进行判定。

低应变法适用于检测混凝土桩的桩身完整性,判定桩身缺陷的程度及位置,有效检测桩长范围应通过现场试验确定。由于受桩周土约束、激振能量、桩身材料阻尼和桩身截面阻抗变化等因素的影响,应力波从桩顶传至桩底再从桩底反射回桩顶的传播为一能量和幅值逐渐衰减的过程。若桩过长(或长径比较大)或桩身截面阻抗多变或变幅较大,往往应力波尚未反射回桩顶甚至尚未传到桩底,其能量已完全衰减或提前反射,致使仪器测不到桩底反射信号,而无法评定整根桩的完整性。在我国,若排除其他条件差异而只考虑各地区地质条件差异,桩的有效检测长度主要受到桩土刚度比值大小的制约,因各地提出的有效检测范围变化很大,如长径比 30～50、桩长 30～50 m 不等,具体工程的有效检测桩长,应通过现场试验,依据能否识别桩底反射信号,确定该方法是否适用。对于最大有效检测深度小于实际桩长的超长桩检测,尽管测不到桩底反射信号,但若有效检测长度范围内存在缺陷,则实测信号中必有缺陷反射信号。因此,低应变方法仍可用于查明有效检测长度范围内是否存在缺陷的实际工程。

各类小应变检测仪器的主要技术性能指标应符合《基桩动测仪》(JG/T 3055)的有关规定,且应具有信号显示、储存和处理分析功能。低应变动力检测采用的测量响应传感器主要是压电式加速度传感器(目前国内外多数厂家生产的仪器已能兼容磁电式速度传感器),根据其结构特点和动态性能,当压电式传感器的可用上限频率在其安装谐振频率的 1/5 以下时,可保证较高的冲击测量精度,且在此范围内,相位误差几乎可以忽略。所以应尽量选用自振频率较高的加速度传感器。对于桩顶瞬态响应测量,一般是将加速度计的实测信号积分成速度曲线,并据此进行判读。实践表明,除采用小锤硬碰硬敲击外,速度信号中的有效高频成分一般在 2 000 Hz 以内,但这并不等于说,加速度计的频响线性段达到 2 000 Hz 就足够了,这是因为加速度原始信号比积分后的速度波形信号要包含更多和更尖的毛刺,高频尖峰毛刺的宽窄和多寡,决定了它们在频谱上占据的频带宽窄和能量大小。从理论上讲,对加速度信号的积分相当于低通滤波,这种滤波作用对尖峰毛刺特别明显。当加速度计的频响线性段较窄时,就会造成较为明显的信号失真。所以在 ±10% 幅频误差内,加速度计幅频线性段的高限不宜小于 5 000 Hz,当桩顶敲击处表面凹凸不平时,应该避免用硬质材料锤,或者不加锤垫直接敲击的测试方法;对于高阻尼磁电式速度传感器,当其固有频率接近 20 Hz 时,幅频线性范围(误差 ±10% 时)为 20～1 000 Hz,若要拓宽使用频带,理论上可通过提高阻尼比来实现,但从传感器的结构设计、制作以及可用性看,却又难以做到。因此,若要提高高频测量上限,必须提高固有频率,这样势必造成低频段幅频特性恶化,反之亦然;同时,当速度传感器在接近固有频率时使用,还存在因相位跃迁引起的相频非线性问题;此外,由于速度传感器的体积和质量均较大,其安装谐振频率受安装条件影响很大,安装不良时会大幅下降并产生自身振荡,虽然可通过低通滤波将自振信号滤除,但在安装谐振频率附近的有用信息也将随之滤除。考虑上述因素,高频窄脉冲冲激响应测量不宜使用速度传感器。

瞬态激振设备应包括能激发宽脉冲和窄脉冲的力锤和锤垫;并应通过现场试验选择不同材质的锤头或锤垫,以获得低频宽脉冲或高频窄脉冲,力锤可装有力传感器;稳态激振设备应包括激振力可调、扫频范围为 10～2 000 Hz 的电磁式稳态激振器。瞬态激振操作除大直径桩外,冲激脉冲中的有效高频分量可选择不超过 2 000 Hz(钟形力脉冲宽度为 1 ms,对应的高频截止分量约为 2 000 Hz)。目前激振设备普遍使用的是力锤、力棒,其锤头或锤垫多选用工程塑料、高强尼龙、铝、铜、铁、橡皮垫等材料,锤的质量为几百克至几十千克不等。稳态激振设备可包括扫频信号发生器、功率放大器及电磁式激振器。由扫频信号发生器输出等幅值、频率可调的正弦信号,通过功率放大器放大至电磁激振器,输出同频率正弦激振力作用于桩顶。

在现场检测中,受检桩桩身强度也必须满足至少达到设计强度的 70%,且不小于 15 MPa 的强度条件;桩顶条件和桩头处理好坏直接影响测试信号的质量,因此桩头的材质、强度、截面尺寸应与桩身基本等同;桩顶面应平整干净、密实,并与桩轴线基本垂直,无积水。灌注桩应凿去桩顶浮浆或松散、破损部分,并露出坚硬的混凝土表面;妨碍正常测试的桩顶外露主筋应割掉。对于预应力管桩,当法兰盘与桩身混凝土之间结合紧密时,可不进行处理,否则,应采用电锯将桩头锯平。当桩头与承台或垫层相连时,相当于桩头处存在很大的截面阻抗变化,对测试信号会产生影响。因此,测试时桩头应与混凝土承台断开;当桩头侧面与垫层相连时,除非对测试信号没有影响,否则应断开。

测试参数设定应符合下列规定:

(1)时域信号分析的时间段长度应在 $2L/c$ 时刻后延续不少于 5 ms;幅频信号分析的频率范围上限不应小于 2 000 Hz。

(2)设定桩长应为桩顶测点至桩底的施工桩长,设定桩身截面积应为施工截面积。

(3)桩身波速可根据本地区同类型桩的测试值初步设定。

(4)采样时间间隔或采样频率应根据桩长、桩身波速和频域分辨率合理选择;时域信号采样点数不宜少于 1 024 点。

(5)传感器的设定值应按计量检定结果设定。

在上述测试要求下,从时域波形中找到桩底反射位置,仅仅是确定了桩底反射的时间,根据 $\Delta T=2L/c$,只有已知桩长 L 才能计算波速 c,或已知波速 c 计算桩长 L。因此,桩长参数应以实际记录的施工桩长为依据,按测点至桩底的距离设定。测试前桩身波速可根据本地区同类桩型的测试值初步设定,实际分析过程中,应按由桩长计算的波速,重新设定或按在地质条件、设计桩型、成桩工艺相同的基桩中,选取不少于 5 根 Ⅰ 类桩的桩身波速值计算其平均值 c_m 的方法来确定。

对于时域信号,采样频率越高,则采集的数字信号越接近模拟信号,越有利于缺陷位置的准确判断。一般应在保证测得完整信号(时段 $2L/c+5$ ms,1 024 个采样点)的前提下,选用较高的采样频率或较小的采样时间间隔。但要兼顾频域分辨率,则应按采样定理适当降低采样频率或增加采样点数。

稳态激振是按一定频率间隔逐个频率激振,并持续一段时间。频率间隔的选择决定于速度幅频曲线和导纳曲线的频率分辨率,它影响桩身缺陷位置的判定精度;间隔越小,精度越高,但检测时间越长,降低了工作效率。一般频率间隔设置为 3 Hz、5 Hz 和 10 Hz。每一频率下激振持续时间的选择,理论上越长越好,这样有利于消除信号中的随机噪声。实际测试过程中,为提高工作效率,只要保证获得稳定的激振力和响应信号即可。

低应变监测中,在监测系统的前端,应该仔细设计测量传感器,确定其安装和激振操作的主要过程,且符合下列规定:

(1)传感器安装应与桩顶面垂直;用耦合剂黏结时,应具有足够的黏结强度。

(2)实心桩的激振点位置应选择在桩中心,测量传感器安装位置宜为距桩中心 2/3 半径处;空心桩的激振点与测量传感器安装位置宜在同一水平面上,且与桩中心连线形成的夹角宜为 90°,激振点和测量传感器安装位置宜为桩壁厚的 1/2 处。

传感器用耦合剂黏结时,黏结层应尽可能薄;必要时可采用冲击钻打孔安装方式,但传感器底安装面应与桩顶面紧密接触。相对桩顶横截面尺寸而言,激振点处为集中力作用,在桩顶部位可能出现与桩的横向振型相应的高频干扰。当锤击脉冲变窄或桩径增加时,这种由三维尺寸效应引起的干扰加剧。传感器安装点与激振点距离和位置不同,所受干扰的程度各异。初步研究表明:实心桩安装点在距桩中心约 2/3 半径 R 时,所受干扰相对较小;空心桩安装点与激振点平面夹角等于或略大于 90° 时也有类似效果,该处相当于横向耦合低阶振型的驻点。另应注意,加大安装与激振两点距离或平面夹角将增大锤击点与安装点的响应信号时间差,造成波速或缺陷定位误差。传感器安装点、锤击点布置如图 3.8 所示。

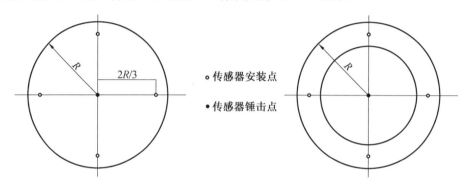

图 3.8 传感器安装点、锤击点布置示意图

(3)激振点与测量传感器安装位置应避开钢筋笼的主筋影响。

对于非正常制作的基桩,当预制桩、预应力管桩等桩顶高于地面很多,或灌注桩桩顶部分桩身截面很不规则,或桩顶与承台等其他结构相连且不具备传感器安装条件时,可将两个测量响应的传感器对称安装在桩顶以下的桩侧表面,且宜远离桩顶,其距离应大于两倍桩径。激振点与传感器安装点应远离钢筋笼的主筋,其目的是减少外露主筋对测试产生的干扰信号。若外露主筋过长并影响正常测试,应将其割短。

(4)激振方向应沿桩轴线方向。

(5)瞬态激振应通过现场敲击试验,选择合适质量的激振力锤和锤垫,宜用宽脉冲获取桩底或桩身下部缺陷反射信号,宜用窄脉冲获取桩身上部缺陷反射信号。

瞬态激振通过改变锤的质量及锤头材料,可改变冲击入射波的脉冲宽度及频率成分。锤头质量较大或刚度较小时,冲击入射波脉冲较宽,以低频成分为主;当冲击力大小相同时,其能量较大,应力波衰减较慢,适合于获得长桩桩底信号或下部缺陷的识别。锤头较轻或刚度较大时,冲击入射波脉冲较窄,含高频成分较多;冲击力大小相同时,虽其能量较小并加剧大直径桩的尺寸效应影响,但较适宜于桩身浅部缺陷的识别及定位。

(6)稳态激振应在每一个设定频率下获得稳定响应信号,并应根据桩径、桩长及桩周土约束情况调整激振力大小。

稳态激振在每个设定的频率下激振时,为避免频率变换过程中产生失真信号,应具有足够的稳定激振时间,以获得稳定的激振力和响应信号,并根据桩径、桩长及桩周土约束情况调整激振力。稳态激振器的安装方式及好坏对测试结果起着很大的作用。为保证激振系统本身在测试频率范围内不致出现谐振,激振器的安装宜采用柔性悬挂装置,同时在测试过程中应避免激振器出现横向振动。

在桩基的低应变监测中,信号采集和筛选应根据桩径的大小选择合适的测点数,由于桩径增大时,桩截面各部位的运动不均匀性也会相应增强,桩浅部的阻抗变化往往表现出明显的方向性,故此时应增加检测点数量,使检测结果能全面反映桩身结构完整性情况。每个检测点的有效信号数不宜少于 3 个,通过信号的叠加平均处理,提高信噪比,另外还应合理选择测试系统量程范围,特别是传感器的量程范围,避免信号波峰削波,其一般要求如下:

(1)根据桩径大小,桩心对称布置 2～4 个检测点;每个检测点记录的有效信号数不宜少于 3 个。

(2)检查判断实测信号是否反映桩身完整性特征。

(3)不同检测点及多次实测的时域信号一致性较差时,应分析原因,增加检测点数量。

(4)信号不应失真和产生零漂,信号幅值不应超过测量系统的量程。

3.5.2　桩基检测方法及数据的处理与判定

在对桩基测试数据进行工程转换和预处理后,基本的分析方法是通过波长和速度对数据进行处理。但由于桩身材料和成桩工艺的差别,需要根据具体情况进行分析。为分析不同时段或频段信号所反映的桩身阻抗信息、核验桩底信号并确定桩身缺陷位置,需要确定桩身波速及其平均值。波速除与桩身混凝土强度有关外,还与混凝土的骨料品种、粒径级配、密度、水灰比、成桩工艺(导管灌注、振捣、离心)等因素有关。波速与桩身混凝土强度整体趋势上呈正相关关系,即强度高波速高,但二者并不为一一对应关系。在影响混凝土波速的诸多因素中,强度对波速的影响并非首位。中国建筑科学研究院研究揭示:采用普硅水泥,粗骨料相同,不同试配强度及龄期强度相差 1 倍时,声速变化仅为 10％左右;而辽宁省建设科学研究院的试验结果表明:采用矿渣水泥,28 天强度为 3 天强度的 4～5 倍,一维波速增加 20％～30％;分别采用碎石和卵石并按相同强度等级试配,发现以碎石为粗骨料的混凝土一维波速比卵石的高约 13％。天津市建筑设计院也得到类似辽宁省建设科学研究院的规律,但有一定离散性,即同一组(粗骨料相同)混凝土试配强度不同的杆件或试块,同龄期强度低 10％～15％,但波速或声速略有提高。也有资料报道正好相反,如福建省建筑科学研究院的试验资料表明:采用普硅水泥,按相同强度等级试配,骨料为卵石的混凝土声速略高于骨料为碎石的混凝土声速。因此,不能依据波速去评定混凝土强度等级,反之亦然。

虽然波速与混凝土强度二者并不呈一一对应关系,但考虑到二者整体趋势上呈正相关关系,且强度等级是现场最易得到的参考数据,故对于超长桩或无法明确找出桩底反射信号的桩,可根据本地区经验并结合混凝土强度等级,综合确定波速平均值,或利用成桩工艺、桩型相同且桩长相对较短并能够找出桩底反射信号的桩确定的波速,作为波速平均值。此外,当某根桩露出地面且有一定的高度时,可沿桩长方向间隔一可测量的距离段安装两个测振传感器,通过测量两个传感器的响应时差,计算该桩段的波速值,以该值代表整根桩的波速值。

桩身波速平均值的确定:

(1)当桩长已知、桩底反射信号明确时,在地质条件、设计桩型、成桩工艺相同的基桩中,选取不少于 5 根 I 类桩的桩身波速值按下式计算其平均值:

$$c_m = \frac{1}{n} \sum_{i=1}^{n} c_i \tag{3.70}$$

$$c_i = \frac{2\,000L}{\Delta T} \tag{3.71}$$

$$c_i = 2L \cdot \Delta f \qquad (3.72)$$

式中,c_m 为桩身波速的平均值,m/s;c_i 为第 i 根受检桩的桩身波速值,m/s,且 $|c_i - c_m|/c_m \leqslant 5\%$;$L$ 为测点下桩长,m;ΔT 为速度波第一峰与桩底反射波峰间的时间差,ms;Δf 为幅频曲线上桩底相邻谐振峰间的频差,Hz;n 为参加波速平均值计算的基桩数量($n \geqslant 5$)。

（2）当无法按式(3.70)确定桩中平均速度时,波速平均值可根据本地区相同桩型及成桩工艺的其他桩基工程的实测值,结合桩身混凝土的骨料品种和强度等级综合确定。得到桩体的平均速度后,桩身缺陷位置则可按下列公式计算:

$$x = \frac{1}{2\,000} \cdot \Delta t_x \cdot c \qquad (3.73)$$

$$x = \frac{1}{2} \cdot \frac{c}{\Delta f'} \qquad (3.74)$$

式中,x 为桩身缺陷至传感器安装点的距离,m;Δt_x 为速度波第一峰与缺陷反射波峰间的时间差,ms;c 为受检桩的桩身波速,m/s,无法确定时用 c_m 值替代;$\Delta f'$ 为幅频信号曲线上缺陷相邻谐振峰间的频差,Hz。

桩身完整性类别应结合缺陷出现的深度、测试信号衰减特性以及设计桩型、成桩工艺、地质条件、施工情况、信号特征进行综合分析判定,见表 3.1。

表 3.1 桩身完整性判定

类别	时域信号特征	幅频信号特征
Ⅰ	$2L/c$ 时刻前无缺陷反射波;有桩底反射波	桩底谐振峰排列基本等间距,其相邻频差 $\Delta f \approx c/2L$
Ⅱ	$2L/c$ 时刻前出现轻微缺陷反射波;有桩底反射波	桩底谐振峰排列基本等间距,其相邻频差 $\Delta f \approx c/2L$,轻微缺陷产生的谐振峰与桩底谐振峰之间的频差 $\Delta f' > c/2L$
Ⅲ	有明显缺陷反射波,其他特征介于 Ⅱ 类和 Ⅳ 类之间	
Ⅳ	$2L/c$ 时刻前出现严重缺陷反射波或周期性反射波,无桩底反射波;或因桩身浅部严重缺陷使波形呈现低频大振幅衰减振动,无桩底反射波	缺陷谐振峰排列基本等间距,相邻频差 $\Delta f' > c/2L$,无桩底谐振峰;或因桩身浅部严重缺陷只出现单一谐振峰,无桩底谐振峰

对同一场地、地质条件相近、桩型和成桩工艺相同的基桩,因桩端部分桩身阻抗与持力层阻抗相匹配导致实测信号无桩底反射波时,可参照本场地同条件下有桩底反射波的其他桩实测信号判定桩身完整性类别。对于混凝土灌注桩,采用时域信号分析时应区分桩身截面渐变后恢复至原桩径并在该阻抗突变处的一次反射,或扩径突变处的二次反射,结合成桩工艺和地质条件综合分析判定受检桩的完整性类别。必要时,可采用实测曲线拟合法辅助判定桩身完整性或借助实测导纳值、动刚度的相对高低辅助判定桩身完整性。对于嵌岩桩,桩底时域反射信号为单一反射波且与锤击脉冲信号同向时,应采取其他方法核验桩底嵌岩情况。出现下列情况之一,桩身完整性判定宜结合其他检测方法进行:实测信号复杂,无规律,无法对其进行准确评价;设计桩身截面渐变或多变,且变化幅度较大的混凝土灌注桩。检测报告应给出桩身完整性检测的实测信号曲线。检测报告除应包括常规内容外,还应包括:桩身波速取值、桩身完

整性描述、缺陷的位置及桩身完整性类别、时域信号时段所对应的桩身长度标尺、指数或线性放大的范围及倍数;或幅频信号曲线分析的频率范围、桩底或桩身缺陷对应的相邻谐振峰间的频差等信息,这些都是桩基监测结构审核和评价的非常重要的参数。

早期的低应变检测技术,规定低应变动力检测适用于工程中混凝土灌注桩和预制桩,其中当采用机械阻抗法及动力参数法推算单桩竖向承载力时,应具有本地区可靠的竖向承载力动静对比资料,低应变的桩基检测结果应由经认定资质的单位中合格的检测人员提出。机械阻抗法是对由桩和激振构成的系统进行机械阻抗测试并定义对该系统的作用力与由此而产生的系统的响应之比。经常用机械导纳 MA(Mechanical Admittance),定义为机械阻抗的倒数,以反映桩的性状。跟踪滤波器 TF(Trace Filter)是在低应变中应用较多的一个滤波器,它指中心频率跟随某一可变频率而变化的带通滤波器,在机械阻抗法检测中,用来滤除激振频率以外的干扰振动。

在桩体检测中经常需要确定的量包括:波速 WP(Wave Speed)、测量桩长 MPL(Measurment Pile Length),按照按工区内桩的平均波速(v_{pm})计算桩长时,其通用公式为 $MPL=v_{pm}/2\Delta f$,Δf 为导纳曲线两个相邻主峰之间的频率间隔;导纳理论值 TVMA(Theory Value of the Mechanical Admittance)由波速、混凝土密度(ρ)和桩的截面积(A)计算出导纳平均值作为导纳的理论值;另外还经常用到导纳实测几何平均值 GAVMA(Geometry Average Value of the Mechanical Admittance),它一般由实测导纳曲线的几何平均值计算。

根据我国《建筑基桩检测技术规范》(JGJ 106—2014)规定,工程桩必须进行单桩承载力和桩身完整性抽样检测。在用低应变或声波透射法检测时,受检桩混凝土强度至少达到设计强度的 70%,且不小于 15 MPa,当采用钻芯法检测时,受检桩的混凝土龄期达到 28 d 或预留同样条件养护试块强度达到设计强度。对于一柱一桩的建筑物或构筑物,全部基桩应进行检测;非一柱一桩时,应按施工班组抽检,抽检数量应根据工程的重要性、抗震设防等级、地质条件、成桩工艺、检测目的等情况,由有关部门协商确定。检测混凝土灌注桩桩身完整性时,柱下三桩或三桩以下承台抽检数不得少于 1 根;对于设计等级为甲级,或地质条件复杂、成桩质量可靠性较低的灌注桩,抽检数不得少于该批桩总数的 30%,且不得少于 20 根;其他桩基工程的抽检数量不应少于总桩数的 20%,且不得少于 10 根;对于端承型大直径灌注桩,应在上述两款规定的抽检数量范围内,选用钻芯法或声波透射法对部分受检桩进行桩身完整性检测,抽样数量不应少于总桩数的 10%;对于地下水位以上且终孔后桩端持力层已通过核验的人工挖空桩,以及单节混凝土预制桩,抽检数量可适当减少,但不应少于总桩数的 10%,且不应少于 10 根。当抽检不合格的桩数超过抽检数的 30% 时,应加倍重新抽检;加倍抽检后,若不合格桩数仍超过抽检数的 30%,应全数检测。当采用声波透射法时,加倍重新抽检可采用其他检测方法。在检桩时,仪器设备性能应符合各检测方法的要求。检测仪器应具有防尘、防潮性能,并应在 -10~50 ℃ 环境下正常工作。对于检桩用传感器,应采取严格防潮、防水措施,搬运时应进行防震保护。仪器长期不使用时,应按使用说明书要求定期通电。长途搬运时,仪器应装在有防震措施的仪器箱内。仪器设备应每年进行一次全面检查、标定和调试,其技术指标应符合仪器质量标准的要求。检测前应具有下列资料:工程地质资料、基础设计图、施工原始记录(打桩记录或钻孔记录及灌注记录等)和桩位布置图。检测前应做好下列准备:进行现场调查;对所需检测的单桩做好测前处理;检查仪器设备性能是否正常;根据建筑工程特点、桩基的类型以及所处的工程地质环境,明确检测内容和要求;通过现场测试,选定检测方法与仪器技术参数。被检测灌注桩应达到规定的养护龄期方可施测,对打入桩,应在达到地基土规定的休止期后施测。检测后生成的检测报告,应简明、实用,其内容应包括:前言、工程地质、桩基设计与施工概况、检测原理及方法简介、检测所用仪器及设备、测试分析结果(包括被检测基桩分布图、分析结果一览表和检测原始记录)、结论及建议等重要信息。

在工程桩进行低应变监测前应做桩的压载试验,主要目的是为了和低应变监测结果进行对比,同时也为低应变监测提供参数。

静载试验 SLT(Static Loading Test)是在桩顶部逐级施加竖向压力、竖向上拔力和水平推力,观测桩顶部随时间产生的沉降、上拔位移和水平位移,以确定相应的单桩竖向抗压承载力、单桩竖向抗拔承载力和单桩水平承载力的桩基承载力现场测试方法。工程桩应进行单桩承载力和桩身完整性抽样检测,桩基检测方法应根据检测目的进行选择,见表 3.2。

表 3.2 桩基检测方法及目的

检测方法	检测目的
单桩竖向抗压静载试验	确定单桩竖向抗压极限承载力;判定竖向抗压承载力是否满足设计要求;通过桩身内力及变形测试,测定桩侧、桩端阻力;验证高应变法的单桩竖向抗压承载力检测结果
单桩竖向抗拔静载试验	确定单桩竖向抗拔极限承载力;判定竖向抗拔承载力是否满足设计要求;通过桩身内力及变形测试,测定桩的抗拔摩阻力
单桩水平静载试验	确定单桩水平临界和极限承载力,推定土抗力参数;判定水平承载力是否满足设计要求;通过桩身内力及变形测试,测定桩身弯矩和挠曲
钻芯法	检测灌注桩桩长、桩身混凝土强度、桩底沉渣厚度;判定或鉴别桩底岩土性状,判定桩身完整性类别
低(小)应变法	检测桩身缺陷及其位置,判定桩身完整性类别
高(大)应变法	判定单桩竖向抗压承载力是否满足设计要求;检测桩身缺陷及其位置,判定桩身完整性类别;推求桩侧和桩端土阻力
声波透射法	检测灌注桩桩身混凝土的均匀性、桩身缺陷及其位置,判定桩身完整性类别

桩身完整性宜采用两种或两种以上的检测方法。基桩检测除应在施工前和施工后进行外,尚应采取符合规范规定的检测方法或专业验收规范规定的其他检测方法,进行桩基施工过程中的检测,加强施工过程质量控制。桩基检测工作的程序如图 3.9 所示。在资料调查阶段,宜收集被检测工程的岩土工程勘察资料、桩基设计图纸、施工记录;了解施工工艺和施工中出现的异常情况,进一步明确委托方的具体要求。对于检测项目现场实施的可行性,应根据调查结果和确定的检测目的,选择检测方法,制定检测方案。一般而言,检测方案宜包含以下内容:工程概况、检测方法及其依据的标准、抽样方案、检测所需的机械或人工配合方案和试验周期。检测前应对仪器设备进行检查调试,检测计量器具必须在计量检定周期的有效期内。检测开始时间不应太早,为了尽量降低对施工的影响,当采用低应变法或声波透射法检测时,受检桩混凝土强度至少达到设计强度的 70%,且不小于 15 MPa;当采用钻芯法检测时,受检桩的混凝土龄期达到 28 d 或预留同条件养护试块强度达到设计强度。

桩基检测前的休止时间是指让受到桩基扰动的土体重新恢复到扰动前一定程度的最小时间,不同的土体,其休止时间不同,见表 3.3。

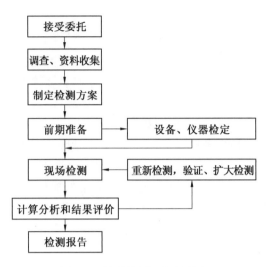

图 3.9　桩基检测工作的程序

表 3.3　桩基检测前土体的休止时间

土的类别	休止时间/d	土的类别		休止时间/d
砂土	7	黏性土	非饱和	15
粉土	10		饱和	25

注:对于泥浆护壁灌注桩,宜适当延长休止时间。

桩基施工后,宜先进行工程桩的桩身完整性检测,后进行承载力检测。当基础埋深较大时,桩身完整性检测应在基坑开挖至基底标高后进行。现场检测期间,应遵守国家有关安全生产的规定,当现场操作环境不符合仪器设备使用要求时,应采取有效的防护措施。当发现检测数据异常时,应查找原因,并重新进行检测;当需要进行验证或扩大检测时,应得到设计、施工和监理等有关各方的确认,并通过物联网在线和实时向政府职能部门备案。

按设计要求或满足下列条件之一时,施工前应采用静载试验确定单桩竖向抗压承载力特征值。

(1)设计等级为甲级、乙级的建筑桩基。

(2)地质条件复杂、施工质量可靠性低的建筑桩基。

(3)本地区采用的新桩型或新工艺。

检测数量在同一条件下不应少于 3 根,且不宜少于总桩数的 1%;当工程桩总数在 50 根以内时,不应少于 2 根。打入式预制桩有下列条件要求之一时,应采用高应变法进行试打桩的打桩过程监测:

(1)控制打桩过程中的桩身应力。

(2)选择沉桩设备和确定工艺参数。

(3)选择桩端持力层。

关于试打桩数量,在相同施工工艺和相近地质条件下,试打桩数量不应少于 3 根。单桩承载力和桩身完整性验收抽样检测的受检桩选择宜符合下列规定:

(1)施工质量有疑问的桩。

(2)设计方认为重要的桩。

(3)局部地质条件出现异常的桩。

(4)施工工艺不同的桩。

(5)承载力验收检测时适量选择完整性检测中判定的Ⅲ类桩。

除上述规定外,同类型桩宜均匀随机分布。混凝土桩桩身完整性检测的抽检数量应符合下列规定:

(1)柱下三桩或三桩以下的承台抽检桩数不得少于1根。

(2)设计等级为甲级,或地质条件复杂、成桩质量可靠性较低的灌注桩,抽检数量不应少于总桩数的30%,且不得少于20根;其他桩基工程的抽检数量不应少于总桩数的20%,且不得少于10根。对端承型大直径灌注桩,应按上述两款规定的抽检数量,对受检桩采用钻芯法或声波透射法进行桩身完整性检测,抽检数量不得少于总桩数的10%。

(3)地下水位以上且终孔后桩端持力层已通过核验的人工挖孔桩,以及单节混凝土预制桩,抽检数量可适当减少,但不宜少于总桩数的10%,且不宜少于10根。

(4)当桩数较多,或为了全面了解整个工程基桩的桩身完整性情况时,应适当增加抽检数量。

对单位工程内且在同一条件下的工程桩,当符合下列条件之一时,应进行单桩竖向抗压承载力静载验收检测:

(1)设计等级为甲级的建筑桩基。

(2)地质条件复杂、施工质量可靠性低的建筑桩基。

(3)本地区采用的新桩型或新工艺。

(4)挤土群桩施工产生挤土效应。

抽检数量不应少于总桩数的1%,且不少于3根;当总桩数在50根以内时,不应少于2根。对上述条件外的工程桩,当采用竖向抗压静载试验进行承载力验收检测时,抽检数量宜按上限进行确定。对预制桩和满足高应变法适用检测范围的灌注桩,可采用高应变法进行单桩竖向抗压承载力验收检测。当有本地区相近条件的对比验证资料时,高应变法也可作为单桩竖向抗压承载力验收检测的补充,抽检数量不宜少于总桩数的5%,且不得少于5根。对于端承型大直径灌注桩,当受设备或现场条件限制无法检测单桩竖向抗压承载力时,可采用钻芯法测定桩底沉渣厚度并钻取桩端持力层岩土芯样检验桩端持力层,抽检数量不应少于总桩数的10%,且不少于10根。对于承受上拔力和水平力较大的建筑桩基,应进行单桩竖向抗拔、水平承载力检测,检测数量不应少于总桩数的1%,且不少于3根。对于桩检测结果出现较大差异时,应进行扩大验证,验证方法宜采用单桩竖向抗压静载试验;对于嵌岩灌注桩,可采用钻芯法验证。对于桩身浅部缺陷可采用开挖验证,桩身或接头存在裂隙的预制桩可采用高应变法验证。如果采用单孔钻芯检测发现桩身混凝土质量问题时,宜在同一基桩增加钻孔验证。对低应变法检测中不能明确完整性类别的桩或Ⅲ类桩,可根据实际情况采用静载法、钻芯法、高应变法、开挖等适宜的方法验证检测。当单桩承载力或钻芯法抽检结果不满足设计要求时,应分析原因,并经确认后扩大抽检范围。当采用低应变法、高应变法和声波透射法抽检桩身完整性所发现的Ⅲ、Ⅳ类桩之和大于抽检桩数的20%时,宜采用原检测方法(声波透射法可改用钻芯法),在未检桩中继续扩大抽检。

检测结果评价和检测报告:

桩身完整性检测结果评价,应给出每根受检桩的桩身完整性类别。桩身完整性分类见表3.4。

表 3.4　桩身完整性分类

桩身完整性类别	分类原则
Ⅰ类桩	桩身完整
Ⅱ类桩	桩身有轻微缺陷,不会影响桩身结构承载力的正常发挥
Ⅲ类桩	桩身有明显缺陷,对桩身结构承载力有影响
Ⅳ类桩	桩身存在严重缺陷

对于检测结果为Ⅳ类的桩应进行工程处理。工程桩承载力检测结果的评价,应给出每根受检桩的承载力检测值,并据此给出单位工程同一条件下的单桩承载力特征值是否满足设计要求的结论。检测报告中的结论要准确,用词要规范。在监测软件中,检测报告生成应包含以下内容:委托方名称;工程名称、地点,建设、勘察、设计、监理和施工单位信息;基础、结构形式,层数,设计要求;检测目的,检测依据,检测数量,检测日期;地质条件描述;受检桩的桩号、桩位和相关施工记录;检测方法,检测仪器设备,检测过程叙述;各桩的检测数据,实测与计算分析曲线、表格和汇总结果;与检测内容相应的检测结论。检测机构和检测人员的资质应该满足国家和地方的要求,检测机构应通过计量认证。

由于桩基的监测越来越需要和桩的静载试验同步进行,同时桩基的静载试验是桩基监测的重要对比资料和参考依据,因此在桩基监测中,必须做好桩基的静载试验。本书为了知识介绍的系统性,将分别介绍单桩竖向抗压静载试验 SLT、单桩竖向抗拔静载试验、单桩水平静载试验、钻芯法、反射波法、机械阻抗法、动力参数法、频率法、声波透射法、高应变法。

1. 单桩竖向抗压静载试验 SLT

本方法适用于检测单桩的竖向抗压承载力。当埋设有测量桩身应力、应变、桩底反力的传感器或位移杆时,可测定桩分层侧阻力和端阻力或桩身截面的位移量。为设计提供依据的试验桩,应加载至破坏;当桩的承载力以桩身强度为控制时,可按设计要求的加载量进行。对工程桩抽样检测时,加载量不应小于设计要求的单桩承载力特征值的 2.0 倍。

(1)仪器设备及其安装。

试验加载宜采用油压千斤顶。当采用两台及两台以上千斤顶加载时应并联同步工作,且应符合下列规定:

①采用的千斤顶型号、规格应相同。

②千斤顶的合力中心应与桩轴线重合。

加载反力装置可根据现场条件,选择锚桩横梁反力装置、压重平台反力装置、锚桩压重联合反力装置、地锚反力装置,并应符合下列规定:

①加载反力装置能提供的反力不得小于最大加载量的 1.2 倍。

②应对加载反力装置的全部构件进行强度和变形验算。

③应对锚桩抗拔力(地基土、抗拔钢筋、桩的接头)进行验算;采用工程桩作为锚桩时,锚桩数量不应少于 4 根,并应监测锚桩上拔量。

④压重宜在检测前一次加足,并均匀稳固地放置于平台上。

对于压重荷载,压重施加于地基的压应力不宜大于地基承载力特征值的 1.5 倍,有条件时宜利用工程桩作为堆载支点。

荷载测量可用放置在千斤顶上的荷重传感器直接测定；或采用并联于千斤顶油路的压力表或压力传感器测定油压，根据千斤顶率定曲线换算荷载。传感器的测量误差不应大于1%，压力表精度应优于或等于0.4级。试验用千斤顶、油泵、油管在最大加载时的压力不应超过规定工作压力的80%。沉降测量宜采用位移传感器或大量程百分表，并应符合下列规定：

①测量误差不大于0.1%FS，分辨力优于或等于0.01 mm。

②直径或边宽大于500 mm的桩，应在其两个方向对称安装4个位移测试仪表，直径或边宽小于等于500 mm的桩可对称安装2个位移测试仪表。沉降测定平面宜在桩顶200 mm以下位置，测点应牢固地固定于桩身。基准梁应具有一定的刚度，梁的一端应固定在基准桩上，另一端应简支于基准桩上。

③固定和支撑位移计（百分表）的夹具及基准梁应避免气温、振动及其他外界因素的影响。试桩、锚桩（压重平台支墩边）和基准桩之间的中心距离见表3.5。

表3.5　试桩、锚桩（或压重平台支墩边）和基准桩之间的中心距离

距离 反力装置	试桩中心与锚桩中心 （或压重平台支墩边）	试桩中心与 基准桩中心	基准桩中心与锚桩中心 （或压重平台支墩边）
锚桩横梁	≥4(3)D且>2.0 m	≥4(3)D且>2.0 m	≥4(3)D且>2.0 m
压重平台	≥4D且>2.0 m	≥4(3)D且>2.0 m	≥4D且>2.0 m
地锚装置	≥4D且>2.0 m	≥4(3)D且>2.0 m	≥4D且>2.0 m

注：1. D为试桩、锚桩或地锚的设计直径或边宽，取其较大者；

2. 如试桩或锚桩为扩底桩或多支盘桩时，试桩与锚桩的中心距离不应小于2倍直径；

3. 括号内数值可用于工程桩验收检测时，多排桩基础设计桩中心距离小于4D的情况；

4. 软土场地堆载重量较大时，宜增加支墩边与基准桩中心和试桩中心之间的距离，并在试验过程中观测基准桩的竖向位移。

当需要监测桩体内的桩侧阻力和桩端阻力时，需要在测试桩体内安装测力传感器，基桩内力测试适用于混凝土预制桩、钢桩、组合型桩，也可用于桩身断面尺寸基本恒定或已知的混凝土灌注桩。对竖向抗压静载试验桩，可得到桩侧各土层的分层抗压摩阻力和桩端支撑力；对竖向抗拔静荷载试验桩，可得到桩侧土的分层抗拔摩阻力；对水平力试验桩，可求得桩身弯矩分布，最大弯矩位置等；对打入式预制混凝土桩和钢桩，可得到打桩过程中桩身各部位的锤击压应力、锤击拉应力。基桩内力测试宜采用应变式传感器或钢弦式传感器。根据测试目的及要求，传感器技术、环境特性，选择适合的传感器，见表3.6，也可采用滑动测微计。需要检测桩身某断面或桩底位移时，可在需检测断面设置沉降杆。

（2）桩体圆周外侧应力传感器设置位置及数量。

传感器宜放在两种不同性质土层的界面处，以测量桩在不同土层中的分层摩阻力。在地面处（或以上）应设置一个测量断面，作为传感器标定断面。传感器埋设断面距桩顶和桩底的距离不应小于1倍桩径，在同一断面处可对称设置2~4个传感器，当桩径较大或试验要求较高时取高值。应变式传感器可视以下情况采用不同制作方法。

表 3.6　桩体内力测试传感器

特性	钢弦式传感器	应变式传感器
传感器体积	大	小
蠕变	较小,适宜于长期观测	较大,需提高制作技术、工艺解决
测量灵敏度	较低	较高
温度变化影响	温度变化范围较大时需要修正	可以实现温度变化的自补偿
长导线影响	不影响测试结果	需进行长导线电阻影响的修正
自身补偿能力	补偿能力弱	对自身的弯曲、扭曲可以自补偿
对绝缘要求	要求不高	要求高
动态响应	差	好

①对钢桩可采用以下两种方法之一。

将应变计用特殊的黏贴剂直接贴在钢桩的桩身,应变计宜采用标距 3～6 mm 的 350 Ω 胶基箔式应变计,不得使用纸基应变计。黏贴前应将贴片区表面除锈磨平,用有机溶剂去污清洗,待干燥后黏贴应变计。黏贴好的应变计应采取可靠的防水防潮密封防护措施。

将应变式传感器直接固定在测量位置。

②对混凝土预制桩和灌注桩,应变传感器的制作和埋设可视具体情况采用以下三种方法之一:

a. 在 600～1 000 mm 长的钢筋上,轴向、横向黏贴 4 个(2 个)应变计组成全桥(半桥),经防水绝缘处理后,到材料试验机上进行应力－应变关系标定。标定时的最大拉力宜控制在钢筋抗拉强度设计值的 60% 以内,经 3 次重复标定,应力－应变曲线的线性、滞后和重复性满足要求后,方可采用。传感器应在浇筑混凝土前按指定位置焊接或绑扎(泥浆护壁灌注桩应焊接)在主筋上,并满足规范对钢筋锚固长度的要求。固定后带应变计的钢筋不得弯曲变形或有附加应力产生。

b. 直接将电阻应变计黏贴在桩身指定断面的主筋上,其制作方法及要求同本条第 1 款钢桩上黏贴应变计的方法及要求。

c. 将应变砖或埋入式混凝土应变测量传感器按产品使用要求,预埋在预制桩的桩身指定位置。

应变式传感器可按全桥或半桥方式制作,宜优先采用全桥方式。传感器的测量片和补偿片应选用同一规格、同一批号的产品,按轴向、横向准确地黏贴在钢筋同一断面上。测点的连接应采用屏蔽电缆,导线的对地绝缘电阻值应在 500 MΩ 以上,使用前应将整卷电缆除两端外全部浸入水中 1 h,测量芯线与水的绝缘;电缆屏蔽线应与钢筋绝缘;测量和补偿所用连接电缆的长度和线径应相同。电阻应变计及其连接电缆均应有可靠的防潮绝缘防护措施;正式试验前,电阻应变计及电缆的系统绝缘电阻不应低于 200 MΩ。不同材质的电阻应变计黏贴时应使用不同的黏贴剂。在选用电阻应变计、黏贴剂和导线时,应充分考虑试验桩在制作、养护和施工过程中的环境条件。对采用蒸汽养护或高压养护的混凝土预制桩,应选用耐高温的电阻应变计、黏贴剂和导线。电阻应变测量所用的电阻应变仪宜具有多点自动测量功能,仪器的分辨率应优于或等于 1 με,并有存储和打印功能。弦式钢筋计应按主筋直径大小选择。仪器的可测频率范围应大于桩在最大加载时频率的 1.2 倍。使用前应对钢筋计逐个标定,得出压力(推力)与频率之间的关系。带有接长杆弦式钢筋计可焊接在主筋上,不宜采用螺纹连接。弦式钢筋计通过与之匹配的频率仪进行测量,频率仪的分辨率应优于或等于 1 Hz。当同时进行桩身位移测量时,桩身内力和位移测试应同步。测试数据整理应符合下列规定:

(1)采用应变式传感器测量时,按下列公式对实测应变值进行导线电阻修正。

采用半桥测量时,其修正公式如下:

$$\varepsilon = \varepsilon'\left(1 + \frac{r}{R}\right) \tag{3.75}$$

采用全桥测量时,其修正公式如下:

$$\varepsilon = \varepsilon'\left(1 + \frac{2r}{R}\right) \tag{3.76}$$

式中,ε 为修正后的应变值;ε′ 为修正前的应变值;r 为导线电阻,Ω;R 为应变计电阻,Ω。

(2)采用弦式传感器测量时,将钢筋计实测频率通过率定系数换算成力,再计算为与钢筋计断面处的混凝土应变相等的钢筋应变量。在数据整理过程中,应将零漂大、变化无规律的测点删除,求出同一断面有效测点的应变平均值,并按下式计算该断面处桩身轴力:

$$Q_i = \bar{\varepsilon_i} \cdot E_i \cdot A_i \tag{3.77}$$

式中,Q_i 为桩身第 i 断面处轴力,kN;$\bar{\varepsilon_i}$ 为第 i 断面处应变平均值;E_i 为第 i 断面处桩身材料弹性模量,kPa,当桩身断面、配筋一致时,宜按标定断面处的应力与应变的比值确定;A_i 为第 i 断面处桩身截面面积,m²。

按每级试验荷载下桩身不同断面处的轴力值制成表格,并绘制轴力分布图,再由桩顶极限荷载下对应的各断面轴力值计算桩侧土的分层极限摩阻力和极限端阻力:

$$q_{si} = \frac{Q_i - Q_{i+1}}{u \cdot l_i} \tag{3.78}$$

$$q_p = \frac{Q_n}{A_0} \tag{3.79}$$

式中,q_{si} 为桩第 i 断面与 $i+1$ 断面间侧摩阻力,kPa;q_p 为桩的端阻力,kPa;i 为桩检测断面顺序号,$i=1,2,\cdots,n$,并自桩顶以下从小到大排列;u 为桩身周长,m;l_i 为第 i 断面与第 $i+1$ 断面之间的桩长,m;Q_n 为桩端的轴力,kN;A_0 为桩端面积,m²。

桩身第 i 断面处的钢筋应力可按下式计算:

$$\sigma_{si} = E_s \cdot \varepsilon_{si} \tag{3.80}$$

式中,σ_{si} 为桩身第 i 断面处的钢筋应力,kPa;E_s 为钢筋弹性模量,kPa;ε_{si} 为桩身第 i 断面处的钢筋应变。

沉降杆宜采用内外管形式,外管固定在桩身,内管下端固定在需测试断面上,顶端高出外管 $100 \sim 200$ mm,并能与固定断面同步移位。另外沉降杆应具有一定的刚度,沉降杆外径与外管内径之差不宜小于 10 mm,沉降杆接头处应光滑。测量沉降杆位移的检测仪器应符合下面的技术要求:

(1)测量误差不大于 0.1%FS,分辨力优于或等于 0.01 mm。

(2)直径或边宽大于 500 mm 的桩,应在其两个方向对称安装 4 个位移测试仪表,直径或边宽小于等于 500 mm 的桩可对称安装 2 个位移测试仪表。

（3）沉降测定平面宜在桩顶 200 mm 以下位置,测点应牢固地固定于桩身。

（4）基准梁应具有一定的刚度,梁的一端应固定在基准桩上,另一端应简支于基准桩上。

（5）固定和支撑位移计(百分表)的夹具及基准梁应避免气温、振动及其他外界因素的影响。

测试中,仪器数据的测读应与桩顶位移测量同步,当沉降杆底端固定断面处桩身埋设有内力测试传感器时,试验还可得到该断面处桩身轴力 Q_i 和位移 s_i。

在桩基静载试验中,试桩的成桩工艺和质量控制标准应与工程桩一致,桩顶部宜高出试坑底面,试坑底面宜与桩承台底标高一致,混凝土桩头应该进行加固后再进行试验,对作为锚桩用的灌注桩和有接头的混凝土预制桩,检测前宜对其桩身完整性进行检测,试验加卸载方式应符合下列规定:加载应分级进行,采用逐级等量加载;分级荷载宜为最大加载量或预估极限承载力的 1/10,其中第一级可取分级荷载的 2 倍。卸载应分级进行,每级卸载量取加载时分级荷载的 2 倍,逐级等量卸载。加、卸载时应使荷载传递均匀、连续、无冲击,每级荷载在维持过程中的变化幅度不得超过该级增减量的 ±10%。为设计提供依据的竖向抗压静载试验必须采用慢速维持荷载法。慢速维持荷载法试验步骤应符合下列规定:

（1）每级荷载施加后按第 5 min、15 min、30 min、45 min、60 min 测读桩顶沉降量,以后每隔 30 min 测读一次。

（2）试桩沉降相对稳定标准:每 1 h 内的桩顶沉降量不超过 0.1 mm,并连续出现两次(从每级荷载施加后第 30 min 开始,由 3 次或 3 次以上每 30 min 的沉降观测值计算)。

（3）当桩顶沉降速率达到相对稳定标准时,再施加下一级荷载。

（4）卸载时,每级荷载维持 1 h,按第 5 min、15 min、30 min、60 min 测读桩顶沉降量;卸载至零后,应测读桩顶残余沉降量,维持时间为 3 h,测读时间为 5 min、15 min、30 min,以后每隔 30 min 测读一次。

对于施工后的工程桩验收检测时,宜采用慢速维持荷载法。当有成熟的地区经验时,也可采用快速维持荷载法。快速维持荷载法的每级荷载维持时间不得少于 1 h。当桩顶沉降尚未明显收敛时,不得施加下一级荷载。当出现下列情况之一时,可终止加载:

（1）某级荷载作用下,桩顶沉降量大于前一级荷载作用下沉降量的 5 倍;当桩顶沉降能稳定且总沉降量小于 40 mm 时,宜加载至桩顶总沉降量超过 40 mm。

（2）某级荷载作用下,桩顶沉降量大于前一级荷载作用下沉降量的 2 倍,且经 24 h 尚未达到稳定标准。

（3）已达加载反力装置的最大加载量。

（4）已达到设计要求的最大加载量。

（5）当工程桩作为锚桩时,锚桩上拔量已达到允许值。

（6）当荷载－沉降曲线呈缓变型时,可加载至桩顶总沉降量为 60 ～ 80 mm;在特殊情况下,可根据具体要求加载至桩顶累计沉降量超过 80 mm。

完成桩基测试后,其数据的处理是试验的关键内容,该过程需要获得完整的荷载－沉降曲线,确定单桩竖向抗压承载力时,应绘制竖向荷载－沉降(Q－s)、沉降－时间对数(s－$\lg t$)曲线,有其他需要时也可绘制其他辅助分析所需的曲线。当进行桩身应力、应变和桩底反力测定时,应整理出有关数据的记录表,并绘制桩身轴力分布图、计算不同土层的分层侧摩阻力和端阻力值。单桩竖向抗压极限承载力 Q_u 可根据沉降随荷载变化的特征确定:对于陡降型 $Q-$

s 曲线,取其发生明显陡降的起始点对应的荷载值;若根据沉降随时间变化的特征确定:取 $s-\lg t$ 曲线尾部出现明显向下弯曲的前一级荷载值;若在某级荷载作用下,桩顶沉降量大于前一级荷载作用下沉降量的 2 倍,且经 24 h 尚未达到相对稳定标准,则单桩竖向抗压极限承载力 Q_u 取前一级荷载值。对于缓变型 $Q-s$ 曲线可根据沉降量确定,宜取 $s=40$ mm 对应的荷载值;当桩长大于 40 m 时,宜考虑桩身弹性压缩量;对直径大于或等于 800 mm 的桩,可取 $s=0.05D$(D 为桩端直径)对应的荷载值。另外需要注意的是,当按上述方法判定桩的竖向抗压承载力未达到极限时,桩的竖向抗压极限承载力应取最大试验荷载值。对于单桩竖向抗压极限承载力统计值的确定应符合下列规定:

(1)参加统计的试桩结果,当满足其极差不超过平均值的 30% 时,取其平均值为单桩竖向抗压极限承载力。

(2)当极差超过平均值的 30% 时,应分析极差过大的原因,结合工程具体情况综合确定,必要时可增加试桩数量。

(3)对桩数为 3 根或 3 根以下的柱下承台,或工程桩抽检数量小于 3 根时,应取低值。

单位工程同一条件下的单桩竖向抗压承载力特征值 R_a 应按单桩竖向抗压极限承载力统计值的一半取值,在编写检测报告时,除应包括上述内容外,还应包括如下信息:

(1)受检桩桩位对应的地质柱状图。

(2)受检桩及锚桩的尺寸、材料强度、锚桩数量、配筋情况。

(3)加载反力种类,堆载法应指明堆载质量,锚桩法应有反力梁布置平面图。

(4)加卸载方法,荷载分级。

(5)绘制的荷载－位移曲线及对应的数据表;与承载力判定有关的曲线及数据。

(6)承载力判定依据。

(7)当进行分层摩阻力测试时,还应有传感器类型、安装位置,轴力计算方法,各级荷载下桩身轴力变化曲线,各土层的桩侧极限摩阻力和桩端阻力。

2. 单桩竖向抗拔静载试验

抗拔桩的在线监测也是桩基工程中非常重要的工程技术问题,在抗拔桩监测过程中,通常是利用抗拔桩测试中的基本方法和过程进行的。因此抗拔桩的监测需要清楚认知抗拔桩试验的整个过程。

当桩基中埋设有桩身应力、应变测量传感器时,或桩端埋设有位移测量杆时,可直接测量桩侧抗拔摩阻力,或桩端上拔量,为设计提供依据的试验桩应加载至桩侧土破坏或桩身材料达到设计强度;对工程桩抽样检测时,可按设计要求确定最大加载量。

抗拔桩试验加载装置一般采用油压千斤顶,试验反力装置宜采用反力桩(或工程桩)提供支座反力,也可根据现场情况采用天然地基提供支座反力。反力架系统应具有 1.2 倍的安全系数并符合下列规定:采用反力桩(或工程桩)提供支座反力时,反力桩顶面应平整并具有一定的强度;采用天然地基提供反力时,施加于地基的压应力不宜超过地基承载力特征值的 1.5 倍;反力梁的支点重心应与支座中心重合,桩顶上拔量观测点可固定在桩顶面的桩身混凝土上。对混凝土灌注桩、有接头的预制桩,宜在拔桩试验前采用低应变法检测受检桩的桩身完整性。为设计提供依据的抗拔灌注桩施工时应进行成孔质量检测,发现桩身中、下部位有明显扩径的桩不宜作为抗拔试验桩;对有接头的预制桩,应验算接头强度。单桩竖向抗拔静载试验宜采用慢速维持荷载法。当出现下列情况之一时,可终止加载:

（1）在某级荷载作用下，桩顶上拔量大于前一级上拔荷载作用下的上拔量 5 倍。

（2）按桩顶上拔量控制，当累计桩顶上拔量超过 100 mm 时。

（3）按钢筋抗拉强度控制，桩顶上拔荷载达到钢筋抗拉强度的 0.9 倍。

（4）对于验收抽样检测的工程桩，达到设计要求的最大上拔荷载值。

测试结果应绘制上拔荷载 U 与桩顶上拔量 δ 之间的关系曲线（$U-\delta$ 曲线）和 δ 与时间 t 之间的关系曲线（$\delta-\lg t$ 曲线），单桩竖向抗拔极限承载力可按下列方法综合判定：

（1）根据上拔量随荷载变化的特征确定：对陡变型 $U-\delta$ 曲线，取陡升起始点对应的荷载值。

（2）根据上拔量随时间变化的特征确定：取 $\delta-\lg t$ 曲线斜率明显变陡或曲线尾部明显弯曲的前一级荷载值。

（3）当在某级荷载下抗拔钢筋断裂时，取其前一级荷载值。

对于同一条件下的单桩竖向抗拔承载力特征值，应按单桩竖向抗拔极限承载力统计值的一半取值。当工程桩不允许带裂缝工作时，取桩身开裂前一级荷载作为单桩竖向抗拔承载力特征值，并与按极限荷载一半取值确定的承载力特征值相比取小值。检测报告除应包括竖向承载力试验的内容外，还应包括如下信息：

（1）受检桩桩位对应的地质柱状图。

（2）受检桩尺寸（灌注桩宜标明孔径曲线）及配筋情况。

（3）加卸载方法，荷载分级。

（4）绘制的曲线及对应的数据表。

（5）承载力判定依据。

（6）当进行抗拔摩阻力检测时，应有传感器类型、安装位置、轴力计算方法，各级荷载下桩身轴力变化曲线，各土层中的抗拔极限摩阻力。

3. 单桩水平静载试验

单桩水平静载试验用于检测单桩的水平承载力，推定地基土抗力系数的比例系数。当埋设有桩身应变测量传感器时，可测量相应水平荷载作用下的桩身应力，并由此计算桩身弯矩。为设计提供依据的试验桩宜加载至桩顶出现较大水平位移或桩身结构被破坏；对工程桩抽样检测，可按设计要求的水平位移允许值控制加载。水平推力加载装置一般采用油压千斤顶，加载能力不得小于最大试验荷载的 1.2 倍。水平推力的反力可由相邻桩提供，当专门设置反力结构时，其承载能力和刚度应大于试验桩的 1.2 倍。

对于荷载测量及其仪器，一般情况下荷载测量可用放置在千斤顶上的荷重传感器直接测定；或采用并联于千斤顶油路的压力表或压力传感器测定油压，根据千斤顶率定曲线换算荷载。传感器的测量误差不应大于 1%，压力表精度应优于或等于 0.4 级。试验用压力表、油泵、油管在最大加载时的压力不应超过规定工作压力的 80%。在测试时，水平力作用点宜与实际工程的桩基承台底面标高一致；千斤顶和试验桩接触处应安置球形支座，千斤顶作用力应水平通过桩身轴线；千斤顶与试验桩的接触处宜适当补强。在水平力作用平面的受检桩两侧应对称安装两个位移计；当需要测量桩顶转角时，尚应在水平力作用平面以上 50 cm 的受检桩两侧对称安装两个位移计。位移测量的基准点设置不应受试验和其他因素的影响，基准点应设置在与作用力方向垂直且与位移方向相反的试验桩侧面，基准点与试验桩净距不应小于 1 倍桩径。测量桩身应力或应变时，各测试断面的测量传感器应沿受力方向对称布置在远离中性轴的受拉和受压主筋上;埋设传感器的纵剖面与受力方向之间的夹角不得大于10°,在地面下10倍桩径(桩宽)的主要受力部分应加密测试断面,断面间距不宜超过1倍桩径;超过此深度,测试断面间距可适当加大。

在工程现场检测中,加载方法宜根据工程桩实际受力特性,选用单向多循环加载法或慢速维持荷载法,也可按设计要求采用其他加载方法。需要测量桩身应力或应变的试验桩宜采用维持荷载法。试验加卸载方式和水平位移测量应符合下列规定:

(1)单向多循环加载法的分级荷载应小于预估水平极限承载力或最大试验荷载的1/10;每级荷载施加后,恒载4 min后可测读水平位移,然后卸载至零,停2 min测读残余水平位移,至此完成一个加卸载循环。如此循环5次,完成一级荷载的位移观测。试验中间不得停顿。

(2)慢速维持荷载法的加卸载分级、试验方法及稳定标准和竖向静载试验相同。

水平静载试验中出现下列情况之一时,可终止加载:

(1)桩身折断。

(2)水平位移超过30~40 mm(软土取40 mm)。

(3)水平位移达到设计要求的水平位移允许值。

在测量桩身应力或应变时,测试数据的测读应与水平位移测量同步进行。检测数据应按下列要求整理:

(1)采用单向多循环加载法时应绘制水平力-时间-作用点位移($H-t-Y_0$)关系曲线和水平力-位移梯度($H-\Delta Y_0/\Delta H$)关系曲线。

(2)采用慢速维持荷载法时应绘制水平力-力作用点位移($H-Y_0$)关系曲线、水平力-位移梯度($H-\Delta Y_0/\Delta H$)关系曲线、力作用点位移-时间对数($Y_0-\lg t$)关系曲线和水平力-力作用点位移双对数($\lg H-\lg Y_0$)关系曲线。

(3)绘制水平力、水平力作用点水平位移-地基土水平抗力系数的比例系数的关系曲线($H-m$、Y_0-m)。

当桩顶自由且水平力作用位置位于地面处时,m值可按下列公式确定:

$$m = \frac{(\nu_y \cdot H)^{\frac{5}{3}}}{b_0 Y_0^{\frac{5}{3}} (EI)^{\frac{2}{3}}} \tag{3.81}$$

$$\alpha = \left(\frac{mb_0}{EI}\right)^{\frac{1}{5}} \tag{3.82}$$

式中,m为地基土水平抗力系数的比例系数,kN/m⁴;A为桩的水平变形系数,m⁻¹;ν_y为桩顶水平位移系数,由式(3.82)试算α,当$\alpha h \geq 4.0$时(h为桩的入土深度),其值为2.441;H为作用于地面的水平力,kN;Y_0为水平力作用点的水平位移,m;EI为桩身抗弯刚度,kN·m²;其中E为桩身材料弹性模量,I为桩身换算截面惯性矩;b_0为桩身计算宽度,m。对于圆形桩:当桩径$D \leq 1$ m时,$b_0=0.9(1.5D+0.5)$;当桩径$D>1$ m时,$b_0=0.9(D+1)$。对于矩形桩:当边宽$B \leq 1$ m时,$b_0=1.5B+0.5$;当边宽$B>1$ m时,$b_0=B+1$。

对埋设有应力或应变测量传感器的试验应绘制下列曲线,并列表给出相应的数据。这些数据包括各级水平力作用下的桩身弯矩分布图,水平力-最大弯矩截面钢筋拉应力($H-\sigma_s$)曲线。单桩的水平临界荷载可按下列方法综合确定:取单向多循环加载法时的$H-t-Y_0$曲线或慢速维持荷载法时的$H-Y_0$曲线出现拐点的前一级水平荷载值;取$H-\Delta Y_0/\Delta H$曲线或$\lg H-\lg Y_0$曲线上第一拐点对应的水平荷载值;取$H-\sigma_s$曲线第一拐点对应的水平荷载值。

单桩的水平极限承载力可根据下列方法综合确定：

(1) 取单向多循环加载法时的 $H-t-Y_0$ 曲线或慢速维持荷载法时的 $H-Y_0$ 曲线产生明显陡降的起始点对应的水平荷载值。

(2) 取慢速维持荷载法时的 $Y_0-\lg t$ 曲线尾部出现明显弯曲的前一级水平荷载值。

(3) 取 $H-\Delta Y_0/\Delta H$ 曲线或 $\lg H-\lg Y_0$ 曲线上第二拐点对应的水平荷载值。

(4) 取桩身折断或受拉钢筋屈服时的前一级水平荷载值。

对同一场地上同一条件下的单桩水平承载力特征值的确定，按照下列方法进行计算，当水平极限承载力能确定时，应按单桩水平极限承载力统计值的一半取值，并与水平临界荷载相比较取小值；当按设计要求的水平允许位移控制且水平极限承载力不能确定时，取设计要求的水平允许位移所对应的水平荷载，并与水平临界荷载相比较取小值。当水平承载力按设计要求的水平允许位移控制时，可取设计要求的水平允许位移对应的水平荷载作为单桩水平承载力特征值，但应满足抗裂设计的要求。检测报告应包括：受检桩桩位对应的地质柱状图；受检桩的截面尺寸及配筋情况；加卸载方法，荷载分级；绘制曲线及对应的数据表；承载力判定依据；当进行钢筋应力测试并由此计算桩身弯矩时，应有传感器类型、安装位置、内力计算方法和绘制的曲线及其对应的数据表。

4. 钻芯法

钻芯法(Core Drilling Method)适用于检测混凝土灌注桩的桩长、桩身混凝土强度、桩底沉渣厚度和桩身完整性，判定或鉴别桩底持力层岩土性状。钻芯设备采用液压操纵的钻机。钻机设备参数应符合以下规定：额定最高转速不低于 790 r/min，转速调节范围不少于 4 挡，额定配用压力不低于 1.5 MPa。钻具应采用单动双管钻具，并配备相应的孔口管、扩孔器、卡簧、扶正稳定器及可捞取松软渣样的钻具。钻杆应顺直，直径宜为 50 mm。钻芯钻头应根据混凝土设计强度等级选用合适粒度、浓度、胎体硬度的金刚石钻头，且外径不宜小于 100 mm。钻头胎体不得有肉眼可见的裂纹、缺边、少角、倾斜及喇叭口变形。钻芯的水泵排水量应为 50~160 L/min、泵压为 1.0~2.0 MPa。锯切芯样试件用的锯切机应具有冷却系统和牢固夹紧芯样的装置，配套使用的金刚石圆锯片应有足够刚度。芯样试件端面的补平器和磨平机应满足芯样制作的要求。在钻芯现场，每根受检桩的钻芯孔数和钻孔位置宜符合下列规定：

(1) 桩径小于 1.2 m 的桩钻 1 孔，桩径为 1.2~1.6 m 的桩钻 2 孔，桩径大于 1.6 m 的桩钻 3 孔。

(2) 当钻芯孔为一个时，宜在距桩中心 10~15 cm 的位置开孔；当钻芯孔为两个或两个以上时，开孔位置宜在距桩中心 0.15~0.25D 内均匀对称布置。

(3) 对桩底持力层的钻探，每根受检桩不应少于一孔，且钻探深度应满足设计要求。

钻机设备安装必须周正、稳固、底座水平。钻机立轴中心、天轮中心(天车前沿切点)与孔口中心必须在同一铅垂线上。应确保钻机在钻芯过程中不发生倾斜、移位，钻芯孔垂直度偏差不大于 0.5%，当桩顶面与钻机底座的距离较大时，应安装孔口管，孔口管应垂直且牢固。钻进过程中，钻孔内循环水流不得中断，应根据回水含砂量及颜色调整钻进速度。提钻卸取芯样时，应控卸钻头和扩孔器，严禁敲击卸芯。每回次进尺宜控制在 1.5 m 内；钻至桩底时，应采取适宜的钻芯方法和工艺钻取沉渣并测定沉渣厚度，并采用适宜的方法对桩底持力层岩土性状进行鉴别。钻取的芯样应由上而下按回次顺序放入芯样箱中，芯样侧面上应清晰标明回次数、块号、本回次总块数，及时记录钻进情况和钻进异常情况，对芯样质量做初步描述，见表 3.7~3.9。

表 3.7　钻芯法检测现场操作记录表

桩号					孔号		工程名称	
时间		钻进/m			芯样编号	芯样长度/m	残留芯样	芯样初步描述及异常情况记录
自	至	自	至	计				
检测日期					机长：	记录：	页次：	

表 3.8　钻芯法检测芯样编录表

工程名称				日期	
桩号/钻芯孔号		桩径		混凝土设计强度等级	
项目	分段(层)深度/m	芯样描述		取样编号取样深度	备注
桩身混凝土		混凝土钻进深度,芯样连续性、完整性胶结情况、表面光滑情况、断口吻合程度、混凝土芯是否为柱状、骨料大小分布情况,以及气孔、空洞、蜂窝麻面、沟槽、破碎、夹泥、松散的情况			
桩底沉渣		桩端混凝土与持力层接触情况、沉渣厚度			
持力层		持力层钻进深度,岩土名称、芯样颜色、结构构造、裂隙发育程度、坚硬及风化程度;分层岩层应分层描述		(强风化或土层时的动力触探或标贯结果)	
检测单位：		记录员：		检测人员：	

表 3.9　钻芯法检测芯样综合柱状图

桩号／孔号			混凝土设计强度等级			桩顶标高		开孔时间	
施工桩长			设计桩径			钻孔深度		终孔时间	
层序号	层底标高/m	层底深度/m	分层厚度/m	混凝土/岩土芯柱状图(比例尺)	桩身混凝土、持力层描述	芯样强度序号—深度/m		备注	
				□					
编制：			校核：						

注:□代表芯样试件取样位置。

　　在测试过程中,对芯样混凝土、桩底沉渣以及桩端持力层做详细编录。应对芯样和标有工程名称、桩号、钻芯孔号、芯样试件采取位置、桩长、孔深、检测单位名称的标示牌的全貌进行拍照。当单桩质量评价满足设计要求时,应采用 0.5～1.0 MPa 压力,从钻芯孔孔底往上用水泥浆回灌封闭;否则应封存钻芯孔,留待处理。

　　在钻芯中,为了得到合理的芯样,截取混凝土抗压芯样试件应符合下列规定:

　　(1)当桩长为 10～30 m 时,每孔截取 3 组芯样;当桩长小于 10 m 时,可取 2 组,当桩长大于 30 m 时,不少于 4 组。

　　(2)上部芯样位置距桩顶设计标高不宜大于 1 倍桩径或 1 m,下部芯样位置距桩底不宜大于 1 倍桩径或 1 m,中间芯样宜等间距截取。

　　(3)缺陷位置能取样时,应截取一组芯样进行混凝土抗压试验。

　　如果同一基桩的钻芯孔数大于一个,其中一孔在某深度存在缺陷时,应在其他孔的该深度处截取芯样进行混凝土抗压试验。当桩底持力层为中、微风化岩层且岩芯可制作成试件时,应在接近桩底部位截取一组岩石芯样;如遇分层岩性时宜在各层取样。每组芯样应制作 3 个芯样抗压试件。芯样抗压试件制作完毕可立即进行抗压强度试验。混凝土芯样试件的抗压强度试验应按现行国家标准《普通混凝土力学性能试验方法》(GB/T 50081—2002)的有关规定执行。抗压强度试验后,若发现芯样试件平均直径小于 2 倍试件内混凝土粗骨料最大粒径,且强度值异常时,该试件的强度值不得参与统计平均。混凝土芯样试件抗压强度应按下列公式计算:

$$f_{cu} = \xi \cdot \frac{4P}{\pi d^2} \tag{3.83}$$

式中,f_{cu} 为混凝土芯样试件抗压强度,MPa,精确至 0.1 MPa;P 为芯样试件抗压试验测得的破坏荷载,N;d 为芯样试件的平均直径,mm;ξ 为混凝土芯样试件抗压强度折算系数,应考虑芯样尺寸效应、钻芯机械对芯样扰动和混凝土成型条件的影响,通过试验统计确定;当无试验统计资料时,宜取为 1.0。桩底岩芯单轴抗压强度试验可按现行国家标准《建筑地基基础设计规范》(GB 50007—2011)执行。

　　桩体芯样的检测数据分析与判定是最后检验和对桩基动力检测和监测的重要数据,因此,混凝土芯样试件抗压强度代表值应按一组 3 块试件强度值的平均值确定。同一受检桩同一深度部位有两组或两组以上混凝土芯样试件抗压强度代表值时,取其平均值为该桩该深度处混凝土芯样试件抗压强度代表值。受检桩中不同深度位置的混凝土芯样试件抗压强度代表值中的最小值为该桩混凝土芯样试件抗压强度代表值。桩底持力层性状应根据芯样特征、岩石芯样单轴抗压强度试验、动力触探或标准贯入试验结果,综合判定桩底持力层岩土性状。桩身完整性类别应结合钻芯孔数、现场混凝土芯样特征、芯样单轴抗压强度试验结果,成桩质量评价应按单桩进行。当出现下列情况之一时,应判定该受检桩不满足设计要求:

　　(1)桩身完整性类别为 Ⅳ 类的桩。

　　(2)受检桩混凝土芯样试件抗压强度代表值小于混凝土设计强度等级的桩。

　　(3)桩长、桩底沉渣厚度不满足设计或规范要求的桩。

　　(4)桩底持力层岩土性状(强度)或厚度未达到设计或规范要求的桩。

　　钻芯法作为一种用钻机钻取芯样以检测桩长、桩身缺陷、桩底沉渣厚度以及桩身混凝土的强度、密实性和连续性,判定桩底岩土性状的方法,是桩基监测非常重要的后期验证方法,因此在桩基监测系统中应该包含钻芯的监测及验证和相关数据处理、计算的内容。

5. 反射波法

本方法可适用于检测桩身混凝土的完整性,推定缺陷类型及其在桩身中的位置。本方法也可对桩长进行核对,对桩身混凝土的强度等级做出估计。反射波法检测设备仪器由传感器和放大、滤波、记录、处理、监视系统以及激振设备和专用附件组成。传感器可选用宽频带的速度型或加速度型传感器,速度型传感器灵敏度应大于 300 mV/(cm/s),加速度型传感器灵敏度应大于 100 mV/g,放大系统的增益应大于 60 dB,长期变化量应小于 1‰,折合输入端的噪声水平应低于 3 μV,频带宽度应不窄于 10~1 000 Hz,滤波频率可调整,模数转换器的位数不应小于 8 bit,采样时间宜为 50~1 000 μs,可分数挡调整,每个通道数据采集暂存器的容量不应小于 1 kB,多道采集系统应具有一致性,其振幅偏差应小于 3%,相位偏差应小于 0.1 ms。根据试验激振条件要求,及改变激振频谱和能量,满足不同的检测目的,应选择符合材质和质量要求的激振设备。

在测试前,被测桩应凿去浮浆,平整桩头,切除桩头外露过长的主钢筋。检测前应对仪器设备进行检查,性能正常方可使用。每个检测工地均应进行激振方式和接收条件的选择试验,以确定最佳激振方式和数据接收条件。激振点宜选择在桩头中心部位,传感器应稳固地安装在桩头上。对于桩径大于 350 mm 的桩可安装两个或多个传感器。当随机干扰较大时,可采用信号增强方式,进行多次重复激振与接收。为提高检测的分辨率,应使用小能量激振,并选用高截止频率的传感器和放大器。判别桩身浅部缺陷,可同时采用横向激振和水平速度型传感器接收,进行辅助判定。每一根被检测的单桩均应进行二次及以上重复测试。出现异常波形应在现场及时研究,排除影响测试的不良因素后再重复测试。重复测试的波形与原波形应具有相似性。

反射波法数据的处理与判定:

应依据入射波和反射波的波形、相位、振幅、频率及波的到达时间等特征,推定单桩的完整性。桩身混凝土的波速 v_p、桩身缺陷的深度 L' 可分别按下列公式计算:

$$v_p = 2L/t_r \tag{3.84}$$

$$L' = 1/2 v_{pm} t \tag{3.85}$$

式中,L 为桩身全长;t_r 为桩底反射波的到达时间;t 为桩身缺陷部位反射波的到达时间;v_{pm} 为同一工地内多根已测合格桩桩身纵波速度的平均值。

反射波波形规则,波列清晰,桩底反射波明显,易于读取反射波到达时间及桩身混凝土平均波速较高的桩为完整性好的单桩。反射波到达时间小于桩底反射波到达时间,且波幅较大,往往出现多次反射,难以观测到桩底反射波的桩,系桩身断裂。桩身混凝土严重离析时,其波速较低,反射波幅减少,频率降低。缩径与扩径的部位可按反射历时进行估算,类型可按相位特征进行判别。当有多处缺陷时,将记录到多个相互干涉的反射波组,形成复杂波列。此时应仔细甄别,并应结合工程地质资料、施工原始记录进行综合分析。有条件时尚可使用多种检测方法进行综合判断。桩体浅部断裂的定性评价,可通过横向激振,比较同类桩横向振动特征之间的差异进行辅助判断。在上述时域分析的基础上,尚可采用频谱分析技术,利用振幅谱进行辅助判断。桩身混凝土的强度等级可依据波速来估计。波速与混凝土抗压强度的换算系数,应通过对混凝土试件的波速测定和抗压强度对比试验确定。

6. 机械阻抗法

机械阻抗法有稳态激振和瞬态激振两种方式,适用于检测桩身混凝土的完整性,快速推定缺陷类型及其在桩身中的部位。当有可靠的同条件动静对比试验资料时,该方法还可用于推算桩的承载力,这种方法的有效测试范围一般为桩长与桩径之比值应小于 30;对于摩擦端承桩或端承桩其比值可放宽到 50。机械阻抗法接收传感器的技术特性应符合下列要求:对于力传感器,频率响应宜为 5~1 500 Hz,其幅度畸变应小于 1 dB;灵敏度不应小于 1.0 pC/N;传感器的量程选择:当激振输入为稳态激振时,按激振力的最大值确定;当瞬态冲击时,按冲击力最大值确定。测量响应的传感器的频率响应宜为 5~1 500 Hz;当桩径小于 60 cm 时,速度传感器的灵敏度 S_v 应大于 300 mV/(cm/s),加速度传感器的灵敏度 S_a 应大于 1 000 pC/g;当桩径大于 60 cm 时,S_v 应大于 800 mV/(cm/s),S_a 应大于 2 000 pC/g;横向灵敏度不应大于 5%;加速度传感器的量程:当稳态激振时,应小于 5 g;当瞬态激振时,应不小于 20 g。接收传感器的灵敏度应每年标定一次,力传感器可采用振动台进行相对标定,或采用压力试验机做准静态标定。进行准静态标定所采用的电荷放大器,其输入电阻不应小于 10^{11} Ω,测量响应的传感器可采用振动台进行相对标定。测试设备可以采用专用的机械阻抗测试仪器,也可采用通用测试仪器组成的测试装置。压电传感器的信号放大应采用电荷放大器;磁电式传感器应采用电压放大器。传感器频带宽度宜为 5~2 000 Hz,增益应大于 80 dB,动态范围应在 40 dB 以上,折合到输入端的噪声应小于 10 μV。在稳态测试中,应采用跟踪滤波器或在放大器内设置性能相似的滤波器。滤波器的阻带衰减不应小于 40 dB。在瞬态测试中分析仪器应具有频域平均和计算相干函数的功能,当采用数字化仪器进行数据采集分析时,其模数转换器位数不应小于 12 bit,信号处理分析的记录设备可采用磁记录器、$x-y$ 函数记录器、与计算机配合的笔式绘图仪或打印机,其中磁记录器不得少于两个通道,信噪比不得低于 45 dB,频率范围不得低于 5 kHz,采用的各类记录仪的系统误差应小于 1%。稳态激振设备及瞬态冲击装置应符合下列要求:稳态激振应采用电磁激振器,并宜选择永磁式激振器。

激振器的技术要求应符合下列规定:

(1)频率范围宜为 5~1 500 Hz。

(2)最大出力:当桩径小于 1.5 m 时,应大于 200 N;当桩径为 1.5~3.0 m 时,应大于 400 N;当桩径大于 3.0 m 时,应大于 600 N。

(3)非线性失真应小于 1%。如果采用悬挂装置可采用柔性悬挂(橡皮绳)或半刚性悬挂。在采用柔性悬挂时应避免高频段出现横向振动。在采用半刚性悬挂时,当激振频率在 10~1 500 Hz 的范围内时,激振系统本身特性曲线出现的谐振峰(共振及反共振)不应超过 1 个。瞬态激振应通过试验选择不同材质的锤头进行冲击,使可用于计算的谱宽度大于 1 500Hz。在冲击桩头时,冲击锤应保持为自由落体。激振装置在初次使用或经长距离运输,在正式使用前应进行再次调整,使横向振动系数(ζ)控制在 10% 以下,其谐振时的最大值不应超过 25%。另外,检测实施前应准备好如下工作:

①桩头的处理。首先应进行桩头的清理,去除桩头上的浮浆,露出密实的桩顶。将桩头顶面大致修凿平整,并尽可能与周围地面保持齐平。在桩顶面的正中和径向两侧边沿,用石工凿精心修整出直径约 20 cm 的圆面 1 个和直径各 10 cm 的圆面 1~4 个,使凹凸不平处的高差小于 0.3 cm。

②冲击板的黏贴。冲击板一般采用钢板并黏贴在桩顶上。对于冲击板,必须在放置激振

装置和传感器的一面用磨床加工成光洁度 0.8 以上的光洁表面。接触桩顶的一面则应保持粗糙,以使其与桩头黏贴牢固,将加工好的圆形钢板用黏结剂进行黏贴,大钢板黏贴在桩头中心处,钢板圆心与桩顶中心重合。小钢板黏贴在桩顶边沿 1~4 个小圆面上,如图 3.10 所示。黏贴之前应先将黏贴处的表面刷干净,再均匀涂满黏结剂,贴上钢板并挤压,使钢板和桩之间填满黏结剂。此时立即用水平尺反复校正,使钢板表面水平。保护好校平的钢板,勿使其移动变位。待黏结剂完全固化后,即可进行检测,如不立即检测,可在钢板上涂上黄油,以防锈蚀。桩头上不要放置与检测无关的东西。主钢筋露出桩头部分不宜过长,应切割至可焊接和绑扎的最小长度,否则将产生谐振干扰。

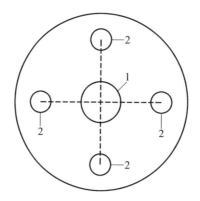

图 3.10 被测桩桩顶小钢板黏贴位置
1—固定激振器用;2—固定传感器用

③悬挂装置和传感器设置。半刚性悬挂装置和传感器,必须用螺丝紧固到桩头的钢板上。在安装和连接测试仪器时,必须妥善设置接地线,要求整个检测系统一点接地,以减少电噪声干扰。传感器的连接电缆应采用屏蔽电缆并且不宜过长,以 30 m 以内为宜。速度传感器在标定时应使用测试时的长电缆连接,以减少测量误差。

对于机械阻抗法测试桩的振动响应,其测试点应按下列原则布置:

(1)桩径小于 60 m 时,可布置 1 个测点;桩径为 0.6~1.5 m 时,应布置 2~3 个测点;桩径大于 1.5 m 时,应在互相垂直的两个径向布置 4 个测点。

(2)在桥梁桩基础测试中,当只布置 2 个测点时,其测点应位于顺流向的两侧,当布置 4 个测点时,应在顺流向两侧和顺桥纵轴方向两侧各布置 2 个测点。

(3)激振力应作用于桩头顶面正中。采用半刚性悬挂时,则黏贴在桩头顶面中心的钢板必须保持水平。在现场测试中,安装全部测试设备后,应确认各项仪器装置处于正常工作状态。在测试前应正确选定仪器系统的各项工作参数,使仪器在设定的状态下进行试验。在瞬态激振试验中,重复测试的次数应大于 4 次。

在测试过程中应观察各设备的工作状态,当全部设备均处于正常状态,则该次测试为有效。在同一工地如当某桩实测的机械导纳曲线幅度明显过大时,应增大扫频上限,并判定桩的缺陷位置。

桩身混凝土的完整性应按下列步骤综合判定:根据测试的机械导纳曲线,初步确定各单桩中的完整桩,并计算波速和各完整桩的波速平均值。计算各单位桩的测量桩长、导纳几何平均值、导纳理论值、导纳最大峰幅值、动刚度、嵌固系数、土的阻尼系数,以及同一工地所测各桩的动刚度平均值和导纳几何实测平均值的平均值。根据所计算的参数及导纳曲线形状,按表 3.10 的规定推定桩身混凝土的完整性,确定缺陷类型,计算缺陷在桩身中出现的位置。收集本地区同类地质条件下桩的静荷载试验资料,并应确定在单桩外部尺寸相似情况下的容许沉降值,或根据上部结构物的类型及重要程度或设计要求,确定的容许沉降值,采用在容许荷载作用下的容许沉降值计算单桩竖向承载力的推算值。对于单桩竖向承载力的推算值 R 可用下列公式计算:

$$R = [S](K_d / \eta) \tag{3.86}$$

$$K_d = 2\pi f_m / \left| \frac{V}{F} \right|_m \tag{3.87}$$

式中,K_d 为单桩的动刚度,kN/mm;η 为桩的动静刚度测试对比系数,宜为 $0.9 \sim 2.0$;$[S]$ 为单桩的容许沉降值,mm;f_m 为导纳曲线初始直线段上任意一点的频率,Hz;V 为桩顶质点速度,m/s;F 为桩顶激振力,kN;$\left| \dfrac{V}{F} \right|_m$ 为导纳曲线初始直线段上任意一点的导纳,mk/(kN·s)。

根据记录得到的桩身导纳曲线,经过光滑处理后一般如图 3.11 所示。图中,点 M 为导纳曲线直线段上任意一点,其对应的纵坐标为该点的导纳;点 P 表示导纳曲线的极大值;点 Q 表示导纳曲线上的极小值;N_{cm} 为该桩桩顶机械阻抗法测试获得的导纳曲线反映出来的导纳平均值。其相互关系如下:

$$N_{cm} = \sqrt{PQ} \tag{3.88}$$

通过对完整桩的测试,可以得到桩在机械阻抗法中的桩身纵波波速为 $C = 2L\Delta f$,其中 Δf 取值如图 3.11 所示,为相邻两个谐振峰之间的频差,单位为 Hz。对于工程桩,机械阻抗法测试的桩长计算公式为 $L_0 = v_{pm}/2\Delta f$,其中 v_{pm} 为实测桩身波速,单位为 m/s。除了获得桩身的上述参数外,对桩体的理论导纳值的计算也是重要的参数估计内容,理论导纳值的计算公式如下:

$$N_t = \frac{1}{v_p A \rho} \tag{3.89}$$

式中,N_t 为导纳曲线的理论值,mk/(kN·s);v_p 为桩身中纵波传播的理论速度,m/s;ρ 为桩的质量密度,kg/m³;A 为桩身截面积,m²。

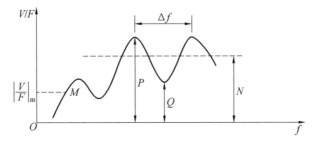

图 3.11　桩体实测导纳曲线

按照上述过程确定了桩的基本导纳特征,即可根据机械导纳曲线,结合使用经验,推定桩身完整性,其一般性规则见表 3.10。

表 3.10　机械导纳法判定桩身结构完整性基本规则

桩体实测导纳曲线	实测导纳值 N_0	实测动刚度 K_d（K_{dm}：工地平均刚度值）		测量桩长 L_0	实测桩身波速平均值 v_{pm} /(m·s^{-1})	结论
与典型导纳曲线接近	与理论值 N_t 接近	高于	K_{dm}	与施工长度接近	3 500～4 500	嵌固良好的完整桩
		接近	K_{dm}			表面规则的完整桩
		低于	K_{dm}			桩底可能有软层
呈调制状波形	高于	导纳实测几何平均值 N_{cm}	低于 K_{dm}		<3 500	桩身有局部离析，其位置可按主波 Δf 判定
	低于		高于 K_{dm}		3 500～4 500	桩身断面局部扩大，其位置可按主波 Δf 判定
与典型导纳曲线类似，但共振峰频率增量 Δf 偏大	高于理论值 N_t 很多	远低于	K_{dm}	小于施工长度	桩身平均波速不稳定，方差很大	桩身断裂，有夹层
	低于工地平均值 N_{cm} 很多	远高于				桩身有较大鼓肚
不规则	变化或较高	低于工地动刚度平均值 K_{dm}		无法由计算确定桩长	桩身平均波速不稳定，方差很大	桩身不规则，有局部断裂或贫混凝土

除了根据表 3.10 进行桩体的完整性判定外，还可以根据导纳曲线的异常程度，进一步判断桩身结构的完整性。其规则见表 3.11。

表 3.11　机械导纳法进一步推定桩身结构完整性的基本规则

初步判别有异常		可能异常位置	异常程度的判断
$v_p = 2\Delta fL =$ 正常波速，只有桩底反射效应，桩身无异常	—	$N_0 = N_t$，优质桩 / 波峰间隔均匀、整齐	全桩完整，混凝土质量优而质量均匀
		波峰间隔均匀，但不整齐	全桩基本完整，外表面不规则
		$N_0 \approx N_t$，$K_d \approx K_{dm}$ 混凝土质量稍有不均匀 / 波峰间隔均匀整齐	全桩完整、混凝土质量基本完好
		波峰间隔不太整齐、欠整齐	全桩基本完整、局部混凝土质量不太均匀

续表 3.11

初步判别有异常			可能异常位置		异常程度的判断
$\Delta f_1 < \Delta f_2$，$v_{p1} = 2\Delta f_1 L =$ 正常波速,有桩底反射效应,同时 $v_{p2} = 2\Delta f_2 L >$ 正常波速,$L' = v_p/2\Delta f_2 < L$,表明有异常处的反射效应	$L' = \dfrac{v_p}{2\Delta f_2}$	$N_0 < N_t$，$K_d > K_{dm}$		波峰圆滑,N_p 小	有中度扩径
				波峰圆滑,N_p 大	有轻度扩径
		$N_0 > N_t$，$K_d < K_{dm}$，缩径或混凝土局部质量不均匀		波峰尖峭,N_p 大	有中度裂缝或缩径
$v_p = 2\Delta f L >$ 正常波速,$L_0 = v_p/2\Delta f < L$,表明无桩底反射效应,只有其他部位的异常反射效应	$L' = \dfrac{v_p}{2\Delta f}$	$N_0 > N_t$，$K_d < K_{dm}$，缩径断裂		波峰尖峭,N_p 小	有严重缩径
				波峰间隔均匀尖峭,N_p 大	严重断裂,混凝土不连续
		$N_0 < N_t$，$K_d > K_{dm}$，扩径		波峰圆滑,N_p 小	有较严重的扩径
				波峰间隔均匀圆滑,N_p 小	有严重扩径

表 3.11 中,Δf_1 表示缺陷桩导纳曲线上小峰之间的频率差;Δf_2 表示缺陷桩导纳曲线上大峰之间的频率差;N_p 表示测试导纳曲线上的导纳极大值。其他符号见表 3.10。

7. 动力参数法

动力参数包括"频率—初速法"和"频率法",当有可靠的同条件动静试验对比资料时,"频率—初速法"可用于推算不同工艺成桩的摩擦桩和端承桩的竖向承载力。"频率法"的适用范围限于摩擦桩,并应有准确的地质勘探及土工试验资料作为计算依据,其中主要包括地质剖面图及各地层的内摩擦角和土的重度;桩在土中长度一般不宜大于 40 m,也不宜小于 5 m。测试系统中宜采用竖、横两向兼用的速度型传感器,传感器的频率响应宜为 $10\sim300$ Hz,最大可测位移量的"峰—峰"值不应小于 2 mm,速度灵敏度不应低于 200 mV·$(\text{cm}\cdot\text{s})^{-1}$。传感器的固有频率不得处于 20 Hz 附近。检测基桩承载力时,低通滤波器的截止频率宜为 120 Hz。放大器增益应大于 40 dB(可调),长期绝对变化量应小于 1%,折合到输入端的噪声信号不大于 10 μV。频响范围宜为 $10\sim300$ Hz。接收系统宜采用数字式采集、处理和存储系统,并应具有实时时域显示及频谱分析功能,其中模数转换器的位数不应小于 8 bit,采样时间间隔宜为 $50\sim100$ μs,并分数挡可调。每道数据采集暂存器的容量不应小于 1 kB。传感器和仪器系统灵敏度系数应在标准振动台上进行标定,每年不得少于一次。标定时取振动速度的"峰—峰"值,在 $10\sim300$ Hz 范围内应至少按单位振速标定 10 个频点,并描出灵敏度系数随频率变化的曲线。激振设备宜采用带导杆的穿心锤,穿心锤底面应加工成球面,穿心孔直径比导杆直径大

3 mm 左右。穿心锤的质量应由 2.5~100 kg 形成系列,其落距宜在 180~500 mm 之间,分为 2~3 挡。对不同承载力的基桩,应调节冲击能量,使振波幅度基本一致。检测前的准备工作应符合下列要求:清除桩身上段浮浆及破碎部分;桩顶中心部分应凿平,并用黏结剂(如环氧树脂)黏贴一块钢垫板,待其固化后方可施测,对承载力标准值小于 2 000 kN 的桩,钢垫板面积宜为 100 mm×100 mm,其厚度宜为 10 mm,钢垫板中心应钻一盲孔,孔深宜为 8 mm,孔径宜为 12 mm;对承载力大于或等于 2 000 kN 的桩,钢垫板面积及厚度加大 20%~50%。传感器应使用黏结剂(如烧石膏)或采用磁性底座竖向固定在桩顶预先黏于冲击点与桩身钢筋之间的小钢板上。传感器、滤波器、放大器与接收系统连线,应采用屏蔽线。测试前应确定仪器的参数,并检查仪器、接头及钢板与桩顶黏结情况,在检测瞬间应暂时中断附近振源。测试系统不可多点接地。激振步骤应按下述进行:将导杆插入钢垫板的盲孔中;按选定的穿心锤质量 (W_0) 及落距 (H) 提起穿心锤,任其自由下落,并在撞击垫板后自由回弹再自由下落,以完成一次测试,加以记录,重复测试三次进行比较,测试过程如图 3.12 所示。每次激振后,应通过屏幕观察波形是否正常,要求出现清晰而完整的第一次及第二次冲击振动波形,并要求第一次冲击振动波形的振幅值基本保持一致,当不能满足上述要求时,应改变冲击能量,确认波形合格后方可进行记录。

对于桩土体系的固有频率 f_0,在现场需要通过频谱分析仪进行测试分析确定,也可在采集系统中用软件(LabVIEW 等)开发专用的嵌入式频谱分析功能进行计算。对于穿心锤的回弹高度 h 和碰撞系数 ε 可按下式进行计算:

$$h = \frac{1}{2} g \left(\frac{t}{2} \right)^2 \tag{3.90}$$

式中,g 为重力加速度,取 9.81 m/s^2;t 为第一次冲击与回弹后第二次冲击的时间,s;如图 3.13 所示。

$$\varepsilon = \sqrt{h/H} \tag{3.91}$$

式中,h 为穿心锤回弹高度,m;H 为穿心锤落距,m,如图 3.12 所示。

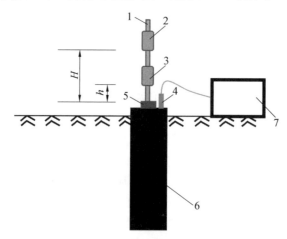

图 3.12　动力参数监测法

1— 导杆;2、3— 穿心锤;4— 传感器;5— 垫板;6— 桩;7— 监测系统

桩头在重锤的冲击下,其振动加速度 v_0 的计算公式为

$$v_0 = \alpha A_d \tag{3.92}$$

式中，α 为与 f_0 相应的测试系统灵敏度系数，m·(s/mm)$^{-1}$；A_d 为第一次冲击振动波处动相位的最大峰－峰值，mm。

对于桩体承载力的推定，其承载力 R 的计算公式如下：

$$R = \frac{(1+\varepsilon) f_0^2 W_0 \sqrt{H}}{K v_0} \beta_v \tag{3.93}$$

式中，R 为单桩竖向承载力的推算值，kN；ε 为碰撞系数；f_0 为桩土体系的固有频率，Hz；W_0 为穿心锤质量，t；H 为穿心锤落距，m；β_v 为频率－初速度法的调整系数；K 为安全系数，一般取 2；v_0 为桩头振动初速度，m/s。

公式(3.93)中的调整系数 β_v 与仪器的性能、冲击能力的大小、桩长、桩底支撑条件以及成桩工艺有关，可以通过统计获得。

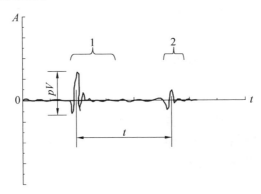

图 3.13　锤击桩顶振动记录曲线
1— 第一次冲击振动波形；2— 回弹后第二次冲击振动波形

8. 频率法

频率法的激振设备可采用穿心锤，或采用 20～200 kg 的铁球。频率法获得的单桩竖向承载力推定值可计算如下：

$$\begin{cases} R = \dfrac{0.006\,81 f_0^2 (G_p + G_e)}{K} \beta_f \\[2mm] G_p = \dfrac{1}{3} A L \gamma_p \\[2mm] G_e = \dfrac{1}{3}\left[\dfrac{\pi}{9} r_e^2 (L_e + 16 r_e) - \dfrac{L_e}{3} A \right] \gamma_e \\[2mm] \gamma_e = \dfrac{1}{2}\left(2 \times \dfrac{L_e}{3} \tan \dfrac{\varphi}{2} + d \right) \end{cases} \tag{3.94}$$

式中，R 为单桩竖向承载力标准值的推定值，kN；f_0 为桩土体系的固有频率，Hz；G_p 为折算后参振桩重，kN，按照振动理论，当桩做纵向振动时，为将质量均匀分布的弹性杆件视为单自由度串联的振动体系模型，应取杆件总质量的1/3作为折算质量的集中质量，G_p 的计算公式是一种计算参振土重的经验公式；G_e 为折算后参振土重，kN，它的误差可以通过桩的动静实测对比来加以消除；β_f 为频率法的调整系数；K 为频率法的安全系数，取 2；A 为桩的截面积，m^2；L 为桩身全长，m；γ_p 为桩体材料重度，kN/m^3；L_e 为桩在土中长度，m；r_e 为桩身下段 L_e/3 长度范围内土的重量，kN/m³；φ 为桩身下段 $L_e/3$ 长度范围内土的内摩擦角，(°)；d 为桩身直径，m。

根据式(3.94)可以得到桩的竖向抗压刚度为

$$K_z = \frac{(2\pi f_0^2)(G_p + G_e)}{2.365g} \tag{3.95}$$

式中，K_z 为击振桩的竖向抗压刚度推定值，也是被测桩的测试动刚度 K_d，kN/m；g 为重力加速度，其他符号见式(3.94)所述。

"频率法"中的调整系数 β_f 与"频率－初速度法"中的调整系数含义一致，也与测试系统中的仪器性能、冲击能量的大小及成桩工艺等有关，需要预先通过"动－静"实测对比加以确定。当桩尖以下土质远较桩侧强时，β_f 可酌情加大。另外，式(3.94)的计算方法是根据摩擦桩周围土体的振动模式推导而来，应适用于摩擦桩，对于土中长度大于 40 m 的桩，目前尚没有足够的测试资料进行证实，因此该公式仅以 40 m 作为桩在土中可测的上限，同时考虑到地基表层土质一般较为杂乱，不易取得较为准确的土工测试资料，故被测桩在土中的长度不宜小于 5 m。

9. 声波透射法

声波透射法是根据预先埋入桩体的声测管所获得的桩体的声学参数来判断桩体完整性并确定桩体缺陷位置的一种桩体测试和监测方法。该方法对于检测桩径大于 0.6 m 的混凝土灌注桩表现出更好的性能，虽然小径桩也能进行测试，但是该方法主要是针对灌注成型过程中已经预埋了两根或两根以上声测管的基桩，如果桩体直径过小将不利于声测管设备的埋设，因此声波透射法是对大直径桩完整性进行基于声波传播特性测试分析的桩体监测方法。

声波透射法换能器一般采用柱状径向振动的换能器，沿径向无指向性；换能器外径小于声测管内径，对于声波换能器有效工作面长度(指起到换能作用部分的实际轴向尺寸)有一定的限制，如果该长度过大，将夸大缺陷实际尺寸并影响测试结果，因此有效工作面轴向长度一般不大于 150 mm。在声波换能器频率选择上，提高换能器谐振频率，可使其外径减小到30 mm 以下，利于换能器在声测管中升降顺畅或减小声测管直径，但另一方面因声波发射频率的提高，使长距离声波穿透能力下降。所以，桩基声波监测中推荐采用 30～50 kHz 的谐振频率范围。由于在水中工作，换能器水密性需满足 1 MPa 水压下不渗水的要求，声波检测仪应符合下列要求：具有实时显示和记录接收信号的时程曲线以及频率测量或频谱分析功能。声时测量分辨力优于或等于 0.5 μs，声波幅值测量相对误差小于 5%，系统频带宽度为 1～200 kHz，系统最大动态范围不小于 100 dB。声波发射脉冲宜为阶跃或矩形脉冲，电压幅值为 200～1 000 V。

在检测时所埋设声测管内径宜为 50～60 mm，声测管应下端封闭、上端加盖、管内无异物；声测管连接处应光滑过渡，管口应高出桩顶 100 mm 以上，且各声测管管口高度宜一致。固定后的声测管，应与成桩相互平行。声测管埋设数量：管径 $D \leqslant 800$ mm 为 2 根，800 mm$<D \leqslant$ 2 000 mm 不少于 3 根，$D > 2$ 000 mm 不少于 4 根。声测管应沿桩截面外侧呈对称形状布置，布置形式如图 3.14 所示。

按照图 3.14 进行布置后，对检测剖面进行编组测试，对于 $D \leqslant 800$ mm 的桩径其检测剖面为"1—2"；对于 800 mm$<D \leqslant 2$ 000 mm 的桩径，其检测剖面为"1—2""1—3"和"2—3"；对于 $D > 2$ 000 mm 的桩径，其检测剖面为"1—2""1—3""1—4""2—3""2—4"和"3—4"。

设计好声测管的埋设方案后，在进行检测前还需要用标定法确定仪器系统延迟时间。标定法测定仪器系统延迟时间的方法是将发射、接收换能器平行悬于清水中，逐次改变点源距离并测量相应声时，记录若干点的声时数据并作线性回归的时距曲线，其曲线方程如下：

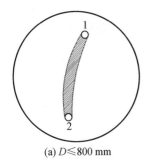
(a) $D \leqslant 800$ mm

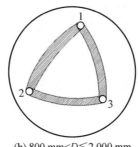
(b) 800 mm $< D \leqslant 2\,000$ mm

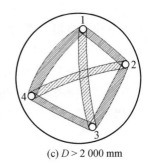
(c) $D > 2\,000$ mm

图 3.14　声测管布置示意图

$$t = t_0 + b \cdot l \tag{3.96}$$

式中, b 为直线斜率, $\mu s/mm$; l 为换能器表面净距离, mm; t 为声时, μs ; t_0 为仪器系统延迟时间, μs 。

基桩中声测管及耦合水层声时的修正值计算如下:

$$t' = \frac{d_1 - d_2}{v_t} + \frac{d_2 - d'}{v_w} \tag{3.97}$$

式中, d_1 为声测管外径, mm; d_2 为声测管内径, mm; d' 为换能器外径, mm; v_w 为水的声速, km/s; t' 为声测管及耦合水层声时修正值, μs 。

计算声测管及耦合水层声时修正值、在桩顶测量相应声测管外壁间净距离以及将声测管内注满清水,检查声测管畅通情况并保证换能器能在全程范围内升降顺畅。完成上述工作之后,现场检测步骤主要包括如下内容:首先,将发射与接收声波换能器通过深度标志分别置于两根声测管中的测点处;其次,发射与接收声波换能器应以相同标高(见图 3.15(a))或保持固定高差(见图 3.15(b))同步升降,测点间距不宜大于 250 mm;再次,实时显示和记录接收信号的时程曲线,读取声时、首波峰值和周期值,宜同时显示频谱曲线及主频值;接下来将多根声测管以两根为一个检测剖面进行全组合,分别对所有检测剖面完成检测;最后在桩身质量可疑的测点周围,应采用加密测点,或采用斜测(见图 3.15(b))或扇形扫测(见图 3.15(c))进行复测,进一步确定桩身缺陷的位置和范围。另外,在同一根桩的各检测剖面的检测过程中,为了使各检测剖面的检测结果具有可比性,便于综合判定,检测中声波发射电压和仪器设置参数应保持不变。

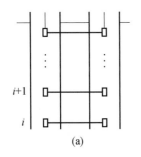
(a)

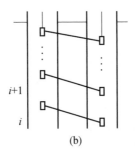
(b)

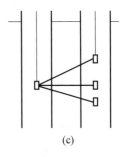
(c)

图 3.15　声测管平测、斜测和扇测扫描示意图

声波透射法数据处理与判定:

声波透射基桩检测的数据处理主要根据测取的声传播数据,建立基桩声特性曲线。设基

桩中各测点的声时为 t_c、声速为 v、波幅为 A_p 及主频为 f,按下列各式计算并绘制声速 — 深度 $(v-z)$ 曲线和波幅 — 深度 (A_p-z) 曲线,需要时可绘制辅助的主频 — 深度 $(f-z)$ 曲线:

$$t_{ci} = t_i - t_0 - t' \tag{3.98}$$

式中,t_{ci} 为基桩中第 i 个声测管测点的计算声时,μs;t_i 为基桩中第 i 个声测管测点的测量声时,μs;t_0 为仪器系统的延迟时间,μs;t' 为声测管及耦合水层声时修正值,μs。

利用基桩测点的计算声时,可以得到每一个测点的声速,计算公式如下:

$$v_i = \frac{l'}{t_{ci}} \tag{3.99}$$

上式中 l' 为每检测剖面相应两声测管的外壁间净距离,mm。计算出测点的声速后,利用分贝的概念,可以度量出测点的波幅值,计算如下:

$$A_{pi} = 20\lg \frac{a_i}{a_0} \tag{3.100}$$

式中,A_{pi} 为基桩中第 i 个声测管测点的波幅值,dB;a_i 为基桩中第 i 个测点信号的首波峰值,V;a_0 为零分贝信号幅值,V。

测点信号的频率主要是指信号的主频值,计算方法可为基本的时程法,也可以根据信号的频谱分析求得,利用时程法的计算相对简单,计算如下:

$$f_i = \frac{1\,000}{T_i} \tag{3.101}$$

式中,f_i 为第 i 个测点信号的主频值,kHz;T_i 为第 i 个测点的信号周期,μs。

声速临界值是声波透射法检测中非常重要的计算量。声速、波幅和主频都是反映桩身质量的声学参数测量值。大量实测经验表明:声速的变化规律性较强,在一定程度上反映了桩身混凝土的均匀性,而波幅的变化较灵敏,主频在保持测试条件一致的前提下也有一定规律。因此在确定测点声学参数测量值的判据时,常采用声速、波幅和主频三种不同参数的独立对比方法进行判断。这种方法首先是获得各测点的声速值,然后将其由小到大进行排序:

$$v_1 \geqslant v_2 \geqslant \cdots v_i \geqslant \cdots \geqslant v_{n-k} \geqslant \cdots \geqslant v_{n-1} \geqslant v_n$$

其中,$k=0,1,2,\cdots$;v_i 为按序排列后的第 i 个声速测量值;n 为检测剖面测点数。k 为从零开始逐一去掉 v_i 序列尾部最小数值的数据个数。对从零开始,逐一去掉 v_i 序列中最小数值后余下的数据进行统计计算,当去掉最小数值的数据个数为 k 时,对包含 v_{n-k} 在内的余下数据 $v_1 \sim v_{n-k}$ 按下列公式进行统计计算:

$$\begin{cases} v_0 = v_m - \lambda \cdot s_x \\ v_m = \dfrac{1}{n-k} \sum_{i=1}^{n-k} v_i \\ s_x = \sqrt{\dfrac{1}{n-k-1} \sum_{i=1}^{n-k} (v_i - v_m)^2} \end{cases} \tag{3.102}$$

式中,v_0 为异常判断值;v_m 为 $n-k$ 个数据的平均值;s_x 为 $n-k$ 个数据标准差;λ 为与 $n-k$ 相对应的统计系数,见表 3.12。

表 3.12　统计数据个数$(n-k)$与对应的 λ 值

$n-k$	20	22	24	26	28	30	32	34	36	38
λ	1.64	1.69	1.73	1.77	1.80	1.83	1.86	1.89	1.91	1.94
$n-k$	40	42	44	46	48	50	52	54	56	58
λ	1.96	1.98	2.00	2.02	2.04	2.05	2.07	2.09	2.10	2.11
$n-k$	60	62	64	66	68	70	72	74	76	78
λ	2.13	2.14	2.15	2.17	2.18	2.19	2.20	2.21	2.22	2.23
$n-k$	80	82	84	86	88	90	92	94	96	98
λ	2.24	2.25	2.26	2.27	2.28	2.29	2.29	2.30	2.31	2.32
$n-k$	100	105	110	115	120	125	130	135	140	145
λ	2.33	2.34	2.36	2.38	2.39	2.41	2.42	2.43	2.45	2.46
$n-k$	150	160	170	180	190	200	220	240	260	280
λ	2.47	2.50	2.52	2.54	2.56	2.58	2.61	2.64	2.67	2.69

获得异常判断值后,将 v_{n-k} 与异常值 v_0 进行比较,当 $v_{n-k} \leqslant v_0$ 时,v_{n-k} 及其以后的数据均为异常值,去掉 v_{n-k} 及其以后的异常数据,再用数据 $v_1 \sim v_{n-k-1}$ 重复上述判断步骤,直到 v_i 序列中余下的全部数据都满足 $v_i > v_0$,则此时获得的 v_0 即为声速的异常判断临界值 v_c,这样声速异常时的临界值判据为

$$v_i \leqslant v_c \tag{3.103}$$

如果测试剖面中某个测点的声速值满足式(3.103),则可判断该测点为异常。式(3.103)中声速异常临界值判据的临界值 v_c 是参考数理统计学判断异常值的方法,经过多次试算而得出的。其基本原理如下:在 n 次测量所得的数据中,去掉 k 个较小值,得到容量为 $n-k$ 的样本,取异常测点数据不可能出现的次数为 1,则对于标准正态分布假设,可得异常测点数据不可能出现的概率为

$$P(X \leqslant -\lambda) = \frac{1}{\sqrt{2}} \int_{-\infty}^{-\lambda} \mathrm{e}^{-\frac{x^2}{2}} \cdot \mathrm{d}x = \frac{1}{n-k} \tag{3.104}$$

根据 $\phi(\lambda) = 1/(n-k)$,在标准正态分布表中可得与不同的 $n-k$ 相对应的 λ 值,见表3.12。每次去掉样本中的最小数据,计算剩余数据的平均值、标准差,由表3.12查得对应的 λ 值。由式 $v_0 = v_m - \lambda \cdot s_x$ 计算异常判断值并将样本中当时的最小值与之比较;当 v_{n-k} 仍为异常值时,继续去掉最小值重复计算和比较,直至剩余数据中不存在异常值为止。此时,v_0 则为异常判断的临界值 v_c。桩身混凝土均匀性可采用离差系数 $C_v = s_x/v_m$ 评价,其中 s_x 和 v_m 分别为 n 个测点的声速标准差和 n 个测点的声速平均值。

在实际测试中,当桩身混凝土的质量普遍较差时,如果检测剖面 n 个测点的声速值普遍偏低,而且离散性很小时,可能同时出现下面两种情况:

(1)检测剖面的 n 个测点声速平均值 v_m 明显偏低。

(2)n 个测点的声速标准差 s_x 很小,那么由统计计算公式 $v_0 = v_m - \lambda \cdot s_x$ 得出的判断结果可能失效。此时可将各测点声速 v_i 与声速低限值 v_L 比较得出判断结果。宜采用声速低限值

判据：

$$v_i \leqslant v_L \tag{3.105}$$

式中，v_i 为第 i 测点声速，km/s；v_L 为声速低限值，km/s，由预留同条件混凝土试件的抗压强度与声速对比试验结果，结合本地区实际经验确定；当式(3.105)成立时，可直接判定为声速低于限值异常。

对于根据声测管信号波幅异常进行判定时，波幅的临界值判据应按下列公式计算：

$$A_m = \frac{1}{n}\sum_{i=1}^{n} A_{pi}, \quad A_{pi} < A_m - 6 \tag{3.106}$$

式中，A_m 为波幅平均值，dB；n 为检测剖面测点数。

当式(3.106)成立时，测点的波幅值可判定为异常。波幅临界值判据即选择当信号首波幅值衰减量为其平均值的一半时的波幅分贝数为临界值，在具体应用中应注意因波幅的衰减受桩材不均匀性、声波传播路径和点源距离的影响，故应考虑声测管间距较大时波幅分散性而采取适当的调整；另外因波幅的分贝数受仪器、传感器灵敏度及发射能量的影响，故应在考虑这些影响的基础上再采用波幅临界值判据；如果波幅差异性较大，应与声速变化及主频变化情况相结合进行综合分析。除此之外也可以用斜率法 PSD 值作为辅助异常点判据，PSD 的计算公式为

$$\begin{cases} PSD = K \cdot \Delta t \\ K = \dfrac{t_{ci} - t_{c(i-1)}}{z_i - z_{i-1}} \\ \Delta t = t_{ci} - t_{c(i-1)} \end{cases} \tag{3.107}$$

式中，t_{ci} 为第 i 测点声时，μs；$t_{c(i-1)}$ 为第 $i-1$ 测点声时，μs；z_i 为第 i 测点深度，m；z_{i-1} 为第 $i-1$ 测点深度，m。

根据 PSD 值在某深度处的突变，结合波幅变化情况，进行异常点判定。除此之外也可以对测点进行视频分析，利用提取的主频值作为辅助的异常点判据，根据主频－深度曲线上主频值明显降低可推断为异常值。但由于实测信号的主频值与诸多影响因素有关，因此仅作为辅助声学参数选用。在使用中应保持声波换能器具有单峰的幅频特性和良好的耦合一致性；若采用 FFT 方法计算主频值，还应保证足够的频率分辨率。

根据检测的异常值结合桩身混凝土声学参数的临界值、PSD 判据、混凝土声速低限值以及桩身质量可疑点，加密测试(包括斜测或伞形扫测)后确定的缺陷范围，桩质量的综合判定见表 3.13。

桩身完整性判定与分类除依据声速、波幅等变化规律和借助其他辅助方法外，还与诸多复杂因素有关，在使用中应注意结合钻芯法将其结果进行对比，从而得出更符合实际情况的分类；也可将实测时程曲线的畸变及频谱、PSD 值的变化相结合，进行综合判定与分类；在监测过程中应该注重施工工艺和施工记录等有关资料的具体分析，它对正确判定桩身质量具有重要作用。

表 3.13　声波透射法桩身完整性判定

桩类别	声波信号特征	桩身推定结果
Ⅰ	各检测剖面的声学参数均无异常,无声速低于低限值异常	桩身完整
Ⅱ	某一检测剖面个别测点的声学参数出现异常,无声速低于低限值异常	桩身有轻微缺陷,不会影响桩身结构承载力的正常发挥
Ⅲ	某一检测剖面连续多个测点的声学参数出现异常;两个或两个以上检测剖面在同一深度测点的声学参数出现异常;局部混凝土声速出现低于低限值异常	桩身有明显缺陷,对桩身机构承载力有明显影响
Ⅳ	某一检测剖面连续多个测点的声学参数出现明显异常;两个或两个以上检测剖面在同一深度测点的声学参数出现明显异常;桩身混凝土声速出现普遍低于低限值异常或无法检测首波或声波接收信号严重畸变	桩身存在严重缺陷

10. 高应变法

高应变法(High strain dynamic testing)是指用重锤冲击桩顶,实测桩顶部的速度和力时程曲线,通过波动理论分析,对单桩竖向抗压承载力和桩身完整性进行判定的检测方法。

采用高应变法进行灌注桩的竖向抗压承载力检测时,应具有现场实测经验和本地区相近条件下的可靠对比验证资料。对于大直径扩底桩和 $Q-s$ 曲线具有缓变型特征的大直径灌注桩,不宜采用本方法进行竖向抗压承载力检测。检测仪器的主要技术性能指标不应低于《基桩动测仪》(JG/T 3055—1999)中表 1 规定的 2 级标准,且应具有保存、显示实测力与速度信号和信号处理与分析的功能。锤击设备宜具有稳固的导向装置;打桩机械或类似的装置(导杆式柴油锤除外)都可作为锤击设备。重锤的材质均匀、形状对称、锤底平整,高径(宽)比不得小于 1,并采用铸铁或铸钢制作。当采取自由落锤安装加速度传感器的方式实测锤击力时,重锤应整体铸造,且高径(宽)比应在 1.0～1.5 范围内。进行承载力检测时,锤的重量应大于预估单桩极限承载力的 1.0%～1.5%,混凝土桩的桩径大于 600 mm 或桩长大于 30 m 时取高值。桩的贯入度可采用精密水准仪等仪器测定。检测前的准备工作应符合下列规定:

(1)预制桩承载力的时间效应应通过复打确定。

(2)桩顶面应平整,桩顶高度应满足锤击装置的要求,桩锤重心应与桩顶对中,锤击装置架立时应垂直。

(3)对不能承受锤击的桩头应做加固处理,混凝土桩的桩头处理按《建筑基桩检测技术规范》(JGJ 106—2014)附录 B 执行。

(4)传感器的安装应符合本规范附录 F 的规定。

(5)桩头顶部应设置桩垫,桩垫可采用 10～30 mm 厚的木板或胶合板等材料。

高应变监测桩基的参数设定和计算应符合下列规定:

(1)采样时间间隔宜为 50～200 μs,信号采样点数不宜少于 1 024 点。

(2)传感器的设定值应按计量检定结果设定。

(3)自由落锤安装加速度传感器测力时,力的设定值由加速度传感器设定值与重锤质量的乘积确定。

（4）测点处的桩截面尺寸应按实际测量确定，波速、质量密度和弹性模量应按实际情况设定。

（5）测点以下桩长和截面积可采用设计文件或施工记录提供的数据作为设定值。

在用桩波动理论进行桩基高应变计算时，桩身材料质量密度取值见表 3.14。

表 3.14　桩身材料质量密度　　　　　　　　　　　　　　　　　　t/m³

钢桩	混凝土预制桩	离心管桩	混凝土灌注桩
7.85	2.45～2.50	2.55～2.60	2.40

桩身波速可结合本地经验或按同场地同类型已检桩的平均波速初步设定，现场检测完成后桩身波速可根据下行波波形起升沿的起点到上行波下降沿的起点之间的时差与已知桩长值确定，如图 3.16 所示；桩底反射信号不明显时，可根据桩长、混凝土波速的合理取值范围以及邻近桩的桩身波速值综合确定。

桩身材料弹性模量应按下式计算：

$$E = \rho \cdot c^2 \tag{3.108}$$

式中，E 为桩身材料弹性模量，kPa；c 为桩身应力波传播速度，m/s；ρ 为桩身材料质量密度，t/m³。

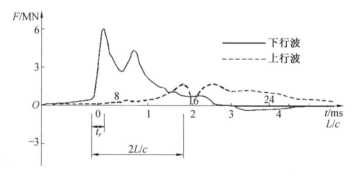

图 3.16　桩身波速的确定

高应变监测现场检测应符合下列要求：

（1）交流供电的测试系统应接地良好；检测时测试系统应处于正常状态。

（2）采用自由落锤为锤击设备时，应重锤低击，最大锤击落距不宜大于 2.5 m。

（3）试验目的为确定预制桩打桩过程中的桩身应力、沉桩设备匹配能力和选择桩长时，应按《建筑基桩检测技术规范》（JGJ 106—2014）附录 G 执行。

（4）检测时应及时检查采集数据的质量；每根受检桩记录的有效锤击信号应根据桩顶最大动位移、贯入度以及桩身最大拉、压应力和缺陷程度及其发展情况综合确定。

（5）发现测试波形紊乱，应分析原因；桩身有明显缺陷或缺陷程度加剧，应停止检测。

（6）承载力检测时宜实测桩的贯入度，单击贯入度宜在 2～6 mm 之间。

高应变监测测试检测数据分析与判定中，对于检测承载力时选取锤击信号，宜取锤击能量较大的击次，当出现下列情况之一时，锤击信号不得作为承载力分析计算的依据：

（1）传感器安装处混凝土开裂或出现严重塑性变形使力曲线最终未归零。

（2）严重锤击偏心，两侧力信号幅值相差超过 1 倍。

（3）触变效应的影响，预制桩在多次锤击下承载力下降。

（4）通道测试数据不全。

当测点处原设定波速随调整后的桩身波速改变时，桩身材料弹性模量和锤击力信号幅值的调整应符合下列规定：桩身材料弹性模量应重新计算；当采用应变式传感器测力时，应同时对原实测力值进行校正。高应变实测的力和速度信号第一峰起始比例失调时，不得进行比例调整。承载力分析计算前，应结合地质条件、设计参数，对实测波形特征进行定性检查：实测曲线特征反映出的桩承载性状，观察桩身缺陷程度和位置，连续锤击时缺陷的扩大或逐步闭合情况。以下四种情况应采用静载法进一步验证：

（1）桩身存在缺陷，无法判定桩的竖向承载力。

（2）桩身缺陷对水平承载力有影响。

（3）单击贯入度大，桩底同向反射强烈且反射峰较宽，侧阻力波、端阻力波反射弱，即波形表现出竖向承载性状明显与勘察报告中的地质条件不符合。

（4）嵌岩桩桩底同向反射强烈，且在时间 $2L/c$ 后无明显端阻力反射（也可采用钻芯法核验）。

采用凯司法判定桩承载力，应符合下列规定：

（1）只限于中、小直径桩。

（2）桩身材质、截面应基本均匀。

（3）阻尼系数 J_c 宜根据同条件下静载试验结果校核，或应在已取得相近条件下可靠对比资料后，采用实测曲线拟合法确定 J_c 值，拟合计算的桩数应不少于检测总桩数的 30%，且不少于 3 根。

（4）在同一场地、地质条件相近和桩型及其截面积相同情况下，J_c 值的极差不宜大于平均值的 30%。

凯司法判定单桩承载力可按下列公式计算：

$$R_c = \frac{1}{2}(1 - J_c) \cdot [F(t_1) + Z \cdot V(t_1)] + \frac{1}{2}(1 + J_c) \cdot$$

$$\left[F\left(t_1 + \frac{2L}{c}\right) - Z \cdot V\left(t_1 + \frac{2L}{c}\right) \right] \tag{3.109}$$

其中，$Z = \dfrac{E \cdot A}{c}$。

式中，R_c 为由凯司法判定的单桩竖向抗压承载力，kN；J_c 为凯司法阻尼系数；t_1 为速度第一峰对应的时刻，ms；$F(t_1)$ 为 t_1 时刻的锤击力，kN；$V(t_1)$ 为 t_1 时刻的质点运动速度，m/s；Z 为桩身截面力学阻抗，$kN \cdot s/m$；A 为桩身截面面积，m^2；L 为测点下桩长，m。

公式（3.109）适用于 $t_1 + 2L/c$ 时刻桩侧和桩端土阻力均已充分发挥的摩擦型桩。对于土阻力滞后于 $t_1 + 2L/c$ 时刻明显发挥或先于 $t_1 + 2L/c$ 时刻发挥并造成桩中上部强烈反弹这两种情况，宜分别采用以下两种方法对 R_c 值进行提高修正：适当将 t_1 延时，确定 R_c 的最大值；考虑卸载回弹部分土阻力对 R_c 值进行修正。采用实测曲线拟合法判定桩承载力，应符合下列规定：

（1）所采用的力学模型应明确合理，桩和土的力学模型应能分别反映桩和土的实际力学性状，模型参数的取值范围应能限定。

（2）拟合分析选用的参数应在岩土工程的合理范围内。

（3）曲线拟合时间段长度在 $t_1 + 2L/c$ 时刻后延续时间不应小于 20 ms；对于柴油锤打桩信

号,在 $t_1 + 2L/c$ 时刻后延续时间不应小于 30 ms。

(4) 各单元所选用土的最大弹性位移值不应超过相应桩单元的最大计算位移值。

(5) 拟合完成时,土阻力响应区段的计算曲线与实测曲线应吻合,其他区段的曲线应基本吻合。

(6) 贯入度的计算值应与实测值接近。

高应变监测时,对单桩承载力的统计和单桩竖向抗压承载力特征值的确定应符合下列规定:

(1) 参加统计的试桩结果,当其级差不超过 30% 时,取其平均值为单桩承载力统计值。

(2) 当级差超过 30% 时,应分析极差过大的原因,结合工程具体情况综合确定。必要时可增加试桩数量。

(3) 单位工程同一条件下的单桩竖向抗压承载力特征值 R_a 应按本方法得到的单桩承载力统计值的一半取值。

利用高应变监测数据分析桩的完整性采用实测曲线拟合法判定时,拟合时所选用的桩土参数应符合桩土单元波动计算假设的规定;根据桩的成桩工艺,拟合时可采用桩身阻抗拟合或桩身裂隙(包括混凝土预制桩的接桩缝隙)拟合。对于等截面桩,见表 3.15 并结合经验判定;桩身完整性系数 β 和桩身缺陷位置 x 应分别按下列公式计算:

$$\beta = \frac{[F(t_1) + Z \cdot V(t_1)] - 2R_x + [F(t_x) - Z \cdot V(t_x)]}{[F(t_1) + Z \cdot V(t_1)] - [F(t_x) - Z \cdot V(t_x)]} \tag{3.110}$$

$$x = c \cdot \frac{t_x - t_1}{2\,000} \tag{3.111}$$

式中,β 为桩身完整性系数;t_x 为缺陷反射峰对应的时刻,ms;x 为桩身缺陷至传感器安装点的距离,m;R_x 为缺陷以上部位土阻力的估计值,等于缺陷反射波起始点的力与速度乘以桩身截面力学阻抗之差值,取值方法如图 3.17 所示。

表 3.15　桩身完整性判定

类别	β 值	类别	β 值
I	$\beta = 1.0$	III	$0.6 \leqslant \beta < 0.8$
II	$0.8 \leqslant \beta < 1.0$	IV	$\beta < 0.6$

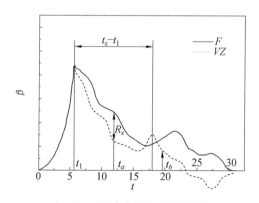

图 3.17　桩身完整性系数计算

在判断桩身完整性时,宜按工程地质条件和施工工艺,结合实测曲线拟合法或其他检测方法综合进行,当出现桩身有扩径的桩,桩身截面渐变或多变的混凝土灌注桩,力和速度曲线在峰值附近比例失调、桩身浅部有缺陷的桩,锤击力波上升缓慢、力与速度曲线比例失调的桩,测试结果不能作为判断依据,或者应该重新做检测,此时,在监测系统中应该判断该监测数据无效。

桩身最大锤击拉、压应力和桩锤实际传递给桩的能量按下面方法进行计算,其中桩身锤击应力监测应符合下列规定:

(1) 被监测桩的桩型、材质应与工程桩相同;施打机械的锤型、落距和垫层材料及状况应与工程桩施工时相同。

(2) 应包括桩身锤击拉应力和锤击压应力两部分。

为测得桩身锤击应力最大值,监测时桩身锤击拉应力宜在预计桩端进入软土层或桩端穿过硬土层进入软夹层时测试;桩身锤击压应力宜在桩端进入硬土层或桩周土阻力较大时测试。

最大桩身锤击拉应力可按下式计算:

$$\sigma_t = \frac{1}{2A}\left[Z \cdot V\left(t_1 + \frac{2L}{c}\right) - F\left(t_1 + \frac{2L}{c}\right) - Z \cdot V\left(t_1 + \frac{2L-2x}{c}\right) - F\left(t_1 + \frac{2L-2x}{c}\right)\right]$$

$$(3.112)$$

式中,σ_t 为最大桩身锤击拉应力,kPa;x 为传感器安装点至计算点的距离,m;A 为桩身截面面积,m^2。

最大桩身锤击压应力可按下式计算:

$$\sigma_p = \frac{F_{max}}{A}$$

$$(3.113)$$

式中,σ_p 为最大桩身锤击压应力,kPa;F_{max} 为实测的最大锤击力,kN。

桩锤实际传递给桩的能量应按下式计算:

$$E_n = \int_0^{t_e} F \cdot V \cdot dt$$

$$(3.114)$$

式中,E_n 为桩锤实际传递给桩的能量,kJ;t_e 为采样结束的时刻。

桩锤最大动能宜通过测定锤芯最大运动速度确定。桩锤传递比应按桩锤实际传递给桩的能量与桩锤额定能量的比值确定;桩锤效率应按实测的桩锤最大动能与桩锤的额定能量的比值确定。高应变检测报告应给出实测力与速度的实测信号曲线。检测报告除应包括常规内容外,还应包括:计算中实际采用的桩身波速值和 J_c 值;实测曲线拟合法所选用的各单元桩土模型参数、拟合曲线、模拟的静荷载一沉降曲线、土阻力沿桩身分布图;实测贯入度;试打桩和打桩监控所采用的桩锤型号、锤垫类型,以及监测得到的锤击数、桩侧和桩端静阻力、桩身锤击拉应力和压应力、桩身完整性以及能量传递比随入土深度的变化。

高应变检测时至少应对称安装冲击力和冲击响应(质点运动速度)测量传感器各两个(传感器安装如图 3.18 所示),冲击力和响应测量可采取以下方式:

(1)在桩顶下的桩侧表面分别对称安装加速度传感器和应变式力传感器,直接测量桩身测点处的响应和应变,并将应变换算成冲击力。传感器宜分别对称安装在距桩顶不小于 $2D$ 的桩侧表面处(D 为试桩的直径或边宽);对于大直径桩,传感器与桩顶之间的距离可适当减小,但不得小于 $1D$。安装面处的材质和截面尺寸应与原桩身相同,传感器不得安装在截面突变处

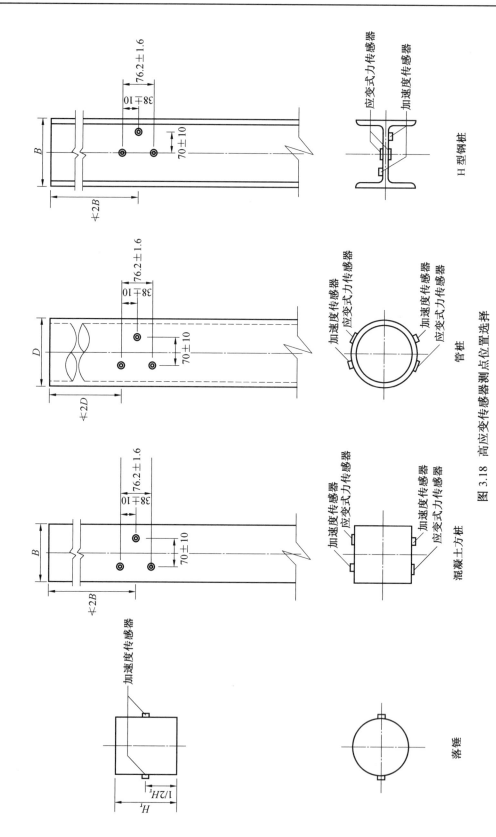

图 3.18 高应变传感器测点位置选择

附近。应变传感器与加速度传感器的中心应位于同一水平线上,同侧的应变传感器和加速度传感器间的水平距离不宜大于 100 mm。安装完毕后,传感器的中心轴应与桩中心轴保持平行。各传感器的安装面材质应均匀、密实、平整,并与桩轴线平行,否则应采用磨光机将其磨平。安装螺栓的钻孔应与桩侧表面垂直;安装完毕后的传感器应紧贴桩身表面,锤击时传感器不得产生滑动。安装应变式传感器时应对其初始应变值进行监视,安装后的传感器初始应变值应能保证锤击时的可测轴向变形余量:对于混凝土桩应大于 $\pm 1\,000\ \mu\varepsilon$;对于钢桩应大于 $\pm 1\,500\ \mu\varepsilon$,另外,当连续锤击监测时,应将传感器连接电缆有效固定。

(2)在桩顶下的桩侧表面对称安装加速传感器直接测量响应,在自由落锤锤体 $0.5H_r$ 处(H_r 为锤体高度)对称安装加速度传感器直接测量冲击力。对称安装在桩侧表面的加速度传感器距桩顶的距离不得小于 $0.4H_r$ 或 $1D$,并取两者中较大值。

第4章　深基坑监测

深基坑监测是现代深基坑工程的重要组成部分,是目前岩土工程监测中应用最多的土木工程之一。我国从20世纪80年代以来,随着国家经济建设的高速发展,各地尤其是海洋与沙漠地区的民用和军事超大型地下空间工程、国家"八纵八横""一带一路"国际快速通道、中国乡村经济发展等所需的各种大规模的地下结构工程,其中大型地下战略空间工程、新型城市地下人防工程、大型地下综合体、大型地下停车场、大型市政工程、大型地下变电站、大型地下空间交通枢纽、大型地下核电站和大型地下给排水以及大型地下管廊系统等基础施工,都亟待解决深基坑工程遇到的各种科学问题。这些深基坑岩土工程具有如下一些共同特点:

(1)基坑工程规模越来越大,主楼与裙楼连成互通整体,城市综合体一体化开发,使得面积突破 50 000 m² 的基坑越来越多。典型工程有上海中心,该建筑基坑开挖面积超过2万平方米,深度超过 30 m;上海虹桥交通枢纽中心,基坑开挖面积超过10万平方米,最深基坑超过 35 m;上海新兴金融中心开挖深度为 22.4 m;国家大剧院基坑工程最大开挖深度为 32.5 m;广州地铁珠海广场站,开挖深度为 27 m;上海世博 500 kV 地下变电站,开挖深度为 33.7 m;上海外环隧道浦西工程基坑深度为 34 m;中国尊基坑最深为 40 m;润扬长江大桥南汉北锚碇深基坑开挖深度为 50 m。

(2)城市基坑开挖场地紧张,有些地方紧贴红线,特别是我国庞大老旧建筑功能提升和改造工程,深基坑开挖将面临非常困难的施工技术保护难题。

(3)基坑周围环境复杂敏感,邻近大量地下埋设物和地下构筑物。典型工程有上海兴业大厦,周边紧邻八栋上海市优秀近代保护建筑且周边有年代久远的地下管线;上海新世界商城,横跨地铁一号线上下行区间隧道;上海新金桥广场基坑底部 4 m 处藏有正在运营的地铁一号线区间隧道;上海太平洋广场二期基坑距地铁一号线隧道外边线仅有 3.8 m;上海越洋广场基坑紧贴运营中的地铁二号线静安寺车站结构外墙,开挖过程中将地铁车站地下剪力墙的多个部位的多个地段进行了暴露;哈尔滨第四人民医院医技楼基坑深度为 20 m,基坑四周紧邻国家一级保护建筑、原有住院部、哈尔滨火车站和没有搬迁的年代久远的超期服役 6 层砖混结构。以上施工环境非常敏感,要保证施工绿色和干扰达到最小,需要强大的信息化基坑技术进行支撑。

由于基坑工程功能要求日益复杂、支护种类繁多、各种施工工艺联合使用,如何保证基坑施工过程的安全、完成基坑工程各项功能,对现代基坑设计理论提出了新的要求和诸多挑战,并已成为现代岩土工程集成施工技术体系中的关键。深基坑工程涉及结构力学、土力学、基础工程、工程水文地质、工程机械等多学科,是一项综合性很强的工程,同时影响基坑工程不确定性因素很多。因此基坑工程又是一项风险性很大的工程,稍有不慎极有可能带来巨大的工程风险,并导致重大经济损失和严重的社会问题。截至目前,我国发生的深基坑工程事故占工程事故率约 30%,对于软土地区的基坑工程,事故率更高,接近 40%,直逼我国建筑施工事故率最高的脚手架等临时结构工程事故率。数据表明,我国基坑工程面临较为严峻的形势,特别是在今后的老旧建筑改造期,这种技术理论和集成创新的岩土工程方法将越来越重要,尤其是如何有效设计和保证深基坑的支护体系和稳定体系的安全性。

深基坑监测技术就是在上述背景下于最近 10 年中得到迅速发展的一门综合性学科。由于深基坑监测信息技术的发展,使得深基坑设计、施工、监理和运营真正实现了动态交换和管理的目的,特别是基于监测技术的深基坑信息化施工技术的运用,不仅大大降低了深基坑施工的风险和事故率,而且也降低了施工成本,并在施工过程中对新型岩土设计理论和施工工艺进行了验证,推动了岩体深基坑现代设计理论和技术的发展。也正是由于深基坑监测技术的优点,使得这门以岩土结构力学为基础,充分应用信息学和传感器技术的综合交叉学科得到了迅速发展,并不断得到开拓创新。本章将根据我国深基坑监测的规范,全面阐述深基坑设计的整个过程,下面就深基坑监测的关键技术进行简要阐述。

4.1　深基坑支护及破坏机理

随着大型工程特别是大型地下工程的迅猛发展,深基坑工程的支护与监测技术越来越受到世界各国岩土界的高度关注。

截至目前,国外实施的典型地下工程有:世界上最大地下街"日本东京八重洲地下街",共三层建筑 7 万平方米;最深地下街"莫斯科切尔坦沃住宅小区地下商业街",深达 70～100 m;最大地下娱乐中心"芬兰 Varissu 市地下娱乐中心",最多可容纳 1.1 万人;最大地下体育中心"挪威奥斯陆市 A 区地下体育中心",可容纳 7 500 人;最高的地下综合体"德国慕尼黑卡尔斯广场综合体",该工程共分六层,一层为人行道和商业区,二层为仓库和地铁站厅,三层、四层为停车场,五层、六层为地铁站台和铁道。如何保障这些复杂深基坑工程的安全性,已经成为世界领域内的研究热点。

随着我国地下工程需求的不断扩大,近几年来,国内深基坑工程发展迅速,具有代表性的工程有:高 420.5 m 世界第三的 88 层上海金茂大厦地下工程、高 468 m 的上海东方明珠电视塔地下工程、80 层总高 384 m 的深圳地王大厦地下工程以及上海浦东国际机场、上海磁悬浮列车线站工程地下结构、北京中国尊、上海中心大厦、深圳平安国际金融中心、美国世贸中心(新)、广州周大福金融中心、上海环球金融中心等超高层建筑。除此以外,长江上各类特大型桥梁 50 余座,以及各个城市中的地铁、轻轨、过江隧道等地下建筑发展很快,典型的是润扬长江公路大桥,该桥是当前国内第一大、亚洲第二大的悬索桥,该桥基坑是我国最大的深基坑,采用桩锚支护形式和排桩冻结法施工方案。另外一些较复杂的基坑工程如国家大剧院、2008 年奥运工程、北京中央电视台综合大楼等地下工程都离不开基坑监测技术的支持,这些大型复杂结构地下工程的建设,既是对地下支护结构技术与理论的巨大挑战,也是发展基坑信息技术的重要机会。

现代大型工程深基坑具有的共同特点是:开挖深度大;基坑形式复杂,开挖与支护难度大。例如,上海金茂大厦,基坑深度为 15～20 m;北京京城大厦基坑深度达 23.76 m;上海某基坑工程,基坑平面尺寸达 275 m×182 m,最深处达 30 m;江苏润扬长江大桥锚锭基础基坑平面尺寸为 69 m×51 m,平均开挖深度 48 m;武汉阳逻长江大桥南锚锭深基坑工程采用圆形地下连续墙支护,锚杆张拉,开挖面直径为 73 m,墙深超过 61 m,基坑深度达 51 m。这些规模巨大的基坑工程对支护技术的要求非常高。

伴随基坑工程数量的增加和基坑开挖深度的增加,基坑施工难度也急剧增加,由于技术相对滞后,基坑施工事故时有发生,造成国家巨大的经济损失和恶劣的社会影响。2004年12月10日,大连市宏孚旺苑基坑工程发生塌方,城市煤气中压 DN250 铸铁管线断裂,引起煤气泄漏并发生火灾,导致朝阳街路段交通封闭,引发一定社会恐慌;2005年7月21日,广州海珠城广场工地基坑坍塌,相邻包括海员宾馆在内的4幢建筑坍塌,并引发火灾,导致5人被埋,2人死亡,同时邻近坍塌现场的地铁二号线段也被迫停运近48 h;2005年7月26日到8月3日短短9天内,汉口"新华时代"、武昌"龙潭空中花园"先后发生基坑塌方,造成严重的社会影响;2006年1月4日,黑龙江省哈尔滨市某勘察设计院经济适用住房工程发生一起基坑土方坍塌事故,在抢救中再次发生基坑塌方,致使3人死亡、3人轻伤,造成重大影响;2007年4月10日,四川甘孜雅江两河口水电站挡土墙边坡失稳,导致7名工作人员当场死亡,酿成重大工程事故;2008年11月15日下午3时15分,正在施工的杭州地铁湘湖站北2基坑现场发生大面积坍塌事故,致使21人死亡,24人受伤,直接经济损失4 961万元,在国内外造成了极其恶劣的影响;2009年4月14日江苏化工科技园消防泵基坑工程因大雨导致基坑滑坡,致使在坑底进行降水作业的工人被基坑飞出的降水钢管击中,其中一人腰部断裂;2010年5月,深圳地铁5号线太安站基坑施工引起居民楼裂缝,导致居民出现恐慌,小区陷入混乱;2011年3月31日,宜巴高速公路24标王家湾大桥96号抗滑桩因古滑坡体移动垮塌,引起桩孔挤压变形,导致孔内钢筋笼作业3名工人当场死亡,造成重大事故;2012年12月16日,云梦县楚王城商业广场9号楼工地发生一起基坑突然塌方,致3人死亡的较大生产安全事故;2013年8月,广东省湛江市在建深基坑发生管涌坍塌,大量水、流砂涌入旁通道,引起周边地区地面沉降,造成五幢建筑物倾斜,防汛墙出现裂缝、沉降甚至塌陷,附近地面也出现不同程度的裂缝、沉降,并发生了防汛墙围堰管涌等险情的重大事故;2014年12月29日,清华大学附属中学体育馆基坑底板钢筋笼倒塌,造成10人死亡、4人重伤的重大事故;2015年7月26日,佛山禅城区季华五路万科广场基坑工地一侧因基坑失稳倒塌辅道出现塌陷(塌陷长度约65 m,宽约15 m),事故虽没有造成人员伤亡,但造成较大经济损失,引起社会广泛关注;2016年8月7日,河北省石家庄市西柏坡电厂废热利用入市项目穿越石太高速(田家庄互通)施工工程发生基坑坍塌事故,造成3名施工人员死亡;2017年5月11日,深圳市城市轨道交通工程3号线三期(南延)工程3131标段发生基坑内土方滑坡事故,造成3人死亡。

上述基坑案例是10余年来具有代表性的基坑重大事故,根据住房和城乡建设部提供的信息,统计后显示:在2005年前建筑事故中50%多是基坑事故,从2005年开始,基坑事故逐年下滑,2016~2017年基坑事故占总事故的20%~30%,这个比例仍然远远高于国外,如何降低或者避免基坑事故,是我们面对的重要课题。

纵观这些基坑事故的发生原因,很大一部分缘于设计和施工没有按照规范进行所致。对已发生的基坑事故所形成原因进行了详细统计,其事故特征的统计资料如图4.1所示,其中基坑事故中由于设计和施工导致的占了80%以上。

如何从技术手段上根本性降低深基坑事故,越来越受到人们的关注。近几年来,采用先进的监测技术和理论,实施基坑全过程监测,以信息化反馈指导施工,成为深基坑安全研究的重要内容之一,由此信息监测越来越彰显了其在深基坑施工中的重要性。

一般而言,基坑支护结构的监测是指在岩土开挖施工及建成运行过程中,用科学仪器、设备和手段对支护结构、周边环境,如土体、建筑物、道路、地下设施等的位移、倾斜、沉降、应力、开裂、基底隆起以及地下水位的动态变化、土层孔隙水压力变化等进行综合监测,并根据监测

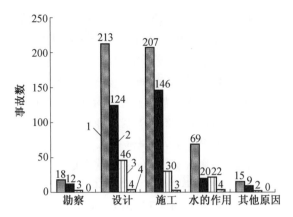

图 4.1　基坑事故调查统计

1—基坑土体大量沉陷失稳形成事故；2—基坑支护失效土体大量垮塌形成较

大事故；3—基坑倒塌造成重大事故；4—基坑与邻近建筑倒塌造成恶性事故

的岩土和渗流变位等各种力学行为表现，及时推演捕捉大量的岩土信息，利用单一或多传感器形成的数据链或者大数据，再利用模型从数据（大数据）中挖掘、提取、识别基坑中的特征信息，反馈并指导基坑的施工，完成施工的动态化、信息化和智能化，从而保障基坑的安全和施工的科学性。

由于深基坑开挖过程中边坡稳定存在很多潜在危险和脆性破坏所带来的突然性，地下土体受各种水文、地质、暴雨、施工工艺等复杂条件的影响，很难单纯从理论上预估将要出现的问题。因此，对基坑工程中支护结构进行监测就成了基坑施工中保障安全的重要一环。

深基坑支护的关键是有效获取基坑系统变形的准确信息。如何有效捕捉支护结构以及基坑土体的变形数据，成为设计安全监测方案的前提，而获取这一前提的核心，是掌握土体的变形规律，建立土体有效的计算分析模型。据此，基坑空间体系的建模，是基坑工程监测研究需要突破的基础性关键科学问题。

4.2　国内外深基坑支护建模研究现状

4.2.1　国外深基坑支护有限单元法研究现状

自 1969 年 Clough 和 Duncan 将有限元方法引入基坑工程研究领域以来，有限元法在基坑工程中得到了大量的研究，获得并建立了许多具有开创性的基坑土体计算分析模型，Duncan 和 Chang(1970)用有限元方法分析了基坑开挖对周围土体应力和应变的影响，提出了经典土体本构模型，Duncan－Chang 模型。Clough 和 Rourke(1990)把经验公式计算结果和有限元计算结果进行了对比，结合工程实例，用经验公式对有限元结果进行了修正。Simpson 和 Whittle 于 1993 年第一次在基坑有限元模型中考虑了土体和地下水的耦合作用，得到了更为准确的计算结果。1998 年 Hsieh 和 Ou 总结了近 30 年的工程数据，提出了计算基坑周围地表最大沉降值的公式，该公式得到了广泛的工程检验，具有很好的可适性，并写入了美国岩土规范。2003 年 Kung 通过开挖地区的工程实例，用有限元方法，结合平面应变小变形理论分析了基坑开挖地表沉降的建模问题，得出了基坑开挖对周围地表影响的范围，计算了影响半径，在此基础之上 Kung、Hsein 和 Hsiao(2006,2008,2013)提出了计算基坑开挖周围任意一点的地表沉降值,并绘出了基坑开挖沉降曲线。2004 年 Clemson 大学的 Kuklik 和 Sejnoha 教授通过经验公式和有限元数值模拟,对基坑开挖影响的深度进行了分析,研究了土体参数和基坑开挖影响深度的关系,并延续了 11 年的后续研究。在此基础上,Kuklik 分别在 2006 年和2016 年提出和验证了用有限元方法来估算基坑开挖在竖直方向的影响深度可用性条件,最后得出基坑坑底受基坑开挖影响的深度位于 2.5 倍基坑开挖深度范围内的统计结论及其使用条件。Shen 和 Xu(2006,2014)结合工程实例,在只降水未开挖的情况下,观察周围地表的沉降,采集了 260 天的数据,建立了三维有限元模型,分析了软土地区地下降水对基坑周围地表沉降的影响,对比分析了计算结果与实测结果之间的差异。Cunha、Medeiros 和 Silva(2006,2010,2016)结合巴西中部地区的一个桩锚深基坑工程,用 Geofine 有限元软件建立有限元模型模拟深基坑开挖过程,提出了 FES(Free Earth Support)桩锚支护数值计算模型,用数值模型结果和实测结果进行了对比,证明了这种方法的可行性。Chen、Azzam 和 Zhang(2006)结合某地铁站深基坑工程,建立三维有限元模型,分析了土体和支护结构的位移发展规律,并将计算结果运用到了基坑工程的监测中,指导监测方案的设计。

国外深基坑研究现状趋势表明:深基坑监测是其安全的重要保证,正确的基坑模型是获取基坑变形规律的重要理论依据,只有掌握了基坑体系的本构规律,才能准确得到基坑安全监测的信息。

4.2.2　国内深基坑支护计算研究现状

20 世纪 70 年代初期,基坑有限元建模计算在我国逐渐展开研究。经过数十年发展,基坑建模技术和理论得到了很大的提高。近十年来,随着我国建设工程的迅猛发展,新型复杂基础工程基坑本构计算方法不断出现,推动了我国基坑工程土体计算领域的快速发展。桩锚支护结构有限单元方法得到快速发展,将桩锚支护用逐步逼近的方法求出一个最合理的入土深度,采用自上而下的分层算法,在后续锚杆的计算中,前层锚杆的锚固力保持不变,采用固定端法时,用等值梁法的公式计算,对传统的基坑工程弹性地基梁基础算法进行了改善,建立了考虑结构变形与土体相互作用的共同变形法计算模型及分析程序。大量工程计算与实践测试结果表明,运用共同变形理论,可借鉴通用弹性地基梁法的地基反力系数,揭示土体水平地基反力系数对计算结果的影响。随着弹性抗力有限元方法在深基坑支护设计中应用的逐年增加,与传统静力平衡法相比其优越性明显,能够快速揭示出不同开挖阶段的桩顶位移、桩身弯矩随深度的变化、模拟开挖过程、最大限度地协调支护结构与土体的变形关系,并能确定出最小的桩身弯矩设计值及各层锚杆的锚固力。另外,对于多支点支护、围护结构内力、复杂土层桩锚支护结构相互作用、桩土间摩擦力、桩锚支护体系平面与空间分析模型、对应桩锚支护体系二维平面应变简化有限元程序、实时模拟计算桩内力和变形,揭示桩体内力和变形性状等功能上也具有非常好的模拟和计算能力,上述研究成果与室内试验实测结果对比表明,理论有限元计算值的稳定性随着模型选择的改善而逐步提高。随着对接触面摩擦力模拟的进一步精细,土体开裂和错动滑移的数值模拟单元"接触面单元"也得到了快速发展,研究成果对预应力锚杆和围护桩与土体间的相互作用进行模拟,揭示出了预应力锚索施工过程的力学变化过程,通过对基坑预应力桩锚支护方案进行全过程动态追踪,对基坑施工过程地表位移、邻近建筑物基底沉降、围护桩位移、受力和预应力锚索轴力等信息都可以实时得到更为准确的过程信息。研究成果应用于地铁中间站逆作法施工开挖过程的数值模拟,通过计算不同开挖阶段围护桩的侧向水平位移、桩后土体的地表沉降、支撑体系的轴力及围护桩的应力,并按一级安全等级对上述变形、强度进行分析,有力地提高了地下大型工程开挖风险的管控能力。基于基坑内力计算模型分析与数据采集的基坑变形与安全管控,将是今后基坑智能设计和全寿命维护的本质和主要内容。

随着对支护桩位移和桩后土体沉降信息要求的提高,基坑三维数值分析研究与应用逐渐进入工程实践之中,一系列三维计算方法得到应用。用数值三维有限元模型,分析锚固基坑斜墙和直墙在开挖后的水平位移特征和垂直位移特征,以及其他需要在空间展示桩土之间相互作用的场合,结合深基坑开挖过程真三轴卸载与加载试验的已有成果,利用三维计算模型分析无支撑深基坑开挖工程得到越来越多的重视。这种过程能够揭示更多的有关土体卸载与加载参数对土体的动力影响,所得的基坑水平位移、作用在深基坑挡土墙上的土压力、周围地表沉降以及坑底隆起的发展规律与特征更能反映深层土体的动力效应,为深基坑支护结构设计、土体参数选择提供更有价值的建议。随着信息和图像技术的快速发展,"基于无接触图像采集数据深度分析方法的深基坑支护智能系统"观念也在逐年提升,基础研究与最新的信息技术应用研究相结合步伐更快,叠加有快速并行计算的有限元分析技术在基坑系统中的设计前后处理中优势更加明显,可以设想,在大型并行机小型化后或者量子计算机实用化后,复杂基坑细分有限元建模中关于对称假设的不合理性将得到更进一步的数值改善。基于高维度数值三维计算及深度分析软件的大规模应用,已势在必行,尤其在大型基础设施工程中,更是如此。润扬长江大桥北锚锭桩锚支护深基坑工程,采用离散裂隙网格渗流的三维结构模型与连续介质流模型的结合,对北锚锭场区的地下水渗流进行了各种工况的数值模拟,为基坑的防渗和排水提供了主要计算参考依据。当然简约的有限差分法也在新的有限元计算中具有不可低估的重要作用,如成都天府广场第一台阶喷锚支护的数值模拟及分析研究,尤其是在重大工程风险设计前的初步阶段,由于计算效率高,性价比好,仍然具有十分重要的作用。另外对地表沉降及基坑位移的预分析,以及深基坑周围地表及基坑支护变形分布规律的认识,为基坑工程优化设计和施工,都能提供有重要价值的指导和优化方案。

随着"一带一路"、可再生能源和核能处理工程对基础设施需求的不断提高,重大基础工程在沿途环境场地空间三维上的计算与预测要求占比越来越高,深基坑复杂程度也逐渐加深,如何保护深基坑施工安全,提高基坑综合的工程与社会效率,显得尤为突出。除了基坑有限元计算,获得稳定的基坑应力应变模型在深基坑行为预测、安全管控上具有十分重要的作用,基坑建模分析也从仅服务于支护设计逐渐向设计与监测并重方向发展。总体说来,基坑空间可靠体系模型是基坑监测方案合理建立的关键。

4.3　主要深基坑支护分类及基坑监测信息

现在支护技术经过数十年的发展,形成了多种支护形式,新的支护技术和形式也在不断发展,难以用统一的标准或名称对所有支护结构进行准确划分,以下从几个方面对支护结构进行简单分类。

根据支护结构的受力特点来分,主要有:重力式挡土墙结构、墙板式支护结构(包括地下连续墙、板桩及桩板)、排桩式支护结构、锚杆支护结构、土钉支护结构、喷锚支护结构以及预应力支护结构。

根据减小基坑侧移变形的方法,可将支护结构分为撑式支护和锚式支护两种。撑式支护是在坑内设置一道或几道钢管或钢筋混凝土支撑,以达到增强支护结构整体刚度和稳定性的目的;锚式支护则采用一道或几道锚杆或锚索的拉结来增强支护体系的稳定性,减小支护结构的变形。

按被支护土体的作用机理,可将支护分为被动支护(亦称外部支护、支挡式支护)和主动支护(亦称内部支护、加固型支护)两种。前面所述的重力式挡土结构、墙板式支护结构、排桩式支护和预应力支护结构属于外部支护,被支护土体被视为作用于挡土结构的主要荷载;锚杆支护、土钉支护及喷锚支护等属于内部支护,被支护土体既是荷载也是承载结构的一部分。

通常,土钉支护、喷锚支护、重力式挡墙等多用于土质较好、开挖深度不超过 6 m 的基坑;桩排支护、板桩支护、地下连续墙支护等多用于土质较差、开挖深度超过 6 m 的深基坑。随着我国建筑业的发展,超深、超大、工程地质条件复杂的基坑越来越多,设计和施工难度大大增加,给从事基坑支护技术研究的岩土工程师带来了巨大挑战和机遇。复杂基坑都不是仅仅采用一种支护,都是以一种为主,根据实际情况,合理采用几种不同的混合支护方法。接下来先介绍几种常用的基坑支护的研究现状。

4.3.1　基坑桩锚支护的研究现状

桩锚支护结构是基坑工程的支护措施之一,它是在抗滑桩和锚索应用的基础上发展起来的。其基本概念是借助于锚索所提供的锚固力和抗滑桩所提供的阻滑力,并由二者组成的桩锚支挡体系共同阻挡基坑边坡的下滑。桩锚支护在当前工程中使用日益广泛。

现分别对抗滑桩和锚杆支护的研究现状做介绍,结合抗滑桩和锚杆支护的研究现状,从源头上了解桩锚支护的现状。

1. 抗滑桩研究现状

该技术始于 19 世纪 30 年代初,美国、苏联、日本、英国、德国、意大利、波兰、捷克等国使用较早。1964 年,英国铁路边坡滑坡造成山体与挡土墙一起滑动,采用抗滑桩加固后,获得了很好的稳定效果。1967 年,美国旧金山在铁路隧道上部开挖公路,导致山体滑动,随后在隧道两侧设 60 根钢筋混凝土钻孔灌注桩,桩顶两两对应,用横撑连接,组成 30 对排架抗滑桩,稳定了山体。比利时某铁路基坑工程为极度破碎的片岩,1968 年由于路基加宽、扩建施工造成牵引式滑坡,后来采用两排抗滑桩整治,并在与滑坡比邻的隧道进口两侧也修建了 50 根抗滑桩,稳定了滑坡。

抗滑桩在国内铁路部门应用最早。20 世纪 50 年代,修建宝成铁路治理滑坡所用的桩即与现在的挖孔、灌注抗滑桩性质一样,系钢筋混凝土桩,但主要用于整治少数岩石顺层滑坡。1954 年宝成线史家坝 4 号隧道北口左侧灰岩边坡产生顺层坍塌,采用混凝土桩治理。对抗滑桩的应用与发展影响较大的是修建成昆铁路,1967 年始相继在成昆线沙北、拉普、嘎立、甘洛 2 号等滑坡采用大截面挖孔抗滑桩治理,首次成功实现了挖孔抗滑桩新型支挡结构,第一次使用了挖孔灌注桩,为滑坡整治增添了一种切实可行的新手段,现已大量推广到其他新线及厂矿的抗滑挡土,并不断完善创新,由一般抗滑桩排发展为椅式桩墙(1975 年枝柳线施溶溪滑坡,铁四院),门型钢架排桩(1976 年枝柳线罗依溪滑坡,铁四院),排架式抗滑桩排(1979 年成昆线玉田滑坡,成都铁路局),H 型排架抗滑桩(1983 年川黔 K180 路堤滑坡,成都铁路局)。这一时期对抗滑桩研究起推动作用的学者有潘家铮、徐邦栋、王恭先等。

2. 锚杆支护结构的现状

锚固技术最早产生于矿山巷道支护,早在 1890 年,北威尔士的煤矿加固工程,最先出现用钢筋加固岩层。1911 年美国 Aberschlesi 的 Friedens 煤矿首先应用了岩石锚杆支护巷道顶板,1918 年美国西利西安矿的开采首次采用了锚索支护,以后锚固技术的应用范围开始扩大。1934 年阿尔及利亚 Cheurfas 大坝的加高工程首次采用了 10 000 kN 级预应力锚杆作为抗倾覆锚固,这是世界上第一例采用预应力锚杆加固坝体,并获得成功。在以后的时间里,先后有印度的坦沙坝、南非的斯登布拉斯坝、英国的亚格尔坝和奥地利的斯布列希坝也同样采用了预应力锚杆加固。

20 世纪 50 年代到 70 年代是锚固技术应用领域迅速扩展的时期,1957 年前德国 Bauer 公司采用土层锚杆;60 年代,捷克斯洛伐克的 Lipn 电站主厂房、德国的 Waldesk Ⅱ 地下电站主厂房等大型地下洞室采用了高预应力长锚索和低预应力短锚杆相结合的围岩加固方式;70 年代,英国在普莱姆斯(Primus)的核潜艇综合基地船坞的改建中,广泛采用地锚以抵抗地下水的浮力;纽约世界贸易中心深开挖工程也采用了锚固技术。

20 世纪 80 年代到 90 年代,岩土锚固技术在理论研究、技术创新和工程应用方面取得了飞速的发展。英国、日本等国研究开发了一种新型锚固技术——单孔复合锚固,改善了锚杆的传力机制,大幅度地提高了锚杆承载力和耐久性。

我国岩石锚杆起始于 20 世纪 50 年代后期,当时有京西矿务局安滩煤矿、河北龙烟铁矿、湖南湘潭锰矿等单位使用楔缝式锚杆支护矿山巷道。进入 60 年代,我国开始在矿山巷道、铁路隧道及边坡整治工程中大量应用普通砂浆锚杆与喷射混凝土支护。1964 年,梅山水库的坝基加固采用了预应力锚索。70 年代开始在深基坑支护工程中应用了土层锚杆,先后有北京国际信托大厦、王府井宾馆、京城大厦、上海太平洋饭店、上海展览中心、沈阳中山大厦等基坑工程采用了土层锚杆支护。在全国煤矿中,1996 年锚杆支护率已达 29.1%。近几年来,我国岩土锚固工程的发展尤为迅速,小浪底水利枢纽工程主厂房宽为 26.2 m,最大高度为 61.44 m,其拱顶采用设计拉力值为 1 500 kN,长为 25 m、间距为 4.5～6.0 m 的预应力锚杆与长为 6～8 m、间距为 3.0 m 的系统张拉锚杆加固顶板岩层。举世瞩目的三峡水利枢纽工程,在长 1 607 m 的船闸边坡上,采用了 4 000 余根长为 21～61 m、设计承载能力为 3 000 kN(部分为 1 000 kN)的预应力锚索和近 10 万根长为 8～14 m 的高强锚杆做系统加固和局部加固。

3. 桩锚支护结构现状

20 世纪 80 年代后期出现和发展了一种新型抗滑结构——预应力锚杆排桩结构,该结构通常利用钻孔灌注或支模浇筑成桩,在桩上设置一排或多排锚杆,并对锚杆施加预拉力,将桩通过锚杆锚固在稳定的基岩中,以达到阻止基坑边坡滑动的目的。该结构体系是一种新型有效的基坑工程支护结构,与传统的基坑工程支护结构相比,该结构支护机理发生了较大变化,不仅具有主动、柔性支护的特点,而且具有施工方面机械化程度高、劳动强度低、总工程量较小的优点。因此,这种支护施工进度快,同时这种新型抗滑结构开挖工程量小,对滑坡扰动小,这对施工过程中的安全保障有较大提高。预应力桩锚支护结构,自 1983 年在重庆金鸡岩试用桩长为 7 m 的预应力锚和桩治理滑坡工程以来,已成功地应用在长江三峡二级船闸边坡治理、长江润扬大桥北锚锭板深基坑支护等重要工程中,其附土、固土能力表现良好,发展态势好。

桩锚支护结构有着很多独特的优点,与排桩支护、重力式支护相比,其支护深度较大,可以支护超过 20 m 以上的深基坑。与地下连续墙支护相比,有工程造价低的优势;与支撑支护相比,有工作面大、不占用工作场地的优势;另外桩锚支护结构能适用于各种土层。因此,桩锚支护结构在国内的基坑工程中得到了广泛的应用。

实际的桩锚支护结构经常产生以下几种破坏模式:①坡体整体失稳,包括喷锚支护结构的整体失稳,其滑动面通过坡脚或坡脚以下;②土体整体滑移,支护结构整体失稳,滑动面通过支护结构底部以下土层;③土体有整体滑移趋势,被动区变形过大,造成坑内设施移位或破坏;④土体有整体滑移趋势,被动区变形引起内支撑附加弯矩和变形,造成内支撑失稳,使基坑破坏,常见于支护结构未嵌入好土、坑内又设置有支撑的情况;⑤嵌固深度不足,被动抗力小,主动区变形过大,常见于悬臂支护状态;⑥坑底隆起;⑦支挡结构承载能力达到极限状态,引起自身破坏,见于设置多层撑锚或支护结构嵌入好土的撑锚结构或悬臂桩;⑧坑底管涌,造成支护结构及坑内外设施破坏。

桩锚支护结构出现以上破坏的原因主要有三点,现将详细阐述。

(1)在力学原理上的研究还不是很成熟,首先是土压力问题,Rankine(1857)和 Coulumb(1773)土压力理论由于使用简单仍广泛应用,但是古典土压力理论仅考虑三种极限状态下的土压力,即主动、被动和静止土压力,而且完全基于弹性、平面滑裂面等假设,因此,计算土压力与实际上有一定的偏差;其次是土体本构模型问题,目前土体本构模型已经有一百多种,但是能完全反映土体本构,得到广泛认可的模型还没有,事实上不可能有一种模型可以考虑所有影响因素,也不可能有一种模型能够适用于所有土体的类型和加载情况,重要的是选择一个合适的模型,因此,计算中由于模型差异造成很大误差;再次是水土共同作用机理,地下水对基坑支护结构的影响是多方面的,如何计算水对结构的影响尚无定论。"水土分算"基于有效应力原理,理论上是完备的,但计算结果与实测值间存在较大差异,且计算指标不好获取,虽然"水土合算"的计算结果更接近于实测值,但存在明显的理论缺陷。

(2)在设计过程中也存在着许多认识上的不足,基坑桩锚支护设计主要基于安全系数的抗承载能力极限平衡方法,没有进行变形校核,极限平衡理论是一种静态设计方法。但实际上深基坑开挖是一个动态平衡过程,也是一个松弛过程,土体强度逐渐下降;极限平衡理论在设计中忽略了土体的空间与失效所带来的影响。所以造成在设计方法上存在一些缺点:①不能计算桩身位移;②支护结构内力计算基于桩底为固定支座,因此计算结果与实际差距较大;③没有考虑土体塑性变形和周围土体地表沉降,因此无法预测对周围建筑和地下管线的影响;④锚杆内力计算没有考虑锚杆的滑移,按完全锚固计算,因此锚杆轴力计算不准确。

(3)岩土工程中本来就存在许多不确定性因素,这些因素包括:①外力不确定性。作用在支护结构上的外力不是一成不变的,而是随着环境条件、施工方法和施工步骤等因素的变化而改变;②变形不确定性。变形控制是支护结构设计的关键,但影响变形的因素很多,围护结构刚度、支撑或锚杆体系的布置和构件的截面特性、地基土的性质、地下水的变化、潜蚀能和管涌以及施工质量和现场管理水平等,均为支护结构变形的诱因;③土性不确定性。地基土非均质性和地基土特性并非常量,在基坑不同部位、不同施工阶段土性变化明显,地基土对支护结构的作用或提供的抗力也随之变化;④偶然因素变化所引起不确定性。施工场地内土压力分布的意外变化,事先没有掌握地下障碍物或地下管线的赋存规律以及周围环境的改变等,这些事前未曾预料的因素均会影响基坑的正常施工和使用。

4.3.2　深基坑监测信息及研究现状

基于以上理论和实际施工的困难,深基坑工程充满了风险,为了确保复杂荷载环境深基坑安全准确施工,采用先进监测理论和技术,对支护系统进行全面监测,显得极为重要。由于深基坑本身的复杂性,其可靠、高效的监测技术还处于探索发展之中,如何确定有效的监测方法以及处理监测数据还没有统一的理论可供使用。

1. 深基坑监测的主要信息

目前我国深基坑监测的主要信息大致如下:

(1)基坑水平位移。

随着开挖深度和施工工况的改变,基坑水平位移呈明显的阶梯状增长趋势,符合一般深基坑变形规律:随着基坑开挖深度增加,变形值不断增大,在开挖过程中,变形速率大,之后在基坑土方开挖期间,各测点水平位移逐渐增大,最后在后期施工阶段,水平位移趋于稳定。

(2)深层水平位移。

基坑开挖和锚杆张拉是影响桩身深层水平位移变化的主要因素。在锚杆张拉锁定前,桩体深层水平位移曲线呈现悬臂受力状态,桩顶位移最大,桩底位移最小。锚杆张拉锁定后,在预加荷载作用下,桩体产生反方向位移(基坑外侧)。反向位移量的大小与预加荷载的大小和锚杆距桩顶的距离远近有关,在同样锚杆预加力情况下,距桩顶距离越小,反向位移越大。

(3)桩身内力。

桩身内力变化主要受基坑开挖和锚杆张拉两个因素影响。在没有锚杆支护阶段,桩处于悬臂受力状态,桩身两侧的钢筋拉、压应力都随着开挖深度的增加而增大,特别是桩身中部钢筋应力测点增长更为显著。锚杆的张拉锁定改变了桩的受力状态,锚拉作用相当于对护坡桩增加了弹性支撑。随着开挖的进行,在支点和开挖面之间的钢筋受力状态发生改变。另外,实测数据显示,温差是影响钢筋应力的一个因素,试验数据揭示温差引起钢筋应力占实测钢筋应力变化值的 10% 左右,通过对温度应力进行修正,可以更全面地分析钢筋内力变化。钢筋应力实测峰值和变化峰值分别为 Ⅱ 级钢筋强度设计值的 16% 和 7%,远小于钢筋强度设计值。

实测计算弯矩与设计弯矩对比分析表明,弹性支点法和极限平衡法计算的弯矩结果均比根据实测应力计算弯矩大,计算结果偏于安全。对于悬臂支护结构,极限平衡法计算弯矩与实测弯矩比较接近,对于桩锚支护结构,特别是多道锚杆的桩锚支护结构,采用弹性支点法计算的结果更为经济。

(4)冠梁内力。

冠梁内力变化主要受基坑开挖深度和锚索张拉两个因素影响。在悬臂阶段,冠梁内外两侧钢筋应力峰值都随着开挖深度的增加而增大。冠梁中部靠近基坑一侧钢筋处于受拉状态,靠近平台一侧钢筋处于受压状态;冠梁两端与中间部位钢筋应力状态正好相反。桩锚支护阶段,在预加荷载作用下,冠梁中间部位的钢筋应力减小,随着土方开挖,钢筋内力又逐渐增大。冠梁外侧钢筋应力比内侧受锚杆预加荷载的影响显著。冠梁外侧各截面钢筋应力曲线由悬臂支护阶段的"U"形变成近似直线状,而冠梁内侧各截面钢筋应力曲线形状总体呈"U"形状,锚杆的张拉影响不大。

冠梁是一个两端固定承受均布压力的受弯构件。在悬臂阶段受弯特性最为显著,锚索张拉后,在预加荷载作用下冠梁外侧受弯特性减弱,内侧仍保持显著的受弯特性。

(5)锚杆拉力。

锚杆张拉锁定后,预加力开始衰减,在锁定后的初期衰减较快,后期衰减较慢。前期预应力损失主要是由于锚具、锚索计和钢腰梁及排桩的接触面不严密引起的,后期预应力损失则主要是由于土体蠕变引起的。对于多道锚杆支护,下一道锚杆的预加荷载承担了上一道锚杆原来抵抗的部分土压力,使上一道锚杆的拉力减小。施工完成后,由于土体蠕变的长期性,锚杆拉力还将继续缓慢衰减,经过一段时间后拉力才逐渐稳定。

2.基坑工程监测研究的发展趋势

基坑施工监测在岩土工程中具有特殊的意义,1969 年 Peck 提出了岩土工程系统的研究方法,称为"观察法"。观察法是符合系统工程原则且有反馈的封闭系统研究方法,是岩土工程研究的基本方法,在观察法的基础上形成了岩土工程的信息化施工方法,对基坑工程的设计与施工更为重要,是基坑工程不可缺少的一个重要部分。

随着城市化建设速度的加快,深基坑工程监测逐渐为工程界所重视。自 20 世纪 90 年代以来,监测已经成为国内岩土工程领域内研究的热点。监测仪器、设备不断改进,监测方案不断创新,监测内容多层次化。另外,监测数据的处理、反分析以及工况预测预报等方面课题正在进行深层次的研究。21 世纪被许多学者认为是地下空间的世纪,深基坑必然会越来越多地出现,深基坑监测也将会得到全方位的利用。

地下岩土监测应用的场合之一是水电建设,岩土工程原位监测是水电工程和相关岩土工程施工及运营中的重要测试维护工作,其主要内容是对土石坝地基、边坡及隧洞等岩土工程在施工及运行期间的变位、应力应变及水压力的监测,随着我国水利水电大型工程的增多,我国自行研制的监测仪器也逐年应用在实际工程中,其性能指标也逐年提高。

另一个地下岩土监测的重要应用场合是隧道。在深基坑开挖监测时,埋设于基坑边缘土体和埋设于支护结构中的测斜管量测结果有着不同的数据分布形态。埋设于支护结构中的测斜管量测结果,更能真实地反映基坑的水平位移情况。对于地处黄金地段,市区中心,在施工场地狭小情形下考虑监测点与测试点布设,以突出布点的全面性、综合性,对于工程实际很有意义。

高层建筑深基坑开挖施工监测技术和险情预报方法,是目前城市岩土监测中的重要内容。支护桩基坑开挖施工过程中基坑水平位移监测,深基坑围护空间测斜监测数据,基坑影响边缘理论分析、试验改进计算方法和测试技术,基坑工程监测数据库大数据及云管理系统,深基坑数据特征系统深度自学习智能设计方法,岩土智能监测,功能和安全机制等方面都是城市岩土监测亟待重点解决的关键技术问题。复杂岩土智能大数据是深基坑工程支撑地下科学管理、地下大空间具有良好稳定性和支撑作用的重要保证。

岩土监测中由于参数反问题与反演分析的存在,确定最优解是岩土监测的重要手段。1996 年,孙钧等人基于 Bayesian 原理,考虑荷载、变形的不确定性及参数的先验信息,认为

$$量测值=确定性趋势项+随机项$$

并以随机过程理论为基础,提出了广义参数反分析法,这种方法可推广到现有的几种不确定性反分析上去。例如,Bayesian 反分析、最大似然反分析等。

基于统计理论的基坑监测动态预报方法是岩土监测反演常用的数学方法,一是采集现场量测信息,二是借助优化反演过程获得计算参数,三是用反演计算得到的参数预测下一步开挖的位移量及稳定性,从而指导下一步施工。结合深基坑施工的特点,统计理论用于监测深基坑

水平位移成为提高监测可靠度的重要途径。由于深基坑影响因素众多,利用统计理论计算分析基坑安全预警分区、对信息化施工的指导作用以及对支护结构设计、验证和完善都具有十分重要的现实作用,尤其是对基坑工程信息智能化、信息化监控设计与施工,现场监测的重要意义和相关要求将显得尤为突出。

近些年来,基坑监测方法有了很大提高,监测手段不断多样化,监测项目不断多层次化,监测仪器逐渐信息化和智能化,对监测数据的分析处理也有了很大的提高。例如,通过监测大数据和云计算,利用高速并行计算集群,快速反分析深部岩土体力学参数,以修改超深基坑岩土体内部原设计方案,预测预报未来时段内基坑空间系统变化情况,从而对保障复杂基坑稳定性、指导施工和后期维护皆具有非常关键的作用。

3. 桩锚支护监测急需研究的关键问题

虽然深基坑工程监测理论和技术有了很大的发展,但仍然存在许多亟待解决的问题,尤其是桩锚支护基坑,需要研究的关键问题更为突出。

(1)测点最优信息的获取。桩锚支护由于其工艺的复杂性,如何有效确定测点,是工程监测的关键性研究领域。截至目前,桩锚支护基坑工程施工监测测点的布置尚处于摸索研究之中,目前工程中监测主要采用间接测点和直接测点两种形式。间接测点测试精度较差,但可避免破土开挖,直接测点是通过埋设装置直接测读沉降,具有监测精度高的特点,不足之处是埋设处具有破坏性,这对城市等建筑密集区域具有很大的挑战。研究既不影响周边环境而且监测精度又比较高的监测测点布置方法,已经成为考核监测方案优劣的主要指标,突破该技术已成为该领域的首要任务。

然而,目前桩锚支护测点选择都是以工程经验为基础,缺乏理论基础,特别是基于合理模型分析的监测测点选择理论更是亟待解决。

(2)监测数据自适应处理技术,由于桩锚施工现场较其他支护工艺具有更大的噪声,实测数据不可避免地存在着各种干扰,采集信息误差将会影响位移内力计算和反分析的结果,有时甚至严重劣化计算精度,对指导施工造成误判,后果甚为严重。因此,如何对实测数据进行健壮性自适应建模计算,及其相关评价体系的建立,是桩锚支护实时监测成功关键与否的核心技术。

(3)智能桩锚支护结构内力监测传感器研究。目前锚杆测力计价格昂贵,而基坑工程又是短期工程,故在基坑工程中使用较多锚杆测力计进行锚杆预应力监测,监测费用将大大增加;另一方面,锚杆测力计的耐久性、可靠性、可操作性、防水防腐性、信号自维护性较差,不能满足复杂地质水文条件施工环境的要求,开发先进智能深基坑传感器及其处理系统,是桩锚支护安全监测的关键技术,也是监测技术走向实际工程应用的重要条件。

(4)深基坑环境影响的计算与建模。深基坑开挖引起的邻近建筑物偏斜、开裂、地下管线破裂、道路沉陷开裂等不良影响是深基坑监测的主要内容之一,如何合理界定影响范围,将对监测方案设计和费用造成很大影响。特别是对突发事故的抢救、稳定社会消除恐慌,具有十分重要的作用。目前确定影响范围主要依赖经验,因而造成了很大的浪费和二次事故,如何建立科学的分析理论和方法,迅速确定深基坑的有效影响范围,是桩锚支护等大型深基坑施工监测的核心关键问题。

近年来,随着我国地下工程的蓬勃发展,国内在建、即建和拟建的大型地下娱乐工程、大型地铁工程、隧道工程以及国防特殊地下工程,对复杂支护体系的现场监测技术提出了很高的要求,监测理论和方法亟待提高和突破,如何迎接机遇与挑战,充满了紧迫感。

基于我国深基坑支护技术的现状,结合世界领域最新技术,突破深基坑复杂支护体系的实时监测技术,对推动我国地下工程安全技术的发展,开发自主核心竞争力技术,降低深基坑事故率,具有重要而深远的意义。

4.4　基于 DIANA 的深基坑建模分析

基坑开挖过程中的土体位移以及支护结构设计过程中的内力分析方法有三个:数值模拟、模型试验、非数值方法。

数值模拟方法可以模拟基坑工程开挖的全过程,比较经济和准确,通过选择适合的本构模型,模拟土的弹塑性、流变性和排水固结等性质,能够很好地模拟开挖卸载、架设支撑和施加预应力等支护施工工艺,并且考虑多种因素对变形和稳定的影响,也包含考虑时间和空间效应的影响,具有针对性强、通用性强和计算精度高的优点。

由于模型试验成本比较高,较少采用。非数值方法通常在某些理论的假设基础上,通过对原型试验观测数据或数值模型计算结果的拟合分析得到半经验的结论,或者直接由大量的原型观测数据提出经验公式,在保证数据质量的前提下,是很好的岩土模型寻找方法。但由于成本很高,通常做法是在假设条件下采集数据,比如土体扰动的忽略、测试样本几何近似等,这些基于小样本试验假设获得的岩土本构模型难免存在着通用性差、针对性差和计算精度低等缺陷。因此在岩土大型基坑复杂条件开挖监测之前,先用数值模拟方法观看岩土应力应变模型,是有效获取岩土监测信息的重要手段和最有生命力的方法。当这一步完成之后,对于特殊重要的阶段,可以在现场进行原位试验,也可以在实验室进行模型试验,对数值仿真进行补充验证和修正。

随着经济建设的不断发展,基坑工程的深度和规模都在不断地扩大,对于建(构)筑物密集的城市繁华地段,基坑开挖产生的不良环境效应对邻近建(构)筑物的影响是巨大的。因此在基坑开挖过程中必须对支护结构及基坑周围土体变形进行控制,亦即在基坑支护设计中应考虑其正常使用极限状态。由于在基坑开挖过程中涉及支护结构与土体的相互作用,因此要准确地预估基坑的变形,传统的土力学中采用的变形与强度分开的算法是无能为力的,而必须将变形与强度联合起来考虑。从理论上来说,比较准确的方法是采用数值分析方法,如有限元法等。在某些国家的建筑规程中对这一问题已有明确的规定,如新加坡在 20 世纪 90 年代初期就规定,邻近建(构)筑物或其他公共设施的基坑开挖必须采用二维数值分析。

1971 年 Clough 首先将有限元法应用到基坑变形分析中,1984 年 Pons 和 Fourie 运用有限元法对桩锚支护典型结构的初始应力性状进行了分析,从而推动了深基坑支护设计数值模拟的飞速发展。

现代深基坑施工都以现场信息监测为主要手段来保证设计质量以及控制施工进度。为使监测点尽可能捕捉有代表性的信息,在进行传感器埋设前应进行可靠的数值计算,根据计算结果,结合经验确定传感器埋设位置。据此,不管在深基坑设计还是施工监测阶段,有限元数值模拟都有着非常重要的作用。在设计阶段,数值模拟出的内力变形结果为支护设计提供了主要依据;同时,在施工阶段,数值模拟为监测布点提供了指导意见。

在基于有限元模型计算验证与修正的基坑监测中,较为简单同时计算效率又相对较高(一般的智能手机即可进行计算)的一维弹性杆系有限元法,已经越来越多地被工程应用,尤其是在土体开挖和稳定性预判等传统岩土分析课题中,大量的研究、测试过程得到广泛的应用,该方法已经被许多国家的行业标准所采纳。杆系法实质是弹性支点法(又称杆系有限单元法)的方程组聚合,能同时模拟和计算基坑工程中围护结构的内力和变形,并具有计算模式明确、计算过程简单的优点,因而在近 30 年来备受工程设计人员的欢迎。随着计算模型和过程的进一步完善,以前没有考虑深基坑降水等环境影响,对复杂基坑计算结果不够准确的缺点正逐步得到改善。

相比于一维计算方法,二维连续介质有限单元法计算更准确,计算过程采用的"土体－结构"相互作用计算模型,不仅能够考虑地下降水的影响,而且分析更切合实际。选择确定的支护结构和土体的力学模型及相应的边界条件,构成合适的有限元模型,对需要监测的项目进行精确计算,根据计算结果制定监测方案,是基坑基于模型监测的主流发展趋势。

目前,二维和三维甚至四维(含时间的蠕变)有限元分析方法已逐渐应用于复杂隧道岩体深基坑和高大边坡稳定分析中,并把分析结果应用于监测方案的设计,应用最多的是直接法。这种方法的主要优点是可以利用已有的计算程序,较为简单容易地把计算结果直接应用于实际工程的监测设计。本章根据二维连续介质有限单元法的计算结果,结合工程实例分析监测方案中的关键内容和步骤。

4.4.1　有限元软件 DIANA 简介

DIANA(Displacement Analyser)是荷兰 TNO DIANA 公司在 1972 年开发的,在土木建筑领域通用的有限元结构分析软件。经过几十年的发展,2002 年在日本东京召开的第 3 届 DIANA 国际会议上推出了 DIANA8.1 版本。这个版本在世界各地享有很高的声誉,并以 2002 年的会议为起点,DIANA 成为国际上计算土力学问题的重要通用国际软件,每年召开一次 DIANA 国际土力学计算大会,一直持续到现在,标志着 DIANA 软件逐渐走向成熟。与其他有限元软件相比,在地基基础的弹塑性、分段开挖方面有着较大优势。

DIANA 是一个有着广泛材料库、单元库、求解程序库的高级有限元分析程序,是由专门的土木工程师研发的专门应用于土木工程领域的有限元计算软件。在欧洲,DIANA 主要用于混凝土和地基基础领域,神户地震以后,日本学者也把 DIANA 用在了动力荷载分析上。混凝土裂缝开展分析、钢结构局部稳定分析、复合结构的极限承载能力分析、地基基础的弹塑性、分段开挖是 DIANA 应用效果最好、分析结果得到实践验证的领域。

DIANA 允许终端用户提供 FORTRAN 源程序来对一些特殊材料进行自定义并与 DI-ANA 代码源程序链接。DIANA 能模拟分段开挖的施工过程,能考虑开挖时间效应、施工过程的影响、分段开挖结构的相互作用以及降水等因素的影响。

4.4.2　基坑工程有限元建模的关键问题及参数选择

1. 有限元本构模型的选择

基坑工程数值模拟面临的首要问题是针对不同的土,选择合适的土体本构模型及其参数测定。目前,岩土本构模型大致分为弹性模型、弹塑性模型、边界面模型和黏弹塑性模型等。弹性模型包括线性弹性和非线性弹性模型,非线性弹性模型应用最多的是 Duncan－Chang 的 E－B 模型。弹塑性模型的应用最多,其中 Drucker－Prager 模型和 Mohr－Coulomb 模型在岩土工程数值分析中得到了广泛的应用,1957 年 Drucker、Gibson 和 Henkel 首先建议在 Drucker－Prager 模型上加一个球形的帽子,随着土体的加工硬化,锥体与帽子一起膨胀,但几何形状保持不变,从而控制了土体的体积应变或剪胀性;1958 年 Roscoe 提出 T 物态边界面和临界线的概念,1963 年 Roscoe、Schofield 和 Thurairajah 在塑性力学加工硬化理论基础上,对正常固结土建立了第一个土体的弹塑性帽子模型,即剑桥模型(Cam－clay)。由于软土地区经常具有流变特性,当考虑时间效应时,通常包括线性黏弹性模型和黏弹塑性模型。线性黏弹性模型主要有 Maxwell 模型、Kelvin 模型和 Burgers 模型等;黏弹塑性模型有 Binham 模型、三元件黏弹塑性模型和五元件(西原)模型等。

事实上不可能有一种模型可以考虑所有影响因素,也不可能有一种模型能够适用于所有土体的类型和加载情况,重要的是选择一个合适的模型,目前大多数基坑工程的设计采用的是弹塑性理论。弹塑性模型较其他模型更能反映土的实际变形特性,能较好地反映土体的硬、软特性、剪胀性及土中主应力和应力路径的影响,同时为了方便和计算简洁、收敛,本章采用的是理想弹塑性模型。

Tresca 和 Mises 准则只考虑黏聚强度,而没有考虑内摩擦角,Mohr－Coulomb 屈服准则考虑了黏聚强度和摩擦角。克艾尔巴特瑞斯克(Kirpatrick,1957 年)、格林和毕肖甫(Green and Bishop,1969 年)用密砂进行三轴试验,试验结果证明,Mohr－Coulomb 屈服条件比较符合土的实际情况。由于本章采用的是平面应变分析方法,没有考虑三向应力状态,只有平面应力状态,而 Drucker－Prager 准则是对三向应力状态的 Mohr－Coulomb 准则的改进,因此本节分析时选用 Mohr－Coulomb 屈服准则。

(1)屈服准则。

1773 年 Coulomb 提出土体任何一个受力面上的极限抗剪强度为

$$\tau_{\mathrm{f}} = c + \sigma_n \tan \varphi \tag{4.1}$$

式中,φ 为内摩擦角;σ_n 为受力面上的正应力。

若内摩擦角 φ 随 σ_n 值的增加而变化,这是一般情况,称为 Mohr 准则。在静水压力不很大的情况下,可用 $\varphi =$ 常数来代替,因此式(4.1)又称为 Mohr－Coulomb 准则。在 π 平面上,Mohr－Coulomb 准则是一个不等角的等边六边形;在主应力空间,Mohr－Coulomb 准则的屈服面是一个棱锥面,如图 4.2 所示。

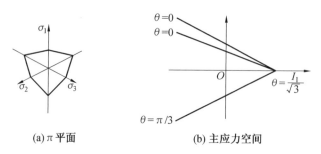

(a) π 平面　　　　(b) 主应力空间

图 4.2　Mohr－Coulomb 屈服准则

(2)硬化准则。

加工硬化规律是决定一个给定的应力增量引起的塑性应变增量的准则。对于初始屈服面以后的后继屈服面的变化规律,一般有等向硬化和随动硬化两种模型描述。等向硬化模型假定后继屈服面的形状、中心和方位与初始面相同,大小随加工硬化过程均匀膨胀;随动硬化模型则假定后继屈服面的大小、形状和初始屈服面相同,其中心由初始屈服面沿塑性变形方向移动。在流动规则中,假定为

$$\mathrm{d}\lambda = \frac{1}{A}\frac{\partial F}{\partial \sigma_{ij}}\mathrm{d}\sigma_{ij} \tag{4.2}$$

式中,F 为屈服函数;A 为硬化参数 H 的函数。

常用的硬化规律有塑性功硬化规律、塑性应变硬化规律及塑性体应变硬化规律等。本书所采用的 Mohr－Coulomb 模型为理想弹塑性本构模型,即初始屈服时就认为已经破坏,故无硬化规律。

2. 接触单元处理

在任何土与结构相互作用的过程中,可能出现土与结构间的相互移动、变形不一致。土与结构接触面的处理方法有两种,如图 4.3 所示,分为连续统一体单元和接触单元。连续统一体单元应用在土与结构接触时会阻止相对运动的发生的情况,这种方法中接触面上土和结构的接点连在一起,土和结构单元一起变形。接触面单元是连接土单元和结构单元的一种特殊单元,特殊在接触单元允许结构和土体之间有相对运动(滑移、裂缝、开口等)。

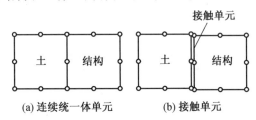

图 4.3　土与结构接触模型的种类

目前国内外研究应用了较多的模拟接触单元计算方法,其中应用最广泛的是零厚度接触单元(Goodman),这种单元在 DIANA 中被采用。

(1)接触单元本构关系。

在 DIANA 中接触单元的本构关系是通过接触面法向与切向相对位移、法向与切向的有效应力定义的。接触面模拟土与结构非线性作用关系用的是 Mohr－Coulomb 破坏准则,在没有拉伸的情况下模拟滑移、裂缝和开口。

如图 4.4,单元长度为 l,两边接触面分别为 ij 和 mn,在它们之间设想由无数对法向(用 n表示)和切向(用 t 表示)的微小弹簧相联系。在弹性阶段,剪应力小于摩擦力,两个方向弹簧均存在。当进入塑性阶段,剪应力大于摩擦力,接触面产生摩擦滑移,切向弹簧不再存在,仅保留法向弹簧,作为两接触面的联系。此时接触面之间的剪应力,仍保持为 $f\sigma_{\mathrm{n}}$,它是一种一维单元,与其相邻接触面单元或二维单元之间,只有通过节点才能有力地联系在节点力的作用下,其相应的应力为

$$\{\sigma\} = \begin{Bmatrix} \tau \\ \sigma_{\mathrm{n}} \end{Bmatrix} \tag{4.3}$$

接触面间的相对位移为

$$\{W\} = \begin{Bmatrix} W_{\mathrm{t}} \\ W_{\mathrm{n}} \end{Bmatrix} \tag{4.4}$$

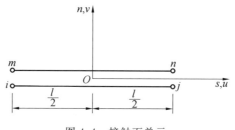

图 4.4　接触面单元

在线弹性条件下,假设接触面上法向应力和剪应力与法向相对位移和切向相对位移之间无交叉影响,则按下式计算:

$$\{\sigma\} = \begin{bmatrix} K_t & 0 \\ 0 & K_n \end{bmatrix} \{W\} = \frac{1}{2}[k][B]\{\delta\}^e \tag{4.5}$$

式中,K_n、K_t 分别为接触单元法向、切向劲度系数。

表 4.1 总结了土与结构摩擦连接的本构法则,在二维情况下,接触单元应力值(t)表示为

$$\begin{Bmatrix} t_t \\ t_n \end{Bmatrix} = \begin{bmatrix} D_{tt} & 0 \\ 0 & D_{nn} \end{bmatrix} \begin{Bmatrix} \Delta u_t \\ \Delta u_n \end{Bmatrix} \tag{4.6}$$

式中,Δu_n 为弹性破坏法向位移;Δu_t 为弹性破坏滑移位移;D_{nn} 为接触单元法向刚度;D_{tt} 为接触单元切向刚度。

表 4.1　接触单元本构关系

力学条件	分析类型
	二维(平面应变,轴对称)
力学条件	t_n　t_t
应力	$t = \begin{bmatrix} t_t & t_n \end{bmatrix}^T$
刚度矩阵	$D = \begin{bmatrix} K_t & 0 \\ 0 & K_n \end{bmatrix}$
应力条件	滑移发生的条件 $f_1 = t_t + \tan\phi\, t_n - c > 0$ 无拉伸的条件 $f_2 > t_n > 0$ 滑移　$\tan\phi$　$\|t_t\|$　开口　c　t_n

(2)接触单元材料参数选择。

根据 Van. langen 和 Vermeer(1991)的研究,接触单元的刚度值选取应根据没有用接触单元时荷载位移曲线的初始斜面获得,这样接触单元的影响相对于真正的弹性滑移会很小。

在确定接触单元刚度时应遵循以下几点：

①接触单元必须有一个比较大的刚度来避免土和结构的重叠，但是不能太大，太大的弹性模量参数将导致数值模拟条件太差，影响结构的整体计算。

②为减小剪应力的振动，初始剪切刚度不应太大，所以合适的数值是非常难以确定的（Hermann）。

在土与结构相互作用中，确定接触单元的刚度值通过以下两式：

$$D_{tt} = \frac{A^2}{t} \frac{E_{soil}}{2(1+\nu_{soil})} \tag{4.7}$$

$$D_{nn} = f \times D_{tt} \tag{4.8}$$

式中，E_{soil} 为土弹性模量；ν_{soil} 为土泊松比；A 为折减系数（接触单元与周围土的接触不牢固和易屈曲折减系数，在 $0.5 \sim 1.0$ 之间）；t 为接触单元虚拟的厚度；f 为增大系数，在 $10 \sim 100$ 之间。

③Mohr－Coulomb 准则的参数。

内摩擦力：

$$c = Ac_{soil} \tag{4.9}$$

内摩擦角：

$$\tan \phi = A \tan \phi_{soil} \tag{4.10}$$

④接触单元采用的是一个一拉即断的拉伸刚度为零理论的脆性破坏 Mohr－Coulomb 准则，一定要确认在土与结构接触中没有拉伸应力，一旦应力在接触单元中出现，立即出现裂口，不再承受应力。

3. 基坑工程模拟开挖原理

为了模拟坑内土体挖除以后基坑体系刚度的减小，常用方法有两种：①变网格法。该方法将单元网格重新排列，开挖掉的单元和节点直接删除。②空气单元法。该方法保留原来土体单元网格，以空单元（即空气单元）代替被挖除单元的土体，将挖去的土体单元刚度取为一个很小值。DIANA 软件结合这两种方法，在空气单元法的基础上进行改进处理：在每步开挖过程中，将被挖除的单元置换为空气单元，直接令其弹性模量为零，并将被挖除的节点加以约束。这样，被挖除的节点不具备自由度，就不会对整体刚度矩阵造成影响，同时，这样处理后，空气单元对剩余结构也不会造成任何影响，从计算效果上同变网格法完全一致，而程序处理则更为简单。

4. 地下水的渗流分析

对岩土渗流扩散的基本方程可写为

$$\text{div } q + \boldsymbol{\beta} \nabla\phi + c\phi = q_v \tag{4.11}$$

$$q = -k \nabla\phi \tag{4.12}$$

式中，ϕ 为水头函数；q 为渗透流量；k 为渗透系数；$\boldsymbol{\beta}$ 为对流域矢量；c 为容量；q_v 为单位体积流量。

（1）边界条件。

边界条件的定义可以用三种方法：基本方法、自然方法、混合方法。

① 基本方法（Dirichlet）。基本边界条件用给定的边界水头值表示，即

$$\phi = \phi_{Boundary} \tag{4.13}$$

② 自然方法（Neumann）。自然边界条件用给定的边界流量值表示，即

$$qn = -q_{\text{Boundary}} \tag{4.14}$$

式中，n 为边界向外的法向方向矢量。

③ 混合方法（Neumann/Robin）。混合边界条件是用自由势能 ϕ 和一个规定环境的潜水势能 ϕ_E 的组合表示，按下式计算：

$$qn = k(\phi - \phi_{\text{Environment}}) \tag{4.15}$$

本书采用第一种方法，即基本方法，已知边界水头值。

（2）考虑渗流的有限元模型建立。

根据伽辽金（Galerkin）法，有限元公式可以推导为

$$\int_V \upsilon(\text{div } q + \boldsymbol{\beta} \nabla\phi + c\dot{\phi})\mathrm{d}V = \int_V \upsilon q_V \mathrm{d}V \tag{4.16}$$

式中，υ 为含渗流的土体边界线测试函数，亦为任意连续土体的边界函数；V 为含渗流的土体的连续积分区域。

通过高斯（Gauss）积分，可以得出

$$\int_V \text{div } q\upsilon \,\mathrm{d}V + \int_V q \nabla\upsilon \,\mathrm{d}V = \int_B qn\upsilon \,\mathrm{d}B \tag{4.17}$$

式中，div 为渗流速度向量在土体区域内任一点的散度；∇ 为渗流域上哈密尔顿算子；B 为渗流土体边界函数。

通过以上公式可以得出

$$\int_V -q \nabla\upsilon \,\mathrm{d}V + \int_V \boldsymbol{\beta} \nabla\phi\upsilon \,\mathrm{d}V + \int_B c\dot{\phi}\upsilon \,\mathrm{d}V + \int_B \phi\upsilon \,\mathrm{d}B = \int_V q_V\upsilon \,\mathrm{d}V + \int_B (k\phi_E + q_B)\upsilon \,\mathrm{d}B \tag{4.18}$$

将 $\phi_x = N\phi$，$\nabla\phi(x) = \boldsymbol{B}\phi$，$\upsilon(x) = N\upsilon$，$\nabla\upsilon(x) = \boldsymbol{B}\upsilon$ 代入，得出最终的有限元计算式为

$$K\phi + C\dot{\phi} = Q \tag{4.19}$$

式中，$\boldsymbol{K} = \int_V \boldsymbol{B}^{\mathrm{T}}k\boldsymbol{B}\mathrm{d}V + \int_V \boldsymbol{N}^{\mathrm{T}}\beta\boldsymbol{B}\mathrm{d}V + \int_B \boldsymbol{N}^{\mathrm{T}}k\boldsymbol{N}\mathrm{d}B$；$\boldsymbol{C} = \int_V \boldsymbol{N}^{\mathrm{T}}c\boldsymbol{N}\mathrm{d}V$；$\boldsymbol{Q} = \int_V \boldsymbol{N}^{\mathrm{T}}q_V\mathrm{d}V + \int_B \boldsymbol{N}^{\mathrm{T}}q_B\mathrm{d}B$ $+ \int_B \boldsymbol{N}^{\mathrm{T}}k\phi_E\mathrm{d}B$；$N$ 为渗流土体边界比例函数（即渗流有限元的形函数）；K 为渗流矩阵；C 为容量矩阵；Q 为流量矩阵。

（3）基于时间积分法的模型计算。

DIANA 求解岩土水渗流有限元分析时用普通的梯形法则逐步求解积分，设每一步为 Δt，求解 $t + \Delta t$ 时刻方程的解（下面方程中，$*$ 号时刻即为 $t + \Delta t$）。

为了加速收敛，设定一个 α 值（$\alpha > 0$），采用以下公式按积分方式计算：

$$\boldsymbol{K}^* \phi^* + \boldsymbol{C}^* \dot{\phi}^* = \boldsymbol{Q}^* \tag{4.20}$$

$$\phi^* = \phi^{t+\Delta t} = \frac{\phi^{t+\alpha\Delta t} - \phi^t}{\alpha\Delta t} \tag{4.21}$$

$$\boldsymbol{K}^* = \alpha\Delta t\boldsymbol{K}^{t+\Delta t} \tag{4.22}$$

$$\boldsymbol{C}^* = \boldsymbol{C}^{t+\alpha\Delta t} \tag{4.23}$$

$$\boldsymbol{Q}^* = \alpha\Delta t\boldsymbol{Q}^{t+\alpha\Delta t} + \boldsymbol{C}^{t+\alpha\Delta t}\phi^t \tag{4.24}$$

$$\dot{\phi}^* = \phi^{t+\Delta t} = \frac{\phi^{t+\alpha\Delta t} - \phi^t}{\alpha\Delta t} \tag{4.25}$$

DIANA 采用这种增量加速迭代理论,收敛准则采用能量准则,即

$$|\Delta\phi| \leqslant \varepsilon \times |\phi_1^*|$$ (4.26)

5. 开挖荷载计算

有限元开挖过程和步骤分成若干工况进行,一般计算过程如下:

(1) 计算基坑开挖前初始应力场 $\{\sigma_0\}$ 和初始位移场 $\{\delta_0\}$。考虑土体长期固结,初始位移场 $\{\delta_0\}$ 通常取 0。

(2) 计算下一次开挖由于卸载和结构变化而引起的应力场 $\Delta\sigma_i$ 和位移场 $\{\Delta\delta_i\}$。

(3) 第 i 次开挖后的应力 $\{\sigma_i\}$ 和位移 $\{\delta_i\}$ 分别表示为

$$\{\sigma_i\} = \{\sigma_{i-1}\} + \{\Delta\sigma_i\}$$ (4.27)

$$\{\delta_i\} = \{\delta_{i-1}\} + \{\Delta\delta_i\}$$ (4.28)

(4) 按基坑开挖步序,重复(2)、(3)的计算,直至开挖结束。

开挖完了的最终应力和位移为

$$\{\sigma\} = \{\sigma_0\} + \sum \{\Delta\sigma_i\}$$ (4.29)

$$\{\delta\} = \{\delta_0\} + \sum \{\Delta\delta_i\}$$ (4.30)

式(4.29)、式(4.30)中,对所有的开挖计算工况进行求和。

土体开挖卸载引起的等效节点荷载是有限元法模拟开挖的关键,DIANA 软件为了使开挖面成为自由面,先根据开挖前的应力求出开挖面上部土体对下部土体的作用节点力 $\{F\}_{ex}$,将 $\{F\}_{ex}$ 反向作用在开挖面节点上,并将挖除的土体单元从结构中去掉,进行模拟开挖。开挖荷载等效节点荷载按式(4.31)和式(4.32)计算:

$$\{F\}_{ex} = \int_{A^{ex}} [B]^T \{\sigma\} \, dA - \int_{A^{ex}} [N]^T \{g\} \, dA$$ (4.31)

展开后为

$$\{F\}_{ex} = \sum_{i=1}^{n_{ex}} \int_{-1}^{1} \int_{-1}^{1} [B]^T \{\sigma\} |J| \, d\xi d\eta + \sum_{i=1}^{n_{ex}} \int_{-1}^{1} \int_{-1}^{1} [N]^T \{g\} |J| \, d\xi d\eta$$ (4.32)

式中,$[B]$ 为应变位移矩阵;A 为开挖域;$[N]$ 为形函数矩阵。

6. 模型计算技术和收敛分析

基坑土体初始应力条件:

(1) 场地土的初始应力场。地层处于天然状态下所具有的内应力称为地应力,在有限元分析中初始地应力对于计算有较大影响。地层的初始应力,主要是由于岩土体的自重和地质构造长期作用的结果。当基坑开挖时,由于被挖土体被移走,此时初始边界条件发生变化,这一变化对计算结果有很大的影响,由于构造应力常常分布极不均匀,目前如何正确确定这种应力场仍是一个悬而未决的问题。采用现场地应力量测初始应力场,价格过于昂贵,适用范围有限,所以在实用中,多为测试与计算结合。对于浅埋土层,不考虑构造应力而直接按土体自重形成初始应力场,即将初始地应力值直接作为离地表深度的一个函数来计算。一般来说,这种简化对计算结果影响不大,计算时假定基坑内土体处于正常固结状态,取地基初始状态的侧压力系数为

$$K_0 = 1 - \sin\varphi$$ (4.33)

则土层深度 z 处的初始应力为

$$\begin{cases} \sigma_x^0 = K_0 \gamma z \\ \sigma_z^0 = \gamma z \\ \tau_{xz}^0 = 0 \end{cases} \tag{4.34}$$

（2）接触单元的初始应力接触面是竖向的,剪切应力为零,法向应力等于左右相邻单元 σ_x 的平均值。

7. 非线性计算方法

在材料非线性、几何非线性和边界非线性三类问题中,无论对哪类非线性问题,用有限元方法进行分析时都将得到待解的非线性方程组,本书采用线性加速迭代法(Line Search Iteration)。

所有的迭代方法都是建立在有效预测的基础上,预测准确很容易收敛,否则,方程容易陷入发散状态。线性迭代方法可以增加收敛成功率,既可以解决普通的问题,也能求解其他收敛方法不能解决的问题。

线性迭代方法预测一个迭代步长位移值 δu,确定一个放大系数 η,得出

$$\Delta u_{i+1} = \Delta u_i + \eta \delta u_{i+1} \tag{4.35}$$

求出最小势能 π:

$$S(\eta) = \frac{\partial \pi}{\partial \eta} = \frac{\partial \pi}{\partial u} \frac{\partial u}{\partial \eta} = g(\eta) \delta u \tag{4.36}$$

$S(\eta)$ 随 η 变化。根据最小势能原理 $\frac{\partial \pi}{\partial \eta} = 0$,首先计算出 $S(0)$ 和 $S(1)$,再用迭代法计算 $S(\eta)$ 直到达到规定的收敛域内,并记下这时的 η。

DIANA 为避免计算不符合实际,一般把 η 限制在一个范围内,即限定在 η_{min} 和 η_{max} 之间,如图 4.5 所示。

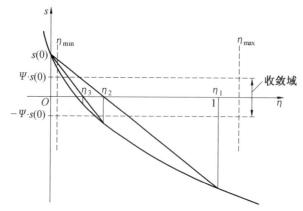

图 4.5　线性收敛法

收敛准则:本节采用了 DIANA 提供的位移收敛准则。位移增量与初次位移的比值,并应满足

$$\frac{\sqrt{\delta u_i^{\mathrm{T}} \delta u_i}}{\sqrt{\Delta u_0^{\mathrm{T}} \Delta u_0}} \leqslant \mathrm{FRCTOL} \tag{4.37}$$

FRCTOL 为计算收敛容许差。

4.5 深基坑工程 DIANA 模型数值计算

4.5.1 工程地质及基坑概况

工程实例为我国南方某综合试验大楼,高为 98.9 m,主楼地上为 26 层,地下为 4 层,挖深为 16.8 m,钢框架剪力墙结构,桩箱基础。建筑四周环境条件比较苛刻,东邻大海,北邻人工湖,靠商业步行街,附近有已建建筑群。

1. 工程地质条件

在地貌上属于湖泊冲积平原,地质条件较差,勘察结果显示,地层上部为近代江河口冲积沉积的粉土,中部及下部为滨海相及漫滩相沉积的黏性土,有淤泥质黏土,底部为江古河床相沉积的卵砾石层。

其地层分布如图 4.6 所示,自上而下依次为:

(1)砂质粉土:灰色,饱和,稍密,摇震反应迅速,含云母碎屑,少量有机质、铁质结核、粉细砂,层厚 7.4 m 左右。

(2)粉砂:灰色,饱和,中密,摇震反应迅速,含云母碎屑,具有薄层理,夹粉土薄层,层厚 13.6 m 左右。

(3)淤泥质黏土:灰色,饱和,流塑,稍有光泽,干强度中等,中等韧性,含有碎屑,普遍发育层理,夹粉土片膜,掰开多呈鱼鳞片状,底部多夹粉砂层,层厚 12.5 m 左右。

(4)中砂:灰色,饱和,中密～密实,摇震反应迅速,含有机质、云母碎屑,偶含砾,局部夹黏性土薄层,层厚 12.4 m 左右。

(5)圆砾:青灰色～浅灰色,饱和,密实,含氧化铁,多呈上细下粗的沉积顺序,上部多为砾砂,少量黏质,圆砾总质量分数为 40%～60%,粒径一般为 2～7 cm,最大可见 10 cm,磨圆度良好,呈亚细圆,中细砂及黏性土填充,层厚大于 50 m。

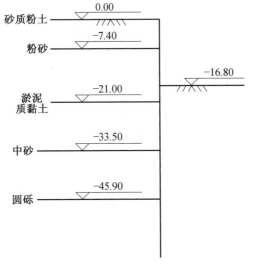

图 4.6 地质剖面图

(6)基底为砂岩:砖红色,多为粉砂岩,岩石具陆源碎屑,泥钙质胶结,层状构造,部分孔为砂砾岩,胶结物较少,砾含量较少。勘察结果表明,在勘察范围内无明显不良地质现象。

2.水文地质条件

本场地地下水主要为浅部的孔隙性潜水,埋藏于粉土中,直接接受大气降水补给,与地表水水力联系密切。勘察期间实测稳定的水位埋深比较浅,在地下 3 m 左右。

根据场地钻孔采取的水试样分析结果,场地地下水属重碳酸氯化钙镁型水,对混凝土无侵蚀性。

3.基坑支护体系

基坑支护采用人工挖孔灌注桩加锚杆混合方案,锚杆倾角为 27°,纵向总共三排锚杆,间距分别为 4.5 m 和 5.0 m,横向间距第一排为 2.3 m,第二、三排为 1.35 m,锚杆采用 7ϕ5 钢绞线,截面面积为 15 cm^2,排桩为钢筋混凝土灌注桩,桩径为 800 mm,桩距为 1.5 m,桩长为 32 m,采用 C25 混凝土,桩间面层为挂钢筋网喷射混凝土护壁,厚度为 100 mm,C20 混凝土,立面如图 4.7 所示。

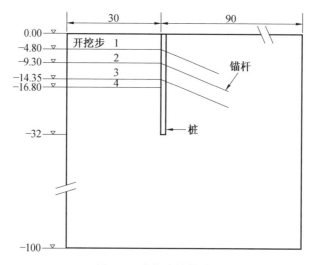

图 4.7　基坑支护体系

4.5.2　计算模型

在计算桩锚支护时采用了以下假定:

(1)对称条件的假定。对于基坑工程中左右近似对称的情况,在计算机中只建一半对称模型,中间加对称约束,这样计算量就减少了一半。

(2)平面应变假定。严格来说,深基坑支护体系分析是一个空间问题,但我们考察的是基坑并非靠近坑角的一段,假设同一水平面上相邻两根锚杆的受力和变形是相同的。从总体上看,我们可以假定它是一个平面问题。另外,对于作为临时工程的支护结构,这种假设分析精度可以满足工程要求。

(3)锚杆的假定。由于采用平面假定,本节在垂直于计算平面的方向,取单位厚度进行分析。对于锚杆,须将其刚度在计算平面的厚度方向分布开来。锚杆的输入刚度为它的实际刚度除以其水平间距。在计算完成后,锚杆的轴力应为程序输出结果乘以其间距。

(4)桩的假定。基坑支护桩是非连续的灌注桩,由于其间距不是很大,而且桩间土体存在着显著的成拱效应,桩间挂钢筋网加喷射混凝土刚度比较大,因而把非连续的护坡桩等效为一连续的挡土墙结构。

(5)锚杆自重相对于庞大的土体而言很小,而且这里只做静力分析,因而忽略不计。

1. 模型所使用单元

桩单元选择是土体基坑监测前数值计算的基本问题。CL9PE 是一个节点曲线数值模拟完整的无限薄板单元,有一定的厚度,相对于长度厚度很小,这个单元是无限平面薄板的等参变化理论化后获得的一个实用土体计算单元,该单元基于以下假定:

(1)直法线假定。法线在单元变形前后始终垂直于板面的直线。

(2)零法向应力。垂直于板面的法向应力为零,即平行于板中面的各层互不挤压,相互之间没有作用。单元的本构模型如图 4.8(a)所示。

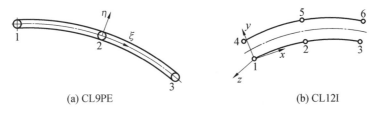

(a) CL9PE   (b) CL12I

图 4.8 CL9PE 和 CL12I

CL9PE 单元每个点有 3 个变形参数:u_x、u_y 和 ϕ_s,CL9PE 对变形 u 的形函数表示为

$$u_i(\xi, \eta) = a_0 + a_1\xi + a_2\xi^2 + (b_0 + b_1\xi + b_2\xi^2)\eta \tag{4.38}$$

CL9PE 单元在受力后,其产生的 x 向应变 ε_{xx} 的方向与式(4.38)中 ξ 方向一致,DIANA 软件土体应力计算中用一个 2×2 的矩阵表示。

2. 接触单元

CL12I 单元是一个连接二维线单元的接触单元,这个单元建立在二次插值形函数的基础上,DIANA 应用四节点的 Newton−Cotes 积分公式表示,其本构模型分别如图 4.8(b)和 4.9 所示。

3. 土体单元

CQ16E 是八节点四边形等参平面应变单元,建立在四边形插值函数和 Gauss 积分法的基础上。对位移 u_x、u_y 的形函数表示的本构力学模型如图 4.10 所示,其位移的多边形形函数为

$$u_i(\xi, \eta) = a_0 + a_1\xi + a_2\eta + a_3\xi\eta + a_4\xi^2 + a_5\eta^2 + a_6\xi^2\eta + a_7\xi\eta^2 \tag{4.39}$$

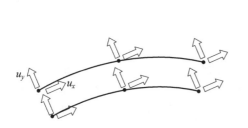

图 4.9 CL12I 节点位移变形

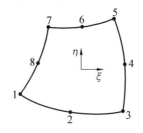

图 4.10 CQ16E

有限元中锚杆自由段采用弹簧单元,力学模型如图 4.11~4.13 所示。

图 4.11　SP2TR　　　　　图 4.12　SP2TR 变形图　　　　图 4.13　SP2TR 力

图中,SP2TR 是一个二节点弹簧单元,变化率和轴力计算如下:

$$u_e = \{u_x\} \tag{4.40}$$
$$\varepsilon = \{\Delta u_x\} = \{u_x^{(1)} - u_x^{(2)}\} \tag{4.41}$$
$$\sigma = \{F_x\} \tag{4.42}$$

4. 锚杆锚固段单元

埋入式钢筋单元(Embedded Reinforcements)是一个在原结构单元(母单元)中加入的单元,使原结构单元的刚度增加,而自己没有自由度,钢筋的应变是通过母单元的变形计算出来的,在线性分析中,钢筋单元与混凝土单元没有相对移动。

5. 计算模型及网格划分

竖直面分析是将基坑开挖影响范围内的各构件离散为有限元单元,根据施工工况逐次模拟地基的应力、应变和位移状态。土体单元常采用四边形八节点(CQ16E)等参元,锚杆自由段采用弹簧单元(SP2TR),锚固段采用埋入式钢筋单元,按弹性材料考虑,土体与桩之间采用 Goodman 接触单元。边界条件采用无限元来满足。取$(4H+W)\times 3H$ 矩形范围(H 为基坑设计开挖深度,W 为基坑设计开挖宽度)为求解域,假设在求解域的底面边界的各个节点上,节点在竖直方向的位移为零,在水平方向是自由的,而在其他两个侧面边界的各个节点上,节点在水平方向的位移为零,在竖向是自由的,图 4.14 和图 4.15 分别是模型网格和边界条件。

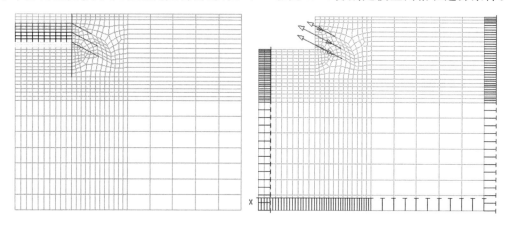

图 4.14　计算模型及网格划分　　　　　图 4.15　开挖后模型及边界条件

6. 计算参数

表 4.2～4.7 分别是锚杆参数、接触单元参数、土材料参数、桩参数、锚杆自由端参数、锚杆锚固段参数的汇总。表中参数是土体基坑有限元计算需要的主要参数,也是计算前调整模型假设、描述模型的主要参数。不同的基坑、不同的假设、不同的单元体,都会有不同的计算参数。

表 4.2 锚杆参数

参数类别		锚杆			单位
		1	2	3	—
预拉力	F	768	945	980	kN
水平间距	H	2.3	1.35	1.35	m
截面	A	15	15	15	cm^2
弹性模量	E	2.1×10^8	2.1×10^8	2.1×10^8	kN/m^2

表 4.3 接触单元参数

刚度	法向	D_{nn}	1.0×10^5	N/m^3
	切向	D_{tt}	1.0×10^5	N/m^3
摩擦面	内摩擦力	C	800	Pa
	摩擦角	$\tan \phi$	0.46	—
	膨胀角	$\tan \psi$	0.06	—
	抗拉强度	f_t	0	N/m^2
密度	湿密度	ρ_f	900	kg/m^3
	接触系数	K	1.0×10^{-5}	s^{-1}

表 4.4 土材料参数

参数	符号	取值	单位	深度/m
弹性模量	E	7	MPa	0~7.4
		12	MPa	7.4~21
		8	MPa	21~33.5
		20	MPa	33.5~45.9
		80	MPa	>45.9
泊松比	ν	0.3	—	—
干密度	ρ_{dry}	1 500	kg/m^3	—
湿密度	ρ_f	900	kg/m^3	—
有效空隙率	N	0.3	—	—
摩擦角	ϕ	30°	—	—
膨胀角	ψ	5°	—	—
内摩擦力	C	16 000	Pa	—

表 4.5 桩参数

参数	符号	取值	单位
弹性模量	E	31 500	MPa
泊松比	ν	0.15	—
密度	ρ	2 400	kg/m³
厚度	T	0.8	m

对于弹簧，$F=K\Delta l$，$\sigma=E\varepsilon$，得出 $\dfrac{F}{A}=E\dfrac{\Delta l}{l}$，所以 $F=\dfrac{EA}{l}\Delta l$，即 $K=\dfrac{EA}{l}$。

表 4.6 锚杆自由段参数

参数	锚杆		
	1	2	3
弹性刚度/(N·m⁻¹)	2.67×10^7	2.67×10^7	1.99×10^7

表 4.7 锚杆锚固段参数

参数	锚杆		
	1	2	3
弹性模量		2.1×10^5 MPa	
截面面积	23.4×10^{-4} m²/m	40×10^{-4} m²/m	40×10^{-4} m²/m

7. 计算工况

按照基坑开挖施工过程,将全部分析过程划分为 9 个工况:①场地土初始状态;②基坑灌注桩完成,并降水;③基坑第一次开挖;④打入第一层锚杆;⑤基坑第二次开挖;⑥打入第二层锚杆;⑦基坑第三次开挖;⑧打入第三层锚杆;⑨基坑第四次开挖。

4.5.3 计算结果及分析

1. 地下水影响及分析

图 4.16 和图 4.17 分别是降水前后孔压分布图。由于计算中采用总孔压,从而可以考虑由于水头差所引起的渗流效应,分析过程中假设坑后维持为正常水位,研究了大变形情况下考虑固结、渗流与变形混合作用下桩锚支护结构面层处的水平位移、坑后土体的侧向位移、地表沉降、坑内土体隆起、锚杆内力、孔压等随开挖过程的变化规律。

从图 4.16、图 4.17 可以看出,降水前同一水平线上没有压力差,几乎没有渗流,降水后总孔压从计算的右边界到计算的左边界逐步减小,在桩锚支护结构面层处,由于面层不透水,到达支护面层处迅速减小,坑底与面层交界位置附近的孔压变化最大。由孔压的分布形式可以判断,水流在孔压差的作用下将由坑后土体向坑内流动。

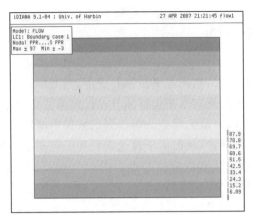

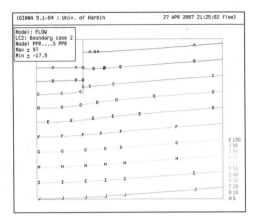

图 4.16　降水前的总孔压分布图　　　　图 4.17　开挖结束时总孔压分布图

2. 桩顶位移结果及分析

在有限元模型中,不同荷载步下的桩顶位移列于表 4.8 中,桩顶位移曲线如图 4.18 所示。

表 4.8　桩顶水平位移表

工况	1	2	3	4	5	6	7	8	9
位移/mm	0	4.7	11.2	6.7	7.1	4.9	3.6	3.7	4.5

从表 4.8 和图 4.18 桩顶位移数值可见,桩顶最大水平位移在第一次开挖后为 11.2 mm,施加第一层锚杆后,由于预应力的施加,使桩顶位移减小。以后随着第二层、第三层锚杆的施加,桩顶的位移一直减小,最终为 4.5 mm,满足支护结构要求,结构是安全的。

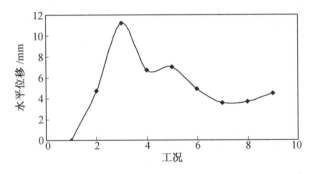

图 4.18　各工况桩顶水平位移

在没有施加锚杆时(工况三),桩顶最大位移为 11.2 mm,施加第一层锚杆(工况四)后下降为 6.7 mm,在第二次(工况五)、第三次(工况七)、第四次(工况九)开挖后桩顶位移又均增加。但是,施工第二层锚杆(工况六)、第三层锚杆(工况八)后桩顶位移又均下降,说明锚杆起到了很好的支护作用。

从上面基坑数值有限元模型模拟计算分析的结果,可以得到如下结论:

(1)当基坑逐步开挖时,桩顶侧向位移是增加的。所以当基坑很深时必须要加强监测,如果出现位移增加加快或者将达到安全规定的极值情况时,一定要采取相应补救措施,防止基坑进一步朝破坏方向发展。

(2)当施工加入第一层、第二层锚杆后,桩顶位移逐渐减小,说明锚杆在减小位移量上发挥了作用。当第三层锚杆加入后,桩顶位移有所增加,这是因为第三层锚杆距离桩顶较远,对桩顶以第一层、第二层锚杆作用处为零点发生了反弯作用。

3.桩身水平位移结果及分析

随着基坑开挖的进行,基坑支护桩会产生向坑内的侧向水平位移和变形,当变形达到一定程度时,基坑支护产生失稳破坏。研究基坑支护桩身侧向水平位移随开挖过程的变化规律,对深基坑支护工程有着重要的现实意义。本章旨在从有限元理论分析得到的数据中阐述如何整理分析结果,找寻桩身水平位移随施工过程变化的规律,从而用于理论研究和工程安全监测应用,并运用这些研究成果,指导工程实践中桩身水平位移的监测布点。图4.19～4.27是基坑桩身在不同工况下水平位移分布计算的理论结果。

为了方便比较,将开挖过程中各工况变形发展曲线整理绘制在图4.27中。基坑支护结构的变形由于受到影响因素众多,并非能够通过简单的计算就能准确确定,在抓住主要矛盾后,忽略次要因素,仅从理论数字模型的计算中统计分析,从该图中可见:基坑支护桩水平位移并不是像悬臂支护那样出现在基坑顶部,而是发生在基坑开挖深度的中部,并随着基坑向下开挖,最大水平位移的位置向下移动,最后稳定在基坑的中下部。基坑支护水平位移最大值约为14.3 mm,小于0.3%基坑深度,也小于3 cm,能满足基坑支护要求。因此,基坑开挖面附近是重点监测的主要区域。

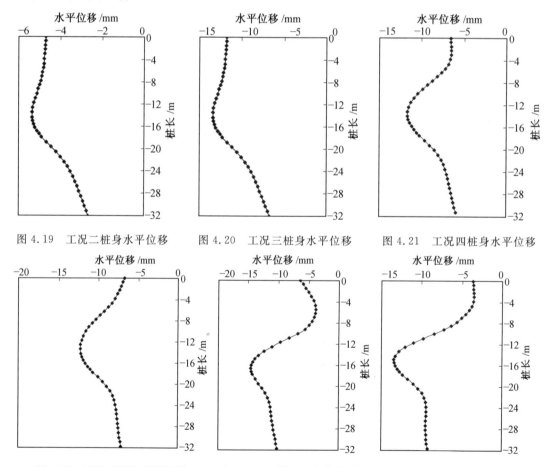

图4.19 工况二桩身水平位移　　图4.20 工况三桩身水平位移　　图4.21 工况四桩身水平位移

图4.22 工况五桩身水平位移　　图4.23 工况六桩身水平位移　图4.24 工况七桩身水平位移

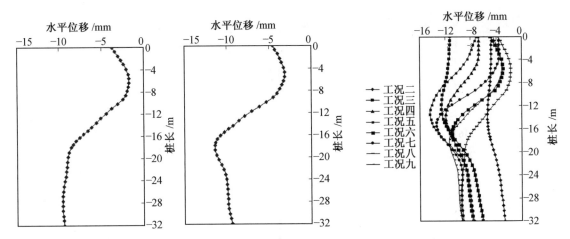

图 4.25　工况八桩身水平位移　　图 4.26　工况九桩身水平位移　　图 4.27　桩身水平位移

开挖面标高处桩身最大位移为 13.1 mm,桩底最大位移为 9.4 mm,桩顶最大位移为 11.2 mm。从位移形态上看,开挖面以上支护桩在锚杆的预加荷载作用下,对桩身的位移起到了很好的限制作用。

对比图 4.27,可以从有限元理论计算模型中得到下述结论:

(1)有限元模型分析结果中,桩体侧向水平位移随着开挖不断增长而增长,每开挖一步,侧向水平位移增大一些,但这些增长并不是无限发展的,增长到一定程度后就会处于峰值状态,如果不加力限制,支护结构将进入失稳破坏阶段。

(2)通过有限元模型模拟可以发现,每次加入的锚杆都能使桩体侧向水平位移产生回缩,锚杆起到了限制桩体侧向水平位移的作用,这种作用在理论计算上表现明显,实际的监测结果也证明了理论计算的正确性。

(3)桩身中下部侧向水平位移在模拟计算中处于最大值,在基坑监测时要重点观察。

(4)基坑支护结构的变形实际处于一种非常复杂的塑性力学本构状态,理论计算对桩体和土体都做了很多假设,加上施工工艺和处置水平的参差不齐,因此实际的支护结构变形极值点是难以用理论计算得到准确结果的。基坑支护的实际检测方法、监测结构的处理手段,都是影响基坑变形的众多重要因素。因此基坑监测离不开理论的数值模拟,但更为重要的是基坑实际变形的测试和数据处理。由于土体的复杂非线性,没有两个相同的基坑处于一个相同的准确变化规律。基于此,源于实际测试数据的理论修正,结合大数据的云实时分析和深度智能学习,是提高未来大型复杂基坑安全施工、降低造价以及保护环境的重要方法。

4.桩身弯矩分析

图 4.28～4.36 为桩身不同工况下的弯矩分布图,表 4.9 为桩身特征点处弯矩数值汇总。从桩身弯矩图和表可以看出,负弯矩最大值为 -557.7 kN·m,正弯矩最大值为 550 kN·m。弯矩曲线形态总体上分布均匀,由于施加锚杆的作用,使桩弯矩在正负区域都较为均匀地分布,避免了桩身局部弯矩过大、应力集中的不良力学现象,对桩的受力起到了较好的调配作用。

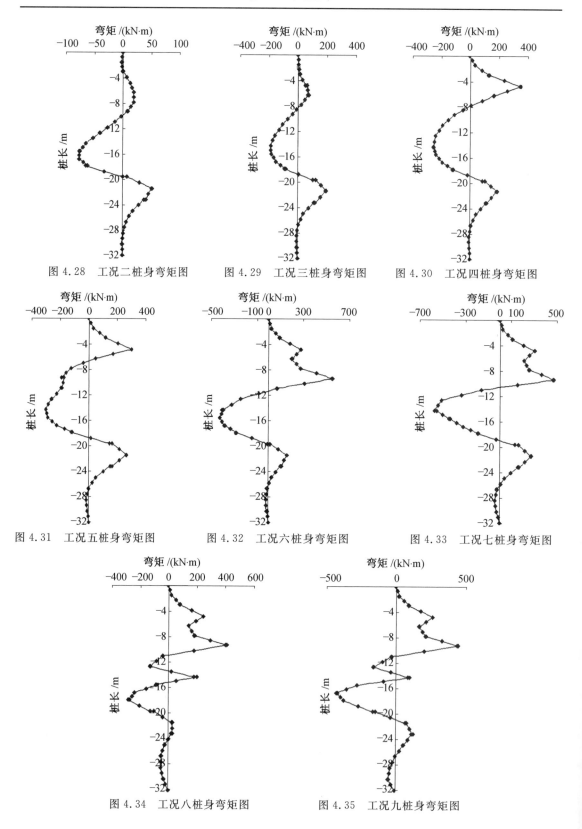

图 4.28　工况二桩身弯矩图　　　图 4.29　工况三桩身弯矩图　　　图 4.30　工况四桩身弯矩图

图 4.31　工况五桩身弯矩图　　　图 4.32　工况六桩身弯矩图　　　图 4.33　工况七桩身弯矩图

图 4.34　工况八桩身弯矩图　　　图 4.35　工况九桩身弯矩图

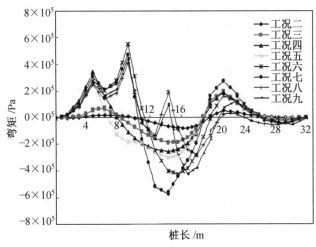

图 4.36   桩身弯矩图

表 4.9   桩的弯矩表

位置/m	弯矩/(kN·m)							
	工况二	工况三	工况四	工况五	工况六	工况七	工况八	工况九
0.0	−0.1	−0.6	−5.8	−5.4	−4.2	−4.9	−3.7	−4.1
4.8	12.7	51.8	339.9	299.9	276.5	306.4	244.6	261.9
9.3	8.5	−38.3	−109.6	−191.1	550.0	475.0	412.6	446.4
14.4	−65.3	−187.1	−254.0	−301.2	−403.9	−557.7	179.8	85.6
16.8	−77.0	−167.3	−215.8	−255.8	−404.5	−380.8	−161.6	−357.1
22.3	45.8	154.3	149.4	217.1	138.7	222.8	29.3	99.5
28.5	1.1	−6.8	−6.8	−17.3	−21.6	−42.5	−53.0	−41.5
32.0	0.6	0.7	0.8	0.8	1.0	1.2	−0.2	−8.5

注:桩在基坑内侧受弯为负,外侧受弯为正。

从图 4.29 可以看出,在悬臂阶段(工况三),桩身上部没有锚杆,上部的土压力依靠开挖面以下的土抗力来平衡,在土压力作用下,桩身弯矩曲线呈桩端小、中间大的形状。在悬臂阶段最大负弯矩值达 −187.1 kN·m,出现在标高 −15.0 m 位置附近。

从图 4.30 可以看出,在桩锚支护阶段(工况四),桩身上部有了锚杆的预加荷载作用,相当于增加了弹性支撑,在基坑外侧主动土压力、基坑内侧开挖面以下土体抗力和锚杆拉力共同作用下,桩身弯矩曲线呈"S"状。第一层锚杆作用处,在主动土压力作用与锚杆预应力作用下,弯矩增大,并且负弯矩也随着土方开挖加深而增大。在桩锚支护阶段,最大弯矩为 339.9 kN·m,出现在标高 −4.8 m 位置,最大负弯矩为 −254 kN·m,出现在标高 −15.0 m 位置。

从图 4.31 可以看出,在第二次开挖施工阶段(工况五),桩身弯矩值基本稳定,弯曲曲线仍保持"S"形。土体开挖段桩的负弯矩增加,最大弯矩为 299.9 kN·m,出现在标高 −4.8 m 附近,最大负弯矩为 −301.2 kN·m,出现在标高 −15 m 附近。

从图 4.32 可以看出,在第二层锚杆施加(工况六)后,随着锚杆的张拉锁定,桩身弯矩曲线发生变化。最大弯矩出现在第二层锚杆处(−9.3 m 标高处),为 550 kN・m,最大负弯矩为−405 kN・m,出现在标高−15.5 m 附近。

从图 4.33 可以看出,在第三次开挖施工阶段(工况七)后,最大弯矩在第二层锚杆处(−9.3 m标高处),为 475 kN・m,最大负弯矩为−557.7 kN・m,出现在标高−15.5 m 处。

从图 4.34 可以看出,在第三层锚杆施加(工况八)后,最大弯矩没有出现在第三层锚杆处,仍在第二层锚杆处(−9.3 m),为 412.6 kN・m,分析其中原因,发现虽然第三层锚杆拉力大,但第二层锚杆距离桩底计算零点的距离大于第三层锚杆距离桩底计算零点的距离,因此最大负弯矩为−162 kN・m,出现在标高−16.5 m 附近。

从图 4.35 可以看出,在第四次开挖(工况九)后,桩的弯矩曲线基本没有变化,最大弯矩为446.4 kN・m,在标高−9.3 m 处,最大负弯矩为−357 kN・m,在标高−16.5 m 附近。

根据以上计算数据的分析发现,在不同工况下,桩身弯矩曲线形状虽然各不相同,但它们都具有如下共性规律:

(1)桩身弯矩随基坑开挖深度增大而增大,施加锚杆后弯矩减小,出现反弯矩。

(2)锚索张拉锁定,由于预加荷载作用,使弯矩出现负增长,但随基坑继续开挖,弯矩值总体还将继续增大。

(3)将计算得到桩体的弯矩随工况的发展变化整理在图 4.36 中,由图可见,在开挖面以上其最大值位置有逐步下移的趋势,最后稳定在靠近基坑底部,在开挖面以下,弯矩最大值位置则大体维持在中间部位。可见,在进行桩身应力监测时,这些部位应做重点处理。

(4)施加锚杆的部位,在锚杆工作后出现很大的反弯矩,计算得到的数值都较大,在进行桩身应力监测时,这些部位应做重点考虑。同时由于锚杆应力松弛等原因,在复杂基坑、长时间施工基坑、锚杆回收基坑、软弱土层基坑中,这些部位都是监测的重要区域。

5. 地表沉降结果及分析

用于基坑稳定分析的传统极限平衡分析方法不能得到有关变形的满意信息,在深基坑开挖过程中,基坑周围地表沉降(含隆起)通常情况下是难以避免的,只是程度不同而已。当基坑周围有建筑物或其他市政设施时,控制基坑周边地表变形就显得尤为重要。数值模拟方法可以提前大致预测地表变形的可能数据,图 4.37 为基坑周边地表沉降变形的分布曲线。

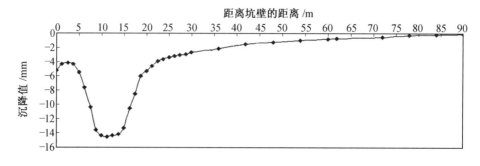

图 4.37　地表沉降变形

从图 4.37 看出,地表沉降出现了双极值现象,一个在基坑边缘,另一个在距边壁 11 m 左右,沉降值大于基坑边缘沉降值。总体上看,开挖对地面沉降的影响基本在两倍基坑深度范围之内(33 m),一倍(16.8 m)范围内的影响甚大。基坑地表沉降沿坑壁水平方向呈曲线分布,在基坑边缘的沉降值为 5.2 mm;在 0~2.5 m 范围内,沿远离坑壁方向,基坑周围地表沉降逐渐减小,在距坑边 2.5 m 处沉降值最小,为 4.2 mm;2.5~11.2 m 范围内,沿远离坑壁方向是逐渐沉降,到 11.2 m 处沉降值达到最大,为 14.5 mm;从 11.2 m 处开始,距离坑壁越远沉降值越小,最终趋于稳定。

综合分析各步开挖沉降曲线的变化趋势,每开挖一步在基坑周边都有一定的沉降增量,每步开挖形成的沉降分布曲线形状相似。第四步开挖支护后,地表沉降最大值为 14.5 mm,小于 0.1%基坑深度,满足规范对一级基坑地表沉降变形的要求。

引起基坑地表沉降有以下四个方面:①基坑开挖引起的地表沉降;②基坑降水造成支护外水压力变化引起土体固结沉降;③基坑内底部回弹隆起引起地表沉降;④流砂土损,引起地表沉降。

6. 坑底隆起结果及分析(图 4.38)

表 4.10 是基坑隆起设定点的计算数据。基坑底部隆起是评价基坑安全的一个重要指标,土体开挖卸载,坑底往往会发生回弹,回弹量的大小是衡量基坑稳定性的一个重要标志之一,除了特殊土的膨胀性以外,回弹量大往往反映边壁土体挤入基坑内部较多。图 4.39 是基坑土体运动矢量图,模拟了基坑土体在开挖过程中土体的挤入和空间移动状态,能够反映基坑壁挤入坑底的趋势,并揭示出坑底失稳主要形式之一是基坑边壁外一定范围内的土体挤向坑内引发的剪切破坏,所以土体抗剪强度是主要影响因素。研究坑底隆起的大小、分布状况以及影响范围不仅可以了解基坑失稳性状、预防基坑事故,还有助于完善桩锚支护的优化设计与安全分析。

表 4.10 隆起结果

距离	设定点			
	1	2	3	4
远离坑壁距离/m	0	1.5	3	30
隆起值/mm	8.4	33	32	46

如图 4.38 所示,坑底隆起值在 0~1.5 m 范围内迅速增大到 33 mm,随着距离坑边距离的增加,坑底隆起值逐渐增大,但增大幅度逐渐减小,到基坑中部时达到最大值,为 46 mm。因此,在基坑监测时要对坑底中部和基坑边壁进行重点数据的采集。

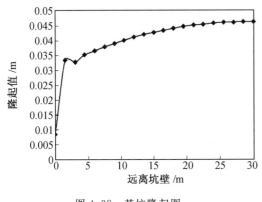

图 4.38 基坑隆起图

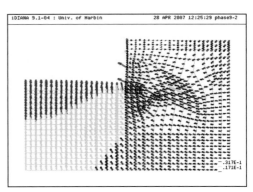

图 4.39 土体的运动矢量图

7. 锚杆轴力结果及分析

锚杆锚固段的轴力分布规律是岩土工作者关心的问题,在预应力锚杆的极限抗拔力计算中,假定不同的轴力分布曲线可以得出相差一倍的抗拔力值,所以在基坑监测中研究锚杆锚固段的应力分布对保证基坑安全、降低基坑支护造价十分重要。本章提取 3 排锚杆在各荷载步下有限元模型中的轴力分布,来分析其基本的规律,表 4.11 是锚杆轴力计算表。

表 4.11 锚杆轴力表   kN

工况	锚杆 1	锚杆 2	锚杆 3
4	333	—	—
5	375	—	—
6	265	700	—
7	287	758	—
8	268	666	726
9	270	682	762

第一层锚杆拉力从 333 kN(工况四)上升至 375 kN(工况五),增大了 12.5%;施加第二层锚杆后,锚杆拉力衰减为 265 kN,主要原因是第二层锚杆张拉,改变了第一层锚杆的受力状态,承担了第一层锚杆原来抵抗的部分土压力,使第一层锚杆的拉力减小;另一方面锚固体与土体的蠕变也使锚杆拉力减小,此后第一层锚杆拉力保持基本稳定。

第二层锚杆拉力从 700 kN(工况六)上升为 758 kN(工况七),增加近 10%,在施加第三层锚杆后锚杆拉力降为 666 kN,这次锚杆拉力的衰减主要受两方面的影响:一是第三层锚杆的张拉锁定,改变了第二层锚杆的受力状态,承担了第一层锚杆原来抵抗的部分土压力,使第二层锚杆的拉力减小;二是锚固体与土体的蠕变也使锚杆拉力减小,此后第二层锚杆拉力保持基本稳定。

第三层锚杆的拉力从 726 kN(工况八)上升为 762 kN(工况九),增加了 5%左右。

从图 4.40 可以看出,锚杆锚固后,锚杆的轴力有所增加,大于锚杆的预应力,因此在基坑中,为确保锚杆正常工作,锚杆拉力是重要的监测信息,同时设计时要充分考虑锚杆拉力的损失,适当增加锚杆的刚度。

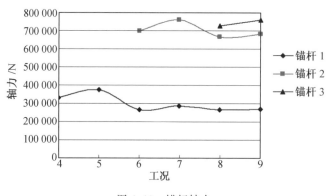

图 4.40　锚杆轴力

8. 土体的塑性变形结果及分析

图 4.41~4.48 是基坑土体塑性变形的计算结果。从图 4.41~4.48 可以看出,混凝土灌注桩施工完成后(工况二),在桩的顶部,土体出现了塑性变形。基坑开挖后(工况三),塑性区

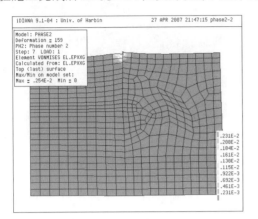
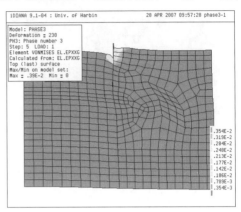

图 4.41　工况二土体的塑性变形　　　　　图 4.42　工况三土体的塑性变形

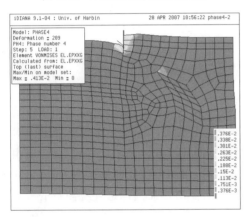
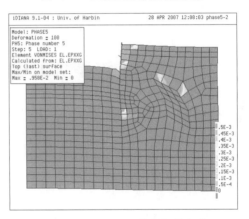

图 4.43　工况四土体的塑性变形　　　　　图 4.44　工况五土体的塑性变形

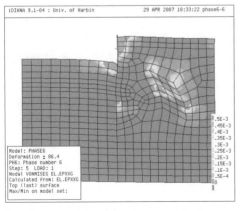
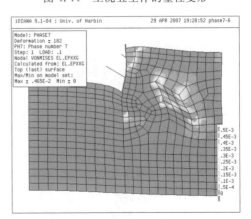

图 4.45　工况六土体的塑性变形　　　　　图 4.46　工况七土体的塑性变形

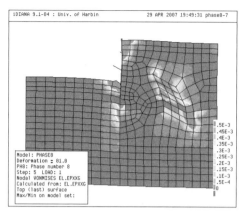
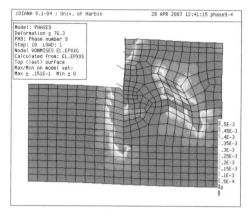

图 4.47　工况八土体的塑性变形　　　　　图 4.48　工况九土体的塑性变形

逐渐沿着桩顶往下移动,塑性区在开挖面桩后。施加锚杆后(工况四),在锚杆的锚固段,土体也出现塑性区。继续开挖(工况五),基坑底部坑角处由于受到主动土压力的作用,也出现塑性区;继续施加锚杆并开挖(工况六、七、八、九)后,土体塑性区趋于稳定,主要在桩顶后侧、锚杆的锚固段附近、基坑开挖面以下到桩底范围内桩内侧被动区。由于桩外侧土体有向坑内移动的趋势,因此被动区的土体受到桩的挤压作用,出现塑性区。

4.6　深基坑工程监测方案设计与分析

开挖深度大于等于 5 m 或者开挖深度小于 5 m 但是现场地质情况和周边环境较复杂的基坑工程,以及其他需要监测的基坑工程应实施基坑工程监测。基坑工程设计提出的对基坑工程监测的技术要求应包括监测项目、监测频率和监测报警值等。基坑工程施工前,应由建设方委托具备相应资质的第三方对基坑工程实施现场监测,监测单位应编制监测方案,监测方案需经建设方、设计方、施工方、监理方等单位共同会签,必要时还需与周边环境涉及的有关人员和行政管理部门协商一致后实施,监测工作宜按下列步骤进行:(1)接受委托;(2)现场踏勘,收集资料;(3)制定监测方案;(4)监测点设置与验收,设备、仪器校验和元器件标定;(5)现场监测;(6)监测数据处理、分析及信息反馈,监测优化;(7)实时提交阶段性监测结果、报告,确定监测流程和自适应处理;(8)现场监测工作结束后,提交、保存、会签所有的监测资料。

监测单位在现场踏勘、资料收集阶段的主要工作应包括:(1)了解建设方和相关单位的具体要求;(2)收集和熟悉岩土工程勘察及气象资料、地下结构和基坑工程的设计资料以及施工组织设计、项目后期管理规划;(3)按基坑和周围环境管理和安全的需要,整理分析监测对象的岩土工程环境信息、历史和现状,采用拍照、录像等方法保存相关结构与岩土材料的静动态资料,或进行必要的监测前工程现场测试工作,并提取资料,记录分析调查结果;(4)通过现场踏勘,复核相关资料、与现场状况有关工程力学关系,确定拟监测项目现场实施的可行性,召开岩土工程监测设计方案会。

监测方案应包括下列计算和测试内容:(1)工程概况分析与监测信息的提取,大数据、数据库云的建立;(2)建设场地岩土工程条件及基坑周边环境状况数字化和数值化;(3)确定监测目的,完善监测和测试依据;(4)监测内容及项目;(5)基准点、监测点的布设与保护;(6)前期测试、监测方法及精度计算分析和确定;(7)监测期和检测频率;(8)监测报警值、门槛值及异常情况下的对应措施;(9)监测数据处理、反馈、识别、自适应和智能化;(10)监测人员要求与标准;(11)监测仪器和传感器设备、率定和设计要求;(12)作业安全及监测过程管理制度、数据的闭合处理模式。

对于特殊基坑工程,其监测方案还应进行专门的论证,其主要内容如下:(1)地质和环境条件非常复杂的基坑工程;(2)邻近有重要建筑物和管线,以及附近有历史文物、近代具有政治经济意义的重要建筑,地下空间赋存有贯穿地铁、隧道等地下建筑结构破坏后果很严重的基坑工程;(3)已发生严重事故,重新组织实施的基坑工程;(4)采用新技术、新工艺、新材料的一、二级基坑工程;(5)其他必须论证的基坑工程。

监测时应严格实施监测方案。当基坑工程设计或施工有重大变更时,监测单位与建设方及相关单位研究并及时调整监测方案。监测单位应及时处理、分析监测数据,并将监测结果、数据和建议及时向业主、责任和权属单位做信息反馈,当监测数据达到监测报警值时,必须立即启动报警,并通报各有关监管单位。基坑工程监测期间建设方及施工方应协助监测单位保护各种监测设施和装备,监测结束阶段,监测单位应向建设方提供以下资料,并按规定的保密协议对数据管理进行分类存储,完成电子和纸质分类标识与归档工作,其中尤其重要且需要双方甚至多方同时签字的监测档案有:(1)基坑工程监测方案(含场地组成情况);(2)测点布设方案、验收记录;(3)阶段性监测报告;(4)测试与监测总体报告。

4.6.1　监测项目

基坑工程的现场监测应采用全自动仪器监测与人工巡视检查相结合的方法。基坑工程现场监测的对象一般包括如下项目:(1)支护结构;(2)地下水状况;(3)基坑周围的人文(如噪声等)与环境(如动物的栖息、植物的生长等);(4)基坑周边及底部设定范围内的土体;(5)周边受影响的建筑物与构筑物;(6)基坑周边架空与地下管线和设施;(7)基坑周边设定的重要交通设施;(8)基坑地下赋存的空间结构;(9)基坑存在期间监管部门对场地进行特殊要求的数据预测配合(军事运输等);(10)监测系统自身和监测人员的自我跟踪与更新反馈(向监管部门)。

基坑工程监测应与基坑工程设计、施工方案相匹配,应针对监测对象关键项目进行全部的技术分析和可行性论证,监测方案应力求做到保护环境、测点优化、备份方案、技术创新、自主开发、节约成本,并形成含有灾损评估的完备监测系统。

1. 仪器监测

基坑工程仪器监测项目应根据表 4.12 进行选择。

表 4.12　建筑基坑工程监测项目表

监测项目	基坑类别		
	一级	二级	三级
围护墙(边坡)顶水平位移	应测	应测	应测
围护墙(边坡)顶竖向位移	应测	应测	应测
深层水平位移	应测	应测	宜测
立柱竖向位移	应测	宜测	宜测
围护墙内力	宜测	可测	可测

续表 4.12

监测项目		基坑类别		
		一级	二级	三级
支撑内力		应测	宜测	可测
立柱内力		可测	可测	可测
锚杆内力		应测	宜测	可测
土钉内力		宜测	可测	可测
坑底隆起(回弹)		宜测	可测	可测
围护墙侧向土压力		宜测	可测	可测
孔隙水压力		宜测	可测	可测
地下水位		应测	应测	宜测
土层分层竖向位移		宜测	可测	可测
周边地表竖向位移		应测	应测	宜测
周边建筑物	竖向位移	应测	应测	应测
	倾斜	应测	宜测	可测
	水平位移	应测	宜测	可测
周边建筑、地表裂缝		应测	应测	应测
周围地下构筑物变形		应测	应测	应测

基坑类别的划分应按照国家相关标准执行,但甲方或者当地管理部门有特殊要求时,则应通过讨论或者测试确定。当基坑周围有地铁、隧道或其他对位移有特殊要求的地下建(构)筑物与重大设施时,监测项目应与有关部门或单位协商确定。

2. 巡视检查

巡视检查是基坑监测的重要补充,基坑工程施工和使用期内,每天均应有专人进行巡视检查。基坑工程巡视检查宜包括以下主要内容:

(1)支护结构。

①支护结构成型及工艺控制质量;②冠梁、支撑、围檩等结构无测点区有无裂缝出现及其发展趋势;③支撑、立柱有无较大畸变;④止水帷幕有无突然开裂、渗漏;⑤墙后土体有无模型之外的沉陷、裂缝及滑移;⑥基坑有无突发的涌土、流砂、管涌。

(2)施工工况。

①开挖后暴露的土质土层情况与岩土勘察报告有无差异;②基坑开挖分段长度、分层厚度及支锚设置是否与设计要求一致,有无超挖现象;③场地地表水、地下水排放状况是否正常,基坑降水、回灌设施是否运转正常;④基坑周围地面有无违规超载。

(3)基坑周边环境。

①周边管道有无破损、泄漏情况;②周边建筑有无新增裂缝出现;③周边道路(地面)有无裂缝、沉陷;④邻近基坑及建筑的施工变化情况。

(4)监测设施。

①基准点、测点完好状况；②监测设施、设备的运营状态及保护情况；③有无影响自动观测工作的障碍物；④根据设计要求或当地特殊确定的其他巡视巡检内容。

巡视巡检宜以目测为主，可辅以简单的锤、钎、量尺、放大镜、便携式测试工具等简单工器具以及摄像、摄影等设备对巡检工作人员进行装备。对自然条件、支护结构、施工工况、周边环境、监测设施等的巡视检查情况应做好记录，检查数据应及时整理封存，并与仪器监测数据合并综合分析，巡视检查如发现异常和危险情况，应及时通知建设方及其他相关单位。

3. 监测点布置

基坑工程监测点的布置应能反映监测对象的实际状态及其变化趋势，监测点应布置在结构受力及变形关键特征点上，并应满足监控效率的要求。基坑工程监测点的布置还应不妨碍监测对象的正常工作，并应减少对施工作业的不利影响。监测标志应稳固、明显，测点体系合理，同时监测点的位置应避开障碍物，便于观测，测点满足信息最优和数据冗余安全的要求。

4. 基坑及支护结构

围护墙或基坑边坡顶部的水平和竖向位移监测点应沿基坑周边布置，同时沿周边中部、阳角处布置对应监测点。监测点水平间距不宜大于 20 m，每边监测点数目不宜少于 3 个。水平和竖向位移监测点能共用则共用，监测点宜设置在围护墙顶或基坑坡顶上。围护墙或土体深层水平位移监测点宜布置在基坑周边的中部、阳角处及有代表性的部位，监测点水平间距宜为20～50 m，每边监测点数目不应少于 2 个。用测斜仪观测深层水平位移时，当测斜管埋设在围护墙体内，测斜管深度不宜小于围护墙的深度；当测斜管埋设在土体中时，测斜长度不宜小于基坑开挖深度的 1.5 倍，并应大于围护墙的深度。以测斜管底为固定起算点时，管底应嵌入到稳定的土体中。围护墙内力监测点应布置在受力、变形较大且有代表性的部位，监测点数量和水平间距视具体情况而定。竖直方向监测点应布置在弯矩极值处，竖向间距宜为 2～4 m。

(1)支撑内力监测点的布置应符合下列要求：

①监测点宜设置在支撑内力较大或在整个支撑系统中起控制作用的杆件上；②每道支撑的内力监测点不应少于 3 个，各道支撑的监测点位置宜在竖向上保持一致；③钢支撑的监测截面宜选择在两支点间 1/3 部位或支撑的端头，混凝土支撑的监测截面宜选择在两支点间 1/3 部位，并应避开节点位置；④每个监测点截面内传感器的设置数量及布置应满足不同传感器测试要求。

立柱的竖向位移监测点宜布置在基坑中部、多根支撑交汇处、地质条件复杂处的立柱上。监测点不应少于立柱总根数的 5%，逆作法施工的基坑不应少于 10%，且不应少于 3 根。立柱的内力监测点宜布置在受力较大的立柱上，位置宜设在基坑以上的隔层立柱下部的 1/3 部位。锚杆的拉力监测点应选择在受力较大且有代表性的位置，基坑每边中部、阳角处和地质条件复杂的区域宜布置加密监测点。每层锚杆的内力监测点数量应为该层锚杆总数的 1%～3%，并不应少于 3 根，每层监测点位置在竖向上宜保持一致。每根锚杆锚固体上的测试点应设置在锚头附近和受力有代表性的位置。土钉的内力监测点应选择在受力较大且有代表性的位置，基坑周边中部、阳角处和地质条件复杂的区域宜布置加密监测点。监测点的数量和间距应视具体情况而定，各层监测点位置在竖向上宜保持一致，每根杆体上的测试点应设置在有代表性的受力和变形较大或者应力松弛幅度较大的位置。

坑底隆起(回弹)监测点的布置应符合下列要求：一是监测点宜按纵向或横向剖面布置，剖面宜选择在基坑中央以及其他能反映变形特征的位置，剖面数量不应少于 2 个；二是同一剖面上监测点横向间距宜为 10～30 m,数量不宜少于 3 个。

(2)围护墙侧向土压力监测点的布置应符合下列要求:

①监测点应布置在受力、土质条件变化较大或有代表性的部位;②平面布置上基坑每边不宜少于 2 个测点,竖向布置上测点间距宜为 2～5 m,下部宜加密;③当按土层分布情况布设时,每层应至少布设 1 个测点,且布置在各层的中部。

(3)孔隙水压力监测点宜布置在基坑受力、变形较大或有代表性的部位。竖向布置监测点宜在水压力变化影响深度范围内,按土层分布情况布设,竖向间距宜为 2～5 m,数量不宜少于 3 个。地下水位监测点的布置应符合下列要求:

①当采用深井降水时,基坑内地下水位监测点宜布置在基坑中央和两相邻降水井的中间部位;当采用轻型井点、喷射井点降水时,水位监测点宜布置在基坑中央和周边拐角处,监测点数量应视具体情况确定。②基坑外地下水位监测点应沿基坑、被保护对象的周边或基坑与被保护对象之间布置,监测点间距宜为 20～50 m。相邻建筑、重要管线或管线密集处应布置水位监测点;当有止水帷幕时,宜布置在止水帷幕的外侧约 2 m 处。③水位监测管的管底埋置深度应在最低设计水位或最低允许地下水位之下 3～5 m,承压水位监测管的滤管应埋置在所测的承压含水层中。④回灌井点观测井应设置在回灌井点与被保护对象之间。

5. 周边环境

(1)在基坑边缘以外 1～3 倍开挖深度范围内,需要保护的周边环境应作为监控对象,必要时尚应扩大监控范围。位于重要保护对象安全保护区范围内的监测点的布置,尚应满足相关部门的规定要求。建筑竖向位移监测点的布置应符合下列要求:

①建筑四角、沿外墙每 10～15 m 处或每隔 2～3 根柱基上,且每侧不少于 3 个监测点;②不同地基或基础的分界处;③不同结构的分界处;④变形缝、抗震缝或严重开裂处的两侧;⑤新、旧建筑物或高、低建筑物交接处的两侧;⑥高耸构筑物基础轴线的对称部位,每一构筑物不得少于 4 点。

(2)建筑水平位移监测点应布置在建筑物的外墙墙角、外墙中间结构墙或柱上、裂缝两侧以及其他有代表性的部位,监测点间距视具体情况而定,一侧墙体的监测点不宜少于 3 点。建筑倾斜监测点的布置应符合下列要求:

①监测点宜布置在建筑角点、变形缝两侧的承重柱或墙上;②监测点应沿主体顶部、底部上下对应布设,上、下监测点应布置在同一竖直线上;③当由基础的差异沉降推算建筑倾斜时,监测点的布置应满足提取基础刚性沉降变形的要求。

(3)建筑裂缝、地表沉降监测点应选择有代表性的变形位置进行布点,当原有裂缝扩展或出现新裂缝时,应及时增设监测点。对需要观测的裂缝,每条裂缝的监测点至少应设 2 个,且宜设置在裂缝的最宽处及裂缝末端。

基坑地下管线监测点的布置应符合下列要求:

①应根据管线修建年份、类型、材料、尺寸及现状等情况,确定监测点设置;②监测点宜布置在管线的节点、转角点和变形曲率较大的部位,监测点平面间距宜为 15～25 m,并宜延伸至基坑边缘以外 1～3 倍基坑开挖深度范围内的管线;③供水、煤气、暖气等压力管线宜设置直接监测点,在无法埋设直接监测点的部位,可设置间接监测点。

基坑周边地表竖向位移监测点宜按监测剖面,设在坑边中部或其他有代表性的部位。监测剖面与坑边垂直,数量视具体情况确定。每个监测剖面上的监测点数量不宜少于 5 个。土体分层竖向位移监测孔,应布置在靠近被保护对象且有代表性的部位,数量视具体情况确定,在竖向布置上,测点宜设置在各层土的界面上,也可等间距设置。测点深度、测点数量应视具体情况而定。

6.监测方法及精度要求

(1)监测方法的选择应根据基坑类别、设计要求、场地条件、当地经验和方法适用性等因素综合确定,监测方法应合理易行,变形监测网的基准点、工作基点布设应符合下列要求:

①每个基坑工程至少应有 3 个稳定、可靠的点作为基准点。②工作基点应选在相对稳定和方便使用的位置。在通视条件良好、距离较近、观测项目较少的情况下,可直接将基准点作为工作基点。③监测期间,应定期检查工作基点和基准点的稳定性。

(2)监测仪器、设备和监测元件应符合下列要求:

①满足观测精度和量程的要求,且应具有良好的稳定性和可靠性;②应经过校准或标定,且校核记录和标定资料齐全,并在规定的校准有效期内;③监测过程中应定期进行监测仪器、设备的维护保养、检测以及监测元件的检查。

(3)对同一监测项目,监测时宜符合下列要求:

①采用相同的观测方法和观测路线;②使用相同率定间隔进行校核的仪器和设备;③固定观测人员;④在基本相同的环境和条件下工作。

监测项目初始值应在相关施工工序之前测定,并应至少连续观测 3 次,获得监测稳定值的平均值。地铁、隧道等其他基坑周边环境的监测方法和监测精度应符合相关标准的规定以及主管部门的要求,对于特殊的重大工程,还应对监测系统进行测试、验证,并提供两套监测系统进行对比和安全备份,一旦一套停止工作,应保证另外一套能立即工作,保证监测数据的连续性、可靠性和健壮性。

4.6.2　监测内容

1.水平位移监测

测定特定方向上的水平位移时,可采用视准线法、小角度法、投点法等;测定监测点任意方向的水平位移时,可视监测点的分布情况,采用前方交会法、后方交会法、极坐标法等;当测点与基准点无法通视或距离较远时,可采用 GPS 或三角、三边、边角测量与基准线法相结合的综合测量方法。水平位移监测基准点的埋设,应符合国家现行标准中有关变形测量的规定,宜设置强制对中的观测墩,并宜采用精密光学对中装置,对中误差不宜大于0.5 mm。基坑围护墙(边坡)顶部、基坑周边管线、邻近建筑水平位移监测精度应根据其水平位移报警值按表 4.13 确定。

表 4.13　水平位移监测精度要求

水平位移报警值	累计值 D/mm	$D < 20$	$20 \leqslant D < 40$	$40 \leqslant D \leqslant 60$	$D > 60$
	变化速率 v_D /(mm·d^{-1})	$v_D < 2$	$2 \leqslant v_D < 4$	$4 \leqslant v_D \leqslant 6$	$v_D > 6$
监测点坐标中误差/mm		$\leqslant 0.3$	$\leqslant 1$	$\leqslant 1.5$	$\leqslant 3$

表中监测点坐标中误差,系指监测点相对测站点(如工作基点等)的坐标中误差,为点位中误差的 $1/\sqrt{2}$;当根据积累值和变化速率选择精度要求不一致时,水平位移监测精度优先按变化速率报警值的要求确定,监测中以中误差作为衡量精度的标准。

2. 竖向位移监测

竖向位移监测可采用几何水准或液体静力水准等方法。坑底隆起(回弹)宜通过设置回弹监测标,采用几何水准并配合传递高程的辅助设备进行监测,传递高程的金属杆或钢尺等应进行温度、尺长和拉力等项修正。围护墙(边坡)顶部、立柱、基坑周边地表、管线和相邻建筑的竖向位移监测精度应根据其竖向位移报警值按表 4.14 确定。

表 4.14　基坑围护墙(边坡)顶、墙后地表及立柱的竖向位移监测精度

竖向报警值	累计值 S/mm	$S<20$	$20\leqslant S<40$	$40\leqslant S<60$	$S>60$
	变化速率 v_S /(mm·d^{-1})	$v_S<2$	$2\leqslant v_S<4$	$4\leqslant v_S\leqslant 6$	$v_S>6$
监测点测站高差中误差/mm		≤0.15	≤0.3	≤0.5	≤1.5

上表中监测点测站高差中误差,是指相应精度与视距的几何水准测量单程一测站的高差中误差。

基坑隆起(回弹)监测的精度应符合表 4.15 的要求。

表 4.15　基坑隆起(回弹)监测的精度要求

基坑隆起(回弹)报警值/mm	≤40	40~60	60~80
监测点测站高差中误差/mm	≤1	≤2	≤3

各监测点与水准基准点或工作基点应组成闭合环路或附合水准路线。

3. 深层水平位移监测

围护墙或土体深层水平位移的监测,宜采用在墙体或土体中预埋测斜管,通过测斜仪观测各深度处水平位移的方法。测斜仪的系统精度要求不宜低于 0.25 mm/m,分辨率不宜低于 0.02 mm/500 mm;测斜管应在基坑开挖 1 周前埋设,埋设时应符合下列要求:

①埋设前应检查测斜管质量,测斜管连接时应保证上、下管段导槽相互对准、顺畅,各段接头及管底应保证密封;②测斜管埋设时应保持竖直,防止发生上浮、断裂、扭转;测斜管导槽方向应与所需测量的位移方向一致;③当采用钻孔法埋设时,测斜管与钻孔之间孔隙应填充密实。

测斜仪探头置入测斜管底后,应待探头接近管内温度后再行量测,每个监测方向均应进行正、反两次量测。当以上部管口作为深层水平位移的起算点时,每次监测均应测定管口坐标的变化并修正。

4. 倾斜监测

建筑倾斜观测应根据现场观测条件和要求,选用投点法、前方交会法、激光铅直仪法、垂钓法、倾斜仪法和差异沉降法等。建筑物倾斜观测精度应符合国家现行工程测量规范与标准及建筑变形测量规程中的有关规定。

5. 裂缝监测

裂缝监测应监测裂缝的位置、走向、长度、宽度,必要时尚应观测裂缝深度。基坑开挖前应记录监测对象已有裂缝的分布位置和数量,测定其走向、长度、宽度和深度等情况,监测标志应具有可供量测的明晰端面或中心。裂缝监测可采用以下方法:

①裂缝宽度监测宜在裂缝两侧贴埋标志,用千分尺或游标卡尺等直接量测的方法,也可采用裂缝计、黏贴安装千分表法或摄影量测等方法;②裂缝长度监测宜采用直接测量法;③裂缝

深度宜采用超声波法、插入法和凿出法等;④裂缝宽度量测精度不宜低于 0.1 mm,长度和深度量测精度不宜低于 1 mm。

6.支护结构内力监测

支护结构内力可采用安装在结构内部或表面的应变计或应力计进行量测。混凝土构件可采用钢筋应力计或混凝土应变计等量测,钢结构可采用轴力计或应变计等量测。内力监测值宜考虑温度变化等因素的影响,应力计或应变计的量程宜为最大设计值的 1.2 倍,精度不宜低于 0.5%FS,分辨率不宜低于 0.2%FS。内力监测传感器埋设前应进行性能检验和编号,内力监测传感器宜在基坑开挖前至少 1 周埋设,并取开挖前连续 2 d 获得的稳定测试数据的平均值作为初始值。

7.土压力监测

土压力宜采用土压力计量测。土压力计的量程应满足被测压力的要求,其上限可取最大设计压力的 2 倍,精度不宜低于 0.5%FS,分辨率不宜低于 0.2%FS。土压力计埋设可采用埋入式或边界式,埋设时应符合下列要求:

①受力面与所需监测的压力方向垂直并紧贴被监测对象;②埋设过程中应有土压力膜保护措施;③采用钻孔法埋设时,回填应均匀密实,且回填材料尽量与周围岩土体工程力学性质一致;④做好完整的埋设记录。

土压力计埋设以后应立即进行检查测试,基坑开挖前应至少经过 1 周时间的监测并取得稳定初始值。

8.孔隙水压力监测

孔隙水压力宜通过埋设钢弦式或应变式孔隙水压力计测试。孔隙水压力计应满足以下要求:量程应满足被测压力范围的要求,可取静水压力与超孔隙水压力之和的 2 倍;精度不宜低于 0.5%FS,分辨率不宜低于 0.2%FS。

孔隙水压力计埋设可采用压入法、钻孔法等。孔隙水压力计应事先埋设,埋设前应符合下列要求:

①孔隙水压力计应浸泡饱和,排除透水石中的气泡;②检查标定数据,记录探头编号,测读初始读数。

采用钻孔法埋设孔隙水压力计时,钻孔直径宜为 110～130 mm,不宜使用泥浆护壁成孔,钻孔应圆直、干净;封口材料宜采用直径为 10～20 mm 的干燥膨润土球,孔隙水压力计埋设后应测量初始值,且宜逐日量测 1 周以上并取得稳定初始值。基坑土体水参数监测时应在孔隙水压力监测的同时,测量孔隙水压力计埋设位置附近的地下水位值,为渗流计算提供依据。

9.地下水位监测

地下水位监测宜通过孔内设置水位管,采用水位计进行量测。地下水位量测精度不宜低于 10 mm。潜水水位管应在基坑施工前埋设,滤管长度应满足测量要求;承压水位监测时被测含水层与其他含水层之间应采取有效的隔水措施。水位管宜在基坑开始降水前至少 1 周埋设,且宜逐日连续观测水位并取得稳定初始值。

10.锚杆及土钉内力监测

锚杆和土钉的内力监测宜采用专用测力计、钢筋应力计或应变计,当使用钢筋束时宜监测每根钢筋的受力。专用测力计、钢筋应力计和应变计的量程宜为对应设计值的 2 倍,量测精度不宜低于 0.5%FS,分辨率不宜低于 0.2%FS。锚杆或土钉施工完成后应对专用测力计、应力计或应变计进行率定检查测试,并取下一层土方开挖前连续 2 d 获得的稳定测试数据的平均值,作为其初始值。

11. 土体分层竖向位移监测

土体分层竖向位移可通过埋设磁环式分层沉降标,采用分层沉降仪进行量测;或者通过埋设深层沉降标,采用水准测量方法进行量测。磁环式分层沉降标或深层沉降标应在基坑开挖前至少 1 周埋设。采用磁环式分层沉降标时,应保证沉降管安装到位后与土层密贴牢固。土体分层竖向位移的初始值应在磁环式分层沉降标或深层沉降标埋设后量测,稳定时间不应少于 1 周并获得稳定的初始值。监测精度不宜低于 1 mm。采用分层沉降仪量测时,每次测量应重复进行 2 次并取平均值作为测量结果,且要求 2 次读数误差值不得大于 1.5 mm,沉降仪系统精度不宜低于 1.5 mm;采用深层沉降标结合水准测量和采用磁环式分层沉降标监测时,每次监测应测定沉降管口高程的变化,然后换算出沉降管内各监测点的高程。

12. 监测频率

基坑工程监测频率的确定,应满足能全面反映监测对象测试项目的核心变化过程而又不遗漏参数监测的一般性要求。基坑工程监测工作应贯穿于基坑工程和地下工程施工全过程,监测期应从基坑工程施工前某一个商定的时间点开始,直至地下工程完成再往后延续到某一个确定的时间点为止。对有特殊要求的基坑周边环境的监测,应根据需要延续至变形趋于稳定后才能结束。监测项目的监测频率应考虑基坑类别、基坑及地下工程的不同施工阶段以及周边环境、自然条件的变化和当地经验等信息综合确定,当监测值相对稳定时,可适当降低监测频率,对于应测项目,在无数据异常和事故征兆的情况下,开挖后现场仪器监测频率可按表4.16 选用。

表 4.16   现场仪器监测的监测频率

基坑类别	施工进程		基坑开挖深度/m			
			≤5	5~10	10~15	>15
一级	开挖深度/m	≤5	1次/1 d	1次/2 d	1次2 d	1次/2 d
		5~10	—	1次/1 d	1次/1 d	1次/1 d
		>10	—	—	2次/1 d	2次/1 d
	底板浇筑后时间/d	≤7	1次/1 d	1次/1 d	2次/1 d	2次/1 d
		7~14	1次/3 d	1次/2 d	1次/1 d	1次/1 d
		14~28	1次/5 d	1次/3 d	1次/2 d	1次/1 d
		>28	1次/7 d	1次/5 d	1次/3 d	1次/3 d
二级	开挖深度/m	≤5	1次/2 d	1次/2 d	—	—
		5~10	—	1次/1 d	—	—
	底板浇筑后时间/d	≤7	1次/2 d	1次/2 d	—	—
		7~14	1次/3 d	1次/3 d	—	—
		14~28	1次/7 d	1次/5 d	—	—
		>28	1次/10 d	1次/10 d	—	—

对有支撑的支护结构,各道支撑从开始拆除到拆除完成后 3 d 内,监测频率应为 1 次/1 d;基坑工程施工至开挖前的监测频率视具体情况确定;当基坑工程等级为三级时,监测频率可视具体情况要求适当降低;宜测、可测项目的仪器监测频率可视具体情况要求适当降低;当出现下列情况之一时,应提高监测频率:

①监测数据达到报警值;②监测数据变化量较大或者速率加快;③存在勘察中未发现的不良地质条件;④超深、超长开挖或未及时加撑等未按设计施工;⑤基坑及周边大量积水、长时间连续降雨、市政管道出现严重泄漏;⑥基坑附近地面荷载突然增大或超过设计限值;⑦支护结构出现开裂;⑧周边地面出现突发性较大沉降或出现严重开裂;⑨邻近建筑突发较大沉降、不均匀沉降或出现严重开裂;⑩基坑底部、侧壁出现管涌、渗漏或流砂等现象;⑪基坑工程发生事故后重新组织施工;⑫出现其他影响基坑及周边环境安全的异常情况,当有危险事故征兆时,应实时跟踪监测。

13. 监测报警

基坑工程监测必须确定监测报警值,监测报警值应满足基坑工程设计、地下结构设计要求及周边环境中被保护对象安全和正常工作的控制要求。报警阈值应该根据基坑的分类,采用不同的报警值。根据我国和世界上其他国家的相关规定,参考我国现阶段建筑地基基础工程施工质量验收规范与要求,可以初步确定基坑报警阈值的基本分类,见表 4.17。

表 4.17　基坑工程监测基坑级别类别

类别	分类标准
一级	重要工程或支护结构作为主体结构的一部分;开挖深度大于 10 m;与邻近建筑物、重要设施的距离在开挖深度以内的基坑;基坑范围内有历史文物、近代优秀建筑、重要管线、地下构筑物等需严加保护的基坑
二级	除一级和三级外的基坑属于二级基坑
三级	开挖深度小于 7 m,且周围环境无特别要求时的基坑

针对不同的基坑,其围护墙(坡)顶水平位移报警阈值见表 4.18。

表 4.18　基坑围护顶水平位移报警阈值

基坑类别	一级	二级	三级
累计值/mm	25～35	40～60	60～80
变化速率/(mm·d^{-1})	2～10	4～15	8～20

根据一、二和三类基坑坑底隆起(回弹)累计值和变化速率,列出了基坑底隆起的报警阈值,见表 4.19。

表 4.19　基坑隆起报警阈值

基坑类别	一级	二级	三级
累计值/mm	25～35	50～60	60～80
变化速率/(mm·d^{-1})	2～3	4～6	8～10

监测报警值应由监测设计、基坑工程设计、结构管理、政府监管等多方共同商议确定。基

坑土体内部深层位移中的内、外地层位移属于隐性破坏,发展速度相对较慢,破坏后果时间延滞,对市政设施破坏严重,因此应符合下列要求:

①不得导致基坑后期的失稳;②不得影响既有地下结构的尺寸、形状和现有地下工程的正常施工;③对周边已有建筑引起的变形,不得超过相关技术规范的要求,亦不能影响其正常性态;④不得影响周边道路、管线、设施等正常工作功能;⑤满足特殊环境的技术要求。

基坑工程监测报警值应以监测项目的累计变化量和变化速率值共同控制,基坑及支护结构监测报警值应根据土质特征、工程力学性质、理论设计与计算结果,并结合当地经验和人文传统等因素综合确定;当无当地经验时,可根据土质特征、设计方案和表 4.20、表 4.21、表4.22中所规定的值进行限定。

表 4.20 基坑及支护结构监测报警值(一级基坑)

序号	监测项目	支护结构类型	基坑类别 一级 累计值 绝对值/mm	相对基坑深度控制值 h	变化率 变化速率 /(mm·d⁻¹)
1	围护墙(边坡)顶水平位移	放坡、土钉墙、喷锚支护、水泥土墙	30~35	0.3%~0.4%	5~10
		钢板桩、灌注桩、型钢水泥土墙、地下连续墙	25~30	0.2%~0.3%	2~3
2	围护墙(边坡)顶竖向位移	放坡、土钉墙、喷锚支护、水泥土墙	20~40	0.3%~0.4%	3~5
		钢板桩、灌注桩、型钢水泥土墙、地下连续墙	10~20	0.1%~0.2%	2~3
3	深层水平位移	水泥土墙	30~35	0.3%~0.4%	5~10
		钢板桩	50~60	0.6%~0.7%	2~3
		型钢水泥土墙	50~55	0.5%~0.6%	
		灌注桩	45~50	0.4%~0.5%	
		地下连续墙	40~50	0.4%~0.5%	
4	立柱竖向位移		25~35	—	2~3
5	基坑周边地表竖向位移		25~35	—	2~3
6	坑底隆起(回弹)		25~35	—	2~3
7	土压力		(60%~70%)f_1		—
8	孔隙水压力		(60%~70%)f_1		—
9	支撑内力		(60%~70%)f_2		—
10	围护墙内力		(60%~70%)f_2		—
11	立柱内力		(60%~70%)f_2		—
12	锚杆内力		(60%~70%)f_2		—

表 4.20 中 h 为基坑设计开挖深度；f_1 为荷载设计极限值；f_2 为构件承载能力设计值；累计值取绝对值和相对基坑深度控制值(h)两者的小值。若监测项目的变化速率达到表中规定或连续 3 天超过该值的 70%，应报警；嵌岩灌注桩或地下连续墙位移报警值宜按表中数值的50% 取用。对于二级基坑和三级基坑，其报警阈值见表 4.21、表 4.22 中建议的经验值，表中字母和表 4.20 中一致。

基坑周边环境监测报警值应根据主管部门和业主的要求确定，如主管部门无具体规定，可按表 4.23 确定。

表 4.21 二级基坑及支护结构监测报警值

序号	监测项目	支护结构类型	基坑类别		
			二级		
			累计值		变化率
			绝对值/mm	相对基坑深度控制值 h	变化速率/(mm·d^{-1})
1	围护墙(边坡)顶水平位移	放坡、土钉墙、喷锚支护、水泥土墙	50～60	0.6%～0.8%	10～15
		钢板桩、灌注桩、型钢水泥土墙、地下连续墙	40～50	0.5%～0.7%	4～6
2	围护墙(边坡)顶竖向位移	放坡、土钉墙、喷锚支护、水泥土墙	50～60	0.6%～0.8%	5～8
		钢板桩、灌注桩、型钢水泥土墙、地下连续墙	25～30	0.3%～0.5%	3～4
3	深层水平位移	水泥土墙	50～60	0.6%～0.8%	10～15
		钢板桩	80～85	0.7%～0.8%	4～6
		型钢水泥土墙	75～80	0.7%～0.8%	
		灌注桩	70～75	0.6%～0.7%	
		地下连续墙	70～75	0.7%～0.8%	
4	立柱竖向位移		35～45	—	4～6
5	基坑周边地表竖向位移		50～60	—	4～6
6	坑底隆起(回弹)		50～60	—	4～6
7	土压力		(70%～80%)f_1		—
8	孔隙水压力				
9	支撑内力		(70%～80%)f_2		—
10	围护墙内力		(70%～80%)f_2		—
11	立柱内力		(70%～80%)f_2		—
12	锚杆内力		(70%～80%)f_2		—

表 4.22　三级基坑及支护结构监测报警值

序号	监测项目	支护结构类型	基坑类别 三级 累计值 绝对值/mm	相对基坑深度控制值 h	变化率 变化速率 /(mm·d⁻¹)
1	围护墙(边坡)顶水平位移	放坡、土钉墙、喷锚支护、水泥土墙	70～80	0.8%～1.0%	15～20
		钢板桩、灌注桩、型钢水泥土墙、地下连续墙	60～70	0.6%～0.8%	8～10
2	围护墙(边坡)顶竖向位移	放坡、土钉墙、喷锚支护、水泥土墙	70～80	0.8%～1.0%	8～10
		钢板桩、灌注桩、型钢水泥土墙、地下连续墙	35～40	0.5%～0.6%	4～5
3	深层水平位移	水泥土墙	70～80	0.8%～1.0%	15～20
		钢板桩	90～100	0.9%～1.0%	8～10
		型钢水泥土墙	80～90	0.9%～1.0%	
		灌注桩	70～80	0.8%～0.9%	
		地下连续墙	80～90	0.9%～1.0%	
4	立柱竖向位移		55～65	—	8～10
5	基坑周边地表竖向位移		60～80	—	8～10
6	坑底隆起(回弹)		60～80	—	8～10
7	土压力		(80%～90%)f_1		—
8	孔隙水压力		(80%～90%)f_1		—
9	支撑内力		(80%～90%)f_2		—
10	围护墙内力		(80%～90%)f_2		—
11	立柱内力		(80%～90%)f_2		—
12	锚杆内力		(80%～90%)f_2		—

表 4.23　建筑基坑工程周边环境监测报警值

监测对象			项目 累计值/mm	变化速率 /(mm·d⁻¹)	备注
1	地下水位变化		1 000	500	—
2	管线位移	刚性管道 压力	10～30	1～3	直接观察点数据
		刚性管道 非压力	10～40	3～5	
		柔性管线	10～40	3～5	—
3	邻近建筑位移		10～60	1～3	
4	裂缝宽度	建筑	1.5～3	持续发展	
		地表	10～15	持续发展	—

注:建筑整体倾斜累计值达到 2/1 000 或倾斜速度连续 3 d 大于 0.000 1H/d(H 为建筑承重结构高度)时应报警。

基坑周边建筑、管线、特殊地下构筑物的报警值除考虑基坑开挖造成的变形外,尚应考虑其原有变形的影响,当出现下列情况之一时,必须立即进行危险报警,并应对基坑支护结构和周边环境中的保护对象采取应急措施。

(1)监测数据达到监测报警值的累计值;(2)基坑支护结构或周边土体的位移突然明显增大或基坑出现流砂、管涌、隆起、陷落或较严重的渗漏等;(3)基坑支护结构的支撑或锚杆体系出现过大变形、压屈、断裂、松弛或拔出的迹象;(4)周边建筑的结构部分、周边地面出现较严重的突发裂缝或危害结构的变形裂缝;(5)周边管线变形明显增大或出现裂缝、泄漏等;(6)基坑周边地下建筑物或构筑物出现明显的结构劣变或者功能变化时;(7)根据当地工程经验判断,出现其他必须进行危险报警的情况。

14. 数据处理与信息反馈

监测分析人员应具有岩土工程、结构工程、工程测量、信息处理的综合知识和实践经验,具有较强的专业数据综合分析处理能力,能及时可靠地提供综合分析报告。现场测试人员应对监测数据的真实性负责,监测分析人员应对监测报告的可靠性负责,监测承担单位应对整个项目监测质量负责。监测记录和监测技术成果均应有对应负责人签字,监测技术成果应加盖法人和单位公章,现场的监测资料应符合下列范式的基本要求:

(1)使用正式约定的监测记录表格;(2)监测记录应有相应的工况描述;(3)监测数据的整理应提供处理的基本流程和依据;(4)对监测数据的变化及发展情况的分析和评述应覆盖约定的范围;(5)监测数据结论需提供关键(按需求)的应急处理方案和可能的损失评估。

外业观测值和记录项目应在现场直接录入观测记录表中,任何原始记录不得涂改、伪造和转抄及买卖和交易,涉及机密的监测数据,必须采用专门的工具进行加密记录。观测数据出现异常,应及时分析原因,必要时应进行重测。监测项目数据分析时,应结合其他关联项目的监测数据并结合自然环境、施工工况等情况,同时考虑以往历史经验数据进行综合分析并对其发展趋势做出尽可能完备的预测。监测成果应包括当日报表、阶段性报告和总结报告。技术成果提供的内容应真实、准确、完整,并宜用文字阐述与绘制变化曲线或数据图形相结合的方式表达。技术成果应按时报送,监测数据的处理与信息反馈宜采用专业软件,专业软件的功能和参数应符合本国家和参与方的有关规定,并宜具备数据采集、处理、分析、查询和管理一体化以及监测成果可视化的功能。基坑工程监测的观测记录、计算资料和技术成果应进行分卷、归档。由于监测数据的当日报表是监测过程中重要的第一手数据,对于基坑监测,应包括下列基本内容:

(1)当日天气情况和施工现场工况的准确描述;(2)仪器监测项目各监测点的本次测试值、单次变化值、变化速率以及累计值等,提供绘制有关的曲线图;(3)提供完备的巡视检查记录;(4)对监测项目应有正常或异常或危险的初步判断结论,并对预处理提供预案;(5)对达到或超过监测报警值的监测点应有报警标示,并有原因分析及建议;(6)对巡视检查发现的异常情况应有详细描述,危险情况应有报警标示,并有原因分析及建议;(7)其他相关说明。

当日报表宜采用表4.24~4.30的样式。其中,阶段性报告还应包括下列内容:

(1)该监测阶段相应的工程、气象及周边环境概况;(2)该监测阶段监测项目及测点的布置图;(3)各项监测数据的整理、统计及监测成果的过程曲线;(4)各监测项目监测值的变化分析、评价及发展预测;(5)相关的设计和下一步的施工建议。

监测数据分析后的阶段性总结报告应包括如下内容:

（1）工程概况；（2）监测依据；（3）监测项目；（4）监测点布置；（5）监测设备和监测方法；（6）监测频率；（7）监测报警值；（8）各监测项目该阶段全过程的发展变化分析及整体评述；（9）监测工作结论与建议。

表 4.24　基坑水平位移和竖向位移监测日报表

（　）第　　页　共　　页　第　　次

工程名称：

报表编号：　　　天气：　　　观测者：　　　计算者：

测试日期：　　　年　　月　　日

点号	水平位移（单位测试值：mm；累计值：mm/d）				备注	竖向位移（单位测试值：mm；累计值：mm/d）				备注
	本次测试值	单次变化	累计变化量	变化速率		本次测试值	单次变化	累计变化量	变化速率	
工况：						当日监测简要分析及结论：				

项目负责人：　　　　　　　　　　　监测单位：

注：应视工程及测点变形情况，定期绘制测点的数据变化曲线图。

表 4.25　深层水平位移监测日报表

第　　页　共　　页　第　　次

工程名称：

报表编号：　　　天气：　　　观测者：　　　计算者：

测试日期：　　　年　　月　　日　　　孔号：

其中，表中深度单位 m，位移单位 mm，累计变化量单位 mm，变化率单位 mm/d

深度	本次位移	单次变化	累计位移	变化速率	位移/mm
					60 40 20 0 −20 −40 −60
					深度/m：0, 5, 10, 15, 20, 25, 30, 35, 40

工况：

当日监测分析及结论：

项目负责人：　　　　　　　　　　　监测单位：

注：对于深层水平位移每个孔号对应的测试仪器、设备、校验、率定等相关信息需要在日报表附表中进行准确披露，并对采样频率、时间、预处理、滤波设置、数据分包、测点空间坐标以及埋置方案等信息，都需要全部在备份中进行说明，以备后期调查复核与大数据推演和验证应用。

对于基坑深层土体位移应建立全自动数据库,并最好建立能与基坑云端专家数据库(大数据计算分析模型)进行深度有效学习的自适应和智能建模的数据接口。

表 4.26　维护墙、立柱及土压力、孔隙水压力监测日报表

第　　页共　　页第　　次

工程名称:

报表编号:　　　　天气:　　　　观测者:　　　　计算者:

测试日期:　　　年　　月　　日

其中,表中深度单位 m,应力单位 kPa

组号	点号	深度	本次应力	上次应力	本次变化	累计变化	备注	组号	点号	深度	本次应力	上次应力	本次变化	累计变化	备注
工况						当日监测分析及结论:									

项目负责人:　　　　　　监测单位:

对于基坑维护墙、立柱及土压力、孔隙水压力参数的监测数据,应视工程及测点变形情况,实时绘制测点的数据变化曲线图,并根据监测要求,在不同阶段提供参数的趋势走向,确保内力不超过报警阈值,以指导工程的施工和管理。

表 4.27　支撑轴力、锚杆及土钉力监测日报表

第　　页共　　页第　　次

工程名称:

报表编号:　　　　天气:　　　　测试者:　　　　计算者:

测试日期:　　　年　　月　　日

点号	本次内力 /kN	单次变化 /kN	累计变化 /kN	备注	点号	本次内力 /kN	单次变化 /kN	累计变化 /kN	备注
工况				当日监测分析及结论:					

项目负责人:　　　　　　监测单位:

表 4.27 中支护结构应力测量数据因保存原始非转换电信号,作为模型和测量误差检查之用,在结构内力测试表达上,应该按照中国计量单位进行统一工程转换,统一并明确标定转换系数。监测点应该标识出报警阈值曲线,并确定结构应力向极限状态发展的态势,监测应视工程及测点变形情况,定期绘制测点的数据变化曲线图。

表 4.28 地下水位、周边地表竖向位移、坑底隆起监测日报表

第　　页共　　页第　　次

工程名称：

报表编号：　　　　天气：　　　　测试者：　　　　计算者：

测试日期：　　　年　　月　　日

组号	点号	初始高程 /m	本次高程 /m	上次高程 /m	本次变化量 /mm	累计变化量 /mm	变化速率 /(mm·d^{-1})	备注
工况					当日监测分析及结论：			

项目负责人：　　　　　　　　　　监测单位：

注：地下水位信息监测是基坑，尤其是一级基坑监测的重要内容。其提取的数据往往也是分析地面沉降的重要线索。

表 4.28 是基坑周边水位变化的监测统计表，由于地下水位是在基坑降水、灌水中需要经常记录的数据，也是调整施工进度的重要依据，另外降水涉及基坑工程后期甚至以后很长一段时间的基础沉降，因此地下水位尤其是地基下面的地下水位是反映工程安全的重要指标，也是地面变形智能监测的重要大数据来源，应视工程及测点变形情况，定期绘制测点的数据变化曲线图。

表 4.29 裂缝(裂纹)监测日报表

第　　页共　　页第　　次

工程名称：

报表编号：　　　　天气：　　　　观测者：　　　　计算者：　　　　校核者：

测试日期：　　　年　　月　　日

点号	长度				宽度				形态
	本次测试值 /mm	单次变化 /mm	累计变化量 /mm	变化速率 /(mm·d^{-1})	本次测试值 /mm	单次变化 /mm	累计变化量 /mm	变化速率 /(mm·d^{-1})	
工况：					当日监测的简要分析及判断性结论：				

项目负责人：　　　　　　　　　　监测单位：

裂缝(裂纹)分为结构裂缝(裂纹)和装饰层裂缝(裂纹)，本表主要是针对结构裂缝(裂纹)的变化而设计的基本信息采集表。由于裂纹在结构中为一种普遍现象，对于不发展的数量非密布的微裂纹，应视为非危险点或非危险区，对于这些微裂纹应做专门处理，不纳入大尺寸裂纹监测范围。但这不等于微裂纹不重要，只是基坑监测中的结构大多数属于临时结构，微裂纹对基坑和维护结构本身短期内安全影响不大，监测过程中该表主要集中对裂缝进行采集。应视工程及测点变形情况，定期绘制测点的数据变化曲线图。

表 4.30 巡视监测日报表

第 页 共 页 第 次
工程名称：
报表编号： 观测者： 计算者：
巡视日期： 年 月 日 时

分类	巡视检查内容	检查结论	备注
自然条件	气温		
	雨量、雪量		
	风级		
	水位		
支护结构	支护结构及成型质量		
	冠梁、支撑、围檩裂缝		
	支撑、立柱变形		
	止水帷幕开裂、渗漏		
	墙后土体、堆载、沉陷、裂缝及滑移		
	基坑涌土、流砂、管涌		
	其他（含标识等）		
施工工况	土质情况		
	基坑开挖分段长度及分层厚度		
	地表水、地下水状况		
	基坑降水、回灌设施运转情况		
	基坑周边地面堆载情况		
	其他（含制度执行等）		
周边环境	地下管道破损、泄漏情况		
	周边建（构）筑物裂缝		
	周边道路（地面）裂缝、沉陷		
	邻近施工情况		
	其他（含动植物现状等）		
监测设施	基准点、测点完好状况		
	观测工作条件		
	监测元件完好情况		

观测部位示意图（特殊部位、结构）

项目负责人： 监测单位：

4.6.3 监测准备工作

为保证深基坑工程监测的顺利进行,达到前述监测目的,在监测实施之前,应重视做好以下几方面的准备工作。

一是监测资料准备。主要是场地地质资料、环境资料、基坑设计资料的准备。其目的是不仅使测试者对监测对象有全面的了解,而且深入分析基坑支护设计资料,了解设计原理和为满足基坑监测反分析要求而应重点监测的部位,合理、优化布置测点,确定监测的可实施性、可控性和可观性。

二是确定监测项目,选择监测仪器。施工监测的项目总数、种类较多,而测试条件一般又有限,对一般工程不可能就每个项目都能够进行监测。但规定的必测项目均应监测,其中的宜测、应测和可测项目对提高设计水平大有裨益,在设计者认为必要时,应尽可能创造条件进行同期或者后期补测。对于大多数基坑测试项目,至少应选择若干典型剖面的围护墙倾斜、土体位移、地下水位、支撑轴力与变形等关键项目进行监测。

三是测点布置设计。考虑岩土结构相互作用位移反分析和安全预报双重要求的因素,深基坑工程施工监测对测点布置质量要求较高,目前按经验布设测点的做法难以满足要求,应事先根据规则或者模型(如有限元方法)做好位移测点的优化布置设计,这个课题虽然一直处于研究和争议的状态,但研究结果带来的价值是巨大的,相关具体理论的探讨可以参见相关具体的文献和专著,下面对岩土基坑工程监测中经常需要注意的传感测试工作进行简单说明。

(1)基坑支护桩顶水平位移的监测。

支护桩顶水平位移是通过在连梁两端和中间预埋监测点,用激光经纬仪或相同设备进行监测,监测点间距按约 10 m 控制,测距可用 0.1 mm 的测量用三角尺,利用视准线法观测各测点相对于控制线的位移,来确定桩顶和连梁的水平位移,当然现在有很多的其他测试方法,传统方法的原理基本和上述一致,但也有新型的测试技术,如图像法。对于具体技术,读者可以查阅相关文献。

(2)地下水位的监测。

地下水位监测是通过在基坑工程预挖的孔位中,放入(钢尺)水位计进行监测。地下水位测量的孔位要设置在有代表性的位置上,如基坑中心、基坑角部及基坑邻域内距基坑一定距离处等。

(3)钢筋应力监测。

钢筋应力监测通过在主筋上预焊钢弦式钢筋应力计,或者采用黏贴式方法,将测试用传感器固定在设定的位置上,用数字频率仪测量钢筋计的频率,根据公式将频率换算成应力进行监测。监测支护桩的应力时,钢筋计应连(焊)接在支护桩坑外土体一侧的主筋上,如果为了同时测取桩体土压力,则内侧也应同时布置土压力传感器。

(4)支护桩桩身水平位移监测。

支护桩桩身水平位移是通过埋设测斜管并采用测斜仪进行监测,其原理是量测测斜仪测头轴线与铅垂线间的倾斜角度,然后根据角度的变化计算水平位移。

（5）沉降监测。

①基坑周围地表沉降监测。沉降监测的常规方法是采用水准仪（精度较高的测试需要用固定棱镜进行基准点测试），在观测点处打入或埋入钢质测钉，顶部露出地面 3～5 cm，并磨成凸球面，然后用水准仪监测；至于其他的监测方法，如图像、红外、声波、光波等技术，由于受使用场地和待测物体具有特殊要求的限制，目前仍然不是主流的监测手段，但它们已经成为监测的重要技术，在预测和人难以到达的地点，起着越来越重要的作用。

②邻近建筑物位移监测，常规的做法是在建筑物的基础、上部结构墙面上预钻孔至结构层，将 L 形钢筋埋入，并浇注混凝土于两者的空隙内。钢筋上部磨成凸型，再用经纬仪、水准仪分别监测。

（6）邻近管线监测。

对于铸铁管、钢管等材质，埋深较浅的管道，可采用直接法布点，开挖至管道深度，将钢筋焊接于管线的顶部并引至地表，以测量管道顶部的土体位移。对于埋深较浅的输气管道，如天然气、特殊气体等管道，则考虑采用抱箍法，即根据管道的外径，特制 2 个对开的箍，环抱管道，用钢筋引出地面，以测量管道周围的土体位移，当然也可以采用声波如 Guidewave 等非接触的测试方法，但测试精度受到干扰的因素较多，需要根据具体情况采用不同的测试手段，具体的测试方法可参见相关专著。对于埋深较大的管道，可采用间接法，即钻孔至管道顶部或底部，孔中放入保护管，管中再放入钢筋，钢筋底部须适当扩大，以测量管道顶部或底部的土体位移。

（7）锚杆的锚固应力监测。

基坑锚杆拉力监测经常使用的仪器为锚杆测力计，主要采用钢弦式。锚杆测力计安装在锚头与圈梁或腰梁之间，以让锚杆测力计能够反映锚杆实际拉力。对于设置锚杆较多的基坑工程，一般可选择部分典型锚杆进行轴力变化观测。平面上同一道锚杆一般根据设计计算结果，选择轴力最大的锚杆监测；立面上尽可能选择位于同一剖面上不同道的锚杆进行监测，为了便于布置传感器，同时检查锚杆应力损失的情况，测点一般设置在锚头与圈梁或腰梁之间。

（8）桩锚支护结构测点布置要点。

目前，各标准对基坑工程施工监测测点的布置尚无明确规定，工程实践中常以在满足监测要求的前提下，尽可能降低监测费用的原则予以优化确定。随着监测工程和经验的增加，各监测单位都形成了具有自己特色的测点布置方法，下面就桩锚支护结构监测中一些共性问题进行简单的说明。

①桩顶水平位移和竖直位移监测。这是基坑工程中最直接也是最重要的监测内容。测点一般布置在与（混凝土灌注）桩刚性连接的支护结构钢筋混凝土帽梁表面上，测点间距一般取10 m，等间距或根据现场通视条件、地面堆载等综合布置。测点间距主要考虑能据此描绘出基坑支护结构的空间变形曲线、工作量不至于大量增加原则、锚杆布置间距等情况来确定。对于水平位移变化剧烈的区域，测点应适当加密。测点宜设在相邻内锚杆支护水平连线的中间部位，同一测点常同时作为水平位移和竖直位移的观测点（水准或全站仪）。

②桩身水平位移监测。亦称为桩身测斜，是深基坑位移控制的重要内容。考虑到埋设的难度和量测工作量较大等情况，测点一般布置在支护结构各边跨中位置。对于个别大于 50 m

的长边,可增加测点。如果工程需要采用测斜管,则测斜管也可绑扎在钢筋笼上,同步放入成孔或成槽内,通过浇筑混凝土固定于灌注桩中,管长一般与桩深一致,并延伸至地表。

③基坑周围土体顶部的水平和竖直位移监测。通常沿基坑周边每隔 $10\sim20$ m 设一测点,在每边的中部和端部设置观测点。

④基坑周围地表沉降、土体深层竖向位移、土压力、孔隙水压力和地下水位监测。测点一般设置在基坑纵、横轴线或其他有代表性的部位,且位于止水帷幕以外。地下水位通过观测井观测,井内设置带孔塑料管,并用砂石充填管壁外层。

⑤基坑周围环境监测。对结构而言,主要是对离基坑水平距离 $2\sim3$ 倍基坑开挖深度范围内的地下管线和邻近建(构)筑物的变形进行测量和监控。对于环境,主要是基坑影响范围内的所有生态进行监测。其中,对于重要的地下管线,沉降观测点最好直接设置在地下管线结构而非覆盖层的顶部(直接法),如果算法允许,也可设置在靠近管线底面的土体中(间接法)。对于地下管廊,如果管廊内部的管线已有监测,则测点可直接将其置于管廊的顶表面和底表面上。

邻近建筑物的沉降观测点,通常布置在墙角、柱身、门边等结构处或与结构有刚性连接的非结构处,放置传感器的位置要求外形突出,利于布置、保护及可视,保证测点的可观性。另外,测点间距的优化确定,以能充分反映观测建筑物各部分的不均匀沉降变形的空间演化规律为基本原则,如果精度要求不是很高,也可以对被观测物的二维变化进行测试,以平面变形为主进行测试和测点特征的综合计算与评判。

4.6.4 监测方案

1. 支护桩钢筋内力监测

对于需要监测的基坑,尤其是需要监测钢筋内力变化的工程,表明基坑岩土力学不能靠简单的计算获得其变化的准确分布,如特大型桥梁的超大型荷载所需的超深基坑、大型景观基础、专门用途的斜井、岩爆硐室等地下工程大空间后期支护技术问题,监测设计需要至少验证和实施 2 个过程。对于验证性监测,长期测点布置往往较为密集,应根据桩(锚、索等)长度、配筋情况,并考虑计算的最大弯矩所在位置、反弯点位置、等效冲切点位置、腐蚀应力分布区和锚杆作用位置等情况。各土层岩层的分界面等因素也是需要考虑的重要内容,如图 4.49 是某桩测点布置的剖面图,共布置测点 20 个,其中靠近顶端的第 1 个测点为试验调试用测点。

2. 锚杆内力监测

锚杆内力一般用锚杆传感器测量,为了降低监测成本,逐步采用钢筋应力监测,后者的优势是适应恶劣环境的能力较强,能够有效降低测试成本,并在测试精度上几乎没有较大的损失。现代智能钢筋应力计的功能正在逐渐焕发出新的生命,由于测试种类较多,一改以往只能测试轴向应力的不利特点,对土中压力、孔隙水压力,甚至土中位移都能同步进行测量。

3. 锚杆传感器监测

根据锚杆道数、锚杆设计拉力及预加拉力,结合过去积累的监测经验,在每道锚杆上各布设锚杆锚头传感器 1 个,其侧面图如图 4.50 所示。

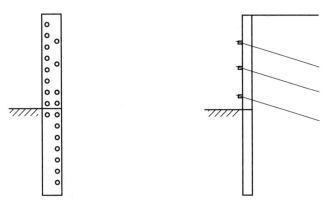

图 4.49 桩测点布置图   图 4.50 锚头传感器布置图

4. 钢筋应力计监测

锚杆预应力首先作用在连梁或圈梁上,那么锚杆预应力大小的监测可通过离锚杆最近的圈梁或连梁的内力监测来实现,这样在不改变监测精度的条件下能够较大地降低监测成本。预应力锚杆与圈梁及桩的相互位置关系平面图如图 4.51 所示。

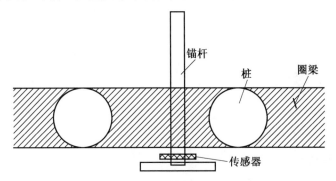

图 4.51 钢筋应力计布置图

建立图 4.52 的简支梁模型,根据静力学理论可知梁截面一定的情况下,梁中的应力正比于荷载,可推断圈梁中钢筋应力计应力状态与锚杆预应力大小成正比,可得到如下简化的计算公式:

$$M = \frac{1}{2}PL \tag{4.43}$$

$$\sigma = \frac{My}{I_z} = \frac{\frac{1}{4}PL \cdot \frac{1}{2}h}{\frac{1}{12}bh^3} = \frac{3PL}{2bh^2} \tag{4.44}$$

引入系数 $K = \dfrac{2bh^2}{3L}$,则有

$$P = K\sigma \tag{4.45}$$

式中,M 为作用在传感器上的弯矩;P 为作用荷载;L 为梁长;σ 为应力;y 为作用点离中性轴的距离;h 为计算惯性矩截面高;b 为计算惯性矩截面长;I_z 为截面惯性矩。

当然,这种监测方法由于把复杂的锚杆测力计简化为与简支梁相同的受力状态,其变形的协调性与实际情况不同,因此锚杆的施工质量对其精度有较大的影响。大量工程表明,这种测

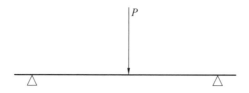

图 4.52　锚杆预应力监测简支梁模型

量能够比较稳定地获取锚杆在锚固体较大时的工况数据。对于松软的土质,其测试数值的方差较大,需要做试验对比修正。

图 4.53 和图 4.54 是对某深基坑锚杆预应力进行监测的时间曲线。对同一根锚杆用两种方法进行监测,对比监测结果可以发现,曲线除开始由于应力松弛导致结果出现较大波动之外,当锚杆进入正常工作阶段后,测试数据反映出锚杆应力变化趋于一致。

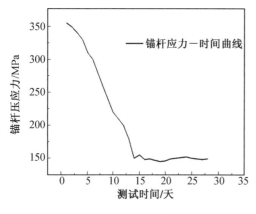

图 4.53　锚杆压应力监测

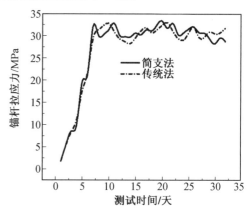

图 4.54　锚杆拉应力监测对比

5. 桩身水平位移监测

对于桩外表面的倾斜,一般用全站仪对桩帽或者开挖面已外露部分布点进行监测即可。重要复杂的工程,在开挖前对埋于土中的桩或者开挖后嵌入土中的桩身部分进行监测,主要采用测斜仪进行测试,防止支护桩的倾覆。考虑到工程的实际情况,测斜孔布置的位置除了能够便于测量桩体的倾斜外,还能够便于观测待测物体邻近土体的变化,如图 4.55 所示,分别在每边的中点埋设 1 个测斜管,测斜管分布在点 B、D、E、G 上。测斜管组装后绑扎在混凝土灌注桩的钢筋笼上,随钢筋笼浇注在混凝土中。

6. 地下水位和孔隙水压力监测

地下水位和孔隙水压力监测分别采用水位计和孔隙水压力计进行,并通过基坑外钻孔来进行。根据现场情况在其中 4 个监测点埋设仪器,具体埋设位置应该根据监测要求,计算理论的地下水位变化曲线,或者根据当地经验确定,在没有计算数据或可借鉴的经验时,可以先预定在基坑转角处或者待测区域的对称 4 个角上。如图 4.56 所示,其中点 A、C、F、H 为待测土体中水位变化的 4 个角点,通过角点的水位变化和孔隙水压力动态变化情况,随时对基坑内的渗水、水位情况进行监测并做出优化施工步骤、准备维修和抢修预案。基坑开挖结束后,在基坑中部挖孔埋设仪器,对坑底水位和孔隙水压力进行监测,加强坑底隆起的观测和计算。

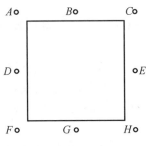
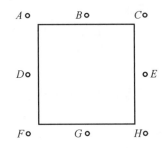

图 4.55　监测断面布置图　　　　　　图 4.56　地下水和孔隙水监测断面布置图

7. 桩锚支护结构监测项目与仪器

本章前面已经详细阐述了基坑监测中对仪器设备的要求,目前用于基坑监测的仪器众多,这里只简单介绍国外主要的几种仪器设备及系统提供商。关于具体传感器型号和功能,可以通过网上搜索其详细信息。

(1)Soil Instruments 英国岩土设备公司(http://www. soil. co. uk,公司位于 Bell Lane,Uckfield,East Sussex TN22 1QL)。

Soil Instruments 是有着 40 多年专业生产岩土各类仪器的国际公司。该公司生产的设备从 20 世纪 60 年代开始,主要用于大坝、隧道、基坑、公路、桥梁、地铁等岩土工程的监测、测试及研究领域。

该公司主要产品是岩土工程应变计、沉降观测仪、测斜仪、测缝计、土压力计、孔隙水压力传感器以及对应的数据采集系统。尤其是裂缝的监测传感器,积累了大量的工程实际应用经验,并在世界上许多民用和军用工程中得到应用。

(2)Smartec 瑞士岩土设备开发公司(https://smartec. ch,公司位于 Via Pobiette 11 CH-6928,Manno Switzerland)。

Smartec 是享誉世界的结构与岩土监测传感器公司,该公司从 1974 年开始从事岩土与结构传感器的研发,主要产品是基于光纤的温度传感器及其基于此的各种岩土光纤传感器,如光纤水准仪等。公司拥有能够适应绝大多数恶劣环境下岩土工程的测试、数据采集系统,非常平稳,能够进行大规模的岩土工程测试数据的采集与处理,近年来开发了一系列基于光纤材质的智能岩土传感器,并将这些传感器用于 1 200 多项世界各重大岩土工程之中,取得了辉煌的测试成绩。

(3)Solexperts AG 瑞士岩土设备公司(http://www. solexperts. com,位于 Monchartorf Zurich)。

Solexperts AG 公司成立于 1947 年,是瑞士苏黎世联邦技术学院地下工程 K. Kovari 博士于 20 世纪 80 年代提出的 LOM 线法测试方法(Linewise Observation Method)的技术成果转化单位,并基于 LOM 技术,开发了一系列测试传感器和数据采集及分析系统,该传感器主要用于地下工程岩土内部松动的测试与监测。

(4)Applied Geomechanics Inc. 美国应用岩土力学有限公司(https://www. azooptics. com,AGI,位于 1336 Brommer Street Santa Cruz CA, 95062 United States)。

AGI 成立于 1983 年,具有竞争力的主要产品为测角和岩土与地下工程倾斜测试传感器及其对应测试系统,其测试系统丰富,功能强大,是美国以及美国主导的岩土工程测试主要的监测设备提供商。

(5)RocTest Ltd.加拿大岩土测试公司(https://roctest.com,位于 680,Birch,Saint－Lambert,QC, Canada J4P 2N3)。

加拿大 RocTest 公司成立于 1967 年,是世界著名的岩土专项测试公司,公司主要以振弦和光纤传感器为主,开发岩土技术与结构测试、监测用传感器及其系统。该公司研发的传感器应用于加拿大和北美洲大量的隧道和地下结构测试与监测工程之中,是北美洲岩土学科研究的重要设备提供单位。

至于国内基坑与岩土监测仪器,最近几年发展很快。但由于历史的原因,加上市场、法制等滞后,中国岩土监测设备的完备性、系统性、耐久性等与国外相比还存在不小的差距。随着中国整体制造水平的提升,老旧房屋数量剧增,加上岩土监测本身的复杂性,因此我国有可能在未来的十年内,集中多专业交叉的力量,大幅度提高岩土专用与多用途传感器的综合水平,并在某些领域成为领跑者。

第5章　软土基础监测

软土顾名思义就是比较"软"的土,它的工程物理特性一般是天然孔隙比大、天然含水率高、压缩性高、抗剪强度低、渗透系数小,对于绝大多数岩土工程而言,为一种不良地基。

作为全球分布最广的工程黏土软土,一般具有几个特征:

(1)外观以灰色和深色为主的细粒土有机质含量高。

(2)天然含水量大于或等于液限。

(3)天然孔隙比大于或等于 1.0。

软土的工程性质还有一个特点就是高压缩性,压缩系数 α_{1-2} 一般为 $0.7\sim1.5$ MPa^{-1},最大可达 4.5 MPa^{-1},且这种特性随着土体液限和天然含水率增大而增强。软土的低强度还表现在,其快剪黏聚力小于 10 kPa,内摩擦角小于 $5°$,固结快剪黏聚力小于 15 kPa,内摩擦角小于 $10°$;其灵敏度一般在 $2\sim10$ 之间,有时大于 10 并具有显著的流变性;其低透水性表现在其渗透系数很小,一般在 $10^{-4}\sim10^{-8}$ cm/s 之间,绝大多数软土水平渗透性大于垂直向,表现出渗透性的非均匀性;其天然含水率高、容重小表现在其天然含水率为 $50\%\sim70\%$,而液限为 $40\%\sim60\%$,在较大的地震作用下易呈现震陷特征。正是软土这些工程特性,使得赋存于软土地基上的岩土工程具有较大的风险,如何保证软土地基的沉降满足荷载的要求,同时综合造价最低,是岩土工程软土地基处理的重要研究课题。

当然,软土也是一种难得的岩土材料,天然软土层具有良好的层理结构,在互层中伴随有少数较密实的颗粒以及较粗的粉土或砂层,这些中间层成为软土层中的变异土层,不同形成时间,软土的变异层分布长度、厚度、尖灭规律也不一样。但无论如何,由于软土这种组成特性具有很好的波动吸收能力,是天然的隔振隔声材料。如何充分利用这些特异性能,提高软土的工程力学和物理能力,对降低软土工程成本,提高软土工程可靠性、舒适性、环保性等具有非常重要的价值。

我国软土主要分布区域,按工程性质结合自然地质地理环境,可划分为 3 个地区,即沿秦岭走向向东至连云港以北的海边一线,作为Ⅰ、Ⅱ地区的界线;沿苗岭、南岭走向向东至莆田的海边一线,作为Ⅱ、Ⅲ地区的界线。这一分区可作为区划、规划和勘察的前期工作使用。不同区域的软土,其工程特性具有不同的力学性质,软土地基监测技术对不同区域的软土也应采用相应的技术。本章主要介绍软土地区的地基变形监测技术和其基本过程。

5.1　软土地基处理施工监测项目

除了特殊施工技术要求以外,软土地区岩土工程一般都需要进行处理后才能为基础提供安全的承载力,因此软土工程的地基处理涉及的施工监测是重大工程监测的核心内容。一般说来,软土地基处理中的监测项目包含于表 5.1 中。

表 5.1　软土地基处理监测项目

序号	监测项目	适用范围
1	垂直(沉降)位移监测	地基与基础沉降变化,施工速率控制,建筑物纠倾与施工对周边环境影响等
2	水平(侧向)位移监测	地基土侧向位移,控制施工速率,建筑物纠倾与施工对周边环境的影响等
3	孔隙水压力观测	控制施工速率,了解土体固结与时间的关系,推算地基土强度变化等
4	土体分层沉降观测	地基土在不同深度、不同土层的沉降变化和影响深度,为控制施工速率提供参数等专项内容
5	深层土体侧向位移观测	用于不同深度、不同土层土体侧向变形,为施工和对周边环境影响降低提出设计参数等
6	真空度观测	用于真空预压地基处理所涉及的真空度等内容
7	倾斜观测	建(构)筑物倾斜和纠偏处理,对施工进行连续跟踪观测等内容
8	裂缝观测	用于建(构)筑物结构裂缝和施工对既有建(构)筑结构的影响等
9	地下水位观测	施工区内、外侧地下水位变化,为地基处理、边坡、基坑倒塌等特殊项施工提供参数设计等内容
10	振动测试	评价施工对周边环境的影响程度,为采取有效减振措施提供设计参数等内容
11	锚杆应力观测	锚杆预应力和轴向拉力,锚杆的徐变、松弛等测试内容
12	软土组成分析	软土工程物理特性确定,软土改性,软土吸波能力利用等内容

5.2　软土地基预压法施工监测

1.地表沉降监测

(1)监测点布置。

为掌握试验区沉降和周边土体变形情况,堆载预压宜在堆载中央处、堆载坡顶处、堆载坡脚处布置监测点,真空预压宜均匀布点,场区中央需布点。布点数应根据试验场地情况确定,但一般不得少于 5 个。在距场地边界处 1 m 到 1~1.5 倍处理深度影响范围内,宜布置不少于 2 条沉降断面,每条断面上宜不少于 3 个点。场地内、外沉降监测点宜呈断面布设。

(2)监测网、点设置。

①监测网建立。垂直位移监测网基准水准点应设在施工区影响外,点数一般不少于 3 个。基准水准点应设在坚实土基上或深埋于地基中,要求水准点不能发生变位,且引测方便。基准水准点高程应与施工采用的高程系统一致。垂直位移监测网的主要技术要求和水准点的结构与埋设及相关精度控制要求,按国家标准《工程测量规范》规定进行,如果有工程特殊要求,按照要求进行试验验证,然后根据试验精度和方法的可靠性进行布网。

②监测点设置方法。试验区内:堆载预压区监测点一般采用接杆式观测标。观测标可选用 600 mm×600 mm×14 mm 钢板沉降板,底板中央焊接一根长为 1.0 m、直径为 30~40 mm、壁厚为(3±0.5)mm 的钢管沉降杆,顶部接观测标,埋设时须将沉降板安放在 0.5 m

基面下,底面垫沙找平,沉降板安放时需要保证水平和沉降标铅直,然后回填土至基面。随着分级加荷的增高,逐步接杆至堆载顶部进行观测。为便于计算,接杆宜选 1 m 等长。对于真空预压区的沉降板观测标,其设置方法同试验区外地表沉降观测点的一致。

试验区外:一般宜采用沉降板观测标。观测标可选用 400 mm×400 mm×10 mm 钢板作为底板,底板中央焊接一根长为 60 cm、直径为 $\phi20\sim30$ 的钢管或直径为 $\phi20$ 的钢筋。把观测标按设计位置埋入地下 0.5 m 处,埋设时坑底填砂找平,沉放时需保证沉降板水平和沉降杆铅直,沉放后的沉降杆需凸出地表 5~10 cm 作为观测用,最后回填土压实。

(3)观测方法。

地表沉降观测采用水准测量法,施测时可选用水准仪配铟钢水准尺,施测期间按二等精度要求施测。根据规范要求和结合工程性质,高程控制网宜一个月时间进行一次联测,以检验基准点的稳定性,确保观测质量。

在预压前应确定好初始值,为保证初始值的准确性,一般应不少于 3 次观测,确认无误后,取均值定为初值。

2. 地表侧向位移观测

(1)监测点布置。

在预压过程中,为能及时掌握场区外侧不同距离处地表土体侧向变形量,尤其是严格控制坡脚的位移量,宜在处理区边界外 1~1.5 倍处理深度的影响范围内布置不少于 2 条侧向位移监测断面,每条断面上宜不少于 3 个点,边界外 1 m 处需布点,宜与沉降观测点布置在相邻位置。

(2)监测网、点设置。

①监测网建立。地表侧向位移监测的工作基点,设于监测点直线段两端,位置在施工区影响外,但测线较长时,可间隔 250 m 左右增设工作基点,一般可用三角网观测增设工作基点,每次监测前,工作基点应与设于施工影响区外的平面监测控制网联测。地表土体侧向位移监测网的主要技术要求,按国家规范规定执行。

侧向位移监测工作基点一般采用钢筋混凝土结构,设置时应保证观测墩垂直,墩高以观测者操作方便为准,顶面平整,埋设强制对中螺杆或底盘,并使各监测点标志中心位于视准线上,其偏差宜不大于 10 mm;底盘调整水平,倾斜度不得大于 4′。

②监测点设置。地表侧向位移观测标一般可用木桩或预制加筋混凝土桩,桩的尺寸规格一般为 200 mm×200 mm×1 000 mm,观测标点固定于桩顶。埋设方式可采用钻孔击入埋标法,钻孔可选用 $\phi130$ 钻具,钻深 0.8 m,然后将桩插入孔内,用吊锤击桩入土中,但地表土上需留有 10 cm 左右的余量,以便观测。桩设置到位后,需对桩周边土体夯实,确保埋设的稳定性。

3. 土体分层沉降观测

为掌握预压过程中场区内土体在不同深度、不同土层竖向变形情况,监测点宜在试验场区中央处、场区中央至预压边界中间地带、预压边界处布置,一般不宜少于 3 个点。垂直向布置,应根据场地地质条件,一般每间隔 3 m 左右布 1 点,当分土层设置时,每层应不少于 1 点,布置深度一般宜大于处理深度 3~6 m。

4. 深层土体侧向位移(测斜)观测

在预压过程中,为掌握场区外侧不同距离、不同深度、不同土层处土体侧向变形量,尤其是严格控制边界处变形量,宜在距场区边界外 1~1.5 m 处理深度的影响范围内布置不少于一条深层土体侧向位移监测断面,观测点宜不少于 3 个点,宜与其他监测项目监测点布置在相邻位置。边界外 1 m 处需布点,土体侧向位移观测深度应大于地基处理深度 10 m。

(1)孔隙水压力观测。

①观测点布置。为掌握预压过程中,不同深度、不同土层地基土孔隙水压力上升与消散变化规律和负压值的变化规律,观测点宜在试验区场地中央处、场地中央至预压边界中间地带、预压边界处布置观测点,一般不少于 3 个点,并宜与场地其他监测项目的监测点布置在相邻位置。试验区边界外,在距处理深度影响范围内,可根据需要选择布点。垂直向布置,应根据地质条件,一般每隔 3 m 布置 1 个孔隙水压力计,当分土层设置时,每层应不少于 1 个孔隙水压力计。布置深度一般宜大于处理深度 3~6 m。

②仪器设备。孔隙水压力观测仪器设备可选用振弦式,也可采用电阻式。量程一般宜选 0.2~0.3 MPa,部分振弦式孔隙水压力计主要参数指标见表 5.2。

孔隙水压力计导线长度的确定,应根据传感器埋深和堆载高度,或铺设到观测位置的距离来确定,并要留有足够的余量。

表 5.2 振弦式孔隙水压力计主要技术指标

序号	名称、型号	主要技术指标	产地
1	GSY−Z 型振弦式孔隙水压力计	规格(MPa)0.1、0.2、0.3、0.4、0.5、0.6、0.8、1.0、1.5、2.0;零点稳定性:≤0.5%FS;重复性:≤0.5%FS;工作温度:0~50 ℃;尺寸:ϕ40 mm×165 mm	国产
2	VWP 型振弦式孔隙水压力计	测量范围:0~2 500 kPa;分辨率:≤0.045%FS;测温范围:−25~+60 ℃;测点精度:±0.5 ℃	国产
3	KYJ−31 型振弦式孔隙水压力计	规格:2、4、6、8、10、16、25、40、60;测量范围:0.2、0.4、0.6、0.8、1.0、1.6、4.0、6.0 MPa;综合误差:≤1.0%FS;分辨率:≤0.05%FS;重复性:≤0.5%FS;测温范围:−25~+60 ℃;测点精度:±0.5 ℃;尺寸:ϕ30 mm×130 mm	国产
4	4500DP 型振弦式孔隙水压力计	标准量程:0.035、0.07、0.15、0.35、0.7、1.0、1.5、2.0、3.5、5.0、7.0 MPa;超量程:2×额定量程;分辨率:0.025%FS;精度:±0.1%FS;线性度:<0.5%FS;尺寸:ϕ33 mm×187 mm	进口
5	PWP 型振弦式孔隙水压力计	测量范围:0.1~7.0 MPa、15~10 000 Psi;分辨率:振弦 0.01 μs、温度 0.1 ℃;精度:±0.5%FS(±0.25%和 0.1%选项);测温范围:−40~+65 ℃;尺寸:ϕ28 mm×225 mm	进口

孔隙水压力计埋设,一般采用一孔多点埋设法,埋设步骤和要求,按中国工程建设标准协会标准《孔隙水压力测试规程》(CECS55:93)规定实施。

③观测方法。埋设后,即逐日定时观测,以观测孔隙水压力变化的稳定性。连续 3 d 读数值小于 2 kPa 时,取读数均值作为初始值或预压前的观测值定为初始值。

观测采取直读法,将空隙水压力计的导线与读数仪连接,开机读值。当测读发现异常或不稳定时,应及时复测,并分析原因,观测精度要求达到±1 kPa。

（2）地下水位观测。

①观测点布置。在预压过程中，为掌握试验区内地下水位升降变化情况，宜在场区中央处、场区中央至预压边界中间地带、预压边界处布置地下水位观测点，一般不少于 3 个。试验区边界外，在距处理深度影响范围内，可根据需要选择性布置。观测孔深度一般宜大于处理深度 1 m 以上。

②仪器设备。地下水位观测系统由钢尺水位计和外包滤网布的 PVC 水位管组成。钢尺水位计最小读数为 1 mm、重复性误差为 ±2 mm。

③观测点设置方法。

成孔：为保证地下水位观测质量，应根据水位管外径选择钻具，当外径为 $\phi 53$ 时，宜选用 $\phi 108$ 钻具；当外径为 $\phi 70$ 时，宜选用 $\phi 130$ 钻具。要求成孔垂直。上部有淤泥或松散不稳定土层时，应下套管护壁。钻进过程应有记录，记录包括土层、深度和土的性质描述等。

安装：套上配套底盖固定后，将水位管放入孔内，然后逐根连接并放入孔内，直至达到预定深度。

填砂：钻孔内回填中粗砂，当填砂至孔口 0.5 m 时，改用黏土封住孔口。

冲孔：待水位管埋设完毕后，需要清水洗孔，要求清水流出管口 5～10 min。

接管：为了便于堆载后地下水位观测，在每级加载前均应及时做好接管工作，接管长度一般高于加载区标高 50 cm。真空预压法不需要接管。

④观测方法。水位管埋设 3 个晴天后，可进行初始值观测，连续 3 次观测，取平均值作为初始值。

（3）真空度观测。

①监测点布置。膜下真空度观测点，要求均匀布置，每套设备可抽真空面积为 1 000～1 500 m^2，设 1～3 个点。

②仪器设备。真空度观测可选用 MCY 型压阻真空测量仪和 YZ、YZG 压阻规管（真空度计）传感器，测量范围为 0.1～300 kPa，同时可兼作压力传感器使用。观测精度为 ±1 kPa。

③观测点设置方法。安装时可采用插杆绑扎传感器，固定于膜下地表层上，传感器可垂直或水平安放。观测导线可从膜上穿出或埋于膜下，土体中引出。

④观测。在抽真空前，需及时量测膜下与膜上真空度，以此观测值作为初始值。观测方法采取直读法，将传感器与读数仪连接，开机读值。

在预压施工期间宜每天固定时间进行观测。预压施工卸载后，仍需观测，以便了解卸载后地基土回弹情况，具体观测时间与频次应与设计方共同商定。

⑤观测控制值。对于堆载预压法控制值，根据行业标准，竖井地基最大竖向变形不超过 15 mm/d，天然地基最大竖向变形不超过 10 mm/d；地表边桩侧向位移不超过 5 mm/d，深层土体侧向位移量可参照该标准。加载间隙时间控制，应根据场区地层性质、堆载情况等确定，一般应满足超孔隙水压力消散率达到 70% 以上。

对于真空预压法的控制值，根据行业标准及相关规定，膜下真空度稳定保持在 650 mmHg 以上。根据上海市《地基处理技术规范》（DBJ 08—40—94）标准，真空度一次抽气应最大，当连续 5 d 实测沉降速率 ≤2 mm/d 时，可停止抽气。

⑥资料整理。在预压期间应及时整理沉降与时间、孔隙水压力与时间、侧向位移与时间等关系曲线，推算地基最终变形量、不同时间的固结度和相应的变形量，以分析处理效果，并为确

定卸载时间提供依据。

5. 软土预压法施工区监测

堆载预压和真空预压施工区监测点布置,是在总结试验区已取得资料基础上,根据地基处理面积大小、土层性质、地层均匀性和处理深度及设计要求,在施工区内外能指导施工、确保处理效果,根据既经济又合理的原则,设计布置监测网点,一般可按 20~30 m 或 30~50 m 平面网格状布置。

施工区各监测项目的测点布设、观测仪器设备的选择、观测方法、观测精度、观测频次、控制值和有关施工过程中的主要技术要求同试验区的一致。

6. 软土堆载预压法周边环境监测

在堆载预压过程中,周边土体受挤压产生侧向变形,并引起地表沉降,当加载速度过快,荷重接近地基当时的极限承载时,地基土塑性变形增大,土体侧向位移变化非常明显。真空预压地基处理过程中,周边地基亦将引起地表沉降、侧向位移变化,其侧向位移指向处理场地,且周边土体易产生裂缝。根据以上周边地基土变形现象与规律,在距施工区周边 1~1.5 倍处理深度影响范围内,如有地下管线和建(构)筑物存在,应实施软土变形监测。

5.3 大型贮罐预压加固软土地基监测

为掌握贮罐预压加固软土地基过程中不同深度、不同土层空隙水压力上升与消散变化规律,为控制加荷速率提供参数,观测点布置一般不少于 3 个,贮罐中心需布点。垂直布置应根据地质条件,一般每间隔 3 m 布置一空隙水压力计,当分土层设置时,每层应不少于 1 个,布设深度一般宜大于处理深度 3~6 m。

1. 沉降监测

贮罐基础沉降点宜根据基础圆周布置,一般不少于 8 个点,点距可控制在 6~10 m。监测点设置采取预埋标法,在基础钢筋扎好后,将观测标采取焊接方式固定在钢筋上,待混凝土浇捣后,即与基础连为一体。要求观测标凸出基础平面 5 mm,以便于观测。地表沉降点,在距基础圆周外径 1 m 处,呈互相垂直 90°方向布置断面,每断面不少于 3 个点。断面长一般应为影响深度的 1~1.5 倍距离,距基础外径 1 m 处需布点。基础外侧边桩侧向位移监测可采用多点倾斜计或全站仪进行,测量方法和精度按照规定的测量技术指标进行。

边桩侧向位移监测按二等变形观测要求施测。施测可选用经纬仪、全站仪及配套棱镜,采用小角度法观测。深层土体侧向位移(测斜)观测点,在距基础圆周外径 1 m 处呈互相垂直 90°方向布置,一般不少于 4 个点,竖向布置深度应大于加固影响深度 10 m 以上。

2. 观测频次与控制值

预压期间观测频次可以按照实时监测进行。

根据行业标准《建筑地基处理技术规范》,基础沉降观测控制值为 10~15 mm/d;1 m 处边桩侧向位移控制值为 5 mm/d,深层土体侧向位移控制值可参照该标准;根据经验,孔隙水压力上升一般控制在 ≤50 kPa。加载间隙时间控制,应根据场区地层性质、地基加固方法和加载情况等确定,一般应满足超孔隙水压力消散率达 70％以上。对于测试过程中,应该在监测设计中加强对下列事项的注意:

（1）由于大面积地基处理监测点数较多，设点后，需及时做好编号和醒目标志及现场保护工作，严禁车辆进出碾压。

（2）在加卸载过程中需派人配合施工，监测点 1.0 m 范围内需人工卸载，确保各类监测点的成活率。

（3）真空预压法各类观测点穿膜后，均要采取密封措施，以便保持膜下真空度。

（4）孔隙水压力观测导线，宜选用整根线，如需接头时，应严格密封，并仔细检查接头处强度处理是否符合设计要求。在大型贮罐预压监测时，观测导线应从基础下土体中呈松弛状态铺设。

（5）实施监测过程中，对出现的异常均应进行复测，并分析、记录原因。

（6）对各监测项目的观测资料应进行综合分析，以判断地基处理效果。

5.4　强夯地基处理施工监测

强夯施工监测分试验区监测和施工区监测。试验区监测是根据试验区获得的监测、检测资料确定最佳夯击能、夯击次数和两遍夯击之间的时间间隔及夯击过程对周边环境的影响，以指导设计的修改与全场施工。施工区监测是为了确保全场区处理效果和周边邻近环境的安全，继续指导施工。

1. 强夯试验区监测

（1）孔隙水压力观测。

试验区内孔隙水压力观测点，一般不少于 1 个，宜布设在试验区中心位置。竖向布置一般每隔 2～3 m 布置 1 个孔隙水压力计，布设深度应大于处理深度 3～6 m。试夯期间在超孔隙水压力影响半径内，宜每夯一锤观测一次，影响半径外可每天定时观测一次。

（2）土体分层沉降观测。

试验区内土体分层沉降观测一般不少于 1 个点，宜布设在试验区中心位置，竖向布置一般每间隔 2～3 m 布置一观测点，布设深度应大于处理深度 3～6 m，分层沉降管宜选用 ABS 材料。

（3）地下水位观测。

地下水位观测点一般在试验区中心部位布设 1 点。竖向布置深度应大于处理深度 1 m 以上。

2. 夯区内地表沉降观测

（1）监测网、点设置。

地表沉降监测基准水准点应设在施工区影响外，一般不少于 3 个点。基准点应在坚实土基上。水准基准点高程应与施工采用的高程系统相一致。水准点的结构与埋深及要求，按测量规范执行。在夯坑不填料的情况下，夯区内地表沉降监测点宜按 10 m×10 m 网状布置。

（2）观测方法。

①夯坑沉降量观测。观测仪器应设在夯点影响区外，以每点夯前锤顶高程为起算点，每夯一锤测量一遍，测至该点夯击结束，以得出该点最终夯击沉降量。在夯击过程中，当夯锤出现倾斜时，施测时应取夯锤顶的最高点与最低点的中间点位置。

②夯坑周边土体隆起观测。观测仪器应在夯点影响区外，在每遍两夯点间设点，一般不少

于 3 个,即每点夯坑边缘和两夯点中间距离处设点。在相邻夯点夯击过程中,每夯一锤测量一遍,以得出单夯点土体隆起量和相邻点的隆起量。

③地表夯沉量观测。地表夯沉量观测可分每遍夯沉量和总夯沉量观测,其观测步骤:夯前按网格状布点观测→每遍夯击整平后按同一网格观测→满夯整平后仍按同一网格点观测,最终得出地表总夯沉量。

3. 夯区外地表沉降观测

夯区边界外地表沉降监测水准网点,可使用场区内设置的同一网点。监测点布置在夯区边界外 1 m 至 1~1.5 倍处理深度影响范围,一般不少于 3 个点。

4. 深层土体侧向位移(测斜)观测

观测点布置同夯区边界外边桩侧向位移监测点布置一致。竖向布置深度应大于强夯处理深度 10 m 以上。

(1)观测频次。

夯区外侧监测项目和夯区内的土体分层沉降、地下水位,宜每天观测 1 次;孔隙水压力、夯点夯沉量和夯坑周边土体隆起按需要观测。待夯击施工结束至夯击效果检测前,夯区的监测项目宜每天观测 1 次。

(2)控制值。

最后两击的平均夯沉量:当单击夯击能小于 4 000 kN·m 时,平均夯沉量不宜大于 50 mm;当单击夯击能为 4 000~6 000 kN·m 时,平均夯沉量不宜大于 100 mm;当单击夯击能大于 6 000 kN·m 时,平均夯沉量不宜大于 200 mm。

夯坑周围地面不应发生过大隆起。不因夯坑过深而发生提锤困难。夯击遍数和间歇时间,应满足最高孔隙水压力消散率达 70% 以上的要求。

在强夯过程中,应注意做好人身安全和仪器安全工作,每个观测点均要做好明显标志和保护措施。尤其是夯后整平,在监测点周围 1 m 范围内,应由人工整平,以避免监测点损失。孔隙水压力观测导线,应使用整根线,如需接头,应在接头处做接头强度处理。

5. 施工区监测

施工区监测是在总结试验区已取得观测资料的基础上,根据地基处理面积的大小、土层性质和处理深度及设计要求,以能掌握指导施工、确保处理效果和经济合理的原则,以点带面布置监测网点。施工区各监测项目设置、施测方法和精度要求同试验区一致。

6. 周边环境监测

在强夯过程中,由于夯区周围土体的变形和振波影响,在距夯区 1~1.5 倍处理深度影响范围内,如有地下管线和建(构)筑物时,应实施环境监测,以便了解掌握其影响程度,及时采取有效防护措施,确保施工和周边环境安全。

5.5 软土地区既有建筑地基处理施工监测

1. 监测项目

既有建筑地基处理监测项目包括既有建筑沉降观测、倾斜观测和裂缝观测等。其中,沉降观测不仅是施工过程状态监测的重要内容,也是对地基处理加固效果评价和工程验收的重要依据。

周边环境监测项目包括邻近建(构)筑物沉降观测,邻近地下管线变形观测,当需要时可进行场地孔隙水压力和侧向位移观测。

2. 施工监测

(1)沉降观测。

基准水准点设置在施工影响区外,一般不少于 3 个点,并保持一定距离,不能在同一建(构)筑物上设置多个基准点,当基准点在墙上设置时,房屋基础沉降须稳定,水准点与房屋结合要紧密;地面设置时,可采用 ϕ20 mm、长为 0.5～1.0 m 的螺纹钢打入地下,地面用混凝土加固。

监测点设置应根据建筑体型和结构形式、工程地质条件和地基基础条件、所选择的地基处理方法及相关规范要求等布置。沉降监测点一般可设在下列各处:

①建筑物角点,沿周边每隔 6～12 m 设 1 点或每根桩基上设点。建筑物宽度大于 15 m 或小于 15 m 而地质条件复杂以及膨胀土等特殊土地区内部承重墙(柱)上,在室内地坪中心及周边地面设点。

②工业厂房每个轴线上的独立柱基上,重型设备基础和动力基础的四角。

③建筑物伸缩缝和裂缝的两侧。

沉降观测标志,可根据不同的建筑结构类型和建筑材料,采用墙(柱)标志、基础标志和隐蔽式标志。设标要求可按国家行业标准《建筑变形测量规范》(JGJ 8—2016)规定执行。

(2)倾斜观测。

①基准点设置。当从建筑外部观测,测站点或工作基点的点位应选在与照准目标中心线呈接近正交或呈等分角的方向线上,距照准目标 1.5～2 倍目标高度的固定位置处;当利用建筑物竖向通道观测点时,可将通道底部中心点作为测站点。

按沿横轴线或前方交会布设的测站点,每点应选设 1～2 个定向点。基线端点的选设应顾及其测距或丈量的要求。

位于地面测站点和定向点,可根据不同的观测要求,采用带有强制对中的观测墩或混凝土标石。

②监测点设置。观测点应沿对应测站点的某主体竖直线,对整体倾斜按顶部、底部,上下对应布设。建筑物顶部或墙体上的观测标,可采用埋入式照标形式。以上设标要求按照国家行业标准《建筑变形测量规范》(JGJ 8—2016)规定执行。

③观测。建筑主体的倾斜观测,应测顶部及其相应底部观测点的偏移值。对整体刚度较好的建筑物,可采用基础差异沉降推算倾斜值。

从建(构)筑物外部观测,宜选用经纬仪、全站仪,可采用投测法、测水平角法和前方交会法进行观测,其观测精度和控制网的技术要求,按国家行业标准《建筑变形测量规范》(JGJ 8—2016)规定执行。主体倾斜率按下式计算:

$$i = \tan \alpha = \frac{\Delta D}{H} \tag{5.1}$$

式中,i 为主体的倾斜率;ΔD 为建(构)筑物顶部观测点相对底部观测点的偏移量;H 为建(构)筑物的高度,m;α 为倾斜角,(°)。

按相对沉降间接确定建（构）筑物整体倾斜时，可采用水准测量方法，在基础上选设观测点，其观测精度和控制网的主要技术要求，按二等精度要求施测。根据差异沉降推算主体的倾斜值按下式计算：

$$\Delta D=\frac{\Delta S}{L}H \qquad (5.2)$$

式中，ΔD 为倾斜值，m；ΔS 为基础两端点的沉降差，m；L 为基础两端点的水平距离，m；H 为建筑物的高度，m。

④倾斜仪观测。当建（构）筑物主体纠倾施工，需连续观测时，可采用倾斜仪观测，部分倾斜仪主要技术指标见表5.3。

表 5.3　倾斜仪主要技术指标

序号	名称、型号	主要技术指标	使用范围
1	ELT—10 型倾斜仪（电解液式）	测量范围：0°～10° 最小读数≤4″	可长期量测坝体倾角的变化，适用于工业、民用建筑物、道路、桥梁、隧道等的倾斜测量。可实现倾斜测量的自动化，可拆卸式。采用 GN—103A 型读数仪
2	630 型振弦式倾斜仪（倾角式）	标准量程：±10° 分辨率：±10 rad(±0.05 mm/m) 精度：±0.1%FS 温度范围：−20～+50 ℃ 长度×直径：159 mm×32 mm	适用于大楼、大坝和堤坝等结构的倾斜测量。可永远安装在结构上，可进行水平和垂直面上的量测。拆卸式。采用 GK—403 振弦式读数仪，或用 ML-CRO—10 或 LC—1 数据采集仪自动记录
3	QXY—601 型振弦式倾斜仪	规格：10、10A 测量范围：−10°～+10° 分辨率：≤0.015%FS(最小读数10″) 综合误差：≤1.5%FS 测温范围：−25～+60 ℃ 测量精度：±0.5 ℃	可长期量测坝体和岩体水平和垂直倾斜，适用于工业、民用、隧道等的倾斜量测。拆卸式。采用 ZXY—2 型频率读数仪，适合自动化
4	QXY—602 型振弦式倾斜仪	规格：602、602A 轴向数：单轴向、双轴向 测量范围：±15°或±30° 分辨率：≤0.015%FS(最小读数10″) 综合误差：≤1.5%FS 测温范围：−25～+60 ℃ 测量精度：±0.5 ℃ 外形尺寸：ϕ60 mm×251 mm	适用于坝体倾斜测量、钻孔安装倾斜量测，适用于工业、民用建筑、隧道、桥梁等基础变形和结构变形量测。采用 ZXY—2 型频率读数仪，适合自动化

建筑主体结构倾斜观测点布置，一般不少于3个垂向观测剖面，每条剖面一般不少于3个观测点，设在主体结构顶部、中部和底部。

倾斜仪安装方法：先打磨设计安装部位，使其平整；将倾斜仪的安装底座固定在被测物体的打磨部位上，然后把倾斜仪固定在底座上；调整底座上的螺钉，首先使倾斜仪的轴线垂直，之后,调整倾斜仪使其基准值接近出厂时的零点,或记录倾斜量的正负变化范围值。安装好后,将仪器编号和设计位置做好记录存档,并严格保护好仪器引线。

倾斜仪安装后应及时量测初始值,或将纠倾施工前的观测值定为初始值。在施工过程中观测可采取定时观测或跟踪观测(连续观测)。观测时,应注意测量读数仪接线的颜色与倾斜传感器输出线的颜色应一致。

主体结构倾斜值,若采用 ELT－10 型倾斜仪可按式(5.3)计算,QXY－601 型倾斜仪可按式(5.4)计算。

$$\theta=(K\Delta F+B)/3\ 600 \tag{5.3}$$

式中,θ 为被测结构物相对于基准点的倾角变量,(°);K 为倾斜仪测量倾角的最小读数,($''$)/F;ΔF 为倾斜仪实时测量值相对基准值的变化量,F;B 为倾斜仪的计算修正值,($''$)。

$$\theta=K(\Delta F+\Delta F')/3\ 600 \tag{5.4}$$

式中,θ 为被测结构物相对于基准点的倾角变量,(°);K 为倾斜仪测量倾角的最小读数,($''$)/F;ΔF 为倾斜仪 A 弦频率模数实时测量值相对基准值的变化量绝对值,F;$\Delta F'$ 为倾斜仪 B 弦频率模数实时测量电量值相对基准电量值的变化量绝对值,F;频率模数 $F=f^2\times10^{-3}$。

监测频次应根据不同处理方式和不同纠倾速率而定,当纠倾速率增大时,观测频次相应增加。对于迫降纠倾,每天应进行两次观测或采取倾斜仪跟踪观测,其他监测可每 2～3 天观测一次。对于顶升纠倾则应进行连续的监测。

根据经验,纠倾速率一般应控制在 4～10 mm/d,刚度较好的可适当提高,变形敏感的建筑应控制在 4 mm/d。

第6章 城市地表沉降监测

城市地下工程由于埋置深度浅,施工扰动荷载引起的卸荷拱位移会波及地表产生可观沉降,将对建(构)筑物或地下赋存物带来不同程度的不利影响,过大的地表沉降还会造成建(构)筑物的破坏,带来经济损失和潜在安全事故。由于建筑全生命过程缺少必要的技术防范、地下水过度开采、地表给排水管网失效和大气环境的改变等诱因,我国在19个省份中有超过50个城市发生了不同程度的地面沉降和塌陷,其重灾区主要有长江三角洲地区、华北平原和汾渭盆地,累计沉降量大于200 mm的地域总面积已超过7.9万平方千米,中东部地区尤为严重。但近几年来,我国东北部的哈尔滨、沈阳、长春等城市亦出现了频率较高的城市路面偶发性下陷事故,预示我国城市路面沉降风险正在逐渐升高这样一个事实。地面沉降,可以被简单地称作"地陷",在我国《地质灾害防治条例》中,它被定义为"缓变性地质灾害",揭示这种灾害的机理,普及防患意识,已经成为维护社会安全、保证国家可持续发展的重要任务。

因为地面沉降的反应滞后,且进程缓慢,以毫米甚至更小的幅度进行沉降,直观很难察觉。20世纪20年代,上海是我国最早发现地面沉降迹象的城市。据统计,现在上海市区地面累计沉降量超过2 m,历史上最大年均沉降量曾达到110 mm,尽管这样,人们仍然不会有明显的沉降感受,只有看到不断升高的抽水井井台时,大家才明白地面"矮"下去了。随着外滩不断加高、加固的防汛墙,人们才逐渐意识到地面沉降一直在发生。

地面沉降除了给城市建筑物、地下管道等造成潜在威胁以外,更直接的影响就是经济损失。根据中国地质调查局等部门评估,几十年来,长三角地区因地面沉降造成的经济损失共计3 150亿元。其中上海地区最严重,直接经济损失达145亿元,间接经济损失达2 754亿元;华北平原地面沉降所造成的直接经济损失也达404.42亿元,间接经济损失达2 923.86亿元,累计损失达3 328.28亿元。

据中国地质调查局公布的《华北平原地面沉降调查与监测综合研究》及《中国地下水资源与环境调查》显示:自1959年以来,华北平原14万平方千米的调查范围内,地面累计沉降量超过200 mm的区域已达6万多平方千米,接近华北平原面积的一半。其中,天津地区沉降中心最大累计沉降量一度高达3.25 m。调查和监测结果显示,华北平原不同区域的沉降中心仍在不断发展,并且有连成一片的趋势;长江三角洲地区最近30多年累计沉降量超过200 mm的面积近1万平方千米,占区域总面积的1/3。上海市及江苏省的苏、锡、常三市沉降中心区的最大累计沉降量分别达到了2.63 m、2.80 m,并出现了地裂缝灾害。

60多年来,随着中国城市化、工业化进程的高速发展,地表水污染日益加重,人们生产、生活对地下水的影响越来越多,对于地下水的开发利用一度迅速增加。综合水利部公布的数据,在20世纪70年代,中国地下水的开采量平均为570亿立方米/年,80年代增长到年均750亿立方米。水利部统计数据显示,2009年地下水开发利用量已经达到1 098亿立方米/年,2010年略微增加,达1 091亿吨,占全年用水量的19.7%,由于地面沉陷加速,2014年开始严格控制地下水开采,到2018年地下水用量占全年用水量回落到18%。

目前,在中国661个城市中,有400多个城市以地下水为饮用水源,北方城市对地下水的依赖更多,目前北方城市 65% 的生活用水、50% 的工业用水以及 33% 的农业灌溉都依靠地下水。全国地下水超采区域 300 多个,面积达 19 万平方千米,严重超采面积达 7.2 万平方千米。

不合理开采地下水使很多城市发生了地面沉降,使得国内沉降中心个别点的最大累计沉降量不断升高。沿海地区的大连、秦皇岛等城市地下水水位的下降,引起海水入侵,导致地下水水质恶化,其中山东、辽东半岛海水入侵更加严重。

华北地下水过量开采主要用于农业灌溉,华北平原之所以成为地面沉降的重灾区,也是由于多年的地下水超采。华北平原总面积为 13.6 万平方千米,人口约 1.11 亿,包括北京、天津、河北省的全部平原及河南省、山东省的黄河以北平原,这些区域构成我国政治、经济中心和主要粮食生产基地,但人均水资源量每年仅为 335 m³,不足全国平均水平的 1/6,且华北平原地表水分布不均,使得地下水成为华北经济可持续发展的重要依赖,一些城市地下水开采量已占总供水量的 70% 以上。

另外,由于开采布局不合理,个别地区超采严重,形成区域性漏斗状地下凹面。华北平原已经成为世界上最大的“漏斗区”,包括浅层漏斗和深层漏斗在内的华北平原复合地下水漏斗,面积达 73 288 km²,占华北平原总面积的 52.6%。

据统计,至今全国已形成区域地下水降落漏斗 10 余个,面积达 15 万平方千米。华北平原深层地下水已形成了跨冀、京、津、鲁的区域地下水降落漏斗,甚至有近 7 万平方千米面积的地下水位低于海平面。

近 20 年来,因为国内一些重点城市开始控制地下水的开采,大部分城市的地面沉降率有所缓减,但因中小城市和农村地区地下水开发利用量大幅度增加,地面沉降范围已从城市扩展到农村,并在区域上连片发展,地面沉降量呈现此消彼长的特点。长江三角洲和环渤海地区就是典型代表,地面沉降已发展成为两个跨省市的区域性地面沉降区,不但制约了当地可持续发展和城镇安全,而且对铁路、公路、地下油气管线、防洪防潮设施等基础工程在未来的结构沉降管控构成了威胁。

目前,全国还没有建成统一的地面沉降监测物联网,各地区也没有统一的区域性监测局部互联网,所以难以掌握整体的宏观变化规律。在面对复杂沉降条件的城市路面上,提出有效的地面监测理论和技术,建立基于 5G 技术的地下水信息物联网,实时掌握地面沉降变形的发展演变大数据,对保障城市安全、科学合理利用地下水,都具有非常重要的科学和工程意义。

6.1　地表施工荷载致沉机理

1. 地层应力状态改变引起沉降的机理

施工荷载引起卸荷拱状态的改变,是导致地表受力层变形从而引起地表沉降的根本原因。地下工程开挖施工前,地层处于第一应力状态,这种初始应力平衡状态是在较长的时间中经过固结形成的,这种初始应力平衡场是维持地表“不变形”的重要力量。随着开挖施工的进行,结构层受到扰动引起地层初始应力状态的改变,即二次应力场,是由地层初始自应力场与开挖引起的外界施加的附加应力经过复杂叠加,最终改变原有应力矢量状态而成的新的应力场。这种新的二次应力场即所谓的“开挖效应”,不可避免会产生位移,如果位移控制不当,或者消除位移持续发展的应力场未能得到有效控制,这种位移就会产生地表沉降并进一步演化为“沉陷”,因此,地表沉降的主要机理是由开挖空间的附加荷载导入,地层初始应力释放,卸荷拱应力位移场的弹塑性变形,导致地层受力结构不稳定平衡状态的发生和演变的结果。

2. 引起结构地层应力状态改变的主要原因

引起结构地层应力状态改变的主要原因有以下三种:

(1)施工引起的附加应力。

(2)结构地层扰动和土损。

(3)地下水位及渗流压力的变化。

3. 基于初始地应力状态的地表沉降理论与方法

目前地下结构工程计算上应用的主要方法包括地层结构法与荷载结构法两种。荷载结构法利用结构力学和材料力学理论,假设地层对结构的作用主要由地层重量导致,主要考虑结构在地层荷载作用下产生的材料内力与支撑结构的变形,由此导致的地表变形分析主要采用经验公式,这种方法所依据的理论概念清晰,力的作用及传递路径明确,计算模型简洁,尽管对地层结构的整体性考虑不多,也存在一定的计算误差和离散性,但简单实用,加上经验丰富,是地下结构地表沉降计算工程中的主要方法。大量实际工程计算应用表明,荷载结构理论能够给出足够精度的计算结果,但对地层内部内力和变形的计算较为困难,除了需要理论的进一步发展外,也可以根据大数据的挖掘和深度学习,提高地表沉降的计算预测能力。

除了上述传统荷载结构理论之外,地表沉降计算的方法也可以利用连续介质理论和数值方法进行分析。这种理论认为地下支撑结构和地层是一个受力变形整体,根据地层岩土材料的本构关系,选择近似的线弹性、弹塑性、黏弹性以及非线性－黏弹性模型,利用边界条件,进行简单的地层结构整体计算,但因数学上的困难,这种解析计算仅仅局限于有限的地层结构条件,精确的解析解非常有限,大多数问题都依赖于数值计算来确定地层的沉降。

4. 开挖过程引起地层初始应力改变的机理

在传统地层结构沉降分析计算中,一般把地质介质按工程性质进行分类,定义同类工程性质地层的抗剪强度指标,对未开挖卸载和变形作用之前岩层的力学参数进行统计分析计算并确定其取值。这样计算的地表变形结果与参与分析的样本有关,抗剪强度试验取值误差、计算模型、边界条件的假设也对其有影响,但一般由于统计样本数的限制,比实测结果趋于偏小,尤其是在长宽比较大的地下结构中,这种现象更为明显,如隧道开挖过程中,隧道周围应力路径的改变,造成土基本计算参数发生施工变异,因此合理考虑开挖作用的时间效应对参数产生的影响,对于抗沉降设计具有重要的意义。

鉴于上述因素,传统的方法是在隧道开挖优化计算中,引进开挖作用分区的概念,这种应力分区的概念最早可以追溯到1855年,法国力学家圣维南于在研究柱体扭转和弯曲课题时提出的柱端应力作用集中突变的概念。1886年,法国土力学家布辛尼斯克发展了圣维南的理论,并将其应用到土体应力分析中,提出了半无限空间土层应力迹线和分区的概念。第二次世界大战以后,随着各国基础设施的大量建设,地下工程也蓬勃发展,印度坎普尔工学院的Yudhbir在研究大坝沉降和变形时,基于饱和黏土应力应变模量形成过程,提出了土体应力路径和固结状态相关的土体模量分区计算的方法,认为大型填土工程的应力稳定和后期安全受不同施工过程影响显著,这是岩土变形开挖分区概念的雏形。1987年,清华大学的李广信等也对我国水利工程中的土体变形进行了应力路径对强度计算影响的研究,指出应力路径分区对评价岩土工程的重要性。1997年,美国乔治华盛顿大学的Manzri和雅典国立技术大学以及美国加州戴维斯大学的 Daflias 对岩土体的变形过程进行了分析,并将开挖分区的计算在实际工程中进行了应用。随着对地下工程施工力学认识的进一步加深,各种岩土体应力分区的研究方法也逐渐增加,这一领域的研究成果正逐渐把地下结构的内力模型及其演变过程揭示出来,使得大型地下结构沉降与变形的控制成为可能,下面就开挖过程分区的简单力学模型进行简要介绍。

这个区主要指施工时具有大致相同的应力路径变化的土体区域。一般而言,隧道开挖对周围地层参数的影响可以分成两步:①通过数值模拟,确定隧道周围随着开挖作用而产生的各个开挖作用分区范围;②通过室内及现场原位试验得到不同开挖作用分区对土体参数的平均影响。

另外,对于地下隧道结构,不同开挖方式和支护工艺对地表沉降的影响差别也较大。不同开挖方式和支护方法对隧道周围的应力路径变化也有着不同的影响,从而对土体基本计算参数的影响也有差别。对于应用较多的矿山法,其工艺有全断面无支护、全断面有支护、台阶法无支护和台阶法有支护四种,不同工况下的隧道开挖过程对应不同的应力分区,也具有隧道周围开挖作用分区不同的规律,对地表沉降的影响也不尽相同。

利用有限元数值计算仿真,归类统计地层中关键点和特征点上的应力状态,是隧道开挖中应力路径规律分类常用的方法。这种基于应力迹线关键点演化规律的分析和趋势分析,是研究地层沉降应力路径规律较为实用的方法之一。其具体处理过程如下:①首先建立地层有限元模型,一般应用 Flac3D 等通用仿真工具执行,计算每步开挖网格特征点及高斯点应力值,并绘制其趋势曲线;②其次,把计算点上的应力归并到某一类应力路径上;③然后,根据地层特点,找出主要的几条应力迹线和特征应力路径;④最后把特征应力路径变化趋势大体相同的区域进行归并,形成和施工工艺一致的几个开挖作用分区。可以看出,开挖作用分区除了计算外,还需要和施工工艺、地层本身特点相结合同时进行判断,有定量计算之外的经验成分,一般不同的岩层应力迹线分类方法对应不用的应力路径分类,也产生不同的地下结构开挖分区。为便于应力路径的分类,比较简单的分区方法是“四象限分区法”。这种分类方法实质是每一步都按照四个象限进行分类,具有四种应力变化趋势,出现四种应力路径。当然,实际的地层在开挖过程中应力路径是非常复杂的,应力迹线也不是固定的,是一种时空曲线。这也体现了岩土工程的时空特性,除了传统的非线性外,还有较为强烈的时变特性,尤其是岩石的蠕变和土体的后固结时期,其内部应力状态的变化从测量值上看,在某个时间点上是小值,但其累计的非线性变化在隐蔽工程中将带来严重的后果,这也是为什么绝大多数地层地表塌陷沉陷的发生非常类似“脆性破坏”的根本原因。在这里,用四象限分区法对应力路径进行分区,其优点是能够避免对上述非线性的求解难度,同时该方法也能一定程度包含非线性的影响,一般的分区划分规则如下,划分结果如图 6.1 所示。

(1) 应力路径状态变化趋势划分。不失一般性,设应力路径变化可以用有限的计算步来表示,对应于第 $(n-1)$ 步到第 n 步的变化可以用引入应力增量 f 的方法来确定属于哪一个象限,也可以直接根据 $p^n q^n$ 与 $p^{n-1} q^{n-1}$ 的关系来判断,其中 p 表示计算点对应截面上的平均应力,q 表示计算点对应截面上的剪应力。应力增量比定义为 $f = \Delta \sigma_3^n / \Delta \sigma_1^n$,根据 f 和 $\Delta \sigma_1$ 的取值,周围地层某点应力路径从 $(n-1)$ 步到第 n 步时刻的变化趋势对应四种象限,其划分的规则关系如下:

① 当 $(f \in [-1, 0], \Delta \sigma_1 > 0) \bigcup (f \in (0, 1), \Delta \sigma_1 > 0)$ 时,划为第一象限 $(p^n > p^{n-1}, q^n >$

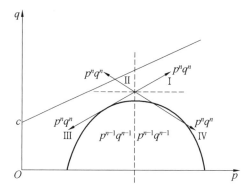

图 6.1　岩土应力路径分区

q^{n-1})。

　　② 当$(f \in [1, +\infty), \Delta\sigma_1 < 0) \bigcup (f \in (-\infty, -1), \Delta\sigma_1 > 0)$时,划为第二象限($p^n < p^{n-1}, q^n > q^{n-1}$)。

　　③ 当$(f \in [0, 1], \Delta\sigma_1 < 0) \bigcup (f \in [-1, 0], \Delta\sigma_1 < 0)$时,划为第三象限($p^n < p^{n-1}, q^n < q^{n-1}$)。

　　④ 当$(f \in [1, +\infty), \Delta\sigma_1 > 0) \bigcup (f \in (-\infty, -1), \Delta\sigma_1 < 0)$时,划为第四象限($p^n > p^{n-1}, q^n < q^{n-1}$)。

　　(2)特征(主要)应力路径和开挖作用分区。隧道开挖对初始地应力的扰动及其再平衡是一个动态的过程,地层中各点的真实应力状态变化非常复杂,但大体上随着开挖的过程,其变化可按上述四种趋势进行简单的划分。通过对每一步开挖过程中地层各点应力状态变化的跟踪分析,即可将整个地层内具有相同变化趋势的应力路径进行分类,这种分类获得的"路径"称为特征应力路径或主要应力路径。

　　根据上述应力路径分类,从开挖第1步直到第n步,将地层中具有相同特征应力路径的区域进行标记,整个隧道周围受开挖影响的地层可划分为若干应力特征路径。每一个分区内,各点具有相同特征的应力路径。由此,得到隧道周围地层的开挖作用分区,对于不同开挖方法,根据应力路径特征的近似程度,可以归纳为较为简单的四种应力扰动开挖方法,从而得到四种特征应力路径,如图 6.2 所示。

　　(3)开挖作用分区分布基本近似规律。在同一开挖作用分区内,从应力变化的趋势角度上看,地层介质大致经历了相同形式的开挖扰动作用。根据上面的分区方法,对我国南方某城市地铁土质隧道 TBM 开挖应力扰动分区进行计算。该开挖土体参数见表 6.1,其中主要计算参数包括:隧道直径为 6.0 m,隧道中心线至地表平均距离为 14.8 m,因左右边界对称,土层开挖有限元计算应力路径分区的考虑范围为隧道中心线向左右两边延伸 33 m 距离,衬砌设计为一次衬砌额,钢筋混凝土厚度为 0.40 m。

　　根据表 6.1 的参数,经过有限元计算后将应力分类整理后形成图 6.3 所示的分区,图中第1分区开挖作用形成压缩剪切区,主要分布在隧道壁及其延伸线上,是隧道壁剪切破坏的主要区域,处于该区的土层如果得不到有效支护,该区域将发生剪切破坏,从而造成隧道壁的失稳,并将影响到地层的沉降;第2分区开挖作用的沉降原因主要是剪切,形成面积较大,离隧道相对较远,影响区域主要分布在隧道侧下方和侧上方,在洞顶也有少量分布,这个区域的应力变化对隧道变形不产生直接影响,但将影响地表的变形;第3分区开挖作用主要是地层应力卸

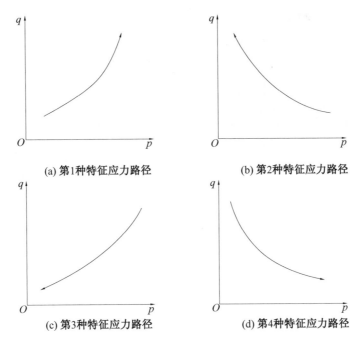

图 6.2　岩土应力路径分类

载,经常分布在隧道底部区域,是造成隧道底回弹的主要区域,如果底部同时具有膨胀土或其他具有较强亲水性的大量黏粒存在,则回弹变形将更为严重,另外 3 区在顶部也有少量分布,是应力的松弛区域;第 4 分区分布在离隧道顶一段距离内的三角形区域内,隧道侧壁也有少量分布,是隧道开挖造成地表沉降的主要区域;第 5 分区分布在隧道的上方和地表,范围涉及地表,在图 6.3 中没有标识出来,它是产生拉裂破坏的区域,一般而言,隧道上方的区域是洞顶松动区,而地表区域的开挖作用是在水平上方产生拉裂破坏的区域。从图 6.3 右边隧道上部土体开挖作用分区放大图可以看出,隧道顶部土体在开挖作用下,在全断面无支护的时间内,土体内部的应力路径变化已经比较复杂,当支护加上以后,应力在重分布并重新达到平衡的过程中,应力变化更加复杂,因此,控制地表沉降不仅要采取合适的地下工程施工工艺,更为重要的是科学选择合理的支护时间。

表 6.1　开挖土体参数

土名	弹性模量 /MPa	泊松比	埋深 /m	密度 /(kN·m⁻³)	C /kPa	摩擦角 /(°)	剪胀角 /(°)
细砂	24.20	0.30	0.0~6.7	20.5	5.0	28	0
粉质黏土	31.14	0.25	6.7~44.5	18.0	—	10	0
衬砌	7 600	0.23	6.7~44.9	24.0	2 700.0	35	0

为了对比地下开挖支护对应力路径的影响,分别对有支护和无支护的应力进行了计算,图 6.4(a)为全断面开挖有支护的应力路径,6.4(b)为分部开挖无支护,其中各个分区的分布大概和图 6.3 相同,但也呈现出明显的不同应力发展趋势和特点,在无支护情况下,隧道顶部出现了松动区,隧道上部土体应力路径变化较为复杂;隧道底部向下延伸近呈三角形区域的范围为卸载区域,产生隧道底部回弹。隧道侧面向上和向下延伸的"蝴蝶"区域为剪切压缩区,该区域

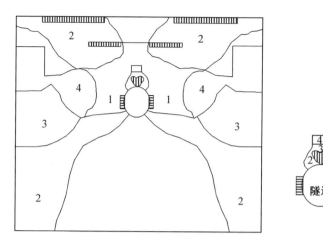

图 6.3　全断面无支护土体开挖作用分区

也是隧道经常发生事故的区域,该区域在支护条件下开挖明显小于无支护条件下开挖。支护条件下开挖作用分区比无支护条件下开挖作用分区要简单一些。

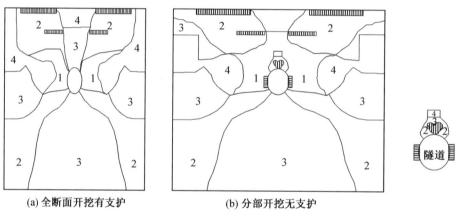

(a) 全断面开挖有支护　　　　　　　　(b) 分部开挖无支护

图 6.4　土体开挖作用区域

(4)地层变形机理。地下工程开挖后应力发生变化,无论有无支护,最终都会完成应力的再次平衡,只是完成过程的应力传播路径和宏观变形不同而已。以圆形隧道为例,在理论分析上,隧道周围将形成三个不同的区域,即松动圈(区)、应力增大圈(承载环)和原始应力区(未扰动区),分布理论计算的范围如图 6.5 所示。由于洞室开挖后增加了结构的临空面,洞壁由原来的三向应力状态改变成二向应力状态,根据弹性力学的分析,可知此时开挖洞周应力集中较大,围岩松动在开挖后形成作用于支护结构上的荷载,如果支护结构强度和刚度都满足要求,并支护及时,即支护结构能够提供的支撑力大于松动圈的荷载,则支护结构将限制地层的变形,从而减小塑性区的发展半径。

上述应力变化导致地层出现三个变形圈的特征也受到开挖深度的影响而有所不同,但大体上保持相同的变形特征,只是每个区域的影响半径不同而已。对于深埋地下的结构,开挖首先引起四周岩层的扰动,此时地层中的应力场紧随发生变化,其变化的特点是在隧道四周表现得较为明显。隧道开挖破坏了地层原状应力路径。通常地层原有应力状态包含的应力线在隧道四周相对集中,此时毛洞或初期支护所能提供的抗力很小,因此该处只存在切向应力和指

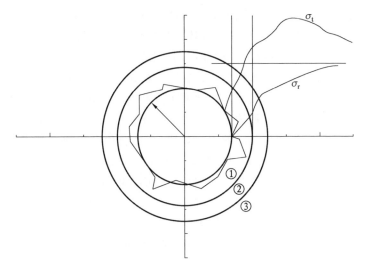

图 6.5　圆洞成洞后的三个区域
①松动圈；②承载环；③原始应力区
σ_t 为切向应力；σ_r 为径向应力

向隧道的径向应力。这两种径向应力就是开挖以后四周向隧道内部变形的作用力，而且周边的切向应力随着位移的增大而增大。

上述隧道四周应力变化造成向隧道内的移动，又进一步造成其相邻地层应力的变化。当内层围岩向隧道内移动后，由于应力的调整，相邻的围岩也随之紧跟向隧道内移动，一直到切向应力的作用在围岩中达到新的平衡时才进入初步稳定的状态。这种"应力—位移"的交替变化会逐渐向远离洞周的地层深部发展，其发展的深度和变化数值大小受到围岩级别、应力状况、隧道跨度、施工工艺以及隧道埋深等相关参数的影响。

地层浅埋隧道位移产生和发展的过程与上述情况基本一致，即隧道开挖瞬间，其周边应力重分布造成向隧道内的变形和移动，这种移动在隧道两侧和底部有类似深埋隧道的特点，所不同的是，顶部位移直至地表，以及在横向波及一定的范围内，构成了所谓的"沉降槽"。这种顶部沉降和沉降槽波及的范围对于浅埋地下工程而言，特别是对于城市地下工程来说，是一个不可忽视的具有较大潜在险情的致灾因素。我国南方不少沿海城市位于沉、冲积土层，软弱黏土、淤泥层、软弱岩层或人工岛之上，在土体重力、固结、排降漏水影响和建筑物重量等附加荷载作用下，受到扰动的土体或软弱岩体往往产生明显的蠕变，即使土体中的应力状况没有变化或变化不大，但仍将产生缓慢的非线性与时间相关位移，当位移达到一定界限时，围岩应力突破支护所能提供的抗力，将造成隧道支护破坏并进而诱发严重的地表塌方。

对于地表沉降，其实在发生较大宏观变形之前，地层内部的应力应变已经发生了相对较长的量变累计过程，顶部土体和地表沉降与浅埋地下工程，尤其是城市地下工程的安全有密切关系，因此揭示它的机理、规律，提出科学合理的施工措施和预防方案，在城市生命线的智能管理中就显得格外重要。

随着硬质盾构技术的发展和突破，这种高效率的集成施工方法，已经成为城市地下工程施工的主流。但无论何种盾构工艺，都需要盾构刀片对岩土进行切割。在这个过程中，由于岩土受到挤压、剥落、流失等较大扰动，盾构成形的隧道不可避免地引起地层移动而导致不同程度隧道结构变形和地面变形。近年来,新的盾构智能控制技术飞速发展,但这种智能控制的效果也只能依赖于对岩土本构模型理解程度的好坏。如果核心的岩土应力应变机理没有突破或者计算模型(解析或规则模型)精度没有大幅度提高,再先进的"智能技术"也不能突破岩土理论计算的上限,因此在仍未从根本上理解岩土运移规律的情况下,即使采用当前先进的智能盾构技术,也很难完全防止地层的沉降发生。当地面沉降和隧道沉降达到一定程度时,就会影响临近地面结构、地下设施和生命线工程的正常使用。在需要控制地层移动地区,进行隧道设计施工时,必须事先仔细认真了解地层移动的力学规律,再结合信息化智能技术,尽可能准确地预测沉降值、沉降范围、沉降曲线的最大坡度及最小曲率半径和对附近建筑设施的影响程度,分析影响沉降的各种因素,给出设计和施工中减少地层移动的预防措施,提出在后期服役过程中的运维策略和应急预案。

盾构施工引起地层损失、盾构隧道临近内部地层的扰动,以及地层受剪切破坏后土层的再固结,是最终导致地面沉降的基本原因,这种变化对浅埋暗挖法施工导致的地面沉降也具有相同的机理。

6.2　地表沉降的固结机理

固结是土体中的普遍现象,也是岩土工程中特有的力学过程,主要指土体在物理化学环境作用下,土体中的有效应力逐渐变化、土体体积逐渐改变的时间过程。大多数情况下,土体固结呈现土体内部孔隙变小、体积收缩、有效应力增加的现象。对于地下空间结构工程,如果地下工程在地下水位以下开挖,地层内部含水渗入,体积逐渐减少,土的固结现象更加明显。随着土体固结的发展,土体压缩变形和强度逐渐增大。因此,土的固结所产生的沉降是城市地下工程施工中最应该值得注意的问题,因为这种固结要经历较长的时间,同时施工和设计的隐患在短期内不易发现,大面积的土体固结发展缓慢,但一经形成,地表标高恢复将耗资巨大。

6.2.1　固结沉降机理

土体骨架一般由矿物颗粒构成,骨架间的孔隙由气体和液体填充而组成三相体非线性体系。通常土颗粒压缩性很小,理论上认为其不可压缩。因此,土体的变形是孔隙水的流失及气体的体积减小、颗粒重新排列、颗粒间距缩短、骨架重排的结果。

对于饱和土,孔隙水压缩量很小,孔隙体积的变化主要是因为孔隙水的渗出。对于非饱和的三相土,除孔隙水渗出外,土体固结变形还与孔隙率的变化有紧密关系。孔隙气体的渗出、压缩及溶解的改变等因素,都会引起土体饱和度的变化。与孔隙水不同,孔隙气体的压缩不容忽视。

由于孔隙体积变化和颗粒重排需要一个时间过程,因此土体固结变形与时间有着明显的关系。对于大多数地下工程的施工过程,当孔隙水逐渐渗出,伴随着孔隙压力消散,有效应力逐渐增加。在有效应力作用下,土体骨架产生的变形分为瞬时变形和蠕动变形,其中后者的颗粒重新排列和骨架错动的效应及程度与时间有关。有效应力减小后,部分变形可以恢复,称为弹性变形,不可恢复的变形称为塑性变形。因此骨架变形可分为瞬时弹性变形、瞬时塑性变形、蠕动弹性变形和蠕动塑性变形。

6.2.2　地表固结沉降的主要原因

根据地下空间结构工程施工的特点,归纳固结沉降的诱因,主要有:①地下水位下降引起的地表固结沉降;②土体孔隙水压力变化引起土体有效应力改变,从而引起土体的地表固结沉降;③土体扰动后,土体重新固结导致地表产生沉降;④土体的次固结和蠕变。目前,国内外主要采用固结理论和数理统计分析的方法,根据某一种或某几种因素来定量分析确定地表沉降的大致范围和程度。

固结理论常用超孔隙水压力的消散来描述固结过程。地层的超孔隙水压力由附加荷载产生,"超"是孔隙水压力相对于初始孔隙水压力的差。

对于一个给定的基准面,地层中任意一点的水头高度等于该点的位置高度与孔隙水压力的水柱高度之和。在水位下降过程中,任意一点的位置高度是不变的,因此水头降低就表示孔隙水压力降低,相对于初始水头(相应的压力)就是超孔隙水压力,如图 6.6 所示。

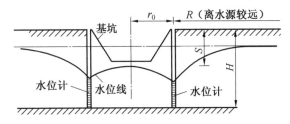

图 6.6　基坑降水水头变化与分布

H—潜水含水层厚度;S—基坑水位沉降;R—降水影响半径,$R = 2S\sqrt{kH}$(潜水),$R = 10S\sqrt{k}$(承压水),其中 k 为渗透系数;r_0—基坑等效半径,圆形基坑取其半径,矩形基坑取 $r_0 = 0.29(a+b)$,a 和 b 分别为矩形基坑的长边与短边长

一般情况下,对于含水层而言,其透水性都较强,此时超孔隙水压力消散而转化为有效应力增量的时间不会很长,因此可以不考虑消散的过程。对于二维流区,任意深度的水头降深相等,即有效应力增量相等,而对于三维流区,不同深度的水头降深不等,因此有效应力增量在不同方位上是不同的,这是二维渗流与三维渗流在超孔隙水压力上消散导致有效应力改变的区别,但是只要求出有效应力增量及其分布后,其渗流固结的计算原理基本上是一样的。

6.2.3　土层固结沉降计算理论

土的固结理论最早由太沙基(Terzaghi)于 1925 年提出,在一维场情况下,太沙基的计算结果是足够精确的。在多维固结问题中,它忽略了变形协调条件对固结过程总应力的影响,所获得的结果只是近似的。1941 年,比奥(Biot)提出的固结理论考虑了这种影响,借助目前高性能计算机和快速数值计算方法,在现场即可进行大规模单元的计算,过去需要在专门的计算中心求解的工程问题,目前已经可完成实时计算,借助物联网的分布式泛在云计算能力,可广泛解决各种大规模实际工程的固结问题。

对于海洋回填土等新生成地层,由于欠固结沉降,传统的固结变形过程往往达 5 年以上,有的甚至需要 10 年以上,而且沉降的绝对值往往都较大。近年来由于城市发展,填海造地成为解决建设用地的一种方式,与入海口的新生成陆地一样,如何准确揭示地层沉降过程和变形规律,加速土体完成固结,保证填土场地地基和基础及上部结构的安全,是岩土监测中沉降管控的又一个重要应用领域。传统的场地固结分析,大多采用太沙基和比奥理论进行分析,两种方法都有其固有缺点,计算结果偏差较大,稳定性和经验有很大的关系,大变形大固结的计算已经成为深厚软土和大体量欠固结土计算的主要内容。近年来,在此基础上发展了大变形固结理论,此外在软黏土固结分析中,土流变性质和对沉降的影响是地层精细计算的重要内容,下面进行简要分析。

1. 太沙基固结理论

早在 1925 年,太沙基提出了单向固结理论,建立了单向固结的基本微分方程,并获得了在严格初始条件和边界条件下的解析解,迄今仍被广泛应用。

为便于分析和求解,太沙基对土体做了如下假定:①均质、完全饱和的理想弹性材料;②变形微小;③颗粒和孔隙水均不可压缩;④孔隙水渗流服从达西定律,且渗透系数为常数;⑤荷载一次瞬时施加完成并维持不变;⑥土体承受的总应力不随时间变化;⑦土体中只发生竖向压缩变形和竖向孔隙水渗流。这样的理想土体如图 6.7 所示。

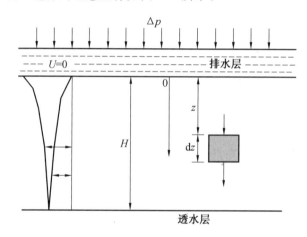

图 6.7 土体单向固结

在上述假设条件下,仍然满足单元土体体积压缩量等于表面流量之差,则有

$$\frac{\partial \varepsilon_v}{\partial t} = \frac{\partial q_z}{\partial z} \tag{6.1}$$

式中,ε_v 为体积应变;q_z 为单位面积流量。

由达西定律得

$$q_z = \left(\frac{K}{\gamma_w}\right)\frac{\partial u}{\partial z} \tag{6.2}$$

式中,K 为渗透系数;γ_w 为水容重;u 为孔隙水压力。将式(6.1)代入式(6.2),得

$$\frac{\partial \varepsilon_v}{\partial t} = -\left(\frac{K}{\gamma_w}\right)\frac{\partial^2 u}{\partial z^2} \tag{6.3}$$

根据假设,土体总应力不随时间变化,故对理想弹性土体,单向压缩时,有

$$\frac{\partial \varepsilon_v}{\partial t} = \frac{\partial \varepsilon_z}{\partial t} = -m_v \frac{\partial u}{\partial t} \tag{6.4}$$

式中,ε_z 为竖向正应变;m_v 为体积压缩系数,$m_v = a_v/(1+e)$,a_v 为压缩系数,e 为孔隙比。

将式(6.4)代入式(6.3),得太沙基单向固结基本微分方程为

$$\frac{\partial u}{\partial t} = C_{\mathrm{V}} \frac{\partial^2 u}{\partial z^2} \qquad (6.5)$$

式中，C_{V} 为固结系数。

图 6.7 单向固结问题的初始条件和边界条件分别为

$$\begin{cases} u \mid_{t=0} = u_0 \\ u \mid_{z=0} = 0 \\ \partial u / \partial z \mid_{z=H} = 0 \end{cases} \qquad (6.6)$$

式中，u_0 为初始孔隙水压力；H 为压缩层厚度。在式(6.6)初始条件下，用分离变量法解式(6.6)，得固结沉降的解析解为

$$u(z,t) = \sum_{m=1}^{\infty} \left(\int_0^H u_0 \sin \frac{Mz}{H} \mathrm{d}z \right) \sin \frac{Mz}{H} \mathrm{e}^{-M^2 T_{\mathrm{V}}} \qquad (6.7)$$

式中，$M = (2m-1)\pi/2$；T_{V} 为时间因素，$T_{\mathrm{V}} = C_{\mathrm{V}} t / H^2$。

2. 比奥三维固结理论

太沙基固结理论只是在一维情况下才是精确的，尽管后期的伦杜里克(Rendulic)对太沙基一维固结理论进行了推广，但仍然假设固结过程中土体内的正应力之和保持不变，忽略了实际存在的应力和应变的耦合作用。这种"准"三向固结理论和土体实际的空间变形还是存在较大的出入，对二维、三维问题阐述并不精确。比奥从较严格的固结机理出发，推导了相对较为准确反映孔隙压力消散过程与土骨架变形相互关系的三维固结微分方程。

比奥固结理论称为真三维固结理论，其理论推导时假设土体为均匀、各向同性的饱和土体，后来比奥固结理论也发展成可适用于非饱和土体的变形计算。这里只介绍饱和土的比奥三维固结计算过程。

对于饱和土体，在土体中取出任意微分体，体积力只考虑重力，z 坐标向上为正，应力以压为正，则三维平衡微分方程为

$$\begin{cases} \dfrac{\partial \sigma_x}{\partial x} + \dfrac{\partial \tau_{xy}}{\partial y} + \dfrac{\partial \tau_{zx}}{\partial z} = 0 \\[2mm] \dfrac{\partial \tau_{xy}}{\partial x} + \dfrac{\partial \sigma_y}{\partial y} + \dfrac{\partial \tau_{yz}}{\partial z} = 0 \\[2mm] \dfrac{\partial \tau_{zx}}{\partial x} + \dfrac{\partial \tau_{yz}}{\partial y} + \dfrac{\partial \sigma_z}{\partial z} = 0 \end{cases} \qquad (6.8)$$

式中，γ 为土的容重；应力为总应力。

根据有效应力原理，总应力为有效应力与孔隙压力 u 之和，由于孔隙水不承受剪应力，因此式(6.8)可改写为

$$\begin{cases} \dfrac{\partial \sigma'_x}{\partial x} + \dfrac{\partial \tau_{xy}}{\partial y} + \dfrac{\partial \tau_{zx}}{\partial z} + \dfrac{\partial u}{\partial x} = 0 \\[2mm] \dfrac{\partial \tau_{xy}}{\partial x} + \dfrac{\partial \sigma'_y}{\partial y} + \dfrac{\partial \tau_{yz}}{\partial z} + \dfrac{\partial u}{\partial y} = 0 \\[2mm] \dfrac{\partial \tau_{zx}}{\partial x} + \dfrac{\partial \tau_{yz}}{\partial y} + \dfrac{\partial \sigma'_z}{\partial z} + \dfrac{\partial u}{\partial z} = -\gamma \end{cases} \qquad (6.9)$$

利用物理方程，即 $\{\sigma\} = [D]\{\varepsilon\}$，可以将式中的应力用应变表示。假定土体骨架是线弹性体，服从广义胡克定律，则 $[D]$ 为弹性矩阵式，可写为

$$\begin{cases} \sigma'_x = 2G\left(\dfrac{\upsilon}{1-2\upsilon}\varepsilon_\upsilon + \varepsilon_x\right) \\[2mm] \sigma'_y = 2G\left(\dfrac{\upsilon}{1-2\upsilon}\varepsilon_\upsilon + \varepsilon_y\right) \\[2mm] \sigma'_z = 2G\left(\dfrac{\upsilon}{1-2\upsilon}\varepsilon_\upsilon + \varepsilon_z\right) \end{cases} \tag{6.10}$$

然后利用几何方程将应变表示成位移。在小变形前提下,几何方程为

$$\begin{cases} \varepsilon_x = -\dfrac{\partial \omega_x}{\partial x}, \gamma_{yz} = -\left(\dfrac{\partial \omega_y}{\partial z} + \dfrac{\partial \omega_z}{\partial y}\right) \\[2mm] \varepsilon_y = -\dfrac{\partial \omega_y}{\partial y}, \gamma_{zx} = -\left(\dfrac{\partial \omega_z}{\partial x} + \dfrac{\partial \omega_x}{\partial z}\right) \\[2mm] \varepsilon_z = -\dfrac{\partial \omega_z}{\partial x}, \gamma_{xy} = -\left(\dfrac{\partial \omega_x}{\partial y} + \dfrac{\partial \omega_y}{\partial x}\right) \end{cases} \tag{6.11}$$

式中,ω 为位移。

将式(6.8)代入式(6.7),然后再代入式(6.6),即可得出以位移和孔隙压力表示的土体弹性固结的三维平衡微分方程,即

$$\begin{cases} -G\nabla^2\omega_x - \left(\dfrac{G}{1-2\upsilon}\right)\dfrac{\partial}{\partial x}\left(\dfrac{\partial \omega_x}{\partial x} + \dfrac{\partial \omega_y}{\partial y} + \dfrac{\partial \omega_z}{\partial z}\right) + \dfrac{\partial u}{\partial x} = 0 \\[2mm] -G\nabla^2\omega_y - \left(\dfrac{G}{1-2\upsilon}\right)\dfrac{\partial}{\partial y}\left(\dfrac{\partial \omega_x}{\partial x} + \dfrac{\partial \omega_y}{\partial y} + \dfrac{\partial \omega_z}{\partial z}\right) + \dfrac{\partial u}{\partial y} = 0 \\[2mm] -G\nabla^2\omega_z - \left(\dfrac{G}{1-2\upsilon}\right)\dfrac{\partial}{\partial z}\left(\dfrac{\partial \omega_x}{\partial x} + \dfrac{\partial \omega_y}{\partial y} + \dfrac{\partial \omega_z}{\partial z}\right) + \dfrac{\partial u}{\partial z} = 0 \end{cases} \tag{6.12}$$

式中,∇^2 为拉普拉斯算子,$\nabla^2 = \dfrac{\partial^2}{\partial x^2} + \dfrac{\partial^2}{\partial y^2} + \dfrac{\partial^2}{\partial z^2}$。

此外,根据达西定律,通过单元微土体 x、y、z 面上的单位水流量为

$$\begin{cases} q_x = -\left(\dfrac{K_x}{\gamma_w}\right)\dfrac{\partial u}{\partial x} \\[2mm] q_y = -\left(\dfrac{K_y}{\gamma_w}\right)\dfrac{\partial u}{\partial y} \\[2mm] q_z = -\left(\dfrac{K_z}{\gamma_w}\right)\dfrac{\partial u}{\partial z} \end{cases} \tag{6.13}$$

式中,K_x、K_y、K_z 分别为三个方向的渗透系数;γ_w 为水的容重。

根据饱和土的连续性,单位时间单元土体的压缩量等于流过单元体表面的全部流量变化之和,即

$$\dfrac{\partial \varepsilon_v}{\partial t} = \dfrac{\partial q_x}{\partial x} + \dfrac{\partial q_y}{\partial y} + \dfrac{\partial q_z}{\partial z} \tag{6.14}$$

将式(6.13)代入则得

$$\dfrac{\partial \varepsilon_v}{\partial t} = -\dfrac{1}{\gamma_w}\left(K_x\dfrac{\partial^2 u}{\partial x^2} + K_y\dfrac{\partial^2 u}{\partial y^2} + K_z\dfrac{\partial^2 u}{\partial z^2}\right) \tag{6.15}$$

若土的渗透性各向相同,$K_x = K_y = K_z = K$,并将其用位移表示出来,式(6.15)可写为

$$-\frac{\partial}{\partial t}\left(\frac{\partial \omega_x}{\partial x}+\frac{\partial \omega_y}{\partial y}+\frac{\partial \omega_z}{\partial z}\right)+\frac{K}{\gamma_w}\nabla^2 u=0 \tag{6.16}$$

这就是以位移和孔隙压力表示的三维固结土体连续方程。

从上面的推导过程可知,如果饱和土体中任一点孔隙压力和位移随时间的变化规律,同时满足平衡方程式(6.13)和连续方程式(6.16),就说这种土体的固结变形就是比奥固结,其数理方程就是比奥固结方程。

但对于一般土层,边界条件比较复杂,很难求得解析解,绝大多数工程实际问题需要借助数值方法进行求解。随着数值和云计算技术的快速发展,特别是基于云和物联网技术的有限单元法、有限差分法的发展,大规模的比奥固结三维方程并行计算已经大量应用于工程实践,并将从固定计算向快速移动计算快速发展。

3. 岩土非线性固结理论

在比奥理论中,假定土体骨架是线弹性体,而实际土体的应力 — 应变关系往往是非线性的。因此,在分析土体固结时,有必要考虑土体的非线性本构关系。在比奥固结理论中,连续方程与土体应力 — 应变关系无关,对于非线性问题,只需对平衡方程进行适当修改。

① 非线性弹性固结。平衡方程式(6.13) 改写成

$$[K_n]\{\Delta\delta_n\}+[L]\{\Delta p_n\}=\{\Delta P_n\} \tag{6.17}$$

式中,$[K_n]$ 为第 n 步的切线刚度矩阵。通常采用邓肯 — 张模型计算$[K_n]$。

② 弹塑性固结问题。假定土体骨架为弹塑性体,选定一个屈服面函数,如 Mohr — Coulomh 屈服函数或沈珠江双屈服面屈服函数,然后计算弹塑性矩阵,建立平衡方程。

③ 黏弹性固结问题。假定土体骨架为黏弹性体,平衡方程改写成

$$[K_n]\{\Delta\delta_n\}+[L]\{\Delta p_n\}=\{\Delta P_n\}+\{\Delta P_n^c\} \tag{6.18}$$

式中,$\{\Delta P_n^c\}$ 为黏滞变形引起的荷载增量。对于土体,通常采用三传感器黏弹性模型。

④ 黏弹塑性固结问题。假定土体骨架为黏弹塑性体,平衡方程改写成

$$[K_n]\{\Delta\delta_n\}+[L]\{\Delta p_n\}=\{\Delta P_n\}+\{\Delta P_n^{vP}\} \tag{6.19}$$

式中,$\{\Delta P_n^{vP}\}$ 为黏塑性变形引起的节点荷载。对于土体,通常采用五传感器黏弹塑性模型。

6.2.4　固结沉降计算方法

地基沉降的计算方法很多,一般按照土体的本构关系和工程实际应用的特点进行分类,这里给出清华大学李广信的地基沉降计算归类,共分为四大类,如下所示。

1. 弹性理论法(表 6.2)

表 6.2　弹性理论法

2. 工程实用法(表 6.3)

表 6.3　工程实用法

$$工程实用法\begin{cases}单向压缩沉降法\\三向效应法(斯肯普顿-贝伦法,Skempton-Bjerrum)\\切线模量法(严布法,Janbu)\\三向压缩法(黄文熙法)\\应力路径法(兰姆法,Lambe)\\物态界面法(剑桥模型法,Cam-Clay\ Model)\\曲线拟合法(根据实测数据建模)\end{cases}$$

3. 经验与现场测试法(表 6.4)

表 6.4　经验与现场测试法

$$经验与现场试验法\begin{cases}荷载试验法\\动力触探法\\静力触探法\\旁压仪法\end{cases}$$

4. 数值计算法(表 6.5)

表 6.5　数值计算法

$$数值计算法\begin{cases}有限单元法\\差分法\\集中参数法(Lumped\ Parameter\ Method)\\大数据法(包括深度学习法(Deep\ Learning),IOTs等智能算法)\end{cases}$$

上述前三种方法属传统方法,主要根据岩土自身的力学特性和规律,对土体沉降及变形进行简约计算和预估,也是目前工程应用的主要方法。第四种方法虽然也是基于岩土的基本力学指标进行分析,但主要还是采用"化整为零"的离散数学原理,以有限元为代表。这种数值计算模式的发展经过几十年的应用,也积累了相当的经验,是复杂岩土沉降仿真计算的重要研究内容。

近年来,智能计算硬件技术飞速发展,使得基于有限元的这种数值计算方法又有了新的特征,新的超大规模芯片制造技术使得几十万甚至几百万岩土节点的离散计算,可在一个很小的集成嵌入式独立芯片中快速甚至瞬间完成。这种基于全新算法的芯片分布式实时岩土计算又称为"岩土泛在计算",即无时无刻不在进行大规模高精度极速矩阵计算,这种高效的现场计算能力与监控及自主学习方法相结合,就能完成过去不可能完成的岩土管控任务。比如远距离非接触式滑坡智能监测,就是这种超快速超大规模离散泛在计算模式和智能算法相结合的一种新型应用场景,类似这种创新应用正日新月异地发展,但囿于理论和稳定性还需进一步积累,因此这里主要介绍工程上应用较为成熟的计算方法,其他相关内容可以参阅有关文献。

(1)分层总和法。

分层总和法属于弹性理论法,同时又属于工程实用法,也是世界绝大多数国家规范和标准采用的地层沉降计算的工程方法。根据太沙基固结理论,我国《建筑地基基础设计规范》(GB 50007—2011)规定了土层沉降的分层总和法计算固结沉降的主要过程,采用修正系数校正计算值与实际值之间的误差,计算公式的一般形式可写为

$$W = M_s \sum_{i=1}^{N} \Delta\sigma_{wi} \frac{h_i\alpha_i - h_{i-1}\alpha_{i-1}}{E_{si}} \qquad (6.20)$$

式中，W 为地表总沉降值；M_s 为经验修正系数；h_i 为第 i 层厚度；α_i 为基础底面计算点至第 i 层土底面范围内的平均附加应力系数；E_{si} 为各分层土的压缩模量，也是基础底面下第 i 层土的压缩模量，一般取土的自重压力至土的自重压力与附加压力之和的压力段对应的土的模量；σ_{wi} 为各分量的有效应力增量。

如果需要求水位下降过程中某时间的沉降值，则采用如下固结公式：

$$W_t = U_t W \qquad (6.21)$$

$$U_t = 1 - \frac{8}{\pi^2} e^{-\frac{\pi^2}{4}T_v} \qquad (6.22)$$

$$T_v = \frac{C_v}{h^2} t \qquad (6.23)$$

式中，W_t 为某时间的沉降；U_t 为固结度；h 为土层厚度；T_v 为时间因素；C_v 为固结系数。

上述公式的优点是总结了土体变形的一般规律，且计算简单，但实际使用时要注意以下问题：①E_s 理论上应按实际应力范围取值，即取用原状土样的原始自重应力至自重应力与附加应力之和的压力段对应的压缩模量值，如果是超固结土，应取用原状土样的前期固结压力至前期固结压力与附加应力之和对应压力段的压缩模量值。但在实际工程中，由于土样扰动，实验室与实际应力条件的差异，试验指标的准确程度等因素的影响，实际取用的压缩模量往往很难达到理论值的准确程度，误差往往由此产生。②M_s 取值主要由经验决定，《建筑地基基础设计规范》(GB 50007—2011)是根据 132 栋建筑沉降计算资料取的一个均值，这个经验参数的定义还不是很清晰，全国土体沉降的特征也远不止 132 个样本所能代表。因此在 M_s 取值时要注意其合理性，应根据相邻地区沉降观测资料及经验确定，如果参数取值不当，计算误差将较大，计算结果不能真实反映含水层之上的隔水层的固结沉降值。

（2）数值模拟方法。

分层总和法主要是在太沙基一维固结理论的基础上再结合经验进行修正的一种简单计算土层变形的工程近似方法，缺点是计算精度不高，对地下水位下降引起的地表不均匀沉降计算波动性较大。而解析法又因为将含水层假定为均质各向同性，不符合工程实际情况，所以计算结果与实测值有较大出入。数值方法就是介于这两种之间的一种折中方法。本质上讲，数值计算方法是将土体对象的计算域范围缩小，小到计算的单元满足解析的几何物理条件，然后再结合经验，给定计算参数的近似值，比如土的压缩模量、泊松比等，通过求解方程组获得需要的沉降结果。经过近半个世纪的发展，数值计算方法已经成为复杂岩土沉降和变形计算不可或缺的手段。近年来，由于计算硬件的进步，地下结构变形的数值精细模拟方法取得了很大的成就，用来分析小范围小水量降水产生的地层沉降问题取得了一定的成果，正推动着地下结构变形智能计算的快速发展。数值模拟的最大优点在于能模拟非均质、不等厚度以及复杂结构和边界的含水系统，处理岩土体几何与材料非线性的能力较强，不仅适于理论研究，而且在实际应用上已经取得了很好的效果。

数值模拟法用得较多的是有限差分法和有限单元法。有限差分法计算效率相对较高，其应用相对更为广泛。在国外，目前最为通用的软件是荷兰、英国和日本共同开发的 DIANA、美国联邦地质调查局的 MODELFLOW、美国的 FLAC3D、美国的 ABAQUS 以及瑞典的 COMSOL 等软件。

在地下工程开挖时，一般情况下是周围地下水向地下工程渗流，如果地下水含量较大，传统基础工艺需要采用人工降水作为辅助施工方法，以稳定开挖面，这种施工方法因人为降水引起地下水位下降，致使土体产生固结沉降。但是由于地层的复杂性，大多数工况下土层渗流和固结计算的边界条件难以确定，因此在实际应用中，往往采用近似的数值方法进行计算。将目前固结理论与数值模拟方法相结合用于工程实践，已经是岩土工程监测中预估地面沉降的趋势，尽管有很多需要解决的理论问题，如渗流自由面的计算、水位下降区域非饱和土的固结、计算边界的优化划分、计算畸值点的避免、快速计算算法、计算参数的可靠性选取等问题，但由于计算效率的提高，计算通用性的优势，因此数值计算成为未来大区域地面沉降管控的重要技术依赖，下面就以上几个问题进行简要阐述。

①渗流自由面空间范围的确定。目前，采用理论方法确定渗流自由面的计算，只有土坝渗流和井点降水等渗流问题，其边界条件的确定相对简单一些，自由面的计算相对比较成熟。理论计算方法中，成熟的有网格修正法、单元矩阵修改法、剩余流量法、初速度法和混合网格法等。但对于地下工程渗流问题，由于边界条件非常复杂，如明挖工程围护结构、暗挖工程支护结构等，同时，地下工程渗流计算具有明显的三维特征，如明挖工程开挖顺序对基坑外地下水位、暗挖工程支护结构、盾构土仓、衬砌上供压力、刀片切割推进压力等，对渗流场的计算都有较大影响。理论计算因不能准确考虑实际参数的变化过程，计算结果需要根据经验进行修正，渗流自由面空间范围的确定还是一个需要进一步研究的课题，因此实测和监测成为大型工程中渗流自由面确定的重要内容。

②非饱和土固结。太沙基固结理论和比奥固结理论都假定土体为饱和土，实际上，由于地下水位下降，降水区域的土体处于不饱和状态，固结过程和途径往往和排水路径有关，非饱和土固结的时间计算仍然是一个值得研究的问题。鉴于非饱和土的固结计算理论目前还不成熟，所以在非饱和土固结沉降的计算中只能采用近似的方法。

③大面积扰动后土体固结沉降规律。对于地基处理和地下工程施工，压浆作用等具有较强扰动作用的施工方法将使地层周围形成较大的超孔隙压区，超孔隙水压力需在施工后的一段时间内逐渐消散，在此过程中地层发生排水固结变形，将引起地表沉降。对于大面积的土体扰动后，尤其是注浆的化学作用，除了排水固结，土体骨架也将发生持续一定时间的蠕变压缩变形。在土体蠕变过程中产生的地表次固结沉降也是难以用解析公式计算的，但可以得到较为明显的规律。例如在孔隙比和灵敏度较大的软塑、流塑土层中，次固结沉降往往要持续几年以上，它所占总沉降值的比例可高达 35% 以上，对于未压实的土体，常常在蠕变固结中，土体内部蕴含着土体颗粒量变聚集、颗粒团分裂形成空区并进而扩大质变成塌陷区的土体结构变形，从而导致土体、地基和基础沉陷等突发事故。

6.3　地表施工致沉的主要因素

在施工过程中，导致地表沉降的因素很多，常见的有地质条件、覆土厚度、施工方法、施工管理和地层损失等。但无论哪种原因，影响地表沉降的各个因素并不是孤立的，而是相互影响和叠加的。具体寻找致沉原因时，应分析多因素的综合影响。地下工程施工引起地表沉降影响因素的分析和计算，对采取有效的工程措施、降低和防止施工导致的地表沉降具有重要的意义。

6.3.1 施工工艺的影响

不同的施工方法,对地表沉降的影响程度、范围及沉降规律等都有较大的差别,如放坡明挖、明挖顺作、盖挖顺作、盖挖逆作等方法。放坡明挖一般在场地条件较好、周边环境对地表沉降要求不高时采用;明挖顺作法是采用最多的一种地下结构施工方法,根据周边环境条件,采用不同的围护结构和相应的辅助施工措施,来控制施工引起的地表沉降;盖挖顺作法通常在场地条件有限时采用,如城市道路下施工等;盖挖逆作法同样是在场地条件有限制时采用的一种施工工艺,且周边环境对地表沉降控制一般要求较高。

矿山法是地下隧道开挖早期应用的一种施工工艺,主要利用矿山巷道开挖支护技术和经验,将其应用到一般意义上的地下隧道结构施工中。传统矿山法主要包括全断面、台阶和分部开挖等工艺。通常台阶法地表沉降优于全断面法;含中隔墙的台阶法由于中隔墙的支撑作用,地表沉降优于全断面法;至于分部开挖方法,因其设计带有一定的支撑系统,同时又应用了施工信息反馈机制,含有新奥法的部分特征,因此其沉降控制一般优于前两种方法。

在地下结构施工中,按照国际隧道协会规定,隧道横断面积 2~3 m² 的为极小断面隧道,3~10 m² 的为小断面隧道,10~50 m² 的为中等断面隧道,大断面隧道横断面积为 50~100 m²,特大断面隧道横断面积大于 100 m²。一般全断面工艺适宜于地层稳定的隧道,台阶法适宜于地层较好、隧道横断面积为 70~100 m² 的隧道,中隔墙法适宜于地层较好、横断面积为 90~120 m² 的隧道,双侧壁导坑法(眼镜法)适宜于地层较差、特大断面的隧道(>100 m²)。

盾构法包括敞开式、气压平衡、土压平衡、泥水平衡、混合掘进等,在选择盾构施工工艺时,应根据岩土条件,以保持开挖面的顺利开挖和岩土环境稳定为基本原则进行选择。不同盾构机对地层的适应能力不同,在软土地区,泥水盾构通过泥水与水土压力平衡,混水压力和开挖面稳定相对容易控制,比土压平衡盾构更有利于地表沉降控制。对于地层能够自稳时,敞开式盾构工艺是一种较为高效的地下掘进工法,对于地质条件复杂、环境保护严格、地层沉降控制标准较高的工程,盾构开挖一般采用混合工法进行,并同时加强试验和监测,充分利用信息处理和提前预测技术,才能完成既定的施工质量和计划。

根据国内外已经公开的城市地铁沉降监测资料统计结果,盾构法导致的地表沉降约为浅埋暗挖法的 50%,但明挖法引起的地表沉降与浅埋暗挖法相当。随着智能技术的发展和应用,盾构致沉的重大工程事故已经大大降低,而且预测和控制能力正在逐步加强,尤其是盾构施工在岩土监测技术的配合下,对其未来性状的控制也已经起着重要的作用。

6.3.2 地层结构的影响

地下结构由于地层结构、土体性质、岩体强度、透水性等差异,其力学的物理化学性质差别很大,不同工程施工工艺对地层扰动程度、土体固结的影响也不同,因此引起地表沉降的差异也很大。其中,隧道所处地层条件、结构对地表沉降的影响是内因的重要内容。在地层结构较好时,如可塑、硬塑黏土地层,中等密实以上砂土地层,软岩地层等地下结构,开挖断面收敛、地表沉降的大小和分布较容易控制;但在软土地区,由于软土强度低、地下水位高、开挖面自稳能力差,一般需要采用特殊的辅助施工措施,才能保证开挖后隧道断面的收敛值得到有效控制,使开挖引起的地表沉降限制在允许的范围。因而,地层结构不仅影响地表沉降值,而且直接影响地下工程施工方法的选择。

由于用确定性解析方法描述地层结构本构较为困难,地层结构对沉降影响的数学模型目前进行较多探索和研究,许多学者也提出了不同计算模型,其中随机介质理论因数学机理与地层变化较为一致,得到不少新的研究结果。为了简化随机介质模型以便于应用,该理论一个主张提出(阳军生、刘保琛等),描述地层结构性质变化的过程可以用一个等效角度来度量地层开挖时,地层结构对地表沉降影响的程度。简单来说,地层结构条件的不同,反映在开挖致沉影响角的 $\tan \beta$ 值不同。利用 GEO5 的扩展模块 TUNNEL 进行理论分析,结合部分工程实践表明:对于软弱地层,开挖影响范围大,$\tan \beta$ 值较小;对于较坚硬的地层,开挖影响范围小,$\tan \beta$ 值较大。TUNNEL 仿真进一步认为,不同地层条件结构施工引起地表的最大沉降值 W 与影响角 $\tan \beta$ 的关系如图 6.8 所示,显示地表沉降值随 $\tan \beta$ 的增大而增大,开挖的影响范围却随 $\tan \beta$ 的增大而减小。

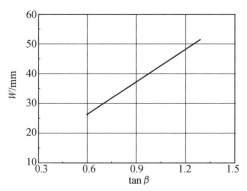

图 6.8　地表最大沉降值与 $\tan \beta$ 的关系

6.3.3　地下工程开挖深度的影响

这里的开挖深度,当然是指差别较大,甚至是深埋浅埋的不同,这种深度的区别,不仅影响施工工艺的选择,甚至计算理论都会发生一定程度的改变。由于地下结构深度的差异,无论采用何种支护工法,由于结构荷载的改变,必将成为影响地表沉降的一个重要因素,也是岩土工程监测中必须要予以重点考虑的设计内容,尤其在运维的后期,提前做好结构变形的技术储备,对保障结构安全、促进地下结构和岩土监测理论研究和技术装备的发展,都具有十分重要的作用。

在交通荷载变化较大的城市中,进行地铁和其他类型的地下工程施工时,更需要重视结构埋深的合理选择,需要详细论证所用防降止降技术的合理性和可靠性。众所周知,地下工程的合理深度受多种因素的影响,如结构空间使用条件、运营功能、工程地质条件、地下工程围岩等级以及支护系统的稳定性等。尽管复杂,但上述设计单项都必须在选择地下工程的合理埋深时加以考虑。

为了说明埋深与沉降的关系,本章以城市地铁隧道为例,考虑不同埋深对地表沉降的影响。应用程序 GEO5-TUNNEL,可以仿真出不同埋深条件下地表的沉降值,经理论样本统计后的曲线如图 6.9 所示(图中,h 为隧道埋深,W 为地表沉降值)。该图为最大地表沉降值与隧道埋深之间的关系曲线,从图中可以粗略看出,最大沉降值与隧道埋深呈非线性关系,从图中还可以看出,随着隧道埋深增大,地表最大沉降值逐渐减小,因此增大隧道埋深有助于减少地表沉降,对地表设施的保护有利,大量实际工程也与上述理论计算所反映出的趋势较为吻合。

对于地下结构隧道施工暗挖,隧道埋深对地层位移的影响比明挖更为复杂。国内外的实

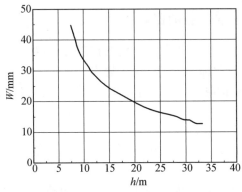

图 6.9　最大地表沉降值 W 与隧道埋深 h 的关系

际工程测试表明,地层结构的差异对地表的沉降影响规律也呈非线性特征,测试的沉降曲线与 Attewell 于 1977 年提出的预测曲线走势有相似之处,他提出的关系式为

$$\frac{i}{R} = k\left(\frac{h}{2R}\right)^n \qquad (6.24)$$

式中,R 为隧道半径;h 为隧道埋深;i 为隧道轴线到地表沉降槽曲线反弯点的距离;k、n 分别为与地层特性及施工因素有关的常数。

进一步的计算表明,当 $h/2R$ 增大时,地层上拱作用增强,地层位移楔体变陡峭,沉降曲线变窄。对于明挖基坑,基坑开挖深度越大,地表沉降越大,且沉降速度趋于明显。对于盾构法隧道,根据实测资料,最大地表沉降与隧道埋深之间的关系如图 6.10 所示。

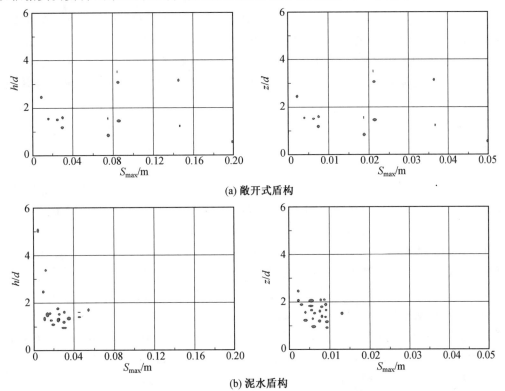

(a) 敞开式盾构

(b) 泥水盾构

图 6.10　盾构施工引起的最大地表沉降与隧道埋深的关系

h 为隧道埋深;z 为隧道覆土厚度;d 为隧道直径;S_{max} 为施工引起的最大地表沉降

6.3.4 地下结构上部荷载的影响

地下结构上方竖直压力一般情况属于结构的控制荷载,对地层沉降有着显著的影响,因此世界各国地下结构工作者对此都进行了广泛的探索。早在 1967 年,Broms 和 Bennermark 就提出了用稳定比 N_s 表示盾构隧道施工引起的地层位移的程度,其稳定比计算公式为

$$N_s = \frac{\sigma_z - \sigma_r}{C_u} \tag{6.25}$$

式中,σ_z 为隧道中心埋深处的总竖直压力;σ_r 为隧道的支护压力;C_u 为土体的不排水抗剪强度。

1969 年,Peck 通过砂土和黏土模型的研究指出,在塑性黏土中,当隧道埋深不小于 2 倍隧道直径(即 $h/2R \geq 2$)时,N_s 将不大于 6,根据式(6.25)定义的稳定比,将不会有大的塌陷和沉降发生,地层中滑入盾构尾的黏土较少,隧道施工困难程度相对较小。在盾构法施工中,一般 N_s 值越大,黏土侵入盾尾间隙的可能性越大,而盾构则越难以控制,N_s 接近 7 时,盾构将变得难以控制。另一方面,当 N_s 越大,说明支护压力也越大,往往会造成地表隆起,而扰动后的土体,其后期沉降也因土体应力恢复,实际发生的变形也增大,说明上部荷载对地表沉降具有较强的影响。对于明挖基坑,基坑周围上部荷载对地表沉降影响更加明显,因此在设计时应严格控制基坑周围堆载大小,防止基坑失稳,同时加强施工前后监测和数据的共享。

6.3.5 地下结构断面的影响

地下空间的开发利用,已经从简单的一种功能向复合功能发展,比如地下交通枢纽、地下共管沟、地下能源与环境支撑系统等,大型地下空间结构不仅有城市地铁、交通接口、地下停车场、地下商场、大型人防设施,还有上下水道和城市地下管廊等综合型市政地下工程,以及公路交通隧道等。这些地下设施功能各异,交接断面尺寸复杂,不同断面的地下工程施工对地表所产生的影响也不同。

为了研究地下结构断面对沉降的影响,国内外学者对复杂地下断面的施工过程进行了大量的仿真研究。中南大学的阳军生用 GE05－TUNNEL 对隧道开挖断面进行了模拟计算。仿真设计埋深 H 为 30 m,地层主要影响角为 45°,即 $\tan \beta = 1.0$,开挖后圆形隧道半径收敛 $\Delta A = 20$ mm。开挖半径分别为 1 m、2 m、3 m、4 m、5 m、6 m、7 m、8 m,其他条件不变,分析断面隧道施工引起的地表沉降情况。图 6.11 和图 6.12 仅列出开挖初始半径为 1 m、3 m 和 6 m 时地表沉降状况,图中的沉降曲线为以 X/H 为横坐标、$W(X)/\Delta A$ 为纵坐标的无因次曲线,曲线 1、2、3 分别为初始半径 1 m、3 m 和 6 m 时的地表沉降结果。计算结果表明,在其他条件不变时,地表沉降值、沉降槽的宽度均随隧道开挖半径增大而增大。

实测资料也表明,开挖跨度对于地表沉降的影响是非常显著的,通过对比测试深圳某两条过街通道的沉降实际数值可以发现上述趋势。两条通道中 A 通道开挖跨度为 9.55 m,地表沉降平均为 10.13 mm,B 通道开挖跨度为 6.35 m,平均沉降只有 4 mm 左右,导致这种差异的主要原因是:①开挖宽度大,施工作业时间长,对土体扰动更严重;②开挖宽度大,支撑结构稳定性、及时性的准确计算相对而言变差;③由于土体影响范围大,对开挖宽度所导致的荷载变化更敏感、应力一次二次重分布更加复杂,因此恢复时间较长。通过改变断面的曲率半径,发现圆形和马蹄形的结构形式较扁平结构对地表沉降影响相对小一些。对于盾构法隧道,根

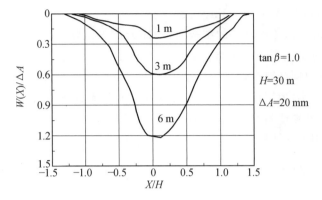

图 6.11　不同开挖半径的地表沉降分布图

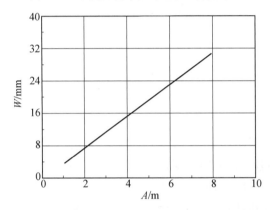

图 6.12　最大地表沉降与隧道开挖半径的关系图

据国内外的实测资料,最大地表沉降与隧道开挖半径之间的影响呈现图 6.12 所示的关系。

对于明挖基坑,基坑宽度越大,地层移动越大;开挖深度越大,变形也越大,因此宽基坑能引起较大的地层移动。圆形基坑整体刚度较大,相对其他结构形式的基坑而言,对周围地表沉降的影响小一些。

6.3.6　支护体系的影响

地下结构基坑开挖时,支护体系的刚度越小,地层移动越大。对于地表沉降,产生的原因较多,但从力学角度上看,主要是支护体系中的某个结构单元在荷载作用下发生过大变形而致。由于土质和施工方法不同,仅仅从地层沉降的角度上很难判断哪一种支护方法更好,然而地下结构支护体系也是在很多未知情况下进行的,由于成本控制和工程环境保护的限制,往往实际采用的施工技术不一定对沉降是最有利的,但无论采用哪种施工工艺,一般而言,随着支撑刚度增大,地表沉降相对减少,但支撑绝大部分是临时结构,增加支撑不仅会增加工程造价,也影响工期;但支撑数量如果减少,就会增大墙体变形,地层沉降劣化也随着增强,因此支护体系类型与结构数量的合理分析和优化确定具有重要作用。

某地下结构位于含水软弱地层中,采用明挖法开挖基坑,支撑的竖向间距为 3~4 m。顶层支撑上移,底层支撑位置也应尽量放低,底层轴心至坑底面的距离为 2 m 左右,底板浇捣所需空间尽可能小。采用三道支撑,由于顶层支撑位置较高,当设置一道支撑时地表沉降不足 10 mm;若采用两道支撑,在设置第一道支撑时,地表沉降已发展到大于 30 mm。基坑开挖结束时的三道支撑总沉降值大于 40 mm,二道支撑大于 50 mm。虽然看起来地表沉降仅差 10 mm左右,但对地表上面邻近基坑的结构而言,10 mm 的沉降余量将会产生裂缝,有可能影响周围建筑物安全,对于大型断面开挖这种情况尤甚。

上述明挖沉降规律同样对浅埋暗挖法工程适用,对刚度小的支护体系,特别是在支护的初期,支护对地层约束性小,地层移动较大。对于采用管片衬砌的盾构法隧道,管片厚度、拼装方式等都会较强地影响衬砌体系的刚度,对地层变形有着明显的影响,因此根据上覆压力设计合理的支护刚度,对控制地下结构开挖地表致沉具有重要的作用。

6.3.7 土损的影响

土损是因地基开挖导致土壤流失的总称。地下结构土损主要指地层损失,一般指地下结构开挖时实际开挖土体体积和竣工后地下工程体积之差。不同施工方法引起地层损失的因素不同,由于土损原因多,过程复杂,精确定量计算土损目前还存在不少困难,但土损又是导致地表沉降的重要诱因,是地下工程抗沉降设计的重要内容,也是岩土监测的重要项目。下面对浅埋暗挖法和盾构法施工引起土损致沉进行简要论述。

1. 浅埋暗挖土损

浅埋暗挖法施工时,超挖初期支护结构与地层不密贴,一般要进行注浆加固减少空隙,如果不进行回填注浆或注浆量不足,在应力重分布时易形成应力释放引起过大的弹塑性变形,进而产生地表沉降。此外,开挖面的涌水或衬砌产生渗漏水,水流将携带地层微小颗粒流出,引起地层土体颗粒重新分布,随着时间的增加,土颗粒被水流带走逐渐增多,土损产生,从而产生地表沉降。另一方面,如果地下开挖土层密实系数达不到设计要求,在有效应力恢复的过程中,周围土体将逐渐弥补地层中土壤的损失,随着时间的推移,将发生地层移动,引起地表的突然沉降。浅埋暗挖法施工引起地层土损的主要因素如下:

(1)开挖面土体侧向移动。开挖面土体受到侧向土压力作用,开挖面土体向隧道内移动,引起地层土损,导致隧道上方的土体弥补侧向土体的损失引起地表沉降。

(2)土体挤入初期支护与地层之间的空隙。由于隧道超挖等原因,加上开挖轮廓线不规则,与理论设计存在误差,支护结构与围岩难以密贴,喷射混凝土不密实,因此刷边土体失去初始三维平衡状态,向隧道方向移动,引起地层土损,从而导致地表沉降。

(3)支护结构承受过大土压力。地下结构施工期的荷载是变值,当出现实际荷载大于设计荷载时,隧道地下空间衬砌或者其他支护结构在过大的水土压力作用下,产生的变形也会引起地层发生过大变形从而引起土损,最终产生地表沉降。

(4)地下空间支护结构本身下沉。当隧道等地下空间的衬砌和其他支护沉降较大时,会引起不可忽略的地层土损。饱和松软地层衬砌渗漏也将引起土损,并最终导致地表沉降。

(5)地下结构因渗水、涌水等动力作用携带泥砂发生运移,当积累到一定程度后导致土体坍方、地层掉块等引起地层土损。

2. 盾构法土损

在采用盾构法施工的地下结构中,由于底部下沉、轴线曲率与安装误差,衬砌与地层常常会产生部分分离,尤其是盾尾间隙往往较大,如果回填注浆不足,将使盾壳支撑的地层向盾尾间隙方向移动进而产生地表变形,这也是组成应力释放引起的弹塑性变形的一部分。一般情况,地表变形的大小受衬砌背后注浆材料性质、注入时间、位置、压力、数量等影响。周围土体在弥补地层土损的过程中,往往伴随地层移动,最终引起地表沉降。

(1)盾构法施工引起土损的因素。

①开挖面土体移动。当盾构掘进时,开挖面土体受到的水平应力小于原始土应力,开挖面土体向盾构内移动,引起地层土损而导致盾构上方地表沉降;当盾构向前推进时,如作用在正面土体的推力大于原始侧向应力,则正面土体向上向前移动,这时导致盾构前上方土体隆起。

②盾构后退。在遇到较大土压力时,比如前面有未经发现的大块孤石,盾构将暂停推进,或者盾构遇到故障时,比如刀盘维修、千斤顶漏油回缩等可能引起盾构后退,使开挖面土体坍落或松动,造成地层下陷、土损增加。

③土体挤入盾尾空隙。向盾尾土层空隙中压浆不及时,或注浆量不足、注浆压力不适当,将使盾尾后周边土体失去原始应力平衡状态,而使土体向盾尾空隙中移动,引起地层土损。尤其是在含水不稳定的地层中,这种情况往往是引起地层土损的主要因素。

④盾构改变推进方向。当地下结构的轴线由直变曲,或者盾构纠偏、抬头或叩头时,盾构姿态都将发生改变,设计断面与实际开挖断面不再吻合,圆形断面向椭圆变化,因此引起地层土损。一般情况下盾构轴线与隧道轴线的偏离角度越大,对土体扰动和超挖程度以及引起的地层损失也越大。

⑤盾构刀盘正面障碍物的影响。盾构推进有时会遇到和勘探情况不同的盾构正面较大障碍物,使地层在盾构通过后产生空隙而又难以及时压浆填充,引起地层土损。特别是推进的盾构外周是一层黏土且强度不高时,盾尾后隧道外周环形空隙会有较大量的增加,如不相应及时增加压浆量,地层土损将大量增加。

⑥盾壳纵向应力作用。盾构的盾壳在地下沿设计的轴线移动时,将对地层产生摩擦和剪切作用,如果控制不好,也将对地层产生扰动,使地层中部分抗剪强度较低的土体被拉裂,从而使土层移动,造成土损,形成地表沉降。

⑦过大的覆土压力。在该土压力作用下,隧道衬砌产生的变形也会引起地层损失和土损发生。

⑧支护结构沉降。地下结构,如隧道的衬砌,由于各种原因,当沉降较大时,会引起不可忽略的地层移动,从而造成土损,同样由于渗水、涌水等携带泥砂、坍方等也将引起地层土损,导致地表沉降发生。

(2)盾构导致的地层土损分类。

①第一类,正常的地层土损。盾构施工操作精心,严格按照设计进行,但由于地质和盾构施工方法的特殊性,在施工中总要引起不可避免的一定的地层变形和土体的损失。一般情况下,这种地层损失可以控制到一定限度内,在此限度数值内,隧道周围土体基本上可在不排水条件及有效应力改变不大的环境下,通过自身变形弥补地层土损,因此施工沉降空区体积与地层损失土体体积相等,在均匀地质结构中,这种地层土损引起的地表沉降比较均匀,危害性不大,而且可控可观,发生突发性的地表沉陷概率较小。

②第二类,不正常的地层土损。因盾构施工操作失误、地层结构未探明导致的地质条件恶化等原因引起的本来可以避免的地层土损,如隧道开挖面压力骤降、注浆不及时、开挖面超挖、盾构后退、大块孤石、尖灭的软弱层等。这种地层开挖损失引起的地表沉降有局部变化的特征,当局部变化幅度不大时,地表沉降属于正常。

③第三类,灾害性的地层土损。地下结构,如隧道盾构开挖面发生土体急剧流动或爆发性的崩坍,空隙体积增加速度较快,引起灾害性的地表沉降。这经常是由于开挖时遇到水压大、透水性高的颗粒状土的透镜体等类似土层。在黏性土中由于局部土体强度降低过多,而引起灾害性地表沉降的情况一般很少见。由于开挖面的涌水、衬砌产生渗漏水或采用降水作为辅助施工措施等引起地下水位下降而使地表沉降。地下水位下降引起地表沉降主要有两个方面的因素:a. 水位下降引起地层土体有效应力增加,导致土体压缩而引起的固结沉降。b. 由于开挖面的涌水、衬砌产生渗漏水或施工降水等,携带地层颗粒流出、迁徙,引起地层土体颗粒空间重新分布,产生地表沉降。

6.3.8 施工变形控制

影响地表变形的控制因素分为设计阶段控制、施工阶段控制和服役阶段控制。设计阶段控制是最主要的控制。地下结构线路设计确定后,施工过程一般很难改变地层性质、结构、断面大小、覆土厚度等客观条件,为此在充分考虑设计控制之后,在特殊情况下,应尽最大限度提高施工阶段的沉降控制技术在地层变形控制中所占的分量,通过采用合理的辅助施工措施,等效改变地层性质、地下水位、覆土厚度等,如降水、冷冻、注浆、覆土重填、换填、托换等。通过仿真技术,对施工方法、支护形式、地层损失、地下水位下降等因素在施工过程中进行可行性经验预演,结合 BIM 监控技术和现场模拟、实测,进行地层变形的综合控制。

对不同地层条件进行地下结构隧道施工,可针对具体的条件,选择不同的施工方法。如明挖法、盾构法、浅埋暗挖法、沉井、沉管、顶管等,综合各项控制指标,以达到最优的技术和经济及环境指标,如遇特殊地层,可以采用压气、冻结、注浆、换填等加固手段,辅助监测技术,进行施工工艺的设计。

对于经济指标最好的明挖工程,在开挖过程中应充分考虑"时空效应",以"水平分块,竖向分层,按时施工"为开挖原则。明挖法整个过程可见,施工速度快,开挖后及时设置支撑并预加轴力,施工中出现的问题能快速解决,能有效地减少土损和地层移动。如果施工速度过慢,土层较软,土地层的流变性突出,将会增大地层移动量。根据某地铁车站统计的实测数据,如果基坑开挖支撑架设的时间超过 24 h,则地表沉降随着基坑深度的增加而增加,对于设置了 5 道支撑的基坑,从第二道支撑开始,如果架设时间超过 36 h,相比 24 h 内完成支撑沉降增量为 2.3 mm/d,第三道支撑沉降增量为 2.4 mm/d,第四道支撑沉降增量为 3.4 mm/d,第五道支撑沉降增量为 4.1 mm/d。从沉降增量来看,地表沉降随着支撑时间的拉长而逐渐增加,开挖深度越大,增加越明显。另外,基坑开挖后的基底,在基坑搁置不到 10 天的时间内,增加了 50%左右的隆起量。因此地下结构的支护应该及时施工,坑底基础平面亦应避免过久暴露和搁置。

对于浅埋暗挖法,传统的施工方法如全断面法、台阶(Center Diaphragm)法、CRD(Cross Diaphragm)法及侧壁导坑法,分别适用于不同的地下结构形式、断面大小、地质条件和周边环境条件;支护参数如喷射混凝土厚度、锚杆长度及间距、钢拱架形式、地下连续墙及间距等不仅决定支护结构的强度与刚度,也直接影响着支护结构的稳定性和对地层及围岩变形的约束能力,反映在地表上,即影响最终地表沉降的大小和持续时间。

随着城市地铁的发展,我国盾构技术近年来快速发展,已经成为我国地下结构开挖的重要施工装备,因此设计、控制盾构开挖地表沉降对隧道质量具有重要意义。采用盾构法挖掘隧道时,由于开挖推进量与排土量不等的原因,开挖面水土压力与压力仓压力不平衡,导致开挖面失去平衡状态,从而发生地表变形,开挖面水土压力大于压力仓压力产生地表沉降,小于压力仓压力产生地表隆起。这是由于开挖面的应力释放、支付应力与附加应力重分布引起的弹塑性变形。盾构推进时,盾构的壳板与地层摩擦和对地层的扰动,从而引起地表变形。特别是盾构施工轴线误差和曲线推进时的超挖,是产生地层松动的重要原因。因此,在推进过程中加强施工设计和管理,保持推进量与排土量平衡,控制压力仓压力,防止盾构施工轴线误差,控制曲线超挖,多模型预测支护体系与地层移动和土损的关系,以综合控制地表变形,从而最大限度地减少地表整个生命周期的沉降。

6.4　浅埋暗挖导致地表沉降

浅埋暗挖是城市地下工程主要施工方法之一,具有很多优点。和明挖法相比,具有避免大规模拆迁和对交通干扰的重要优点,较盾构法又具有对地层较强的适应性,同时可选的施工辅助手段灵活,已广泛应用于城市地铁区间隧道、地下综合车站、地下过街通道、地下停车场等地下工程。其缺点主要是施工引起的地表沉降相对较大,如果沉降控制不好,甚至会危及周边建(构)筑物的安全。因此,研究浅埋暗挖法施工引起的地致沉降规律,对发展浅埋暗挖法施工工艺具有重要意义。

1. 开挖工作面稳定性分析

要了解地表沉降规律,首先必须了解地下工程开挖时工作面的稳定状况。为此,国内外研究和工程技术人员在此领域做了大量的研究和试验工作。

日本工程技术人员进行了基于摩擦试验方法的模型试验,研究软弱或砂性地层中地下工程开挖时围岩动态特征,由模型试验得到如下结论:

(1)地下工程开挖时,工作面前方及上方围岩,无论是水平位移还是垂直位移都比较大。特别是工作面围岩松动区的上半部,是地下工程开挖最危险的区域。

(2)当地下工程埋深较小时,地下工程开挖后,其上方围岩发生松动,由于埋深浅,松动直径可直接抵达地表。

(3)地下工程上方围岩松动范围与地下工程断面形成高度成正比。

(4)当地下工程埋深较大时,上方围岩形成的松弛区域不能达到地表。围岩松弛区域高度 h 与地下工程开挖断面直径 D 有关,在估算时,可以简单认为开挖导致的围岩松弛区范围是地下工程开挖断面直径的 2 倍。

日本的研究机构根据监测资料与有限元理论计算,于 1988 年提出了浅埋围岩和未固结黏土条件地下工程开挖的地层位移动态发展的研究报告,其结论概括如下:

(1)在浅埋二级及以下围岩中,若采用超前锚杆或管栅、管幕等进行了预加固,可以认为在地下工程开挖过程中,围岩在宏观上保持为弹性体。

(2)当开挖面接近 L/D(其中 L 为测点距离工作面的距离,以开挖面中心为圆心,开挖前进方向为正。)为 0.5 时,理想弹性条件下,地表开始出现沉降,随后围岩内部开始变形分离;当 L/D 为 0.2 左右时,围岩内部下沉速度变大,且与地表发生相对位移;当 L/D 为 0.2~0.5 时,围岩内部的相对位移最大;当 L/D 为 1.0 左右时,即地面离开挖面一个直径远处,围岩内部位移逐渐减弱,并趋于稳定。

(3)在支护抗力未起作用时,地表沉降值为总沉降值的 30%~40%,围岩内部则为50%~

70%。因此,为了控制地表沉降,分析并合理运用围岩开挖支护曲线,对开挖面进行预加固非常重要。

国内对上述内容也展开了大量的研究,尤其是对复杂场地条件下的开挖沉降进行了大量的数值仿真工作。基于国内外的有限元软件,对软弱围岩地下工程施工沉降效应进行了数值模拟。综合研究成果,用简单的 L/D 参数来描述,可以认为地下工程开挖对工作面前方地层影响大于1倍洞径左右,对工作面后方地下工程稳定的影响主要在 $1.5\sim2.0$ 倍洞径范围之内,其最大变形在距工作面 $0.5\sim1.0$ 倍洞径处。上述结论是简化了的平面开挖问题的一种简化结论,属于没有考虑三维发展效应的沉降范围和程度,如果考虑地下结构的空间效应,地表沉降影响的范围和程度平均是平面开挖问题的 $1\sim3$ 倍。

2. 地表沉降随开挖面掘进的纵向变化规律

对于大多数地下工程,由于开挖和支撑产生应力重分布和重平衡,因此地表沉降实际上是一个时空效应过程。既有纵向沉降也有横向沉降,两者互为影响,只因沉降规律本身的复杂性,同时在满足现有工程需要的程度和精度上,研究往往主要考虑某一个方向的沉降发展变化规律。在地下结构地层变形控制的设计阶段,纵向经常需要重点考虑防沉方向,为了揭示纵向沉降效应,常用每一步沉降值和最终沉降值之比作为一个归一化的指标,对其进行评价,这样做可以在某种程度上减少地层变形分析时横向空间效应的影响,更有利于突出纵向的主要因素。基于上述简化的数据处理,地下工程开挖过程中,地表沉降随开挖面掘进的纵向变化规律,一般可分为如下四个区域(图6.13)。

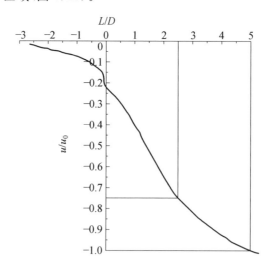

图 6.13 随开挖面掘进的纵向地表沉降曲线图
L—开挖工作面距离测点的距离;D—地下工程开挖
直径;u—沉降值;u_0—最终地表沉降值

(1)微小沉降区。当施工断面与测点距离相差 $1.0\sim1.5$ 倍洞径时,地下工程开挖对未开挖段地表产生一定范围的前期沉降,该阶段沉降值占总沉降值的 $15\%\sim20\%$。

(2)沉降剧增区。随着开挖工作面的向前推进,在开挖面后距开挖断面 $1\sim3$ 倍洞径范围内,地表沉降速率急剧增长,沉降值增大。该阶段沉降值占总沉降值的 $40\%\sim50\%$。

(3)沉降缓慢区。在开挖工作面后距开挖断面 $3\sim5$ 倍洞径时,沉降速率减缓,沉降值增加变缓。该阶段沉降值占总沉降值的 $15\%\sim20\%$。

（4）沉降稳定区。在开挖工作面后距开挖断面 5 倍洞径后,沉降增长缓慢,沉降曲线趋于平缓。该阶段沉降值占总沉降值的 $5\%\sim10\%$。

上述规律在广州地铁的沉降监测中得到了反映。图 6.14 为广州地铁某区间隧道在浅埋、软弱围岩段开挖时某测点的沉降记录曲线。

在数据处理时,采用分段指数函数建立测试数据的模型。假设两段指数函数以某点为对称,这里选择曲率拐点为对称点,以提高数据拟合误差处理的稳定性,采用这种方法对数据获得近似的曲线指数函数模型,这种描述地表沉降的纵向沉降规律模型函数如下：

$$S=-A[1-e^{(x-x_0)B}]+S_0, \quad x\geqslant x_0 \tag{6.26a}$$

$$S=-A[1-e^{-(x-x_0)B}]+S_0, \quad x<x_0 \tag{6.26b}$$

式中,A、B 分别为回归系数；x_0、S_0 分别为拐点 i 的坐标。

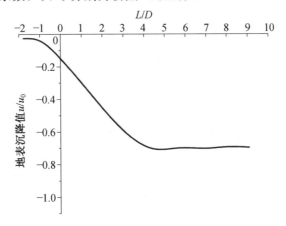

图 6.14　某测点的沉降曲线

3. 地表横向沉降变形规律及影响范围

Peck 在大学期间主持了芝加哥地铁的设计咨询工作,通过对地铁建设过程中大量地表沉降数据分析后,提出地表沉降曲线符合近似呈正态分布的规律。地层移动由地层土损引起,认为施工引起的地表沉降是在不排水条件下发生的,所以沉降槽的体积等于地层损失的体积。如图 6.15 所示,软弱地层隧道上方的横向地表沉降可以用式(6.27)所示的 Gaussian 曲线表示,这个公式即是著名的 Peck 沉降公式。在此公式之上,学者又提出了一系列修正的 Peck 公式,以应用于不同条件下浅埋暗挖法隧道施工地表沉降的分析。式(6.27)的 Peck 公式虽然存在误差,有时误差达到 30%,但大量的工程实际数据都证实,浅埋暗挖沉降的基本特征都与之相符合,Peck 公式已得到广泛应用：

$$S(x)=S_{\max}\exp\left(-\frac{x^2}{2i^2}\right) \tag{6.27}$$

对于软弱地层隧道,地层移动是由隧道施工和地层开挖所造成的。这些地层移动用"体积损失"参数 V_1(通常表示为百分比)表示为

$$V_1=\frac{4V_s}{\pi D^2} \tag{6.28}$$

式中,V_s 为根据式(6.27)积分 $[V_s=i(2\pi)^{0.5}]$ 得到的每米开挖长度的沉降槽的理论体积；D 为

隧道直径。

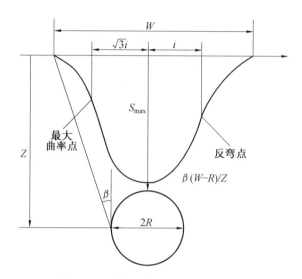

图 6.15　隧道上部地表沉降槽曲线

对于大多数隧道工程而言,由于采用的隧道施工方法不同,假定 V_s 的值与隧道 V_t 处发生的体积损失一致,预计体积损失值在 $5\%\sim 2.0\%$ 之间变动。综合式(6.26)和式(6.27),根据隧道施工期间预计的体积损失,可以得出地表最大沉降的计算表达式为

$$S_{max} = \frac{0.313V_1D^2}{i} \qquad (6.29)$$

O'Reilly 和 New 于 1982 年基于现场数据,利用曲线拟合逼近模型,提出了沉降拐点的确定方法。采用遍历算法,从任意一个点开始,用公式 $i = KZ_0$ 计算与拐点的距离,其中 Z_0 为隧道深度;K 为无量纲的沉降槽宽度系数。在应用该公式计算地表沉降时,建立伦敦黏土 K 值约为 0.5。如果扩大公式(6.28)的应用范围,使之应用于地表以下地层,会使 Z 值偏低,S 值偏高,尤其是对于接近隧道的地层,这种情况更应该注意。1993 年,Mair 等人利用离心试验模型,结合现场监测数据,提出了修正的地表下 Z 预测的公式:

$$i/Z_0 = 0.175 + 0.325(1 - Z/Z_0) \qquad (6.30)$$

在地表,即当 $Z=0$ 时,式(6.30)会出现 $i = 0.5$ 的情况。随着深度的增加,f 呈线性递减。除了上述简单的计算公式之外,在地下工程抗沉降的研究中,还有许多其他非线性的关于地层值 Z 的经验公式。1996 年,Health 和 West 对这些公式进行了综述。2000 年,Grant 和 Taylor 提出了单洞隧道上方施工导致地层移动时 i 应该如何随深度的增加而变化的理论。

Peck 理论被用于我国北京地铁区间隧道开挖引起的横向地表沉降槽曲线的回归分析,地表沉降影响范围 B 取 $2.5i$。反弯点 i 平均距隧道中线 6.6 m,多数位于隧道边墙上方,距隧道中线 6.5 m 左右,平均沉降影响范围为隧道两侧 20 m。

图 6.16 所示的曲线 YD3 是北京地铁主干线开挖时地表横向沉降及回归分布图。从图中分析可得:隔离桩对控制沉降起到非常明显的作用,沉降槽曲线与 Peck 曲线相比有明显的变化;地表沉降区域主要集中在隔离桩内部区域;沉降曲线发展至隔离桩外,沉降值迅速减小;地表横向沉降基本控制在 20 mm 之内,该线路中有一个 22 层居民楼,属于一级风险源,Peck 沉降曲线对比分析对控制风险起到了非常重要的作用。

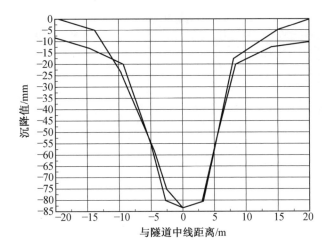

图 6.16　YD3 断面横向地表沉降实测曲线与回归曲线

4. 双孔隧道施工地表沉降规律

双孔隧道是城市地铁多孔工程中的主流,特别是城市地铁改造工程中,常采用双孔隧道,当两条隧道距离较近时,其施工对地表的影响会相互叠加,因此双孔隧道施工引起的地表沉降比单孔隧道要复杂得多。由于隧道施工对周围地层产生扰动,在隧道周围土层中形成扰动区,如果后行隧道处于先行隧道的扰动区内,后行隧道施工将对地表产生较大的沉降。因此在分析双孔隧道施工引起的地表沉降时,隧道孔洞的相互影响是地表沉降需要考虑的重要内容。

现有工程实际数据和理论分析都表明,双孔隧道,不管是后行隧道还是先行隧道或是平行施工隧道,都存在双孔(或多孔)施工引起地表沉降的叠加效应,即任一条隧道施工对其周围地层的扰动,引起周围地层强度的弱化或改变,都会对另外一条隧道施工所产生的地表扰动和沉降进行叠加。

由于双孔隧道多数施工分为先行与后行隧道隔开进行,因此这类隧道的沉降叠加是较为普遍的一种情况。鉴于隧道施工对周围地层产生扰动,在隧道周围形成不可避免的扰动区,如果后行隧道处于先行隧道的扰动空间内,后行隧道施工将导致较大的地表沉降。为此,为了揭示先行隧道对后行隧道的影响,英国伯明翰大学的 Chapman、Rogers 和 Hunt 对双孔隧道的沉降进行了大量的数据分析,基于误差函数曲线技术,把修正系数应用于隧道上方土层扰动区域的重叠计算,提出了后行隧道地表沉降预测控制曲线。为了简化和分析判断,其处理原则是后行隧道导致的地表沉降曲线,应该和整个施工过程中地表沉降预测相适应。他们的数据统计分析结果显示,在黏性土中,地层沉降需要进行约 60% 的修正,以便把第一条隧道施工造成的先期扰动考虑在内,修正曲线如图 6.17 所示。

根据误差函数技术,简化处理方法是,后行隧道上方地层移动形成的沉降槽假设与先行隧道上方的沉降槽相一致。考虑并行相同尺寸的双洞隧道时,以先行隧道相同的沉降假设为基础,预测后行隧道上方地层的位移。当然,这种假设因土层扰动的时间和空间存在差异,必定导致预测存在差别,这种预测沉降槽的不准确性主要与下列参数的变化有关:①土的强度(破坏之前);②土层体积损失 W 的大小和 W_{max} 的位置;③沉降槽宽度参数 K(因此也与 f 有关);④近边缘和远边缘的长度(与 K 相关)等。许多研究者利用现场数据和数值模拟,对修建双洞隧道的二线(后行)隧道时上述主要影响参数的影响进行了研究。1993 年,英国剑桥大学的

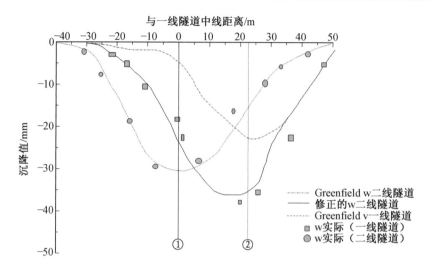

图 6.17　先行隧道修建后后行隧道开挖横向地表实测及其修正曲线

Mair 和 Talyer 认为,双洞二线隧道开挖导致上方地层沉降的变化原因主要是"先行隧道的施工,地层已经发生了应变,后行隧道预计将发生更大的地层损失",根本原因还是由土损所致。2002 年,英国伯明翰大学的 Chapman 等人对沉降槽产生的原因更倾向于双向隧道重叠区域的改变,认为发生应变的土层区域,应该定义为从测定的重叠边界到每条隧道的中线,认为这一区域内的地层由于应变作用和应力重分布,更容易发生强度变化,如果支护不及时,将加速造成地层失稳,也是地表发生连锁式位移变化的根本原因。

1996 年,英国帝国理工的 Addenbrooke 第一次详细介绍了土层预破坏的刚度效应与双洞隧道地层变形的关系。他利用有限元法模拟非线性小应变模型,计算结果显示首先掘进隧道的一侧水平位移和垂直位移都有较明显的增加。2003 年,Chapman 等人在仿真分析双洞隧道时也发现了类似的结果。

20 世纪六七十年代,欧美地铁建设处在发展的高峰时期。地表沉降一直是困扰地铁开挖的重要问题。工程界迫切需要了解多洞(双洞)隧道施工导致地表沉降的机理和控制工艺。在这种背景下,不少学者对此进行开创性的研究。代表性的工作有 1969 年 Peck 对芝加哥地铁开挖地表沉降的分析和总结,1975 年 UIUC 的 Cording 和 Hansmire 在第五届泛美土力学和基础工程国际会议上发表的华盛顿特区地铁开挖地表致沉的研究成果,1996 年英国帝国理工的 Addenbrooke 发表的伦敦地铁双洞隧道地层变形数据分析结果,2002 年英国伯明翰大学 Cooper 发表的英国希思罗机场中央终端 9 m 直径地铁横跨现存两条地铁修建时地表沉降数据分析研究报告表明,多洞隧道的互相影响都有一个共同特征,就是加剧了土层中的土损量。1975 年,Cording 和 Hansmire 对纽约州地铁开挖数据分析后指出,对于直径为 6.4 m 的二线隧道,在一线隧道与二线隧道之间的间距(为隧道轴线间距)为 11 m 时,地铁开挖的土层土体损失增加量最大可达 50%。Addenbrooke 于 1996 年也报道了伦敦地铁建设时地层中土体损失出现类似的增加量,并且发现随着隧道间距的增加,体积损失的增加量逐渐减小,实际情况也是,双洞或多洞隧道相距越近,支付难度越高,要满足支护曲线的临界点需要更多的信息,一旦设计和施工不慎,将导致地表沉降加大。

1975 年,Cording 和 Hansmire 根据华盛顿地铁施工提出了体积损失预测与隧道间距关系的趋势曲线；2002 年，Cooper 以英国地铁交通枢纽双洞隧道沉降现场数据为基础，对这一趋势曲线进行了改进。

1975 年 Cording 和 Hansmire、1996 年 Addenbrooke、2002 年 Cooper 以及 2003 年 Chapman 等的研究都表明，随着隧道间距的加大，离心率和 W_{max} 都将逐渐减少。

随着测试设备的发展和更多多洞隧道开挖沉降经验的积累，地表沉降的增加主要因素是由于隧道地层相互影响，土体体积损失增加造成的，现代模拟试验模型也已模拟了这个过程。当然误差和其他因素也是存在的，从理论上看这种模型形成的是一条对称曲线，W_{max} 没有离心率。现场数据和数值模拟显示，对称的沉降曲线并非一定存在，往往是距一线隧道较近侧的沉降值较大，而另外一侧较小。为了修正这种误差，2003 年 Chapman 提出了一种包含这些差异的方法，即

$$W_{mod} = \left[1 + M\left(1 - \frac{|d' + x|}{AK_1Z}\right)\right]W \tag{6.31}$$

式中，W 为修正前的地表沉降值；M 为修正系数；A 为一半沉降槽宽度所需的 i 的倍数；x 为距隧道中线的距离；Z 为隧道埋深；d' 为隧道轴线之间的距离；K_1 为一线隧道的 K 值，K 为沉降槽宽度参数。

式（6.31）主要应用于重叠边界内至一线隧道和二线隧道地层移动范围内的土层变化。修正系数根据有限元分析结果确定。有限元模拟显示，二线隧道沉降的最大相对增加量一般发生在已经掘进的一线隧道中线的上方范围内。式（6.31）括号内的数值，对应修正系数的采用，即当 $\left(1 - \frac{|d' + x|}{AK_1Z}\right)$ 的值为 60% 时，修正系数 M 为 0.6，其余类推。

根据华盛顿地铁的实际监测结果，1975 年 Cording 和 Hansmire 建议对位于已经掘进的一线隧道最近一侧的二线隧道，沉降槽宽度可适当增加，增加大小应该根据前期监测结果进行确定。2002 年，Cooper 提出了以近边缘体积 V_{2n} 相对于远边缘体积 V_{2r} 的增加量为基础的估算沉降槽宽度相对增加量的方法，并且给出了不同隧道间距 V_{2r}/V_{2n} 值的趋势曲线，认为近边缘沉降槽的体积及宽度比远边缘沉降槽的体积及宽度大，即 $K_n > K_r$，式中 K_n 和 K_r 分别为近边缘和远边缘的沉降槽宽度系数。考虑二线隧道上方的沉降时，在保持 W_{max} 恒定不变的情况下，如果沉降槽宽度增加，那么沉降槽的总体积和单位长度将增加，因此体积损失增加。然而，沉降槽宽度的变化并不一定是造成 W_{max} 增加和沉降槽离心偏向一线隧道的唯一原因。2003 年，Chapman 根据英国希思罗快线地铁开挖沉降的监测数据发现，如果近边缘和远边缘的 K 值没有差异（即 $K_n = K_r$），可以利用式（6.31）获得类似的 V_{2r}/V_{2n} 关系。如果 K 的变化可以精确地量化，那么考虑近边缘和远边缘的移动时，通过假定不同的 K 值，可以很容易地把 K 值的变化应用于式（6.32）中，K_2 代表二线隧道的 K 值，且 K_n 和 K_r 具有不同的值。

$$W = W_{max}\exp\left[-\frac{x^2}{2(K_2Z)^2}\right] \tag{6.32}$$

式中，W 为最大地表沉降值；x 为距隧道中线的距离；Z 为隧道埋深；K_2 为二线隧道的 K 值，K 为沉降槽宽度参数。

如果不考虑先行隧道对地层的扰动，双洞隧道施工引起的地表沉降横向变化规律及影响范围则为两条隧道分别施工引起的地表沉降的叠加效应。假设两隧道相距为 Z，则双孔隧道引起的横向地表沉降可以用下式近似预测：

$$S = S_{1max}\exp[-x^2/(2i_1)^2] + S_{2max}\exp[-(x-l)^2/(2i_2)^2] \tag{6.33}$$

式中，i_1、i_2 分别为沉降曲线拐点到隧道中线的距离；S_{1max}、S_{2max} 分别为距隧道中线处的地表沉降值（由单条隧道施工引起的地表沉降回归分析得到）；S 为距先行隧道 x 处的地表沉降值。下面以我国广州地铁建设的监测数据对以上观点进行说明。

图 6.18 和图 6.19 所示为广州地铁某暗挖区间 Ⅱ 类和 Ⅲ 类围岩横向地表沉降实测曲线。从图中可以看到，左右线隧道开挖引起地表沉降产生了明显的叠加，沉降槽顶点由先行开挖隧道中线伴随后面开挖的后行隧道产生了偏移，横向影响范围增加了 5～10 m。

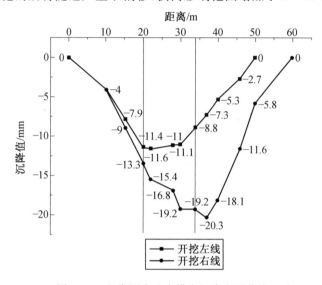

图 6.18　Ⅱ类围岩地表横向沉降实测曲线

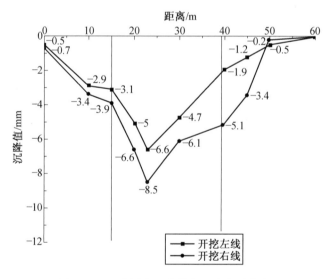

图 6.19　Ⅲ类围岩地表横向沉降实测曲线

5. 多孔隧道施工引起的地表沉降规律

多孔隧道有时也称为群洞法施工，对地表沉降的影响更为复杂，确定性的理论成果严重滞后工程实践积累的经验。进入 21 世纪以来，随着传统浅埋暗挖施工法与信息技术融合的快速发展，城市交通枢纽的多孔同步施工采用的暗挖地铁综合车站设计与施工工艺也得到快速发展,内容丰富。这种地下空间工程由于跨度较大,目前部分暗挖车站设计采用群洞法施工。与单洞车站相比,尽管变形机理与变形孕育过程复杂,但群洞法的各隧道断面相对较小,施工安全性好,同时可以充分发挥隧道之间岩土的支护和支撑作用,维护体系整体刚度、强度要求低,综合经济效益高。

从国内外大量的实测资料看,最终的多孔施工引起的地表沉降规律与双洞隧道趋于一致,从弹性理论上看,最后的沉降可以看作单个空洞的地表沉降的叠加。下面以我国广州地铁工程建设的数据为例进行分析。

广州地铁某车站隧道地下结构空间采用暗挖方法,车站站台空间采用三条暗挖隧道形式,其中两侧为主隧道,中间为纵向人行隧道,隧道净间距为 3 m 左右。单条主体隧道的施工采用交叉中隔墙 CRD 法,先开挖两侧车行隧道,两侧隧道工作面之间的纵向间距预留土体宽度不小于 20 m,待车行隧道贯通后,再由两端明挖站厅,相向开挖,施工中间人行隧道。根据上面的阐述,群洞隧道施工引起的地表沉降,可以简单地预估为单洞隧道施工产生地表沉降的叠加,施工引起的地表横向沉降如图 6.20 所示。

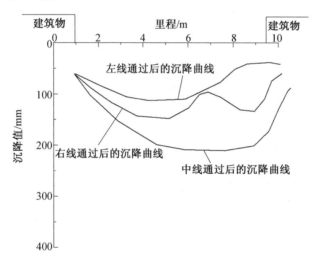

图 6.20　地表横向沉降

从曲线图 6.20 可以看出,群洞法施工引起地表沉降具有如下几个特征:因左线的开挖已对右线地表产生扰动,出现应力重分布的塑性变形区,随着右线开挖的进行,沉降槽中心向滞后开挖隧道偏移,对左、右线相同横断面地表测点,右线沉降多数大于左线,由于该标段右线地质条件比左线隧道差,因此客观上也加大了沉降。中线对这一特点反应较弱。相反,中线上多数地表沉降值相对最小,这主要是由于中间隧道开挖时左右线的二衬支护结构已完成并且其刚度已经生成,隧道由柔性支护转化为刚性支护,对抑制地表沉降有较大的贡献。

从图 6.20 中可以看出,该工程 3 个隧道群洞施工造成的地表沉降形成了 3 个不同的区域,测点数据反映出每个区域具有的自身沉降特征:

(1)区域 I,位于左线左侧,沉降主要集中在左线隧道开挖阶段,沉降值占总沉降值 70％左右。右线隧道开挖对此部分沉降的影响占 20％～30％,而中间隧道的开挖对此区域的沉降影响较小。

(2)区域 II,位于三条隧道中间,其沉降主要集中在中间隧道,此阶段沉降值占总沉降值的50％左右。左右线隧道的开挖对此部分土层扰动叠加,影响较大,造成围岩已比较松弛。

（3）区域Ⅲ，位于右线右侧，从图中可以看出具有与Ⅰ区域明显不同的特征。

尽管群洞隧道施工对地表沉降的影响在各个区域不同，但三条隧道的影响程度基本一致，在施工工艺与参数保持相同的条件下，地表沉降主要还是与地质有关；另外由于隧道间距较小，横向沉降曲线（槽）与单线大跨隧道造成的沉降仍然保持基本的一致。

6.5 盾构施工引起的地表沉降

众所周知，盾构法是目前地下土层开挖综合程度最高的机械设备，施工工艺对地层扰动小，综合管控性强，掘进效率高，环境影响时间短、程度低等。尽管如此，盾构法施工仍不可避免会引起地层的扰动，使地层产生变形，当埋深较浅时土层变形会波及地表并产生地表沉降，特别是软弱地层这种现象尤为突出。当地层变形超过一定的程度，会严重影响周围邻近建（构）筑物及地下管线的正常服役和安全。因此，分析盾构施工引起的地表沉降规律，以及影响地表沉降的主要因素对保护周围环境具有重要的意义。

隧道盾构施工目前主要采用土压平衡盾构（EPB）、泥水加压盾构及复合式盾构。由于土压平衡盾构使用较多，具有代表性，下面根据实测资料主要分析这种盾构施工方法引起的地表沉降特征和规律。

6.5.1 盾构法地表沉降的一般规律

从1806年法国工程师Brunel针对松散饱和软土层发明了盾构技术并提出专利申请以来，盾构技术已经有200多年，无论从盾构装备本身，还是盾构工法的发展，都已经取得了很大的进步。其中关于盾构施工引起的地表沉降规律研究，已取得了大量的研究成果。早在1969年Peck就已经对大量盾构地表沉降监测数据及工程资料进行了分析，提出了地表沉降槽近似呈正态分布的观点。发现地层移动由地层损失引起，认为施工引起的地表沉降是在不排水条件下发生的，所以沉降槽的体积等于地层损失的体积。地下工程开挖引起的横向地表沉降曲线可以用Peck公式描述，之后一系列修正的Peck公式也随着盾构的应用逐渐被提出，并逐渐应用于盾构施工地表沉降分析的工程之中。

1981年，美国斯坦福大学土木学院的G. Wayne. Clough教授与世界著名的全球WSP美国工程咨询公司Birger Schmidt工程师在由加拿大Brand和Brenner主编的 *Soft Clay Engineering* 专辑中详细讨论了美国软黏土隧道开挖和设计性能的分析，提出饱和含水塑性黏土地表沉降槽宽度系数 i 的计算公式：

$$\frac{i}{R} = (Z/2R)^{0.8} \tag{6.34}$$

式中，Z 为隧道埋深；R 为隧道半径。

英国杜汉姆大学（University of Durham Great Britain）工程地质试验室的Attwell于1974年和1981年分别对盾构所致地面沉降进行了数据统计，提出了沉降槽曲线为正态分布的假说，其给出的地表沉降估算公式为

$$\frac{i}{R} = K(Z/2R)^n \tag{6.35}$$

$$V = \sqrt{2A} i \delta_{max} \tag{6.36}$$

式中，$\delta_{\max}$ 为地表最大沉降值；V 为沉降槽体积；A 为隧道开挖面积；K、n 分别为与地层性质和施工工艺有关的系数。

日本的大阪交通局高速铁道本部长、高速铁道和隧道工程技术委员竹山乔根据盾构隧道施工中积累的实际资料，对地表沉降观测资料进行回归分析，提出估算隧道开挖时地表最大沉降（mm）公式为

$$\delta_{\max} = \frac{2.3 \times 10^2}{E_s}(21 - H/D) \tag{6.37}$$

式中，E_s 为地层平均变形模量，MPa；H 为隧道覆土厚度；D 为盾构外径。

我国上海市政工程局刘建航于 1975 年在总结上海延安东路盾构隧道地表沉降分布规律的基础上，提出了"欠地层损失"的概念，给出了预测地表纵向沉降的计算公式：

$$S(y) = \frac{V_{l1}}{\sqrt{2\pi i}}\left[\varphi\left(\frac{y-y_i}{i}\right) - \varphi\left(\frac{y-y_f}{i}\right)\right] + \frac{V_{l2}}{\sqrt{2\pi i}}\left[\varphi\left(\frac{y-y'_i}{i}\right) - \varphi\left(\frac{y-y'_f}{i}\right)\right] \tag{6.38}$$

式中，V_{l1}、V_{l2} 分别为盾构开挖面和盾尾后部间隙引起的地层损失；y_i、y_f 分别为盾构推进起点和盾构开挖面到坐标原点的距离；$y'_i = y_i - l$；$y'_f = y_f - l$；i 为盾构机长度。

1987 年，同济大学侯学渊对上海地区饱和土中盾构施工的特点和测试数据进行分析后，提出了基于地下结构空间时效理论，根据土体扰动后固结特征，对 Peck 的沉降公式给出了修正：

$$S(x,t) = \left(\frac{V_l t + H K_x t}{\sqrt{2\pi i}}\right)\exp\left(-\frac{x^2}{2i^2}\right), \quad 0 \leqslant t \leqslant T, \ T = \frac{\sqrt{2\pi}P}{EK_x}i \tag{6.39}$$

式中，P 为隧道顶部孔隙水压力的平均值；T 为土体固结时间；E 为隧道顶部土层的平均压缩模量；K_x 为隧道顶部土层的渗透系数；H 为超孔隙水压水头。

杜汉姆大学的 Attwell 和 Selly 于 1982 年用统计学的方法，结合英国伦敦软土盾构施工实际数据，对盾构施工引起地层损失的扩散规律进行了分析研究，发现沿隧道轴线向内松弛的地层损失沿轴线上方及四周扩散，并随着地层扰动范围的扩大而逐渐减小，最后在地表形成一个倒穿顶的凹陷，同时地表的沉降曲线形成的宏观沉降槽亦随着施工向前移动。

限于传感器技术本身的发展水平，要在实际施工中大量准确获取盾构施工导致土层与土体变化的实际状况并非易事，30 多年来国内外一直在对软土地区盾构开挖的沉降进行仿真研究，采用包含有限元、边界元、有限差分等不同的数值分析方法进行地层整体及微观移动的数值模拟计算，并根据实际工程施工情况，考虑不同施工因素的影响，如盾构机性能、盾尾间隙、注浆扩展、盾构刀片阻塞、施工工艺、地层性质等，希望更清晰地揭示盾构施工引起地表沉降的普遍规律。

1986 年，李桂花用弹塑性有限元法模拟施工间隙对地表沉降的影响，提出了地表沉降的预估公式（6.40），利用不同间隙参数，模拟不同沉降因素造成的影响：

$$S(x) = \frac{0.627 Dg}{h(0.956 - h/24 + 0.3g)}\exp\left[\frac{-x^2}{30(6 - 5/h)(2 - g)}\right] \tag{6.40}$$

式中，D 为隧道直径；h 为隧道埋深；g 为施工间隙。式（6.40）可以用于估算不同埋深、不同直径、不同施工间隙等参数下，距隧道轴线不同距离的地表沉降估算值。

1993 年，英国剑桥大学的 Mair 通过现场监测伦敦地铁地表沉降观测数据，结合离心模型试验，分析了黏土隧道施工引起地表沉降的槽宽与最大沉降值随开挖深度的关系，其给出的公式见式（6.41）～式（6.46）：

$$S_{\max}=0.313V_{\mathrm{t}}\frac{D^2}{KZ_0} \tag{6.41}$$

$$\frac{i}{Z_0}=0.175+0.325\left(1-\frac{z}{z_0}\right) \tag{6.42}$$

$$k=\frac{0.175+0.325\left(1-\dfrac{z}{z_0}\right)}{1-\dfrac{z}{z_0}} \tag{6.43}$$

$$V_{\mathrm{s}}=\sqrt{2\pi}\,iS_{\max} \tag{6.44}$$

$$V_{\mathrm{L}}=\frac{4V_{\mathrm{s}}}{\pi D^3} \tag{6.45}$$

$$S_{\max}=\frac{1.25V_{\mathrm{L}}R^2}{\left[0.175+0.325\left(1-\dfrac{z}{z_0}\right)\right]z_0} \tag{6.46}$$

式中，V_{s} 为地表沉降槽体积；V_{L} 为地层损失体积；R 为隧道直径；Z_0 为隧道埋深；Z 为估算点距地表的距离；i 为沉降曲线反弯点坐标。

当然，由于施工过程中对工法认识的不同，同一种工法在不同的条件下将会被动或主动发生变化，加之土体本身的差异，盾构施工在软土中导致的地表沉降仍然是一个较为复杂的问题。近年来，国内外除了采用数值模拟技术对盾构施工引起的地表沉降规律进行了更深入的研究之外，现代测试理论与技术的发展也对全面认识沉降的机理起到了重要的作用，一些过去难以掌控的影响因素，如开挖面内部连续压力的变化、注浆过程对岩层移动的影响、衬砌压力与土层的变位、地下水位全过程的监控等，由于采用了现代测试技术，这些因素有可能成为全新认识沉降机理、控制盾构地表沉降的有利信息，全面分析盾构施工引起地表沉降的各种因素正成为现代地铁地下结构施工和后期城市隧道地下空间变形全面管控的重要研究内容，从盾构开挖而言，也是智能盾构装备发展的重要动力等。

6.5.2　地表沉降随地下空间开挖掘进的纵向变化规律

盾构施工导致地表纵向沉降是横向沉降的延伸，也是反映盾构掘进时沿掘进轴线方向对地层的影响，同时也能反映盾构掘进时不同因素的综合作用，包括盾构机不同部位对地层的作用、正面土压力、摩擦力及盾尾间隙、后续补强防漏等工序。根据大量实测数据与工程模拟的综合分析，盾构施工引起地表纵向变形的一般规律如图 6.21 所示。

根据图 6.21 地层变形曲线的特征，可以把盾构纵向沉降的规律归纳为如下几个方面：

（1）早期沉降是盾构到达前发生的沉降，也是掌子面之前的沉降。对于砂土，这种早期沉降主要是由地下水位下降引起的。另外，对软弱或极软弱黏性土的早期沉降是由于开挖面的过量取土引起的。

（2）开挖面前部沉降或隆起是在盾构开挖面即将到达之前发生的沉降或隆起。开挖面的水土压力不平衡是其发生的主要原因。

（3）通过时的沉降或隆起是盾构通过时发生的沉降或隆起。盾构外围与地层发生摩擦，或超挖，使地层发生扰动并产生较强的应力重分布是发生这种土层变形的主要原因。

（4）盾尾间隙沉降或隆起是盾尾刚刚通过发生的沉降或隆起。由于盾构施工时的理论最小间隙、管片拼装误差、盾尾制造误差、盾尾结构变形以及盾尾密封结构误差等所造成的盾尾

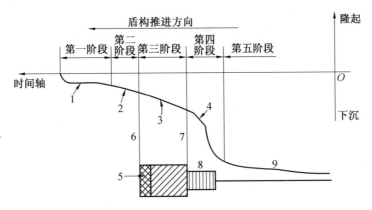

图 6.21　盾构施工地层变形图

1—先行沉降;2—开挖面沉降;3—通过沉降;4—盾尾空隙沉降;5—盾构
机;6—开挖面;7—盾构出口区;8—管片;9—后续沉降

间隙引起的应力释放或衬砌背后注浆压力过大而产生。地表变形的大部分是这种盾尾间隙沉降或者隆起。

(5)后续沉降。软弱黏土中容易出现这种盾构施工现象,主要是由于盾构推进引起整个地层松弛或扰动而产生的。

在实际盾构施工变形控制中,监测数据的分析具有重要作用,对于盾构施工引起的地表纵向沉降,大多通过施工阶段隧道的中线上方地表位移情况来反映。当然,完整的地表沉降还包括施工后期的固结变形,但由于固结沉降涉及的问题还有许多尚未明白,因此国内外理论或经验公式的地表沉降计算一般不考虑固结与蠕变产生的沉降,而是将固结沉降作为一个专题进行预测,在设计和施工时进行标高的预留。

对城市地铁盾构施工的大量数据分析,如果沉降统计值的起点取管片从脱出盾构体累计 7 天的时间开始,则所得回归方程的计算值与实测值较接近。同时数据计算分析还显示,随着时间的推移,地层沉降趋于稳定,回归方程的计算值逐渐接近实际观测值,说明地表沉降历时关系的双曲线模型对地表后续沉降的描述更为合适,即固结和次固结沉降与盾构施工阶段的地表沉降历时曲线相结合,可以在一定程度上相对全面反映盾构施工引起的地表沉降历时关系的全过程。下面广州地铁的数据就说明了上述沉降的特征。

广州某地铁区间隧道地层处于断裂破碎带,地层软弱,富含地下水。图 6.22 中 R26 为右线地表沉降测点,盾构隧道施工时采用土压平衡模式,地表沉降 15 mm 左右;后因受左线隧道施工影响,且由于地下水大量流失,因此右线地表再次沉降,最后左、右线隧道施工引起的沉降叠加达 30.4 mm;后期沉降较大,100 天之后累计沉降达 40.3 mm。

南京地铁某盾构隧道区间施工导致的地表沉降实测数据分析如图 6.23 所示。盾构采用土压平衡施工,地层主要为粉质黏土。其沉降曲线符合典型的上述 5 阶段规律。

从图中可看出,由于土体颗粒间隙小,盾后注浆时浆液难以完全充填,同步注浆浆液也不容易扩散,浆液主要充填盾尾间隙,从而减少了盾构间隙的影响,同时盾构推进速度快,在自稳能力相对较好的地层中对周围土体影响小,在盾构切口前方有 1~2 mm 的沉降,在盾构通过、盾尾到达前有 2~6 mm 的沉降,在盾尾脱出后有 3~7 mm 的沉降,个别点在盾尾脱出后地表有 3 mm 的隆起。盾构掘进影响距离为切口前后 -15~+20 m。

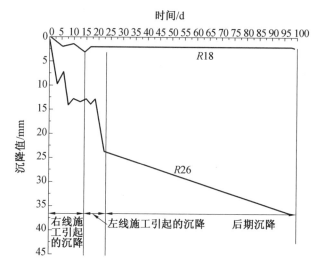

图 6.22 地表沉降历时曲线

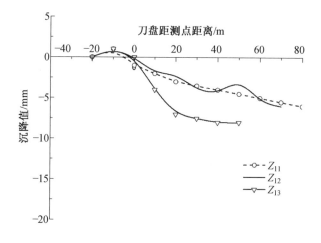

图 6.23 典型地表沉降距离曲线

6.5.3 盾构地表沉降历时规律

盾构施工导致的地表沉降规律一般采用双曲线模型进行模拟,主要描述隧道中线地表沉降的历时关系,即土压平衡盾构隧道中线上方地表沉降随时间的变化曲线,一般可以表示为

$$S(t)=\frac{t}{a+bt} \tag{6.47}$$

式中,$S(t)$ 为 t 时刻隧道中线上最大地表沉降,mm;a、b 分别为回归参数,随不同地层、不同隧道而不同;t 为历时时间,d。式(6.47)中的参数 a、b 可以根据观测数据回归分析得到。

由式(6.47)可知,当 $t=0$ 时,$S=0$。所以在建立地层沉降历时关系的双曲线模型方程时,数据统计值的起点在理论上应为地层隆起转为沉降的临界点。在盾构掘进过程中产生的沉降,由于注浆等施工对地层的扰动,地表初期沉降较为复杂,而且沉降变化波动较大,往往导致回归方程离散,为了减少这种离散结果对地表沉降控制方案设计的影响,在盾构施工的初期,除了参考已有工程的经验外,加大测点数量、设置合理监测方案是重要而有效的措施。

6.5.4　地表横向沉降规律及影响范围

Peck 在对美国芝加哥、纽约地铁大量沉降观测数据统计分析之后,结合不同类型盾构施工引起的地表沉降特征,于 1969 年提出地层损失的概念,在不考虑土体排水固结和蠕变的条件下,得出了一系列与地层有关的沉降槽宽度的近似值,结果如图 6.24 所示。Peck 公式为横向地表沉降的一般规律,根据经验曲线和隧道覆土厚度及隧道直径之间的关系,根据 Peck 曲线,首先可以得出沉降槽宽度系数 i;然后将 i 代入方程① $S(x) = S_{max} e^{-\frac{x^2}{2i^2}}$,可以估算与隧道轴线垂直的断面上任意点的沉降;其次,地层损失 ΔF 可以根据方程④ $\Delta F = (0.01 \sim 0.03) F_A$ 进行计算(F_A 为盾构头部正面对应的障碍物体积),然后再利用方程② $\Delta F = S_{max} i \sqrt{2\pi}$ 可以估算出最大地表沉降值;最后利用方程③ $b/2 = c(\cos \phi') + \frac{1}{2} d(\cot \frac{\phi'}{2})$ 可以获得地面横向沉降槽的大致范围。

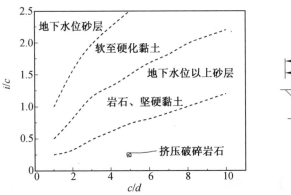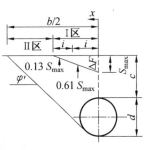

图 6.24　沉降槽宽度与隧道覆土厚度的关系

c—隧道覆土厚度;d—隧道直径

Peck 沉降理论假定施工引起的地表沉降是在不排水情况下发生的,所以沉降槽体积等于地层损失的体积,对于盾构法隧道,地层损失的体积可以参照表 6.6 进行计算。

表 6.6　地层损失计算中的考虑因素

地层损失因素	隧道单位长度内的最大地层损失值	地层损失率/%
开挖面地层损失	$\pi R^2 h$	$-1 \sim 1$
切口超挖的地层损失	$2\pi Rt$	$0.1 \sim 0.5$
沿盾壳的地层损失	$0.1\pi R^2$	0.1
地下水位以下	$2\pi R(R - R_1)$	$0 \sim 4$
地下水位以上	$\pi R(R - R_1)$	$0 \sim 2$
纠偏的地层损失	$\pi RL\alpha$	$0.2 \sim 2$
曲线推进的地层损失	$8L^2 \pi R/(R + R_c)$	$0.3 \sim 1$
正面障碍引起的地层损失	A	$0 \sim 0.5$

注:R 为盾构外半径;R_1 为衬砌外半径;t 为超挖刀盘的厚度;L 为盾构长度;α 为仰角;R_c 为开挖面土体在盾构推进单位长度时向后的水平位移;h 为盾构推进蛇形曲线半径;A 为盾构正面土体体积。

Peck 公式认为:在盾构掘进过程中产生了一定的地层损失,相当于从土体中挖去一块土体,从而导致上部的土体移动,在不考虑土体排水固结与蠕变的情况下,认为地层移动是一个随机的过程,在盾构掘进后地表形成的横向沉降槽为一个近似正态分布的曲线。根据对南京、广州、北京地铁盾构区间隧道地表沉降实测资料的分析统计,地表沉降槽曲线基本呈近似正态分布,宽度和深度较小(图 6.25、图 6.26),沉降槽宽度 35 m,约为 5 倍的洞径,沉降最大区域大部分发生在轴线两侧 3~6 m 的范围内。沉降槽体积为 0.114~0.142 m³/m(掘进时的地层损失),即盾构掘进时的地层损失率为 0.35%~0.44%。这与 Peck 理论基本相符。

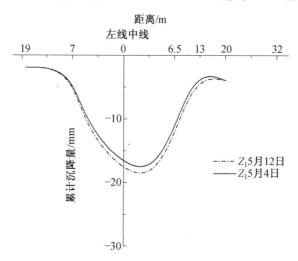

图 6.25　盾构地表沉降槽宽度曲线图

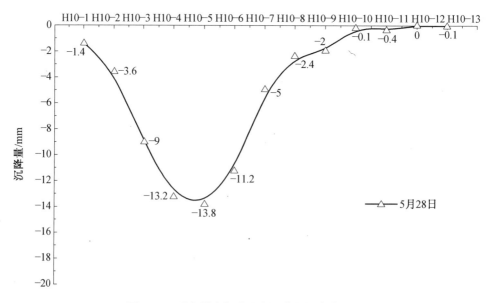

图 6.26　盾构纵向掘进地表沉降的深度曲线图

对于绝大多数的土质,除了上述的瞬时沉降和固结沉降外,现有实测资料表明,盾构施工后,土体的蠕变引起的地表沉降一般很小,盾构掘进 1 周后产生的沉降值不超过总沉降值的 10%。但对于软弱地层,如果土的灵敏度较高,土体固结与蠕变引起的地表沉降值很大,如果处理不当,固结与蠕变沉降能超过 50%。

　　关于总沉降曲线的分布形态,可以采用其与 Peck 地层损失曲线的差值进行统计分析,在线弹性条件下,统计分析结果表明差值曲线同样呈近似正态分布。因此,盾构施工导致的总沉降曲线同样可以用 Peck 理论地层损失的概念来解释。不过需要注意的是,这里的 Peck 曲线所代表的土层损失包括了土体固结于后期的蠕变。

6.5.5　双孔隧道施工引起的地表横向沉降规律

　　国内外大量的实测资料及理论分析结果表明,盾构施工引起的地层变形特征与浅埋暗挖法施工引起的地层变形特征相类似。在弹性理论基础上得出的叠加原理同样适用于两条隧道盾构开挖的总体沉降曲线,可由两个单线盾构开挖造成沉降通过叠加而成,尽管总体相似,但不同的施工情况,地表沉降规律的具体表现不尽相同。

　　以南京地铁盾构隧道施工引起的某区间地表沉降实测资料为例,分析同向施工情况下地表沉降的压栈演变规律来说明这个问题。该区间由两台盾构机同向施工,右线盾构先行,左线盾构距右线盾构 100～150 m。该区间隧道覆土厚度为 9.2～13.4 m,线间距为 12～13.2 m。

　　一般情况下,无论同向施工还是相向施工,后行隧道地表沉降槽明显不对称。对于相同的土层和相同的支撑工艺,先行隧道一侧往往沉降较大,出现这种情况主要是由于先行隧道施工对地层产生第一次扰动,引起地层强度劣化所致,后行隧道盾构开挖在土体强度未恢复时再次扰动,从而使两隧道之间地表沉降明显叠加,致使总体沉降较大,如图 6.27 和图 6.28 所示。

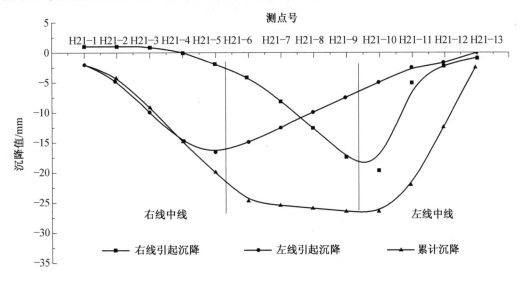

图 6.27　双孔隧道同向施工所致地表沉降曲线

　　相向施工与同向施工相比需要考虑同一区间被扰动的时间间隔,后行隧道对先行隧道的地表沉降影响不同,一般而言同向施工影响较大,其原因是同向施工时,先行隧道与后行隧道施工间隔时间短,被先行隧道施工扰动的地层还没有稳定。相向施工先行隧道与后行隧道施工间隔时间较长,在后行隧道开挖时,如果先行隧道对地层的扰动经过较长时间的固结沉降并已经完成,那么被扰动的地层已基本稳定,后行隧道导致的地表沉降叠加量就要小得多。

　　先行隧道地表沉降槽曲线呈近似的正态分布,宽度和深度较小,但后行隧道地表沉降槽曲

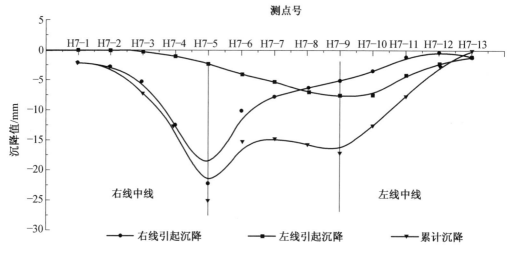

图 6.28 双孔隧道相向施工所致地表沉降曲线

线对称性不突出,先行隧道一侧沉降较大,主要是由于先行隧道施工对地层产生扰动,引起地层软化劣化所致。如果时间间隔不大,两隧道之间地表沉降的叠加将明显放大,地表沉降总体也出现较大的观测值。

6.6 明挖法地表沉降规律

6.6.1 明挖基坑引起地表沉降的一般规律

明挖法是地下空间施工应用历史最长、经济效益、安全程度都较好的一种基本方法,当施工空间限制较小,对交通影响不大,场地允许做放坡时,明挖是地下空间开挖首选的施工工艺。明挖法具有较多优点,相对于暗挖法,具有施工速度快、综合风险低、支护体系灵活、适用性强、综合造价低等优点。随着现代智能信息技术和装备的发展,明挖法的施工效益得到进一步的提高,目前明挖工艺广泛应用于城市交通、道路涵道、市政工程、大型地下仓储等民生工程。理解并掌握明挖隧道地表沉降过程,了解施工对周边环境的影响,对明挖智能管控技术具有非常重要的意义。

对于明挖基坑施工引起的地表沉降,地表沉降曲线一般有两种类型,即拱肩形和凹曲线形。景观明挖法应用历史悠久,但定量描述基坑开挖引起地表沉降规律,国内外工程界毫无例外,主要是借助经验公式进行。

1969 年,Peck 根据奥斯陆和芝加哥基坑开挖现场实测数据总结出当地地表沉降曲线的特征,如图 6.29 所示。Peckish 方法适合拱肩形的地表沉降规律描述,根据地质条件和施工工艺的不同,沉降曲线一般分为三类。地层位移的范围取决于地层性质、基坑开挖深度 H、支护墙体入土深度、下卧软弱土层、开挖支撑施工方法等参数。Peck 认为地表沉降范围可取 $(1\sim4)H$。

1988 年,美国 Bradley 大学的 Bowles 通过对地下结构开挖沉降参数的分析和统计,建议拱肩型地表沉降曲线的计算方法可由如下几步进行:

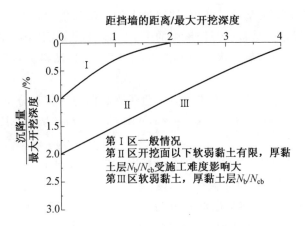

图 6.29　基坑沉降的 Peck 曲线

(1)估算支撑墙体侧向变形。

(2)计算侧向移动的土体体积。

(3)按式(6.48)计算基坑开挖影响范围:

$$D=(H_e+H_d)\tan(45°-\varphi/2) \tag{6.48}$$

式中,H_e 为基坑开挖深度;φ 为土体内摩擦角;对于黏性土 $H_d=B$,对于无黏聚力的土体,$H_d=0.5B\tan(45°+\varphi/2)$;$B$ 为基坑开挖宽度。

(4)估算最大地表沉降 δ_{max}。

(5)假定最大地表沉降发生在挡墙处,距离挡墙 x 处的地表沉降为 $\delta_x=\delta_{max}(x/D)^2$,台湾科大欧章煜提出地表沉降规律的经验公式为式(6.49a),地表沉降曲线如图 6.30 所示,地表沉降 δ_x 按式(6.49b)计算:

$$\delta_x=\delta_{max}\left(-0.636\sqrt{\frac{x}{H_e}}+1\right),\quad x/H_e\leqslant2 \tag{6.49a}$$

$$\delta_x=\delta_{max}\left(-0.171\sqrt{\frac{x}{H_e}}+0.342\right),\quad 2<x/H_e\leqslant4 \tag{6.49b}$$

式中,x 为地表沉降距挡墙的距离;H_e 为基坑开挖深度。

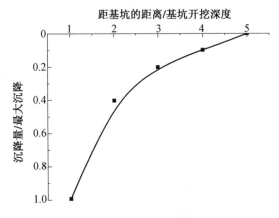

图 6.30　欧章煜地表沉降曲线

根据欧章煜的研究,最大地表沉降点距挡土墙的距离大约等于挡墙发生最大侧向位移深度的一半,而对于大部分地下基坑的开挖,挡墙最大侧向位移发生在开挖面处,因此地表最大沉降距挡墙的距离可以认为是基坑开挖深度的一半。地表最大沉降的上限可与挡墙最大水平位移相等,一般情况下为挡墙最大水平位移的 $50\%\sim70\%$,挡墙最大水平位移为开挖深度的 $0.2\%\sim0.5\%$。

通过对大多数黏土基坑挡墙后土体竖向移动观测数据的计算和分析,发现基坑开挖一般都有一个明显影响区(Apparent Influence Area,AIR),大多数基坑的 AIR 范围大致等于土体的主动区,AIR 估算公式为

$$AIR = (H_e + H_p)\tan(45° - \varphi/2) \leqslant H_e + H_p \qquad (6.50)$$

式中,H_e 为基坑开挖深度;H_p 为挡墙入土深度。

明挖土层变形分析中一般将地层沉降分为三个区域:①小于控制沉降值的区域为 C 区,对处在 C 区的地下管线、构筑物或地表建筑物等不需要采取特别的措施。②大于控制沉降值小于允许沉降值的区域称 B 区,处于 B 区的地下管线、管廊等地下构筑物,虽然它的下沉量仍然属于允许范围,但由于实际工程情况复杂,突发事件难以预料,所以此区域是应引起警惕的区域,一般应随施工的进行,加强对地下敏感物的检测监测,制定相应预案,根据风险等级,随时注意其安全。③沉降值大于允许沉降值的区段为 A 区,该区为危险区,应将处于该区域的地下管线或构筑物实时改线或者搬迁,尽量搬至 B 区、C 区或影响范围之外,对无法搬迁的地下管线应采取专门的地下防护措施,制定切实可行的施工方案进行保护。

6.6.2 明挖顺筑与盖挖逆筑法地表沉降规律

明挖顺筑和盖挖逆筑是城市地铁施工应用较为普遍的方法,掌握这两种方法的地表沉降特征和规律,对控制城市地表在施工和后期的变形设计维护具有重要意义。广州城市地铁建设过程中对明挖和盖挖积累了丰富的经验。由于广州城市地铁埋深范围内的土层土质大部分较软,含砂含水较多,地质情况复杂,因此地下结构开挖地表沉降更是施工控制中的重要分项内容。下面分别对这两种工法的实际测试数据进行分析。首先阐述总结明挖顺筑的规律,然后再进行盖挖逆筑的沉降特征的介绍。

广州地铁某车站 D 区根据勘探论证并结合场地条件,经施工专项会议讨论,决定采用明挖顺筑法施工,围护结构为 1 000 mm 钻孔桩,内支撑采用间距为 3 m 的 ϕ609 钢支撑支护,以该工程为例,对施工引起的地表沉降规律进行分析。

1. 地表横向沉降规律

根据监测资料,该区段明挖顺筑段基坑的横向沉降槽曲线呈"凹槽"状,如图 6.31 所示,最大沉降点距基坑 7 m 左右。

2. 地表沉降的空间与时间历程特征

根据现场实测数据,挖深 0~9 m,在架设第一道支撑前,地表沉降值最大,占总沉降值的 50% 左右;其次是基坑开挖深度为 9~16 m,在架设第二道支撑前,此期间占总沉降的 23% 左右;而主体结构回筑期间地表沉降值较小,为总沉降值的 24% 左右;后期沉降值最小,只占总沉降值的 3% 左右。整个开挖期间沉降值占总沉降值的 73% 左右。

盖挖逆筑在广州地铁某线路车站区间进行变形监测,由于城市道路交通繁忙,地表施工空间有限,不具备明挖条件,经专家会议讨论,为了最小限度减少对地上生活、工作以及商业的影

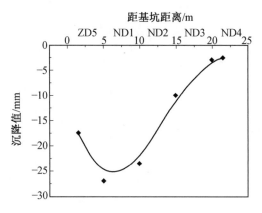

图 6.31　明挖顺筑基坑施工横向地表沉降曲线

响,采用盖挖逆筑法施工,围护结构采用 800 mm 连续墙支护基坑两侧的软弱土层并同时兼做防水隔水帷幕,该工程施工引起的地表沉降特征和规律简述如下。

3. 盖挖逆筑法地表沉降规律

(1)地表横向沉降规律。

根据采集到的监测数据,绘制该监测区基坑一侧地表横断面沉降曲线如图 6.32 所示。从图 6.32 中可以看出:区间基坑北侧地表横断面沉降后曲线呈"斜坡"状,南侧呈"凹槽"状。南侧最大地表沉降距基坑壁 15 m 左右,北侧最大地表沉降靠近墙边。南侧地表最大沉降在 12.50 mm 左右,北侧地表最大沉降在 11.8 mm 左右。

从沉降曲线的发展趋势看,南侧的地表沉降范围大于 25 m,北侧的地表沉降范围大于 28 m。

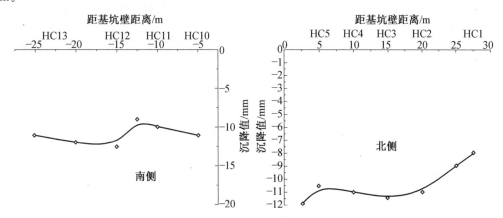

图 6.32　C 区基坑侧地表横断面沉降曲线

(2)地表沉降空间与时间历时规律。

一般而言,盖挖逆筑法施工引起的地表沉降(Settlement-Time,ST)曲线如图 6.33 所示。

盖挖逆筑地表沉降最大值主要发生在底板浇注后至地表稳定期的一段时间内,此期间沉降值为 7 mm,占总沉降值的61.4%;开挖站台层土体期间(车站挖深为 7~26 m)的地表沉降值为 3.5 mm,占总沉降值的 30.7%;而开挖站厅层(车站挖深为 2~7 m)阶段基坑侧地表沉降值很小,仅占总沉降值的 2.6%。即开挖阶段引起的地表沉降占总沉降值的33.3%,而施作

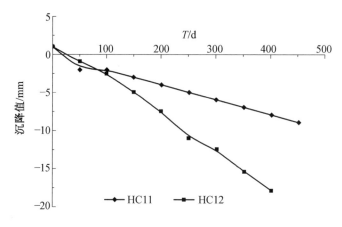

图 6.33　盖挖逆筑法地表沉降历时曲线

结构期间引起的地表沉降占总沉降值的 61.4%。盖挖逆筑地表沉降的总体控制很好,是因为该车站区间的边桩、中间柱桩的直径较大,刚度设计值较大,抵抗侧向土体压力和盖板的交通荷载能力很强,因此属于强支撑范围,这也是盖挖逆筑的一个特点。当然这种施工方法的代价是造价成本较高,施工过程技术性强,综合工艺精度要求高。

6.7　地表沉降预测方法

深入研究地下工程施工引起的地表沉降规律,提高风险源应对方法,是地下结构研究的重要内容。尤其是对城市人流密度较大的地下空间施工所引起的地表沉降进行准确预测,并根据预测结果采取相应的预案措施,对确保工程及周边建(构)筑物的安全服役具有重要意义。目前,地下结构施工引起的地表沉降经过近半个世纪的不断努力,已有许多具有相当可靠性的理论和技术,预测方法很多,比较常用的包括经验预测法,如 Peck 公式、双指数曲线法、Logstice 曲线法;非确定性预测法,如随机法、灰色预测法;数值模拟方法,如边界元法、有限元法、混合元法;正在快速发展的智能方法,如超前预报、深度学习、大数据建模等。下面对工程界中已经成熟运用的方法进行简单介绍。

6.7.1　经验预测法

经验预测法是一种古老的方法。它是将现场检测和监测数据进行数学处理后,用数学形式对沉降规律加以表现,选择合适的预测公式分析地层、地表沉降规律,进而对地表最大沉降值和沉降分布特征进行理论和经验上的推断。其基础是现场检测、监测所得数据,并考虑施工工序、开挖工作面距测点的距离、结构埋深、水文及工程地质条件、支护结构参数等因素的综合影响。

根据欧洲地铁施工的实际监测数据和我国部分地铁施工监测资料,统计数据表明,以实际检测和监测资料为基础的统计分析模型,结合经验估计最终给出沉降特征的方法,尽管模型理论上简单,考虑因素较少,然而比较实用,和实测资料较吻合,能够在设计阶段大致估计得到可能产生的地层与土体的变形,有较好的施工指导作用。但经验估计法因为数据来源于特定区域的工程地质和相应的施工工艺等限定条件,带有明显的地区性,存在不同地域的偏差,所以不同地区不能简单套用。

（1）Peck 公式法。

前面所述的 Peck 理论是目前经验法应用较多的基本公式,是 Peck 在不考虑土体排水固结和蠕变条件下,根据美国大量岩土工程测试数据,结合现场观测在 1969 年总结出的由施工产生的地表沉降横向分布规律,表示为

$$\begin{cases} S(x) = S_{max} e^{-\frac{x^2}{2i^2}} \\ S_{max} = \dfrac{V}{\sqrt{2\pi}i} \\ i = \dfrac{H}{\sqrt{2\pi}\tan(45° - \frac{\varphi}{2})} \end{cases} \tag{6.51}$$

式中,$S(x)$ 为距隧道中线 x 处的沉降值,mm;x 为距隧道中线的距离,m;S_{max} 为隧道中线最大沉降值;V 为隧道单位长度地层损失,m^3/m;i 为沉降曲线拐点;H 为隧道覆土厚度。

除此以外,随着 20 世纪 80 年代发展起来的地铁施工风险源管控技术,地表沉降的经验公式和预测在国内外的研究中都得到了长足的发展,《城市轨道交通地下工程建设风险管理规范》(GB 50652—2011)推进了我国城市地下地表变形和沉降管理的应用技术的发展,国内外研究团队如孙均、王梦恕、丁烈云、Pourtaghi 和 Rowe 等隧道领域的专家和学者根据某一项或某一类工程的特点,提出了各自的实用经验公式和理论探索结果,读者可以查阅。下面以南京地铁沉降 Peck 公式的应用进行简要说明。

该工程结构基本条件参数:$R=3.2$ m(盾构外径),$R_1=3.1$ m(管片外径),$L=8.3$ m(盾构机长度),$R_c=400$ m(最小曲线半径),得

$$V_0 = V_1 + V_2 + V_3 + V_4 + V_5 + V_6 + V_7$$
$$= -0.5\%\pi R^2 + 0.1\%\pi R^2 + 0.1\%\pi R^2 + 1.98 + 0.2\%\pi R^2 + 0.215 + 0$$
$$= 2.195 - 0.1\%\pi R^2 = 2.162 \ m^3/m$$

当同步注浆达到很好的效果时,盾尾后地层损失理论上趋近于零;当盾壳外黏附一层黏土,而注浆没有严格按照规定时间进行,同时注浆量又少时,盾尾后地层损失大为增加。地层损失 V 值主要由盾尾空隙引起的土体损失量,它与盾构机盾壳厚度、盾构推进时黏附在盾构上的土体厚度及注浆量等有关,可写为

$$V = V_0 + V_黏 - V_浆$$

盾构推进时黏附在盾构钢板上的土体厚度假设为 20～40 mm,则有

$$V = V_0 + V_黏 - V_浆 = 2.162 + 0.59\alpha - (2.162 + 0.59)\beta$$

式中,α 为折减系数;β 为同步注浆的充填系数。取 $\alpha=0.7,\beta=0.7$,得

$$V = 0.645 \ m^3/m$$

根据工程的地质条件和结构埋深等条件,取 $\varphi=20°$,得 $i=8.55$ m。

根据上海地铁一号线得出的黏性土层经验公式 $i=0.43(Z_0-Z)+1.1$(m),得 $i=6\sim8.8$ m [其中 (Z_0-Z) 为隧道中心埋深]。根据广州地铁软弱地层实测值统计出 $i=9.6$ m,离差均值为 45.8%,由此可得出,不同地域沉降曲线拐点值相差较大,不能生搬硬套。根据以上的简单分析,可以粗略得出地表最大沉降值 $S_{max}=26.9\sim36.8$ mm;最大斜率 $Q_{max}=0.001\ 7\sim0.002\ 5$。

以上地层损失的取值及地表沉降值是盾构推进前的估算值,在盾构推进后,特别是在盾构

穿越较密集的建筑设施时,需要在初始推进时利用监测取得地层实际损失值,最后获得控制地表隆起值,进而提出施工参数和操作方法。在地表沉降要求较严格的地段,常用前一阶段实测的地层损失值,预测下一步地表沉降曲线,结合风险源等级,以提前判断盾构前方环境保护的必要性和各项相应应对管控措施。

(2)双指数曲线法。

双指数曲线法是基于大量浅埋暗挖法的地表沉降监测资料分析总结基础提出的一种预测方法。该方法主要是研究地下工程轴线对应地表沉降测点随工作面推进的纵向沉降规律。

通常情况下,双指数法预测的地表沉降值较大,有的甚至为工程中最大的地表沉降点。该方法通过获得软弱地层中浅埋地下工程施工引起的地表沉降值与开挖工作面距测点距离之间的关系来建立响应的预测公式,日本东京掘之内地铁修建中地表沉降的大量数据支撑了这种关系,图 6.34 所示为东京堀之内隧道施工地表变形数据。从图中可看出,曲线具有一个明显的拐点,反映出了工作面距测点一定距离时,地表沉降急剧增长的开始点,在拐点两侧,曲线具有良好的指数特征,可采用两条指数曲线分别描述拐点两侧的曲线形状,这两条指数曲线在拐点处满足连续条件,具有相同函数值和一阶导数值,利用分段指数函数(6.52)的形式描述。

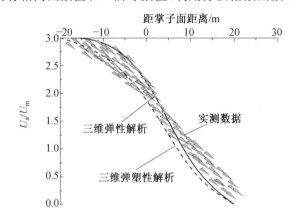

图 6.34　东京掘之内隧道纵向地表沉降曲线

$$\begin{cases} U_a = A\{1 - \exp[-B(y - y_1)]\} + U_1, & y \geqslant y_1 \\ U'_a = -A\{1 - \exp[B(y - y_1)]\} + U_1, & y < y_1 \end{cases} \quad (6.52)$$

式中,A 为收敛值;B 为收敛系数;y_1 为拐点位置,m;U_a 为中线上地表沉降值,mm;U_1 为变曲点地表沉降值,mm。

根据以上曲线拟合方法,孙建华对北京复兴门地铁折返线某区间的地表沉降值与工作面距测点距离之间的关系进行分析,可得以下回归方程式:

$$\begin{cases} U_a = 16.58\{1 - \exp[-0.167(y - 5.5)]\} + 16.27, & y \geqslant 5.5 \\ U'_a = -16.58\{1 - \exp[0.167(y - 5.5)]\} + 16.27, & y < 5.5 \end{cases} \quad (6.53)$$

实测数据显示式(6.53)的拟合相关系数达到了 99% 以上,由此推断日本东京掘之内隧道开挖的地表沉降与北京复兴门地铁折返线具有一致性,根据式(6.53)复兴门地铁折返线沉降最大值为 33.16 mm,实测最可心有大地表沉降为 32.40 mm。式(6.53)拟合的双曲线规律在相同的地铁开挖条件中可以有很好的借鉴作用。

上述地下结构开挖假设一次成型,对于分部开挖的地下工程,其地表沉降历程曲线由于分段性,出现明显不连续,可以采用指数函数或对数函数分阶段进行拟合,以预测不同开挖步引起的地表沉降。

（3）Logstic 曲线法。

Logstic 曲线是 1845～1847 年间由比利时数学家皮埃尔·维哈尔斯特(Pierre Verhulst)在研究人口增长规律时提出来的一种曲线拟合方法,又称为维哈尔斯特(Verhulst)模型,是 s 型增长曲线中最简单的一种。后经查兹(Richard)在 1959 年发展成为一种具有一般模拟特性的曲线模型,这种曲线称为非拐点泛化对称模型,又称为理查兹曲线,是一种简单刻画非对称发展的泛化曲线,与某些地表沉降的历程有较好的吻合度。下面简述 Logstic 曲线的背景,以更好地应用于地表盾构致沉中。

Logstic 曲线设人口增长速度为

$$\frac{\mathrm{d}p}{\mathrm{d}t} = \tau_p(1 - \frac{p}{k})$$

式中,τ_p 为比例常数。

解此微分方程,得

$$p = \frac{k}{1 + ml^{-\pi}} \tag{6.54}$$

式中,m 为常数。

美国商务部人口调查局对 Logstic 曲线的应用进行了大量研究,发现在一定条件下被置于孤岛上的动植物增长、细菌繁殖、某耐用品普及率、流行商品的累计销售额等都适合用 Logstic 曲线来表示。截至 2000 年,美国前 3 次人口增长变换的曲线都符合 Logstic 曲线特征,如图 6.35 所示。由浅埋地下工程施工引起的地表沉降随工作面推进的纵向变化规律如图 6.36 所示,把图 6.35 与图 6.36 比较,可以发现具有较高的相似性,曲线都经历了四个不同的阶段,即缓慢发展阶段、加速发展阶段、发展速度衰减阶段和稳定阶段。因此 Logstic 曲线有可能用来描述地层受到扰动后的变形发展趋势,有不少学者在这方面进行了尝试,下面介绍孙建华等学者应用 Logstic 的情况。

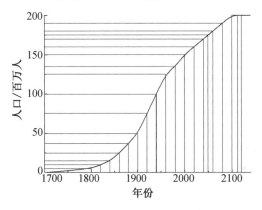

图 6.35　美国人口增长 Logstic 曲线

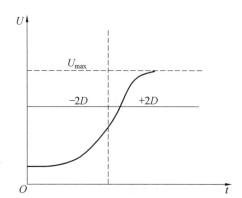

图 6.36　浅埋隧道地表沉降时态曲线

按照如前所述的特性,应用 Logstic 曲线对北京地铁浅埋暗挖施工区间隧道工程引起的地表沉降实测数据进行预测,结果如图 6.37 所示。

图 6.38 所示的曲线即为所谓的生长曲线。其变化过程满足这样的一个过程:从 Logstic 变量渗透渐增期开始,这种变量亦可理解为地下岩土结构中的某一个参数,经过一段时间的发

展,达到稳定期。在这个过程中,如果有技术革新,比如采用了新的支撑方式,或者开挖工艺或参数的改变等,对应 Logstic 系统结构大的变化出现,那么有可能从该变化时刻开始,重新进入成长发展期,这种情况数学上一般称之为 Logstic 曲线的合成。利用 Logstic 方法类比浅埋地下工程暗挖法对应的地层地表结构变形,对以下两种施工方案引起的地表沉降与对应拱顶下沉变化规律相似:①多部开挖时,台阶长度大于 2 倍开挖跨度;②短台阶开挖时,因某种原因,停顿一段时间后再行开挖。

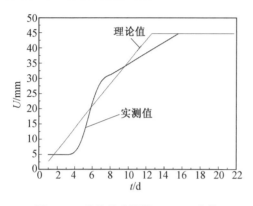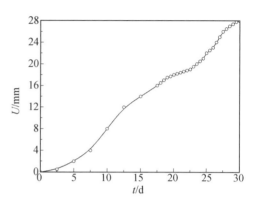

图 6.37　地铁地表沉降 Logstic 曲线　　　　图 6.38　合成 Logstic 曲线的应用

6.7.2　隧道沉降数值模拟预测法

由于参数扰动失真以及足尺模型建立的困难,地下工程结构的变形特征与规律认识,不同于大多数传统纯理论研究那样,可以在实验室中进行缩尺试验。另外,在实际工程中,由于施工时间和空间的限制,现场试验也是需要花费大的代价才能获得研究的可用数据。鉴于此,近 20 年来,数值模拟仿真在隧道开挖地层位移规律的前期研究中占据了非常重要的地位,通过详尽周全的数值分析,借助于现代高性能计算群的帮助,通过大规模计算,在有限的时间内即可总结出地层位移的初步规律,这是目前岩土监测中一种非常有效的方法。数值仿真方法可将较多影响因素予以同步考虑,所依据的理论明确,在 20 世纪 80 年代以后,数值方法的应用得到迅猛发展,但该法主要存在的问题是与计算方法相对应的计算参数在目前的勘察过程中提交很少,使参数选取较为困难。另外,室内试验和现场试验技术还存在瓶颈,制约了数值方法在隧道施工中的应用。日本等国在隧道的施工中非常重视数值模拟仿真工作,重视土工参数的室内试验和原位试验技术,土工参数获取手段研究基础雄厚,可用工具多且准确,其成熟经验值得借鉴。

经过几十年的发展,目前在地下工程变形监测中数值模拟预测方法主要有有限元法、有限差分法、加权余量法、边界元法和最新发展的大数据智能离散计算方法。不过目前应用最广泛的还是基于有限元预测法。

有限元预测法是基于地下结构施工过程时变力学分析的变形预测法,与直接从实测数据建立模型获取早期规律然后推断后期发展趋势的预测方法不同,有限元预测法首先在工程施工前,利用已知的地层条件、工程环境及施工方式等信息建立沉降先验数据,然后通过计算机将先验数据代入建立的工程施工过程力学仿真模型,最后预测地层地表的变形。虽然有限元方法基于理论的计算获得不同施工阶段地层地表变形预测值,但该法仍属确定性的定量预测方法,只要先验数据可靠、数量达到一定程度,结合工程经验,预测结果对指导工程施工和维护就具有重要的作用。

利用有限元研究盾构隧道施工引起的地层位移规律,数值模拟占据了重要地位。另外通过大量数据、数值计算和统计分析,总结出一套实用的预估经验公式,也是针对复杂场地和施工环境时应对地表沉降预测的另一重要途径,该领域的研究在欧洲、日本、美国等发达国家积累了很好的前期研究成果,在区块链计算理论、大数据和智能技术的支持下,有可能为今后的地下结构监测带来质的变化。

1985 年 Clough、日本京都大学 Sekiguchi Ohta(关口—太田模型的提出者,该模型描述正常固结黏土不等向硬化弹塑性本构,应用于 Plaxis 软件)、1983 年加拿大西安大略大学的 Rowe 的研究成果均发现,虽然工艺参数在施工之前不可能精确确定,但这个参数的合理变化对地表和地下工程地层及周围岩土位移的影响是可以评价的。研究指出,虽然任何简化方法的能力有限,但由于它作为初步设计工具对指导工程应对危险源仍有很大的价值,发展和改进这些简化分析方法对进一步认识地下结构土层地表变形具有很重要的科学和工程意义。

从 1977 年到 1979 年,不少学者已开始用有限元对地下结构的变形监测进行研究,如:美国北卡罗来纳州大学的 Kazufumi Ito,日本的 Niwa、Fuki、Histake 和 Ghabossi 提出了用有限元法分析盾构法施工引起周围地层土的动态特征研究结论,他们的早期工作推动了该技术的发展。

1981 年,墨西哥国立自治大学的 Daniel Resendiz 和 Miguel P. Romo 在他们的专著 *Soft-Ground Tunnelling. Failures and Displacements* 中,详细讨论了利用两个独立的隧道开挖二维模型如何考虑工作面前方土层位移和土层位移至尾部孔隙的影响,计算中两种情况都假定为平面应变并采用双曲线模型进行分析。假定土层中初始应力和剪切强度随埋深发生线性变化时,他们对墨西哥以及加州圣地亚哥典型的软土场地下隧道开挖地表变形中涉及的若干几何与力学的参数进行了详细的研究,并将分析结果表达成一个简单的无量纲关系式,其方程称为"D−R 模型",相关详细情况读者可以参考他们的专著。

1992 年,加拿大西安大略大学岩土研究中心的 K. M. Lee 和 R. Kerry Rowe 等以加拿大安大略省桑德贝输水隧道为代表,结合加拿大其他工程数据,采用三维弹塑性有限元模型分析计算隧道开挖引起的位移,计算结果表明三维弹塑性模型可详细分析模拟盾构推进引起隧道土层和土体的损失。

有限元预测法在我国应用最早服务于北京地铁的建设。该地铁车站采用暗挖法施工,由于结构断面大,周边环境复杂,隧道需下穿既有地铁线路,地表沉降要求严格。为此施工前利用有限元法对拟采用的中洞法和柱洞法两种施工方案引起的地表沉降进行了分析和预测。有关土层和结构参数见表 6.7,表中简要列出两种施工方案的计算结果。

(1)"中洞法"方案。

该计算模型以实际土层分布为基础,按照设计开挖步骤,模拟现场施工。各分洞实施全断面开挖,为了提高计算效率,在不影响工程精度的条件下,将既有线路列车动载按经验公式转化为静载。由于注浆过程的复杂性,模拟模型中没有考虑注浆对土体加固的精细作用过程。

基于上述已知参数,考虑到现在有限元模型计算的通用性很好,商业软件较多,这里省去预测有限元模型的建立和分析,读者可参考相关专著。在获得基本参数后代入预测模型,分析得到的各个开挖阶段沉降值在全部沉降值中的比例见表 6.8。

表 6.7　土层和结构参数

土层与材料	弹性模量/MPa	泊松比	重度/(kN·m⁻³)	黏聚力/MPa	摩擦角/(°)	拉伸强度/MPa
均质土	50.000	0.300	19.9	0.021 35	32.270	0.000
杂填土	10.550	0.300	17.5	0.025 00	20.500	0.000
粉土夹黏土	16.250	0.290	19.0	0.024 10	30.700	0.015
粉细砂与中粗砂	35.000	0.290	20.2	0.001 00	35.000	0.005
砾石夹黏土	60.000	0.290	21.0	0.006 00	40.000	0.001
中细—中粗砂	55.000	0.280	20.6	0.001 00	43.000	0.001
管棚	30 000.000	0.050	24.0	1.000 00	60.000	260.000
既有线结构	30 000.000	0.200	23.0	1.000 00	60.000	260.000
沉降缝	16.250	0.280	19.0	0.024 10	30.700	0.000
临时支撑	30 000.000	0.050	24.0	1.000 00	60.000	260.000
二衬结构	30 000.000	0.200	22.0	1.000 00	60.000	260.000
钢管柱	210 000.000	0.200	20.0	1.000 00	60.000	260.000

表 6.8　预测各个开挖阶段沉降值及占全部沉降值的百分比

施工阶段	累计结构底沉降/mm	累计地表沉降/mm	结构底各分步沉降/mm	结构底各分步沉降百分比/%	地表各分步沉降/mm	地表各分步沉降百分比/%
中洞挖通	−82.38	−77.89	−82.38	38.47	−82.38	38.45
中洞二衬结束	−121.61	−113.54	−39.23	18.32	−35.65	17.60
侧洞挖通	−170.69	−153.35	−49.08	22.92	−39.81	19.70
侧洞二衬结束	−214.14	−202.57	−43.45	20.29	−49.22	24.30

（2）"柱洞法"方案。

该方法与常规方法的区别在于有柱或者等效柱作为支撑，模型土层条件与荷载条件同上，工作面不考虑注浆，模拟各阶段开挖沉降值在总沉降值中所占比例见表 6.9。

表 6.9　模拟各阶段开挖沉降值及占全部沉降值的百分比

施工步	累计地表沉降/mm	累计结构底沉降/mm	地表各分步沉降百分比/%	结构底各分步沉降百分比/%
施工前	0	0	0	0
中洞小导洞挖完	−14.89	−17.30	48.0	53.3
中洞支护体系做完	−21.19	−25.06	20.3	23.9
侧洞支护体系做完	−25.16	−27.28	12.8	6.8
侧洞挖掘并拆撑、做二衬	−28.82	−30.68	11.8	10.5
中洞挖掘并拆撑、做二衬	−31.02	−32.46	7.1	5.5

广州也是我国应用有限元法进行沉降预测较早的工程应用地区。某地铁区间隧道采用盾构法，为预测施工引起的地表沉降规律，施工前采用有限元法进行了模拟分析。仿真结果发现力学效应、几何效应和固结沉降是影响地表沉降的三种主要原因，分别建立有限元计算模型对开挖过程进行计算分析，下面分别进行讨论。

（1）力学效应。

注意这里的力学效应不仅指应力重分布，主要指盾构周围及掌子面土体应支护体系的改变导致初应力场的解除而发生的力学效应。这种效应以较大的幅度发生于盾构通过前后，掌子面应力的解除是导致土体位移的主要原因，应力场及位移场呈三维分布，为对施工进行较为准确的模拟，用 Flac3D 对力学效应进行了三维分析，如图 6.39 所示。

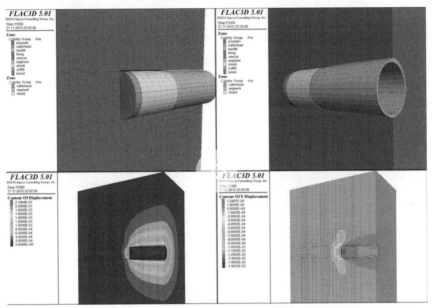

图 6.39　隧道 Flac3D 计算

（2）几何效应及固结沉降。

几何效应及固结变形引起地层沉降相对滞后，因为这两部分应力及位移分布基本呈平面状态，采用平面应变模型即可满足较好精度，地层损失参数选 Gap（K. M. Lee，R. Kerry Rowe，K. Y. Lo，1992 年）。该方法在使用时广州地铁没有成熟的可借鉴的工程经验，采用上海地铁的参数，施工因素造成的土体位移 w 一般取 25 mm，主要由掌子面应力释放产生，在几何效应计算时不予考虑；Gap 按 Peck 法进行选取，G_p 取 250 mm，Gap 按注浆率不同（95%、100% 等）等几种情况分别予以考虑。在计算中主要考虑盾尾地层损失，对盾壳地层损失不予考虑，预测不同施工模式下施工引起的地表沉降规律。

隧道开挖 15 m 后，开挖使原来的应力场发生了很大的变化，并由此造成土层的位移；此外还可看出，应力及位移沿轴向并非均匀分布，在掌子面上的最大轴向位移（z 方向，指向隧道内）可达 15 mm。

将典型横断面 $z=54$ m、45 m 处的地表沉降绘于图 6.40 及图 6.41 中（隧道从 $z=75$ m 处开始开挖，于 $z=45$ m 处结束），并把 Peck 曲线（沉降槽宽度系数分别为 $i=6.0$ m 和 $i=9.5$ m）一同绘出。可以看出，当沉降槽宽度系数取 6.0 m 时，Peck 曲线与计算的沉降曲线一致性较好,对沉降槽宽度系数进行适当折减后,计算得到的沉降槽形态与实际的沉降情况基本相符。

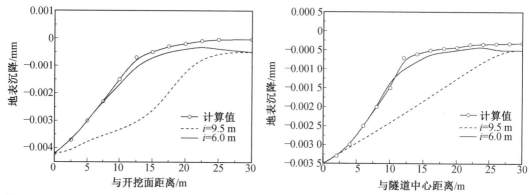

图 6.40　$z=54$ m 处地表横断面沉降及 Peck 曲线　　图 6.41　$z=45$ m 处地表横断面沉降及 Peck 曲线

　　对比实际监测数据,有限元理论预测模型计算出的地表沉降槽宽度系数比实际监测的沉降槽宽度系数和最后的沉降宽度都偏小,由于数据测试干扰较大,预测误差上限可达 60%。因此,用有限元法进行模拟预测计算得到的沉降坡度较大,为了提高准确度,需要尽可能在仿真模型的初始数据中提供质量好的测试与监测数据。

第7章　探地雷达岩土监测技术

　　1904 年，Hüsmeyer 首次采用电磁波探测了地面上远程金属目标；1910 年，德国 Leibach 和 Lowy 在一份德国专利中首次阐明了 GPR 的基本概念；1926 年，Hulsenbeck 首次利用电磁脉冲技术研究地下岩性构造并获得成功；1929 年，Stern 在奥地利通过 GPR 探测了冰河的厚度；20 世纪 50 年代初，El Said 用 GPR 实现了沙漠地下水调查。20 世纪 50 年代末期，一架美国空军飞机准备在格陵兰冰面上降落时，雷达高度表指示有误，导致飞机坠毁。这一事件后，人们深刻认识到电磁波穿透冰层的能力，出现了用电磁波探测冰山的研究热潮，诸多极地考察队应运而生，获取了很多新发现；1963 年，Evans S 用 GPR 测量了极地冰层的厚度；Unbterberger 等探测了冰川和冰山的厚度，Annan A P 做了大量的理论及试验研究；美国军队在 20 世纪 60 年代中期，委托 Cal Span 公司率先采用 GPR 进行了非金属地雷的探测及相关的研究；在此期间，阿波罗登月计划启动，研究人员认为月球表层物资的电磁特性与冰相似，因而决定采用 GPR 作为探测工具，并针对性地设计了几种方案，最终由阿波罗 17 号于 1974 年，由 Procello 携带 GPR 在月球表面完成了实地勘测，用 GPR 在月球表面上研究了土的结构；20 世纪 60 年代末期，丹麦与英国基于冰河调查的目的，研制了由飞机搭载的 GPR（机载 GPR）；但机载 GPR 投入真正的商业运作始于 1979 年，美国 SRI International 用机载 GPR 进行了为期 7 年的热带森林调查。

　　1970 年，首家生产和销售商用 GPR 的公司问世，即由 Rexorey 和 Art Drake 成立的美国地球物理测量系统公司（GSSI）。在此期间，GPR 的进展表现在人们对地表附近偶极天线的辐射场以及电磁波与各种地质材料相互作用的关系有了深刻的认识，特别是 Morey 在 1974 年设计出超宽带 GPR 并通过 GSSI 迅速实现了商品化，为 GPR 开创了新的发展方向。从 20 世纪 70 年代开始，GPR 在检测地下管道、坑道方面大显身手，特别是在检测地下非金属管道时表现出无可替代的优越性，基于类似的原因，GPR 开始协助刑事勘查。加拿大地质调查部门还充分利用 GPR 探测了北极永久冻土及加拿大西部碳酸钾矿。钻孔探地雷达在偏远地区使用时暴露了设备笨重、体积大和耗能多的缺点；此外，由于当时的石油地震勘探业已经开始采用数字处理技术，因此 GPR 数据的数字化成为人们迫切的期望。在此期间日本 OYO 公司开发了一种称作 Geo-radar 的探地雷达，初步取得了商业成功；加拿大 A－Cubed 公司于 1981 年成立并开始开发 GPR，随后于 1988 年创建了探头及软件公司（SSI），致力于 pulseEKKO 系列 GPR 的商业推广；20 世纪 80 年代初，GPR 开始用于道路和公共设施调查，并取得了初步成果，如 Ulriksen 在检测有沥青混凝土罩面的桥面板时，发现水泥混凝土的含氯量变化会导致反射波波幅的变化；从 1984 年开始，苏联开始研制机载 GPR 用于地质和自然资源调查；美国环保部门开始调查和清理被污染的土地，GPR 成为高分辨率地下测绘的工具，并且显示出巨大的商业价值；此外 GPR 还首次应用于农业和考古；20 世纪 80 年代全数字化的 GPR 的问世，具有划时代的意义。数字化 GPR 不仅提供了大量数据存储的解决方案，增强了实时和现场数据处理的能力，为数据的深层次后处理带来方便，更重要的是 GPR 因此显露出更大的潜力，应用领域得以向纵深拓展。

20 世纪 90 年代是 GPR 突飞猛进的发展阶段,世界上很多科研机构和商业团体对它产生了浓厚的兴趣。GSSI 公司在商业上取得了极大的成功,1990 年被 OYO 公司收购;英国 ERA 公司因为研究和销售用于探测地下炮弹和地雷的 GPR 而声誉鹊起;OYO(SSI)公司也迅速发展壮大;在科研方面,GPR 得到了地球物理和电子工程界的更多关注,技术上实现了很多突破,如多叠数据采集、数字信号处理和二维数值模拟等;GPR 的应用领域也进一步拓展到地层学和环境工程等;美国在 20 世纪 90 年代初期开始推行 SHRP(Strategic Highway Research Program)计划,对 GPR 进行了专项研究,1992 年在南部和东部共 10 个州的沥青路面进行大范围测量,以评估 GPR 测量路面厚度的准确性,最终证实误差仅为±5%。计算机的发展全面推动了 GPR 的技术进步,在大型计算机上已可进行三维数值模拟,借助普通计算机,即可快速处理大量数据,因此借助 GPR 进行地下测绘并且三维可视化也变得可行;在此期间,市场的需求催生了多种不同的便携式 GPR,如 SSI 公司生产的 Noggin,中心频率为 1 GHz,配有简化的三维图像处理软件,尤其适合于水泥混凝土结构的局部检测。

由于环境调查和地雷探测的需要,机载 GPR 的研究进一步深入,美国投入的科研力量相对较多。美国材料试验协会(ASTM)1997 年制定了首条有关 GPR 的标准 D6087—1997(至今已更新至 D6087—2003),指导应用 GPR 进行桥面检测;1998 年 ASTM 制定了用脉冲探地雷达测量路面结构层厚度的标准 D4748—1998;1999 年又推出了涵盖面更广的标准 D6432—1999,适用于脉冲探地雷达探测地下结构或地下材料的所有工程项目。这些标准的出现,一方面说明 GPR 的应用日趋普遍,另一方面则标志着 GPR 已成为工程检测的常规手段并且能为计量提供重要的参考依据。

进入 21 世纪,在矿产调查、考古、地质勘测、水文、农业、林业、环境工程、土木工程、市政设施维护以及刑事勘查等领域,GPR 的应用更加普遍,地雷(尤其是非金属地雷、浅埋的小型地雷)的探测依然是最具有挑战性、最热门的研究课题;由于更多的国家开始关注 GPR 技术并加大了科研投入,新型 GPR 不断涌现,意大利甚至设计出在太空运行的 GPR,Duke 大学依照时间反转的概念设计了一种新型雷达,在信号发射和数据处理方面与传统 GPR 有较大差别,原则上具备工作效率高、数据处理快的优势,有望提高 GPR 处理复杂问题的能力,该技术应用于 GPR 还处于起步阶段,一些理论问题还没有完全解决,值得密切关注;中国地质大学(武汉)在国家自然科学基金资助下,从 1990 年开始在两年半时间内完成了 8 个省、自治区和直辖市 5 类岩土对象的 30 余个工程工区的 GPR 试验,它们包括众多地质问题的 GPR 现场探测;随着各种型号 GPR 的逐步引进以及国产 GPR 陆续上市,GPR 应用范围不断扩大,涉及矿业、环境、市政建设、土木工程、考古、探地雷达和极地考察等。

20 世纪 80 年代初,中国电波传播研究所、西安交通大学、中科院长春地理所、北京理工大学、西南交通大学、北京公路研究所和东南大学等单位开展了电波在地下传播特性的研究,研究成果集中体现在中国电波传播研究所于 1990 年研制出 LT21 和 LT21A 型商用 GPR。1995 年北京爱迪尔国际探测技术有限公司成立,并于 1997 年推出了 CBS29000V 型车载脉冲探地雷达。中国电波传播研究所在随后十多年相继推出多种型号的 GPR,特别是 2004 年研制成功的 LD22000 小型 GPR 受到国内市场的欢迎。中国长江工程地球物理勘测研究院等单位从 2000 年 5 月开始,进行相控阵探地雷达的研究,2001 年其仪器研制和软件开发工作在国家"863"计划信息领域以"高分辨率表层穿透雷达探测技术——相控阵探地雷达"课题立项。2004 年 5 月,国家"863"计划专家组在三峡工地对该课题的研究成果进行了现场验收,试验结果表明,与传统探地雷达相比,相控阵探地雷达具有探测深度大、分辨率高、信噪比高和抗干扰能力强等方面的优势。国防科技大学电子科学与工程学院在国家"863"计划信息获取与处理技术课题支持下,历时三年,于 2005 年研制成功高分辨率 GPR 系统 RadarEye,该系统具有车载式和手持便携式两种工作方式,分浅层高分辨率和深层低分辨率多种工作模式,具备地下目标的二维、三维合成孔径成像以及地下目标分类等功能。

十余年来,我国科研人员携 GPR 硬件和软件科研成果广泛参加了国际学术交流,既能了解国外研究动态,也向世人展示了我国 GPR 的研发能力。我国的 GPR 在 1970 年前后正式进入地球物理勘探业,与发达国家相比至少晚了 20 年,但我国在应用研究和基础研究方面发展很快,在一些数据处理的理论研究方面已处于世界一流水平。令人欣喜的是,在中国理性的GPR 大市场正在孕育之中,同时一股令全球同行不可忽视的科技力量正在形成。当然也要清醒地认识到与发达国家的差距,我国有不少电子元器件需要进口,很多产品还没有经受国际市场的考验,缩小乃至消除差距还要靠自力更生。

GPR 的反射波反映了地下介电特性的分布,要将其转化为形体分布,就必须把物体形态、钻探、探地雷达这三个方面的资料有机地结合起来,在此基础上获得被检测对象的整体信息。GPR 地质资料解释的前提是:反射层的拾取,根据勘探孔与雷达图像的对比,建立起各种地层的反射波组特征,识别反射波组的标志为同相性、相似性与波形特征等。理论上讲,只要介电存在差异,就能在剖面图上找到相应的反射波,根据相邻记录道上反射波的对比,把不同道上同一反射波相同相位连接起来形成对比线,即为同相轴。一般在无构造的区域,同一波组往往有一组光滑的同相轴与之相对应,这种特性称为"反射波组的同相性"。掌握重要波组的地质构造特征,特别是特征波的同相轴的变化,是非常重要的。GPR 的特征波是指强振幅、能长距离连续追踪、波形稳定的反射波,它们一般都是重要岩性分界面的有效波,特征明显,易于识别,通过分析,可以获得剖面的主要地质构造特征。

随着 GPR 技术的飞速发展,特别是 GPR 的高效性在岩土工程中得到大量的应用,利用GPR 技术完成岩土工程监测已经是被证明的一种有效手段,但由于岩土材料的复杂性,有时很难得到对照参数,因此研究开发岩土工程监测的 GPR 技术仍是岩土领域中研究的重点。本章在参考地质雷达国内外近几十年研究文献的基础上,引用整理了本领域许多研究人员的成果,亦引用了国防科技大学粟毅教授在探地雷达基本原理探索以及开发应用方面的优秀研究成果,对 GPR 技术在岩土监测中的应用特征进行阐述,在了解 GPR 技术核心内容之后,希望能够引起研究生及相关工作人员对 GPR 技术创新研究和应用的重视,推进岩土雷达成像技术在复杂岩土工程监测中的快速发展。

7.1 GPR 技术原理

探地雷达(又称地质雷达)是采用中心频率在 $10 \sim 2\,500$ MHz 范围的电磁波探测地下或建筑物内的结构与特征的高频电磁探测技术。探地雷达探测通常采用一对天线进行工作,这对天线也称为 GPR 收发传感器。如图 7.1 所示,当发射天线向地下介质发射一定中心频率的电磁脉冲波时,电磁脉冲波在地下介质中传播,由于土性结构的不同,遇到土层电磁性(电阻率、介电率及磁导率)发生变化,在差异分界面上将发生反射和透射;被反射的电磁波传回地表,由接收天线采集其信号;通过计算机与信号调理仪进行操作和处理,接收天线所接收的地下反射回波信号经模型预处理,转换成时间序列信号;这种时间序列即构成每一测点上的雷达反射波形记录道,它包含该测点处反射信号旅行路程中所有土层的电磁特性,并由反射波的幅度、相位及旅行时间等信息来反映。收集并存储每一测点上的雷达波形序列;沿测线以等间距(测点距)移动天线逐点进行探测,在每一观测点上得到一个记录道。对整条测线进行探测就可以获得一条沿该测线的雷达反射剖面(见图 7.2)。通过对探地雷达剖面进行适当的处理与解释,便可获得剖面下方的有关地质信息(或地下目标体的内部结构特征信息)。

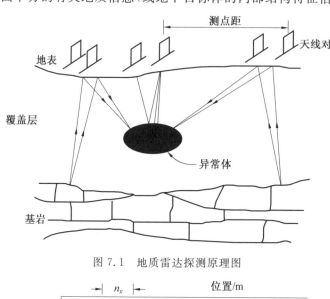

图 7.1 地质雷达探测原理图

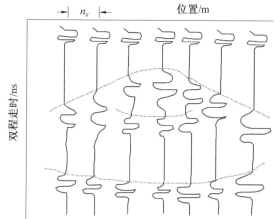

图 7.2 探地雷达反射剖面示意图

探地雷达地质解释的前提是有效拾取雷达的反射层信息,通常从通过地质勘探孔的测线开始,根据勘探孔地层构造信息与雷达图像反映的土体反射波信息的对比,建立起各地层反射波组特征,然后识别并标志反射波组的同相性、相似性与波形对应的特征。

探地雷达图像剖面是对检测资料进行地层组成解释的基础图件。从理论上讲,只要地下介质存在电性差异,就有可能在雷达图像剖面中找到相应的反射波。根据相邻道上反射波图像的对比,把不同道上同一反射波具有同相位的图像连接起来形成的对比线称为同相轴。一般在无构造的区域,同一波组往往有一组光滑的同相轴与之相对应,这一特性称为地质雷达信号反射波组的同相性。

探地雷达检测采用的点距一般小于 2 m,在此间距中,地下介质的土层变化一般比较缓慢。因此,相邻记录道上同一反射波组的特征会保持不变,这一特征称为反射波形的相似性。确定具有一定特征的反射波组,是反射识别的基础,而反射波的同相性和相似性又为反射层的土性组成追踪提供了反演依据。

根据反射波组的特征,可以在雷达图像剖面中拾取反射层,从垂直走向大的测线开始,然后逐条测线进行,最后拾取的反射层必须在全部测线中都能连接起来,并保证在全部测线交点上相互一致。通过上述地质雷达信息处理的处理,即可以获得地层的特殊信息,并为工程设计提供细部的组成数据,这是地质雷达应用的核心内容。

7.2　媒质材料与电磁传播特性

探地雷达利用专门的发射电路,发射特殊合成的高频电磁波,进行基于反射波反演计算的地下目标探测和定位。因此媒质的电磁特性决定了发射波在土体中传播的波速、衰减程度、传播波长、信号极化规律、电磁波散射和振动谐振等特有的过程,这些也决定了探地雷达设备工作参数选择规则和设备本身的性能极限。因此研究土体电磁特性及振动波的传播特性,对于充分理解探地雷达工作原理、优化工作参数有重要意义。本章从探地雷达的基本原理介绍开始,首先给出土体电磁本构方程和一般土层内含物质的电磁特性;然后对土层介电常数进行详细的描述与分析;再讨论土层麦克斯韦电磁方程,导出土层电场和磁场在土层交界面的边界条件;在此基础上分别分析探地雷达应用中典型的有耗土层斜投射和电磁波在分层介质中的传播特性;最后运用时域有限差分法,对土层中多个目标电磁散射特性进行分析,为探地雷达信号识别、研究和应用奠定理论基础。

7.2.1　土体电磁本构方程

土体是一种散碎体,由三相构成,比传统的空气等单一介质要复杂得多,电磁波在土体中的传播也非常复杂,直至今日,也未能建立稳定的土体电磁波传播解析表达式,但为了研究土体电磁波的特征,需要对土体进行大量假设,从而借鉴并利用宏观电磁学的基本理论,因此土体中的电磁波也需要从麦克斯韦方程及由它导出的波动方程、能量和动量守恒定律出发,定量描述土体中电磁波场、源的变化规律,揭示土层的电磁物质属性。为此,下面以无源空间中的微分形式麦克斯韦方程对土体中的电磁基本特性进行推导,假设土体为均匀同向弹性理想体,麦克斯韦方程仍然满足如下的特征:

$$\begin{cases} \nabla \times H = J + \dfrac{\partial D}{\partial t} \\[2mm] \nabla \times E = -\dfrac{\partial B}{\partial t} \\[2mm] \nabla \cdot B = 0 \\[2mm] \nabla \cdot D = \rho \end{cases} \tag{7.1}$$

式中,E 为土体中的电场强度,V/m;D 为土体中的电位移矢量,C/m^2;B 为土体中的磁感应强度,Wb/m^2;H 为土体中的磁场强度,A/m;J 为土体中的电流密度,A/m^2。E、D、B、H 均为空间坐标 $r(x,y,z)$ 和时间 t 的函数。上述麦克斯韦方程组中,由电磁学理论可知,第一方程式称为全电流定律;第二方程式为电磁感应定律;第三方程式称为磁通连续性原理;第四方程式称为高斯定理。上述四个方程全面描述了时变电磁场的特性,是支配土层介质中电磁特性的基本规律性方程。但麦克斯韦方程组并没有确定 B 和 H、D 和 E 及 J 和 E 之间的限定关系。为完整描述时变电磁场的特性,传统上除了上述麦克斯韦统一方程外,还应该包括说明电荷与电流关系的电荷守恒方程,以及说明电磁场量与介质特性关系的本构方程,即

$$\begin{cases} \nabla \cdot J = -\dfrac{\partial r}{\partial t} \\ D = \varepsilon E \\ B = \mu H \\ J = \sigma_e E + J' \end{cases} \tag{7.2}$$

式中的附加项 J' 代表产生时变电磁场的电流源或非电的外源。介电常数 ε、磁导率 μ、电导率 σ_e 分别描述了介质的极化性能、磁化性能和导电性能,统称为介质本构参数。每个参数都有不同的物理含义。其中介电常数 ε 描述了介质中束缚电荷在外加电场作用下的偏移性质。当介质极化后,介质中出现很多排列方向大致相同的电偶极子。为了衡量这种极化强度,电磁学上定义单位体积介质中电矩的矢量和为极化强度,可写为

$$P = \frac{\sum_{i=1}^{n} p_i}{\Delta V} \tag{7.3}$$

式中,p_i 为体积 ΔV 中第 i 个电偶极子的电矩;n 为 ΔV 中电偶极子数目;ΔV 为理想介质体,体积无限小。土中大多数介质在电场作用下发生极化,极化强度 P 与介质中的合成电场强度 E 成正比,满足

$$P = \varepsilon_0 \chi_e E \tag{7.4}$$

式中,ε_0 为真空介电常数,$\varepsilon_0 \approx \dfrac{1}{36\pi} \times 10^{-9}\,\mathrm{F/m}$;$\chi_e$ 称为极化率,为一正实数。空间各点极化率相同的介质,称为极化性能均匀介质,否则称为非均匀介质;如果介质的极化率与电场强度大小无关,这种介质称为极化性能线性介质,否则称为非线性介质;如果介质的极化率与电场强度方向无关,则这种介质称为极化性能各向同性介质,否则称为各向异性介质。在各向异性介质中,极化强度 P 与电场强度 E 有如下关系:

$$\begin{bmatrix} P_x \\ P_y \\ P_z \end{bmatrix} = \varepsilon_0 \begin{bmatrix} \chi_{11}^e & \chi_{12}^e & \chi_{13}^e \\ \chi_{21}^e & \chi_{22}^e & \chi_{23}^e \\ \chi_{31}^e & \chi_{32}^e & \chi_{33}^e \end{bmatrix} \begin{bmatrix} E_x \\ E_y \\ E_z \end{bmatrix} \tag{7.5}$$

同样可以定义理想土体介质的介电常数 $\varepsilon = \varepsilon_0(1+\chi_e)$,相对介电常数 $\varepsilon_r = 1+\chi_e$。土层介质的介电常数大于真空的介电常数。对于土层中的磁性能,其与极化性能一样,也分为均匀与非均匀、线性与非线性、各向同性与各向异性。无论哪一种磁性能介质,磁化结果都将在媒质中产生磁矩。为计算土层中的磁化强度,定义单位体积土层中的磁矩矢量和为磁化强度,即

$$P_m = \frac{\sum_{i=1}^{n} p_i^m}{\Delta V} \tag{7.6}$$

式中,p_i^m 为体积 ΔV 中第 i 个磁偶极子具有的磁矩;n 为 ΔV 中磁偶极子的数目;ΔV 为无限小单位介质体积。对于大多数媒质,磁化强度和磁场强度成正比,即

$$P_m = \chi_m H \tag{7.7}$$

式中，χ_m 为磁化率。同样定义土层磁导率 $\mu = \mu_0(1+\chi_m)$，土层相对磁导率 $\mu_r = 1+\chi_m$，其中 $\mu_0 = 4\pi \times 10^{-7} \text{H/m}$ 为真空磁导率。

同样对于理想的土层介质，如果其磁导率不随空间变化，则称为磁性能均匀土层，否则称为磁性能非均匀土层；若磁导率与外加磁场强度的大小和方向都无关，则称为磁性能线性各向同性土层，否则称为磁性能线性各向异性土层。在磁性能各向异性土层介质中，张量磁导率同样具有 9 个分量，其 B 与 H 的关系仍然满足

$$B = \begin{bmatrix} \mu_{11} & \mu_{12} & \mu_{13} \\ \mu_{21} & \mu_{22} & \mu_{23} \\ \mu_{31} & \mu_{32} & \mu_{33} \end{bmatrix} H \tag{7.8}$$

若土层中的介电常数和磁导率均有 9 个分量，则称这种媒质为各向异性介质。当电导率 $\sigma_e = 0$ 时，介质称为理想介质，若 $\sigma_e = \infty$，这种岩土介质称为理想导体，介于这两者之间的土层称为导电介质。在自然界中，只有少数半导体里面的整流边界或恒定磁场中的等离子体，其电导率是一个张量；大多数介电常数和电导率均为复数，表 7.1 列出了土层中几种常见物质的电磁参数。

表 7.1　常见媒质的电磁参数

媒质	空气	油	聚乙烯	石英	树脂	水
ε_r	1	2.3	2.3	3.3	3.3	81
媒质	黄铜	铁	淡水	干土	玻璃	橡胶
σ_e	1.57×10^7	10^7	10^{-3}	10^{-5}	10^{-12}	10^{-15}
媒质	铜	铝	镍	铁	磁性合金	
μ_r	0.999 99	1.000 021	250	4 000	10^5	

探地雷达应用中，介质一般满足线性各向同性的条件，相对磁导率 μ_r 近似为 1。探地雷达中，典型介质的电磁特性见表 7.2。

表 7.2　探地雷达应用中典型介质的电磁特性

介质	相对介电常数	波速 /(m·μs⁻¹)	电导率 /(MS·m⁻¹)
空气	1	300	0
淡水	81	33	$0.001 \sim 10$
淡水冰	4	150	$0.1 \sim 1$
海水	70	33	400
海水冰	$4 \sim 8$	$150 \sim 106$	$10 \sim 100$
干沙	$2 \sim 6$	$212 \sim 122$	$0.000 1 \sim 1$
湿沙	$10 \sim 30$	$95 \sim 54$	$1 \sim 10$
淤泥	10	95	$1 \sim 10$
黏土	$8 \sim 12$	$106 \sim 87$	$100 \sim 1 000$

续表7.2

介质	相对介电常数	波速 /(m·μs⁻¹)	电导率 /(MS·m⁻¹)
干黏土	2～6	212～122	100～1 000
湿黏土	5～40	134～47	100～1 000
黏性干土	4～10	122～86	10～100
黏性湿土	4～10	150～95	1～1 000
干砂土	4～10	150～95	0.1～10
湿砂土	10～30	95～54	10～100
干壤土	4～10	122～86	0.1～1
湿壤土	10～30	95～54	10～100
永久冻土	4～8	150～106	0.01～10
硬岩	6～12	122～86	0.001～0.01
干花岗岩	5	134	0.000 01
湿花岗岩	7	113	1～10
干灰岩	7	113	0.1～1
湿灰岩	8	106	10～100
干砂岩	2～5	212～134	0.001～0.01
湿砂岩	5～10	134～95	0.1～10
干页岩	4～9	150～100	1～100
饱和页岩	9～16	100～75	1～100
石灰石	7～9	113～100	0.000 001
白云石	6～8	122～106	—
石英	4	150	—
干煤	4～5	160～15	1～100
湿煤	8～10	106	1～10
干混凝土	4～40	150～47	1～100
湿混凝土	10～20	95～67	10～10
干沥青	2～4	173～134	10～100
湿沥青	10～20	173～134	1～100
干结晶盐	4～7	150～113	0.1～10
聚氯乙烯环氧树脂	3	0.173	—
干沙土	4～10	150～95	0.1～10
湿沙土	10～30	95～54	10～100

7.2.2　媒质介电参数描述

根据探地雷达的不同应用,人们对自然界中的大多数媒质的介电属性进行了研究。试验结果表明,对于地球表面 100 m 以内的土壤,在一般情况下,电磁波的衰减随频率的增加而增大,在单个频率点上,土层中的含水量越大,地磁波衰减越明显。正是因为岩土结构及岩性对电磁回波的影响,探地雷达从而可以反映岩土土性及其构成的区别,一个好的雷达体制,应该在分析和设计雷达信号之前,充分把握岩土结构及其土性对电磁波波速和衰减的影响机理。

地球表层媒质是由土壤、岩石和水等不同媒质所组成的混合物,媒质组成成分的变化将引起介电常数相应的改变,并且介电常数也可能不是各向同性(如岩层或者一定条件下的冰层)。一般自然界中的物体可以分成以下几类:液态水、固态水(如雪、海水中的冰块及纯净冰块等)、固态的岩石(可能含有水)、土壤、人造材料以及永冻土等。之所以研究土壤的介电参数,主要是因为不同情况下的背景媒质将影响电磁波在其中的传播,探地雷达要检测的目标位于土壤之中,人们想要获得的信息不仅仅是判断目标的有无,还要确定目标的几何分布信息,而高性能的探地雷达需要这些必要的信息才能够更好地描述土壤中的目标。

7.3　均匀土层中的电磁波

根据电磁波的合成原理,任何脉冲电磁波都可以分解成不同频率的正弦电磁波,假设岩土为均质线弹性,则麦克斯韦方程的频域为

$$\nabla \times H = (\sigma_e + j\omega\varepsilon)E = j\omega\left(\varepsilon - \frac{j\sigma_e}{\omega}\right)E = j\omega\tilde{\varepsilon}E \tag{7.9}$$

其中,$\sigma_e E$ 是由电场引起的传导电流;$\tilde{\varepsilon}$ 称为媒质的等效复介电常数,$\tilde{\varepsilon} = \varepsilon - \dfrac{j\sigma_e}{\omega}$。

根据电磁场理论,电场和磁场同样满足波动方程

$$\nabla^2 E(r) + k^2 E(r) = 0 \tag{7.10}$$

因此,无界均匀有耗媒质中的电磁波的电场表达式为

$$E(r) = E_0 e^{-jKr} = E_0 e^{-\alpha r} e^{-j\beta r} \tag{7.11}$$

其中,K 称为媒质中的复传播矢量,其大小为

$$K = \omega\sqrt{\mu\tilde{\varepsilon}} = \beta - j\alpha \tag{7.12}$$

因子 $e^{-\alpha r}$ 说明电场 $E(r)$ 的幅度随传播距离的增大而逐渐衰减,α 称为衰减系数,单位为 Np/m。$e^{-j\beta r}$ 说明 $E(r)$ 的相位随传播距离的增大而逐渐滞后,β 称为相移系数,单位为 rad/m。电磁波在有耗媒质中传播时振幅衰减,说明其能量随传播而损耗,损耗的能量转化为媒质中传导电流的焦耳热能。

通常媒质的介电常数和电导率均为复数,其表达式分别为 $\varepsilon = \varepsilon' - j\varepsilon''$ 和 $\sigma_e = \sigma' - j\sigma''$。其中,$\varepsilon'$ 表示媒质介电常数的实部,一般采用相对介电常数表示;ε'' 为媒质的损耗因数。在实验室测量媒质的介电参数时,通常测得的等效介电常数为 $\tilde{\varepsilon} = \varepsilon'_e - j\varepsilon''_e$,电导率为 $\tilde{\sigma} = \sigma'_e - j\sigma''_e$。其中,$\varepsilon'_e$ 和 ε''_e 分别为等效介电常数的实部和虚部;σ'_e 和 σ''_e 分别为等效电导率的实部和虚部,它们与媒质的复介电常数和电导率的关系如下:

$$\begin{cases} \varepsilon'_e = \varepsilon' - \dfrac{\sigma''}{\omega} \\[2mm] \sigma'_e = \sigma' + \omega\varepsilon'' \\[2mm] \varepsilon''_e = \varepsilon'' + \dfrac{\sigma'}{\omega} \\[2mm] \sigma''_e = \sigma'' - \omega\varepsilon' \end{cases} \tag{7.13}$$

因此式(7.9)的系数 $\sigma_e + j\omega\varepsilon$ 可以等效为

$$\sigma_e + j\omega\varepsilon = \sigma'_e + j\omega\varepsilon'_e \tag{7.14}$$

在探地雷达应用中,比较重要的参数是电磁波传播速度和衰减因子,根据式(7.12)和式(7.14)可得

$$\begin{cases} \alpha = \omega \left\{ \dfrac{\mu\varepsilon'_e}{2} \left[\sqrt{1 + \left(\dfrac{\varepsilon''_e}{\varepsilon'_e}\right)^2} - 1 \right] \right\}^{1/2} \\[4mm] \beta = \omega \left\{ \dfrac{\mu\varepsilon'_e}{2} \left[\sqrt{1 + \left(\dfrac{\varepsilon''_e}{\varepsilon'_e}\right)^2} + 1 \right] \right\}^{1/2} \\[4mm] \upsilon = \dfrac{\omega}{\beta} = c \left\{ \dfrac{\varepsilon'_e}{2\varepsilon_0} \left[\sqrt{1 + \left(\dfrac{\varepsilon''_e}{\varepsilon'_e}\right)^2} + 1 \right] \right\}^{-1/2} \end{cases} \tag{7.15}$$

无量纲因子 $\dfrac{\varepsilon''_e}{\varepsilon'_e}$ 表示理想岩土的损耗角正切,记为 $\tan\delta = \dfrac{\varepsilon''_e}{\varepsilon'_e}$。对于干燥和损耗相对较小的岩土,可将损耗角正切在探地雷达工作频带内近似为常数,对于有耗岩土,损耗角正切修正为

$$\tan\delta = \dfrac{\sigma' + \omega\varepsilon''}{\omega\varepsilon' - \sigma''} \tag{7.16}$$

从式(7.16)看出,损耗角正切与 ε'' 和岩土等效电导率虚部 σ'' 存在一定的关系。1986 年,英国的 Daniels 认为,对于地面表层土体,损耗角正切在低频端较大,在 100 MHz 左右具有最小值,而在数吉赫兹时又会发展到最大值,然后逐渐趋向一稳定常数。在电导率较小时,可用下式估计岩土损耗角正切的数量级:

$$\tan\delta \approx \dfrac{\sigma'}{\omega\varepsilon'} \tag{7.17}$$

由式(7.15)中的雷达波速计算式可知,相位系数是波速的决定因素。若假设岩土介电常数和电导率均为实数(即其虚部忽略不计),则式(7.15)中的相位系数 α、β 可表示为

$$\begin{cases} \alpha = \omega\sqrt{\mu\varepsilon} \left\{ \dfrac{1}{2} \left[\sqrt{1 + \left(\dfrac{\varepsilon''_e}{\varepsilon'_e}\right)^2} - 1 \right] \right\}^{1/2} \\[4mm] \beta = \omega\sqrt{\mu\varepsilon} \left\{ \dfrac{1}{2} \left[\sqrt{1 + \left(\dfrac{\varepsilon''_e}{\varepsilon'_e}\right)^2} + 1 \right] \right\}^{1/2} \end{cases} \tag{7.18}$$

对理想的岩土介质而言,随着频率 f 的增大,对应的相位系数 β 亦增大,电磁波速度将减小。1994 年,吉林大学的李大心指出:随着频率的变化,岩土介质和其他介质一样,其介电常数和电导率同时影响着相位系数的变化,但二者对相位系数的影响程度不同。大多数实验表明,低频时,σ_e 对 β 的影响较大,随着 σ_e 的增加,β 将增加,υ 将减小;在高频时,ε 对 β 的影响较大,随着 ε 的增加,β 将增加,υ 将减小。同理,衰减因子 α 随岩土介质电导率的增大和介电常数的减小而增大。σ_e 较小时,α 与 f 关系并不十分明显;σ_e 较大时,α 与 ε 关系亦不明显。为了说明这种

情况,可以从两个极限情况进行分析:

(1) 当 $\dfrac{\sigma_e}{\omega\varepsilon} \ll 1$ 时。

这种情况对应 σ_e 很小或者 ε、f 很大,有

$$\begin{cases} \alpha \approx \dfrac{\sigma_e}{2}\sqrt{\dfrac{\mu}{\varepsilon}} \\[2mm] \beta \approx \omega\sqrt{\mu\varepsilon} \\[2mm] v = \dfrac{c}{\sqrt{\mu_r\varepsilon_r}} \end{cases} \tag{7.19}$$

由上式可知,衰减系数 α 与频率无关,而与 σ_e 成正比,与 $\sqrt{\varepsilon}$ 成反比;波速与电导率无关,只与 $\sqrt{\varepsilon_r}$ 成反比。这是探地雷达的最好工作情况。

(2) 当 $\dfrac{\sigma_e}{\omega\varepsilon} \gg 1$ 时。

这种情况对应 σ_e 很大或者 ε、f 很小,有

$$\begin{cases} \alpha \approx \sqrt{\dfrac{\omega\mu\sigma_e}{2}} \\[2mm] \beta \approx \sqrt{\dfrac{\omega\mu\sigma_e}{2}} \\[2mm] v = 2\sqrt{\dfrac{\pi f}{\sigma_e\mu}} \end{cases} \tag{7.20}$$

由式(7.20)可知,衰减系数与 σ_e 和 f 有关,而与 ε 无关,因此在高导电岩土中或使用高频电磁波信号时,α 将增大;同时也可以看出,波速仅与 σ_e 有关,岩土的导电性越好,对应的波长 λ 越小。

探地雷达发射出的电磁波工作环境主要是地球表面的土壤、岩石、水、雪、冰、混凝土、钢材、木材等其他人工合成材料。下面将分别讨论自然界中几类常见媒质的介电属性。

1. 水、冰和雪

水的电磁特性对电磁波的传播有较大影响。由于岩土体中水的赋存性态区别较大,除了土颗粒中的自由水、附着水和毛细水外,还有自由潜水、承压水,从流动速度上看,这些水都可以分为不流动水和流动水。在入射频率高于 500 MHz 时,电磁波在岩土中的衰减主要是因为其孔隙中的水分造成的,从而使电磁波在土壤中具有有限的穿透深度,因此,在利用探地雷达分析媒质的介电参数时,水的介电属性应该在工作前进行勘探和仔细的室内分析。

自然界第四纪岩土中的水一般呈离子状态,Pottel 等人在实验室通过电解液给出了频率与介质参数之间的关系:Hipp 在 Pottel 的基础上采用一阶 Debye 模型,描述了水的弛豫力学特性,在同一个时期 Hoekstra 等人研究了岩土中水温对电磁波的影响,他们通过实验数据发现,0 ℃ 的液态水在 9.0 GHz 时其吸收系数具有最大值,而 10 ℃ 的液态纯水在 14.6 GHz 时的吸收系数最大,他们认为水的这种特性是因为其弛豫时间 τ 随温度的升高而减小所导致。当水变为冰且保持在 0 ℃ 时,最大吸收系数对应的频率为 7.8 kHz;而在 -10 ℃ 时,其频率为 3.1 kHz。这些均假设岩土体具有较小的直流电导率(冰 $\sigma_0 = 10^{-8}$ S/m,水 $\sigma_0 = 10^{-6}$ S/m),从而认为在探地雷达工作频带内水或者冰都具有较小的衰减。但实际上,不纯净的湖水其 σ_0 在

10^{-4} S/m 数量级,而海水的 σ_0 在 1 S/m 数量级,碎冰具有 10^{-4} S/m 数量级的电导率,海冰的电导率在 10^{-3} S/m 数量级,因此对于不同的水的赋存形态,电磁波在其中传播的衰减变化是明显的,一般都比理想值偏大,但衰减系数对应的峰值频率不会发生较大的变化。后来随着雷达在南极等寒区应用的逐渐展开,King 和 Smith 等人对液态和固态水的介电属性进行了总结,提出了水冰形态对电磁波影响的分区图,尽管不能全部解释所有雷达电磁波的传播特性,有些也存在较大误差,但还是对理解水对雷达电磁波的影响起到了推动作用。

理论上地球上现有的水、冰和雪的介电常数均可采用 Debye 及其修正模型表示。Cole 等人通过修正的 Debye 模型给出了液态水介电常数与频率之间的影响关系:

$$\varepsilon(\omega) = \varepsilon_\infty + \frac{\varepsilon_s - \varepsilon_\infty}{1 + j^{1-a}(\omega\tau)^{1-b}} \tag{7.21}$$

式中,ε_s 和 ε_∞ 分别表示岩土体在直流和频率趋于无穷时对应的介电常数;τ 为理想岩土的弛豫时间。对于水和电解液而言,ε_∞ 的值为 5.5 ± 0.6。当参数 $a=b=0$ 时,上式简化为 Debye 模型

$$\varepsilon(\omega) = \varepsilon_\infty + \frac{\varepsilon_s - \varepsilon_\infty}{1 + j\omega\tau} \tag{7.22}$$

试验表明,淡水冰和海冰的介电参数存在较大的差异,后者一般被认为是复杂、有耗、各向异性的媒质(因为其构成中有纯水、空气、盐水以及其他矿物质颗粒)。Kovacs 等人详细讨论了多种情况下海冰介电参数和频率之间的关系。雪可以看作是冰和空气的混合物媒质。Tiuri 等人分析了在微波波段时雪的介电常数与频率之间的关系。

2. 第四纪岩石

地球中第四纪的岩石和矿石是通过漫长的地质年代在不同的物理化学作用下形成的一种特殊土体。自然界中天然岩石的介电参数绝大多数都是各向异性的,不同含水量情况下其电导率和相对介电常数的变化范围较大(干燥岩石 ε_r 在 $2\sim3$ 之间,而含水较多的岩石 ε_r 可达 40 或更大)。探地雷达通常提供的是各种岩石的深度信息,结合各种不同介质准确的介电常数,探地雷达也能提供较高的分辨率,现代雷达体制除了使用常规通用的低频段,目前使用高频段的场合也逐年增加。

鉴于岩土体介电常数受含水量的影响较大,所以岩石孔隙度影响波传播的速度。对于层状分布的岩石层而言,当电场平行于层面时有

$$\varepsilon_r = (1-p)\varepsilon_m + p\varepsilon_w \tag{7.23}$$

式中,ε_r 为层状媒质的相对介电常数;ε_m 为介电常数矩阵;ε_w 为水的介电常数;p 为物体的孔隙率。当电场垂直于层面时,则

$$\varepsilon_r = \frac{\varepsilon_m \varepsilon_w}{(1-p)\varepsilon_m + p\varepsilon_w} \tag{7.24}$$

3. 第四纪土壤

第四纪土壤中最重要的参数是介电常数和电导率,有许多文献深入讨论了不同情况下频率与介电常数之间的关系。多年以来,人们通过大量的实验对土壤的介电参数进行分析,并建立了许多理论模型。但没有一种模型能够在全频带内精确地描述土壤的介电参数,其原因在于土壤不是一种能够很好定义的媒质。土壤本身是一种三相组成的复杂混合物,固体颗粒大小和多少、含水量、孔隙率等多种因素影响其介电参数,同时温度、渗流、应力等环境对其亦有

影响,因此土体电介质常数非常复杂。

在探地雷达应用中,土体介电常数对高入射信号频率的影响一直是工程界关心的重点。Hoekstra 等人通过时域反射方法(Time-Domain-Reflect,TDR),测量并拟合了不同类型土体在 100 MHz ~ 26 GHz 频段范围内的介电参数。结果表明,在此段内土体的介电参数与 Cole 修正 Debye 模型基本吻合,而且土体损耗最大时对应的频率点一般在 1 ~ 4 GHz。图 7.3 所示为 Hoekstra 提出的含水量为 15% 的淤泥土复介电常数和损耗角正切随频率的变化曲线。通过在同轴线内填充土壤的方法,Hipp 测量了土体在 30 MHz ~ 4 GHz 频带内的介电常数,并给出了土体的相对介电常数和等效电导率随含水量和密度的变化关系。Scott 等人同样采用在同轴线内填充土壤的方法测量了"乔治亚州红黏土"的相对介电常数和等效电导率,结果如图 7.4 所示。上述测量结果表明,土体相对介电常数随着含水量的增加而增大,在含水量一定的情况下,低频端(如对于"乔治亚州红黏土",该频率约为 250 MHz)的介电常数随频率的增加而变小,高频端的介电常数基本与频率无关。土体的等效电导率随着频率和含水量的增加而增大。

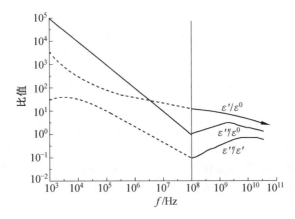

图 7.3　含水量 15% 的淤泥土 GPR 参数与频率的关系

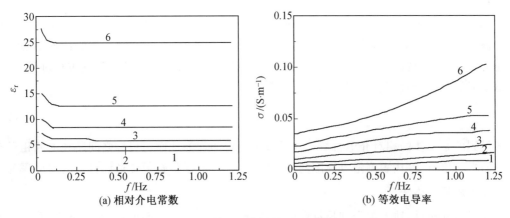

图 7.4　美国红黏土的 GPR 参数

Bhagat 等人对修正 Debye 模型拟合湿土介电常数进行了测试,指出采用单阶弛豫模型可以较好地拟合土体在 1 GHz 以上时的介电常数,但低频端的介电常数受土体构成影响较大。探地雷达工作频带大都在数百兆赫兹到数吉赫兹,因此一般情况下,理论分析及数值模拟电磁波在土壤媒质中传播以及目标散射时,大都采用一阶 Debye 模型拟合土壤媒质的介电常数,这样的精度对于分析目标散射特性已足够精确。

4. 其他结构材料

探地雷达在路面以及建筑物检测应用中,需要对路基的注浆、钢筋混凝土、等结构材料进行检测,不同于岩土体的人造材料也是一种重要的电磁波传播介质。

其中混凝土是探地雷达应用较多的一种检测材料,素混凝土是一种比较复杂的组合材料,它是由水、水泥、砂子和空气组成,钢筋混凝土还包含有钢筋。混凝土因型号和碎石不同,其反映的综合介电常数也不同,都会直接影响混凝土的介电常数。混凝土中的波速和衰减除了与其本身材料相关之外,还与许多因素有关,如含水量、凝结硬化程度、施工条件等。未凝结的混凝土具有较高的相对介电常数和衰减($\varepsilon_r \approx 10 \sim 20, \alpha \approx 20 \sim 50$ dB/m),完全凝结之后其值为 $\varepsilon_r \approx 4 \sim 10$ 和 $\alpha \approx 5 \sim 25$ dB/m,因此混凝土的状态将极大地影响探地雷达发射的电磁波在其中的传播性能,反过来,通过采集这些受到影响的电磁波,通过分析其性能特征,从而得到混凝土的状态。

7.4　地下岩土体介电常数的测量

对一般的岩土体,当含水量已知时,可以初步估计出介电常数和电导率,从而为探地雷达应用提供基本数据。

对于土体介电参数的测量,除了实验室样品测量外,还可以通过实际探地雷达试验实测,完成土体介电常数的初步估计。通常用的方法有已知目标深度法、点源反射体法和层状反射体法等。这些方法虽然不能够对土体介电常数进行精确估计,但其误差一般在工程应用允许的范围之内,测试快速简单,综合成本较低,在工程中应用较广,在高精度测试场合中这些方法是获取初步值的重要手段。

1. 已知目标深度法

如图 7.5 所示,这种方法是已知埋地目标的深度,通过测量电磁波旅程时间来获取测试目标。假设目标埋深为 z,收发天线间距为 b,将雷达移至目标上方使得收/发天线的中心位于目标正上方,通过雷达测量发射出去的电磁波遇到目标返回接收传感器的双程旅行时间 t_0,然后根据下面的计算公式可以得到土体的介电常数:

$$\varepsilon_r = \frac{c^2 t_0^2}{4z^2 + b^2} \tag{7.25}$$

上式得到的是土体的相对介电常数。这种方法测得的 ε_r 为地面与目标之间路径上的相对介电常数的平均值,可以代表测量点周围的局部区域情况,前提是必须知道该目标的埋地深度。

2. 点源反射体法

如图 7.6 所示,地下单个细长目标的雷达剖面图呈明显的双曲线形状。假设雷达位于目标正上方(即双曲线顶点对应的地面位置)时测量的双程行进时间为 t_0,然后将雷达移至目标水平距离 x 处测量的双程行进时间为 t_1,则土壤中的波速为

$$v = \frac{h}{t_0} = \frac{x}{\sqrt{t_1^2 - t_0^2}} \tag{7.26}$$

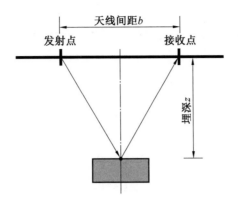

图 7.5　已知目标深度法

从而可以得到土壤的相对介电常数 ε_r 为

$$\varepsilon_r = \frac{c^2}{v^2} = \frac{c^2(t_1^2 - t_0^2)}{x^2} \tag{7.27}$$

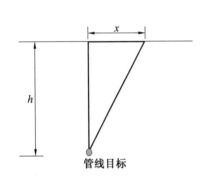

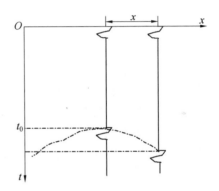

(a) 地下单个细长目标的 GPR 剖面图　　(b) 点源反射体法原理图

图 7.6　地下单个细长目标的 GPR 剖面图和点源反射体法原理图

3. 层状反射体法

如图 7.7 所示,层状土体在雷达剖面图中呈水平层状反射特性。假设两次测量中发射、接收天线的水平间距分别为 x_1 和 $x_2(x_1 \neq x_2)$,测量相应的双程行进时间分别为 t_1 和 t_2,则土壤中的电磁波速可表示为

$$v = \frac{\sqrt{4h^2 + x_1^2}}{t_1} = \frac{\sqrt{4h^2 + x_2^2}}{t_2} = \sqrt{\frac{x_2^2 - x_1^2}{t_2^2 - t_1^2}} \tag{7.28}$$

因此,可以得到土体媒质的相对介电常数为

$$\varepsilon_r = \frac{c^2(t_2^2 - t_1^2)}{x_2^2 - x_1^2} \tag{7.29}$$

上面介绍的电磁波反射时没有考虑边界问题,由于反射体埋置于地下,雷达发射传感器发射的电磁波信号并不能准确照射到物体的中心,如果电磁波刚好在物体的边界,则反射电磁波容易产生边界问题,因此需要从理论上讨论探地雷达电磁波发射磁场的边值问题。

在非均匀各向同性土体中,磁流密度为 M 的电磁波的麦克斯韦方程可以写为

$$\nabla \times E(r,t) = -\frac{\partial}{\partial t}\mu H(r,t) - M(r,t) \tag{7.30}$$

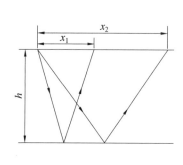 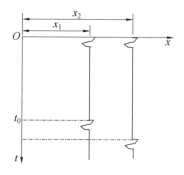

图 7.7　层状反射体法原理图

$$\nabla \times H(r,t) = \frac{\partial}{\partial t}\varepsilon E(r,t) + J(r,t) \tag{7.31}$$

对时域方程,取时间域因子为 $e^{j\omega t}$,上述方程可以转化为

$$\nabla \times E(r) = -j\omega\mu H(r) - M(r) \tag{7.32}$$

$$\nabla \times H(r) = j\omega\varepsilon E(r) + J(r) \tag{7.33}$$

对式(7.32)两边同乘 μ^{-1},等式两边取旋度,并考虑到式(7.33),可得

$$\nabla \times \mu^{-1} \nabla \times E(r) - \omega^2 \varepsilon E(r) = -j\omega J(r) - \nabla \times \mu^{-1}M(r) \tag{7.34}$$

$$\nabla \times \varepsilon^{-1} \nabla \times H(r) - \omega^2 \mu H(r) = -j\omega M(r) + \nabla \times \varepsilon^{-1}J(r) \tag{7.35}$$

注意到以上方程中任何一个都是完整的,非均匀土体中的电磁场和所有现象都可以从研究其中一个方程得到。当求解均匀区域中的非均匀土体中的电磁场时,可以先求得每一区域内麦克斯韦方程的解,然后利用交界面匹配边界条件以获得适用于任意场点的解。边界条件可以从矢量波方程中的任一个导出,模型如图 7.8 所示。

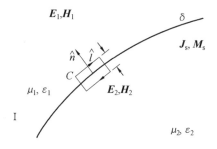

图 7.8　均匀区域内的非均匀土体边值问题的求解

通过在两种土体交界面处很小的区域内对式(7.34)进行积分,并运用斯托克斯公式,则有

$$\int_C (\mu^{-1} \nabla \times E)\mathrm{d}l - \omega^2 \int_A \varepsilon E \mathrm{d}S = -j\omega \int_A J \mathrm{d}S - \int_C \mu^{-1}M\mathrm{d}l \tag{7.36}$$

若 M 为一面磁流,则在 C 上 $\mu^{-1}M = 0$,从而式(7.36)右端最后一项为零。当 $\delta \to 0$ 时,εE 在交界面上非奇异,等式左端面积分为零。若面电流 J 仅存在于交界面上,则交界面上 J 为奇异,且满足

$$\int_A \boldsymbol{J}\,\mathrm{d}S = \int_a^b (\hat{n} \times l\boldsymbol{J}_\mathrm{s})\,\mathrm{d}l \tag{7.37}$$

同理对区域 Ⅰ 和 Ⅱ,有

$$\int_C (\mu^{-1}\,\nabla\times\boldsymbol{E})\,\mathrm{d}l = \int_a^b (\mu_1^{-1}\,\nabla\times\boldsymbol{E}_1)\,\mathrm{d}l - \int_a^b (\mu_2^{-1}\,\nabla\times\boldsymbol{E}_2)\,\mathrm{d}l \tag{7.38}$$

综合式(7.36)和式(7.38),则有

$$\hat{l}(\mu_1^{-1}\,\nabla\times\boldsymbol{E}_1) - \hat{l}(\mu_2^{-1}\,\nabla\times\boldsymbol{E}_2) = -\mathrm{j}\omega\hat{n}\times\hat{l}\boldsymbol{J}_\mathrm{s} \tag{7.39}$$

由矢量恒等式可得

$$\hat{n}\times(\mu_1^{-1}\,\nabla\times\boldsymbol{E}_1) - \hat{n}\times(\mu_2^{-1}\,\nabla\times\boldsymbol{E}_2) = -\mathrm{j}\omega\boldsymbol{J}_\mathrm{s} \tag{7.40}$$

考虑到 $\nabla\times\boldsymbol{E} = -\mathrm{j}\omega\mu\boldsymbol{H}$,上式即变为

$$\hat{n}\times\boldsymbol{H}_1 - \hat{n}\times\boldsymbol{H}_2 = \boldsymbol{J}_\mathrm{s} \tag{7.41}$$

上述矢量的物理意义可表述为磁场切向分量的不连续量正比于交界面上的面电流 $\boldsymbol{J}_\mathrm{s}$,重写式(7.34)为

$$\nabla\times\mu^{-1}(\nabla\times\boldsymbol{E}+\boldsymbol{M}) - \omega^2\varepsilon\boldsymbol{E} = -\mathrm{j}\omega\boldsymbol{J} \tag{7.42}$$

考虑到 $\mu^{-1}(\nabla\times\boldsymbol{E}+\boldsymbol{M})$ 的非奇异性,在 A 上对 $\nabla\times\boldsymbol{E}+\boldsymbol{M}$ 进行积分,并令 $\delta\rightarrow 0$,可得

$$\hat{n}\times\boldsymbol{E}_1 - \hat{n}\times\boldsymbol{E}_2 = -\boldsymbol{M}_\mathrm{s} \tag{7.43}$$

其中,$\boldsymbol{M}_\mathrm{s}$ 表示交界面上的面磁流。式(7.43)表示电场切向分量的不连续量正比于交界面上的面磁流。

将区域 Ⅰ 和 Ⅱ 分为介质和导体进行讨论,则对雷达边值问题,有以下结论:

(1) 在两种土体形成的边界上,电场强度的切向分量连续;

(2) 介质与导体的分界面处,电场强度垂直于导体表面;

(3) 两种土体交界面不存在表面电流时,恒磁场强度的切向分量连续;

(4) 磁场强度垂直于理想导磁体表面。

7.5　考虑损耗的土体表面波的斜投射

根据上面推导的边界条件,通过求麦克斯韦方程即可求得空域任一位置的电磁场分量。对探地雷达探测而言,雷达天线与地面是有一定距离的。发射信号在空气中传播一段时间后才能进入地下,回波信号在地下传播一段时间后进入空气,然后才能进入接收传感器,这些相当于波在分层媒质中传播。下面对探地雷达应用中典型的平面边界下电磁波的斜投射进行分析,二维模型如图 7.9 所示。

考虑空气与地面的边界,空气可看作理想介质,介电常数 $\varepsilon_1 = \varepsilon_0$,磁导率 $\mu_1 = \mu_0$,电导率 $\sigma_1 = 0$。地面的电磁特性可表示为 $\varepsilon_2 = \varepsilon_r\varepsilon_0$,磁导率为 μ_2,电导率为 ε_2。对大多数媒质而言,磁导率都相同,即 $\mu_2 = \mu_1 = \mu_0$。σ_2 和土体中的含水量有很大关系,一般不为零,甚至很大。为考虑电磁波在分层土体中的传播,对土体可引入等效介电常数,则土体的波阻抗为 $Z_2 = \sqrt{\dfrac{\mu_2}{\varepsilon_2 - \mathrm{j}\dfrac{\sigma_2}{\omega}}}$,空气的波阻抗为 $Z_1 = \sqrt{\dfrac{\mu_1}{\varepsilon_1}}$,由此即可计算边界上的反射系数和透射系数。

电磁波平行极化波投射时的反射系数用 $R_{/\!/}$ 表示,透射系数用 $T_{/\!/}$ 表示,分别为

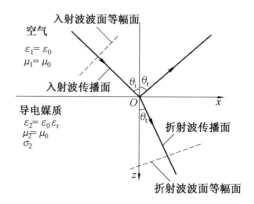

图 7.9 导电边界上平面波的斜投射

$$\begin{cases} R_{/\!/} = \dfrac{Z_1 \cos\theta_i - Z_2 \cos\theta_t}{Z_1 \cos\theta_i + Z_2 \cos\theta_t} \\[4mm] T_{/\!/} = \dfrac{2Z_2 \cos\theta_i}{Z_1 \cos\theta_i + Z_2 \cos\theta_t} \end{cases} \tag{7.44}$$

垂直极化波投射时的反射系数 $R_\perp$ 和透射系数 $T_\perp$ 分别为

$$\begin{cases} R_\perp = \dfrac{Z_2 \cos\theta_i - Z_1 \cos\theta_t}{Z_2 \cos\theta_i + Z_1 \cos\theta_t} \\[4mm] T_\perp = \dfrac{2Z_2 \cos\theta_i}{Z_2 \cos\theta_i + Z_1 \cos\theta_t} \end{cases} \tag{7.45}$$

因 Z_2 为复数,此时反射系数和透射系数均为复数,无反射及全反射不会再发生。因 $\sigma_2 \neq 0$,土壤中的传播常数为复数。分别以 k'_2 和 k''_2 表示相位系数和衰减系数,则有

$$k_2 = \omega\sqrt{\mu_2 \varepsilon_{e2}} = k'_2 - jk''_2 \tag{7.46}$$

因相位系数由波数决定,一般情况下假设土体介电常数和电导率均为实数,忽略虚部的影响,这里的 k'_2 表示电磁波传播的相移系数,k''_2 表示电磁波衰减系数,它们的值分别为

$$k'_2 = \omega\sqrt{\mu\varepsilon}\left\{\frac{1}{2}\left[1 + \left(\frac{\varepsilon''_e}{\varepsilon'_e}\right)^2 + 1\right]\right\}^{1/2}$$

$$k''_2 = \omega\sqrt{\mu\varepsilon}\left\{\frac{1}{2}\left[1 + \left(\frac{\varepsilon''_e}{\varepsilon'_e}\right)^2 - 1\right]\right\}^{1/2}$$

令 θ_i 为入射角,θ_t 为折射角,由斯涅耳折射定律得

$$\frac{\sin\theta_i}{\sin\theta_t} = \frac{k'_2 - jk''_2}{k_1} \tag{7.47}$$

因 $\sin\theta_i$ 为实数,所以 $\sin\theta_t$ 应为复数,则有

$$\sin\theta_t = (a + jb)\sin\theta_i \tag{7.48}$$

式中,$a = \dfrac{k_1 k'_2}{(k'_2)^2 + (k''_2)^2}$,$b = \dfrac{k_1 k''_2}{(k'_2)^2 + (k''_2)^2}$,令

$$\cos\theta_t = \sqrt{1 - \sin^2\theta_t} = Ae^{j\varphi} \tag{7.49}$$

已知折射波为 $E_t = E_{0t}e^{-jk_2(x\sin\theta_t + z\cos\theta_t)}$,将式(7.48)和式(7.49)代入,则有

$$E_t = E_{0t}e^{-\xi z}e^{-j(xk_1\sin\theta_i + z\eta)} \tag{7.50}$$

式中,$\xi = A[k''_2\cos\varphi - k'_2\sin\varphi]$,$\eta = A[k''_2\sin\varphi + k'_2\cos\varphi]$。

可见,土体中折射波的振幅沿正 z 方向衰减,而相位变化和 x、z 有关,如图 7.9 所示。其等幅面与波面是不一致的,因此,折射波是一种非均匀平面波,其传播方向与 z 轴的夹角满足修正折射定律:

$$\frac{\sin\theta_{\mathrm{i}}}{\sin\theta'_{\mathrm{t}}} = \sqrt{\sin^2\theta_{\mathrm{i}} + \left(\frac{\eta}{k_1}\right)^2} \tag{7.51}$$

当目标位于有损耗的非理想土体中时,电磁波传播过程中具有以下衰减效应特征。

1. 天线到地面的传播衰减

在球面电磁波情况下,波的幅度衰减因子可表示为 $L_{\mathrm{air}} \approx \dfrac{1}{R}$。

2. 交界面的传播损耗

交界面的传播损耗与雷达发射信号的极化形式有关。取 $\mu_1 = \mu_2 = \mu_0$,则平行极化波和垂直极化波的损耗分别为

$$T_{\mathrm{a}} = \frac{2\cos\theta_{\mathrm{i}}}{\sqrt{\dfrac{\varepsilon_{e2}}{\varepsilon_1}}\cos\theta_{\mathrm{i}} + \cos\theta_{\mathrm{t}}}, \quad T_{\perp} = \frac{2\cos\theta_{\mathrm{i}}}{\cos\theta_{\mathrm{i}} + \sqrt{\dfrac{\varepsilon_{e2}}{\varepsilon_1}}\cos\theta_{\mathrm{t}}}$$

其中,ε_{e2} 表示土壤的等效介电常数;θ_{t} 为折射角。

3. 土体中的传播损耗

当目标位于有耗土体中时,由于导电媒质中波的传播常数为复数,折射波的振幅沿 z 方向衰减,因此衰减因子与地下目标深度有关,可得 $L_{\mathrm{soil}} = \mathrm{e}^{-\xi z}$。其中 $\xi = A(k''_2\cos\varphi - k'_2\sin\varphi)$,电磁体随着频率的增大,这一衰减因子迅速增大,从而在双层传播路径中电磁波总的传播损耗可表示为

$$L_{\mathrm{total}} = (L_{\mathrm{air}} T_{\mathrm{trans}} L_{\mathrm{soil}})^2 \tag{7.52}$$

对无损耗土体而言,情况相对简单。折射波也是均匀平面波,传播方向与 z 轴的夹角 θ'_{t} 满足斯涅耳折射定律 $\dfrac{\sin\theta_{\mathrm{i}}}{\sin\theta'_{\mathrm{t}}} = \dfrac{k_2}{k_1} = \sqrt{\varepsilon_{\mathrm{r}}}$。由式(7.44)和式(7.45)可得平行极化和垂直极化入射时的反射系数分别为

$$\begin{cases} R_{/\!/} = \dfrac{\dfrac{\varepsilon_2}{\varepsilon_1}\cos\theta_{\mathrm{i}} - \sqrt{\dfrac{\varepsilon_2}{\varepsilon_1} - \sin^2\theta_{\mathrm{i}}}}{\dfrac{\varepsilon_2}{\varepsilon_1}\cos\theta_{\mathrm{i}} + \sqrt{\dfrac{\varepsilon_2}{\varepsilon_1} - \sin^2\theta_{\mathrm{i}}}} \\[4mm] R_{\perp} = \dfrac{\cos\theta_{\mathrm{i}} - \sqrt{\dfrac{\varepsilon_2}{\varepsilon_1} - \sin^2\theta_{\mathrm{i}}}}{\cos\theta_{\mathrm{i}} + \sqrt{\dfrac{\varepsilon_2}{\varepsilon_1} - \sin^2\theta_{\mathrm{i}}}} \end{cases} \tag{7.53}$$

当入射角 θ_{i} 满足关系式 $\dfrac{\varepsilon_2}{\varepsilon_1}\cos\theta_{\mathrm{i}} = \sqrt{\dfrac{\varepsilon_2}{\varepsilon_1} - \sin^2\theta_{\mathrm{i}}}$ 时,平行极化波的反射系数 $R_{\mathrm{a}} = 0$,表明入射波所携带的电磁波功率全部透射到第二媒质,反射波消失,这种现象称为无反射电磁波入射。发生无反射时对应的入射角称为布儒斯特角,以 θ_{B} 表示,其值为 $\theta_{\mathrm{B}} = \arcsin\sqrt{\dfrac{\varepsilon_2}{\varepsilon_1 + \varepsilon_2}}$。由

式(7.53)可见,只有当 $\varepsilon_1=\varepsilon_2$ 时,反射系数 $R_\perp=0$,因此垂直极化波不可能发生无反射现象。已知任意极化的平面波总可以分解为平行极化波和垂直极化波之和,当以布儒斯特角投射到两种媒质的分界面上时,只要垂直极化波产生了反射时,反射波也是垂直极化的,这也是获取单极化波的基本原理。

对冲激脉冲探地雷达而言,地表反射波的去除是一大难题。它与真正的雷达目标回波信号相比时间上要来得早,幅度上更强,因此就影响了回波信号的动态范围,甚至淹没弱散射体的回波信号。当采用平行极化波时,通过合理的天线配置使 $\theta_i=\theta_B$,则可以有效地消除地面的强反射波,将入射波能量全部耦合到地下,使目标回波最强,从而很大程度上提高信杂比,有利于后续的雷达成像和目标识别。

7.6　分层媒质中波的传播

在分层探测应用环境中,如公路探测,电磁波传播模型可简化为电磁波在分层土体上的正投射。其传播参数有多重处理方法,如反射系数连分数表示法、传播矩阵法等。先对三层媒质进行分析,建立模型如图 7.10 所示。

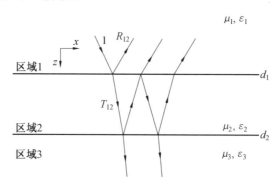

图 7.10　三层媒质中波的传播

电磁波首先斜入射至区域 1 和 2 的交界面上,产生了反射波和透射波。区域 2 中的透射波传播至区域 2 和 3 的交界面上时,同样产生反射波和透射波。从而电磁波在区域 2 中传播时,当遇到上下交界面时不断地被反射,并有能量以折射波的形式传播至区域 1 和 3,单位幅度的波在传播过程中的等效信号流图表示如图 7.11 所示。

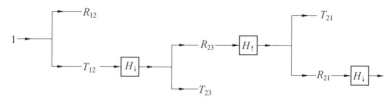

图 7.11　电磁波传播信号流图表示

图 7.11 中,$H_\uparrow$ 表示区域 2 对于在其中传播的上行波的传递函数,即区域 2 和 3 交界面处的反射波传播至区域 2 和 1 交界面时的传播函数;$H_\downarrow$ 则表示区域 2 对于在其中传播的下行波的传递函数,即区域 2 和 1 交界面处的透射波传播至区域 2 和 3 交界面时的传播函数。且有 $H_\downarrow=H_\uparrow=\mathrm{e}^{-jk_{2z}(d_2-d_1)}$。$R_{12}$、$T_{12}$ 分别表示电磁波由区域 1 投射到区域 2 上表面处的反射系数

和折射系数;R_{23}、T_{23} 则表示电磁波由区域 2 投射到区域 3 上表面处的反射系数和折射系数;T_{21}、R_{21} 表示电磁波由区域 2 投射到区域 1 下表面处的反射系数和折射系数。从整体上看,区域 1 中有向 $+z$ 方向传播的入射波和向 $-z$ 方向传播的多次折射波。区域 2 中有向 $+z$ 方向和 $-z$ 方向传播的反射波,区域 3 中只存在向 $+z$ 方向传播的折射波。考虑 TE 波入射的情况,入射波零相位对应 $z=0$ 处,则区域 1 中电场表达式可表示为

$$E_{1y} = A_1(\mathrm{e}^{-\mathrm{j}k_{1z}z} + \widetilde{R}_{12}\,\mathrm{e}^{-\mathrm{j}2k_{1z}d_1 + \mathrm{j}k_{1z}z}) \tag{7.54}$$

其中,A_1 表示入射波的幅值;$\widetilde{R}_{12}$ 表示区域 1、2 交界面处的广义反射系数,可表示为交界面处的下行波和上行波幅值之比;k_{1z} 表示区域 1 中波数矢量 k_1 在 z 方向的分量。定义 k_1 在 x 方向上的分量为 k_{1x},则有等式 $k_1^2 = k_{1x}^2 + k_{1z}^2$。区域 2 中电场的表达式为

$$E_{2y} = A_2(\mathrm{e}^{-\mathrm{j}k_{2z}z} + R_{23}\,\mathrm{e}^{-\mathrm{j}2k_{2z}d_2 + \mathrm{j}k_{2z}z}) \tag{7.55}$$

其中,R_{23} 表示区域 2、3 交界面处的反射系数,可参考式(7.53);k_{2z} 表示区域 2 中波数矢量 k_2 在 z 方向上的分量。区域 3 中下行波的电场分量可表示为

$$E_{3y} = A_3\,\mathrm{e}^{-\mathrm{j}k_{3z}z} \tag{7.56}$$

电磁波幅值 A_1、A_2、A_3 和反射系数 $\widetilde{R}_{12}$ 可由界面处的边界条件获得。由波的传播路径可知,区域 2 中下行波为区域 1 中下行波的透射波和区域 2 中上行波的反射波相互叠加形成的。在区域 1、2 交界面 $z=d_1$ 处,边界条件可表示为

$$A_2\,\mathrm{e}^{-\mathrm{j}k_{2z}d_1} = A_1\,\mathrm{e}^{-\mathrm{j}k_{1z}d_1}T_{12} + A_2 R_{23}\,\mathrm{e}^{-\mathrm{j}2k_{2z}d_2+\mathrm{j}k_{2z}d_1}R_{12} \tag{7.57}$$

而区域 1 中的上行波是由区域 1 中下行波的反射和区域 2 中上行波的透射相互叠加形成的,因此有如下约束条件:

$$A_2\widetilde{R}_{12}\,\mathrm{e}^{-\mathrm{j}k_{1z}d_1} = A_1 R_{12}\,\mathrm{e}^{-\mathrm{j}k_{1z}d_1} + A_2 R_{23}\,\mathrm{e}^{-\mathrm{j}2k_{2z}d_2+\mathrm{j}k_{2z}d_1}T_{21} \tag{7.58}$$

联立式(7.57)和式(7.58),可得广义反射系数 $\widetilde{R}_{12}$ 的表达式为

$$\widetilde{R}_{12} = R_{12} + \frac{T_{12}R_{23}T_{12}\,\mathrm{e}^{\mathrm{j}2k_{2z}(d_1-d_2)}}{1 - R_{21}R_{23}\,\mathrm{e}^{\mathrm{j}2k_{2z}(d_1-d_2)}} \tag{7.59}$$

上式中的广义反射系数 $\widetilde{R}_{12}$ 描述了区域 1 中上行波幅值和下行波幅值之比,包含了下层界面的反射以及第一层界面的反射,用指数级数展开,可得

$$\widetilde{R}_{12} = R_{12} + T_{12}R_{23}T_{21}\,\mathrm{e}^{\mathrm{j}2k_{2z}(d_1-d_2)} + T_{12}R_{23}^2 R_{21}T_{21}\,\mathrm{e}^{\mathrm{j}4k_{2z}(d_1-d_2)} + \cdots +$$
$$T_{12}R_{23}^{n-1}R_{21}^{n-2}T_{21}\,\mathrm{e}^{\mathrm{j}2(n-1)k_{2z}(d_1-d_2)} + \cdots \tag{7.60}$$

式中,第一项表示第一层界面的单次反射,依此类推,第 n 项表示由三层介质的第 n 次反射形成的区域 1 中的透射波。若在区域 3 下面再加一层,则前面的推导过程中要把反射系数 R_{23} 用广义反射系数 $\widetilde{R}_{23}$ 代替。一般而言,对于 N 层介质结构,广义反射系数 $\widetilde{R}_{i,i+1}$ 可表示为

$$\widetilde{R}_{i,i+1} = R_{i,i+1} + \frac{T_{i,i+1}\widetilde{R}_{i+1,i+2}T_{i+1,i}\,\mathrm{e}^{\mathrm{j}2k_{i+1,z}(d_i-d_{i+1})}}{1 - R_{i+1,i}\widetilde{R}_{i+1,i+2}\,\mathrm{e}^{\mathrm{j}2k_{i+1,z}(d_i-d_{i+1})}} \tag{7.61}$$

对 TM 横波入射而言,以上公式推导中的反射系数和透射系数要进行相应的替换才能使用。

当电磁波正投射在多层土体表面时,波数矢量方向为 $+z$,没有 x 方向分量,因此以上各式中的 $k_{iz}=k_i$,$i=1,\cdots,N$,对其逆问题而言,要从接收到的回波信号中反演地下分层土体信息,即层数、各层厚度及土体构成。这是典型的一维逆散射问题。对无耗分层理想土体,可以采用

Liouville 坐标变换及场量变换将上述问题转化为一维薛定谔方程位势的重建,并进一步化成 G－L 方程的求解。对有耗土体而言,要求实现介电常数和电导率参数剖面的同时重建,则将面临以下问题:① 未知参数的增加要求反演所需信息的增加和复杂程度的增加;② 电磁波在土体中的传播速度同时由两个参数决定,给参数提取造成困难;③ 损耗的存在,使入射波、反射波和透射波之间的能量发生耗散,不再守恒,约束关系复杂化。对于分层有耗土体参数的反演问题,Weston、Krueger 等人从构造等价于偏微分方程逆问题的积分方程出发,研究积分方程解的唯一性和具体的求解方法。另外,Taflov、Lesselier 等采用数值方法,用近似的手段模拟了分层土体电磁多参数的反演,获得了有意义的电磁反演计算结果。

7.7 岩土体中目标的电磁散射

7.7.1 岩土中的瞬态电磁场的分析方法

岩土环境中电磁波的散射十分复杂,是电磁波与土体中的组成物质相互作用的结果,散射信号包含有目标的反射信号,因而成为雷达、声呐等测量仪器的理论基础。电磁散射的本质是求解位于观察点的散射场强度和相位等物理参量。解析方法是人们最早使用的分析目标电磁散射的方法,它可以直接得到目标响应的显式或隐式方程,通过求解方程获得目标的参数。这种方法具有物理意义直观、理论明确等优点,但要求具有较高的微分方程求解技巧。由于微分方程求解的困难,目前只能解决极少数比较特殊的岩土目标反射的电磁波问题,如规则的球体、无限长圆柱等简单目标的超宽带电磁散射方程的解。通过对这些简单目标的解析解分析,可以得到超宽带信号辐射与散射的一些基本关系,在此基础上,为分析复杂目标的超宽带信号辐射和散射提供基本依据,从而对解决工程实际问题具有现实的指导意义。由于解析方法求解电磁散射问题的应用有限,因此随着工程问题的日益复杂化和计算机技术的发展,各种数值解法或数值与解析混合解法成为分析超宽带信号辐射和散射的主流。

在电磁波数值计算理论中,数值方法都是基于对麦克斯韦方程及其边界问题的某种近似组合。目前常用的探地雷达数值方法主要包括如下几类:①以傅里叶变换为基础的频域法;②直接在时域中进行求解的时域法;③以拉普拉斯变换为基础的复频域法;④混合方法等。关于分析超宽带信号辐射和散射的各种数值方法总结如图 7.12 所示。

图 7.12 中的高频方法主要用于波长远小于目标尺寸和岩土为无耗的理想情况。在探地雷达应用中,土体一般为有耗散射介质,目标大小通常处于电磁波长的谐振区,因此高频方法可以简单分析电磁波传播路径、能量等问题,但不能准确描述有耗土体中目标散射的解。所以,在分析地下浅层目标瞬态电磁响应时,一般采用低频方法和混合方法。

下面对图中经常使用的雷达数据处理方法进行简要说明。

1.雷达电磁波频域算法

根据麦克斯韦波的合成原理,任何脉冲电磁波都可以分解成不同频率谐函数(这里以正弦为例)电磁波的叠加,因此从理论上来说,可以通过分析各个频率点上电磁波的传播及目标响应,然后通过傅里叶变换,得到目标的瞬态响应。该方法的优点在于,可借助于多种成熟的频域方法,获得目标电磁时谐场的解,而傅里叶变换可由 FFT 有效完成,数理概念简单明了。但因要用有限频率区间的积分去逼近无限的积分,会带来一定的截断误差,且在大量采样频率

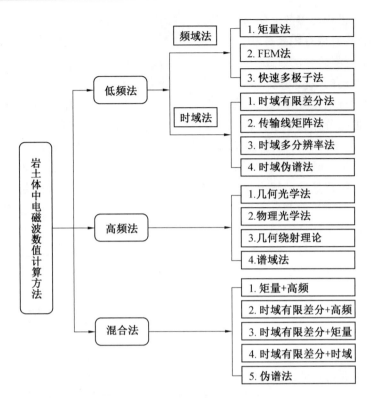

图 7.12　岩土电磁散射数值计算方法

点上计算时谐场的解很费时间,实时性要求的软硬件都较高,如果有耗土体的电磁参数随频率变化的关系很复杂,不能够采用解析式很好地近似,则研究脉冲电磁波在有耗土体中传播以及目标电磁散射问题时,采用频域法获得的解将更加准确。

　　频域法主要包括矩量法、快速多极子算法、FEM 有限元法等。矩量法主要用于求解积分方程,其基本原理是:先选定基函数对未知函数进行近似展开,代入算子方程,再选取适当的权函数,使在加权平均的意义下方程的余量等于零,因此可将连续的算子方程转换为代数方程。Vitebskiy 等人利用求解索末菲尔德型积分的复镜像法得到其快速近似解,并运用矩量法求解时谐场的稳态响应,最后通过傅里叶变换求出自由空间瞬态平面电磁波入射下地下理想旋转对称导体和细导线的时域瞬态冲激响应。但该方法对于一般非旋转对称的目标体,因为需要消耗大量的计算机资源,因而比较难以实现。Geng 等人采用减少一般矩量法的运算量和存储量的快速多极子和多级快速多极子方法,分析地下任意形状导体的瞬态冲激响应。

　　由于其固有特性,频域法一般只能够分析平面波入射下地下目标的瞬态响应,但在实际情况中,探地雷达天线距离地面较近,地面和天线之间存在相互作用的界面,其入射场较为复杂,往往需要在多个频率点上进行求解,从而增加了电磁波目标影响的计算量。

2. 雷达电磁波时域算法

　　时域算法是直接从麦克斯韦方程的积分或者微分形式出发,将空间和时间进行离散,按照时间步提供电磁场随时间推进的演变过程。因为时域算法通过一次计算即可直接提供目标的时域响应特性,所以受到越来越广泛的应用。目前主要用于计算地下目标瞬态散射特性的时域算法中,主要有时域有限差分法、电磁波传输线矩阵法、时域伪谱法以及时域积分方程法等。

本节只对几种算法进行简单的介绍,详细算法可参考相关专著。

(1)雷达电磁波时域有限差分法。

本质上,时域有限差分法(Finite Differential and Time Dormain,FDTD)是一种直接求解偏微分方程边值问题的数值方法。FDTD 的思想是将所研究的空间划分成一定的网格,将时域麦克斯韦方程用有限差分方程组近似,在进行时间离散化后,再加上初始条件和边界条件,即可按照时间步进差分方法求解。因为 FDTD 可以直接提供瞬态响应随时间推进的演变过程,可以计算比较复杂的有耗色散土体、分层土体中电磁波传播以及异常体的散射,同时根据 FDTD 算法产生的整个时间段的解进行傅里叶变换,就能获得感兴趣的频域的散射特性,因此,从一定意义上讲,它是一种解决超宽带问题的优化算法,从而受到越来越广泛的重视。

将麦克斯韦方程转化为差分方程,原理明了,实现简单,处理非均匀媒质和曲面都比较容易。因为此方法基于局部特性的微分方程和时间步进的因果关系,与分析时域信号的要求相吻合,具有较大的优势。而且该方法适用于并行运算处理,有可能解决较大尺寸目标的电磁特性分析。目前对于该方法的研究重点是剖分方法、减小误差、吸收边界条件、应用于色散媒质、应用于大尺寸目标、与其他方法的混合应用,以及在不增加计算量的情况下获得目标的远区或晚时响应等。混合方法主要研究 FDTD 与高频方法、FDTD 与矩量法的结合应用等。

(2)雷达电磁波传输线矩阵法。

传输线矩阵法(Transfer Linear Matrix,TLM)的理论基础是惠更斯原理的波传播模型,受到了早期网络仿真技术的启发,用开放的双线传输线构成正交的网格体,运用空间电磁场方程与传输线网格中电压和电流之间关系的相似性确定网络响应。TLM 法与 FDTD 法一样,所需存储空间的大小与空间网格的总数成正比,而且任何场点的场量值只与该点周围相邻点处的场量值及其前一时刻的场量值有关,从而适合并行计算。该方法可用于分析复杂媒质中电磁波的传播、电磁散射、求电磁方程本征值、提取网络参数、模拟有源器件等领域。近年来,出现了将 FDTD 法的差分方式以及完全匹配层技术应用到 TLM 法中的技术,计算开放式的结构和非线性色散媒质的问题。

与 FDTD 法相比,TLM 法运用较为复杂,需要进行电路参数和场量之间的转换,而且占用计算机内存较大,计算效率相对较低。此外,该方法对非均匀网格的处理能力和吸收边界的作用效果尚待提高。截至目前,从 TLM 法的发展过程看,除其具有较好的数值色散特性外,其他的主要优点均为 FDTD 法所具有的,因而不及 FDTD 法发展迅速。

(3)雷达电磁波时域伪谱法。

电磁波时域伪谱法借助傅里叶变换及其反变换理论,将空间差商用空域积分变换和谱域积分反变换表示。因为积分函数是全域函数,不存在差商近似问题,原则上具有无限阶精度。在谱域采样遵循奈奎斯特采样定理,一个波长可设置两个网格点(与时域有限差分法相同)。对于三维问题,计算要求的存储量大约降为时域有限差分法的 1/125,又由于采用快速傅里叶变换技术,时域伪谱法大大提高了算法的效率。时域有限差分法在求解各向异性媒质问题时,由于电磁参数的非对角性质要用到场的插值技术,会降低解的准确性,而 PSTD 法由于不采用交错网格,所有场量都位于一点上,因此避免了引入插值的步骤。Q. H. Liu 等人研究了时域伪谱法在色散媒质中的应用。从雷达工程实际数据处理中发现,时域伪谱算法本身有两个技术问题需要解决:一是"点源效应"的吉布斯现象,这是由于在做快速傅里叶变换的过程中,点源的三角函数基展开表述不正确造成的,可以通过设置空间平滑的体积源克服;二是空间的不连续性致使均匀空间的快速傅里叶变换不能使用,如在土体自由空间和金属导体的交界面处,如果上述问题处理不当,则会出现较大的运算误差。

（4）雷达电磁波时域多分辨分析法。

时域多分辨分析是将小波变换中的多分辨率分析技术引入电磁场的时域计算中。它仍然将计算空间分成与时域有限差分法相似的空间网格,将时变场量利用尺度变换和子波变换展开,在所需精度较低时,为节省内存,利用尺度函数将场量展开;当需要了解突变的高频场,或要求结果的精度较高时,采用将场量在尺度空间和子波空间共同展开,此时相对于仅在尺度空间展开会占用较多的计算机资源,包括 CPU 运行时间及所需场量存储空间。此方法的优点之一是,在对结果的精度要求不高时,相对于经典的时域有限差分法可以节省存储空间和减少计算量,因而有处理较大尺寸空间的优势。究其根本原因是在用该方法进行数据采样的过程中,只需在平均每个波长的距离上取两个采样点就能进行计算。同时,相对于时域有限差分法,该方法具有较好的线性色散特性,便于对计算结果的色散特性进行评估。目前,这种方法的主要缺点是无论如何选择它的展开基底,其时间稳定性条件(即空间步长与时间步长的关系)比时域有限差分法都要苛刻,可以说是一种“以时间换取空间”的方法。如何根据具体问题选择合适的尺度空间与子波空间对场量进行展开,是应用时域多分辨率分析法时需要解决的主要问题。

7.7.2　雷达电磁波在色散岩土体中的传播

本质上而言,探地雷达发射出的电磁波在土中的传播过程,就是电磁波与岩土相互作用的物理过程。从微观上来讲,在土体中的组成物质电磁波的作用下,产生极化、磁化以及传导等各种电磁效应,这些效应反过来又对传播中的电磁波施加各种电磁影响。因此电磁波在岩土体中的传播特性与岩土体中的介电参数有关,又与电磁波特征参数(如频率和极化形式)有关。电磁波在有耗土体中的传播分为高频窗口和低频窗口两个特征频率段。在低频窗口内,电磁波能量的损耗主要是由于土体中电导率引起的损耗,该窗口主要用于深层岩土体探测;在高频窗口内,电磁波能量的损耗主要是土体的介电损耗,即由损耗角正切引起的损耗。无载频脉冲探地雷达的工作频段主要处于高频窗口中,在该频段内,岩土体的介电常数与电磁波的频率影响不大,而电导率却随频率的升高而增大,即衰减量随频率的升高而增大,在对利用探地雷达进行岩土监测时,弄清楚时域有限差分法分析 Debye 模型中参数对脉冲电磁波传播的影响,是了解电磁波在土体中色散的基础方法,也是掌握探地雷达最优探测参数的重要依据。

图 7.13 所示为时域有限差分法分析电磁波在媒质中传播的计算模型(HH 极化)。其中,区域一为空气,其介电常数为 (μ_0,ε_0);区域二为非磁性的电色散媒质,对应于一阶 Debye 模型的参数分别为 $(\varepsilon_s,\varepsilon_\infty,\sigma,\tau)$;区域三和区域四分别为空气和土壤区域的吸收边界条件。

假设脉冲垂直入射,其时域表达式为

$$f(t)=V_0\,\frac{t-t_0}{\tau}\mathrm{e}^{-\left(\frac{t-t_0}{\tau}\right)^2} \tag{7.62}$$

其中,$\tau=0.47$ ns,$t=5\tau$,$V_0=80$ 对应的时域和频域波形如图 7.14 所示。

选取一阶 Debye 色散模型参数分别为 ①$\varepsilon_{r\infty}=4$,$\varepsilon_{rs}=20$,$\tau=0.3$ ns,$\sigma=0.001$;②$\varepsilon_{r\infty}=4$,$\varepsilon_{rs}=20$,$\tau=3$ ns,$\sigma=0.001$;③$\varepsilon_{r\infty}=4$,$\varepsilon_{rs}=20$,$\tau=0.3$ ns,$\sigma=0.02$;④$\varepsilon_{r\infty}=4$,$\varepsilon_{rs}=30$,$\tau=0.3$ ns,$\sigma=0.001$;⑤$\varepsilon_{r\infty}=8$,$\varepsilon_{rs}=25$,$\tau=0.3$ ns,$\sigma=0.001$。

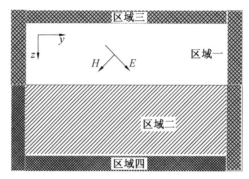

图 7.13　时域有限差分法分析电磁波在有耗媒
质中反射和传播示意图

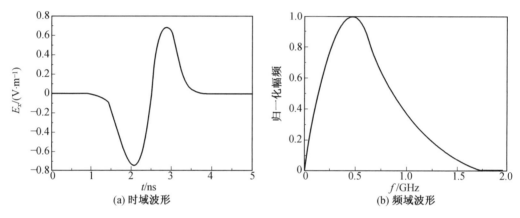

图 7.14　入射信号波形及频谱

图 7.15 给出了参数为 ① 情况下,从空气入射的脉冲波传播到地下 0.01 m、0.5 m、1.0 m、1.5 m 和 2.0 m 时,对应各深度处的脉冲信号时域波形;图 7.16 给出了媒质参数不同时,地下 0.5 m 处的脉冲时域波形;图 7.17 给出了媒质参数不同时,地面反射脉冲回波的时域波形。图示中的 1 ～ 5 分别代表上述五种电磁参数不同的媒质。

由图 7.15 可知,色散土体特性对脉冲波的传播具有很大的影响,随着雷达探测深度的增加,脉冲波的幅度下降,且波形被展宽。这主要是因为衰减因子随着频率的升高而增大,即色散土体对脉冲波的高频分量衰减越来越严重。由 Debye 模型表达式可知,τ 值的减小以及 $\varepsilon_{rs} - \varepsilon_{r\infty}$ 和 σ 的增大都会使电磁波的高频分量衰减加剧。由图 7.16 和图 7.17 可知,$\varepsilon_{r\infty}$、τ 和 $\varepsilon_{rs} - \varepsilon_{r\infty}$ 对脉冲波的传播速度和反射回波幅度均有影响,$\varepsilon_{r\infty}$ 和 $\varepsilon_{rs} - \varepsilon_{r\infty}$ 值的增大会使电磁波传播的波速降低,而 τ 的增大会使波速增加。总之,σ、τ 和 $\varepsilon_{rs} - \varepsilon_{r\infty}$ 对脉冲波的传播幅度及其波形形状有较大的影响。脉冲波在 Debye 模型色散土体中传播时,由于对高频分量的衰减,从而使波形具有一定程度的失真。随着有耗土体中观测点深度的增加,脉冲波形逐渐展宽,脉冲前沿逐渐变缓,该特性的加剧将不利于地下目标的检测和识别。

7.7.3　均匀有耗土体中目标的电磁散射特性

地下目标散射信号的形成,主要是因为目标与背景媒质之间存在电磁特性差异,其信号大小与目标大小、形状、埋深、目标与背景土体间电磁特性差异、背景土体的电磁特性等有关。地

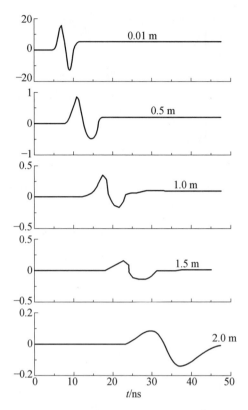

图 7.15　脉冲波传播到地下不同深度处的时域波形

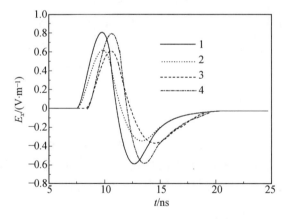

图 7.16　媒质参数不同时,地下 0.5 m 处的脉冲时域波形

下目标的散射信号主要由以下几部分组成:①目标的上表面直接反射信号;②目标表面不连续点所形成的反射信号(分为前后边缘的散射信号,目标不大时二者混叠在一起);③目标体底部形成的反射信号;④电磁波在内部多次反射形成的信号;⑤表面电流所引起的延时响应信号(即所谓的雷达反射爬行波);⑥目标表面与地面多次作用叠加所产生的多次反射信号。其中①和②为目标前期响应的主要成分,在所有目标散射信号中均能够清楚地判断其存在,而其他信号与目标的材料属性、目标大小以及周围土体的不均匀性和环境噪声有关,一般比较难以检测和判断。

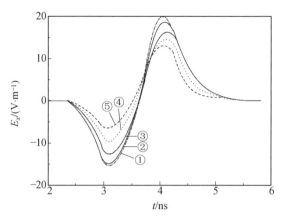

图 7.17　媒质参数不同时地面反射脉冲回波的时域波形

Vitebskiy 等人采用频域中的矩量法模拟了平面波入射下,有耗色散理想土体中旋转导体的电磁散射特性,并针对不同极化分析了有耗土体中目标散射回波形成的机理。假设目标为直径为 60 cm、高为 90 cm、上底面距界面 30.48 cm 的圆柱导体,入射波为中心频率为 300 MHz 的 Marr 形式的脉冲,入射角为 20°,所得到的散射场时域波形如图 7.18 所示。

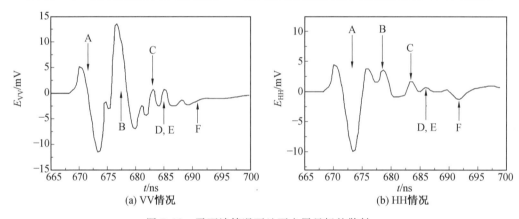

图 7.18　平面波情况下地下金属目标的散射

图 7.18 分别为 VV 和 HH 极化情况下目标的散射结果,图 7.19 为水平极化时相应的地下目标散射机理形成的描述。图中 A 为圆柱顶部前边缘的绕射波;B 为顶部后边缘的绕射波;C 为前边缘和地面之间的多次反射波;D 为柱体的爬行波;E 为底部边缘的绕射波;F 为目标上下底面之间的多次反射。从图中结果可以看出,垂直极化下目标上底面的前后边缘绕射回波 A 和 B 都较强,而水平极化下目标上底后边缘的反射波 B 远小于前边缘反射波 A。垂直极化情况下目标的散射信号 D 和 E 较强,而水平极化下二者基本不明显。目标的散射信号 D 和 E 基本上混叠在一起,不容易在时间上进行区分,但在入射角较小的情况下目标爬行波较小。不论水平极化还是垂直极化,目标上下底面间的多次反射波均较小。

图 7.20 为偶极子天线情况下,采用时域有限差分法模拟的地下媒质目标的电磁散射结果。其中目标形状为圆柱体,直径为 30 cm,高度为 40 cm,顶面埋深为 15 cm。目标电磁参数为 $\varepsilon_r=8,\sigma=0.01$。背景媒质介电参数为 $\varepsilon_r=4,\sigma=0.005$。天线激励信号脉冲为双高斯脉冲形式,其中心频率 $f_0=500$ MHz,极化方式为 HH,收发天线间距为 40 cm。

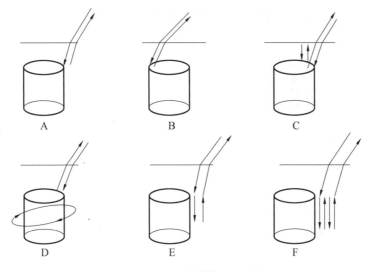

图 7.19　地下目标散射机理分析

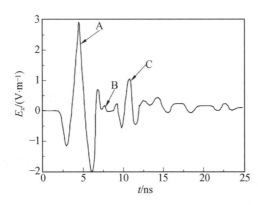

图 7.20　有耗理想土体中目标的散射

图 7.20 中 A 为目标的前时响应,主要包括目标的上表面直接反射信号以及前后边沿等不连续点处的散射信号,这是检测目标是否存在的主要依据。B 为目标表面与地面多次作用,信号并不明显。C 为目标底部的反射信号。其他如柱体的爬行波、电磁波在媒质内部的多次作用等信号并不明显。在目标检测中,一般通过目标的前时响应检测目标的存在,而其他信号与目标的材料属性、目标大小以及背景媒质的不均匀性和环境噪声有关,一般都比较弱,在实际探地雷达应用中会淹没在杂波和噪声中,因而比较难以检测和判断。

图 7.21 为采用时域有限差分法模拟偶极子天线情况下,地下不同材料目标的电磁散射。目标形状为圆柱体,直径为 15 cm,高度为 20 cm,顶面埋深为 20 cm。其材料分别为空气、媒质和金属。背景媒质介电参数为 $\varepsilon_r=4,\sigma=0.005$。天线激励信号脉冲为双高斯脉冲形式,其中心频率 $f_0=500$ MHz,极化方式为 HH,收/发天线间距为 20 cm。

由图 7.21 中结果可知,散射场时域波形的初始相位和极性与目标相对于环境的反射系数有关,即对于目标介电常数小于环境的"光疏"媒质目标,其散射回波极性与发射波极性相同(如空气方柱)。对于目标介电常数大于背景的"光疏"环境目标,其散射回波极性与发射波极性相反(如金属和 $\varepsilon_r=8$ 的圆柱体),但目标散射回波峰值出现的时刻基本相同。对于同一属

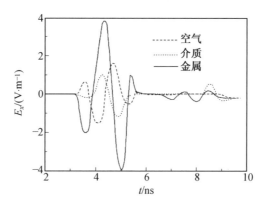

图 7.21　有耗媒质中不同材料属性目标的电磁散射

性而言(如同为"光密"的金属和介质目标),目标介电参数与背景相差越大,其反射回波的幅度越大。而对于不同环境属性的目标而言(如空气和介质目标),其介电常数与背景媒质的差异虽然接近,但因为"光疏"环境与背景媒质之间的反射系数相对较大,因此空气方柱的散射回波要大于环境目标的回波。

7.8　探地雷达成像技术

探地雷达应用中,基于雷达成像技术的目标检测与识别是最直接和有效的。这里所说的成像是指目标的二维和三维图像,不同于一维距离像。本节首先介绍探地雷达两种扫描方式;其次建立非均匀介质中目标逆散射的物理模型,分别讨论点散射模型和体散射模型下的基本成像方法;然后讨论在投影层析成像的基础上研究点散射模型下的波前成像算法;再讨论针对有耗分层媒质研究时域反向投影成像算法;介绍基于体散射模型的探地雷达衍射层析成像算法,每种成像算法都给出了具体的处理流程,并对点散射模型下成像算法的分辨率、运算量进行了分析;最后对各种成像算法进行总结,并讨论二维和三维成像的可视化技术。

7.8.1　探地雷达扫描方式

雷达成像的根本在于雷达和目标的相对转动,对探地雷达而言即探地雷达在地面多个方位对目标进行照射,多方位的回波信号就包含了目标的空域信息。可采用基于单个收发天线对的合成孔径技术或是基于阵列结构的实孔径技术进行地下目标探测和成像。典型的测量方式有沿一条直线的一维测量和在一平面进行的二维测量。一维合成孔径和一维实孔径的测量示意图如图 7.22 所示。

图 7.22 中,T 表示发射天线,R 表示接收天线,J_S 表示目标表面感应电流。图 7.22(a) 为合成孔径测量示意图,图 7.22(b) 为实孔径测量示意图。合成孔径情况下,一个发射天线和一个接收天线组成一个收发天线对。这一天线对在空间不同位置处对地下区域进行照射从而完成合成孔径扫描。在每一孔径点处,发射天线发射电磁波,电磁波遇到目标体后产生表面感应电流,感应电流作为二次激励源向外辐射电磁波,回波信号仅被此孔径点处的接收天线接收,从而完成了一次探测。实孔径情况下,数据采集方式与地震波反射测量方式类似:多个接收天线形成一个阵列,多个发射天线沿同一条直线组成阵列结构。当发射天线阵元向探测区域发

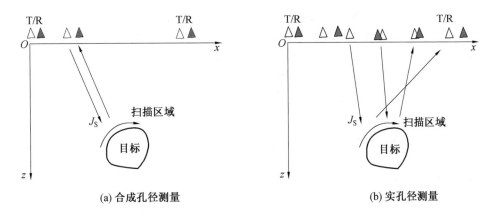

(a) 合成孔径测量　　　　　　　　　　　　(b) 实孔径测量

图 7.22　探地雷达一维测量示意图

射电磁波时,地下目标散射场向全空间传播,接收天线阵列各阵元同时进行接收。为进行精细成像,需要尽可能多地记录目标的散射场信号。而在实际应用中,为简化操作,通常采用单个收发天线对的合成孔径扫描。探地雷达系统中也较多采用收发共用的天线。通过本章后续的分析和试验结果可以看出,基于单个收发天线对的合成孔径扫描成像同样可以反演出目标的精细结构。

7.8.2　均匀背景中目标的电磁逆散射

探地雷达应用中重建非均匀媒质电磁特性的问题属于逆散射,它是通过接收到的散射场数据来反演媒质特性的,如图 7.23 所示。

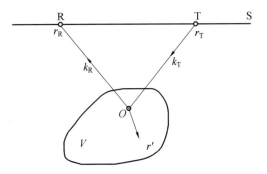

图 7.23　探地雷达逆散射示意图

图中 V 表示散射体的空间区域,S 表示地面,T 表示发射天线,R 表示接收天线,r_T 表示发射天线空间矢量,r_R 表示接收天线空间矢量,k_T 表示入射场波数矢量,k_R 表示散射场波数矢量,O 表示空间坐标原点。以下的推导过程中,设背景媒质和目标的相对磁导率均为1,则空间任一位置 r 的总电场可由体积分方程表示为

$$E(r) = E_{\text{inc}}(r) + \omega^2 \mu_0 \varepsilon_0 \int_V \overline{\overline{G}}(r,r') O(r') E(r') \mathrm{d}r' \tag{7.63}$$

式中,E 表示总电场;E_{inc} 表示入射电场;$\omega = 2\pi f$ 表示角频率;μ_0 和 ε_0 分别表示真空的磁导率和介电常数;$\overline{\overline{G}}(r,r')$ 表示并矢格林函数;$O(r') = \varepsilon_{\text{or}} - \varepsilon_{\text{br}}$ 表示目标散射函数,反映散射体的特性,其中 ε_{or}、ε_{br} 分别表示目标和背景的相对介电常数。等式右端的积分项代表散射场 E_{sca}。

由于总场 E 本身是 $O(r)$ 的非线性泛函,所以通过该积分项所给出的散射场 E_{sca} 是 $O(r)$ 的非线性泛函。从物理上说,这种非线性关系是散射体诱导电流的相互作用以及多次散射效应的结果。在实际问题中,E_{sca} 一般是在散射体外部测得的量。V 内的总场 E 未知,而且又依赖于未知的 $O(r)$。因此,式(7.63)作为未知函数 $O(r)$ 的积分方程是非线性的。为求解该积分方程,可以首先做线性近似,即用一个已知量(一般可由求解直接问题得到)来近似替代积分号内的未知量 E,使方程变为 $O(r)$ 的线性积分方程(第一类弗雷得霍姆方程)。其次,求解这个线性积分方程可得出 $O(r)$ 的近似分布,这就是求解逆散射问题的过程。然后,为改进近似求解的结果,需要进行迭代,即用所求得的 $O(r)$ 通过求解正问题对积分号内的 E 做新的近似,重复以上的求逆过程,经多次迭代,直到 $O(r)$ 趋于不再变化为止。迭代算法的收敛性已得到证明。理论上,这种成像算法的反演精度和效果是最好的。Salvatore Caorsi 等人基于二阶波恩近似理论,运用遗传算法得到了高精度的目标位置、形状和介电常数的重构。但在成像过程中,需要进行多次积分方程的求解和散射场计算,计算量巨大,不适合工程应用。有必要考虑在某些特定条件下运用合理的近似,得出散射场数据 E_{sca} 和目标函数 $O(r)$ 之间简洁的关系式并运用快速算法进行成像处理。

7.8.3　投影层析成像

高频情况下,波传播的衍射效应可以忽略,接收到的散射场 E_{sca} 可以表示为沿波阵面上目标各强散射点回波值的叠加。此时目标可以视作多个强散射中心的组合,目标反演就变成了各散射中心位置和散射强度的反演。与 CT 类似,通过接收空间各方位的散射场就可以通过层析技术实现目标反演。只是在 CT 中接收的是前向透射场,而在雷达扫描中接收的是后向散射场。目标函数可以用逆拉顿变换得到。建立空域和谱域几何关系如图 7.24 所示。

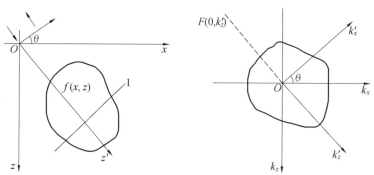

(a) 物体直角坐标系向扫描坐标系转换　(b) 物体扫描坐标系向一维傅里叶切片坐标系转换

图 7.24　实际空间和傅里叶空间的目标

用 $f(x,z)$ 表示基于散射中心模型的目标散射强度函数,则单次照射时产生的散射点积分值可写为

$$P(z') = \int_l f(x',z')\mathrm{d}x' \tag{7.64}$$

其中,(x',z') 表示图 7.24(a) 所示的扫描坐标系。$P(z')$ 表示沿直线 l 的散射点的积分值,记目标散射强度函数的空域二维傅里叶变换为

$$F(k_x,k_z) = \iint_S f(x,z)\exp[-\mathrm{j}(k_xx + k_zz)]\mathrm{d}x\mathrm{d}z \tag{7.65}$$

从而有

$$P(z') = \frac{1}{2\pi} \int F(0, k'_z) e^{jk'_z z'} dk'_z \tag{7.66}$$

经过一次投影后,可以由式(7.64)中 $P(z')$ 的一维傅里叶变换导出 $f(x,z)$ 的二维傅里叶变换的一个切片 $F(0, k'_z)$,即

$$F(0, k'_z) = \int P(z') e^{-jk'_z z'} dz' \tag{7.67}$$

这就是投影－切片定理。为了得到目标谱域空间 $F(k_x, k_z)$ 的另一切片,只需要在另一角度 θ' 下重复进行一次照射。当 θ 从 $0°$ 到 $180°$ 对目标进行照射时,得到的散射场回波 $P(z' | \theta)$ 的傅里叶变换就可以填充整个傅里叶空间,从而可以通过傅里叶反变换重构目标散射强度函数 $f(x,z)$。不同角度照射下的目标散射场数据的谱域空间表示如图7.25所示。

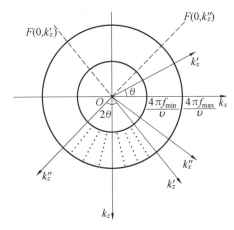

图 7.25　各个角度下目标散射场数据的谱域表示

当发射信号频率为 f_c 的单频信号时,回波信号只代表了谱域中圆 $k_x^2 + k_z^2 = k^2 = (4\pi f_c / \upsilon)^2$ 上的信息。$4\pi f_c / \upsilon$ 称为双程波数,υ 表示波速。当频谱宽度 $\Delta f = f_{max} - f_{min}$ 逐渐增大时,回波信号则填充了谱域中的圆环 $\left(\frac{4\pi f_{min}}{\upsilon}\right)^2 \leqslant k_x^2 + k_z^2 \leqslant \left(\frac{4\pi f_{max}}{\upsilon}\right)^2$,即图 7.25 中的圆环部分。因此用超宽带信号大积累角测量可获得雷达目标更多的谱域信息,从而得到高质量的目标像。对 CT 成像而言,一般都可以得到空域全方位的透射场数据 $F(\omega, \theta)$。将直角坐标系转化为球坐标系,由投影－切片定理,有

$$\begin{aligned} f(x,z) &= \frac{1}{4\pi^2} \iint_S F(k_x, k_z) \exp[j(k_x x + k_z z)] dx dz \\ &= \frac{1}{4\pi^2} \int_0^{2\pi} \int_0^{+\infty} \omega F(\omega, \theta) \exp[jr\omega \cos(\varphi - \theta)] d\theta d\omega \\ &= \frac{1}{4\pi^2} \int_0^{\pi} \int_{-\infty}^{+\infty} |\omega| F(\omega, \theta) \exp[jr\omega \cos(\varphi - \theta)] d\theta d\omega \end{aligned} \tag{7.68}$$

从而重建二维目标函数的双重积分问题可以分解为两步完成:第一步,对每一方位的透射场数据进行频域滤波。滤波函数可取为 $H(\omega) = |\omega|$,ω 表示角频率,为减小截断误差,可加以合适的窗函数。第二步,由滤波后的数据进行后向投影得到目标函数。这种滤波反投影成像算法也是目前商用 CT 所采用的基本处理方法。对雷达探测而言,一般只能得到目标有限方

位的散射场数据,只能填充谱域空间的局部,如图 7.25 所示。此时极坐标下的谱域数据可以通过适当的插值方法转化为直角坐标下的数据,进而运用二维傅里叶变换就可以得到目标函数。

7.8.4 衍射层析成像

在长波情况下,衍射现象变得重要,层析成像中波直线传播的假设不再成立,上述成像结果会产生较大失真。可以在波恩近似和里托夫近似中结合衍射效应建立起相应的目标重建算法,这种技术称为衍射层析成像。

以二维目标电磁散射为例,在图 7.23 所示的发射接收模型下,由一阶波恩近似,散射场 $E_{sca}(r_R)$ 可表示为

$$E_{sca}(r_R) = \omega^2 \mu_0 \varepsilon_0 \int G(r_R, r') O(r') E_{inc}(r') \mathrm{d}r' \tag{7.69}$$

其中,$O(r')$ 为待求的目标函数。

为便于推导,此处采用 $\mathrm{e}^{-j\omega t}$ 形式的时谐因子。这也是谱域成像中常用的形式。从而二维空间中的格林函数可以表示为

$$G(r_R, r') = \frac{\mathrm{j}}{4} H_0^{(1)}(k_b |r_R - r'|) \tag{7.70}$$

其中 $H_0^{(1)}$ 表示第一类零阶汉克尔函数,可用来描述柱面波的空间传播规律。目标位于远区场时,格林函数可以近似表示为

$$G(r_R, r') = \frac{\mathrm{j}}{4} \sqrt{\frac{2}{\mathrm{j}\pi k_b r_R}} \mathrm{e}^{\mathrm{j}\pi k_b r_R - \mathrm{j}k_b r_R r'} \tag{7.71}$$

一个均匀线源产生的入射场可表示为

$$E_{inc}(r') = \frac{\mathrm{j}}{4} H_0^{(1)}(k_b |r' - r_T|) \tag{7.72}$$

当发射源也位于目标远场区时,入射场可表示为

$$E_{inc}(r') = \frac{\mathrm{j}}{4} \sqrt{\frac{2}{\mathrm{j}\pi k_b r_T}} \mathrm{e}^{\mathrm{j}\pi k_b r_R - \mathrm{j}k_b r_T r'} \tag{7.73}$$

将入射场和格林函数的表达式代入式(7.69),并令 $\begin{cases} k_T = -k_b r_T \\ k_R = k_b r_R \end{cases}$,则有

$$E_{sca}(r_R) = \frac{\mathrm{j}\omega^2 \mu_0 \varepsilon_0}{8\pi k_b \sqrt{r_T r_R}} \mathrm{e}^{\mathrm{j}k_b(r_T + r_R)} \int \mathrm{e}^{-\mathrm{j}(k_R - k_T)r'} O(r') \mathrm{d}r' \tag{7.74}$$

上式右端的积分即为目标函数 $O(r')$ 的空间傅里叶变换。因此式(7.74)可改写为

$$E_{sca}(r_R) = \frac{\mathrm{j}\omega^2 \mu_0 \varepsilon_0}{8\pi k_b \sqrt{r_T r_R}} \mathrm{e}^{\mathrm{j}k_b(r_T + r_R)} O(k_R - k_T) \tag{7.75}$$

其中,$O(k)$ 是 $O(r)$ 的空间傅里叶变换。

在一阶波恩近似下,散射场与目标函数的谱域表示通过式(7.75)联系起来了。考虑到矢量 k_T 和 k_R 的模值都为 k_b,即 $\begin{cases} k_T = -k_b r_T \\ k_R = k_b r_R \end{cases}$,则当发射天线固定、接收天线移动时散射场填充的目标谱域空间如图 7.26 所示。

由图 7.26 可见,保持发射天线位置不变,移动接收天线时,接收到的散射场信号在谱域形

成了一个圆。当激励源信号的频率变化到 $k'_b(k'_b > k_b)$ 时,圆心移动到 $-k'_T$,半径为 k'_b。因此用宽带信号作为激励源时,散射场信号就可以填充更大的谱域空间。考虑 $k_T = (-\frac{\sqrt{2}}{2}k_b,$ $\frac{\sqrt{2}}{2}k_b)$ 的情况,则图中的 1 区表示了区域 $\Phi(k_T, k_R) \leqslant \frac{\pi}{2}$ 中的散射场,2 区表示了区域 $\Phi(k_T,$ $k_R) > \frac{\pi}{2}$ 中的散射场,其中 $\Phi(k_T, k_R)$ 表示矢量 k_T 与 k_R 的夹角。注意到关系式 $\begin{cases} k_T = -k_b r_T \\ k_R = k_b r_R \end{cases}$,则可认为 1 区表示了前向透射场,2 区表示了后向散射场。直观上看,2 区的区域面积要大于 1 区的面积。因此宽带信号作为激励源时,后向散射场比前向透射场能包括更多的谱域信息,更有利于目标的重建。当激励信号的频率变得很高时,由 $k_R - k_T$ 所确定的轨迹像一直线一样经过原点 O,这其实又引申出了投影-切片定理,表明其是反向投影层析成像在高频情况下的特例。目标重建的精度依赖于谱域空间的填充区域。由于只在 $|k| \leqslant 2k_b$ 范围内 $O(k)$ 已知,因此目标重建得到的只是 $O(r)$ 的低通形式。

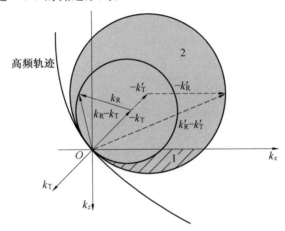

图 7.26　发射天线固定、接收天线移动时散射场填充的目标谱域空间

7.8.5　探地雷达波前成像算法

投影层析成像是基于远场近似,将电磁波的波前视作平面波。但在一些微波成像领域,如医学成像、探地雷达近场成像中,这一近似不再成立。在球面波辐射接收模型中,接收信号是与雷达系统等距的二次曲线上散射点回波的矢量和。而在平面波模型中,接收信号是与雷达照射方向(RLOS)垂直的直线上散射点回波的矢量和。可以对投影重建理论进行时延曲线和回波幅度的修正以反映球面波传播特性,从而建立波前重建理论,其根本点在于角谱分解。

波前重建最早作为地震波迁徙技术出现在地震学中。基于地震波与电磁波传播的相似性,Cafforio 和 Soumekh 提出了两个基本相同的 SAR 模型。在系统模型中,Cafforio 和 Soumekh 运用一阶波恩近似,假定目标电磁散射可以模型化为目标各个离散散射中心相应的矢量和。设有一个稳态目标区含有多个散射点,各点的散射强度为 f_n,位于空域 (x_n, z_n) 处。则目标特征函数 $f(x, n)$ 可定义为

$$f(x, y) = \sum_n f_n \delta(x - x_n, z - z_n) \tag{7.76}$$

雷达天线位于 $(u,0)$ 处照射地下目标区域,则天线与第 n 个目标 (x_n,z_n) 之间的距离为 $d_{n,u}=\sqrt{z_n^2+(x_n-u)^2}$ 。当天线运动一段距离后,一个合成孔径就产生了,探地雷达成像几何模型如图 7.27 所示,R_0 表示成像区域中心到合成孔径的垂直距离。

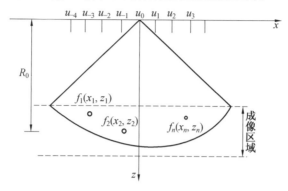

图 7.27　探地雷达成像几何模型

设雷达发射冲激脉冲信号为 $s_T(t)$,天线在方位向积累角范围内增益不变,则回波信号可表示为

$$s_R(u,t)\approx\sum_n f_n s_T\left[t-\frac{2d_{n,u}}{\upsilon}\right]\qquad(7.77)$$

上式中 υ 表示媒质中波速,近场区波传播因子 $\frac{1}{d_{n,u}^2}\approx\frac{1}{x_n^2+z_n^2}$ 合并于式(7.77)右端的 f_n 中。对式(7.77)在时间域变量 t 做傅里叶变换,得

$$S_R(u,f)=S_T\sum_n f_n\exp[-\mathrm{j}2k\sqrt{z_n^2+(x_n-u)^2}]\qquad(7.78)$$

式中 $k=\frac{2\pi f}{\upsilon}$ 表示波数。式(7.78)的 (u,f) 域回波信号可以表示为目标特征函数 $f(x,z)$ 与球面相位函数在空间域的一维卷积,即

$$S_R(u,f)=S_T(f)\int_x\int_z f(x,z)\exp[-\mathrm{j}2k\sqrt{z^2+(x-u)^2}]\mathrm{d}z\mathrm{d}x$$

$$=S_T(f)\int_z f(u,z)\otimes_u\exp[-\mathrm{j}2k\sqrt{z^2+u^2}]\mathrm{d}z\qquad(7.79)$$

式中 $\otimes_u$ 定义为 u 域的卷积。相位函数 $\exp[-\mathrm{j}2k\sqrt{z^2+u^2}]$ 为 SAR 系统在给定距离 z 时 u 域的转移函数。SAR 成像就是对 $S_R(u,f)$ 在 u 域的解卷积以去除转移函数的影响。这一逆运算过程就是一种目标重建的过程,在此成为波前重建以区别于平面波入射时的投影重建。

为对式(7.79)解卷积,在空间域 u 对 $S_R(u,f)$ 进行傅里叶变换,得

$$S_R(k_u,f)=\Psi_{\{u\}}\left[s_R(u,f)\right]$$

$$=S_T(f)\int_x\int_z f(x,z)\Psi_{\{u\}}\{\exp[-\mathrm{j}2k\sqrt{z^2+(x-u)^2}]\}\mathrm{d}z\mathrm{d}x\qquad(7.80)$$

式中 $\Psi_{\{u\}}$ 定义为 u 的傅里叶变换。利用角谱分解性质,有

$$\Psi_{\{u\}}\{\exp[-\mathrm{j}2k\sqrt{z^2+(x-u)^2}]\}=\exp[-\mathrm{j}\sqrt{4k^2-k_u^2}z-\mathrm{j}k_u x]\qquad(7.81)$$

将式(7.81)代入式(7.80),则有

$$S_R(k_u,f)=\Psi_{\{u\}}\left[s_R(u,f)\right]$$

$$= S_T(f)\int_x\int_z f(x,z)\exp[-j\sqrt{4k^2-k_u^2}\,z - jk_u x]\mathrm{d}z\mathrm{d}x$$

$$= S_T(f)F(k_u,\sqrt{4k^2-k_u^2}) \tag{7.82}$$

式中 $F(k_x,k_z)$ 表示目标特征函数 $f(x,z)$ 的二维空域傅里叶变换,即

$$F(k_x,k_z)=\int_x\int_z f(x,z)\exp[-j(k_x x + k_z z)]\mathrm{d}z\mathrm{d}x$$

$$=\sum_n f_n\exp(-jk_x x_n - jk_z z_n) \tag{7.83}$$

式(7.82)成立的前提是 $4k^2-k_u^2\geqslant 0$。由式(7.82),有

$$f(x,z)=\Psi^{-1}_{k_x,k_z}\{F(k_x,k_z)\}=\Psi^{-1}_{k_x,k_z}\left\{S_R(k_u,f)\frac{S_T^*(f)}{|S_T(f)|^2}\right\} \tag{7.84}$$

式中

$$\begin{cases}k_x=k_u\\k_z=\sqrt{4k^2-k_u^2}\end{cases} \tag{7.85}$$

这一关系表明,不管发射信号是冲激脉冲,还是 LFM 信号或是其他的信号形式,理论上只要频带相同,SAR 回波信号经频域的匹配滤波或逆滤波处理后,可得相同的成像结果。记 $S'_R(k_u,f)=S_R(k_u,f)\dfrac{S_T^*(f)}{|S_T(f)|^2}$,则成像算法可描述为

$$\hat f(x,z)=\frac{1}{4\pi^2}\iint S'_R(k_u,f)\exp[j(k_x x + k_z z)]\mathrm{d}k_x\mathrm{d}k_z$$

$$=\frac{1}{4\pi^2}\iint S'_R(k_u,f)\exp[j(k_u x + \sqrt{4k^2-k_u^2}\,z)]|J|\mathrm{d}k\mathrm{d}k_u \tag{7.86}$$

式中雅可比行列式为

$$J=\begin{vmatrix}\dfrac{\partial k_x}{\partial k} & \dfrac{\partial k_x}{\partial k_u}\\[2mm]\dfrac{\partial k_z}{\partial k} & \dfrac{\partial k_z}{\partial k_u}\end{vmatrix}=-\frac{4k}{\sqrt{4k^2-k_u^2}} \tag{7.87}$$

式(7.87)就是 Soumekh 成像方法。设合成孔径采样间隔为 Δx,发射信号带宽为 $[f_{\min},f_{\max}]$,接收信号 $S_R(u,t)$ 是在 (u,t) 域中均匀分布的有限个离散点上进行测量。这一离散数据集通过二维傅里叶变换转换为 (k_x,k) 域中均匀分布的有限个数据,填充了区域 $k_x\in\left[-\dfrac{2\pi}{\Delta X},\dfrac{2\pi}{\Delta X}\right]$, $k\in\left[\dfrac{2\pi f_{\min}}{\upsilon},\dfrac{2\pi f_{\max}}{\upsilon}\right]$。通过关系式(7.86)转化到 (k_x,k_z) 域,即为在 (k_x,k_z) 平面内圆环的一部分,如图 7.28 中有黑点的区域。

为运用快速傅里叶变换实现式(7.86)的目标重建,需要得到回波信号在 (k_x,k_z) 平面内的等间隔分布,即图 7.28 中虚线网格各节点处的值。这种将极坐标中等间隔分布的数据转化为直角坐标中等间隔分布数据的处理过程称为 Stolt 插值,插值运算的基本关系式为式(7.85)。常用的插值算法有最邻近点近似、邻近四点近似、线性插值、Cubic 插值和三次样条插值法。前两种插值算法实现简单,但由插值结果进行二维傅里叶反变换得到的成像结果要差一些,后三种插值算法实现起来要略微复杂一些,但可以得到更好的成像质量。

这类成像方法中,傅里叶变换可以用快速傅里叶变换实现,运算量主要集中在二维非线性插值。波前成像处理过程如图 7.29 所示。

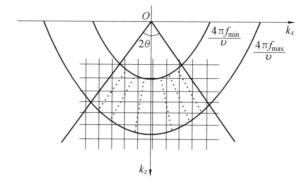

图 7.28　谱域插值示意图

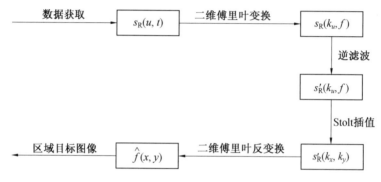

图 7.29　基于波前重建的成像流程图

算法的纵向分辨率 Δz 和横向分辨率 Δx 分别与发射信号带宽、中心频率有关。具体关系如下：

$$\begin{cases} \Delta z = \dfrac{\upsilon}{2B} \\[3mm] \Delta x = \dfrac{\lambda_c R_0}{2L_x} = \dfrac{\upsilon R_0}{2 f_c L_x} \end{cases} \tag{7.88}$$

其中，B 表示发射信号带宽；f_c 表示发射信号中心频率；λ_c 表示中心频率对应的波长；L_x 表示合成孔径长度。即发射信号带宽越宽，适当增长合成孔径长度也会提高横向分辨率，但前提是在合成孔径过程中，目标区域在探地雷达天线的主瓣照射范围内。

探地雷达波前重建可以在频率域实现，也可以在时间域实现。在重建质量上，二者没有区别。但在工程实现上，各有利弊。频率域实现主要涉及傅里叶变换和插值，时间域实现主要涉及求和与插值。从算法实现上，由于快速傅里叶变换的采用和目前 VLSI、VHSI 技术水平的不断提高，频率域的快速实现成为可能。对时间域实现，逐点计算相干点位置仍然无快速的方法，但可以在成像中考虑波传播扩散和衰减影响，并且在做补偿处理时更容易一些，因此相对而言精度更高。

7.8.6　探地雷达衍射层析成像算法

探地雷达应用于地下目标探测时，在某些应用场合不仅要反演出目标的形状、尺寸及其分布，还要得到目标的电磁属性以便进行地下目标的分类与识别。此时要将目标视为体散射模型，成像结果不再是各散射中心强度值，而是成像区域的介电常数剖面和电导率剖面，这就是前面所述及的衍射层析成像。自 20 世纪 80 年代 Devaney 提出这一逆散射处理方法后,衍射层析成像已经广泛应用于探地雷达的信号处理之中。Molyneux 和 Witten 运用一阶波恩近似,得到了基于傅里叶变换的二维衍射层析算法,在均匀理想的土体中,目标埋深较深时建立了散射场合成孔径数据一维空间傅里叶变换和区域介电常数剖面二维空间傅里叶变换之间的关系。Hansen 和 Meincke－Johansen 提出了空气－媒质交界面上三维情况的衍射层析成像算法,并给出了探地雷达天线距地面 4 cm 时的成像结果,很好地反映了地下区域的电磁特性。但以上成像算法都是基于媒质无耗这一实际岩土中并不存在的前提下得到的,Peter Meincke 在 Hansen 的基础上,运用正则伪逆方法导出了有耗介质衍射层析成像方法,得到了较好的成像效果,但要在实际复杂的岩土体环境中成功运用衍射成像方法,还需克服很多复杂的电磁波理论、信号处理以及硬件设计等关键技术问题。

目前在所有商用的雷达体制中,偏移解析成像是应用较多的算法之一,建立雷达系统模型如图 7.30 所示。

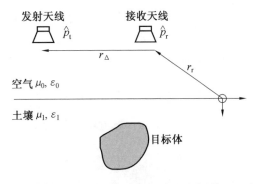

图 7.30　固定偏移探地雷达示意图

收发一体状态下,发射天线和接收天线有相对固定的空间位置关系,记接收天线的取向为 $\hat{p}_r$,空间位置为 r_r,发射天线取向 $\hat{p}_t$,空间位置为 $r_r + r_\Delta$,其中 r_Δ 表示收发天线之间的偏移。空气的电磁特性取为 (μ_1, ε_0),土壤的电磁特性取为 (μ_1, ε_1)。z 轴垂直于地面向下,$z = 0$ 表示空气－大地的交界面。

定义空气中的波数为 $k_0 = \omega \sqrt{\mu_0 \varepsilon_0}$,土壤中的波数 $k_1 = \omega \sqrt{\mu_0 \varepsilon_{e1}} = \omega \sqrt{\mu_0 \left(\varepsilon_1 + j \dfrac{\sigma_1}{\omega} \right)}$。从而接收天线处散射场信号的 $\hat{p}_r$ 分量可表示为

$$P_r E(r_r, \omega) = P_r E_b(r_r, \omega) + P_r E_s(r_r, \omega) \tag{7.89}$$

其中,$E(r_r, \omega)$ 表示总电场;$E_b(r_r, \omega)$ 表示背景媒质的散射场;$E_s(r_r, \omega)$ 表示目标的散射场,可表示为

$$E_s(r_r, \omega) = j\omega\mu_0 \int_{z' > 0} \overline{G}(r_r, r', \omega) E(r', \omega) O(r') dV' \tag{7.90}$$

其中,目标函数定义为

$$O(r') = \sigma(r') - \sigma_1 - j\omega[\varepsilon(r') - \varepsilon_2] \equiv \Delta\sigma(r') - j\omega\Delta\varepsilon(r') \tag{7.91}$$

$\overline{G}(r_r, r', \omega)$ 是平面分层媒质的并矢格林函数。当测试点 r_r 位于分层上方而源点 r' 位于分层下方时,$\overline{G}(r_r, r', \omega)$ 有如下分解形式:

$$\overline{G}(r,r',\omega)=\frac{j}{8\pi^2}\int_{-\infty}^{+\infty}\int_{-\infty}^{+\infty}\overline{F}(k_x,k_y,\omega)\exp[j(k_0\cdot r-k_1\cdot r')]dk_xdk_y \quad (z<0,z'>0)$$

$$(7.92)$$

其中，$\begin{cases}k_0=(k_x,k_y,\gamma_0)\\k_1=(k_x,k_y,\gamma_1)\end{cases}$，$\begin{cases}\gamma_0=\sqrt{k_0^2-k_x^2-k_y^2}\\\gamma_1=\sqrt{k_1^2-k_x^2-k_y^2}\end{cases}$，并矢函数 $\overline{F}(k_x,k_y,\omega)$ 可表示为

$$\overline{F}(k_x,k_y,\omega)=\frac{2}{(\gamma_0+\gamma_1)(k_x^2+k_y^2+\gamma_0\gamma_1)}\times$$
$$\{\hat{x}[(k_y^2+\gamma_0\gamma_1)\hat{x}-k_xk_y\hat{y}-k_x\gamma_0\hat{z}]+$$
$$\hat{y}[-k_xk_y\hat{x}+(k_x^2+\gamma_0\gamma_1)\hat{y}-k_y\gamma_0\hat{z}]+$$
$$\hat{z}[-k_x\gamma_1\hat{x}-k_y\gamma_1\hat{y}+(k_x^2+k_y^2)\hat{z}]\}$$

$$(7.93)$$

当 $z=0$ 处没有分界面时，式(7.93)变为 $\overline{F}(k_x,k_y,\omega)=\dfrac{\overline{I}-k_1^{-2}k_1k_1}{\gamma_1}$，式(7.93)就变成了均匀媒质中并矢格林函数的平面波谱表示。由于方程式(7.90)的非线性，运用一阶波恩近似，将右端积分号内的 $E(r',\omega)$ 用背景散射场 $E_b(r',\omega)$ 代替，则方程可解。设发射天线激发的表面电流密度为 $J_t(r-r_t)$，则背景散射场 $E_b(r',\omega)$ 可表示为

$$E_b(r',\omega)=j\omega\mu_0\int_{-\infty}^{+\infty}\overline{G}(r',r,\omega)J_t(r-r_t)d^3r$$
$$=j\omega\mu_0\int_{-\infty}^{+\infty}J_t(r-r_t)\overline{G}(r,r',\omega)d^3r \quad (z'>0)$$

$$(7.94)$$

其中应用了互易定理，将并矢格林函数 $\overline{G}(r_t,r',\omega)$ 代入上式，则有

$$E_b(r',\omega)=-\frac{\omega\mu_0}{8\pi^2}\int_{-\infty}^{+\infty}\int_{-\infty}^{+\infty}\tilde{J}_t(-k'_0)\overline{F}(k'_x,k'_y,\omega)\cdot$$
$$\exp[j(k'_0\times(r_r+r_\Delta)-k'_1\times r')]dk'_xdk'_y$$

$$(7.95)$$

其中 $\tilde{J}_t(k)=\int_{-\infty}^{+\infty}J_t(r)e^{-jk\times r}d^3r$ 表示表面电流密度的空间傅里叶变换。此处引入了接收天线平面波特征参数 $R=(k,\omega)$ 的概念。设入射电场为平面波 $E(k,\omega)e^{jk_0r}$，且有 $k_0E=0$，则 $r=0$ 处的接收天线的输出端电压可表示为平面波特征参数和入射场幅度的点乘形式，即 $E_R(k,\omega)=R(k,\omega)\cdot E(k,\omega)$。将以上各参量代入式(7.89)，可得接收天线的输出为

$$s_R(r_r,\omega)=\frac{\omega^2\mu_0^2}{64\pi^2}\int_{-\infty}^{+\infty}\int_{-\infty}^{+\infty}\int_{-\infty}^{+\infty}\int_{-\infty}^{+\infty}\int_{z'>0}O(r')\exp[-j(k_1+k'_1)r']dr'\cdot$$
$$\exp\{j[(k_0+k'_0)r_r+k'_0r_\Delta]\}R(k_0,\omega)\overline{F}(k_x,k_y,\omega)\cdot$$
$$\tilde{J}_t(-k'_0)\overline{F}(k'_x,k'_y,\omega)dk_xdk_ydk'_xdk'_y$$

$$(7.96)$$

定义 $s_R(r_r,\omega)$ 关于 x_r,y_r 的二维傅里叶变换为 $\tilde{s}_R(k_x,k_y,z_r,\omega)$，即

$$\tilde{s}_R(k_x,k_y,z_r,\omega)=\int_{-\infty}^{+\infty}\int_{-\infty}^{+\infty}s_R(r_r,\omega)\exp[-j(k_xx_r+k_yy_r)]dx_rdy_r$$

$$(7.97)$$

通过变量替换，则有

$$\tilde{s}_R(k_x,k_y,z_r,\omega)=\int_{-\infty}^{+\infty}\int_{-\infty}^{+\infty}C(k,k',z_r,\omega)\int_{z'>0}O(r')\cdot$$
$$\exp[-j(k_1(k_x-k'_x,k_y-k'_y)+k'_1)r']dV'dk'_xdk'_y$$

$$(7.98)$$

其中

$$k_1(k_x - k'_x, k_y - k'_y) = (k_x - k'_x, k_y - k'_y, \sqrt{k_1^2 - (k_x - k'_x)^2 - (k_y - k'_y)^2})$$

$$C(k, k', z_r, \omega) = \frac{\omega^2 \mu_0^2}{16\pi^2} R(k - k', \omega) \overline{F}(k_x - k'_x, k_y - k'_y, \omega) \tilde{J}_t(-k'_0) \cdot$$

$$\overline{F}(k'_x, k'_y, \omega) \exp\{j[(\gamma_0(k_x - k'_x, k_y - k'_y) + \gamma'_0(k'_x, k'_y))z_r + k'_0 r_\Delta]\}$$

当目标埋深较深（几倍的中心波长），天线距地面较近时，可以用驻定相位法对式(7.97)中关于 k'_x、k'_y 的积分进行渐进近似，从而得到 $\tilde{s}_R(k_x, k_y, z_r, \omega)$ 的近似表示式为

$$\tilde{s}_R(k_x, k_y, z_r, \omega) \approx D(k_x, k_y, z_r, \omega) \int_{-\infty}^{+\infty} \int_{-\infty}^{+\infty} \int_0^\infty O_1(r') \cdot \tag{7.99}$$

$$\exp[-j(k_x x' + k_y y' + \sqrt{4k_1^2 - (k_x^2 + k_y^2)} z')] dz' dx' dy'$$

$$D(k_x, k_y, z_r, \omega) = \frac{\omega^2 \mu_0^2}{64\pi^2} (4k_1^2 - k_x^2 - k_y^2) R\left(\frac{k_x}{2}, \frac{k_y}{2}, \omega\right)$$

$$O(r') = \frac{O_1(r')}{z'} \overline{F}\left(\frac{k_x}{2}, \frac{k_y}{2}, \omega\right) \overline{F}\left(\frac{k_x}{2}, \frac{k_y}{2}, \omega\right) \tilde{J}_t\left[-k_0\left(\frac{k_x}{2}, \frac{k_y}{2}\right)\right] \overline{F}\left(\frac{k_x}{2}, \frac{k_y}{2}, \omega\right) \cdot$$

$$\exp\left\{j\left[\sqrt{4k_0^2 - (k_x^2 + k_y^2)}\left(z_r + \frac{z_\Delta}{2}\right) + \frac{k_x x_\Delta + k_y y_\Delta}{2}\right]\right\} \tag{7.100}$$

式(7.100)建立了频域散射场的二维空域傅里叶变换和目标函数的三维空域傅里叶变换之间的关系，是求解逆散射问题的出发点。

为分别反演出地下的电导率异常和介电常数异常，分两种情况加以讨论。

1. $\omega \Delta \varepsilon(r') \ll \Delta \sigma(r')$

即在系统通频带内，目标与背景的电导率差别与介电常数差别相比可以忽略不计，则目标函数可近似为 $O(r') \approx -j\omega \Delta \varepsilon(r')$，式(7.98)可简化为

$$\tilde{s}_R(k_x, k_y, z_r, \omega) = (L\Delta\varepsilon_1)(k_x, k_y, z_r, \omega) = -j\omega D(k_x, k_y, z_r, \omega) \int_{-\infty}^{+\infty} \int_{-\infty}^{+\infty} \int_0^\infty \Delta\varepsilon_1(r') \cdot$$

$$\exp[-j(k_x x' + k_y y' + \sqrt{4k_1^2 - (k_x^2 + k_y^2)} z')] dx' dy' dz' \tag{7.101}$$

其中，$L : U \to V$ 表示由集合 U 到集合 V 的线性映射。集合 U 由 $z' > 0$ 区域内的平方可积函数组成。集合 V 由在区域 $\{(k_x, k_y, \omega) \mid \omega \in [\omega_{\min}, \omega_{\max}], \sqrt{k_x^2 + k_y^2} < 2\text{Re}(k_1)\}$ 中平方可积函数组成。由于反演问题的不适定性，引入 Tikhonov 正则化方法，目标函数的求解问题可以归结为最优化问题 $\min_{\Delta\varepsilon_1}(\parallel L\Delta\varepsilon_1 - \tilde{s}_R \parallel_2^2 + \lambda^2 \parallel \Delta\varepsilon_1 \parallel_2^2)$，这一极小值最优化问题通过 Tikhonov 正则伪逆算子就可以进行解决。等价目标函数可表示为

$$\Delta\varepsilon_1 = L^+(LL^+ + \lambda^2 I)^{-1} \tilde{s}_R \tag{7.102}$$

其中，伴随算子 L^+ 满足关系式 $\langle \tilde{s}_R, L\Delta\varepsilon_1 \rangle_V = \langle L^+ \tilde{s}_R, \Delta\varepsilon_1 \rangle_U$。结合式(7.101)可表示为

$$(L^+ \tilde{s}_R)(r') = U(z') \int_{\omega_{\min}}^{\omega_{\max}} \iint_{\sqrt{k_x^2 + k_y^2} < 2\text{Re}(k_1)} j\omega D^*(k_x, k_y, z_r, \omega) \tilde{s}_R(k_x, k_y, z_r, \omega) \cdot$$

$$\exp[j(k_x x' + k_y y' + \sqrt{4k_1^2 - (k_x^2 + k_y^2)} z')] dk_x dk_y d\omega \tag{7.103}$$

其中，$U(z') = \begin{cases} 1, & z' \geq 0 \\ 0, & z' < 0 \end{cases}$ 表示单位阶跃函数，表示只取成像结果 $z' > 0$ 部分。由式(7.103)可见，当伴随算子 L^+ 作用于散射场 $\tilde{s}_R(k_x, k_y, z_r, \omega)$ 时，实际上是将平面 $z = z_r$ 处的散射场反向

传播至平面 $z=z'$。定义滤波数据 $\tilde{s}_R^f(k_x,k_y,z_r,\omega)$ 满足方程:

$$(LL^+ + \lambda^2 I)\tilde{s}_R^f = \tilde{s}_R \tag{7.104}$$

则目标函数可表示为

$$\Delta\varepsilon_1 = L^+ \tilde{s}_R^f \tag{7.105}$$

从而成像算法可分为两步进行。第一步是基于式(7.104)的散射场数据滤波处理,第二步是基于式(7.105)的反向传播运算。式(7.104)的滤波运算可以通过算子 L 及其伴随算子 L^+ 展开为

$$(LL^+)\tilde{s}_R^f(k_x,k_y,z_r,\omega)$$
$$= \omega D(k_x,k_y,z_r,\omega)\int_{-\infty}^{+\infty}\int_{-\infty}^{+\infty}\int_0^{\infty}\int_{\omega_{\min}}^{\omega_{\max}}\iint_{\sqrt{k_x^2+k_y^2}<2\text{Re}(k_1)}\omega' D^*(k'_x,k'_y,z_r,\omega')\tilde{s}_R^f(k'_x,k'_y,z_r,\omega')\cdot$$
$$\exp[j(\sqrt{4k_1^2(\omega')-(k_x'^2+k_y'^2)}-\sqrt{4k_1^2(\omega)-(k_x^2+k_y^2)})z']\cdot$$
$$\exp\{j[(k'_x-k_x)x'+(k'_y-k_y)y'+(k'_z-k_z)z']\}dk'_x dk'_y d\omega' dz' dx' dy' \tag{7.106}$$

对有耗媒质,$\text{Im}\,k_1 > 0$,则上式关于 x'、y'、z' 的积分就转化为

$$\frac{(LL^+)\tilde{s}_R^f(k_x-k'_x,k_y-k'_y,k_z-k'_z)\pi^2}{\sqrt{4k_1^2(\omega')-(k_x'^2+k_y'^2)}-\sqrt{4k_1^2(\omega)-(k_x^2+k_y^2)}}$$

则式(7.106)可改写为

$$LL^+(k_x,k_y,z_r,\omega)=j4\omega\pi^2 D(k_x,k_y,z_r,\omega)\int_{\omega_{\min}}^{\omega_{\max}}\omega' D^*(k_x,k_y,z_r,\omega')$$
$$d\frac{U\{2\text{Re}[k_1(\omega')]-k_x^2-k_y^2\}S_R^f(k_x,k_y,z_r,\omega)}{\sqrt{4k_1^2(\omega')-(k_x^2+k_y^2)}-\sqrt{4k_1^2(\omega')-(k_x'^2+k_y'^2)}} \tag{7.107}$$

为运用式(7.104)进行滤波,需要将上式的积分进行离散化,首先将发射信号的频带进行等间隔划分如下:

$$\omega_p=(p-1)\Delta\omega+\omega_{\min} \quad (p=1,\cdots,N_\omega) \tag{7.108}$$

其中 $\Delta\omega=\dfrac{\omega_{\max}-\omega_{\min}}{N_\omega-1}$,从而有

$$\tilde{s}_R(k_x,k_y,\omega_p)=\sum_{p'=q(k_x,k_y)}^{N_\omega}R_{pp'}(k_x,k_y)\tilde{s}_R^f(k_x,k_y,\omega'_p) \tag{7.109}$$

其中,$p=q(k_x,k_y),\cdots,N_\omega$;$q(k_x,k_y)$ 表示序列 $1,\cdots,N_\omega$ 中满足 $\tilde{s}_R(k_x,k_y,\omega_{q(k_x,k_y)})\neq 0$ 的最小自然数;

$$R_{PP'}(k_x,k_y)=j4\omega_p\pi^2 D(k_x,k_y,z_r,\omega_p)W_{pp'}(k_x,k_y)+\delta_{pp'}\lambda^2 \tag{7.110}$$

$$W_{pp'}(k_x,k_y)=\frac{\Delta\omega\omega'_p D^*(k_x,k_y,z_r,\omega'_p)}{\sqrt{4k_1^2(\omega_p)-(k_x^2+k_y^2)}-\sqrt{4k_1^2(\omega'_p)-(k_x^2+k_y^2)}} \tag{7.111}$$

此即为探地雷达衍射层析算法的全部处理过程。具体处理流程如图7.31所示。

2. $\Delta\sigma(r') \gg \omega\Delta\varepsilon(r')$

目标函数可近似为 $O(r')\approx\Delta\sigma(r')$,推导过程同上,对应于式(7.98)的正问题变为

$$\tilde{s}_R(k_x,k_y,z_r,\omega)=(L\Delta\sigma_1)(k_x,k_y,z_r,\omega)$$
$$=D(k_x,k_y,z_r,\omega)\int_{-\infty}^{+\infty}\int_{-\infty}^{+\infty}\int_0^{+\infty}\Delta\sigma_1(r')\cdot$$

$$\exp[-j(k_x x' + k_y y' + \sqrt{4k_1^2 - (k_x^2 + k_y^2)} z')]dx'dy'dz' \quad (7.112)$$

电导率剖面 $\Delta\sigma_1$ 可表示为 $\Delta\sigma_1 = 2\mathrm{Re}(L^+ \tilde{s}_R)$，其中伴随算子 L^+ 的表达式为

$$(L^+ \tilde{s}_R)(r') = U(z') \int_{\omega_{\min}}^{\omega_{\max}} \iint_{\sqrt{k_x^2 + k_y^2} < 2\mathrm{Re}(k_1)} D^*(k_x, k_y, z_r, \omega) \tilde{s}_R(k_x, k_y, z_r, \omega) \cdot$$

$$\exp[j(k_x x' + k_y y' + \sqrt{4k_1^2 - (k_x^2 + k_y^2)} z')]dk_x dk_y d\omega \quad (7.113)$$

滤波处理中的矩阵变为

$$R_{pp'}(k_x, k_y) = j4\omega\pi^2 D(k_x, k_y, z_r, \omega_p) W_{pp'}(k_x, k_y) + \delta_{pp'}\lambda^2 \quad (7.114)$$

$$W_{pp'}(k_x, k_y) = \frac{\Delta\omega D^*(k_x, k_y, z_r, \omega'_p)}{\sqrt{4k_1^2(\omega_p) - (k_x^2 + k_y^2)} - \sqrt{4k_1^2(\omega'_p) - (k_x^2 + k_y^2)}} \quad (7.115)$$

成像处理流程如图 7.31 所示,最后得到的成像结果是扫描区域的电导率剖面。

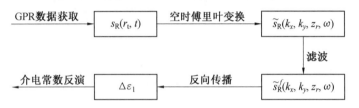

图 7.31　探地雷达衍射层析成像算法

7.9　GPR 现场工作设计

7.9.1　反射法剖面测量

反射法剖面测量方式如图 7.32 所示,发射与接收天线相互平行并保持固定的距离 S,沿测线以相等步长 ΔX 移动,逐点进行测量,以发射与接收天线连线中点为雷达剖面上每一记录道的位置。通常发射天线和接收天线与测线保持垂直。反射法测量方式是探地雷达现场数据采集最常用的工作方式。

根据现场地形条件、设备状况及实际需要,可以采用"离散"测量与"连续"测量两种工作方式。

1. 离散反射剖面测量

离散反射剖面测量是指在测量过程中,在每一测点上进行数据采集时,发射与接收天线保持静止状态,待该记录道数据采集完毕,再将发射与接收天线同步移动到下一测点,开始下一道数据的采集。

(1)测网(线)布置原则。

进行反射法测量时,剖面(测)线通常应沿与探测目标体走向垂直的方向布置,或者根据勘探的需要沿与勘探线一致的方向布置。在探测过程中,根据雷达剖面上对目标体异常的反应情况,可布置适当的平行剖面对目标体的异常进行追踪,或者在发现异常体的位置上,沿与原测线垂直的方向布置适当长度的剖面进行追踪探查,以进一步确认异常体的规模及埋藏特征。

测线距大小的选择与具体勘探要求有关,一般可根据目标体的水平延伸尺度及所要圈定的异常范围大小来确定。

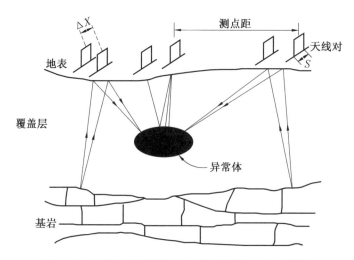

图 7.32　反射法剖面测量（ΔX 为道间距；S 为天线距）

（2）工作频率的选择。

工作频率是指所采用天线的中心频率，主要是决定于具体探测任务所要求的空间分辨率及勘探深度，还应考虑目标体周围介质的不均匀性引起的杂乱反射在雷达记录中形成的干扰影响。选择工作频率的基本原则是首先保证有足够的勘探深度，然后才考虑为提高空间分辨率而选用具有较高中心频率的工作天线。

假设被探测的目标体周围介质的相对介电常数为 ε_r，在垂向上所需分辨的水平层的厚度为 ΔZ，则所采用天线的中心频率 f_c 必须满足如下关系：

$$f_c^R > \frac{75}{\Delta Z \sqrt{\varepsilon_r}} \text{ MHz} \tag{7.116}$$

目标体周围介质的不均匀性会在探地雷达记录中引起杂乱回波，这种杂乱回波的强度除了与不均匀体的尺度有关，还跟雷达信号的波长有关，即与雷达信号的中心频率有关。为了使得目标体周围介质的不均匀性在雷达记录上所形成的杂乱回波强度小到可以忽略不计，通常要求雷达信号的波长比起目标体周围介质不均匀体的典型尺度 ΔL 大十倍以上，因此，雷达信号的中心频率必须满足

$$f_c^C < \frac{30}{\Delta L \sqrt{\varepsilon_r}} \text{ MHz} \tag{7.117}$$

式（7.117）对雷达信号频率的要求意味着所探测的目标体其尺度应比周围介质中不均匀体的尺度大得多。另外，从勘探深度的角度考虑，假设所要求的勘探深度为 D，则要求中心频率满足

$$f_c^D < \frac{1\,200\sqrt{\varepsilon_r - 1}}{D} \text{ MHz} \tag{7.118}$$

如果分辨率所要求的中心频率 f_c^R 高于压制回波干扰所要求的中心频率 f_c^C 及勘探深度所要求的中心频率 f_c^D，则表明所期望的分辨率与所要求压制的回波干扰体的尺度及勘探深度是不相容的。

假定所要求的空间分辨率为目标体埋深的 25%，则勘探深度与天线中心频率的对应关系可由表 7.3 近似决定。

表 7.3 勘探深度与天线中心频率的对应关系

勘探深度/m	0.5	1.0	2.0	7.0	10.0	30.0	50.0
中心频率/MHz	1 000	500	200	100	50	25	10

表 7.3 所提供的天线中心频率同勘探深度的关系是以实践经验为基础的。对于一定中心频率的天线,其可能达到的勘探深度除了与地质雷达系统本身的性能有关外,还跟具体的勘探环境有关。

(3)采样时间窗大小的估计。

采样时间窗大小可由下式估计:

$$W = 1.3 \frac{2 \times D}{V} \tag{7.119}$$

式中,D 表示预期所能达到(或要求)的勘探深度,m;V 为地层介质中的平均雷达波速度,m/ns;W 为采样时间窗,ns。

(4)时间采样间隔的选择。

对于大多数探地雷达系统而言,其天线的频带宽度与中心频率的比通常为 1,这意味着天线所辐射的电磁脉冲所包含的能量主要分布在 0.5~1.5 倍的中心频率的频段上。因此,雷达信号的最高频率约为所用天线的中心频率的 1.5 倍。根据上述假设及 Niquist 采样定律,探地雷达数据的采样频率应为雷达信号最高频率的 2 倍,为了保险起见,可将采样频率再加大 1 倍。因此,雷达数据的采样率约为所用天线的中心频率的 6 倍,即时间采样间隔 Δt 由下式确定:

$$\Delta t = \frac{1\,000}{6 f_c} \tag{7.120}$$

上式中 f_c 为所用天线的中心频率。表 7.4 给出了最大时间采样间隔与天线中心频率之间的关系。

表 7.4 天线中心频率与最大采样间隔的关系

天线中心频率/MHz	10	20	50	100	200	500	1 000
最大采样间隔/ns	16.7	8.3	3.3	1.67	0.83	0.33	0.17

在某些情况下,从采样速度的要求及采样数据存储空间考虑,可以加大时间采样间隔而稍微超出上述规定的时间间隔,但无论如何也不能大于上述所规定时间采样间隔的 2 倍。

(5)道间距(空间采样间隔)的选择。

离散测量条件下道间距的选择同所用天线的中心频率及所涉及的地下介质的介电性有密切关系。为了保证大地响应不出现空间假频,道间 Niquist(奈奎斯特)采样间隔 ΔX(m)为

$$\Delta X = \frac{c}{4 f \sqrt{\varepsilon_r}} \tag{7.121}$$

式中,f 为所用天线的中心频率,MHz。

在实际探测中,道间距的选取还应考虑地下被探测目标体的最小空间尺度,通常情况下,道间距应小于所要求探测的最小目标体水平方向延伸长度的 1/3。

(6)天线距大小的选择。

大多数的探地雷达系统是采用发射与接收分离的天线(对于发射与接收天线并置的雷达

系统而言,天线距的选择是没有意义的),天线距大小的合理选择对于为特定目标体的探测设计最优观测系统十分重要。

为了取得对目标体的最大耦合,天线的放置应保证发射与接收天线方向图中的折射聚焦峰值指向所探测目标体的大致深度上的同一位置。由于天线方向图的峰值指向空气—大地分界面的临界角方向,假设所要探测的目标体的大致深度为 D,其周围介质的相对介电常数为 ε_r,则最佳天线间距 $S(\mathrm{m})$ 可由下式估计:

$$S=\frac{2\times D}{\sqrt{\varepsilon_r-1}} \tag{7.122}$$

在实际探测中对天线距的选择还要考虑接收天线电路的动态范围。如果发射与接收天线距很小,直接由发射器传到接收器的信号很强,因而在雷达记录上的初始时间段会有一段畸变与恢复时间,导致不能探测到浅部地层的反射同相轴(通常称为"发射脉冲短路")。这时建议使用雷达信号的半波长作为天线距。

另外,对衰减吸收地层介质进行探测时,天线距的加大会导致雷达波传播路程加大,因而会引起回波信号的衰减幅度加大,这种情况下,天线距不能太大。在对测区介质电性缺乏了解的情况下,经验的做法是选择目标体大致埋深的 20% 作为天线距。

(7)天线方向的选择。

由于大多数探地雷达系统采用极化天线,其能量的辐射具有明显的极化特性。因此,在探测过程中,天线摆设的方向应保证其辐射的电场沿目标体走向或长轴方向极化,对偶极天线而言,要求天线板的长轴方向与目标体走向或长轴方向平行。在某些情况下,可将天线沿两个相互正交的方向摆设以采集两组数据,对这两组不同极化方向的数据进行分析,可以获得目标体的有关信息。

2. 连续反射剖面测量

测量过程中天线系统处于运动状态,连续测量与离散测量之间的关系如图 7.33 所示。在"连续"测量过程中,探地雷达系统以给定的时间延迟进行采样,即采集一个数据样需要一段确定的时间(时间采样间隔)。"连续"测量方式中,一个记录道上的雷达信号数据样是在随时间变化的不同的空间位置上采集的,因而所采集的每一道数据与天线系统在采集该道数据所需时间内移动所扫过的地下空间有关。

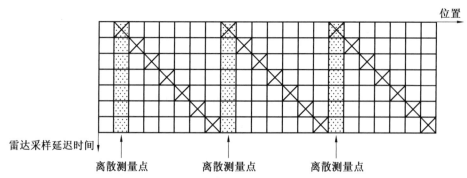

图 7.33 具有相等空间采样间隔的连续测量与离散测量的关系示意图

(1)连续测量时天线系统移动速度的确定。

为了能获得足够的空间采样率,天线系统移动的速度 v_m 应满足

$$v_m<R_S\cdot\Delta X \tag{7.123}$$

式中,R_s 为采样速率,即单位时间内雷达系统能完成的采样道数,道/s;ΔX 为所要求的空间采样间隔,即道间距,m;v_m 为天线系统移动速度,m/s。

(2)连续测量过程中的测点定位。

利用测线经过的附近已知的位置或人为在测线上设立的标记进行定位,当天线系统经过这些定位时,触发的定位开关已在相应记录道上留存记号。测线上人工标记的设立可按一定距离等间隔用皮尺或直接利用道路路标设置。

由于天线系统在移动过程中可能会由于速度不均匀而引起沿测线不同段的空间采样率发生变化,因此,应在室内用相应软件对现场采集的数据分段进行调整。

(3)进行连续测量时必须满足:地表相对比较平整;雷达系统的中心频率很高,因而空间采样间隔很小;探测区域面积很大,而且目标体相对周围介质具有较明显的电性差异;要求的勘探深度不大。

7.9.2　共中心点(或宽角反射折射)测量

共中心点(CMP)测量方式如图 7.34 所示,以地面一固定点(测点)为中心,发射天线与接收天线相互平行置于测点两侧,并与测量点保持对称,以固定的步长沿相反方向同步移动发射天线与接收天线进行测量,测量过程中发射天线与接收天线之间的距离逐步加大。通过分析共中心点法测量的数据可以获取地层介质中雷达波的速度及反射界面的深度。

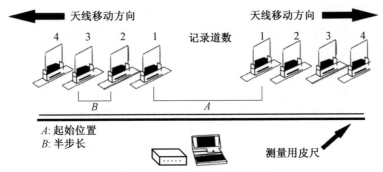

图 7.34　共中心点(CMP)测量

宽角反射折射(WARR)法测量与共中心点测量的不同之处是,前者保持发射天线固定,移动接收天线,逐步加大天线距进行测量。其观测数据同样可用于获取地层介质中雷达波的速度及反射界面的深度。

由于采用共中心点方式测量时反射信号一般可能来自地下固定的空间位置,而宽角反射折射法测量时,反射信号来自地下不同的空间位置,因此,在进行地层雷达波速度测量时,采用共中心点反射测量作为标准方式。

为了获得高质量的共中心点测量资料,在测量过程中,应保证天线互相平行并与测线垂直;测点周围地面比较开阔,以避免地表物体的侧面反射或绕射在雷达记录上引起干扰;地表应相对平整,天线与地面要耦合好,以便在天线距逐步加大时能接收到最大的反射能量。

进行共中心点反射测量时,两天线的初始距离 A 应等于天线移动的步长,即发射与接收天线每次各相对中心点移开 A/2 的距离。

可以采用在早期反射地震资料解释中常用的 T^2-X^2 曲线分析方法对共中心点反射测量资料进行解释,也可采用时差扫描叠加原理,进行速度分析求取速度谱,以计算地层雷达波速度与反射界面的深度。

7.9.3　透射法测量

透射法测量是将发射与接收天线分别放置在被探测介质体两侧进行探测,可在钻孔、坑道或者目标赋存的介质体周围进行透射测量。透射法测量可分为层息成像法测量和剖面测量。

层息成像法测量是发射器固定在某一深度,接收器自上而下以一定间隔逐点移动进行探测获得一个"道集";然后按一定间隔改变发射器位置,重复上述过程,得到另一"道集";在不同深度上放置发射器,得到若干"道集"的雷达数据记录。采用适当的数学方法,对所获得的数据记录进行 CT 成像,可得出被探测介质内雷达波速度(或慢度)或衰减系数的空间分布。接收器与发射器移动的间隔可根据成像精度的要求进行选择。

剖面测量方式是发射器与接收器保持在同一高度上以相等的间隔同步移动,可以获得被探测介质体内的有关雷达波的走时及衰减特征的快速记录。天线移动步长的选择可参考"离散"反射法剖面测量,也可根据具体情况选定。

进行透射法测量时,天线定位要求准确。在强吸收介质中,应保证发射天线与接收天线的距离在雷达波所能穿透的范围内。

7.9.4　工程试验

某深部地下联络通道由 Ⅰ～Ⅷ 通道组成,在开挖 Ⅰ 通道时发生了突变的初始地应力和不同于勘探报告的围岩等级。为了确保后续施工的安全和进度,根据地下结构风险控制预案,分别对 Ⅱ、Ⅲ、Ⅳ 和 Ⅴ 通道的围岩赋存目标进行探地雷达预报,提前掌握隧道掌子面前方围岩工程地质、水文地质以及划定围岩等级,完成深地结构的施工勘探,为支护结构设计提供科学依据。

下面就该地下结构Ⅲ号通道(SZK27+490)结构面进行现场测试工作,围岩主要由暗黄色岩组成,内部夹杂暗红色泥岩、泥质砂岩,中风化,节理裂隙分区发育,部分岩质较软,岩体有竖直向破碎带,岩体上部呈弯曲走向破碎,掌子面稍湿,中厚层状构造,有内部滑移面,易出现错层,掌子面距离洞口 40 m,掌子面照片如图 7.35 所示。

测向方向

图 7.35　Ⅲ号通道掌子面

为了对比,测试采用 SIR－4000 和 OKO－3 两种雷达分别进行,检测天线为 100 MHz 屏蔽天线,点距 0.10 m,检测剖面如图 7.36 所示。

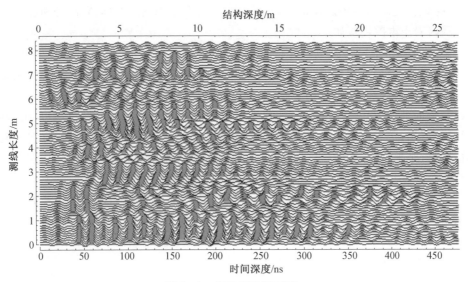

图 7.36　探地雷达剖面图

采用前面介绍的衍射成像雷达数据处理算法，对采集的数据进行局部处理，处理结构如图 7.37 所示。

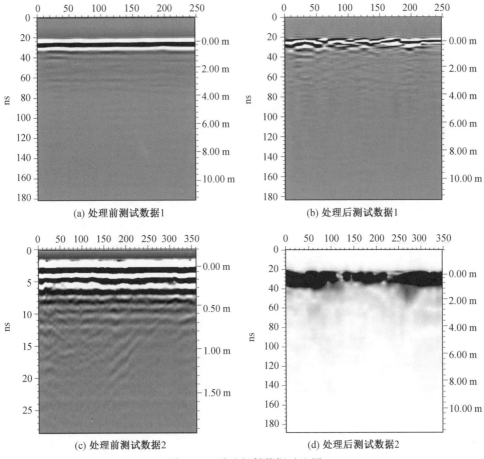

(a) 处理前测试数据1　　　　　(b) 处理后测试数据1

(c) 处理前测试数据2　　　　　(d) 处理后测试数据2

图 7.37　雷达衍射数据对比图

根据探地雷达反射波图像及衍射处理结果,结合掌子面围岩具体情况,分析测试结构前方 20 m 范围内岩土电磁环境如下:

(1)掌子面前方 0～200 ns 区段内,参考距离深度为 0.5～12 m,电磁波频率分布均匀,存在信号多次振荡,振幅表现较强,结合反射波形特征,初步判断该区段围岩主要为风化页岩和砂岩,岩体软弱,自稳性差,岩体稍破碎,节理、裂隙发育,整体岩层潮湿。

(2)掌子面前方 200～450 ns 区段,参考距离深度为 12～25 m,电磁波信号反射较明显,局部波形振幅突出,信号振荡明显,波形连续性一般。靠近右侧电磁波信号较弱,结合前段衍射加强信号分析结果,初步判断该区段围岩岩体松散破碎、风化,节理裂隙发育,岩层潮湿。

(3)结合国家相关规范和标准,判定围岩级别为 V 2 级。

根据雷达测试结果,提出如下建议:掌子面前方 35 m 区段围岩施工时应及时清理并加强防护,采用"进尺短、爆破弱、支护快、循环快"的施工原则,施工过程加强监测,确保支护结构满足支护特性曲线的要求。另外,对洞口采取预加固措施,提供截、排水设计预案,应严格按照设计和规范要求进行施工,尽可能维护围岩自身稳定,不超挖。

第 8 章 GPS 及 BDS 监测技术

8.1 GPS 卫星定位的基本原理

全球定位系统是美国国防部主要为满足军事部门对海上、陆地和空中运载体进行高精度导航和定位的要求而建立的。全球定位系统的迅速发展,引起各国军事部门和广大民用部门的普遍关注。近年来,GPS(Global Position System)定位技术在应用基础的研究、新应用领域的拓展、软件和硬件的开发等方面都取得了迅速发展,使导航与定位技术进入一个崭新的时代。

目前,GPS 定位技术已经广泛地应用到了地球物理勘察、资源勘探、航空与卫星遥感、工程变形监测、运动目标测速、精密时间传递和城市控制网改善等经济建设和科学技术领域,其成功经验充分显示了卫星定位技术的高精度与高效率,进一步展示了 GPS 定位技术的优越性和巨大潜力。

8.1.1 GPS 组成

GPS 主要有三大组成部分:GPS 卫星(空间星座部分)、地面支撑系统(地面监控部分)和GPS 接收机(用户设备部分)。

1. 空间星座部分

GPS 的空间卫星星座由 24 颗卫星组成,这些卫星分布在 6 个轨道面内,每个轨道面上有4 颗卫星。卫星轨道面相对地球赤道面的倾角为 55°,各轨道平面升交点赤经相差 60°,在相邻轨道上,卫星的升交角距相差 30°。轨道平均高度约为 20 200 km,卫星运行周期为 11 h 58 min。因此,同一观测站上每天出现的卫星分布图形相同,只是每天提前 4 min。每颗卫星每天约有 5 h在地平线以上,同时位于地平线以上的卫星数目随时间和地点而异,最少为 4 颗,最多可达 11颗。GPS 卫星在空间上的上述配置,保障了在地球上任何地点、任何时刻均至少可以同时观测到 4 颗卫星。卫星信号的传播和接收不受天气的影响,这就使 GPS 成为一种全球性、全天候的连续实时定位系统。空间部分的 3 颗备用卫星在必要的时候,将根据指令代替发生故障的卫星工作,这对于保障 GPS 空间部分正常而高效的工作是极其重要的。GPS 卫星主体呈圆柱形,直径约为 1.5 m,质量约 774 kg(包括 310 kg 燃料),两侧各设有两块双叶太阳能板,能自动对日定向,以保证卫星正常工作的用电。每颗卫星装有 4 台高精度原子钟(2 台铷钟和 2台铯钟),它们发射标准频率为 GPS 测量提供高精度的时间标准,是卫星的核心设备。

GPS 卫星的基本功能是:

(1)接收和存储由地面监控站发来的导航信息,接收并执行监控站的指令。

(2)卫星上设有微处理机,进行部分必要的数据处理工作。

(3)通过星载高精度铯钟和铷钟提供精密的时间标准。

(4)向用户发送导航与定位信息。

(5)在地面监控站的指令下,通过推进器调整卫星的姿态和启用备用卫星。

2. 地面监控部分

GPS 的地面监控部分目前主要由分布在全球的 5 个地面站组成,包括卫星监测站、主控站和信息注入站。

卫星监测站是在主控站直接控制下的数据自动采集中心。站内设有双频 GPS 接收机、高精度原子钟、计算机和若干环境数据传感器。接收机连续观测 GPS 卫星、采集数据、监测卫星的工作状况;原子钟提供时间标准;环境传感器收集当地有关的气象数据。所有观测资料由计算机进行初步处理,再储存和传送到主控站,用以确定卫星的精密轨道。

主控站设在科罗拉多州。主控站除协调和管理所有地面监控系统的工作外,其主要任务是:

(1)根据本站和其他监测站的所有观测资料推算编制各卫星的星历、卫星钟差和大气层的修正参数等,并把这些数据传送到注入站。

(2)提供 GPS 的时间基准。各监测站和 GPS 卫星的原子钟均应与主控站的原子钟同步或测出其钟差,并把这些钟差信息编入导航电文送至注入站。

(3)调整偏离轨道的卫星,使之沿预定轨道运行。

(4)启用备用卫星以代替失效的工作卫星。

信息注入站现有 3 个,分别设在印度洋的迭戈加西亚、南大西洋的阿松森岛和南太平洋的卡瓦加兰。信息注入站的主要设备包括天线、C 波段发射机和计算机,其主要任务是在主控站的控制下,将主控站推算和编制的卫星星历、钟差、导航电文和其他控制指令等注入相应卫星的存储系统,并监测注入信息的正确性。

整个 GPS 的地面监控部分,除主控站外均无人值守。各站间用现代化的通信系统联系起来,在原子钟和计算机的精确控制下自动运行。

3. 用户设备部分——GPS 接收机

GPS 的空间部分和地面监测部分是用户广泛应用该系统进行导航和定位的基础,用户只有通过用户设备,才能实现导航和定位的目的。1999 年度全世界民用 GPS 产品的投资额已超过 60 亿美元,而在以后五年内每年的投资额多达 160 亿美元。GPS 接收机大体上可分为两类:导航型和测地型。接收机由天线单元和接收单元(包括通道单元、计算与显示单元、存储单元、电源)构成。导航型接收机结构简单、体积小、精度低、价格低,一般采用单频 C/A 码伪距接收技术,定位精度为 100 m,用于航空、航海和陆地的实时导航。测地型接收机结构复杂、精度高、价格高,采用双频伪距与载波接收技术,用在大地测量、地壳变形监测以及精密测距中,测量基线精度达到 $10^{-9} \sim 10^{-7}$。

用户设备的主要任务是接收 GPS 卫星发射的信号,以获得必要的导航和定位信息及观测量,并通过数据处理,完成导航和定位工作,它的简化原理如图 8.1 所示。全向圆极化天线接收卫星发射的频率为 $f_1 = 1\,575.42$ MHz 和 $f_2 = 1\,227.60$ MHz,经前置放大器放大后进行变换。前置放大器采用宽带低噪声载频放大器改善信噪比。变频器则把射频信号变成中频信号,经放大、滤波,送给伪码延时锁定环路,对信号进行解扩、解调,得到基带信号。微处理器从载波锁定环路提取与多普勒频移相应的伪距变化率;从伪码延时锁定环路提取伪距。本地振荡器和频率综合器产生需要的各种振荡信号。导航定位计算部分从基带信号中译出星历、卫星时钟校正参数、大气校正参数、时间标记点、历书,再用这些参数结合伪距和伪距变化率以及一些初始数据,完成用户位置和速度的计算以及最佳导航星的选择计算工作。

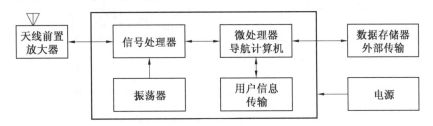

图 8.1　GPS 接收机结构示意图

接收机的工作过程如下:

(1)选择卫星:用户必须预先知道全部导航星的粗略星历,并从可见星(4~11 颗)中选择几何关系最好的 4 颗星。若接收机刚投入使用,还没有这种数据,则需搜捕卫星信号;只要捕获并跟踪到 1 颗卫星的信号,便可以从其第五子帧取得全部卫星的粗略星历。

(2)搜捕和跟踪被选卫星信号:搜捕信号不必一位码一位码地从头到尾进行搜捕,只要粗略地知道用户位置,便可在大概的用户到卫星的距离左右搜捕,一旦捕获到卫星信号并进入跟踪,那么就可以解调出导航信息。

(3)获取粗略伪距并进行修正:用 f_1、f_2 测得的伪距差,对测量伪距进行大气附加延时的修正,只用 C/A 码的接收机无法进行此项工作。

(4)定位计算。

8.1.2　GPS 信号结构及电文

1. GPS 的信号结构

GPS 卫星信号包括三种信号分量:载波、测距码和数据码。时钟频率 $f_0=10.23$ MHz,利用频率综合器产生所需的频率。GPS 信号的产生过程如图 8.2 所示。

GPS 使用 L 波段,配有两种载波:

载波 L_1:$f_{L_1}=f_0\times154=1\,575.42$ MHz,波长 $\lambda_1=19.03$ cm;

载波 L_2:$f_{L_2}=f_0\times120=1\,227.60$ MHz,波长 $\lambda_2=24.42$ cm。

两载波之间频率差为 347.82 MHz,等于 f_{L_2} 的 28.3%。选择这两个载波,目的在于测量并消除因电离层效应引起的延迟误差。

在载波 L_1 上调制有 C/A 码、P 码(或 Y 码)和数据码,而在载波 L_2 上只调制有 P 码(或 Y 码)和数据码。GPS 卫星的测距码和数据码采用调相技术调制到载波上。

2. GPS 的测距码

GPS 卫星采用两种测距码,即 C/A 码、P 码(或 Y 码),它们都是伪随机噪声码(Pseudo Random Noise Code,PRN 码),简称伪随码或伪码。伪随机码具有类似随机码的良好自相关特性,而且具有某种确定的编制规则。它是周期性的,方便复制。

C/A 码用于跟踪、锁定和测量,是由 m 序列优选对组合码形成的 Gold 码(G 码)。G 码是由两个长度相等而相关极大值最小的 m 序列码逐位进行模 2 相加构成的。改变产生它的两个 m 序列的相对相位,就可以得到不同的码。G 码最主要的优点在于广泛用于多址通信,这

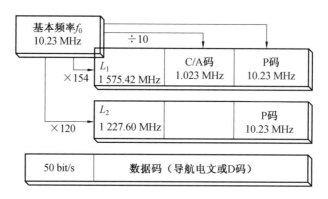

图 8.2　GPS 信号产生过程

是 GPS 采用 G 码作为 C/A 码的主要原因。C/A 码精度较低,但码结构是公开的,可供具有 GPS 接收设备的广大用户使用。

P 码由两个伪随机码经相乘构成,精度较高,是结构不公开的保密码,专供美国军方以及得到特许的盟国军事用户使用。不知道 P 码结构,便无法捕获 P 码。由于在试验期间,某些厂家已经掌握捕获 P 码的技术,生产出 P 码接收机,因此,美国国防部又实行了 AS(Anti-Spoofing)政策,即在 P 码上增加了极度保密的 W 码,形成新的 Y 码,绝对禁止非特许用户应用。

3. GPS 的导航电文

导航电文是用户用来定位和导航的基础数据,包含了卫星的星历、工作状态、时钟更正、电离层时延改正、大气折射改正以及由 C/A 码捕获 P 码等导航信息。导航电文是由卫星信号解调出来的数据码。这些信息以 50 bit/s 的速率调制在载频上,数据采用不归零制(NRZ)的二进制码。

导航电文采用主帧、子帧、字码和页码格式,每主帧电文长度为 1 500 bit,传送速率为 50 bit/s,所以播发一帧电文需要 30 s。每帧导航电文包括 5 个子帧,每个子帧长 6 s,共 300 bit。第 1、2、3 子帧各有 10 个字码,这 3 个子帧的内容每 30 s 重复一次,每 1 h 更新一次,第 4、5 子帧各有 25 页,共有 15 000 bit。一帧完整的电文共有 37 500 bit,需要 750 s 才能够传送完,花费时间达 12.5 min。电文内容在卫星注入新的数据后再进行更新。

导航电文的内容包括遥测码(TLM)、转换码(HOW)、数据块Ⅰ、数据块Ⅱ和数据块Ⅲ 5 部分,其结构示意如图 8.3 所示,各部分内容如下:

每一个子帧的第 1 个字码都是遥测码,作为捕获导航电文的前导。其中所含的同步信号为各子帧提供了一个同步起点,使用户便于解释电文数据。

每一个子帧的第 2 个字码都是转换码,它的主要作用是帮助用户从已捕获的 C/A 码转换到 P 码。

子帧 1 的第 3～10 个字码为数据块Ⅰ,它的主要内容是:标志码(指明载波 L_2 的调制波类型、星期序号、卫星的健康状况)、数据龄期、卫星时钟改正系数。

数据块Ⅱ含在子帧 2 和子帧 3 内,它载有卫星的星历,即描述有关卫星运行轨道的信息。这是 GPS 定位中最常见的数据。

数据块Ⅲ含在子帧 5 内,它提供 GPS 卫星的历史数据。当接收机捕获到某卫星后,利用数据块Ⅲ的信息可以得到其他卫星的概略星历、时钟改正、码分地址和卫星状态等数据。

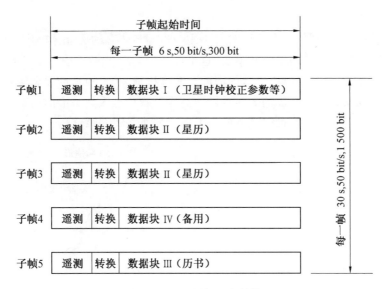

图 8.3　GPS 导航电文结构

数据块Ⅳ空置,留作备用。

当采用 GPS 进行定位的解算时,可通过上述导航电文获取 GPS 卫星的各种轨道参数,在此基础上准确计算卫星的瞬时位置。

8.1.3　GPS 定位系统的坐标及其转换

1. 地心直角坐标系和大地坐标系

(1)地心直角坐标系。

卫星在空间运行的轨迹称为轨道,利用卫星进行定位必须把卫星轨道与地球联系起来,使卫星和用户同处在一个坐标系中,求解卫星在这个坐标系中的瞬时位置。

地心直角坐标系又称空间直角坐标系。如图 8.4 所示,它是以地球的地心 O 为原点,XOY 平面在赤道面上,OX 正向指向格林尼治子午线与赤道的交点,OZ 轴指向地球北极,与地球极轴重合。该坐标系与地球紧密结合在一起,随着地球旋转而转动。

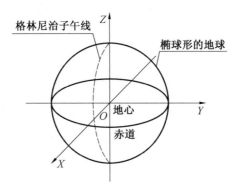

图 8.4　地心直角坐标系

(2)大地坐标系。

从微观上来说地球并非圆球体,而是近似椭球体,其极半径约为 6 357 km,赤道半径约为

6 378 km,相差 21 km,且地球表面凹凸不平。

为了得到较高的定位精度,在定位时必须用与地球最吻合的椭球体来代替地球,并使椭球体和大地水准面之间高度差的平方和最小,这个椭球称为参考椭球或基准椭球。大地水准面是指假想的无潮汐、无温差、无风、无盐的海面。基准椭球面、大地水准面和实际地形的关系如图 8.5 所示。在地球上任一点 G 的大地水准面高度是指该点大地水准面与基准椭球面之间的距离。G 点的海拔高度是指该点实际地形与大地水准面之间的距离。

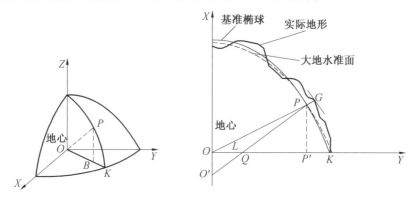

图 8.5   地球基准椭球面、大地水准面和实际地形的关系

地球上某一点通常用大地坐标或地理坐标来表示,即用经度、纬度和高度来表示。大地坐标的基准圈是赤道。通过格林尼治天文台的地球子午线称为 0° 经度线,它与赤道的交点是大地坐标的起算点。地球上任意一点的经度,就是以格林尼治子午线与该点子午线之间所截的赤道短弧所对的球心角,常用 B 表示。经度的计算是以格林尼治子午线为起点,向东与向西都是 $0° \sim 180°$。向东称为东经,用 E 表示;向西称为西经,用 W 表示。

地球上任意一点的纬度是以赤道为基准,子午线在该点的法线与赤道面的交角为该点的纬度,用 L 表示。在图 8.5 中,G 点的纬度是指 GO 与 OK 的夹角。纬度从赤道算起向北与向南都是 $0° \sim 90°$。向赤道以北称为北纬,用 N 表示;向赤道以南称为南纬,用 S 表示。

地面上任意一点的高度 H 是指该点的实际地形与基准椭球面之间的距离,即

$$H = N + h \tag{8.1}$$

式中,N 为大地水准面高度;h 为海拔高度。

2. 坐标系转换

(1) 地心直角坐标系和大地坐标系的变换。

地球上任意一点可用空间直角坐标 (X, Y, Z) 和地理坐标 (B, L, H) 来表示,它们之间可进行相互换算。

① 由地理坐标变换为空间直角坐标:

$$\begin{cases} X = (M + H) \cos L \cos B \\ Y = (M + H) \cos L \sin B \\ Z = [M(1 - e^2) + H] \sin L \end{cases} \tag{8.2}$$

式中,$M = a / (1 - e^2 \sin^2 L)^{\frac{1}{2}}$ 为东西圆曲率半径,a 为长半轴,b 为短半轴;$e^2 = (a^2 - b^2) / a^2$。

② 由空间直角坐标变换为地理坐标：

$$\begin{cases} B = \arctan\left(\dfrac{Y}{X}\right) \\ L = \arctan\left(\dfrac{Z + (e')b\sin^3\theta}{P - e^2 a\cos^3\theta}\right) \\ H = \dfrac{P}{\cos L} - M \end{cases} \qquad (8.3)$$

式中，$\theta = \arctan\left(\dfrac{Za}{Pb}\right)$；$P = (X^2 + Y^2)^{\frac{1}{2}}$；$(e')^2 = \dfrac{a^2 - b^2}{b^2}$。

（2）不同坐标系的相互转化。

由于政治、历史和地域的原因，各国编制的地图、各种导航系统及生产的导航设备，选用了不同的基准椭球体，产生了多种坐标系统。为了使导航定位设备所测定的地理位置与所用的地图相对应，必须进行两种坐标系的相互转换。

① 不同地心直角坐标间的变换。两种不同的地心直角坐标系变换，要综合考虑选用的不同的基准椭球，由于坐标原点的平移、坐标轴之间的旋转和两直角坐标系的刻度单位不同而引起的尺度变化。

a. 坐标系的原点不重合。

如图 8.6 所示，WGS－72 与 WGS－84 之间因基准椭球体差异引起坐标原点不重合。此处 $\Delta X = 4.5$ m，$\Delta Y = 0$ m，$\Delta Z = 0$ m。

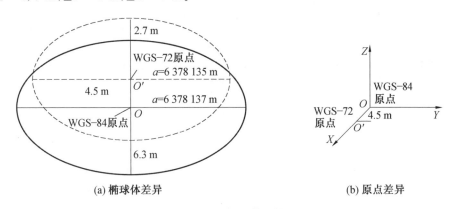

图 8.6　地球基准椭球体的差异

只考虑两个坐标系的原点不重合，则地球上某一点在两坐标系中的直角坐标变换为

$$\begin{cases} X_2 = X_1 + \Delta X \\ Y_2 = Y_1 + \Delta Y \\ Z_2 = Z_1 + \Delta Z \end{cases} \qquad (8.4)$$

式中，(X_1, Y_1, Z_1) 为该点在坐标系 1 中的直角坐标；(X_2, Y_2, Z_2) 为该点在坐标系 2 中的直角坐标；ΔX、ΔY、ΔZ 为坐标原点平移引入的坐标差值。

b. 坐标轴之间的旋转。

若两坐标轴原点重合，而坐标轴之间旋转，转角为 Ω_X，Ω_Y，Ω_Z（如图 8.7 所示，WGS－72 相对于 WGS－84 坐标轴的旋转角 $\Omega_X = 0.554'$，$\Omega_Y = 0°$，$\Omega_Z = 0°$），当旋转角很小时，坐标变换如下：

$$\begin{cases} X_2 = X_1 + \Omega_Z Y_1 - \Omega_Y Z_1 \\ Y_2 = -\Omega_Z X_1 + Y_1 + \Omega_X Z_1 \\ Z_2 = \Omega_Y X_1 - \Omega_X Y_1 + Z_1 \end{cases} \tag{8.5}$$

用矩阵表示,为

$$\begin{bmatrix} X_2 \\ Y_2 \\ Z_2 \end{bmatrix} = \begin{bmatrix} 1 & \Omega_Z & -\Omega_Y \\ -\Omega_Z & 1 & \Omega_X \\ \Omega_Y & -\Omega_X & 1 \end{bmatrix} \begin{bmatrix} X_1 \\ Y_1 \\ Z_1 \end{bmatrix} \tag{8.6}$$

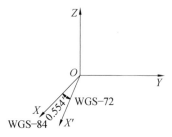

图 8.7　WGS－72 与 WGS－84 的坐标旋转轴

c.两坐标系的原点不重合,坐标轴相对旋转:

若两坐标系的原点不重合,并且坐标轴相对旋转,则坐标变换公式为

$$\begin{bmatrix} X_2 \\ Y_2 \\ Z_2 \end{bmatrix} = \begin{bmatrix} \Delta X \\ \Delta Y \\ \Delta Z \end{bmatrix} + (1+k) \begin{bmatrix} 1 & \Omega_Z & -\Omega_Y \\ -\Omega_Z & 1 & \Omega_X \\ \Omega_Y & -\Omega_X & 1 \end{bmatrix} \begin{bmatrix} X_1 \\ Y_1 \\ Z_1 \end{bmatrix} \tag{8.7}$$

式中,k 为尺度因子(无量纲),表明两个坐标的长度标准微小的差异;

转换矩阵为

$$\begin{bmatrix} 1 & \Omega_Z & -\Omega_Y \\ -\Omega_Z & 1 & \Omega_X \\ \Omega_Y & -\Omega_X & 1 \end{bmatrix}$$

在式(8.7)中,若知道 ΔX、ΔY、ΔZ、Ω_X、Ω_Y、Ω_Z 和 k 这七个参数,就可以进行两直角坐标变换,称为七参数变换法。

通常,为了简化计算模型,缩短计算程序,减少定位数据显示更新时间,利用式(8.4)的三参数(ΔX、ΔY、ΔZ)变换法。三参数变换法与七参数变换法计算结果差别不大,仅有几米。

② 不同大地坐标间的变换。如果知道原点位移量(ΔX,ΔY,ΔZ),坐标旋转角(Ω_X,Ω_Y,Ω_Z)和尺度因子 k 七个参数,以及椭球长轴 a 和偏心率 e,可以计算大地坐标的改正值(ΔB,ΔL,ΔH)。以下列出只考虑 ΔX、ΔY、ΔZ 改正值的数学模型。

$$\Delta B = \frac{1}{N \cos L \sin l''}(\cos B \Delta Y - \sin B \Delta Z)('') \tag{8.8}$$

$$\Delta L = \frac{1}{M \sin l''}[(a \Delta e^2 + e^2 \Delta a) \sin L \cos L + ae^2 \sin^3 L \cos L - \sin L \cos B \Delta X -$$

$$\sin L \sin B \Delta Y + \cos L \Delta Z]('') \tag{8.9}$$

$$\Delta H = \cos L \cos B \Delta X + \cos L \cos B \Delta Y + \sin L \Delta Z - N(1 - e^2 \sin^2 L)\frac{\Delta a}{a} +$$

$$M(1 - e^2 \sin^2 L)\sin^2 L \frac{\Delta e^2}{2(1-f)} \tag{8.10}$$

式(8.8)～(8.10)中,M 为原坐标系子午圆曲率半径,$M = \dfrac{a(1-e^2)}{(1-e^2\sin^2 L)^{3/2}}$;$N$ 为原坐标系东西圆曲率半径;$\Delta a = a' - a$,a 为原坐标系长半轴,a' 为新坐标系长半轴;$\Delta e^2 = (2-2f)(f'-f)$,$f = \dfrac{a-b}{a}$ 为原坐标地球扁率,f' 为新坐标地球扁率;e 为第一偏心率;$1/\sin l'' = 206\ 264.806\ 4$,为弧度化为秒的系数。

求得 ΔB、ΔL、ΔH 后,新的大地坐标为

$$\begin{cases} B' = B + \Delta B \\ L' = L + \Delta L \\ H' = H + \Delta H \end{cases} \tag{8.11}$$

③WGS—84 与 BEJ—54 大地坐标的变换。GPS 定位解算统一采用 WGS—84,为了在非 WGS—84 的地图上标绘符合 GPS 精度要求的位置,可对 GPS 定位结果进行坐标变换。国外生产的 GPS 接收机都装有欧盟、美国、日本等地区和国家的局部大地坐标转换为 WGS—84 的坐标转换软件,而我国由于大地测量数据保密等原因,国外生产的 GPS 接收机软件一般没有对 BEJ—54 的转换,国内用户可采用大地测量的有关方法进行坐标换算。

8.2　GPS 定位原理

8.2.1　绝对定位原理

绝对定位也称单点定位,通常指在协议地球坐标系(EFEC)中,直接确定观测站相对于坐标系原点(地球质心)绝对坐标的一种定位方法。利用 GPS 进行绝对定位的原理,是以 GPS 卫星和用户接收机天线之间距离(或距离差)的观测量为基础,并根据已知的卫星瞬时坐标来确定用户接收机天线所对应的点位,即观测站的位置。

GPS 绝对定位方法的实质是空间距离后方交汇。为此,在一个观测站上,原则上有 3 个独立的距离观测量便够了,这时观测站应位于以 3 颗卫星为球心、相应距离为半径的球与地面交线的交点。但是,由于 GPS 采用单程测距原理,同时卫星时钟与用户接收机时钟难以保持严格同步,所以实际观测的观测站至卫星之间的距离与几何距离有一定的差值(故称之为伪距)。关于卫星钟差,我们可以应用导航电文中所给出的有关钟参数加以修正,而计算机的钟差一般难以预先准确地确定,所以通常均把它作为一个未知参数,与观测站的坐标在数据处理中一并求解。因此,在一个观测站上,为了实时求解 4 个未知参数(3 个点位坐标分量和 1 个钟差参数),至少需要 4 个同步伪距观测值,即至少必须同时观测 4 颗卫星,如图 8.8 所示。

应用 GPS 进行绝对定位,根据用户接收机天线所处的状态可以分为动态绝对定位和静态绝对定位。

8.2.2　相对定位原理

实践表明,动态绝对定位的精度为 10～30 m,这一精度远不能满足精密定位的要求,而静态相对定位精度可达 1 m 甚至更高。GPS 相对定位可以消去卫星轨道误差、卫星钟差、电离

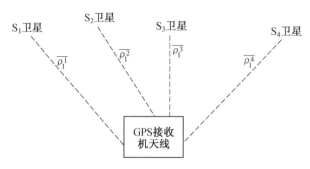

图 8.8　GPS 绝对定位原理

层误差、对流层误差等公共误差，极大地提高了定位精度。GPS 相对定位是目前 GPS 测量中精度最高的一种定位方法。

　　相对定位的基本原理如图 8.9 所示，该方法是两台接收机分别安装在基线的两端，并同步观测相同的 GPS 卫星以确定基线端点在协议地球坐标系中的相对位置或基线向量。这种方法一般可推广到多台接收机安置在若干条基线的端点，通过同步观测 GPS 卫星以确定多条基线向量的情况。

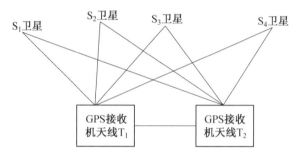

图 8.9　GPS 相对定位原理

　　根据用户接收机在测量过程中所处的状态不同，相对定位有静态和动态之分。静态相对定位（即设置在基线端点的接收机是固定不动的）可通过重复观测取得充分的多余观测数据，以改善定位的精度。静态相对定位一般采用载波相位观测量为基本观测量，且普遍应用独立的载波相位观测量的多种差分形式进行定位计算，重要的组合形式为单差、双差和三差三种。这一定位方法是当前 GPS 测量中精度最高的一种方法。

　　JPS Eurocard OEM 型 GPS 接收机为 JAVAD 公司第四代 GPS 接收机产品，具有集成度高、功能齐全、一体化、使用灵活、操作简便等一系列特点，能跟踪和测量每颗 GPS 卫星发出的所有信号：C/A－L1 码和载波、P－L1 码和载波（非特许用户得不到 P 码）。它拥有足够的信道，使用户可在任何给定时间跟踪所有的可见卫星（对于 GPS 有 11 个信道）；有 16 MB 的内置式数据存储能力，用于存储卫星星历的完整数据，其可选存储容量最大可达 64 MB；能够提供多达每秒 10 次的原始数据和定位结果输出；能定制用户自己的控制/显示单元；基于 Windows 平台的后处理软件可方便地处理事后 RTK（Real-time kinematic）观测数据。

　　基于载波相位测量的相对定位结果能达到相对高的精度，如图 8.10 所示为两台 Javad Eurocard OEM 型 GPS 接收机在实验室附近所做的动态相对定位结果，图中 Site 为基站，曲线为另一台 GPS 接收机所测出的移动目标的运行轨迹。

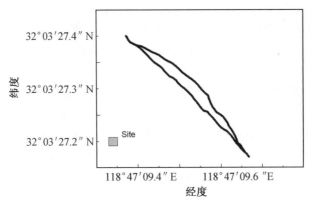

图 8.10　GPS 相对定位结果

8.3　GPS 在三峡库区滑坡稳定性分析中的应用

8.3.1　工程基本概况

三峡地区自然地质条件复杂,暴雨频繁,是我国滑坡、崩塌和泥石流等地质灾害多发地区之一。随着三峡水库水位的不断抬升,水库沿岸的滑坡、崩塌呈现逐年增多的趋势。为此,三峡库区灾害防治部门对沿水库呈狭长条带分布的滑坡体布设了 GPS 监测的三级测网,即控制网、基准网和变形监测网。其中,控制网和基准网分别为滑坡绝对位移监测的一、二级控制,按国家 A、B 级网的要求布设;变形监测网用于滑坡地表位移监测,按国家 C 级网的要求布设。这一监测网于 2005 年建成并投入使用,经过 7 年的工程实践证明,它有效地提高了滑坡监测的可靠性和可持续性,并使全库区滑坡监测形成了统一的整体。

稳定的基准是滑坡变形分析的重要基础之一,但实际上由于三峡水库高水位蓄水以及水位周期性变化的影响,库区一定范围内的地表将发生变形。这种变形是否会对首级 GPS 控制点产生影响,是当前库区滑坡监测中迫切需要解决的问题。目前常用的点位稳定性分析的方法有平均间隙法、稳健迭代权法、t 检验法、限差法、变形误差椭圆法等。这些成熟的分析方法结合 GPS 技术的特点,已广泛应用于 GPS 变形分析。但对于库区首级 GPS 控制网的稳定性分析,采用已有的方法则存在局限性。主要的原因是:库区 GPS 控制网的数据处理需要选取若干全球框架点一并进行处理,由于全球框架点空间分布广,运动规律并不一致,不宜再被视为固定不变的基准,因而在点位稳定性分析时必须顾及参考基准的动态变化。考虑到滑坡监测基准对变形分析的重要性以及已有方法的局限性,本节将介绍区域性 GPS 基准网的稳定性分析方法,该方法较好地解决了三峡库区 GPS 控制网的稳定性分析问题。

8.3.2　GPS 观测和数据处理

本例中所涉及的三峡库区 GPS 控制网由库区 12 个首级控制点组成,具体分布在湖北省的兴山县、秭归县、巴东县,重庆市的巫山县、奉节县、云阳县、开县、万州区、丰都县、武隆县、长寿区、江津区 12 个县(市、区)所辖范围内,地理坐标介于 $105°44''E\sim111°39''E$、$28°32''N\sim31°44''N$ 之间。为保证点位的稳定性,所有 GPS 控制点均选埋在稳定基岩上,同时各 GPS 控制点均建有强制对中观测墩,以削弱仪器对中误差的影响。GPS 控制网分别于 2008 年 10 月、2010 年 1 月、2010 年 10 月和 2011 年 10 月进行了 4 期观测。GPS 观测采用了 LEI-CAGX1230 和 TRIMBLE5700 两种类型的双频接收机,采样间隔为 15 s,卫星截止高度角为 15°。GPS 控制点每期累计观测时间不少于 54 h。

GPS 控制网的数据处理采用 GAMIT/GLOBK 软件分 3 步完成:

(1)将库区 GPS 控制点和中国大陆区域及周边地区的 11 个 IGS 跟踪(WUHN、BJFS、SHAO、KUNM、LAHZ、GUAO、POL2、ULAB、IRKT、DAEJ、TNML)的同步观测资料 (2008～2011 年)进行综合处理,获得控制点和 IGS 站以及卫星轨道的单日松弛解。

(2)分析单日解的重复性,剔除异常解,经试算后,以 3 d 为间隔合并单日松弛解得到 20 个多天解。

(3)选取 ITRF2005 作为参考框架,估计 2008～2011 年间 GPS 控制点的位移速率,框架点通过相似变换以速率残差平方和最小为原则进行确定。考虑到 WUHN 站与库区 GPS 控制点同在我国华南块体上,故将其作为位移速率的检核点,即计算时没有使用 WUHN 站的已知速率值。GPS 控制点的点位分布图如图 8.11 所示,具体的速率值见表 8.1。

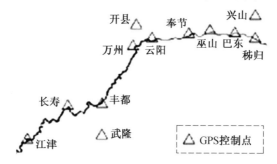

图 8.11 三峡库区 GPS 控制点的点位分布图

表 8.1 GPS 控制点在 N、E 和 U 方向的位移速率

点名	位置		GPS 实测(ITRF2005)			NNR－NUVEL1A	
	$B/(°)$	$L/(°)$	$V_{N1}/(mm·a^{-1})$	$V_{E1}/(mm·a^{-1})$	$V_{U1}/(mm·a^{-1})$	$V_{N2}/(mm·a^{-1})$	$V_{E2}/(mm·a^{-1})$
ZGA2(秭归)	31.0	110.7	$-11.1±0.3$	$31.8±0.4$	$3.5±1.7$	-11.3	23.5
XSA3(兴山)	31.3	110.7	$-10.4±0.3$	$33.4±0.4$	$1.6±1.6$	-11.3	23.5
BDA4(巴东)	31.0	110.4	$-8.2±0.3$	$32.8±0.4$	$4.5±2.0$	-11.2	23.5
WSA5(巫山)	31.1	109.9	$-13.0±0.3$	$31.5±0.4$	$9.2±2.2$	-11.1	23.5
FJA6(奉节)	31.0	109.5	$-11.9±0.3$	$32.4±0.4$	$7.0±1.7$	-11.0	23.6
YYA8(云阳)	31.0	108.7	$-10.4±0.4$	$31.7±0.6$	$8.0±81.7$	-10.8	23.7
KXA9(开县)	31.2	108.4	$-10.6±0.3$	$31.9±0.5$	$4.4±1.7$	-10.8	23.7
WZ10(万州)	30.8	108.4	$-11.3±0.3$	$33.1±0.6$	$2.5±1.8$	-10.8	23.7
FD11(丰都)	29.9	107.8	$-10.9±0.5$	$33.0±1.0$	$1.2±3.1$	-10.6	23.7
WL12(武隆)	29.3	107.8	$-13.9±0.4$	$30.7±1.0$	$-4.4±2.5$	-10.6	23.7
CS13(长寿)	29.8	107.1	$-11.9±0.4$	$33.8±1.0$	$-9.0±2.3$	-10.5	23.8
JJ15(江津)	29.3	106.3	$-9.9±0.5$	$33.9±1.1$	$4.1±3.7$	-10.3	23.9

GPS 控制点的水平位移速率如图 8.12 所示。

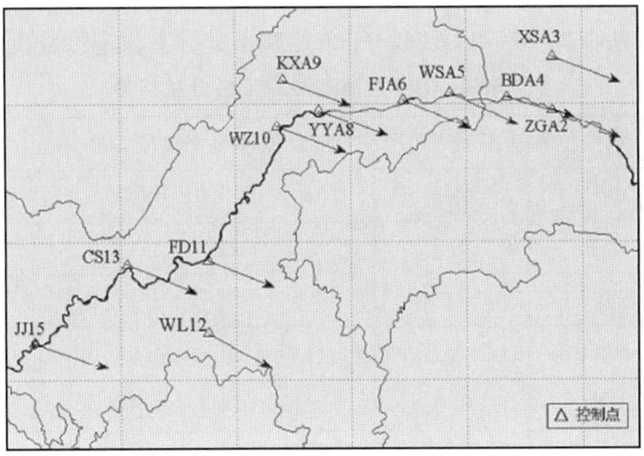

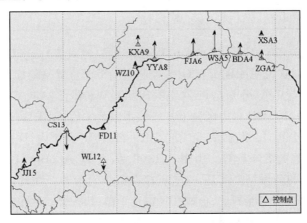

图 8.12　GPS 控制点的水平位移速率

由图 8.12 可见,各 GPS 控制点的水平位移无明显的差别。以长江为界线,长江以北的 7 个控制点(XSA3、WSA5、FJA6、YYA8、KXA9、WZ10 和 CS13)平均位移速率为 34.5 mm/a,位移方向 NE109.2°,长江以南的 5 个控制点(ZGA2、BDA4、FD11、WL12、JJ15)平均位移速率为 34.3 mm/a,位移方向 NE108.4°。这一结果反映出三峡库区向东南方向整体运动的趋势,与表 8.1 中所给出的地质学结果的运动趋势非常一致。

GPS 控制点的垂直位移速率如图 8.13 所示。

图 8.13　GPS 控制点的垂直位移速率

由图 8.13 可见,各 GPS 控制点的垂直位移比水平位移小得多。从位移方向上看,大多数 GPS 控制点表现出抬升趋势,表现为沉降的点有 2 个,分别是点 WL12 和 CS13,它们都位于三峡库区的西部。从表 8.1 可以看出,点 FD11、WL12、CS13 和 JJ15 位移速率的精度相对于其他点较低,其原因是这 4 个点每期观测得到的单天解为 4 个,而其他点则有 7 个。另外,由 SOPAC 网站给出的 WUHN 站位移速率为 -11.8 mm/a(N)、31.5 mm/a(E)、-1.8 mm/a(U),区域性 GPS 基准网的稳定性分析方法的计算结果为 (-10.5 ± 0.2)mm/a(N)、(32.1 ± 0.2)mm/a(E)、(0.2 ± 1.0)mm/a(U),两者较为一致。

8.3.3 分析结果

按照前面介绍的方法,对三峡库区 12 个 GPS 控制点进行了稳定性分析,分析结果见表 8.2。

表 8.2 GPS 控制点的稳定性分析结果

点名	水平位移速率残差		垂直位移速率及限差		是否稳定	
	dV_N	dV_E	V_U	dV_U	平面位置	垂向位置
ZGA2	0.4	0.5	3.5	3.4	√	×
XSA3	−0.3	−1.4	1.6	3.2	√	√
BDA4	−2.6	−0.5	4.5	4.0	√	×
WSA5	2.1	0.8	9.2	4.4	√	×
FJA6	0.9	0.0	7.0	3.4	√	×
YYA8	−0.9	0.9	8.0	5.8	√	×
KXA9	−0.7	0.5	4.4	3.4	√	×
WZ10	0.0	−0.5	2.5	3.6	√	√
FD11	−0.6	0.3	1.2	6.6	√	√
WL12	2.5	2.9	−4.4	5.0	√	√
CS13	0.2	−0.4	−9.0	4.6	√	×
JJ15	−1.9	−0.1	4.1	7.4	√	√

由表 8.2 可见:(1)GPS 控制点的水平位移速率残差(绝对值)介于 0～2.9 mm/a 之间,远小于限差值 6.4 mm/a,这说明库区所有 GPS 控制点的平面位置是稳定的;(2)在垂直方向上,不稳定的 GPS 控制点有 7 个,分别是点 ZGA2、BDA4、WSA5、FJA6、YYA8、KXA9 和 CS13,主要集中在 108.4°E～110.4°E 这一区段上。三峡水库蓄水后,地震部门曾对库区地表变形进行了模拟分析和 GPS 分析,结果显示:在 108.5°E～111.5°E 范围内,库区近岸区域的地面(距岸 3 km 内)表现出明显的沉降趋势。由图 8.13 可见,点 ZGA2、BDA4、WSA5 和 FJA6 均在上述区域内,但该方法的分析结果却是:这些点存在微小的抬升。因此,本节结果的可靠性需要做进一步的验证,如对比水准测量、合成孔径雷达干涉(INSAR)测量的结果等。

值得说明的是:GPS 在垂向测量误差一般为水平向的 2～3 倍,据此推断,由测量误差计算的垂向限差应大于水平向限差,但本节分析中垂向限差普遍小于水平方向限差,这可能是对垂直位移速率的精度过于乐观造成的,其中一个重要原因是速率估计时未对各单元解间非模型化误差的影响做细致考虑。以往的研究表明,GPS 高程测量的精度在 ±3 mm,垂直位移的精度在 ±5 mm,也就是说 GPS 结果一般能反映出 10 mm 以上的位移。从这一角度来看,由于库区 GPS 控制点的垂直位移速率不是很大(均小于 10 mm/a),因而很难判定其垂向位置发生了变化。

8.3.4 结论

利用 GPS 技术建立滑坡监测网,是三峡库区滑坡地表位移监测的重要技术手段之一。对于滑坡监测网的变形分析,除了要采用高精度的数据处理方法外,稳定的基准对获得真实的变形结果至关重要。通过对三峡库区 GPS 控制网的稳定性分析,本节得出以下结论:

(1)库区 GPS 控制点在 ITRF2005 框架下的水平位移图像基本一致,它们的平均位移速率为 34.4 mm/a,位移方位 NE108.4°,反映出三峡库区向东南方向整体运动的趋势,这一结果与地质学的结果非常一致,但它们之间存在一定的系统误差。

(2)区域性 GPS 基准网的数据处理大多选取全球框架基准,由此得到的位移包含了块体运动所产生的刚体位移,块体刚体位移仅体现在观测点的水平位移中,而与垂直位移无关,稳定性分析时可以采用欧拉矢量法予以消除。

(3)在华南块体内,库区所有 GPS 控制点的平面位置是稳定的。

(4)库区 GPS 控制点在 ITRF2005 框架下的垂直位移速率小于 10 mm/a,大多数点位表现出抬升趋势,这一结果的可靠性需要做进一步验证。

8.4　小湾水电站高边坡 GPS 形变监测

8.4.1　工程基本概况

小湾水电站位于澜沧江中游,该工程枢纽区河段长 2.3 km,正常蓄水时河谷宽 500～720 m,河谷呈"V"字形,两岸山坡陡峻,高程 1.6 km 以下,两岸平均坡度 40°～42°。左岸坝前堆积体紧邻左岸坝基,该堆积体南侧边界部位为相对凸起的二号山梁,基岩裸露,堆积层组成物质主要为块石层,在自然状态下是稳定的。但由于堆积体靠近左坝肩,坝肩开挖时必然触及堆积体前缘,有可能引发堆积体失稳,虽已实施了降坡、支护等工程措施,但所形成的 340 m 高边坡,其稳定性是影响工程能否顺利进行的重要因素。为此开发了先进的全球定位系统(GPS)一机多天线形变监测系统,实现了边坡数据的自动采集及现场的无人值守。

GPS 一机多天线形变监测系统全天候工作,每天都有大量的 GPS 原始观测数据自动传输到控制中心;在控制中心,每天对野外现场各监测点数据至少解算 2 次,也得到了大量的监测点形变结果文件,它们都是非常有价值的第一手资料,对于高边坡的监控、建模分析、评价高边坡的安全状态以及对其今后的预报评判都有非常重要的意义。因此,本节将介绍 GPS 形变监测数据库管理信息系统,该系统实现了数据的存储、管理及输出。

8.4.2　GPS 形变监测系统

在小湾水电站二号山梁高边坡形变监测系统中,应用 GPS 一机多天线技术和通用分组无线电业务(GPRS)技术对边坡实施远程自动化监测,实现了监测数据的快速采集和处理,提高了高边坡安全监测的自动化水平,同时也有效地解决了 GPS 形变监测系统在成本和技术上的难题,使整个监测系统的成本大幅度下降。该系统的总体构成如图 8.14 所示。

由于使用了 GPS 一机多天线系统,因此单个测点在多天线系统的每个观测轮回中只有几分钟或 10 多分钟的连续观测时段。在数据处理过程中,仅靠这么短的时段很难得出准确的观测值,为此,使用了专用的 GPS 形变位移处理软件。数据处理过程如下:首先将同一个监测点的数个观测时段的文件连接成一个整体文件;然后将其转换为 RINEX 格式的文件;最后挑选出具有共同观测时段的基准点和监测点的数据,应用专用的形变处理软件解算出监测点的相

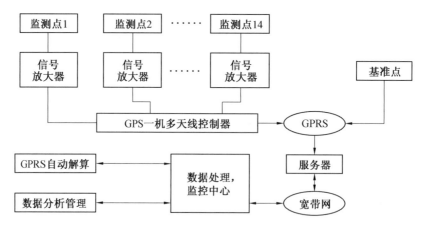

图 8.14　GPS 一机多天线形变监测系统总体结构

关信息文件。为了更直观地反映监测点在测区范围内的变化情况,还采用了站心地平坐标系,可以直观地将所得到的测点三维坐标偏移量与边坡的走向联系在一起。

8.4.3　数据库管理信息系统

微软公司的 Access 数据库是一种运行于 Windows 操作环境下、功能极强、使用方便的关系数据库管理系统,具有其他数据库软件不可比拟的强大的生命力和可持续开发性,且结构简单、易于操作,因此,选择 Access 数据库作为管理信息系统的数据库是可行的。

活动数据对象(ADO)是微软提供的对各种数据格式的高层接口,已成为访问数据库的新标准,Delphi 语言也提供了许多类和方法对它进行支持,这使得利用 ADO 对数据库进行操作不仅变得非常简单,而且大大提高了系统的可靠性和访问速度。因此,使用 Delphi 作为开发语言,应用 ADO 对数据库进行操作,开发了二号山梁形变监测数据库管理信息系统,方便GPS 形变监测数据的入库及相关处理。该系统的功能如图 8.15 所示。

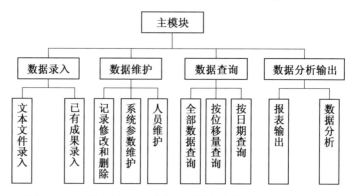

图 8.15　二号山梁 GPS 形变监测数据库管理系统功能

数据库管理信息系统具体可划分为如下几部分。

1. 用户登录模块

用户登录模块实现对用户的存取权限的控制。这里把登录者分为管理员和一般用户,前者可以进行数据的录入、查询、修改、人员的添加、系统参数维护等工作;后者只能够进行数据的录入、查询和输出,无法进行数据及人员的维护等。对用户的权限进行区分,使得操作者的职责清晰,利于数据库的维护,同时也提高了数据库的安全性。

2. 地图操作模块

首先对工程单位提供的二号山梁堆积体监测点及采集站布置图进行数字化,制作了该监测区域的电子地图,作为该形变监测区域的工作图。该图显示了测区的俯视图和监测点的详细布置情况,用户可以通过电子地图浏览整个监测区以及堆积体上 14 个监测点和 2 个备用点的具体位置。地图操作模块可实现地图的基本操作,如放大、缩小、漫游及属性查询等。

3. 数据处理模块

考虑实际需要,数据处理模块可以分为以下几个子系统:

(1)基础信息管理系统:主要管理基准点和监测点信息、GPS 接收机信息以及天线信息;

(2)数据管理系统:管理原始观测数据信息、解算结果信息;

(3)综合分析信息管理系统:负责对监测系统的评价。

就以上子系统来说,基于 Access 的数据库开发包括以下 2 个层次:第 1 层次主要是利用 Access 提供的基本操作(表格、窗体、报表、查询等)来完成各种原始数据的录入、分类、查询等;第 2 层次是对入库的数据进行分析、处理并得到相应的结果,最后以图表的形式加以显示。

4. 数据录入模块

5. 数据查询与输出模块

8.4.4　结论

针对小湾二号山梁开发的形变监测数据库管理信息系统,作为 GPS 自动化监测的一个重要组成部分已在工程中得到应用,实现了数据的自动入库,提高了工作效率,也为监测系统数据的及时管理、分析处理提供了条件。该系统提供了多种查询及输出方式,并使得结果具有可视化的效果,极大地方便了边坡监测数据的管理工作,为今后边坡稳定性分析与预报提供了方便。该实践表明,采用面向对象技术开发的高边坡形变监测数据库管理信息系统具有很强的实用性和可靠性。

8.5　BDS 北斗系统介绍

8.5.1　北斗卫星导航系统

北斗卫星导航系统(BeiDou Navigation Satellite System,BDS)是由中国建造,免费为全球提供全天候、全天时、高精度的定位、测速和授时服务的一种空间卫星定位系统。北斗在中国古代是大熊座部分星体的称谓,早在 2 600 多年前中国古代的道家已经用北斗七星作为夜晚辨识方向的空中永恒之物,而今融合了人类最新科技成果,"北斗七星"被赋予了全新的内涵。

为了独立发展自己的空间导航系统,我国在学习借鉴其他导航系统技术的基础上,设计了 BDS 全新系统,系统整体上由空间段、地面段和用户段三部分组成。空间段是由地球同步轨道卫星(Geostationary Earth Orbit,GEO)、倾斜地球同步轨道卫星(Inclined Geosynchronous Orbit,IGSO)以及中圆地球轨道卫星(Medium Earth Orbit,MEO)组成的混合导航星座。

北斗 GEO 卫星轨道高度为 35 786 km,分别定点于东经 58.75°、84°、110.5°、140°和 160°的上空。北斗 IGSO 卫星的轨道高度为 35 786 km,轨道倾角为 55°,分布在三个轨道面内,第一个轨道面三颗卫星升交点地理经度分别为东经 95°、112°和 118°,第二个轨道面两颗卫星升交点地理经度分别为东经 95°和 118°,第三个轨道面两颗卫星升交点地理经度分别为东经 95°和 118°。北斗 MEO 卫星轨道高度为 21 528 km,轨道倾角为 55°,分布于 Walker24/3/1 星座位置。BDS 卫星空中运行形状如图 8.16 所示。

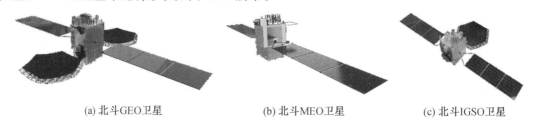

| (a) 北斗GEO卫星 | (b) 北斗MEO卫星 | (c) 北斗IGSO卫星 |

图 8.16　BDS 卫星空中运行形状

BDS 的发展分为三个阶段,由初始的第一验证阶段、中间的亚太第二阶段和最后的全球导航定位第三阶段构成,这三个阶段也分别称为 BDS 一号、二号和三号导航定位系统,第三阶段主要向全球提供定位、授时、国际搜救与双向电报的空间定位高级别服务。

BDS 一号导航定位系统于 1994 年立项,2003 年系统建成,主要向我国境内提供服务。该系统由两颗地球静止卫星(800E 和 1400E)、一颗在轨备份卫星(110.50E)、中心控制系统、标校系统和用户系统组成。北斗一号服务范围为北纬 5°~55°、东经 70°~140°之间的地区,水平定位精度 100 m 左右,通过标校站利用差分技术处理后精度为 20 m 左右,北斗一号信号频率为 2 491.75 MHz,设计容量为每小时 540 000 户。早期的北斗一号导航定位系统主要提供区域导航定位,具备进行双向数字报文通信和精密授时的功能,适用于需要导航与移动数据通信相结合的场合。BDS 一号当时设计主要服务范围为国内,定位精度为 20 m,授时精度为 100 ns,短信字数长度为每次 120 个字。

北斗一号导航定位系统主要目的是进行技术验证,星上采用有源定位(Active Localization)方式进行定位,这种方式也称主动定位,这种定位方式主要是通过卫星导航系统发射无线电测定业务模式来确定用户的位置,其定位过程本质上是地面控制站利用发射的 2 颗北斗一号地球静止轨道卫星不断向用户(接收机)询问是否需要定位信号,用户终端不需要定位时,接收机处于接收而不发信息的状态,当需要定位时,用户终端分别向 2 颗北斗一号地球静止轨道卫星发射请求定位信号,卫星接到请求信号后,向控制站发送需要定位的申请信号,地面控制站(北京、成都等地)通过采集卫星星历数据,结合中心站数据库,计算定位所需信号的往返时间、获取用户终端与每颗卫星的距离、确定卫星空间坐标、推算用户位置,最后再利用这些数据,经过地面控制站,将该定位信号经 1 颗卫星传给用户终端,从而最终完成定位过程。这种有源定位方式的优点是全天候,所需卫星少,只要 2 颗卫星就能具备导航定位、发短报文和精密授时等多种功能,成本较低,但缺点是定位精度不高,尤其是系统用户容量有限,同时有源定位过程中接收机需向外发射辐射电磁波,而这种辐射电磁波频段一般较为固定,从而容易被对方侦察和跟踪,使系统遭受有针对性的电子干扰和精确制导武器打击的可能性较高。随着电子技术的快速发展,新的定位方式正在弥补有源定位因自身机理缺陷降低目标定位隐蔽性的不足,并大幅度降低危及空中导航系统整个定位系统安全的概率。尽管如此,因有源定位过程中需求卫星较少,总体成本低廉,对探索性的北斗第一阶段仍然具有重要的作用,也符合 BDS 一号主要用于验证的目的,这是 BDS 一号采用有源定位的缘由。虽然 BDS 一号已经完成自己的使命,大部分卫星已经不再提供服务,但这种定位技术和思路却为 BDS 发展提供了有力的保证。

北斗一号完成之后,紧接着 BDS 于 2004 年进行了立项论证,2008 年底北斗二号演示试验完成,经过 12 年的奋斗,于 2016 年 6 月最后一颗北斗区域系统备用星发射成功,标志着北斗二号系统建设完成。BDS 二号定位系统标称空间星座由 5 颗 GEO 卫星、5 颗 IGSO 卫星和 4 颗 MEO 卫星组成。BDS 二号卫星在 B1、B2 和 B3 三个频段提供 B1I、B2I 和 B3I 三个公开服务信号,其中,B1 频段中心频率为 1 561.098 MHz,B2 为 1 207.140 MHz,B3 为 1 268.520 MHz,北斗二号导航定位系统主要向亚太地区提供服务。

在 BDS 二号建设过程中,北斗三号导航定位系统已经于 2009 年通过立项,4 年后于 2013 年 11 月在老挝和巴基斯坦首个北斗海外监测站建设完毕并开通运行,2017 年北斗三号卫星首次发射,2020 年 6 月 23 日,北斗三号导航定位系统第 55 颗最后一个全球组网卫星发射成功,标志着 BDS 空中部分和全部骨干网络已经全部建设完毕。北斗三号导航定位系统采取 3GEO+3IGSO+24MEO 的星座模式来构成导航空间卫星网络,并视情部署在轨备份卫星。

BDS 三号是在 BDS 二号的基础上发展起来的。BDS 二号的设计目的主要是为亚太局部区域提供高精度定位服务,并同时进行有源、无源定位方式比较,卫星碰撞防护,姿态自主控制,深空信号传输安全性,军用信号加密,BDS 信号安全授权验证,卫星体系自我修护,能源保障系统管控,卫星体系抗干扰和冗余防护等非常重要的关键技术验证工作,这些核心技术为 BDS 三号全球定位提供了强大的后续支撑。BDS 三号是 BDS 的主要功能系统,它与二号系统一起,实现了全球组网所有导航定位最初设计的全部功能。

北斗三号系统一个最显著的特点和技术优势是卫星之间一开始就具有互相通信的能力,地面站即使被饱和攻击崩溃的情况下也能进行自主运行。BDS 三号定位系统卫星提供 B1I、B1C、B2a、B2b 和 B3I 五个公开服务信号。其中 B1I 频段中心频率为 1 561.098 MHz,B1C 频段中心频率为 1 575.420 MHz,B2a 频段中心频率为 1 176.450 MHz,B2b 频段中心频率为 1 207.14 MHz,B3I 频段中心频率为 1 268.520 MHz。其频率分布如图 8.17 所示。

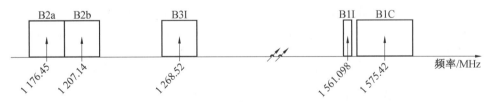

图 8.17　BDS 公开服务信号频率

基于后发技术优势,与 GPS 相比,BDS 具有更多突出的特点。首先是发射频率,GPS 为双频信号,北斗为三频信号。北斗可以灵活利用三频中的双频载波信号,获取电离层延迟影响差异性的星历数据,然后利用开放的计算模型,可以更精确地求出 BDS 发射信号电离层的延时,这种计算模式相对 GPS 而言,可使 BDS 地面接收机更好地利用信号处理工具减弱电离层对卫星发射电磁波信号延迟的影响,从而使 BDS 三频信号能更好地抵消电离层的高阶误差,获得精度更高的定位数据,当 BDS 某个频点无法使用时,可将三频信号切换到双频,使北斗具有更高的健壮性。

北斗空间段采用三种轨道卫星组成的混合星座,与其他卫星导航系统相比高轨卫星更多,抗遮挡能力更强,在低纬度地区稳定性更好。北斗二号与三号采用了无源与有源相结合的混合式卫星导航定位方式,这种方式不仅能让用户知道自己在哪里,还能将这些信息通过卫星发送出去,让别人获取用户的情况,从而达到"你知我知"的境界。BDS 二号服务范围为亚太地区,民码定位精度为 10 m,测速精度为 0.2 m/s;授时精度为 50 ns,短信每次为 120 个字,服务截止时间为 2025 年前后。北斗三号服务范围为全球,免费民码定位精度为 2.5~5 m,随着"北斗"地基增强系统提供服务的完善,北斗民码将获得亚米级服务,北斗军码将提供厘米级服务,随着 BDS 电离层球谐模型嵌入式算法稳定性的提高,BDS 定位精度将超过美国 GPS。BDS 三号动态量测精度也在不断提高,其测速精度达 0.2 m/s;授时精度为 20 ns。北斗三号每次短信字数也大幅度增加,伴随信号体制优化设计和卫星荷载能力的提升,BDS 可支持单次报文达 1 000 个汉字,终端发射功率不超过 3 W,系统入站容量优于 1 000 万次/h,可大规模为全球用户提供双向快捷通信应用平台。BDS 创新融合了导航与通信能力,具备实时导航、快速定位、精确授时、位置报告和短报文双向通信服务五大功能,并在快速提高完善中。当然,由于太空和地面站环境的不同,不同地方不同时刻有不同的卫星数,但从整体上看,是保持导航饱和与稳定的。

通过 BDS 运行参数,按照选定的空间坐标,根据某时刻可见卫星数,可以得到 BDS 星下点轨迹,这种点轨迹是卫星运动轨迹垂直向下在地球表面上的投影。

尤其是 BDS 中的短报文服务,是当今及以后太空智能交通等高端装备高精度准确定位的重要平台,也是 BDS 的创新技术的重大特色之一。短报文服务是指用户终端与卫星之间能够通过卫星链的内部信号交换机制,进行双向信息传递。这种技术非常适合于破坏力较强的自然和人为灾害救灾减灾环境,短报文技术也是 BDS 与 GPS 最明显的区别之一。2008 年汶川大地震 GPS 关闭后,震区唯一的通信方式就是 BDS 一号系统提供的短报文,成为抢救生命最为重要的生命线。

除了 BDS 短报文技术之外,北斗平台体系创新上也有自己的独特之处。它的三号中圆地球轨道卫星采用了新型的导航卫星专用平台,具有功率密度大、荷载承载比重高、设备产品布局灵活、功能拓展适应能力强等技术特点,可为系统后续功能和需求的拓展提供更大的适应能力。目前北斗三号已经实现卫星导航系统的定位、授时和导航的全球服务业务,并兼容天基数据传输、新业务荷载的在轨应用,BDS 作为天基数据传输网络的广播节点,成为世界上唯一由 3 种轨道卫星构成的导航系统。北斗三号通过严格测试,已经向全球发布了基于国际标准的全球搜救、全球位置报告、星基增强等拓展服务的导航明码信号结构组成,为全球迅捷、准确的双向定位提供了坚实的太空平台。

对于北斗三号地球静止轨道与倾斜地球同步轨道上的卫星,BDS 采用了大型卫星平台技术,集成了多种荷载,兼容实现天基增强、可动点波束功率增强、短报文通信与位置报告等系统,BDS 成为天基数据传输网络的中心节点。

为了完成卫星之间搭建通信测量链路,北斗三号卫星星座通过配备相控阵星间链路,解决了境外监测卫星的难题,该项技术成为 BDS 三号的又一特色。该功能实现了对运行在境外卫星的准确监测、数据快速注入,并保证卫星间的双向精密测距和通信,从而能够进行多星测量和控制,同时自主计算并修正卫星的轨道位置和时钟系统,大大减少对地面站的依赖,提高了整个系统的定位、自身稳定性和服务精度。星间链路是"北斗"实现自主导航的关键,不仅使北斗卫星间的通信和数据传输顺利进行,还能相互测距,根据控制预测模型,保持 BDS 卫星在轨健康,降低地面控制站维护成本。通过一系列 BDS 自主导航技术的实施,即使在地面站全部失效,北斗三号导航卫星也能通过星间链路,提供精准的定位和授时能力,地面用户通过手机等终端设备,可以顺利接收导航卫星信号,及时高效地完成定位和导航功能。

从现有太空导航系统技术原理上看,任何导航卫星时间生成器的精度控制,是保证导航系统准确定位的第一个核心关键技术。目前国际上导航系统所用原子钟主要有铷、铯和氢三大类,BDS 的时间发生器原子钟的性能,同样对整个卫星导航系统的品质有着重要的影响。北斗三号采用我国最新研制的高精度铷原子钟和氢原子钟双钟系统,与北斗二号相比,原子钟在体积、质量方面都大幅降低,每天频率稳定度提高了 10 倍以上,综合指标达到国际领先水平,尤其是其上装备的氢原子钟,其精度比北斗二号提高一个数量级。另外,铷原子钟天稳定度达到 E—14 量级,相当于 300 万年约有 1 s 误差左右,氢原子钟天稳定度为 E—15 秒量级。原子钟技术的进步,直接推动了 BDS 民码定位精度向米级发展,测速和授时精度同步提高一个量级。

BDS 除了平台技术的提升外,北斗三号在系统连续性、稳定性和可用性的指标上也进行了大幅度的改善,采用了多项领域新技术,大幅度提高了卫星抗干扰能力,BDS 非计划中断指标每年 0.4 次,达到国际先进水平。三号系统卫星平台采用了多重可靠性设计技术,整体安全度比一、二号卫星平台大大增强,为了使健康运行卫星数稳定大于服务必需卫星数,三号系统采用了预备份卫星技术,每个卫星平台上配备了多台高精度原子钟,卫星所有控制软件皆实施了冗余设计,单个卫星与三号系统安装了先进的故障智能诊断和修复装置,匹配了卫星在轨自主完好性监控能力,这一先进功能对主动打击、智能民航、自动驾驶、工业互联、运动监测和科学研究等国防及国家生命线安全领域、城市社区韧性安全防护,具有很高的实用价值。另外,BDS 拥有与其他卫星导航系统兼容性更好的 B1C 和 B2a 信号,用户能在终端上接收多个不同用途的信号。BDS 增加了导航系统间良好的互操作和兼容特性,其全新的导航信号体制和强大的在轨重构功能,不仅能为用户提供多种选择方案,也为第三方开发智能程度较高的用户定位设备提供了更广阔的平台,从而具备了可以快速实现基于 BDS 系统设计的包括太空、地面、水下、室内天地一体、覆盖无盲点、安全可信、高效便捷的全球综合定位、导航和授时智能装备和工业智能互联网,为快速准确物联网的应用提供了坚实的技术基础。

1. 发射时间

BDS 主干卫星发射时间及主要参数见表 8.3。

表 8.3　BDS 发射时间及参数

卫星	火箭	日期	轨道	PRN	SVN	编号	信号	状态	类型
1 颗试验	CZ—3A	2000.10.31	GEO	—	—	BEIDOU 1	L、S	退役	北斗一号
2 颗试验	CZ—3A	2000.12.21	GEO	—	—	BEIDOU 1B	L、S	退役	
3 颗试验	CZ—3A	2003.5.25	GEO	—	—	BEIDOU 1C	L、S	退役	
4 颗试验	CZ—3A	2007.2.3	GEO	—	—	BEIDOU 1D	L、S	退役	

续表8.3

卫星	火箭	日期	轨道	PRN	SVN	编号	信号	状态	类型
1 颗导航	CZ—3A	2007.4.14	MEO	—	C001	BEIDOU M1	B1、B2、B3	退役	
2 颗导航	CZ—3C	2009.4.15	GEO	—	C002	BEIDOU G2	B1、B2、B3	退役	
3 颗导航	CZ—3C	2010.1.17	GEO	C01	C003	BEIDOU G1	B1、B2、B3	正常	
4 颗导航	CZ—3C	2010.6.2	GEO		C004	BEIDOU G3	B1、B2、B3	维护	
5 颗导航	CZ—3A	2010.8.1	IGSO	C06	C005	BEIDOU IGSO1	B1、B2、B3	正常	
6 颗导航	CZ—3C	2010.11.1	GEO	C04	C006	BEIDOU G4	B1、B2、B3	正常	
7 颗导航	CZ—3A	2010.12.18	IGSO	C07	C007	BEIDOU IGSO2	B1、B2、B3	正常	
8 颗导航	CZ—3A	2011.4.10	IGSO	C08	C008	BEIDOU IGSO3	B1、B2、B3	正常	
9 颗导航	CZ—3A	2011.7.27	IGSO	C09	C009	BEIDOU IGSO4	B1、B2、B3	正常	北斗二号
10 颗导航	CZ—3A	2011.12.2	IGSO	C10	C010	BEIDOU IGSO5	B1、B2、B3	正常	
11 颗导航	CZ—3C	2012.2.25	GEO	C05	C011	BEIDOU G5	B1、B2、B3	正常	
12 颗导航	CZ—3B	2012.4.30	MEO	C11	C012	BEIDOU M3	B1、B2、B3	正常	
13 颗导航	CZ—3B	2012.4.30	MEO	C12	C013	BEIDOU M4	B1、B2、B3	正常	
14 颗导航	CZ—3B	2012.9.19	MEO	—	C014	BEIDOU M5	B1、B2、B3	退役	
15 颗导航	CZ—3B	2012.9.19	MEO	C14	C015	BEIDOU M6	B1、B2、B3	正常	
16 颗导航	CZ—3C	2012.10.25	GEO	C02	C016	BEIDOU G6	B1、B2、B3	正常	

续表8.3

卫星	火箭	日期	轨道	PRN	SVN	编号	信号	状态	类型
17 颗导航	CZ－3C	2015.3.30	IGSO	C31	C101	BEIDOU I1－S	—	—	
18 颗导航	CZ－3B	2015.7.25	MEO	C57	C102	BEIDOU M1－S	B1、B2、B3	在轨试验	
19 颗导航	CZ－3B	2015.7.25	MEO	C58	C103	BEIDOU M2－S	B1、B2、B3	在轨试验	
20 颗导航	CZ－3B	2015.9.30	IGSO	C18	C104	BEIDOU I2－S	B1、B2、B3	在轨试验	
21 颗导航	CZ－3C	2016.2.1	MEO	—	C105	BEIDOU M3－S	B1、B2、B3	在轨试验	
22 颗导航	CZ－3A	2016.3.30	IGSO	C13	CO17	BEIDOU IGSO6	B1、B2、B3	正常	
23 颗导航	CZ－3C	2016.6.12	GEO	C03	C018	BEIDOU G7	B1、B2、B3	正常	
24 颗导航	CZ－3B	2017.11.5	MEO	C19	C201	BEIDOU 3M1	B1、B2、B3	正常	北斗二号
25 颗导航	CZ－3B	2017.11.5	MEO	C20	C202	BEIDOU 3M2	B1I/B3I/B1C/B2a/B2b	正常	
26 颗导航	CZ－3B	2018.1.2	MEO	C27	C203	BEIDOU 3M3	B1I/B3I/B1C/B2a/B2b	正常	
27 颗导航	CZ－3B	2018.1.2	MEO	C28	C204	BEIDOU 3M4	B1I/B3I/B1C/B2a/B2b	正常	
28 颗导航	CZ－3B	2018.2.12	MEO	C22	C205	BEIDOU 3M5	B1I/B3I/B1C/B2a/B2b	正常	
29 颗导航	CZ－3B	2018.2.12	MEO	C21	C206	BEIDOU 3M6	B1I/B3I/B1C/B2a/B2b	正常	
30 颗导航	CZ－3B	2018.3.30	MEO	C29	C207	BEIDOU 3M7	B1I/B3I/B1C/B2a/B2b	正常	
31 颗导航	CZ－3B	2018.3.30	MEO	C30	C208	BEIDOU 3M8	B1I/B3I/B1C/B2a/B2b	正常	
32 颗导航	CZ－3A	2018.7.10	IGSO	C16	C019	BEIDOU IGSO7	B1I/B3I/B1C/B2a/B2b	正常	
33 颗导航	CZ－3B	2018.7.29	MEO	C23	C209	BEIDOU 3M9	B1I/B3I/B1C/B2a/B2b	正常	北斗三号
34 颗导航	CZ－3B	2018.7.29	MEO	C24	C210	BEIDOU 3M10	B1I/B3I/B1C/B2a/B2b	正常	
35 颗导航	CZ－3B	2018.8.25	MEO	C26	C211	BEIDOU 3M11	B1I/B3I/B1C/B2a/B2b	正常	
36 颗导航	CZ－3B	2018.8.25	MEO	C25	C212	BEIDOU 3M12	B1I/B3I/B1C/B2a/B2b	正常	

续表8.3

卫星	火箭	日期	轨道	PRN	SVN	编号	信号	状态	类型
37 颗导航	CZ-3B	2018.9.19	MEO	C32	C213	BEIDOU 3M13	B1I/B3I/B1C/B2a/B2b	正常	
38 颗导航	CZ-3B	2018.9.19	MEO	C33	C214	BEIDOU 3M14	B1I/B3I/B1C/B2a/B2b	正常	
39 颗导航	CZ-3B	2018.10.15	MEO	C35	C215	BEIDOU 3M15	B1I/B3I/B1C/B2a/B2b	正常	
40 颗导航	CZ-3B	2018.10.15	MEO	C34	C216	BEIDOU 3M16	B1I/B3I/B1C/B2a/B2b	正常	
41 颗导航	CZ-3B	2018.11.1	GEO	C59	C217	BEIDOU 3G1	B1I/B3I/B1C/B2a/B2b	在轨测试	
42 颗导航	CZ-3B	2018.11.19	MEO	C36	C218	BEIDOU 3M17	B1I/B3I/B1C/B2a/B2b	正常	
43 颗导航	CZ-3B	2018.11.19	MEO	C37	C219	BEIDOU3M18	B1I/B3I/B1C/B2a/B2b	正常	
44 颗导航	CZ-3B	2019.4.20	IGSO	C38	C220	BEIDOU 3IGSO1	B1I/B3I/B1C/B2a/B2b	在轨测试	北斗三号
45 颗导航	CZ-3C	2019.5.17	GEO	—	C020	BEIDOU G8	B1I/B3I/B1C/B2a/B2b	在轨测试	
46 颗导航	CZ-3B	2019.6.25	IGSO	—	C221	BEIDOU 3IGSO2	B1I/B3I/B1C/B2a/B2b	在轨测试	
47,48 颗导航	CZ-3B	2019.9.23	MEO	—	C223	BEIDOU 3MEO23	B1I/B3I/B1C/B2a/B2b	正常	
49 颗导航	CZ-3B	2019.11.5	IGSO	—	C224	BEIDOU 3IGSO3	B1I/B3I/B1C/B2a/B2b	正常	
50,51 颗导航	CZ-3B	2019.11.23	MEO	—	C225	BEIDOU MEO22-	B1I/B3I/B1C/B2a/B2b	正常	
52,53 颗导航	CZ-3B	2019.12.16	GEO	—	C227	BEIDOU MEO19	B1I/B3I/B1C/B2a/B2b	正常	
54 颗导航	CZ-3B	2020.3.9	GEO	—	C229	BEIDOU 3GEO2	B1I/B3I	正常	
55 颗导航	CZ-3B	2020.6.23	GEO	—	C230	BEIDOU 3GEO3	B1I/B3I	正常	

注:1. 轨道是指北斗卫星导航系统中卫星运行的空间轨迹,俗称空间星座。由地球静止轨道(GEO)卫星、非地球静止轨道(Non-GEO)卫星组成,后者包括中地球轨道(MEO)卫星和倾斜地球同步轨道(IGSO)卫星;

2. 地球静止轨道(Geostationary Earth Orbit,GEO)是指卫星轨道周期等于地球的自转周期,且方向亦与之一致,称之为地球同步轨道。轨道平面与地球赤道平面重合,即卫星与地面的位置相对保持不变,则称为地球静止轨道;

3. 中地球轨道(Middle Earth Orbit,MEO)是指位于低地球轨道(2 000 km)和地球静止轨道(35 786 km)之间的人造卫星运行轨道;

4. 倾斜地球同步轨道(Inclined Geosynchronous Satellite Orbit,IGSO)是指 24 h 地球同步轨道,即所谓的大"8"字形轨道,中心位于赤道某设定的经度上,高度与地球静止轨道卫星相同,卫星星下点 24 h 轨迹在本服

务区内南北来回运动,也是一种利用效率较高的区域星座,介于 GEO 和 MEO 之间;

5. 火箭系指中国的发射火箭,其符号含义分别为:CZ－3A 指长征三号甲,CZ－3B 指长征三号乙,CZ－3C 指长征三号丙;

6. 中国航天科技集团公司(China Aerospace Science and Technology Corporation,CASC)为 BDS 卫星主要承制方。

2. BDS 主要编号

BDS 编码对导航的维护、扩展、提升具有重要作用,也是 BDS 智能管理的基础。BDS 中的 PRN(Pseudo Random Noise)编号是指利用伪随机噪声码进行码分多址,区分每颗卫星向下播发导航信号、调制和标记区分的一种编码形式,主要有 C/A 码和 P 码。卫星导航所用伪噪声码,是噪声通信的成功实践。伪噪声码是一个具有一定周期的取值 0 和 1 的离散符号串,它具有类似于白噪声的自相关函数,因此称之为"噪声码"。GPS 早期使用 C/A 码作为通信用伪随机码,主要用于粗测距和捕获 GPS 卫星星历数据,由 2 个 10 级反馈移位寄存器构成的 G 码产生,本质是一种 Gold 码。C/A 码码长短,共 1 023 个码元,若以每秒 50 码元的速度搜索,只需 20.5 s,易于捕获,另外其码元宽度大,若两序列码元对齐误差为 1/100,则相应的测距误差为 2.9 m,由于精度低,C/A 码又称粗码。

另一种伪随机码 P 码的原理与 C/A 码相似,但更复杂,采用两组各由 12 级反馈移位寄存器构成的电路来产生 P 码。P 码周期为 267 天,实际应用时 P 码周期被分成 38 份,每份为 7 天,其中 1 份闲置,5 份分给地面监控站使用,32 份分配给不同卫星,每颗卫星使用 P 码的不同部分,都具有相同的码长和周期,但结构不同,属于码分多址结构。

P 码一般是先捕获 C/A 码,再根据导航电文信息捕获 P 码。由于 P 码码元宽度为 C/A 码的 1/10,若取码元对齐精度仍为码元宽度的 1/100,则相应的距离误差为 0.29 m,故 P 码称为精码。

目前国际上卫星之间采用的自主测距技术主要有 3 类,分别是基于伪噪声 PRN 码的测距技术、基于载波的测距技术和基于激光的测距技术。因 PNR 码测距实现技术简单,经过差分处理后测距精度为 10 cm 以内,基于载波的测距精度经过并不复杂的算法处理可以将其提高到毫米级,条件是对安装在卫星上面的时钟精度要求很高,造价非常昂贵。激光测距技术比载波精度更高,可以达到亚毫米级,是未来精确测距的趋势,但激光对准难度较大,设备庞大,成本更高,要实现成熟民用,目前还需要攻克多项关键技术。

空间飞行器编号(Space Vehicle Number,SVN)是 BDS 编码的另一种形式,主要用于对太空卫星的有效管理,是根据卫星制造、发射、状态变化、寿命结束、新卫星发射、在轨重构、地面控制等综合因素而给出的一种卫星标号。由于 BDS 现代维护体制的快速发展,SVN 为地面跟踪、维护与服务提供及时而无差错的卫星管理。随着 BDS 的发展,将会出现新的区域系统、新试验星、新体制全球系统卫星等功能更加丰富的混合组网情况,星间可能会增加更多的控制链路。随着通信技术发展,卫星扩频扩码及在轨重构等都将使 BDS 组网更加复杂,运行管理必将走上智能化的道路,为此建立完善的卫星编号识别体系是 BDS 智能化管理的基础,因此科学的 SVN 编号是实现对整个星座进行有效管理和控制的第一步。为了加强 BDS 的兼容性,必将涉及不同类别、不同功能、不同状态的区域卫星混合组网,对于卫星标识的设计和管理是 BDS 智能系统成功建设的关键要素之一。

NORADID(North American Aerospace Command Identification)是 BDS 卫星国际编码

中的一种重要编号,是人造卫星或太空物体的卫星目录编号(Satellite Catalog Number, SCN),也就是通常所说的国际通行的卫星分类号。这种卫星编号除了 NORADID 以外,还有 NASA Catalog Number 和 USSPACECOM Object Number 等其他简化目录号和类似的编号。NORADID 本质上也属于其中一种,NORADID 由 NORAD 和 ID 两部分组成,前者指北美太空司令部目录编号(North American Aerospace Command Defense Catalog Number),后者为太空物体的编号。其主要目的是跟踪地球与火星上空人造天体的关键信息,美国太空司令部分发的编码主要是为了跟踪所有从地球发射的在地球与火星上空飞行的人造物体,如果发射失败或者短期在轨的天体都不赋予编号,目前给予编号的太空飞行体直径需大于 10 cm。

早期的 USSPACECOM 美国太空指挥部编号由 5 位数字编号构成,对每一颗人造卫星进行了唯一编码。1957 年 10 月 4 日,苏联发射了人类第一颗卫星 Sputnik(史波尼克 1 号),尽管发射卫星的火箭漂浮物在轨道上停留不到两个月就坠毁了,但为了纪念火箭发射技术的重大突破,USSPACECOM 仍然把发射 Sputnik 卫星的最后一节火箭作为 USSPACECOM 第 1 号太空飞行体,编号为 200001,也称为 1957−001A,而在轨绕行的史波尼克 1 号本身的太空物体编号为 1957−001B。自 1957 年以来,截至 2016 年 9 月 22 日,NSSDC 主目录列出能被追踪到的太空物体数已经超过 40 000,其中包括 7 576 颗卫星。

NORADID 最初由 9 位数字序列编码组成,后来美国太空防御局(Space Fence, SF)在 NORADID 的基础上对太空飞行体进行了永久和非永久物体的区别性编码。对于拥有永久编码的物体分配了 1～69 999 的号码,最高到 99 999。为了提高对人造太空物体编码和识别的效率,结合两行元素集格式算法(Two−line Element Set, TLE)的限制,2020 年在轨人造天体的目录编码限制为 5 位数。

2020 年,太空数据系统咨询委员会(Consultative Committee for Space Data System, CCSDS)对太空物体跟踪开始提供物体所在太空轨道的平均单元信息(Orbit Mean-Element Message, OMM),并将现有太空物体目录编号最大值提升到 999 999 999。截止到 2019 年 6 月 23 号,目前已有编号的太空体达 44 336 个,其中包括自从 1957 年以来发射入轨的人造卫星 8 558 颗。这些太空飞行的物体中,有 17 480 个飞行体仍能进行主动跟踪,1 335 个已经丢失。截止到 2019 年 1 月,欧洲航天局(European Space Agency, ESA)估计 USSPACECOM 有能力对约 34 000 个太空残骸进行有效跟踪。

卫星分类号本质是服务于以美国为主的欧美军方情报分析需要,主要由北美防空司令部总负责,美国第 18 航空控制中队进行数据生成和校验后交给 NORADID 管理,并通过 Space-Track.org 进行选择性的开放与共享。1985 年以后由 USSPACECOM 对地球轨道上空的人造太空体进行侦查、跟踪、识别和维护及管理,2002 年 USSPACECOM 与 USSTRATCOM (Us Strategic Command,美国战略司令部)合并,2019 年前者再次独立。

随着民用航空技术的发展,这种基于军方需求而设计的太空天体信息编码逐渐成为一种国际通用的太空天体管理目录序号 NORAD CN(NORAD Catalog Number、NORAD ID), NORADID 成为近几年来太空物体的一种标准管理模式。20 世纪 90 年代以来,由于太空人造漂浮体逐年增多,为了防止太空体受到碎片的撞击等其他原因,NORADID 成为国际通用太空物体标识模式。

美国是世界上最早提出并进行太空人造飞行天体管理的国家,欧美开发了外太空物体跟踪和识别技术。除了开放的 NORADID 编码外,还有美国 NASA 提出的太空天体管理序号——NASA 目录序号、NASA CN（NASA catalog number）和美国太空指挥部（United States Space Command）提出的 USSPACECOM 天体序号（USSPACECOM object number），这些序号都是服务于人造太空物体编码与识别的序号，简称目录序号 CN（Catalog Number）。

BDS 在设计过程中，根据国际卫星太空管理和自身发展的需求，制定相关编号，表 8.4 是 BDS 编号的具体参数。

表 8.4　BDS 编号及其信息

PRN	IGS-SVN	NORADID	SVN	卫星类型	时钟类型	制造商	发射日期	卫星状态	健康状态	服务信号
01	C020	44231	GEO-8	BDS-2	铷钟	CASC	2019-05-17	正常	健康	B1I/B2I/B3I
02	C016	38953	GEO-6	BDS-2	铷钟	CASC	2012-10-25	正常	健康	B1I/B2I/B3I
03	C018	41586	GEO-7	BDS-2	铷钟	CASC	2016-06-12	正常	健康	B1I/B2I/B3I
04	C006	37210	GEO-4	BDS-2	铷钟	CASC	2010-11-01	正常	健康	B1I/B2I/B3I
05	C011	38091	GEO-5	BDS-2	铷钟	CASC	2012-02-25	正常	健康	B1I/B2I/B3I
06	C005	36828	IGSO-1	BDS-2	铷钟	CASC	2010-08-01	正常	健康	B1I/B2I/B3I
07	C007	37256	IGSO-2	BDS-2	铷钟	CASC	2010-12-18	正常	健康	B1I/B2I/B3I
08	C008	37384	IGSO-3	BDS-2	铷钟	CASC	2011-04-10	正常	健康	B1I/B2I/B3I
09	C009	37763	IGSO-4	BDS-2	铷钟	CASC	2011-07-27	正常	健康	B1I/B2I/B3I
10	C010	37948	IGSO-5	BDS-2	铷钟	CASC	2011-12-02	正常	健康	B1I/B2I/B3I
11	C012	38250	MEO-3	BDS-2	铷钟	CASC	2012-04-30	正常	健康	B1I/B2I/B3I
12	C013	38251	MEO-4	BDS-2	铷钟	CASC	2012-04-30	正常	健康	B1I/B2I/B3I
13	C017	41434	IGSO-6	BDS-2	铷钟	CASC	2016-03-30	正常	健康	B1I/B2I/B3I
14	C015	38775	MEO-6	BDS-2	铷钟	CASC	2012-09-19	正常	不健康	B1I/B2I/B3I
16	C019	43539	IGSO-7	BDS-2	铷钟	CASC	2018-07-10	正常	健康	B1I/B2I/B3I
19	C201	43001	MEO-1	BDS-3	铷钟	CASC	2017-11-05	正常	健康	B1I/B3I/B1C/B2a/B2b
20	C202	43002	MEO-2	BDS-3	铷钟	CASC	2017-11-05	正常	健康	B1I/B3I/B1C/B2a/B2b
21	C206	43208	MEO-3	BDS-3	铷钟	CASC	2018-02-12	正常	健康	B1I/B3I/B1C/B2a/B2b
22	C205	43207	MEO-4	BDS-3	铷钟	CASC	2018-02-12	正常	健康	B1I/B3I/B1C/B2a/B2b
23	C209	43581	MEO-5	BDS-3	铷钟	CASC	2018-07-29	正常	健康	B1I/B3I/B1C/B2a/B2b
24	C210	43582	MEO-6	BDS-3	铷钟	CASC	2018-07-29	正常	健康	B1I/B3I/B1C/B2a/B2b
25	C212	43603	MEO-11	BDS-3	氢钟	SECM	2018-08-25	正常	健康	B1I/B3I/B1C/B2a/B2b
26	C211	43602	MEO-12	BDS-3	氢钟	SECM	2018-08-25	正常	健康	B1I/B3I/B1C/B2a/B2b

续表8.4

PRN	IGS-SVN	NORADID	SVN	卫星类型	时钟类型	制造商	发射日期	卫星状态	健康状态	服务信号
27	C203	43107	MEO-7	BDS-3	氢钟	SECM	2018-01-12	正常	健康	B1I/B3I/B1C/B2a/B2b
28	C204	43108	MEO-8	BDS-3	氢钟	SECM	2018-01-12	正常	健康	B1I/B3I/B1C/B2a/B2b
29	C207	43245	MEO-9	BDS-3	氢钟	SECM	2018-03-30	正常	健康	B1I/B3I/B1C/B2a/B2b
30	C208	43246	MEO-10	BDS-3	氢钟	SECM	2018-03-30	正常	健康	B1I/B3I/B1C/B2a/B2b
31	C101	40549	IGSO-1S	BDS-3S	氢钟	SECM	2015-03-30	在轨试验	—	—
32	C213	43622	MEO-13	BDS-3	铷钟	CASC	2018-09-19	正常	健康	B1I/B3I/B1C/B2a/B2b
33	C214	43623	MEO-14	BDS-3	铷钟	CASC	2018-09-19	正常	健康	B1I/B3I/B1C/B2a/B2b
34	C216	43648	MEO-15	BDS-3	氢钟	SECM	2018-10-15	正常	健康	B1I/B3I/B1C/B2a/B2b
35	C215	43647	MEO-16	BDS-3	氢钟	SECM	2018-10-15	正常	健康	B1I/B3I/B1C/B2a/B2b
36	C218	43706	MEO-17	BDS-3	铷钟	CASC	2018-11-19	正常	健康	B1I/B3I/B1C/B2a/B2b
37	C219	43707	MEO-18	BDS-3	铷钟	CASC	2018-11-19	正常	健康	B1I/B3I/B1C/B2a/B2b
38	C220	44204	IGSO-1	BDS-3	氢钟	CASC	2019-04-20	正常	健康	B1I/B3I/B1C/B2a/B2b
39	C221	44337	IGSO-2	BDS-3	氢钟	CASC	2019-06-25	正常	健康	B1I/B3I/B1C/B2a/B2b
40	C224	44709	IGSO-3	BDS-3	氢钟	CASC	2019-11-05	正常	健康	B1I/B3I/B1C/B2a/B2b
41	C227	44864	MEO-19	BDS-3	氢钟	CASC	2019-12-16	正常	健康	B1I/B3I/B1C/B2a/B2b
42	C228	44865	MEO-20	BDS-3	氢钟	CASC	2019-12-16	正常	健康	B1I/B3I/B1C/B2a/B2b
43	C226	44794	MEO-21	BDS-3	氢钟	SECM	2019-11-23	正常	健康	B1I/B3I/B1C/B2a/B2b
44	C225	44793	MEO-22	BDS-3	氢钟	SECM	2019-11-23	正常	健康	B1I/B3I/B1C/B2a/B2b
45	C223	44543	MEO-23	BDS-3	铷钟	CASC	2019-09-23	正常	健康	B1I/B3I/B1C/B2a/B2b
46	C222	44542	MEO-24	BDS-3	铷钟	CASC	2019-09-23	正常	健康	B1I/B3I/B1C/B2a/B2b
56	C104	40938	IGSO-2S	BDS-3S	氢钟	CASC	2015-09-30	在轨试验	—	—

续表8.4

PRN	IGS−SVN	NORADID	SVN	卫星类型	时钟类型	制造商	发射日期	卫星状态	健康状态	服务信号
57	C102	40749	MEO−1S	BDS−3S	铷钟	CASC	2015−07−25	在轨试验	—	—
58	C103	40748	MEO−2S	BDS−3S	铷钟	CASC	2015−07−25	在轨试验	—	—
59	C217	43683	GEO−1	BDS−3	氢钟	CASC	2018−11−01	正常	健康	B1I/B3I
60	C229	45344	GEO−2	BDS−3	氢钟	CASC	2020−03−09	正常	健康	B1I/B3I
61	C230	45807	GEO−3	BDS−3	氢钟	CASC	2020−06−23	在轨测试	—	B1I/B3I

注:北斗卫星导航系统的时间系统为北斗时(BDT),BDSBAS 的单频服务网络时(SNT＝BDT＋14 s)与 GPS 时(GPST)的同步精度保持在 50 ns 之内(|SNT−GPST|≤ 50 ns)。

BDS 服务对应的信号频点与卫星见表 8.5。

表 8.5　BDS 服务信号频点与卫星

服务类型		信号频点	卫星
基本导航服务		B1I、B1C、B2a、B2b、B3I	3IGSO＋24MEO
		B1I、B3I	3GEO
星基增强服务		BDSBAS−B1C	3GEO
		BDSBAS−B2a	
短报文通信服务	区域	L(上行),S(下行)	3GEO
	全球	L(上行)	14MEO
		B2b(下行)	3IGSO＋24MEO
国际搜救服务		UHF(上行)	6MEO
		B2b(下行)	3IGSO＋24MEO
精密定位服务		B2b	3GEO
地基增强服务		移动通信实时播发、互联网事后下载	移动通信实时播发、互联网事后下载

3. 北斗系统精密单点定位(Precise Point Positioning,PPP)

BDS 将 PPP−B2b 信号作为数据播发通道,主要通过北斗三号地球静止轨道(GEO)卫星播发北斗三号系统和其他全球卫星导航系统(GNSS)精密轨道和钟差等改正参数,为我国及周边地区用户提供服务。PPP−B2b 信号在设计上可用于对四大 GNSS 及其组合提供 PPP 服务。对各卫星导航系统,各类改正数相对应的参考电文为:

(1)BDS:PPP−B2b 信息用于改正 B1C 信号的 CNAV1 导航电文。

(2)GPS:PPP−B2b 信息用于改正 LNAV 导航电文。

(3)Galileo:PPP−B2b 信息用于改正 I/NAV 导航电文。

(4)GLONASS:PPP−B2b 信息用于改正 L1OCd 导航电文。

表 8.6 为 BDS 卫星 PPP 服务简表,表中列举了 BDS 三号部分卫星的信息。

表 8.6　BDS 卫星 PPP 服务

PRN	SVN	卫星类型	发射日期	卫星状态	服务信号	位置
59	GEO—01	BDS—3	2018—11—01	正常	B2b	140°E
60	GEO—02	BDS—3	2020—03—09	正常	B2b	80°E
61	GEO—03	BDS—3	2020—06—23	正常	B2b	110.5°E

4. 北斗星基增强系统(BDS Base Enhancement System,BDSBAS)

星基增强是北斗系统的重要组成部分,BDS 依据国际民航组织发布的《国际民用航空公约》附件 10《航空电信》第 I 卷"关于星基增强系统(SBAS)的标准和建议措施(SARPs)"制定了星基增强技术方案,并分别通过 BDSBASB1C 和 BDSBAS—B2a 两种模式增强信号,向中国及周边地区用户提供符合国际民航组织(ICAO)标准的单频(SF)服务和双频多星座(DFMC)服务。BDSBAS 的空间星座由 3 颗播发增强信号的北斗三号地球静止轨道(GEO)卫星构成,GEO 卫星轨道高度为 35 786 km,分别定点于东经 80°、110.5°和 140°,对应的伪随机噪声(PRN)码分别为 144、143 和 130,BDSBAS 坐标基准为 WGS—84。表 8.7 为 BDS 提供 SBAS 服务的部分信息。

表 8.7　BDS 部分 SBAS 服务参数

PRN	SVN	卫星类型	发射日期	卫星状态	服务信号	位置
130	GEO—01	BDS—3	2018—11—01	在轨测试	B1C/B2a	140°E
143	GEO—03	BDS—3	2020—06—23	在轨测试	B1C/B2a	110.5°E
144	GEO—02	BDS—3	2020—03—09	在轨测试	B1C/B2a	80°E

5. BDS 搜救服务

搜救服务是 BDS 三号提供的一种新型空间导航功能。根据国际搜救服务的相关要求,BDS 设计了全新高效的国际搜救服务报文系统,包含中圆地球轨道(MEO)卫星提供的符合国际搜救卫星系统(COSPAS—SARSAT)的中轨卫星搜救(MEOSAR)服务,以及 MEO 卫星和倾斜地球同步轨道(IGSO)卫星提供的基于 B2b 信号的返向链路服务(RLS)的导航信息。BDS 按照 COSPAS—SARSAT 的相关要求,以 406 MHz 用户上行报警信号和 1 544.21 MHz 荷载下行信号两部分构成用户报警信号,根据 BDS 提供的信号模型,用户可以开发出专用的搜救报警系统。

BDS 三号中轨卫星搜救服务由 6 颗搭载北斗中轨卫星搜救荷载的 MEO 卫星提供,服务全球。搭载中轨搜救荷载的卫星在 MEO 卫星星座上的分布见表 8.8 。

表 8.8　搭载中轨搜救荷载的北斗卫星在 MEO 卫星星座上的分布

相位/平面	A	B	C
1		M13	
2			
3		M14	M23

续表8.8

相位/平面	A	B	C
4			
5			M24
6	M21		
7			
8	M22		

搭载中轨卫星搜救荷载的 MEO 的 PRN、NORAD 编号、卫星名称、国际编号的对应关系见表8.9 。

表 8.9　卫星 PRN、ID 与卫星名称的对应关系

PRN	NORAD ID	卫星名称	国际编号
32	43622	M13	2018－072A
33	43623	M14	2018－072B
45	44543	M23	2019－061B
46	44542	M24	2019－061A
43	44794	M21	2019－078B
44	44793	M22	2019－078A

用户上行报警信号按照 406 MHz 信标的种类分为第一代信标信号和第二代信标信号两种。第一代信标信号采用 BPSK 方式调制,第二代信标信号采用 DSSS－OQPSK 方式调制。用户上行信号的主要工作参数见表8.10 。

表 8.10　用户上行报警信号的主要工作参数

序号	技术指标	第一代信标信号参数	第二代信标信号参数
1	工作频段	406.0～406.1 MHz	406.05 MHz
2	发射功率	32 ～43 dBm	33 ～45 dBm
3	信标极化方式	线极化,或右旋圆极化	
4	调制方式	BPSK	DSSS－OQPSK
5	调制带宽	800 Hz	76.8 kHz
6	数据长度	112 bit 或 144 bit	250 bit
7	数据速率	400 bit/s	300 bit/s
8	发射时间	440 ms 或 520 ms	1 s
9	荷载工作模式	50 kHz 或 90 kHz 带宽模式	限 90 kHz 带宽模式
10	荷载接收功率范围	－166 ～ －135 dBW	

第一代信标信号结构根据 COSPAS－SARSAT 文档 T.001"Cospas－Sarsat 406 MHz

遇险信标规范"设计,第二代信标信号结构根据 COSPAS－SARSAT 文档 T.018"第二代 Co-spas－Sarsat 406 MHz 遇险信标规范"设计。BDS 搜救的下行信号主要提供给 COSPAS－SARSAT 地面站使用。北斗中轨卫星搜救荷载的设计按照 COSPAS－SARSAT 的相关标准执行,并与其他中轨卫星搜救系统兼容,其主要工作参数见表 8.11 和表 8.12 。

表 8.11 荷载主要工作参数一

参数	兼容性要求	北斗搜救荷载设计	兼容性要求
带通特性	正常模式	1 dB>80 kHz	1 dB>80 kHz
		3 dB>90 kHz	3 dB>90 kHz
		10 dB<110 kHz	10 dB<110 kHz
		45 dB<170 kHz	45 dB<170 kHz
		70 dB<200 kHz	70 dB<200 kHz
	窄带模式	1 dB>50 kHz	1 dB>50 kHz
		10dB<75 kHz	10 dB<75 kHz
		45dB<130 kHz	45dB<130 kHz
		70dB<160 kHz	70dB<160 kHz
转发器增益模式		—	ALC

表 8.12 荷载主要工作参数二

参数		兼容性要求	北斗搜救荷载设计
转发器增益		>180 dB	>180 dB
下行频段		—	1 544.16~1 544.26 MHz
下行链路中心频率	正常模式	—	1 544.21 MHz
	窄带模式	—	1 544.203 MHz
下行链路天线极化		—	RHCP
下行 EIRP		>15 dBW	>18.0 dBW

BDS 下行信号根据 COSPAS－SARSAT 文档中 R.012"Cospas－Sarsat 406 MHz MEO-SAR 实施计划"及 T.016"Cospas－Sarsat MEOSAR 系统中使用的 406 MHz 有效荷载描述"方案设计。

用户下行信号也就是返向链路消息(RLM)信号,由北斗三号 IGSO、MEO 卫星 B2b 信号播发,以载波频率 1 207.14 MHz 为中心的 20.46 MHz 带宽内的 B2b 信号 I 支路所播发的用户下行信号。

BDS 目前已经向全球公开了 B2b 信号结构、信号调制、逻辑电平、极化方式、载波相位噪声、杂散、相关损耗、数据/码一致性、信号一致性、地面接收功率电平、导航电文结构等信息,所有用户可以根据上面的结构,结合自己的计算模型,设计出符合自己工况特色的 BDS 搜救用户端设备,感兴趣的读者可以参考 BDS 搜救用户设计指南中提供的方案。下面仅就返向链路导航电文基本参数进行说明。

BDS 返向链路消息使用 B2b 接口文件定义的 B－CNAV3 格式导航电文进行承载,包括基本信息和基本完好性信息,每帧电文长度为 1 000 symbol(符号位),符号速率为 1 000 sps,播发周期为 1 s。其基本帧结构定义如图 8.18 所示。

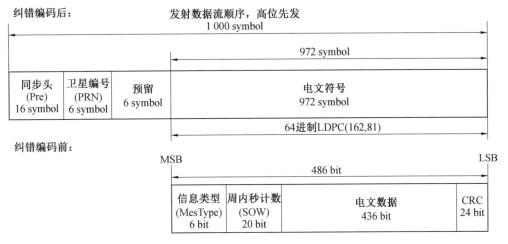

图 8.18　B－CNAV3 帧结构

　　图中每帧电文的前 16 symbol 为帧同步头(Pre),其值为 0xEB90,二进制为 1110 1011 1001 0000,播发顺序采用高位先发。PRN 号为 6 bit,为无符号整型存储。图中每帧电文在纠错编码前的长度为 486 bit,这部分数据包括信息类型(6 bit)、周内秒计数(20 bit)、电文数据(436 bit)、循环冗余校验位(24 bit)。信息类型、周内秒计数、电文数据均参与循环冗余校验计算。采用 64 进制 LDPC(162,81)编码后,长度为 972 symbol。为了提高卫星信号数据使用效率,BDS 中 B－CNAV3 导航电文结构定义了几类有效信息类型,其中,信息类型 8(即"001000",高位在前)被定义用于国际搜救返向链路消息。B2b 电文 1 帧共有 436 bit 编码容量放置 RLM 业务信息,由于目前单条 RLM 的长度小于 436 bit,一帧 Type 8 帧可以播出多个 RLM,为了提高信号的可靠性,每个 RLM 信息之间相互独立。

　　另外,BDS 为提高与其他 GNSS 之间的互操作性,设计了三种 RLM 格式,包含如下几种类型:

　　类型 1:RLM(短 RLM,由搜救系统确认)。当 COSPAS－SARSAT 地面段检测并定位到遇险信标发出的带有北斗返向链路请求警报后,将报警信号告知北斗返向链路信息处理系统(BDS－RLSP)。BDS－RLS 收到 RLM 请求后,通过北斗地面运控系统自动向遇险信标发送 RLM。类型 1 用于快速反馈 RLM 信息的应用场所。

　　类型 2:RLM(长 RLM,由搜救协调中心确认)。当 BDS－RLSP 收到来自负责搜救协调中心的授权后,再将 RLM 发送到遇险信标。该确认将通知用户警报正在处理。类型 2 用于救援部门评估遇险情况后,将救援信息快速反馈到 RLM 需要的场所。

　　类型 3:RLM 工作机制同类型 2,实际消息字段长度,可以采用文本自定义。

　　上述三种 RLM 的编排如图 8.19 所示。

　　BDS 搜救具体的服务类型定义见表 8.13。

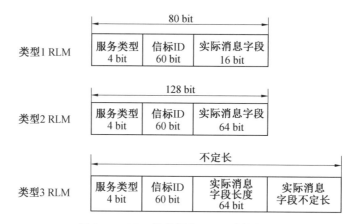

图 8.19　BDS 搜救报文 RLM 编排格式

表 8.13　服务类型字段定义

序号	数据	用途说明
1	1111	测试
2	0001	类型 1 RLM
3	0010	类型 2 RLM
4	0011	类型 3 RLM

在 BDS 搜救服务中,报文中的信标 ID 为 COSPAS－SARSAT 的信标唯一识别码。遇险信标根据 ID,判断消息是否发给自身。第一代信标的 ID 为 60 bit,第二代信标的 ID 为 92 bit,返向链路消息只传递前 60 bit。

6. BDS 空间精度因子

位置几何精度因子(Position Dilution of Precision,PDOP)是表征卫星与用户相对位置关系几何强度的参数,用户的定位精度可以简单表示为 PDOP×UERE。在用户测距误差一定的情况下,PDOP 越大定位精度越差,PDOP 越小定位精度越高。

DOP 反映了可见卫星与接收机空间几何结构对用户测距误差的放大作用。在利用伪距观测量进行动态绝对定位时,其权重系数矩阵可表示为

$$Q = \begin{bmatrix} q_{11} & q_{12} & q_{13} & q_{14} \\ q_{21} & q_{22} & q_{23} & q_{24} \\ q_{31} & q_{32} & q_{33} & q_{34} \\ q_{41} & q_{42} & q_{43} & q_{44} \end{bmatrix}$$

式中,q_{ij} 表示位置精度 DOP 的权系数,根据 DOP,可定义 PDOP 为

$$\text{PDOP} = \sqrt{q_{11} + q_{22} + q_{33}}$$

由 PDOP 可以得出卫星的空间精度因子分布。空间信号测距误差(SISRE)是 UERE 的主要构成部分,定位精度可以近似用公式 Accuracy＝UERE×DOP 表达,SISRE 反映卫星播发的导航电文偏差对用户测距的影响。

SISRE 为卫星在地球表面覆盖范围内所有点瞬时 SISRE 的 RMS 统计值,依据卫星的径

向、切向、法向轨道误差和钟差偏差关系,如图 8.20 所示。

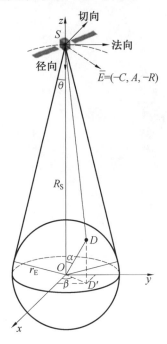

图 8.20　沿径向、切向和法向轨道误差及空间信号
测距误差公式推导用户定位精度

根据图 8.20 可以得到下面的 SISRE 计算公式:

$$\text{SISRE}=\sqrt{(\alpha-R-c\cdot T)^2+(A^2+C^2)/\beta}$$

式中,c 为光速;T 为钟差偏差;R 为径向轨道偏差;A 为切向轨道偏差;C 为法向轨道偏差。α 和 β 取值见表 8.14。

表 8.14　各卫星导航系统 α 和 β 的取值

参数	BDS(GEO/IGSO)	BDS(MEO)	GPS	GLONASS
α	0.99	0.98	0.98	0.98
β	127	54	49	45

用户可根据 SISRE 计算出定位的服务性能,并给出实时北斗卫星导航标准单点定位精度(B1I 频点),图 8.21 是位于中国境内某站点($39°N,115°E$)的单点定位精度,数据采样间隔为 30 s。

8.5.2　北斗三号授时系统

北斗三号规划相继发射 5 颗静止轨道卫星和 30 颗非静止轨道卫星及部分备用星,建成覆盖全球的北斗卫星导航系统。目前已成功发射了 8 颗北斗三号导航卫星。按照建设规划,到 2018 年年底,将有 18 颗北斗卫星发射升空,服务区域覆盖"一带一路(含非洲)"沿线国家及周边国家;到 2020 年,将完成 35 颗北斗三号卫星的组网,向全球提供相关服务。

北斗三号是中国开发的独立的全球卫星导航系统,不是北斗一号的简单延伸,更类似于全

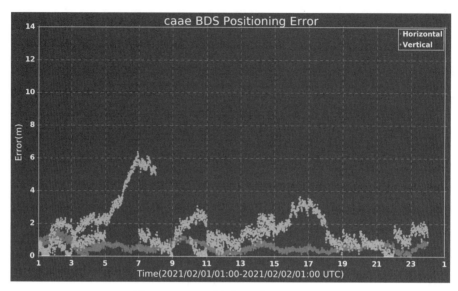

图 8.21　BDS 导航标准单点定位精度

球定位系统和伽利略定位系统,与北斗二号相比,北斗三号卫星将增加性能更优、与世界其他卫星导航系统兼容性更好的信号 B1C;按照国际标准提供星基增强服务(SBAS)及搜索救援服务(SAR)。同时,还将采用更高性能的铷原子钟和氢原子钟,铷原子钟的稳定度为 E−14 量级,氢原子钟的稳定度为 E−15 量级。

8.5.3　文件范畴

北斗卫星导航系统简称北斗系统,英文缩写为 BDS。北斗系统分为北斗一号、北斗二号和北斗三号 3 个建设发展阶段。随着我国北斗卫星组网速度的提升,北斗对外公布的数字接口控制服务不断升级和完善,截至 2017 年 12 月 27 日,中国北斗卫星导航系统空间信号接口控制文件已经更新到 B1C 和 B2A 版本,这些定义了北斗卫星导航系统空间星座和用户终端之间公开服务信号 B3I 的相关内容。B3I 信号在北斗二号和北斗三号的中圆地球轨道(MEO)卫星、倾斜地球同步轨道(IGSO)卫星和地球静止轨道(GEO)卫星上播发,提供公开服务。

8.5.4　BDS 系统开发及参数分析

1. 空间星座

北斗二号基本空间星座由 5 颗 GEO 卫星、5 颗 IGSO 卫星和 4 颗 MEO 卫星组成,并视情况部署在轨备份卫星。GEO 卫星轨道高度为 35 786 km,分别定点于东经为 58.75°、80°、110.5°、140°和 160°;IGSO 卫星轨道高度为 35 786 km,轨道倾角为 55°;MEO 卫星轨道高度为 21 528 km,轨道倾角为 55°。

北斗三号基本空间星座由 3 颗 GEO 卫星、3 颗 IGSO 卫星和 24 颗 MEO 卫星组成,并视情况部署在轨备份卫星。GEO 卫星轨道高度为 35 786 km,分别定点于东经 80°、110.5°和 140°;IGSO 卫星轨道高度为 35 786 km,轨道倾角为 55°;MEO 卫星轨道高度为 21 528 km,轨道倾角为 55°。

北斗系统空间星座将从北斗二号逐步过渡到北斗三号,在全球范围内提供公开服务。

2. 坐标系统

北斗系统使用的是北斗坐标系(BeiDou Coordinate System,BDCS)。北斗坐标系的定义符合国际地球自转服务组织(IERS)规范,与 2000 中国大地坐标系(CGCS2000)定义一致(具有完全相同的参考椭球参数),具体定义如下:

(1)原点、轴向及尺度定义。

原点位于地球质心,Z 轴指向 IERS 定义的参考极(IRP)方向,X 轴为 IERS 定义的参考子午面(IRM)与通过原点且同 Z 轴正交的赤道面的交线,Y 轴与 Z 轴、X 轴构成右手直角坐标系,长度单位是国际单位制(SI)米。

(2)参考椭球定义。

BDCS 参考椭球的几何中心与地球质心重合,参考椭球的旋转轴与 Z 轴重合。BDCS 参考椭球定义的基本常数见表 8.15。

表 8.15 BDCS 参考椭球定义的基本常数

序号	参数	定义
1	长半轴	$a=6\ 378\ 137.0$ m
2	地心引力常数(包含大气层)	$\mu=3.986\ 004\ 418\times10^{14}$ m^3/s^2
3	扁率	$f=1/298.257\ 222\ 101$
4	地球自转角速度	$\Omega_e=7.292\ 115\ 0\times10$ rad/s

3. 时间系统

北斗系统的时间基准为北斗时(BDT)。BDT 采用国际单位制(SI)秒为基本单位连续累计,不闰秒,起始历元为 2006 年 1 月 1 日协调世界时(UTC)00 时 00 分 00 秒。BDT 通过 UTC(NTSC)与国际 UTC 建立联系,BDT 与国际 UTC 的偏差保持在 50 ns 以内。BDT 与 UTC 之间的闰秒信息在导航电文中播报。

8.5.5 信号规范

1. 信号结构

B3I 信号由"测距码＋导航电文"调制在载波上构成,其信号表达式为

$$S_{B1I}^j(t)=A_{B1I}C_{B1I}^j(t)D_{B1I}^j(t)\cos(2\pi f_1 t+\phi_{B1I}^j) \tag{8.12}$$

式中,上角标 j 表示卫星编号;A_{B1I} 表示 B1I 信号振幅;C_{B1I} 表示 B1I 信号测距码;D_{B1I} 表示调制在 B1I 信号测距码上的数据码;f_1 表示 B1I 信号载波频率;ϕ_{B1I} 表示 B1I 信号载波初相。

2. 信号特性

(1)载波频率。

同一颗卫星发射的导航信号的载波频率在卫星上由共同的基准时钟源产生。B1I 信号的标称载波频率为 1 561.098 MHz。

(2)调制方式。

B1I 信号采用二进制相移键控(BPSK)调制。

（3）极化方式。

卫星发射信号为右旋圆极化（RHCP）。

（4）载波相位噪声。

未调制载波的相位噪声谱密度应满足单边噪声带宽为 10 Hz 的三阶锁相环的载波跟踪精度达到 0.1 rad（RMS）。

（5）用户接收信号电平。

当卫星仰角大于 5°，在地球表面附近的接收机右旋圆极化天线为 0 dBi 增益（或线性极化天线为 3 dBi 增益）时，卫星发射的 B3I 信号到达接收机天线输出端的最小功率电平为−163 dBW。

（6）信号复用方式。

信号复用方式为码分多址（CDMA）。

（7）信号带宽。

B3I 信号带宽为 20.46 MHz（以 B3I 信号载波频率为中心）。

（8）杂散。

卫星发射的杂散信号不超过−50 dBc。

（9）信号相关性。

B1I、B2I 和 B3I 信号的 3 路测距码相位差（包含发射通道时延差）随机抖动小于 1 ns（1σ）。

B1I 信号载波与其载波上所调制的测距码间起始相位差随机抖动小于 3°（1σ）（相对于载波）。

（10）星上设备时延差。

星上设备时延是指从卫星的时间基准到发射天线相位中心的时延。B3I 信号的设备时延为基准设备时延，含在导航电文的钟差参数 a_0 中，不确定度小于 0.5 ns（1σ）。B1I、B2I 信号的设备时延与基准设备时延的差值分别由导航电文中的 TGD1 和 TGD2 表示，其不确定度小于 1 ns（1σ）。

3. 测距码特性

B1I 信号测距码（以下简称 C_{B1I} 码）的码速率为 2.046 Mcps，码长为 2 046。

C_{B1I} 码由两个线性序列 G_1 和 G_2 模二加产生 Gold 码后截短最后 1 码片生成。G_1 和 G_2 序列分别由 11 级线性移位寄存器生成，其生成多项式分别为

$$G_1(X) = 1 + X + X^7 + X^8 + X^9 + X^{10} + X^{11} \tag{8.13}$$

$$G_2(X) = 1 + X + X^2 + X^3 + X^4 + X^5 + X^8 + X^9 + X^{11} \tag{8.14}$$

式中，G_1 和 G_2 的初始相位为：G_1 序列初始相位为 01010101010；G_2 序列初始相位为 01010101010。

C_{B1I} 码发生器如图 8.22 所示。

通过对产生 G_2 序列的移位寄存器不同抽头的模二加可以实现 G_2 序列相位的不同偏移，与 G_1 序列模二加后可生成不同卫星的测距码。G_2 序列相位分配见表 8.16。

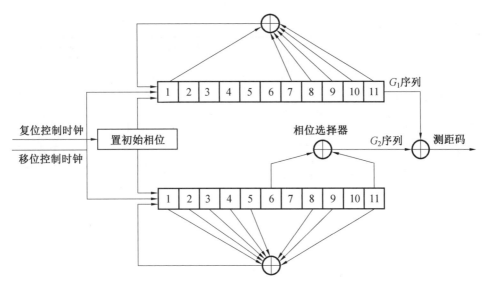

图 8.22　C_{B3I} 码发生器示意图

表 8.16　C_{B1I} 码的 G_2 序列相位分配

编号	卫星类型	测距码编号*	G_2 序列相位分配
1	GEO 卫星	1	1⊕3
2	GEO 卫星	2	1⊕4
3	GEO 卫星	3	1⊕5
4	GEO 卫星	4	1⊕6
5	GEO 卫星	5	1⊕8
6	MEO/IGSO 卫星	6	1⊕9
7	MEO/IGSO 卫星	7	1⊕10
8	MEO/IGSO 卫星	8	1⊕11
9	MEO/IGSO 卫星	9	2⊕7
10	MEO/IGSO 卫星	10	3⊕4
11	MEO/IGSO 卫星	11	3⊕5
12	MEO/IGSO 卫星	12	3⊕6
13	MEO/IGSO 卫星	13	3⊕8
14	MEO/IGSO 卫星	14	3⊕9
15	MEO/IGSO 卫星	15	3⊕10
16	MEO/IGSO 卫星	16	3⊕11
17	MEO/IGSO 卫星	17	4⊕5
18	MEO/IGSO 卫星	18	4⊕6
19	MEO/IGSO 卫星	19	4⊕8
20	MEO/IGSO 卫星	20	4⊕9
21	MEO/IGSO 卫星	21	4⊕10
22	MEO/IGSO 卫星	22	4⊕11

续表8.16

编号	卫星类型	测距码编号*	G_2 序列相位分配
23	MEO/IGSO 卫星	23	5⊕6
24	MEO/IGSO 卫星	24	5⊕8
25	MEO/IGSO 卫星	25	5⊕9
26	MEO/IGSO 卫星	26	5⊕10
27	MEO/IGSO 卫星	27	5⊕11
28	MEO/IGSO 卫星	28	6⊕8
29	MEO/IGSO 卫星	29	6⊕9
30	MEO/IGSO 卫星	30	6⊕10
31	MEO/IGSO 卫星	31	6⊕11
32	MEO/IGSO 卫星	32	8⊕9
33	MEO/IGSO 卫星	33	8⊕10
34	MEO/IGSO 卫星	34	8⊕11
35	MEO/IGSO 卫星	35	9⊕10
36	MEO/IGSO 卫星	36	9⊕11
37	MEO/IGSO 卫星	37	10⊕11
38	MEO/IGSO 卫星	38	1⊕2⊕7
39	MEO/IGSO 卫星	39	1⊕3⊕4
40	MEO/IGSO 卫星	40	1⊕3⊕6
41	MEO/IGSO 卫星	41	1⊕3⊕8
42	MEO/IGSO 卫星	42	1⊕3⊕10
43	MEO/IGSO 卫星	43	1⊕3⊕11
44	MEO/IGSO 卫星	44	1⊕4⊕5
45	MEO/IGSO 卫星	45	1⊕4⊕9
46	MEO/IGSO 卫星	46	1⊕5⊕6
47	MEO/IGSO 卫星	47	1⊕5⊕8
48	MEO/IGSO 卫星	48	1⊕5⊕10
49	MEO/IGSO 卫星	49	1⊕5⊕11
50	MEO/IGSO 卫星	50	1⊕6⊕9
51	MEO/IGSO 卫星	51	1⊕8⊕9
52	MEO/IGSO 卫星	52	1⊕9⊕10
53	MEO/IGSO 卫星	53	1⊕9⊕11
54	MEO/IGSO 卫星	54	2⊕3⊕7
55	MEO/IGSO 卫星	55	2⊕5⊕7
56	MEO/IGSO 卫星	56	2⊕7⊕9
57	MEO/IGSO 卫星	57	3⊕4⊕5
58	MEO/IGSO 卫星	58	3⊕4⊕9

续表8.16

编号	卫星类型	测距码编号*	G_2 序列相位分配
59	GEO 卫星	59	3⊕5⊕6
60	GEO 卫星	60	3⊕5⊕8
61	GEO 卫星	61	3⊕5⊕10
62	GEO 卫星	62	3⊕5⊕11
63	GEO 卫星	63	3⊕6⊕9

* 卫星将优先使用 1～37 号测距码,以实现对已有接收机的后向兼容。

4.导航电文及其结构

根据速率和结构不同,导航电文分为 D_1 导航电文和 D_2 导航电文。D_1 导航电文速率为 50 bps(bit/s),并调制有速率为 1 kbps 的二次编码,内容包含基本导航信息(本卫星基本导航信息、全部卫星历书信息、与其他系统时间同步信息);D_2 导航电文速率为 500 bps,内容包含基本导航信息和广域差分信息(北斗系统的差分及完好性信息和格网点电离层信息)。MEO/IGSO 卫星播发的 B1I 信号采用 D_1 导航电文,GEO 卫星播发的 B1I 信号采用 D_2 导航电文。

导航电文中基本导航信息和广域差分信息的类别及播发特点见表 8.17,其中电文的格式编排、详细定义及算法说明见后续说明。

表 8.17　D_1、D_2 导航电文信息类别及播发特点

电文信息类别		比特数	播发特点	
帧同步码(Pre)		11	每子帧重复一次	基本导航信息,所有卫星都播发
子帧计数(FraID)		3		
周内秒计数(SOW)		20		
本卫星基本导航信息	整周计数(WN)	13	D_1:在子帧 1、2、3 中播发,30 s 重复周期 D_2:在子帧 1 页面 1～10 的前 5 个字中播发,30 s 重复周期 更新周期:1 h	
	用户距离精度指数(URAI)	4		
	卫星自主健康标识(SatH1)	1		
	星上设备时延差(TGD1,TGD2)	20		
	时钟数据龄期(AODC)	5		
	钟差参数(t_{oc}, a_0, a_1, a_2)	74		
	星历数据龄期(AODE)	5		
	星历参数(t_{oe}, A, e, ω, Δn, M_0, Ω_0, $\dot{\Omega}$, i_0, IDOT,C_{uc},C_{us},C_{rc},C_{rs},C_{ic},C_{is})	371		
	电离层模型参数(α_n,β_n, $n=0\sim3$)	64		
页面编号(Pnum)		7	D_1:在第 4 和第 5 子帧中播发 D_2:在第 5 子帧中播发	

续表8.17

电文信息类别		比特数	播发特点	
历书信息	历书信息扩展标识(AmEpID)	2	D_1:在子帧4页面1~24、子帧5页面1~6中播发 D_2:在子帧5页面37~60、95~100中播发	基本导航信息,所有卫星都播发
	历书参数(t_{oa},A,e,ω,M_0,Ω_0,$\dot{\Omega}$,δ_i,a_0,a_1,AmID)	178	D_1:在子帧4页面1~24、子帧5页面1~6中播发1~30号卫星;在子帧5页面11~23中分时播发31~63号卫星,需结合AmEpID和AmID识别 D_2:在子帧5页面37~60、95~100中播发1~30号卫星;在子帧5页面103~115中分时播发31~63号卫星,需结合AmEpID和AmID识别 更新周期:小于7天	
	历书周计数(WN_a)	8	D_1:在子帧5页面8中播发 D_2:在子帧5页面36中播发 更新周期:小于7天	
	卫星健康信息(Hea_i,$i=1$~43)	$9×43$	D_1:在子帧5页面7~8中播发1~30号卫星健康信息;在子帧5页面24中分时播发31~63号卫星健康信息,需结合AmEpID和AmID识别 D_2:在子帧5页面35~36中播发1~30号卫星健康信息;在子帧5页面116中分时播发31~63号卫星健康信息,需结合AmEpID和AmID识别 更新周期:小于7天	
与其他系统时间同步信息	与UTC时间同步参数(A_{0UTC},A_{1UTC},Δt_{LS},Δt_{LSF},WN_{LSF},DN)	88		
	与GPS时间同步参数(A_{0GPS},A_{1GPS})	30	D_1:在子帧5页面9~10中播发 D_2:在子帧5页面101~102中播发 更新周期:小于7天	
	与Galileo时间同步参数(A_{0Gal},A_{1Gal})	30		
	与GLONASS时间同步参数(A_{0GLO},A_{1GLO})	30		

续表8.17

电文信息类别		比特数	播发特点	
北斗系统差分及差分完好性信息	基本导航信息页面编号(Pnum1)	4	D_2:在子帧 1 全部 10 个页面中播发	完好性、差分信息、格网点电离层信息只由卫星播发
	完好性及差分信息页面编号(Pnum2)	4	D_2:在子帧 2 全部 6 个页面中播发	
	完好性及差分信息健康标识(SatH2)	2	D_2:在子帧 2 全部 6 个页面中播发 更新周期:3 s	
	北斗系统完好性及差分信息扩展标识(BDEpID)	2	D_2:在子帧 4 全部 6 个页面中播发	
	北斗系统完好性及差分信息卫星标识(BDID$_i$,$i=1\sim63$)	1×63	D_2:在子帧 2 全部 6 个页面中播发 1~30 号卫星;在子帧 4 全部 6 个页面播发 31~63 号卫星 更新周期:3 s	
	区域用户距离精度指数(RURAI$_i$,$i=1\sim24$)	4×24	D_2:在子帧 2、子帧 3 和子帧 4 全部 6 个页面播发 更新周期:18 s	
	等效钟差改正数(Δt_i,$i=1\sim24$)	13×24	D_2:在子帧 2、子帧 3 和子帧 4 全部 6 个页面播发 更新周期:18 s	
	用户差分距离误差指数(UDREI$_i$,$i=1\sim24$)	4×24	D_2:在子帧 2、子帧 4 全部 6 个页面播发 更新周期:3 s	
格网点电离层信息	格网点电离层垂直延迟(dτ)	9×320	D_2:在子帧 5 页面 1~13、61~73 中播发 更新周期:6 min	
	格网点电离层垂直延迟改正数误差指数(GIVEI)	4×320		

5. 导航电文数据码纠错编码方式

导航电文采取 BCH(15,11,1)码加交织方式进行纠错。BCH 码长为 15 bit(比特),信息位为11 bit,纠错能力为 1 bit,其生成多项式为 $g(X)=1+X+X^4$。导航电文数据码按每 11 bit顺序分组,对需要交织的数据码先进行串/并变换,然后进行 BCH(15,11,1)纠错编码,每两组 BCH 码按 1 bit 顺序进行并/串变换,组成 30 bit 码长的交织码,其生成方式如图8.23所示。

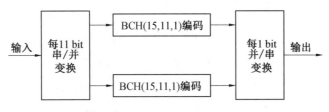

图 8.23　导航电文纠错编码示意图

BCH(15,11,1)编码框图如图 8.24 所示。其中,4 级移位寄存器的初始状态为全 0,门 1

开,门 2 关,输入 11 bit 信息组 X,然后开始移位,信息组一路经或门输出,另一路进入 $g(X)$ 除法电路,经 11 次移位后 11 bit 信息组全部送入电路,此时移位寄存器内保留的即为校验位,最后门 1 关,门 2 开,再经过 4 次移位,将移位寄存器的校验位全部输出,与原先的 11 bit 信息组成一个长为 15 bit 的 BCH 码。门 1 开,门 2 关,送入下一个信息组重复上述过程。

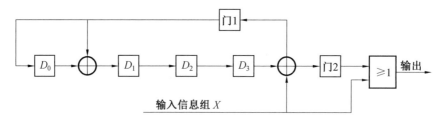

图 8.24　BCH(15,11,1)编码框图

接收机接收到数据码信息后按每 1 bit 顺序进行串/并变换,进行 BCH(15,11,1)纠错译码,对交织部分按 11 bit 顺序进行并/串变换,组成 22 bit 信息码,其生成方式如图 8.25 所示。

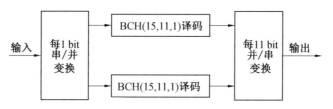

图 8.25　导航电文纠错译码示意图

BCH(15,11,1)译码框图如图 8.26 所示,其中,初始时移位寄存器清零,BCH 码组逐位输入到除法电路和 15 级纠错缓存器中,当 BCH 码的 15 位全部输入后,纠错信号 ROM 表利用除法电路的 4 级移位寄存器的状态 D_3、D_2、D_1、D_0 查表,得到 15 位纠错信号与 15 级纠错缓存器里的值模二加,最后输出纠错后的信息码组。纠错信号的 ROM 表见表 8.18。

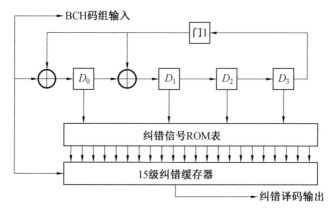

图 8.26　BCH(15,11,1)译码框图

表 8.18　纠错信号的 ROM 表

$D_3 D_2 D_1 D_0$	15 位纠错信号
0000	000000000000000
0001	000000000000001

续表8.18

$D_3 D_2 D_1 D_0$	15 位纠错信号
0010	000000000000010
0011	000000000010000
0100	000000000000100
0101	000000100000000
0110	000000000100000
0111	000010000000000
1000	000000000001000
1001	100000000000000
1010	000001000000000
1011	000000010000000
1100	000000001000000
1101	010000000000000
1110	000100000000000
1111	001000000000000

每两组 BCH(15,11,1)码按比特交错方式组成 30 bit 码长的交织码,30 bit 码长的交织码编码结构为:

X_1^1	X_2^1	X_1^2	X_2^2	$\cdots$	X_1^{11}	X_2^{11}	P_1^1	P_2^1	P_1^2	P_2^2	P_1^3	P_2^3	P_1^4	P_2^4

其中,X_j^i 为信息位,i 表示第 i 组 BCH 码,其值为 1 或 2;j 表示第 i 组 BCH 码中的第 j 个信息位,其值为 1~11;P_i^m 为校验位,i 表示第 i 组 BCH 码,其值为 1 或 2;m 表示第 i 组 BCH 码中的第 m 个校验位,其值为 1~4。

8.5.6　导航电文

1. D_1 导航电文上调制的二次编码

D_1 导航电文上调制的二次编码是指在速率为 50 bps 的 D_1 导航电文上调制一个 Neumann-Hoffman 码(以下简称 NH 码)。该 NH 码周期为 1 个导航信息位的宽度,NH 码1 bit 宽度则与扩频码周期相同。如图 8.27 所示,D_1 导航电文中一个信息位宽度为 20 ms,扩频码周期为 1 ms,因此采用 20 bit 的 NH 码(00000100110101001110),码速率为 1 kbps,码宽为 1 ms,以模二加形式与扩频码和导航信息码同步调制。

2. D_1 导航电文帧结构

D_1 导航电文由超帧、主帧和子帧组成。每个超帧为 36 000 bit,历时 12 min,每个超帧由 24 个主帧组成(24 个页面);每个主帧为 1 500 bit,历时 30 s,每个主帧由 5 个子帧组成;每个子帧为 300 bit,历时 6 s,每个子帧由 10 个字组成;每个字为 30 bit,历时 0.6 s,每个字由导航

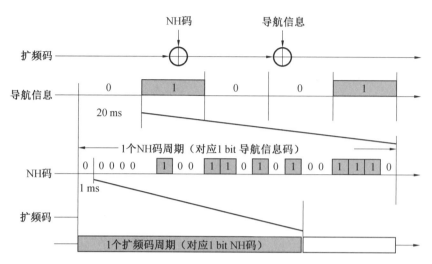

图 8.27　二次编码示意图

电文数据及校验码两部分组成。每个子帧第 1 个字的前 15 bit 信息不进行纠错编码,后 11 bit 信息采用 BCH(15,11,1)方式进行纠错,信息位共有 26 bit;其他 9 个字均采用 BCH(15,11,1)加交织方式进行纠错编码,信息位共有 22 bit(可参考 5.1.3)。D_1 导航电文帧结构如图 8.28 所示。

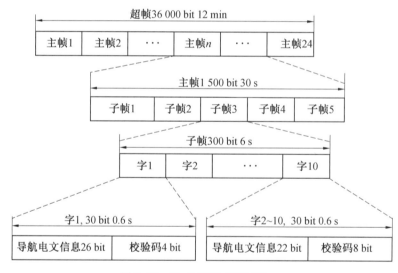

图 8.28　D_1 导航电文帧结构

3. D_1 导航电文详细结构编排

D_1 导航电文包含基本导航信息,包括:本卫星基本导航信息(包括周内秒计数、整周计数、用户距离精度指数、卫星自主健康标识、电离层延迟模型改正参数、卫星星历参数及数据龄期、卫星钟差参数及数据龄期、星上设备时延差)、全部卫星历书信息及与其他系统时间同步信息(UTC,其他卫星导航系统)。

D_1 导航电文主帧结构及信息内容如图 8.29 所示。子帧 1~3 播发基本导航信息;子帧 4 和子帧 5 分为 24 个页面,播发全部卫星历书信息及与其他系统时间同步信息。

D_1 导航电文发布了 1~5 子帧页面,子帧里面有 1~24 页面信息,其中子帧 1 的结构信息

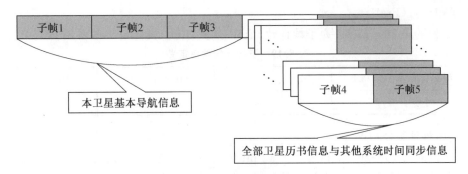

图 8.29　D_1 导航电文主帧结构与信息内容

编排如图 8.30 所示,图中"+"表示上下顺序相连,其他帧结构信息组成基本类似,具体组成可参考 BDS 测试评估研究中心发布的标准和规范。

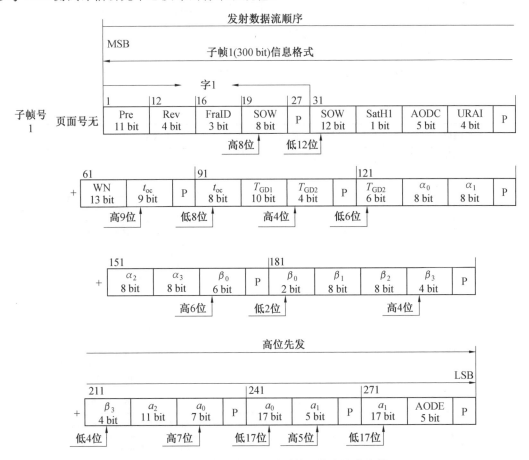

图 8.30　D_1 导航电文子帧结构 1 信息格式编排

4. D_1 导航电文内容和算法

(1)帧同步码(Pre)。

每一子帧的第 $1\sim11$ bit 为帧同步码(Pre),由 11 bit 修改巴克码组成,其值为"11100010010",第 1 bit 上升沿为秒前沿,用于时标同步。

（2）子帧计数（FraID）。

每一子帧的第 16～18 bit 为子帧计数（FraID），共 3 bit，具体定义见表 8.19。

表 8.19　子帧计数编码定义

编码	001	010	011	100	101	110	111
子帧序列号	1	2	3	4	5	保留	保留

（3）周内秒计数（SOW）。

每一子帧的第 19～26 bit 和第 31～42 bit 为周内秒计数（SOW），共 20 bit，每周日 BDT 0 点 0 分 0 秒从零开始计数。周内秒计数所对应的秒时刻是指本子帧同步头的第一个脉冲上升沿所对应的时刻。

（4）整周计数（WN）。

整周计数（WN）共 13 bit，为 BDT 的整周计数，其值范围为 0～8 191，以 BDT 2006 年 1 月 1 日 0 点 0 分 0 秒为起点，从零开始计数。

（5）用户距离精度指数（URAI）。

用户距离精度（URA）用来描述卫星空间信号精度，单位是 m，以用户距离精度指数（URAI）表征，URAI 为 4 bit，范围从 0 到 15，与 URA 之间的关系见表 8.20。

表 8.20　URAI 值与 URA 范围对应关系

编码	URAI 值	URA 范围（$m,1\sigma$）
0000	0	$0.00<URA\leq2.40$
0001	1	$2.40<URA\leq3.40$
0010	2	$3.40<URA\leq4.85$
0011	3	$4.85<URA\leq6.85$
0100	4	$6.85<URA\leq9.65$
0101	5	$9.65<URA\leq13.65$
0110	6	$13.65<URA\leq24.00$
0111	7	$24.00<URA\leq48.00$
1000	8	$48.00<URA\leq96.00$
1001	9	$96.00<URA\leq192.00$
1010	10	$192.00<URA\leq384.00$
1011	11	$384.00<URA\leq768.00$
1100	12	$768.00<URA\leq1\,536.00$
1101	13	$1\,536.00<URA\leq3\,072.00$
1110	14	$3\,072.00<URA\leq6\,144.00$
1111	15	$URA>6\,144.00$

用户收到任意一个 URAI（用 N 表示），可根据公式计算出相应的 URA 值（用 X 表示），其计算式如下：

当 $0 \leqslant N < 6$ 时，

$$X = 2^{N/2+1} \tag{8.15}$$

当 $6 \leqslant N < 15$ 时，

$$X = 2^{N-2} \tag{8.16}$$

当 $N = 15$ 时，表示卫星轨道机动或者没有精度预报。

当 $N = 1、3、5$ 时，X 经四舍五入后分别为 2.8、5.7、11.3。

(6)卫星自主健康标识(SatH1)。

卫星自主健康标识(SatH1)共 1 bit，其中"0"表示卫星可用，"1"表示卫星不可用。

(7)电离层延迟改正模型参数(α_n, β_n)。

电离层延迟改正预报模型包括 8 个参数，均为二进制补码，共 64 bit。具体参数定义见表 8.21。

表 8.21　电离层延迟改正模型参数

参数	比特数	比例因子(LSB)	单位
α_0	8*	2^{-30}	s
α_1	8*	2^{-27}	s/π
α_2	8*	2^{-24}	s/π^2
α_3	8*	2^{-24}	s/π^3
β_0	8*	2^{11}	s
β_1	8*	2^{14}	s/π
β_2	8*	2^{16}	s/π^2
β_3	8*	2^{16}	s/π^3

* 为二进制补码，最高有效位(MSB)是符号位(+或-)。

用户利用 8 参数和 Klobuchar 模型，可计算 B1I 信号的电离层垂直延迟改正 $I_Z(t)$，单位为 s，具体如下：

$$I_Z(t) = \begin{cases} 5 \times 10^{-9} + A_2 \cos\left[\dfrac{2\pi(t - 50\ 400)}{A_4}\right], & |t - 50\ 400| < A_4/4 \\ 5 \times 10^{-9} \end{cases} \tag{8.17}$$

式中，t 是接收机至卫星连线与电离层交点(穿刺点)处的地方时(取值范围为：$0 \sim 86\ 400$)，单位为 s，其计算公式为：$t = (t_E + \lambda_M \times 43\ 200/\pi)$[模 $86\ 400$]，其中，t_E 为用户测量时刻的 BDT，取周内秒计数部分，λ_M 是电离层穿刺点的地理经度，单位为 rad；A_2 为白天电离层延迟余弦曲线的幅度，用 α_n 系数求得

$$A_2 = \begin{cases} \displaystyle\sum_{n=0}^{3} \alpha_n \left| \dfrac{\phi_M}{\pi} \right|, & A_2 \geqslant 0 \\ 0, & A_2 < 0 \end{cases} \tag{8.18}$$

A_4 为余弦曲线的周期，单位为 s，用 β_n 系数求得

$$A_4 = \begin{cases} 172\ 800, & A_4 \geqslant 172\ 800 \\ \sum_{n=0}^{3} \beta_n \left| \dfrac{\phi_{\mathrm{M}}}{\pi} \right|, & 72\ 000 \leqslant A_4 \leqslant 172\ 800 \\ 72\ 000, & A_4 < 72\ 000 \end{cases} \tag{8.19}$$

上面两式中的 ϕ_{M} 是电离层穿刺点的纬度。电离层穿刺点经度、纬度的计算公式如下：

$$\begin{cases} \phi_{\mathrm{M}} = \arcsin(\sin \phi_{\mathrm{M}} \cos \psi + \cos \phi_{\mathrm{M}} \sin \psi \cos A) \\ \lambda_{\mathrm{M}} = \lambda_{\mathrm{u}} + \arcsin\left(\dfrac{\sin \psi \sin A}{\cos \phi_{\mathrm{M}}} \right) \end{cases} \tag{8.20}$$

式中，ϕ_{u} 为用户地理纬度，λ_{u} 为用户地理经度，单位均为 rad；A 为卫星方位角，单位为 rad；ψ 为用户和穿刺点的地心张角，单位为 rad，其计算公式为

$$\psi = \frac{\Phi}{2} - E - \arcsin\left(\frac{R}{R+h} \cos E \right) \tag{8.21}$$

其中，R 为地球半径，取值 6 378 km；E 为卫星高度角，单位为 rad；h 为电离层单层高度，取值 375 km。

通过公式 $I_{\mathrm{B1I}(t)} = \dfrac{1}{\sqrt{1 - \left(\dfrac{R}{R+h} \cos E \right)^2}} I_Z(t)$，可将 $I_Z(t)$ 转化为 B1I 信号传播路径上的电离层延迟 $I_{\mathrm{B1I}}(t)$，单位为 s。

对于 B1I 和 B3I 双频用户，采用 B1I/B3I 双频消电离层组合伪距公式来修正电离层延迟效应，具体计算方法如下：

$$PR = \frac{PR_{\mathrm{B3I}} - k_{1,3}(f) PR_{\mathrm{B1I}}}{1 - k_{1,3}(f)} + \frac{C k_{1,3}(f) T_{\mathrm{GD1}}}{1 - k_{1,3}(f)} \tag{8.22}$$

式中，PR 为经过电离层修正后的伪距；PR_{B1I} 为 B1I 信号的观测伪距（经卫星钟差修正但未经 T_{GD1} 修正）；PR_{B3I} 为 B3I 信号的观测伪距；T_{GD1} 为 B1I 信号的星上设备时延差；C 为光速，值为 $2.997\ 924\ 58 \times 10^8$ m/s。

（8）时钟数据龄期（AODC）。

时钟数据龄期（AODC）共 5 bit，是钟差参数的外推时间间隔，即本时段钟差参数参考时刻与计算钟差参数所做测量的最后观测时刻之差，在 BDT 整点更新，具体定义见表 8.22。

表 8.22 时钟数据龄期值定义

AODC 值	定义
<25	单位为 1 h，其值为卫星钟差参数数据龄期的小时数
25	表示卫星钟差参数数据龄期为 2 天
26	表示卫星钟差参数数据龄期为 3 天
27	表示卫星钟差参数数据龄期为 4 天
28	表示卫星钟差参数数据龄期为 5 天
29	表示卫星钟差参数数据龄期为 6 天
30	表示卫星钟差参数数据龄期为 7 天
31	表示卫星钟差参数数据龄期大于 7 天

(9)钟差参数(t_{oc},a_0,a_1,a_2)。

钟差参数包括 t_{oc}、a_0、a_1 和 a_2,共占用 74 bit。t_{oc} 是本时段钟差参数参考时间,单位为 s,有效范围是 0~604 792。其他 3 个参数为二进制补码。正常情况下,钟差参数的更新周期为 1 h,且在 BDT 整点更新,t_{oc} 值取整点时刻。t_{oc} 值在周内单调递增,当任意一钟差参数变化时,t_{oc} 也将变化。因异常原因发生新的导航电文注入时,钟差参数可能在非整点时刻更新,此时 t_{oc} 值会发生变化而不再取整点时刻。当 t_{oc} 值已经不是整点时刻(即最近有过一次非整点更新)时,如果钟差参数再次发生非整点更新,那么 t_{oc} 值也会再次发生变化,确保 t_{oc} 值与更新之前的播发值不同。无论是正常更新还是非整点更新,钟差参数的更新始终从某一超帧的起始时刻开始。钟差参数的定义见表 8.23。

表 8.23　钟差参数说明

参数	比特数	比例因子(LSB)	有效范围	单位
t_{oc}	17	2^3	604 792	s
a_0	24*	2^{-33}	—	s
a_1	22*	2^{-50}	—	s/s
a_2	11*	2^{-66}	—	s/s^2

* 为二进制补码,最高有效位(MSB)是符号位(＋或－)。

用户可通过下式计算出信号发射时刻的 BDT:

$$t = t_{sv} - \Delta t_{sv} \tag{8.23}$$

式中,t 为信号发射时刻的 BDT,s;t_{sv} 为信号发射时刻的卫星测距码相位时间,s;Δt_{sv} 为卫星测距码相位时间偏移,s,由下式给出:

$$\Delta t_{sv} = a_0 + a_1(t - t_{oc}) + a_2(t - t_{oc})^2 + \Delta t_r \tag{8.24}$$

式中,t 可忽略精度,用 t_{sv} 替代;Δt_r 是相对论校正项,单位为 s,其值为

$$\Delta t_r = F \times e \times \sqrt{A} \times \sin E_k \tag{8.25}$$

其中,e 为卫星轨道偏心率,由本卫星星历参数得到;$\sqrt{A}$ 为卫星轨道长半轴的开方,由本卫星星历参数得到;E_k 为卫星轨道偏近点角,由卫星星历参数计算得到;$F = -2\mu^{1/2}/C^2$;μ 为地心引力常数,$\mu = 3.986\,004\,418 \times 10^{14}\,\mathrm{m}^3/\mathrm{s}^2$;$C$ 为光速,$C = 2.997\,924\,58 \times 10^8$ m/s。

(10)星上设备时延差(T_{GD1},T_{GD2})。

星上设备时延差(T_{GD1},T_{GD2})各 10 bit,为二进制补码,最高位为符号位,"0"表示为正,"1"表示为负,比例因子 0.1,单位为 ns。对使用 B1I 信号的单频用户,需使用下式进行修正:

$$(\Delta t_{sv})_{B1I} = \Delta t_{sv} - T_{GD1} \tag{8.26}$$

对使用 B2I 信号的单频用户,需使用下式进行修正:

$$(\Delta t_{sv})_{B2I} = \Delta t_{sv} - T_{GD2} \tag{8.27}$$

其中,Δt_{sv} 为卫星测距码相位时间偏移,具体计算方法见后续介绍。

(11)星历数据龄期(AODE)。

星历数据龄期(AODE)共 5 bit,是星历参数的外推时间间隔,即本时段星历参数参考时刻与计算星历参数所做测量的最后观测时刻之差,在 BDT 整点更新,具体定义见表 8.24。

表 8.24　星历数据龄期值定义

AODE 值	定义
<25	单位为 1 h,其值为星历数据龄期的小时数
25	表示星历数据龄期为 2 天
26	表示星历数据龄期为 3 天
27	表示星历数据龄期为 4 天
28	表示星历数据龄期为 5 天
29	表示星历数据龄期为 6 天
30	表示星历数据龄期为 7 天
31	表示星历数据龄期大于 7 天

(12)星历参数(t_{oe},$\sqrt{A}$,e,ω,Δn,M_0,Ω_0,$\dot{\Omega}$,i_0,IDOT,C_{uc},C_{us},C_{rc},C_{rs},C_{ic},C_{is})。

星历参数描述了在一定拟合间隔下得出的卫星轨道。它包括 15 个轨道参数、1 个星历参考时间。正常情况下,星历参数的更新周期为 1 h,且在 BDT 整点更新,t_{oe} 值取整点时刻。t_{oe} 值在周内单调递增,当任意一星历参数变化时,t_{oe} 也将变化。若 t_{oe} 变化,t_{oc} 也会变化。

因异常原因发生新的导航电文注入时,星历参数可能在非整点时刻更新,此时 t_{oe} 值会发生变化而不再取整点时刻。当 t_{oe} 值已经不是整点时刻(即最近有过一次非整点更新)时,如果星历参数再次发生非整点更新,那么 t_{oe} 值也会再次发生变化,确保 t_{oe} 值与更新之前的播发值不同。无论是正常更新还是非整点更新,星历参数的更新始终从某一超帧的起始时刻开始。星历参数定义见表 8.25。

表 8.25　星历参数定义

参数	定义
t_{oe}	星历参考时间
$\sqrt{A}$	长半轴的平方根
e	偏心率
ω	近地点幅角
Δn	卫星平均运动速率与计算值之差
M_0	参考时间的平近点角
Ω_0	按参考时间计算的升交点经度
$\dot{\Omega}$	升交点赤经变化率
i_0	参考时间的轨道倾角
IDOT	轨道倾角变化率
C_{uc}	纬度幅角的余弦调和改正项的振幅
C_{us}	纬度幅角的正弦调和改正项的振幅
C_{rc}	轨道半径的余弦调和改正项的振幅
C_{rs}	轨道半径的正弦调和改正项的振幅
C_{ic}	轨道倾角的余弦调和改正项的振幅
C_{is}	轨道倾角的正弦调和改正项的振幅

星历参数说明见表 8.26。

表 8.26　星历参数说明

参数	比特数	比例因子(LSB)	有效范围	单位
t_{oe}	17	2^3	604 792	s
$\sqrt{A}$	32	2^{-19}	8 192	$m^{1/2}$
e	32	2^{-33}	0.5	——
ω	32*	2^{-31}	1	π
Δn	16*	2^{-43}	3.73×10^{-9}	π/s
M_0	32*	2^{-31}	1	π
Ω_0	32*	2^{-31}	1	π
$\dot{\Omega}$	24*	2^{-43}	9.54×10^{-7}	π/s
i_0	32*	2^{-31}	1	π
IDOT	14*	2^{-43}	9.31×10^{-10}	π/s
C_{uc}	18*	2^{-31}	6.10×10^{-5}	rad
C_{us}	18*	2^{-31}	6.10×10^{-5}	rad
C_{rc}	18*	2^{-6}	2 048	m
C_{rs}	18*	2^{-6}	2 048	m
C_{ic}	18*	2^{-31}	6.10×10^{-5}	rad
C_{is}	18*	2^{-31}	6.10×10^{-5}	rad

* 为二进制补码,最高有效位(MSB)是符号位(+或-)。

用户机根据接收到的星历参数可以计算卫星在 BDCS 坐标系中的坐标。算法见表 8.27。

表 8.27　星历参数用户算法

计算公式	描述
$\mu = 3.986\ 004\ 418 \times 10^{14}\,m^3/s^2$	BDCS 坐标系下的地心引力常数
$\Omega_e = 7.291\ 150 \times 10^{-5}\,rad/s$	BDCS 坐标系下的地球自转角速度
$\pi = 3.141\ 592\ 653\ 589\ 8$	圆周率
$A = (\sqrt{A})^2$	计算长半轴
$n_0 = \sqrt{\dfrac{\mu}{A^3}}$	计算卫星平均角速度
$t_k = t - t_{oc}^*$	计算观测历元到参考历元的时间差
$n = n_0 + \Delta n$	改正平均角速度
$M_k = M_0 + n t_k$	计算平近点角
$M_k = E_k - c\sin E_k$	迭代计算偏近点角

续表8.27

计算公式	描述
$\begin{cases} \sin V_k = \dfrac{\sqrt{1-e^2}\sin E_k}{1-e\cos E_k} \\ \cos V_k = \dfrac{e\cos E_k - e}{1-e\cos E_k} \end{cases}$	计算真近点角
$\phi_k = V_k + \omega$	计算纬度幅角
$\begin{cases} \delta u_k = C_{us}\sin(2\phi_k) + C_{uc}\cos(2\phi_k) \\ \delta r_k = C_{rs}\sin(2\phi_k) + C_{rc}\cos(2\phi_k) \\ \delta i_k = C_{is}\sin(2\phi_k) + C_{ic}\cos(2\phi_k) \end{cases}$	纬度幅角改正项 径向改正项 倾角改正项
$u_k = \phi_k + \delta u_k$	计算改正后的纬度幅角
$r_k = A(1-e\cos E_k) + \delta r_k$	计算改正后的径向
$i_k = i_0 + \text{IDOT} + I_K + \delta i_k$	计算改正后的轨道倾角
$\begin{cases} X_k = r_k\cos u_k \\ y_k = r_k\sin u_k \end{cases}$	计算卫星在轨道平面内的坐标
$\Omega_k = \Omega_0 + (\Omega - \Omega_k)t_k - \Omega_c t_{oc}$ $\begin{cases} X_k = X_k\cos\Omega_k - y_k\cos i_k\sin\Omega_k \\ Y_k = X_k\sin\Omega_k + y_k\cos i_k\cos\Omega_k \\ Z_k = y_k\sin i_k \end{cases}$	计算历元升交点经度(地固系) 计算 MEO/IGSO 卫星在 BDCS 坐标系中的坐标
$\Omega_k = \Omega_0 + (\Omega - \Omega_k)t_k - \Omega_c t_{oc}$ $\begin{cases} X_k = X_k\cos\Omega_k - y_k\cos i_k\sin\Omega_k \\ Y_k = X_k\sin\Omega_k + y_k\cos i_k\cos\Omega_k \\ Z_k = y_k\sin i_k \end{cases}$ 其中： $R_X(\varphi)=\begin{bmatrix}1&0&0\\0&+\cos\varphi&+\sin\varphi\\0&-\sin\varphi&+\cos\varphi\end{bmatrix}$ $R_Z(\varphi)=\begin{bmatrix}0&+\cos\varphi&+\sin\varphi\\0&-\sin\varphi&+\cos\varphi\\0&0&1\end{bmatrix}$	计算历元升交点经度(惯性系) 计算 GEO 卫星在自定义坐标系中的坐标 计算 GEO 卫星在 BDCS 坐标系中的坐标

注：表中 t^* 是信号发射时刻的 BDT。t_k 是 t 和 t_{oe} 之间的总时间差，必须考虑周变换的开始或结束，即如果 t_k 大于 302 400，将 t_k 减去 604 800；如果 t_k 小于 $-302\,400$，则将 t_k 加上 604 800。

（13）页面编号（Pnum）。

子帧 4 和子帧 5 的第 44～50 bit 为页面编号（Pnum），用于标识子帧的页面编号，共 7 bit。子帧 4 和子帧 5 的信息都分 24 个页面分时播发，其中子帧 4 的第 1～24 页面编排卫星号为 1～24 的历书信息，子帧 5 的第 1～6 页面编排卫星号为 25～30 的历书信息，页面编号与卫星编号一一对应。此外，子帧 5 的第 11～23 页面可通过分时播发方式，播发卫星号为 31～43、44～56、57～63 的历书信息。

(14)历书信息扩展标识(AmEpID)。

历书信息扩展标识(AmEpID)为 2 bit,用于标识子帧 5 的页面 11~24 是否扩展播发 31~63 号卫星历书和卫星健康信息。当 AmEpID 为"11"时,表示子帧 5 的页面 11~23 可扩展播发 31~63 号卫星历书,子帧 5 的页面 24 可扩展播发 31~63 号卫星健康信息;当 AmEpID 不为"11"时,表示子帧 5 的页面 11~24 为预留页面,不进行扩展播发。

(15)历书参数$(t_{oa}, \sqrt{A}, e, \omega, M_0, \Omega_0, \dot{\Omega}, \delta_i, a_0, a_1, \mathrm{AmID})$。

历书参数更新周期小于 7 天。历书参数定义见表 8.28。

表 8.28 历书参数定义

参数	定义
t_{oa}	历书参考时间
$\sqrt{A}$	长半轴的平方根
e	偏心率
ω	近地点幅角
M_0	参考时间的平近点角
Ω_0	按参考时间计算的升交点经度
$\dot{\Omega}$	升交点赤经变化率
δ_i	参考时间的轨道参考倾角的改正量
a_0	卫星钟差
a_1	卫星钟速
AmID	分时播发识别标识

参数 AmID 为 2 bit,用于识别子帧 5 的页面 11~24 分时播发的卫星历书和卫星健康信息,其值在参数 AmEpID 为"11"时有效。针对分时播发的卫星历书,用户应先使用 AmEpID 判断卫星历书是否扩展播发,再结合 AmID 识别相应的卫星历书。具体分时播发方式见表 8.29。历书参数说明、用户算法见表 8.30 和表 8.31。

表 8.29 历书参数分时播发方式

AmEpID	AmID	页面编号 Pnum	历书对应的卫星编号
11	01	11~23	31~43
	10	11~23	44~56
	11	11~17	57~63
		18~23	保留
	00	11~23	保留

表 8.30　历书参数说明

参数	比特数	比例因子	有效范围	单位
t_{oa}	8	2^{12}	602 112	s
$\sqrt{A}$	24	2^{-11}	8 192	$m^{1/2}$
e	17	2^{-21}	0.062 5	—
ω	24*	2^{-23}	± 1	π
M_0	24*	2^{-23}	± 1	π
Ω_0	24*	2^{-23}	± 1	π
$\dot{\Omega}$	17*	2^{-38}	—	π/s
δ_i	16*	2^{-19}	—	π
a_0	11*	2^{-20}	—	s
a_1	11*	2^{-38}	—	s/s

* 为二进制补码,最高有效位(MSB)是符号位(+或一)。

表 8.31　历书参数用户算法

计算公式	描述
$\mu = 3.986\ 004\ 418 \times 10^{14}\ m^3/s^2$	BDCS 坐标系下的地心引力常数
$\Omega_e = 7.291\ 150 \times 10^{-5}\ rad/s$	BDCS 坐标系下的地球自转角速度
$A = (\sqrt{A})^2$	计算长半轴
$n_0 = \sqrt{\dfrac{\mu}{A^3}}$	计算卫星平均角速度
$t_k = t - t_{oa}^*$	计算观测历元到参考历元的时间差
$M_k = M_0 + n t_k$	计算平近点角
$M_k = E_k - e\sin E_k$	迭代计算偏近点角
$\begin{cases} \sin V_k = \dfrac{\sqrt{1-e^2}\sin E_k}{1-e\cos E_k} \\ \cos V_k = \dfrac{e\cos E_k - e}{1-e\cos E_k} \end{cases}$	计算真近点角
$\phi_k = V_k + \omega$	计算纬度幅角
$r_k = A(1 - e\cos E_k)$	计算径向
$\begin{cases} X_k = r_k\cos\phi_k \\ y_k = r_k\sin\phi_k \end{cases}$	计算卫星在轨道平面内的坐标
$\Omega_k = \Omega_0 + (\Omega - \Omega_k)t_k - \Omega_e t_{oa}$	改正升交点经度
$i = i_0 + \varepsilon_e$	参考时间的轨道倾角
$\begin{cases} X_k = X_k\cos\Omega_k - y_k\cos i\sin\Omega_k \\ Y_k = X_k\sin\Omega_k + y_k\cos i\cos\Omega_k \\ Z_k = y_k\sin i \end{cases}$	计算 GEO/MEO/IGSO 卫星在 BDCS 坐标系中的坐标

注:1.表中 t^* 是信号发射时刻的 BDT。t_k 是 t 和 t_{oe} 之间的总时间差,必须考虑周变换的开始或结束,即如果 t_k 大于 302 400,将 t_k 减去 604 800;如果 t_k 小于 $-302\ 400$,则将 t_k 加上 604 800。

2.对于 MEO/IGSO 卫星,$i_0 = 0.30\pi$;对于 GEO 卫星,$i_0 = 0.00$。

历书时间计算：

$$t = t_{sv} - \Delta t_{sv} \tag{8.28}$$

式中，t 为信号发射时刻的 BDT，s；t_{sv} 为信号发射时刻的卫星测距码相位时间，s；Δt_{sv} 为卫星测距码相位时间偏移，s，由下式给出：

$$\Delta t_{sv} = a_0 + a_1(t - t_{oa}) \tag{8.29}$$

上式中 t 可忽略精度，用 t_{sv} 替代；历书基准时间 t_{oa} 是以历书周计数（WN_a）的起始时刻为基准的。

(16)历书周计数（WN_a）。

历书周计数（WN_a）为 BDT 整周计数（WN）模 256，为 8，取值范围为 0～255。

(17)卫星健康信息（Hea_i，$i=1\sim43$）。

卫星健康信息为 9 比特，第 9 位为卫星钟健康信息，第 8 位为 B1I 信号健康状况，第 7 位为 B2I 信号健康状况，第 6 位为 B3I 信号健康状况，第 2 位为信息健康状况，其定义见表 8.32。

表 8.32　卫星健康信息定义

信息位	信息编码	健康状况标识
第 9 位（MSB）	0	卫星钟可用
	1	*
第 8 位	0	B1I 信号正常
	1	B1I 信号不正常**
第 7 位	0	B2I 信号正常
	1	B2I 信号不正常**
第 6 位	0	B3I 信号正常
	1	B3I 信号不正常**
第 5～3 位	0	保留
	1	保留
第 2 位	0	导航信息可用
	1	导航信息不可用（龄期超限）
第 1 位（LSB）	0	保留
	1	保留

* 后 8 位均为"0"表示卫星钟不可用，后 8 位均为"1"表示卫星故障或永久关闭，后 8 位为其他值时，保留；

** 信号不正常指信号功率比额定值低 10 dB 及以上。

Hea_i（$i=1\sim30$）分别对应卫星编号为 1～30 的卫星健康信息。通过分时播发，Hea_i（$i=31\sim43$）分别对应卫星编号为 31～43、44～56、57～63 的卫星健康信息。用户应先使用 AmEpID 判断卫星健康信息是否扩展播发，当 AmEpID 为"11"时，再结合 AmID 识别分时播发的卫星健康信息。具体分时播发方式见表 8.33。

表 8.33　Hea_i($i=31\sim43$)分时播发方式

AmEpID	AmID	Hea_i	Hea_i 对应的卫星编号
11	01	$i=31\sim43$	$31\sim43$
	10		$44\sim56$
	11	$i=31\sim37$	$57\sim63$
		$i=38\sim43$	保留
	00	$i=31\sim43$	保留

(18)与 UTC 时间同步参数(A_{0UTC},A_{1UTC},Δt_{LS},WN_{LSF},DN,Δt_{LSF})。

此参数反映了 BDT 与 UTC 之间的关系。各参数的说明见表 8.34。

表 8.34　与 UTC 时间同步参数说明

参数	比特数	比例因子	有效范围	单位
A_{0UTC}	32^*	2^{-30}	—	s
A_{1UTC}	24^*	2^{-50}	—	s/s
Δt_{LS}	8^*	1	—	s
WN_{LSF}	8	1	—	week
DN	8	1	6	day
Δt_{LSF}	8^*	1	—	s

* 为二进制补码,最高有效位(MSB)是符号位(+或−)。

A_{0UTC}:BDT 相对于 UTC 的钟差。

A_{1UTC}:BDT 相对于 UTC 的钟速。

Δt_{LS}:新的闰秒生效前 BDT 相对于 UTC 的累积闰秒改正数。

WN_{LSF}:新的闰秒生效的周计数,占 8,为 DN 对应的整周计数模 256。WN_{LSF}在模 256 之前和 WN 之差的绝对值不超过 127。

DN:新的闰秒生效的周内日计数。

Δt_{LSF}:新的闰秒生效后 BDT 相对于 UTC 的累积闰秒改正数。由 BDT 推算 UTC 的方法:系统向用户广播 UTC 参数及新的闰秒生效的周计数 WN_{LSF} 和新的闰秒生效的周内日计数 DN,使用户可以获得误差不大于 1 ms 的 UTC 时间。考虑到闰秒生效时间和用户当前系统时间之间的关系,如果是当前,BDT 与 UTC 之间存在下面 3 种转换关系。

①当指示闰秒生效的周计数 WN_{LSF} 和周内天计数 DN 还没到来时,而且用户当前时刻 t_E 处在 DN+2/3 之前,则 UTC 与 BDT 之间的变换关系为

$$t_{UTC}=(t_E-\Delta t_{UTC})[\text{模 }86\ 400],\quad s \tag{8.30}$$

式中

$$\Delta t_{UTC}=\Delta t_{LS}+A_{0UTC}+A_{1UTC}\times t_E,\quad s \tag{8.31}$$

其中,t_E 指用户计算的 BDT,取周内秒计数部分。

②若用户当前的系统时刻 t_E 处在指示闰秒生效的周计数 WN_{LSF} 和周内天计数 DN+2/3 到 DN+5/4 之间,则 UTC 与 BDT 之间的变换关系为

$$t_{\mathrm{UTC}}=W[模(86\ 400+\Delta t_{\mathrm{LSF}}-\Delta t_{\mathrm{LS}})], \quad \mathrm{s} \tag{8.32}$$

式中

$$W=(t_{\mathrm{E}}-\Delta t_{\mathrm{UTC}}-43\ 200)[模\ 86\ 400]+43\ 200, \quad \mathrm{s} \tag{8.33}$$

$$\Delta t_{\mathrm{UTC}}=\Delta t_{\mathrm{LS}}+A_{0\mathrm{UTC}}+A_{1\mathrm{UTC}}\times t_{\mathrm{E}}, \quad \mathrm{s} \tag{8.34}$$

③当指示闰秒生效的周计数 $\mathrm{WN_{LSF}}$ 和周内天计数 DN 已经过去，且用户当前的系统时刻 t_{E} 处在 DN+5/4 之后，则 UTC 与 BDT 之间的变换关系为

$$t_{\mathrm{UTC}}=(t_{\mathrm{E}}-\Delta t_{\mathrm{UTC}})[模\ 86\ 400], \quad \mathrm{s} \tag{8.35}$$

式中

$$\Delta t_{\mathrm{UTC}}=\Delta t_{\mathrm{LSF}}+A_{0\mathrm{UTC}}+A_{1\mathrm{UTC}}\times t_{\mathrm{E}}, \quad \mathrm{s} \tag{8.36}$$

式中各参数的定义与①的情况相同。

(19)与 GPS 时间同步参数($A_{0\mathrm{GPS}}$，$A_{1\mathrm{GPS}}$)。

BDT 与 GPS 系统时间之间的同步参数说明见表 8.35，电文中相应的内容暂未播发。

表 8.35　与 GPS 时间同步参数说明

参数	比特数	比例因子	单位
$A_{0\mathrm{GPS}}$	14*	0.1	ns
$A_{1\mathrm{GPS}}$	16*	0.1	ns/s

* 为二进制补码，最高有效位(MSB)是符号位(+或−)。

$A_{0\mathrm{GPS}}$：BDT 相对于 GPS 系统时间的钟差。

$A_{1\mathrm{GPS}}$：BDT 相对于 GPS 系统时间的钟速。BDT 与 GPS 系统时间之间的换算公式为

$$t_{\mathrm{GPS}}=t_{\mathrm{E}}-\Delta t_{\mathrm{GPS}} \tag{8.37}$$

其中，$\Delta t_{\mathrm{GPS}}=A_{0\mathrm{GPS}}+A_{1\mathrm{GPS}}\times t_{\mathrm{E}}$，$t_{\mathrm{E}}$ 指用户计算的 BDT，取周内秒计数部分。

(20)与 Galileo 时间同步参数($A_{0\mathrm{Gal}}$，$A_{1\mathrm{Gal}}$)。

BDT 与 Galileo 系统时间之间的同步参数说明见表 8.36，电文中相应的内容暂未播发。

表 8.36　与 Galileo 时间同步参数说明

参数	比特数	比例因子	单位
$A_{0\mathrm{Gal}}$	14*	0.1	ns
$A_{1\mathrm{Gal}}$	16*	0.1	ns/s

* 为二进制补码，最高有效位(MSB)是符号位(+或−)。

$A_{0\mathrm{Gal}}$：BDT 相对于 Galileo 系统时间的钟差。

$A_{1\mathrm{Gal}}$：BDT 相对于 Galileo 系统时间的钟速。

BDT 与 Galileo 系统时间之间的换算公式为

$$t_{\mathrm{Gal}}=t_{\mathrm{E}}-\Delta t_{\mathrm{Gal}} \tag{8.38}$$

其中，$\Delta t_{\mathrm{Gal}}=A_{0\mathrm{Gal}}+A_{1\mathrm{Gal}}\times t_{\mathrm{E}}$，$t_{\mathrm{E}}$ 指用户计算的 BDT，取周内秒计数部分。

(21)与 GLONASS 时间同步参数($A_{0\mathrm{GLO}}$，$A_{1\mathrm{GLO}}$)。

BDT 与 GLONASS 系统时间之间的同步参数说明见表 8.37，电文相应的内容暂未播发。

表 8.37　与 GLONASS 时间同步参数说明

参数	比特数	比例因子	单位
A_{0GLO}	14*	0.1	ns
A_{1GLO}	16*	0.1	ns/s

* 为二进制补码,最高有效位(MSB)是符号位(+或−)。

A_{0GLO}:BDT 相对于 GLONASS 系统时间的钟差。

A_{1GLO}:BDT 相对于 GLONASS 系统时间的钟速。

BDT 与 GLONASS 系统时间之间的换算公式为

$$t_{GLO} = t_E - \Delta t_{GLO} \tag{8.39}$$

其中,$\Delta t_{GLO} = A_{0GLO} + A_{1GLO} \times t_E$,$t_E$ 指用户计算的 BDT,取周内秒计数部分。

5. 导航电文

(1)D_2 导航电文帧结构。

D_2 导航电文由超帧、主帧和子帧组成。每个超帧为 180 000 bit,历时 6 min,每个超帧由 120 个主帧组成;每个主帧为 1 500 bit,历时 3 s,每个主帧由 5 个子帧组成;每个子帧为 300 bit,历时 0.6 s,每个子帧由 10 个字组成;每个字为 30 bit,历时 0.06 s。每个字由导航电文数据及校验码两部分组成。每个子帧第 1 个字的前 15 信息不进行纠错编码,后 11 信息采用 BCH(15,11,1)方式进行纠错,信息位共有 26;其他 9 个字均采用 BCH(15,11,1)加交织方式进行纠错编码,信息位共有 22。详细帧结构如图 8.31 所示。

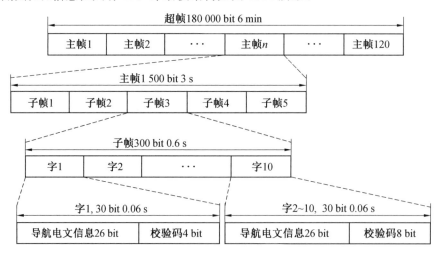

图 8.31　D_2 导航电文帧结构

(2)D_2 导航电文详细结构编排。

D_2 导航电文包括:本卫星基本导航信息,全部卫星历书信息,与其他系统时间同步信息,北斗系统完好性及差分信息,格网点电离层信息。主帧结构及信息内容如图 8.32 所示。子帧 1 播发基本导航信息,由 10 个页面分时发送,子帧 2～4 信息由 6 个页面分时发送,子帧 5 中信息由 120 个页面分时发送本卫星基本导航信息。

D_2 导航电文子帧格式详细编排及其组成方式基本相同,其中 D_2 电文子帧 1 高 150 位页

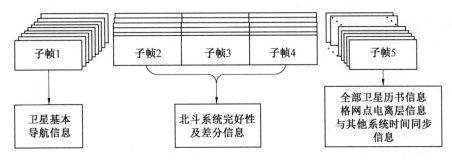

图 8.32 D_2 导航电文信息内容

面 1 信息的格式编排如图 8.33 所示,其他子帧及页面的组成,可参考 BDS 测试评估研究中心发布的标准和规范。

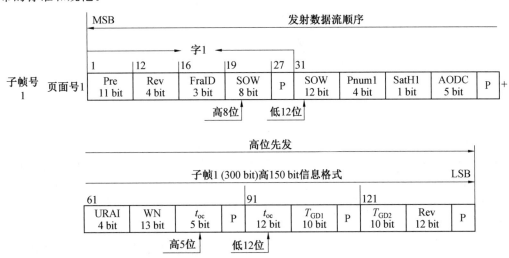

图 8.33 D_2 导航电文子帧结构 1 高 150 bit 页面 1 信息格式编排

(3)D_2 导航电文内容和算法。

D_2 导航电文包含基本导航信息和广域差分信息。

①基本导航信息。D_2 导航电文中包含所有基本导航信息,内容如下:

本卫星基本导航信息:

帧同步码(Pre);

子帧计数(FraID);

周内秒计数(SOW);

整周计数(WN);

用户距离精度指数(URAI);

卫星自主健康标识(SatH1);

电离层延迟改正模型参数(α_n,β_n,$n=0\sim3$);

星上设备时延差(T_{GD1},T_{GD2});

时钟数据龄期(AODC);

钟差参数(t_{oc},a_0,a_1,a_2);

星历数据龄期(AODE);

星历参数(t_{oe}, $\sqrt{A}$, C_{rs}, C_{ic}, C_{is}, e, ω, Δn, M_0, Ω_0, $\dot{\Omega}$, i_0, IDOT, C_{uc}, C_{us}, C_{rc});

页面编号(Pnum)。

历书信息:

历书信息扩展标识(AmEpID);

历书参数(t_{oa}, $\sqrt{A}$, e, ω, M_0, Ω_0, $\dot{\Omega}$, δ_i, a_0, a_1, AmID);

历书周计数(WN_a)。

卫星健康信息(Hea_i, $i=1 \sim 43$)与其他系统时间同步信息:

与 UTC 时间同步参数(A_{0UTC}, A_{1UTC}, Δt_{LS}, WN_{LSF}, DN, Δt_{LSF});

与 GPS 时间同步参数(A_{0GPS}, A_{1GPS});

与 Galileo 时间同步参数(A_{0Gal}, A_{1Gal});

与 GLONASS 时间同步参数(A_{0GLO}, A_{1GLO})。

除了页面编号(Pnum)、周内秒计数(SOW)、历书信息扩展标识(AmEpID)、分时播发识别标识(AmID)与 D_1 导航电文中有区别外,其他基本导航信息与 D_1 导航电文中含义相同。在此只给出 D_2 导航电文中 Pnum、SOW、AmEpID 和 AmID 的含义。

a. 页面编号(Pnum)。D_2 导航电文中,子帧 5 信息分 120 个页面播发,由页面编号(Pnum)标识。

b. 周内秒计数(SOW)。D_2 导航电文中,每一子帧的第 19~26 位和第 31~42 位为周内秒计数 SOW,共 20,每周日 BDT0 点 0 分 0 秒从零开始计数。对于 D_2 导航电文,周内秒计数所对应的秒时刻是指当前主帧中子帧 1 同步头的第一个脉冲上升沿所对应的时刻。

c. 历书信息扩展标识(AmEpID)。D_2 导航电文中,历书信息扩展标识(AmEpID)为 2,用于标识子帧 5 的页面 103~116 是否扩展播发 31~63 号卫星历书和卫星健康信息。当 AmEpID 为"11"时,表示子帧 5 的页面 103~115 可扩展播发 31~63 号卫星历书,子帧 5 的页面 116 可扩展播发 31~63 号卫星健康信息;当 AmEpID 不为"11"时,表示子帧 5 的页面 103~116 为预留页面,不进行扩展播发。

d. 分时播发识别标识(AmID)。D_2 导航电文中,参数 AmID 为 2,用于识别分时播发的卫星历书和卫星健康信息,其值在参数 AmEpID 为"11"时有效。用户应先使用 AmEpID 判断卫星历书和卫星健康信息是否扩展播发,再结合 AmID 识别相应的卫星历书和卫星健康信息。D_2 导航电文中,卫星历书的具体分时播发方式见表 8.38,卫星健康信息的分时播发方式与 D_1 导航电文相同,可参见表 8.38。

表 8.38 历书参数分时播发方式

AmEpID	AmID	页面编号 Pnum	历书对应的卫星编号
11	01	103~115	31~43
	10	103~115	44~56
	11	103~109	57~63
		110~115	保留
	00	103~115	保留

②基本导航信息页面编号(Pnum1)。子帧 1 第 43~46 为基本导航信息页面编号

(Pnum1),共 4,在子帧 1 的 1~10 页面中播发,用于标识本卫星基本导航信息的页面编号。

③完好性及差分信息页面编号(Pnum2)。子帧 2 第 44~47 为完好性及差分信息页面编号(Pnum2),共 4,在子帧 2 的 1~6 页面中播发,用于标识完好性及差分信息的页面编号。

④完好性及差分信息健康标识(SatH2)。完好性及差分信息健康标识(SatH2)为 2,高位标识卫星接收上行注入的区域用户距离精度(RURA)、用户差分距离误差(UDRE)及等效钟差改正数(Δt)信息校验是否正确,低位标识卫星接收上行注入的格网点电离层信息校验是否正确,具体定义见表 8.39。

表 8.39　完好性及差分信息健康标识含义

信息位	信息编码	SatH2 信息含义
高位 (MSB)	0	RURA、UDRE 及 Δt 信息校验正确
	1	RURA、UDRE 及 Δt 信息存在错误
低位 (LSB)	0	格网点电离层信息校验正确
	1	格网点电离层信息存在错误

8.5.7　北斗标识信息

1. 北斗系统完好性

(1)北斗系统完好性及差分信息扩展标识(BDEpID)。

北斗系统完好性及差分信息扩展标识(BDEpID)为 2,用于标识 D_2 导航电文子帧 4 全部 6 个页面是否扩展播发北斗系统完好性及差分信息。当 BDEpID 为"11"时,表示子帧 4 全部 6 个页面可扩展播发北斗系统完好性及差分信息卫星标识($BDID_i, i = 31~63$)、区域用户距离精度指数(RURAI)、等效钟差改正数(Δt)、用户差分距离误差指数(UDREI);当 BDEpID 不为"11"时,表示子帧 4 全部 6 个页面未播发北斗系统完好性及差分信息,相关信息位为保留位。

(2)北斗系统完好性及差分信息卫星标识($BDID_i$)。

北斗系统完好性及差分信息卫星标识($BDID_i, i = 1~63$)为 63,用来标识系统是否播发该卫星的完好性及差分信息。每个比特位标识一颗卫星,当取值为"1"时,表示播发该卫星的完好性及差分信息,当取值为"0"时,表示没有播发该卫星的完好性及差分信息。1~30 号卫星的完好性及差分信息卫星标识在子帧 2 中播发。31~63 号卫星的完好性及差分信息卫星标识在子帧 4 中扩展播发。卫星完好性及差分信息的播发顺序为以完好性及差分信息卫星标识所对应的卫星编号从小到大排列。

(3)北斗系统区域用户距离精度指数(RURAI)。

北斗系统卫星信号完好性即区域用户距离精度(RURA),用来描述卫星伪距误差,单位是 m,以区域用户距离精度指数(RURAI)表征。RURAI 占 4,取值范围为 0~15,更新周期为 18 s。每一个 RURAI 对应一颗卫星,B1I 信号上播发的 RURAI 代表 B1I 信号的完好性。RURAI 与 RURA 的对应关系见表 8.40。

表 8.40　RURAI 定义表

RURAI 值	RURA(m,99.9%)
0	0.75
1	1.0
2	1.25
3	1.75
4	2.25
5	3.0
6	3.75
7	4.5
8	5.25
9	6.0
10	7.5
11	15.0
12	50.0
13	150.0
14	300.0
15	>300.0

区域用户距离精度指数(RURAI)在子帧 2、子帧 3 和子帧 4 全部 6 个页面中播发。其中,子帧 4 的 6 个页面为扩展播发。

(4)北斗系统差分及差分完好性信息。

北斗系统差分信息以等效钟差改正数(Δt)表示,每颗卫星占 13,比例因子为 0.1,单位为 m,用二进制补码表示,最高位为符号位。更新周期为 18 s。

每一个等效钟差改正数(Δt)对应一颗卫星,B1I 信号上播发的 Δt 代表 B1I 信号的差分信息。当值为 $-4\,096$ 时,表示不可用。等效钟差改正数(Δt)用于对卫星钟差和星历的残余误差的进一步修正,用户将 Δt 加到对该卫星的观测伪距上,以改正上述残余误差对伪距测量的影响。等效钟差改正数(Δt)在子帧 2、子帧 3 和子帧 4 全部 6 个页面中播发。其中,子帧 4 的 6 个页面为扩展播发。

2. 用户差分距离误差指数(UDREI)

北斗系统差分完好性即用户差分距离误差(UDRE),用来描述等效钟差改正误差,单位是 m,以用户差分距离误差指数(UDREI)表征。UDREI 占 4,范围为 0~15,更新周期为 3 s。

每一个 UDREI 对应一颗卫星,B1I 信号上播发的 UDREI 代表 B1I 信号的差分完好性。UDREI 与 UDRE 的对应关系见表 8.41。

表 8.41　UDREI 定义表

UDREI 编码	UDRE(m,99.9%)
0	1.0
1	1.5
2	2.0
3	3.0
4	4.0
5	5.0
6	6.0
7	8.0
8	10.0
9	15.0
10	20.0
11	50.0
12	100.0
13	150.0
14	未被监测
15	不可用

用户差分距离误差指数（UDREI）在子帧 2、子帧 4 全部 6 个页面中播发。其中,子帧 4 的 6 个页面为扩展播发。

3. 格网点电离层信息（Ion）

每个格网点电离层信息（Ion）包括格网点垂直延迟（dτ）和误差指数（GIVEI）,共占用 13。信息排列及定义如见 8.42。

表 8.42　Ion 信息定义表

参数	dτ	GIVEI
比特数	9	4

电离层格网覆盖范围为东经 70~145 度,北纬 7.5~55 度,按经纬度 5×2.5 度进行划分,形成 320 个格网点。其中,编号为 1~160 的格网点（IGP）的具体定义见表 8.43。页面 1~13 按表 8.43 的格网点号播发格网点电离层修正信息。

表 8.43 IGP 编号表（一）

经度	纬度															
	70	75	80	85	90	95	100	105	110	115	120	125	130	135	140	145
55	10	20	30	40	50	60	70	80	90	100	110	120	130	140	150	160
50	9	19	29	39	49	59	69	79	89	99	109	119	129	139	149	159
45	8	18	28	38	48	58	68	78	88	98	108	118	128	138	148	158
40	7	17	27	37	47	57	67	77	87	97	107	117	127	137	147	157
35	6	16	26	36	46	56	66	76	86	96	106	116	126	136	146	156
30	5	15	25	35	45	55	65	75	85	95	105	115	125	135	145	155
25	4	14	24	34	44	54	64	74	84	94	104	114	124	134	144	154
20	3	13	23	33	43	53	63	73	83	93	103	113	123	133	143	153
15	2	12	22	32	42	52	62	72	82	92	102	112	122	132	142	152
10	1	11	21	31	41	51	61	71	81	91	101	111	121	131	141	151

当 IGP 编号小于或等于 160 时所对应的经纬度为

$$\begin{cases} L = 70 + \mathrm{INT}((IGP-1)/10) \times 5 \\ B = 5 + (IGP - \mathrm{INT}(IGP-1)/10) \times 10 \times 5 \end{cases} \tag{8.40}$$

其中 INT($*$)表示向下取整。编号为 161～320 的格网点(IGP)的具体定义见表 8.44。页面 60～73 按表 8.44 的格网点号播发格网点电离层修正信息。

表 8.44 IGP 编号表（二）

经度	纬度															
	70	75	80	85	90	95	100	105	110	115	120	125	130	135	140	145
52.5	170	180	190	200	210	220	230	240	250	260	270	280	290	300	310	320
47.5	169	179	189	199	209	219	229	239	249	259	269	279	289	299	309	319
42.5	168	178	188	198	208	218	228	238	248	258	268	278	288	298	308	318
37.5	167	177	187	197	207	217	227	237	247	257	267	277	287	297	307	317
32.5	166	176	186	196	206	216	226	236	246	256	266	276	286	296	306	316
27.5	165	175	185	195	205	215	225	235	245	255	265	275	285	295	305	315
22.5	164	174	184	194	204	214	224	234	244	254	264	274	284	294	304	314
17.5	163	173	183	193	203	213	223	233	243	253	263	273	283	293	303	313
12.5	162	172	182	192	202	212	222	232	242	252	262	272	282	292	302	312
7.5	161	171	181	191	201	211	221	231	241	251	261	271	281	291	301	311

当 IGP 号大于 160 时所对应的经纬度为

$$\begin{cases} L = 70 + \mathrm{INT}((IGP-1)/10) \times 5 \\ B = 2.5 + (IGP - 160 - \mathrm{INT}((IGP-161)/10) \times 10) \times 5 \end{cases} \tag{8.41}$$

其中 INT(∗)表示向下取整。

（1）格网点电离层垂直延迟参数（dτ）。

$d\tau_i$ 为第 i 格网点 B1I 信号的电离层垂直延迟，用距离表示，比例因子为 0.125，单位为 m，范围为 0～63.625 m。当状态为"111111110"（＝63.750 m）时，表示 IGP 未被监测；当状态为"111111111"（＝63.875 m）时，表示"不可用"。

用户需将格网点电离层改正数内插得到观测卫星穿刺点处的电离层改正数，以修正观测伪距。电离层参考高度为 375 km。

（2）格网点电离层垂直延迟改正数误差指数（GIVEI）。

格网点电离层垂直延迟改正数误差（GIVE）用来描述格网点电离层延迟改正的精度，以格网点电离层垂直延迟改正数误差指数（GIVEI）表征。GIVEI 与 GIVE 的关系见表 8.45。

表 8.45　GIVEI 定义表

GIVEI 编码	GIVE(m,99.9%)
0	0.3
1	0.6
2	0.9
3	1.2
4	1.5
5	1.8
6	2.1
7	2.4
8	2.7
9	3.0
10	3.6
11	4.5
12	6.0
13	9.0
14	15.0
15	45.0

（3）用户端格网点电离层延迟修正算法建议。

根据 $d\tau_i$ 值和 GIVEI，用户可选用穿刺点周围相邻或相近的有效格网点数据，自行设计模型，内插观测卫星穿刺点处的电离层改正数。指导性拟合算法如下：

图 8.34 给出了用户穿刺点与所在格网点的示意图，其中 IPP 是用户接收机与某一颗卫星连线对应电离层穿刺点所在的地理位置，用地理经纬度（ϕ_p,λ_p）表示。周围 4 个格网点的位置分别用（ϕ_i,λ_i,i＝1～4）表示，格网点播发的垂直电离层延迟用 $VTEC_i$（i＝1～4）表示。穿刺点与四个格网点的距离权值分别用 ω_i（i＝1～4）表示。

用户穿刺点所在周围格网至少有 3 个格网点标识为有效时，可根据这些有效格网点上播

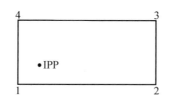

图 8.34　用户穿刺点与格网点示意图

发的垂直电离层延迟采用双线性内插法计算穿刺点处的电离层延迟。

$$\text{lonodepla } y_p = \frac{\sum\limits_{i=1}^{4} \omega_i \text{VTEC}_i}{\sum\limits_{i=1}^{4} \omega_i} \tag{8.42}$$

定义：$X_p = \dfrac{\lambda_p - \lambda_i}{\lambda_2 - \lambda_1}$，$y_p = \dfrac{\phi_p - \phi_1}{\phi_4 - \phi_{11}}$，则权值分别为

$$\omega_1 = (1 - X_p)(1 - y_p), \quad \omega_2 = (X_p(1 - y_p)), \quad \omega_3 = X_p y_p, \quad \omega_4 = (1 - X_p, y_p)$$

若该观测历元某一个格网标识为无效，则其对应的权值为 0。

4. BDS 导航信息计算开发参数缩略语

AODC	时钟数据龄期(Age of Data，Clock)
AODE	星历数据龄期(Age of Data，Ephemeris)
BDCS	北斗坐标系(BeiDou Coordinate System)
BDS	北斗卫星导航系统(BeiDou Navigation Satellite System)
BDT	北斗时(BeiDou Navigation Satellite System Time)
bps	比特/秒(bits per second)
BPSK	二进制相移键控(Binary Phase Shift Keying)
CDMA	码分多址(Code Division Multiple Access)
CGCS2000	2000 中国大地坐标系(China Geodetic Coordinate System 2000)
GEO	地球静止轨道(Geostationary Earth Orbit)
GIVE	格网点电离层垂直延迟改正数误差(Grid point Ionospheric Vertical delay Error)
GIVEI	格网点电离层垂直延迟改正数误差指数(Grid point Ionospheric Vertical delay Error Index)
GLONASS	全球导航卫星系统(Global Navigation Satellite System)
GPS	全球定位系统(Global Positioning System)
ICD	接口控制文件(Interface Control Document)

IERS	国际地球自转参考系服务(International Earth Rotation and Reference Systems Service)
IGP	电离层格网点(Ionospheric Grid Point)
IGSO	倾斜地球同步轨道(Inclined GeoSynchronous Orbit)
IPP	电离层穿刺点(Ionospheric Pierce Point)
IRM	IERS 参考子午面(IERS Reference Meridian)
IRP	IERS 参考极(IERS Reference Pole)
LSB	最低有效位(Least Significant Bit)
Mcps	百万码片/秒(Mega chips per second)
MEO	中地球轨道(Medium Earth Orbit)
MSB	最高有效位(Most Significant Bit)
NTSC	中国科学院国家授时中心(National Time Service Center)
RHCP	右旋圆极化(Right－Hand Circular Polarization)
RURA	区域用户距离精度(Regional User Range Accuracy)
RURAI	区域用户距离精度指数(Regional User Range Accuracy Index)
SOW	周内秒计数(Seconds of Week)
UDRE	用户差分距离误差(User Differential Range Error)
UDREI	用户差分距离误差指数(User Differential Range Error Index)
URA	用户距离精度(User Range Accuracy)
URAI	用户距离精度指数(User Range Accuracy Index)
UTC	协调世界时(Universal Time Coordinated)
WN	整周计数(Week Number)

岩土监测最重要的价值是预测,预测的核心在于岩土变形的前期阶段,这个阶段往往变形非常小,基本属于亚毫米的范畴,常规卫星测量数值精度往往是亚毫米的 10 倍甚至更大,因此卫星测量要在岩土监测的前期阶段获得有价值的数据,必须进行精度的提升,唯一有效的手段是通过卫星本身的星历等核心数据进行反向解算,通过反复迭代获得工程要求精度的数据。上述介绍的 BDS 公开系统参数,就是基于 BDS 的岩土监测高精度数据解算的基本信息。一般情况下,可利用嵌入式快速计算语言(如:C＋Python)对 BDS 设备采集的数据进行二次开发,结合岩土监测的特殊要求,使 BDS 更符合地下或者掩蔽工程维护、施工测试、现场计算、BIM 数据扫描修正、大数据岩土特征深度识别的监测综合功能。由于篇幅的原因,这里不展开讲述,有兴趣的读者可以参阅相关书籍。

第9章 边坡工程监测

地球上山地面积占陆地总面积的 $1/4$,居住人口占总人口的 10%,山地道路占总里程的 30%。因出现的频度和广度远远大于地震事件,滑坡是人类面临的最广泛、受害最重和时间最长的地质灾害。诸多国家和地区,如俄罗斯的高加索及黑海沿岸、英国的南威尔士、肯尼亚中部、美国加州与新泽西及德克萨斯州、法国南部阿尔卑斯、意大利中部等,均为滑坡多发地区或发生过大型滑坡。我国也是一个崩塌、滑坡、泥石流等地质灾害发生十分频繁和灾害损失极为严重的国家,尤其是西部地区,每年由此造成的直接经济损失约 200 亿元人民币。而且,直接由工程建设诱发的崩滑灾害事件也屡见不鲜。滑坡之所以能造成严重损害,是因为难以事先准确预报发生的地点、时间和强度。滑坡灾害预防,重在监测。人类与滑坡的斗争由来已久,20 世纪前消极被动居多,或有研究也是零星片断,第二次世界大战后,人们才开始对滑坡进行专门、系统的研究。最初的研究主要是在对可能失稳边坡进行长期观察的基础上,开展滑坡加固方法与措施的研究,由于边坡工程中广泛地存在着非连续性、非线性、不确定性等,为了反映这些特性,解决工程问题,人们在边坡分析中采用了许多新方法和新理论。随着经济发展和科技进步,滑坡监测技术也得到了较大的发展,新技术、新方法成效显著。

随着我国现代化建设事业的迅速发展,各类高层建筑、水利水电设施、矿山、港口、高速公路、铁路和能源工程等大量工程项目开工建设,在这些工程的建设过程或建成后的运营期内,不可避免地形成了大量的边坡工程。而且,随着工程规模的加大、加深及场地的限制,经常需在复杂地质环境条件下人为开挖各种各样的高陡边坡,所有这些边坡工程的稳定状态,事关工程建设的成败与安全,会对整个工程的可行性、安全性及经济性等起着重要的制约作用,并在很大程度上影响着工程建设的投资及效益。边坡失稳产生的滑坡现象已变成同地震和火山相并列的全球性三大地质灾害之一。我国每年由于各种滑坡造成的经济损失达 200 亿元。因此,进行边坡稳定性分析计算的新理论、研究边坡安全监测的新方法具有重大的现实意义。

9.1 边坡监测项目

9.1.1 监测设计的原则

一是监测应目的明确、突出重点。通常,边坡工程施工和运行期监测的主要目的在于确保工程的安全。边坡的安全监测以边坡岩体整体稳定性监测为主,兼顾局部滑动楔体稳定性监测。由于过大变形是岩体破坏的主要形式,因此,(地表和深部)变形监测是安全监测的重点。岩石边(滑)坡中存在的不利结构面常常是引起边(滑)坡破坏的主要内在因素。因此,岩石边(滑)坡监测的重点对象是岩体中的这些结构面,监测测点应放在这些对象上或测孔应穿过这些对象等。开挖爆破和水的作用是影响边(滑)坡稳定的主要外因,因此,施工期的质点振动速度、加速度的监测,运行期的渗流、渗压监测是必要的。当边(滑)坡范围大,需要布置多个监测断面时,应区分重要断面和一般断面,重要断面的监测项目和监测仪器的数量应多于一般断面。

二是应监测边坡性状变化的全过程。监测应贯穿工程活动(施工、加固、运行)的全过程。为此,监测最重要的是及时,即及时埋设、及时观测、及时整理分析资料和及时反馈监测信息。4 个及时环节中任何一个环节的不及时,不仅会降低或失去监测工作的意义,甚至会给工程带来不可弥补的影响或对人民生命财产造成重大的损失。要监测全过程,或利用已有的洞室预埋仪器,或施工开挖前完成必要的监测设施、开挖下一个边坡台阶前完成上一个台阶的监测设施。

三是施工期和运行期安全监测应相结合、相衔接。施工期监测设计应和运行期监测设计一样,纳入工程设计的工作范围,作为工程设计的一部分。即施工期安全监测实施前应进行监测设计,然后按设计实施。施工期监测设施能保留做运行监测的应尽量保留;运行期监测设施应兼顾作为实施以后施工过程(以下高程台阶、边坡的开挖)的施工期监测。

四是布置仪器力求少而精。仪器数量应在保证实际需要的前提下尽可能减少;采用的仪器应有满足工程要求的精度和量程,精度和量程应根据工程的阶段、岩体的特性等确定;专门用作施工期监测的仪器,精度要求可稍低,也可采用简易的仪器;运行期监测仪器要求较高(特别是长期稳定性);坚硬岩体变形小,应采用精度高、量程小的仪器,半坚硬、软弱或破碎的岩体可采用精度较低、量程较大的仪器。

五是安全监测常以仪器量测为主,人工巡视、宏观调查为辅,力求仪器量测与人工巡视相结合;仪器量测常以人工量测为主,重点部位少量进行自动化监测;即使进行自动化监测的仪表,仍应同时进行人工量测,以便做到确保重点,万无一失。

六是避免或减少施工干扰。施工干扰(如爆破、车辆通行、出渣、打钻、偷盗、破坏等)是施工监测中一大难题,应尽量避免。为此,应尽量利用勘探洞、排水洞预埋仪器进行监测,便于保护;施工活动应各方通气,进行文件会签;应尽量采用抗干扰能力强的仪器;应加强仪器观测房、测孔口的保护,保护设施力求牢靠。

七是监测设计应留有余地。监测过程中可能存在一些不确定的因素,如地质条件不是十分清楚,随施工开挖可能发现一些地质缺陷、原设计时未估计到的不稳定楔体,即可能出现一些设计中未能考虑到的问题,这时就需要修改和补充设计。设计时应考虑到这种因素,在监测项目、仪器数量和经费概算上留有余地。届时,根据实际需要,补充设计。

9.1.2　监测设计需要的基本资料

1. 监测设计所需资料

监测设计所需资料,见表 9.1。

表 9.1　监测设计所需的基本资料

序号	资料名称	人工边坡		天然滑坡		
		施工期	运行期	前期	整治期	整治后
1	枢纽平面纵横剖面设计布置图	√	√			
2	地质勘探钻孔柱状图	√	√	√	√	√
3	地质报告及纵横地质剖面图	√	√	√	√	√

续表9.1

序号	资料名称	人工边坡		天然滑坡		
		施工期	运行期	前期	整治期	整治后
4	模型试验报告	√	√			
5	稳定性计算分析报告	√	√	√	√	√
6	开挖组织设计报告	√			√	
7	加固支护设计报告	√	√		√	√
8	岩石参数试验报告	√			√	√
9	工程经费概算	√	√		√	√

2. 监测项目的选定

(1)监测项目应根据不同工程阶段、地质条件、结构设计需要、工程的重要事件、施工和支护方法以及经费的承受能力等进行选定,详见表9.2。

表9.2 边坡监测项目

序号	监测项目	人工边坡		天然滑坡		
		施工期	运行期	前期	整治期	整治后
1	大地测量水平变形	√	√	√	√	√
2	大地测量垂直变形	√	√		√	
3	正垂倒垂线		√			
4	表面倾斜	√		√		
5	地表裂缝	√	√	√		
6	钻孔深部位移	√		√		
7	爆破影响监测	√		√		
8	渗流渗压监测	√	√	√		
9	雨量监测	√				
10	水位监测		√	√		√
11	松动范围监测	√				
12	加固效果监测	√	√		√	√
13	巡视检查			√	√	√

(2)大地测量水平变形、垂直变形监测对边坡和滑坡及其不同阶段都可适用。

(3)钻孔深部位移监测,包括测水平位移的钻孔倾斜仪法和测钻孔轴向位移的多点位移计法,对边坡和滑坡及其不同阶段都可适用。对于有条件的大型边坡和重大滑坡,大地测量和钻孔深部位移测量可同时采用,对于一般的边坡和滑坡也可选择二者之一进行监测。大地测量法能控制较大的范围,即可监测一个"面",且在临滑前有可能进行观测;而深部位移监测则可以及时发现滑动面的出现,确定其位置并监视其变化和发展。深部位移监测常用的钻孔倾斜仪法更普遍和更适合于边（滑）坡稳定性监测。视具体工程情况（如重要性和经费条件）可二法同用,也可选择其中之一。

(4)正、倒垂线法一般只用于重大的人工边坡工程,因为它要花费较多的经费。

(5)表面倾斜监测一般适合于边坡施工期和滑坡整治期监测。它的优点是安装、观测、整理资料简便,缺点是测量范围小,受局部地质缺陷的因素影响大。

(6)地表裂缝包括断层、裂隙、层面监测等。其监测包括裂缝的张开、闭合和剪切、错位等。一般用于施工和整治期,对于重大的裂缝,运行期和整治后也应继续监测。

(7)爆破影响监测。一般只用于施工期采取爆破开挖的工程,只用于爆破开挖的施工阶段。其目的在于控制爆破规模,检验爆破效果,优化爆破工艺,减小爆破对边（滑）坡的影响,避免超挖和欠挖,确保施工期边（滑）坡的稳定和安全。

(8)渗流渗压监测。渗流渗压监测是边（滑）坡重要的监测项目。因为水的作用是影响边（滑）坡稳定和安全的重要外因。

(9)雨量、江水位监测。它与渗压渗流同是水作用的 3 个不同方面的监测。江水位的变化对于临滑的测点、测孔的影响较敏感;降雨是引起江水上升的直接原因。

(10)松动范围监测。它是指测定由于爆破的动力作用、边坡开挖地应力释放引起的岩体扩容所导致的边坡表层的松动范围。可以作为锚杆、锚索等支护设计和岩体分层计算的科学依据。

(11)加固效果监测。加固效果监测只对采取了加固措施（如锚杆、锚索、阻滑键、抗滑桩等）的工程抽样进行。

(12)巡视检查。巡视检查无论对边坡工程还是天然滑坡、无论是施工（整治）期还是运行（整治后）期都是适用的,它是仪器监测必要和重要的补充。

9.2　边坡监测资料的整理

9.2.1　观测原始资料的提供

边坡观测原始资料有两种传统的提供形式,一是表格形式,按统一的正规表格在现场用铅笔填写、记录;二是磁盘形式,将观测原始资料在计算机上输入磁盘,以便通过相应的软件在计算机上进行资料整理。现在的边坡原始观测资料主要采用记录和网上存储。

9.2.2　绘制各种物理量变化的曲线

边坡的性状和变化要通过监测物理量的空间分布和随时间的变化进行考察,即通过整理各种物理量沿不同深度、不同方向的分布曲线和物理量随时间而变化的过程曲线进行反映。

1. 位移（变形）曲线

岩土边坡破坏的主要形式是变形,所以位移监测是岩土边坡监测中最重要的监测项目。需要整理的位移（变形）曲线较多。常用的钻孔倾斜仪、多点位移计在边坡深部位移监测中整理的曲线通常如下。

(1)钻孔倾斜仪。

①位移－深度曲线。即位移随深度的变化（分布）曲线。位移又有累计位移和相对位移之

分。累计位移,即计算点相对孔底不动点的位移。根据钻孔倾斜仪的原理,将每次的测量值由孔底至计算点逐段累计得出,所以称为累计位移。相对位移,指计算点每次相对该点的位移初始值的变化值。钻孔倾斜仪每次测量是沿相互正交的两对槽分别测量的,这两个正交方向分别用 A、B 表示,通常用 A 表示顺边坡方向,用 B 表示顺河流方向(对库岸边坡而言)。两者的合成位移方向则是实际的位移方向。钻孔倾斜仪的位移－深度曲线有合成累计位移－深度曲线,A 向相对位移－深度曲线,B 向相对位移－深度曲线,合成相对位移－深度曲线。从相对位移－深度曲线上很易发现滑动面的出现;相对位移没有做逐段累计计算,因此包含较少系统误差。各种位移－深度曲线如图 9.1～9.3 所示。图 9.1 为隔河岩引水隧洞出口及厂房高边坡 C×124－5 孔位位移－深度曲线。

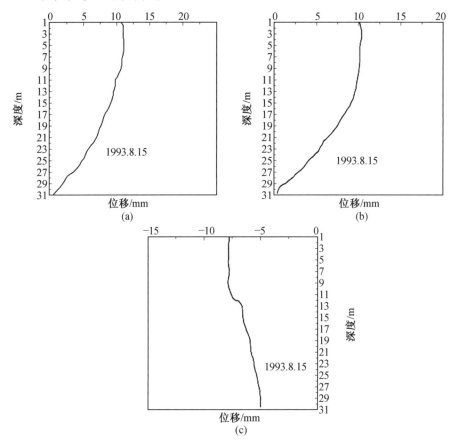

图 9.1　边坡位移－深度曲线

　　②位移－时间过程曲线。位移－时间过程曲线是反映边坡发展趋势和影响因素的较好方式,详见图 9.4 和图 9.5 所示。

　　③位移方向－深度曲线。位移方向随深度的变化曲线用于考虑边坡位移的性状。表示位移方向随深度变化常有两种方式,如图 9.6(a)和(b)所示。图 9.6(a)曲线上所示的方向即相应深度的位移方向。

　　(2)多点位移计。

　　对于多点位移计,常绘制各测点的位移－时间过程线,以了解不同深度位移的大小及变化趋势,如图 9.7 所示。图中曲线 1、2、3 分别代表测点深 3 m、10 m 和 15 m。

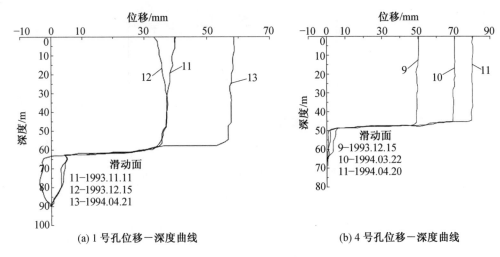

(a) 1 号孔位移－深度曲线　　　　　　　(b) 4 号孔位移－深度曲线

图 9.2　位移－深度曲线

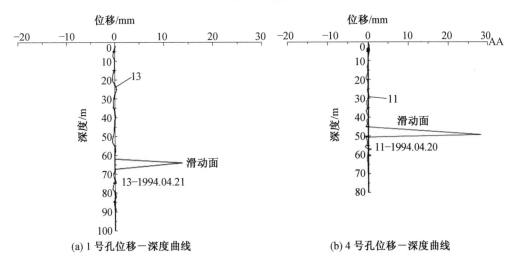

(a) 1 号孔位移－深度曲线　　　　　　　(b) 4 号孔位移－深度曲线

图 9.3　位移－深度曲线

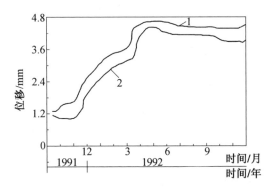

图 9.4　位移－时间过程曲线

1—厂房高边坡中部测点平均值；2—厂房高边坡坡顶测点平均值

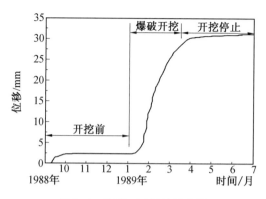

图 9.5　位移－时间过程曲线

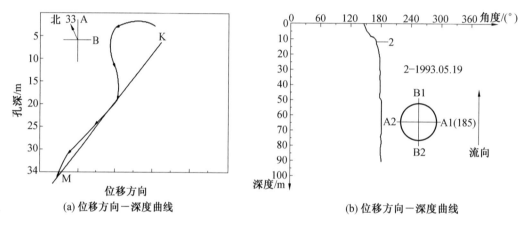

(a) 位移方向－深度曲线　　　(b) 位移方向－深度曲线

图 9.6　位移方向－深度曲线

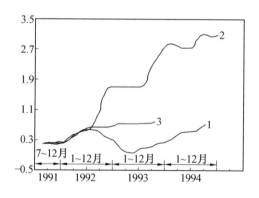

图 9.7　多点位移计曲线

1—3 m 深测点;2—10 m 深测点;3—15 m 深测点

2. 渗压－时间曲线

用渗压计可以测量地下水的渗透压力,通过压力值可以求出地下水位。有关曲线如图 9.8 所示。

3. 锚索(杆)应力－时间曲线

预应力锚索－时间曲线(漫湾电站左岸边坡)如图 9.9 所示。

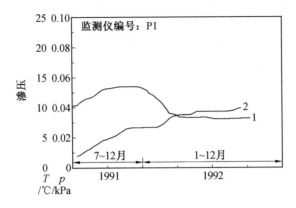

图 9.8　渗压－时间曲线

1—坡脚；2—坡脚近厂房基础

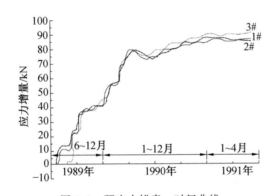

图 9.9　预应力锚索－时间曲线

1♯—坡腰 1 号锚索；2♯—坡腰 2 号锚索；3♯—坡腰 3 号锚索

4. 开合度－时间曲线

利用测缝计可以测量边坡上的裂缝、断层、夹层等的开合和位错。开合度指张开或闭合位移，而位错指沿裂缝、断层、夹层的缝（层）面的剪切位移，二者在安装上有所不同。图 9.10 中的曲线 1 是用测缝计测出的开合度－时间曲线。

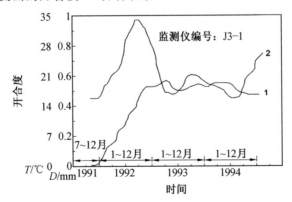

图 9.10　开合度－时间曲线

1—坡脚 1 号裂隙点；2—坡脚 2 号裂隙点

5. 收敛计－时间曲线

利用收敛计可以在边坡坡面、马道或排水洞等地方进行裂缝、断面、夹层等的线位移量测，测量的范围较大，从数米到几十米不等。有关曲线如图 9.11 所示。

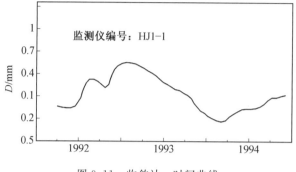

图 9.11　收敛计－时间曲线

6. 水位－时间曲线

如果边坡靠近江河和水库，江水水位或库水位的变化对边坡的稳定性的影响很大，掌握水位－时间曲线对于分析边坡的位移、渗压变化也是很有帮助的。水位－时间曲线如图 9.12 所示。

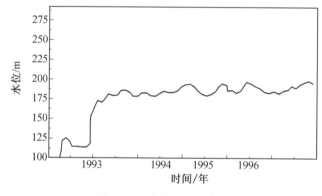

图 9.12　水位－时间曲线

7. 倾角－时间曲线

倾角计可形象地表现出滑坡的各个发育阶段及其特征。如图 9.13 所示，是在某滑坡后缘——倾斜盘的实测全过程的变化曲线，可以明显地看出变化经过间歇蠕变、均速、剧滑、压密稳定 4 个阶段。整个过程是滑坡的产生、发展直至重新稳定的外在表现。这样我们就可以利用所获得的资料由表及里，作为判断滑坡稳定性的主要依据。同时可得出滑坡发展所处的阶段，用于指导设计和施工。

8. 声波速度－深度曲线

一般是依据声波测试得到的波速－孔深曲线来判断岩体松动层的深度，通常是以波速曲线上高波速区与低波速区的分界线作为松动层划分的标准。但实际划分时并非如此清晰。因为岩体地质条件的不均一性使得波速曲线表现形式颇为复杂，从葛洲坝船闸边坡所得到的测孔波速分布曲线上就可以看出曲线有 5 种明显不同类型：

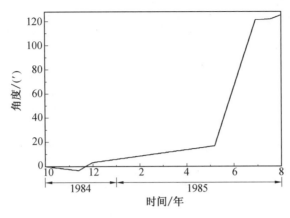

图 9.13　倾角—时间曲线

（1）"a"型曲线。该类型曲线与理论曲线相似，低波速区与高波速区界线清晰，可根据本征波速判定松动层深度，如图 9.14（a）所示。

（2）"b"型曲线。该类型曲线虽在松动层内波速变化较大，但其平均波速明显低于本征波速。因此该曲线也可根据本征波速来准确判定松动层深度，如图 9.14（b）所示。

（3）"c"型曲线。该类型曲线相对较复杂，波速曲线先由低到高，接着是一小段高波速段，之后又是一个低波速段，最后才是相对稳定的高波速段，如图 9.14（c）所示。形成曲线中的低波速段的原因可能有两种：一是该处靠近边坡，胶结良好的原生构造型因受开挖影响使其形状变坏所致；二是胶结差的原生构造型裂隙所致。无论它由何种原因造成，它对边坡的稳定都是不利的。因此，将该低波速段判定在松动层内。

（4）"d"型曲线。该类型曲线开始为一低波速段，之后就上升到波速较高且稳定的曲线，在孔底附近又出现一个低波速区，如图 9.14（d）所示，但其波速值不是很低。该低波速区离边坡已较远，在其前面又有一段较长的高波速段，因此，认为它是原生构造型裂隙的存在所致，对该类曲线将松动层深度判定在稳定高波速段前段。但在边坡加固设计时应注意它对边坡稳定的潜在危险。

（5）"e"型曲线。此类型曲线的特点是整条曲线波动很大，至孔底均未出现稳定的高波速段，无法对其判定松动深度，如图 9.14（e）所示。该类曲线所对应的测孔部位构造型裂隙较发育。因此，对"e"型曲线很难判定松动深度，在边坡加固处理时，应特别注意"e"型曲线部位。

葛洲坝永久船闸一期开挖期间，在 215 m 高程以下利用系统锚杆孔进行了 269 个孔声波测试，测孔分布于南北坡各级坡面上，具有较强的代表性和普遍性。部分测孔统计成果见表 9.3。

表 9.3　各坡段岩土松动厚度分布表

边坡段	北坡			南坡		
	▽170～▽185	▽185～▽200	▽200～▽215	▽170～▽185	▽185～▽200	▽200～▽215
松动厚度范围/m	0.8～5.0	0.4～4.4	0.2～4.0	0.6～5.0	0.2～4.0	0.2～5.0
平均松动厚度/m	2.41	2.14	2.09	2.26	1.74	2.26

根据上述分类原则，对永久船闸南北坡 215～170 m 高程之间 6 个坡段的测试成果做了初

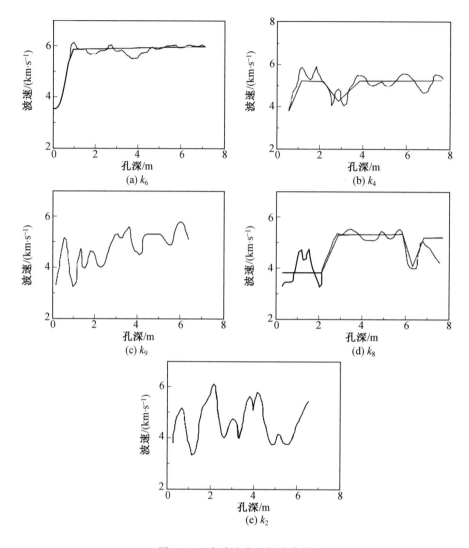

图 9.14　声波速度－深度曲线

步统计,见表 9.4。表 9.4 为各边坡段孔深－波速曲线分类表。

表9.4　边坡段孔深－波速曲线分类

边坡段		参数	曲线类型				
			a	b	c	d	e
北坡	170～185	n	19.6	21.6	21.6	29.4	7.6
		H/m	1.36	2.97	3.15	2.15	
	185～200	n	4.4	26.7	15.6	37.8	15.6
		H/m	1.20	2.27	3.03	1.81	—
	200～215	n	17.9	32.1	10.7	25.0	14.3
		H/m	1.00	2.82	3.53	1.31	—

续表 9.4

边坡段		参数	曲线类型				
			a	b	c	d	e
南坡	170~185	n	11.1	40.0	20.0	24.4	4.4
		H/m	1.20	2.78	2.60	1.69	
	185~200	n	8.7	17.4	10.9	45.7	17.4
		H/m	0.50	2.03	3.20	1.51	—
	200~215	n	7.4	33.3	16.7	31.5	11.1
		H/m	1.15	2.49	3.46	1.56	—

表中参数栏中,n 为各类曲线所占百分比;H 为平均松动厚度,m。从表中可见,永久船闸边坡中"b""c"型曲线所占比例较大,"a""b"型曲线所占比例较小。

9.2.3　监测成果表

监测成果除用成果曲线表示外,还常用表格形式给出。表格形式根据分析的需要给出,一般不给出一个孔按不同孔深逐点的位移,因为每隔 0.5~1.0 m 一个测点,测值太多;另外,位移随深度的变化从位移－深度曲线已可一目了然。

按分析的目的和需要可整理出各种成果表如下。

(1)监测仪器埋设情况表。包括仪器名称、生产厂家、仪器(或测点)、编号、测点位置(或坐标)、埋设时间以及备注等。对同一类检测仪器可按不同测孔(测点)列出,也可以把不同类仪器列在同一个表上。当仪器种类测点(孔)多的时候,可采用前一种形式;当同一种仪器较少时,可采用后者。

(2)监测仪器数量统计表。为了展示一个工程不同部位、不同种类仪器,可以用仪器数量统计表表示,见表 9.5。

表 9.5　边坡监测设备统计表

仪器名称	仪器设备数量(支、孔)		
工程部位	引水隧洞出口及厂房边坡	引水隧洞	引水隧洞进口边坡
钻孔倾斜仪(孔)	18		2
多点位移计(孔、点)	7孔、22测点	8孔、26测点	4孔、11测点
渗压计(支)	6		
测缝计(支)	5		
收敛计(测线)	13		
钢筋计(支)			8
应力计(支)			4
应变计(支)			4

(3)监测成果统计表和分析表。当同一类仪器同一测点(孔)成果较多,像钻孔倾斜仪那

样,则可以给出一定时间内测值的最大值或变化幅度。有时按不同高程、不同监测断面给出监测成果,从中可以得出不同高程、不同断面岩体的稳定性。也可以按大坝蓄水前后、不同蓄水高程的监测高程,来分析蓄水对高边坡稳定性的影响。

9.3　监测资料的解释

岩体监测中,位移的监测是最重要的项目之一,因为位移是岩体主要的破坏形式。高边坡、滑坡监测中,最有效、日益普及的则是采用钻孔倾斜仪进行监测,钻孔倾斜仪监测的资料最丰富。对一个 100 m 深的钻孔和 0.5 m 长的测量探头而言,每观测一次,要记录约 800 个观测数据,可以整理出约 600 个位移值(A、B 两个方面和合成位移各 200 个)。利用计算机和相应的程序,可以整理出大量的位移曲线。现以钻孔倾斜仪监测成果曲线为例,说明如何解释各种曲线。

1. 稳定位移曲线

稳定位移曲线的"稳定"是指相对稳定而言,并非一成不变,但这种位移变化的特点一是呈缓慢的蠕变形式;二是呈起伏变化。造成起伏变化的主要外因,常常是降雨过程引起的地表水、地下水和江水水位的变化、施工开挖的影响以及地震等。外因可能导致瞬时或暂时的位移突变(包括滑动、出现滑动面),外因一旦消失,位移随即趋于稳定。所有这些位移-深度曲线都认为是稳定曲线,如图 9.15 所示为新滩 1985 年发生大滑坡后的初期观测曲线,观测七年证明滑坡处于相对稳定之中。

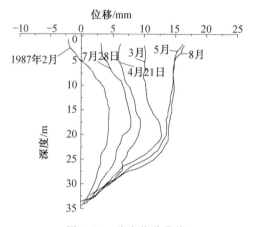

图 9.15　稳定位移曲线

当然,判断位移曲线是否稳定不能只从位移-深度曲线着眼,还应当由位移-时间过程曲线、渗压变化、地表宏观调查等进行综合分析判断。

2. 滑动位移曲线

这里所指的"滑动"曲线,是指边(滑)坡出现了滑动面的曲线。通常这个滑动"面"是以具有一定厚度的滑动"带"的形式出现,其典型的滑动曲线如图 9.16 所示,为三峡库岸黄蜡石滑坡观测到的两个孔的位移-深度曲线。由图可见,在 22# 孔深 68 m 和 27# 孔深 23 m 附近均有一位移突变,表明岩体有位移滑动。两滑动面自出现起,其形状位置一直稳定不变。经查对钻孔柱状图和地质横剖面证明,两孔的滑动面均位于堆积层底部与沿基的交界面,如图 9.17

所示。这一观测成果解决了对该滑动面的长期争论:一种认为滑坡将沿堆积层与沿基的交界面滑动,即浅层滑动;另一种则认为滑动面在基岩内,沿基岩中弱面滑动,即深层滑动。图9.16表明如果该滑坡失稳,很可能沿堆积层与沿基的交界面发生浅层滑动。这不仅为解决长期的争论提供了科学的、有说服力的论据,而且为下一步整治方案的制定提供了可靠的依据。

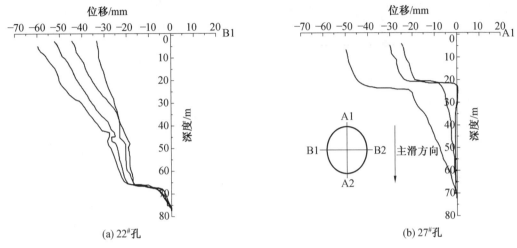

图 9.16　滑动位移曲线

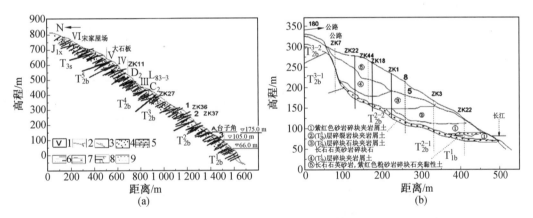

图 9.17　三峡黄蜡石滑坡地质剖面

3. 岩体整体位移曲线

图 9.18 系隔河岩右岸坝肩埋设一个施工期监测用的钻孔倾斜仪孔位移曲线图,孔深为 13.5 m。在孔深 2.5~8 m 范围内各点位移近于一致(表现为铅直线段),表明 $401^{\#}$ 夹层与 $403^{\#}$ 夹层之间的岩体,整体沿上下夹层移动,与该岩层为厚层灰岩和实测到的该岩层厚约为 5.5 m 完全吻合。1990 年 1 月 12 日至 1990 年 3 月的位移—深度曲线形态相似,说明位移曲线有很好的规律性和测量的稳定性。

4. 水影响曲线

由于长期降水,水库蓄水、地表水、地下水、江水水位的变化,引起库岸滑坡位移的明显变化。图 9.19 给出清江隔河岩水电站库区滑坡在 1993 年雨季和水库蓄水期间的位移观测曲线。4 月 10 日下旬蓄水,4 月 21 日至 5 月 7 日期间向山里(逆坡向)位移。5 月 7 日至 22 日则

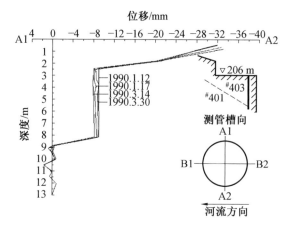

图 9.18 岩层整体移动曲线

向江中(顺坡向)位移。

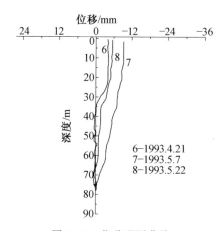

图 9.19 位移观测曲线

5. 灌浆不密实曲线

倾斜仪套器放入钻孔中后,需要回填灌浆,使套管与钻孔岩壁牢固密实地连成一个整体,以便套管与岩体位移同步。当灌浆不密实时,可能出现如图 9.20 所示曲线。为了判明曲线的性质,应排除仪器本身的不正常因素。这一点可以从采用同一类仪器测得的图 9.18 与图9.20的比较得到证实:图 9.18 的各次测量时间和图 9.20 的测量时间相同,图 9.18 观测曲线的规律性、稳定性很好,说明右坝肩仪器正常,而左坝肩因灌浆不密实,导致图 9.20 曲线规律性差。

6. 爆破影响曲线

在清江隔河岩左岸坝肩高边坡施工检测中,在 115 m 高程的马道,埋设了一个孔深为 25 m 的钻孔倾斜仪,不久发现观测曲线异常,经查证系统观测孔正处于 15# 平洞位置,探洞开挖中将钻孔拦腰炸断:钻孔套管被震松,如图 9.21 所示。为证实这个判断,绘出了爆破前后钻孔套管的管型图如图 9.22 所示,图 9.22 表明爆破后套管明显变形。

需要进一步说明的是,以上六种类型曲线,可能不是单一因素作用的结果,而是多种因素作用的综合反映。我们提及的可能只是影响各类曲线的主要因素。

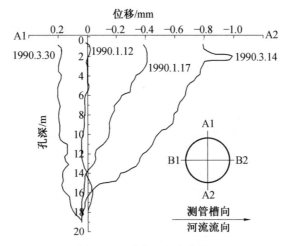

图 9.20　灌浆不密实曲线

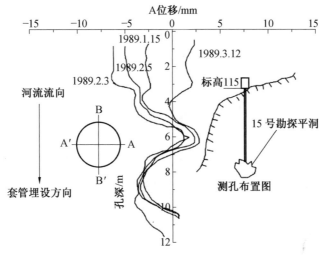

图 9.21　爆破影响曲线

7. 相对位移曲线

从相对位移－深度曲线可看到错动的产生和发展过程。图 9.23 所示为隔河岩右岸某滑坡在雨季和水库蓄水期间的观测曲线,蓄水期间岩体位移曲线沿洞深急剧变化。考查同一仪器同一时间区间内,在另一滑坡观测到的曲线如图 9.24 所示。图 9.24(a)和(b)不同时间测得的相对位移的波峰和波谷完全重合;图 9.24(c)表明不同时间的位移曲线的规律很好,3 条曲线几乎"平行"。故可排除观测仪器故障原因的推测,说明位移曲线急剧变化系岩体位错造成。

8. 钻孔埋设不足曲线

图 9.25 所示位移曲线表明,孔底没有穿过稳定基岩,有明显相对位移;由于岩石卡钻或地质情况难以判明,则常发生这种钻孔深度不足的情况。

9. 岩体松散曲线

同一天在清江库岸覃家田 1# 孔和 3# 孔测得的岩体松散曲线如图 9.26 所示。从位移曲

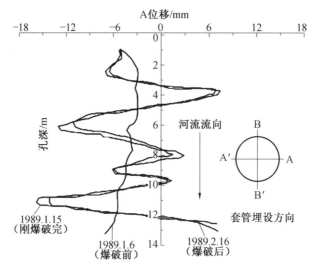

图 9.22　钻孔爆破套管管型曲线

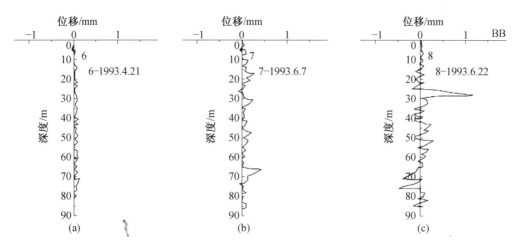

图 9.23　相对位移曲线

线"锯齿"的疏密和"锯齿"峰谷差值大小,可判断 3# 孔的岩体比 1# 孔的要疏松得多。

现场调查表明,3# 孔位于康岩屋危岩体边缘,自地表至 60 m 深范围内,存在 20 多个软弱夹层和多条不同规模的张裂缝,岩体破碎,而 1# 孔距康岩屋危岩体较远,覆盖层(厚约 10 m)以下的岩体完整性好。

10.周期性变化过程曲线

测线管每一深度测值都有自己的过程线,通常可绘制地表或滑动面上的位移－时间曲线。图 9.27 是长江库岸三峡新滩地表顺坡向位移－时间过程曲线,其中曲线 1 表示位移,曲线 2 表示江水水位,曲线 3 表示地下水。图 9.28 是黄蜡石滑坡面上位移－时间曲线图,该图 9.28(a)表示 68 m 深测斜孔的位移－时间数据,图 9.28(b)表示 22 m 深处的位移－时间数据。

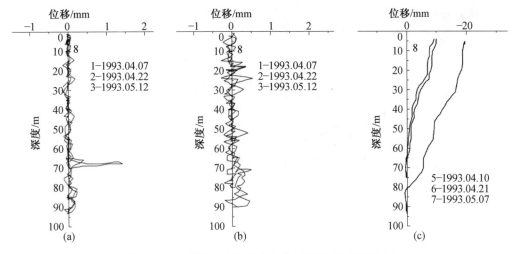

图 9.24　仪器数据采集对比曲线(茅坪和杨家坪测点)

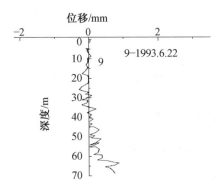

图 9.25　钻孔埋深不足曲线

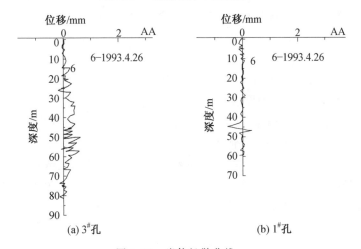

图 9.26　岩体松散曲线

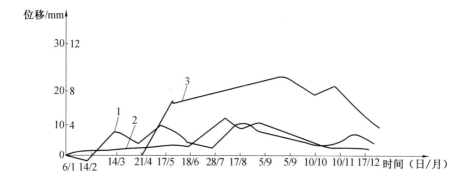

图 9.27　地表顺坡向位移－时间过程曲线

1—位移；2—江水水位；3—地下水位

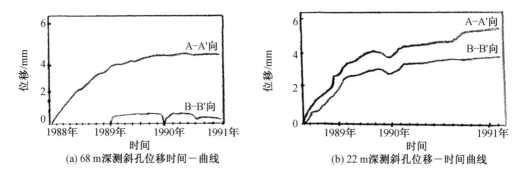

图 9.28　岩石内部松散滑动位移－时间曲线

11. 位移方向－深度曲线

绘制位移方向－深度曲线，可用于了解边（滑）坡位移的方向，并通过方向变化了解位移的发展和岩体的完整性等。绘制的方法有两种：一种是按不同深度的合成位移矢量（即由实测的 A、B 向位移合成）直接给出（矢量法），如前面的图 9.6(a) 所示；另一种如图 9.6(b) 所示，即数值法。

在分析图 9.6(a) 时我们曾指出，孔深 14 m 处有一个明显的分界点；14 m 以上呈 S 形变化；14 m 以下水位基本上沿 MK 方向 SW243° 变化。这个方向与新滩发生滑坡时的方向（SW220°～240°）基本一致。14 m 以下位移方向基本一致，表明整体性较好；14 m 以上随深度不同方向急剧变化，表明整体性差，推测 14 m 以上系由经过滑移、堆积的块石、碎石等组成，这种推测为钻孔柱状图所证实。图 9.6(b) 曲线表明，墓坪滑坡 10 m 以下岩体位移总体上沿 A2(185°) 方向移动，即沿顺坡向清江移动；10 m 以上位移曲线方向为 160° 左右，即顺坡向，指向清江下游；而孔深 10 m 处正是滑动面发生位移处，滑动面上、下位移方向的不一致性已被实地调查证实。

9.4　监测资料的分析内容

根据监测资料进行边（滑）坡稳定性的分析是一个十分复杂的问题，它涉及多方面的因素，如边（滑）坡的地形、工程地质和水文地质方面的历史和现状，天然（如降雨、地震）和人为活动

（如施工开挖、建房加载、水库蓄水和泄流放水）等的影响。稳定性分析的方法也包括地质分析、模型试验、数值计算及图解法等多种。在这里仍以钻孔倾斜仪监测为例，着重介绍如何根据现场的深部位移监测资料，即根据上面介绍的各种位移曲线对边（滑）坡的稳定性进行判识。

边（滑）坡破坏形式有崩塌、滑动、倾倒和溃屈等。如果对边（滑）坡进行长期、有效的深部位移监测，至少可以进行以下滑动稳定性的分析判识工作。

1. 相对稳定的判识

当位移－深度曲线呈现图 9.15 所示的稳定曲线，且位移－时间过程曲线没有明显位移持续增长，只随时间起伏变化时，应考虑为边（滑）坡处于相对稳定状态。

2. 出现潜在滑动破坏危险的判识

有关判识如下：

(1)当位移－深度曲线呈现如图 9.16 三峡黄蜡石滑坡所示的滑动曲线型，表明边（滑）坡已出现滑动和滑动面，则应考虑未来可能失稳，并呈现滑动破坏。

(2)从图上可以确定滑动面位置、滑动带厚度、滑动位移的大小、平均速率和滑动方向等。

(3)应根据钻孔柱状图或地质剖面图（图 9.17）查明滑动面的性质（浅层或深层，沿断面或层面、还是沿堆积层与基岩交界面等）。

3. 滑动发展的趋势性分析

当滑动面出现后，我们可以进行以下趋势性分析：

(1)绘制如图 9.16 所示的滑动面或地表处的位移－时间过程线，看位移是否持续增长，呈起伏变化或趋于稳定。

(2)绘制不同时间如图 9.23 所示的相对位移曲线，看相对位移是急剧变化还是缓慢变化。

(3)绘制不同时间位移方向－深度曲线，看位移方向是急剧变化还是缓慢变化或不变。

(4)在上述基础上，结合累计位移－深度曲线对边（滑）坡体的形态特征做出初步判断。

4. 影响因素分析

经常遇到的影响因素有：

(1)对于天然滑坡，在某种情况下（如雨季或蓄水）位移明显增大，甚至出现滑动面，但事后（如雨季一过）位移又趋于稳定甚至递减，且往往呈周期起伏状态（图 9.15）。

(2)对于人工边坡，由于施工开挖，可能导致滑动面的出现，一旦施工完成，位移即趋稳定。例如，清江隔河岩厂房高边坡 CX150－4 孔，位于 $3^{\#}$、$4^{\#}$ 引水隧洞之间的出口边坡上。1991年9月开始观察，11月起滑动位移明显增大。1992年1月，地表以下 9.5 m 深处出现 0.5 m 厚的滑动带，最大滑动位移约 3.1 mm，如图 9.29(a)所示。到 1992 年 4 月位移趋于稳定，稳定前地表最大顺坡向位移约 4.8 mm，如图 9.29(b)所示。经查明，孔深 9.5 m 处有断层 F_{217} 穿过，断层走向为 320°～325°，倾向为 SW，倾角为 65°～75°，断层厚为 30～60 cm，由紫红色页岩、方解石及方解石胶结的角砾岩组成，沿层面断续溶蚀成狭缝，多为黏土填充，实测到滑动方向为 300°～330°，与断层 F_{217} 的走向一致，即岩体沿断层走向滑动。该孔位于 $4^{\#}$ 钢管槽附近，钢管槽于 1991 年 6 月开挖，1992 年 3 月开挖完成，4 月完成钢管槽的回填浇筑，开挖浇筑的施工过程与位移过程曲线完全吻合。

鉴于以上两种情况反映的客观现象，我们在采用深部位移曲线来判识边（滑）坡体稳定性时，一定要综合考虑地质、水文及人为活动等因素的影响，避免因出现偶然的（或暂时的）现象而做出关于边(滑)坡体失稳的错误判断。在比较深刻地掌握了边(滑)坡体各种综合信息的基础上,应用位移曲线来对其做判断才是比较合情合理和切实可行的。

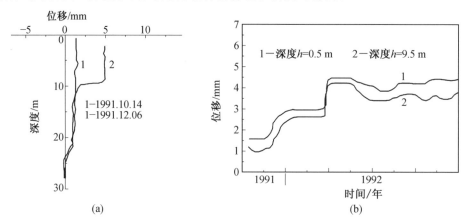

图 9.29　施工影响曲线

如果滑动面位移持续增长,相对位移和位移方向急剧变化,则应根据实测位移用其他[如GM(1,1)或日本学者斋藤等的]方法进行安全预测和预报工作。

5. 允许临界位移(或速率)值的确定

滑动面位移(或速率)多大属安全?这个允许临界值很难规定,对各种各样的边(滑)坡不能一概而论。监测过程中,前面已经达到(发生)过且表现为相对稳定状态的位移(和速率)量,一般可以借鉴作为后来(未来)允许达到的安全界限。例如,图 9.28 给出的三峡黄蜡石滑坡1991 年 10 月前滑动面达到的最大位移量约 6 mm,6 mm 可以作为此后允许位移值的借鉴。用这种办法,不断修正,所得出的允许值可与其他工程或其他统计办法得出的结果相互印证。当然,以上因素应当在其他条件大致相同、没有明显变化的条件下来加以考虑。图 9.30~9.32 给出了几个工程的滑动曲线。

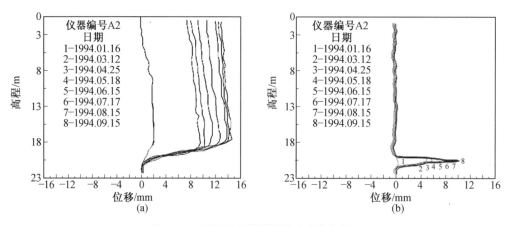

图 9.30　万县豆芽绷滑坡滑动位移曲线

6. 位移反分析

反分析方法的基本思路是根据现场监测资料,通过严格的力学分析计算,对所采用的基本物理力学参数进行调整修改,使之更符合具体工程实际。反分析方法是建立确定性和混合型

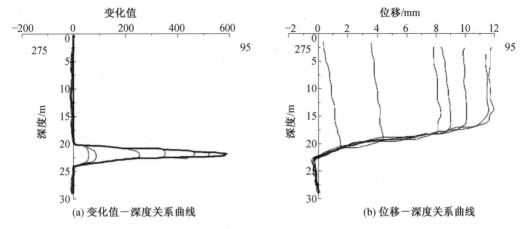

(a) 变化值－深度关系曲线　　　　　(b) 位移－深度关系曲线

图 9.31　天生桥二级电站厂房边坡测试曲线

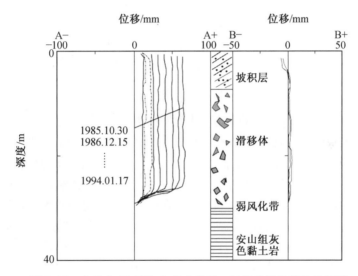

图 9.32　金龙山 41 号孔 A、B 向位移－时间曲线及钻孔柱状图

模型的基础性工作,也是有效的安全预测和反馈分析的前提条件。下面以长江科学院的研究成果,对新滩滑坡的位移反分析进行介绍。

长江科学院以新滩坡前沿的钻孔倾斜仪监测位移为基础,做了天然边坡的位移反分析。他们的思路主要是:①用确定性模型的思想和有限元方法分析地下水和江水位等环境量的变化,以及效应量－位移变化之间的关系;②从位移中选出弹性部分作为研究对象,应用线弹性理论进行分析;③暂时忽略时间效应不计。现简要介绍如下。

(1)基本假定。

安全监测测量到的位移可粗略分为由荷载条件变化引起的部分,以及没有外荷载变化仅随时间变化的部分,后者归因于蠕变以及岩石材料性质变坏。对于前一部分位移来说,通常可用线弹性方法得到解决。

反分析的基本思路是:要找到这样一段时间,期间坡体受到卸载变化。众所周知,岩体卸载主要发生弹性变形,至于蠕变变形,在此短时间中一般可以忽略不计,所以,在分析中可对这一时段采用线弹性模型。

（2）选择供分析的时段。

从时间过程曲线上可以直接选定所需的时间段为 4 月 21 日至 7 月 28 日,在这段时间里,坡体位移总是在减小,而江水位和地下水位都在上升,虽然地下水位上升使坡体加载,但是江水位上升的卸载效应更大,超过了前者的加载效应。因而选定这一段时间的位移变化用于反分析。

（3）荷载分析。

新滩斜坡 A—A 地质断面,该计算断面通过装有钻孔倾斜仪的钻孔上端为姜家坡陡坎,下端直达长江,地面在基石面以下 28 m,如图 9.33 所示。

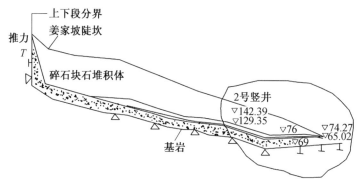

图 9.33　计算边界条件

在滑坡体上有五种荷载:岩体重量、来自姜家坡陡坎以上的滑移体的推力、坡体中的地下水压力、江水的静水压力、作用在基岩表面上的岩体压力。考虑到岩体初始应力大部分都已在以往的多次滑坡中得到释放,所以分析中不再考虑它的影响。虽然重力是滑移体位移的主要原因,但它在这一段时间中却是常数。因此,位移随时间的波动主要归因于地下水水位和江水位的变动。江水位的增长对坡体有两方面的作用:作用在坡表面的静水压力,以及作用在基岩与滑移体间分界面水平段上的岩体压力,两者都使位移减小。由于地下水位上升而使作用在分界面倾斜段上的压力增加,滑移体加载,使位移增加,但是对此专门进行计算分析,表明江水位增长的效果远远超过了地下水位增长的效果。图 9.34、图 9.35 分别为计算分析中采用的 4 月 21 日及 7 月 28 日江水和地下水加载图。

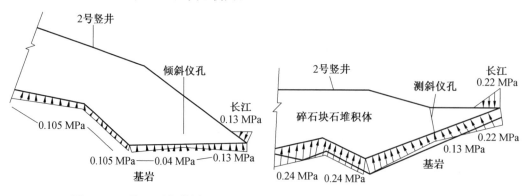

图 9.34　4 月 21 日加载图　　　　图 9.35　7 月 28 日加载图

（4）参数。

计算分析中使用的参数如下：

岩体重力密度 γ：$\gamma=2.09\times10^4$ N/m³；

地下水位以上岩体重力密度：$\gamma=2.14\times10^4$ N/m³；

地下水位以下岩体重力密度：$\gamma=2.45\times10^4$ N/m³；

泊松比 μ：滑移岩体 $\mu=0.31$；基岩 $\mu=0.24$；

弹性模量 E：基岩 $E=2.0\times10^4$ MPa；滑移岩体待定；

岩石应力（重力产生的）：垂直应力 $\sigma_{Y_0}=\gamma H$；水平应力 $\sigma_{X_0}=\{\mu/(1-\mu)\}\sigma_{Y_0}$；

水位：见表 9.6。

表 9.6　水位资料

水位	日期	
	4 月 21 日	7 月 28 日
地下水位/m	129.35	142.39
江水位/m	65.02	74.27

姜家坡陡坎以上滑移体的推力，由沙玛法稳定分析得到，约为每米 400 kN。

（5）反分析的正算法。

一般有两种方法可用于反分析技术，即正算法和逆算法。这里介绍的正算法是将有限单元法（或其他的数值分析法）与优化方法相结合，首先利用岩体弹性模量 E 和泊松比 ν 等一些参数的给定值，用有限单元法算出沿孔各节点位移的计算值与实际值之差，建立误差函数 $\delta(E)$，即

$$\delta(E)=\sum_{i=1}^{n}(U_i^e-U_i^m)\rightarrow\min \tag{9.1}$$

式中，U_i^e 为测点 i 的计算位移值；U_i^m 为测点 i 的实际位移值；n 为测点数，计算实例中测点间距为 5 m，取 $n=8$。

改变这组参数的给定值，使误差达到极小，就可求得所需的 E 值。计算中使用的有限单元网络图，如图 9.36 所示。

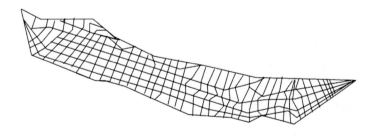

图 9.36　计算中使用的计算网格

（6）计算结果。

一共进行了 9 组 E 值的计算，所得到的误差函数值随不同 E 值变化的曲线如图 9.37 所示。

由此曲线不难看出，误差函数有一极小值，其相应的 E 值 1 450 MPa 即为所求的滑移体

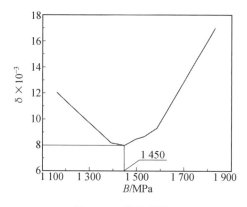

图 9.37　误差曲线

等效弹性模量。

对碎石试体进行室内压缩试验,当试件重力密度为 $2.07 \times 10^4 \sim 2.08 \times 10^4 \, \text{N/m}^3$ 时,得到的弹性模量为 1 400~1 600 MPa。也就是说,位移反分析的结果与试验结果非常相近,该值对于这类松散堆积材料也是合理的。

9.5　边坡工程安全预报和反馈

9.5.1　安全预报的内容

边坡的安全预报可以包括以下几方面内容:

(1)预报边坡滑塌的时间。

(2)预报边坡滑塌的范围(或方量):包括滑坡长、宽和深。

(3)预报边坡滑塌的速度:特别是预报边坡是否属高速滑坡。

(4)预报(库岸)滑坡引起的江水涌浪高度和影响的范围(距离)。

一般情况下最重要的是滑坡发生时间的预报。因为知道了时间,就可以在滑坡前采取撤离措施,避免损失。在没有特别说明时安全预报一般是指滑坡时间的预报。

9.5.2　安全预报的标准

可以根据以下各种物理量进行预报:

(1)边坡位移(或变形)的大小。

(2)渗透压力的大小。

(3)抗滑桩或预应力锚杆受力的大小。

(4)岩体声发射次数的多少。

通常,采用最广泛的是依据边坡位移大小来进行预报。预报用的位移,通常是取自边坡后缘拉裂缝的位移或滑动面的位移。滑动面的位移通常取为钻孔倾斜仪给出的滑动面或利用边坡中打的竖井揭露的滑动面上直接测定的位移。

安全预报标准或允许临界(位移)值是很难确定的,要用一个位移允许值来适合各种边坡更是不可能。因为边坡的稳定性受边坡本身的形态、边界条件、岩性、岩层产状、岩体构造、环境、荷载作用的影响。在有监测资料时,先前已经达到(发生)过且表现为相对稳定状态的位移(或速率)值,在条件没有明显变化的情况下,一般可以作为随后(未来)允许达到的一种安全界限。上述采用位移的"先验法"得出允许临界值的方法同样可以用于渗压、抗滑桩或预应力锚索的荷载等临界值的确定。

9.6　安全预报和反馈模型

9.6.1　预报模型

1. 斋藤道孝法

该法是根据大量的边(滑)坡位移 — 时间蠕变曲线总结而成的一种经验方法。位移 — 时间曲线大体可分为初始蠕变、均速蠕变和加速蠕变 3 个阶段,并基于加速蠕变阶段的资料提出滑坡的预报模型。预报由下列微分方程表示,即

$$\ln(t_{\mathrm{r}} - t_0) = a - b\ln\frac{\mathrm{d}\varepsilon}{\mathrm{d}t} \tag{9.2}$$

式中,t_{r} 和 t_0 为破坏时间和初始时间;a,b 为常数。

由式(9.2),可得

$$t_{\mathrm{r}} - t_0 = \frac{1}{2(t_1 - t_0)^2\left[(t_1 - t_0) - \dfrac{1}{2(t_2 - t_0)}\right]} \tag{9.3}$$

式中,t_0、t_1、t_2 根据位移 — 时间曲线加速蠕变段作图给出,利用已编制的计算程序在计算机上自动实现,其计算过程为如下几步。第一步,利用最小二乘曲线拟合方法将原始监测数据拟合成一个最佳多项式;第二步,在拟合的光滑曲线上自动选择 t_0、t_1 和 t_2;第三步,按公式(9.3)计算滑坡时间,进行预报。应当强调此法只对不受环境阻挡、无外力约束的崩塌性滑坡预报较准确。

2. 灰色预报模型 GM(1.1)

GM(1.1) 模型是单序列的一阶线性动态微分方程,即

$$\frac{\mathrm{d}x^{(1)}}{\mathrm{d}t} + ax^{(1)} = u \tag{9.4}$$

解上式得

$$\hat{x}^{(1)}(t+1) = \left(x^{(0)}(1) - \frac{u}{a}\right)\mathrm{e}^{-at} + \frac{u}{a} \tag{9.5}$$

离散化后,有

$$\hat{x}^{(1)}(k+1) = (x^{(1)}(1) - u/a)\mathrm{e}^{-ak} + u/a \tag{9.6}$$

上式中的系数 a,u 为待识别参数,可用最小二乘法求得,其计算原理为

$$\hat{a} = [a, u]^{\mathrm{T}} = (\boldsymbol{B}^{\mathrm{T}}\boldsymbol{B})^{-1}\boldsymbol{B}Y_n \tag{9.7}$$

上式中 $\boldsymbol{B}$ 按式(9.8)和式(9.9)计算:

$$\boldsymbol{B} = \begin{bmatrix} -1/2[x^{(1)}(1) + x^{(1)}(2)] & 1 \\ -1/2[x^{(1)}(2) + x^{(1)}(3)] & 1 \\ \vdots & \vdots \\ -1/2[x^{(1)}(N-1) + x^{(1)}(N)] & 1 \end{bmatrix} \tag{9.8}$$

$$\boldsymbol{Y}_n = \left[x^{(0)}(2), x^{(0)}(3)\cdots x^{(0)}(N)\right]^{\mathrm{T}} \tag{9.9}$$

其中，$x^{(0)}$ 为实测的原始数据列；$x^{(1)}$ 为一次累加生成数据列；N 为原始数据个数。对式(9.5)进行一次累减还原，即可得到预测值 $\hat{x}^{(0)}(K+1)$，即

$$\begin{cases} \hat{x}^{(0)}(K+1) = \hat{x}^{(0)}(K+1) - \hat{x}^{(0)}(K), & K=1,2,\cdots,N \\ \hat{x}^{(0)}(1) = \hat{x}^{(0)}(1), & K=0 \end{cases} \tag{9.10}$$

3. 数理统计模型

回归分析是建立边坡变形和时间之间关系应用实践最长、经验最丰富的数理统计模型。根据理论分析和实际资料，不稳定边坡的蠕变速度与变形成正比，即有如下常微分方程式：

$$\mathrm{d}\varepsilon/\mathrm{d}t = A + B\varepsilon \tag{9.11}$$

其中，A,B 为常数；ε,t 为变形和时间。式(9.11)的通解为

$$\varepsilon = c + a/\exp(bt) \tag{9.12}$$

为简化计算，上式两边取对数得

$$\lg(\varepsilon - c) = \lg a + b\lg e^t$$

或

$$\varepsilon' = a' + b't \tag{9.13}$$

式中，$\varepsilon' = \lg(\varepsilon - c)$；$a' = \lg a$；$b' = b\lg e$。但不是所有的边坡位移蠕变过程线都为线性关系，通常取的另一种形式为双曲线型，如

$$\lg \varepsilon' = t/a' + b't \tag{9.14}$$

也可能一时段内取直线型，另一时段内为双曲线型，甚至其他形式，如指数函数型等。应根据每个滑坡的 $\lg\varepsilon - t$ 关系曲线具体确定。

9.6.2 预报方法

1. 图解法

当对滑坡进行位移监测时，可根据实测位移-时间过程线，适当予以延长，推求破坏时间。

智利楚基卡码铜矿边坡曾用此法预报滑坡成功。该边坡于 1966 年 8 月首先出现张拉缝，位移缓慢，1967 年 12 月 20 日发生 5 级地震，其后位移速度增大，1968 年 11 月 6 日又在坡脚进行大爆破，导致 11 月 9 日起位移量显著增大，位移速度达 20～70 mm/d。1969 年 1 月 13 日根据实测位移-时间过程曲线，用图解法（即曲线处延法）预报滑坡最早发生日期为 1969 年 2 月 18 日，结果滑坡于 1969 年 2 月 18 日下午 6 时 58 分发生。

2. 宏观调查法

即使滑坡有仪器检测，人工现场巡查也是不可少的必要方法，因为受设备条件限制，能布置仪器的地方是少数，必须采用定期或不定期的人工巡查进行补充。如果把仪器检测视为"点"，则人工巡查可视为"面"，点面应该相互结合。

人工巡查的目的，在于及时捕捉滑坡前的前兆，对滑坡的发展趋势做出粗略的判断，这些前兆包括：

(1)滑坡坡面或滑坡上的建筑物出现裂缝，裂缝不断加宽(或闭合)、延长、增多。

(2)坡面上地表水沿裂缝很快漏失；或者，边坡上的渠道水流大量流失。

(3)坡下地下水位发生变化，边坡前缘原有泉水干涸，新的泉水点出现；水井水位突然变

化。

(4)滑坡前缘的湿地增多,表明滑坡活动加剧,滑带渐渐连通。

(5)边坡岩石发出响声,甚至冒气(看上去像冒烟)。

(6)滑坡前缘出现局部崩塌或石块崩落。

湖北省秭归县的鸡鸣寺滑坡就是根据上述宏观调查的方法,及时做出预报的。鸡鸣寺滑坡在滑塌前有以下前兆:

(1)1990 年 4 月 3 日滑坡后缘出现裂缝,至 1991 年 4 月,边坡变形缓慢。

(2)1991 年 4 月中旬以后变形急剧。原有裂缝不断延长;新裂缝不断产生,有的裂缝呈闭合的趋势;同时出现明显的垂直位错,后缘竟达到 0.2 mm/d 的垂直位错速度。

(3)1990 年 4 月中旬修筑的浆砌块石加水泥浆抹面的排水沟,修好后一周便发现水泥砂浆产生宽约 1 mm 的拉裂缝,同年 9 月缝宽 10 mm,1991 年 5 月 9 日达 27 mm,6 月 23 日竟增到 200~250 mm。

(4)滑坡区后缘产生很多平行等高线的裂缝,并出现"反坡平台"。

(5)南区地表排水沟产生数条新的挤胀裂缝。

(6)1 号采石场的薄层灰岩与页岩,有地下水的侵蚀和渗水现象,岩石陡壁上产生很多鼓胀裂纹并散发出气味。

(7)1 号采石场东北角山坡,产生深达 5 m、宽 1.1 m 张扭性基岩裂缝,且可听到来自缝内的岩石的摩擦声。

(8)1991 年 6 月 20 号采石场放炮爆炸后,21、22 日先后发生方量为 200~300 m³ 的局部滑塌。

6 月 29 日凌晨 1 时采石场发生顺层滑塌后,1 时 30 分拉响预报,全镇 2 000 多人立即撤离滑坡区,4 时 58 分发生方量约 60 万方的大滑坡,滑坡历时 4 min,滑坡发生时有雷鸣般的响声,土石尘雾弥漫头道河河谷长达 3 km,但无一人伤亡。

9.6.3　高速滑坡的判断

产生高速滑坡至少要有如下几个条件:

(1)高速滑坡中产生于完整岸坡的第一次滑动,斜坡失稳前经历了长期的变形过程,黏性土(或岩土)渐进性破坏是失稳的主要原因。

(2)高速滑坡的滑面由三段组成,滑面中部(或其他部位)存在一阻滑作用的锁固段,锁固被剪断时呈突发性的脆性破坏并释放很大的能量。

(3)滑坡的前缘存在碎屑流,塌滑土体后缘与破裂壁之间存在高速滑动后形成的巨大凹槽。

9.6.4　边坡工程的监测反馈

1. 监测简报

这是一种常用的快捷反馈方式。可以用定期或不定期简报的形式,将监测对象的情况、出现的问题、工作意见或建议及时通报有关各方。施工期一般 1~2 个月一次,汛期或蓄水期加大通报密度。

2.年度结果报告

3.监测成果综合分析报告

(1)当承担一个工程的安全监测有多个单位或一个工程有多个建筑物时,应有一个单位或机构负责各个建筑物、各个阶段(如下闸蓄水、发电、不同高程蓄水位)的监测资料的综合分析工作,提出综合分析报告。

(2)分析监测资料要根据建筑物的特点,选取典型部位的资料加以分析,以反映具有某些(种)特点的建筑的工作形态,并判断是否合理。

(3)分析资料时,要注意建筑物是在哪些(种)荷载作用下(如水位、温升、温降、地震等)进行观测所取得的资料,与相应设计工况下的设计计算值(或模型试验值)进行对比分析,以判断建筑物的稳定性和安危。

(4)对于采取了工程加固措施的部位,应根据该部位的监测资料分析是否发挥了预期的作用,以校核设计。

(5)安全监测资料应尽可能做到系统、准确,以便全面反映各主要建筑物的运行工况。在遇到紧急情况下,通过口头、电话、电报及时通报。

9.6.5 安全预报系统

边坡监测系统是一个大型集成系统,目前该项目内容在计算机技术的发展下,正在不断地完善。当前世界各国都在努力研发可靠性高、数据计算稳定性好、易于使用的健壮边坡监测系统。一个成熟的边坡监测系统是非常复杂的,价格也非常昂贵,尽管各国具体使用的监测、预报系统不同,但是其核心是相同的,即数据采集、分析、预报、存储、传输、结果表达和报警等核心模块是相同的。一个简单的高边坡预报系统,通常具有如下功能。

1.高边坡工程情况

高边坡工程的基本情况及数值化。

2.高边坡安全监测情况

(1)监测项目;(2)监测布置;(3)数据采集;(4)数据分析;(5)数据存储;(6)数据传输;(7)数据表达;(8)巡查系统。

3.高边坡数据分析情况

(1)数据分析模型;(2)数据预报模型;(3)数据滤波;(4)数据反馈系统;(5)状态识别系统。

4.高边坡健壮系统情况

(1)传感器自适应系统;(2)数据采集系统自诊断系统;(3)计算结果甄别系统;(4)系统稳定性保护系统;(5)系统安全系统。

5.高边坡预报与报警情况

(1)结构状态预报模型;(2)结构桩体报警方案。

6.高边坡监测信息表达情况

(1)原始数据表达;(2)计算数据表达;(3)计算结果表达;(4)计算结果存储模型;(5)计算结果传输模型;(6)高边坡数据与模型的物联网及云计算等网络模型。

7. 高边坡监测检验系统

(1)监测系统的级别(测试系统、验证系统、监测系统);(2)监测系统的备份(数据与系统的备份)。

9.7　边坡工程的安全监测实例

高边坡失稳是全球性灾害之一,我国也不例外。据近期统计,我国水利水电工程就有一百多个典型滑坡,本节提供了其中比较典型的一些实例供参考。随着经济建设的大规模展开和高速发展以及技术进步,我国对高边坡的研究、设计、施工、监测、计算、分析,积累了不少成功经验,在不少方面处于国际领先水平。本节只选取了 4 个工程实例做一简介;同时也选用了一些国内外边(滑)坡工程的规模、地质、构造、监测情况,其中国内工程 18 项,国外工程 12 项。

9.7.1　清江隔河岩电站引水洞出口及厂房高边坡的安全监测

1. 地质概况

引水隧洞出口和电站厂房高边坡是隔河岩电站的监测重点之一。边坡由正面出口边坡和侧面电站厂房边坡组成为弧形,自西向东边坡走向由 N30°E 转为 N70°E,倾向为 NW。边坡范围长约 350 m,最大施工坡高达 220 m。岩层走向为 70°~80°,倾向为 SE,倾角为 25°~30°。虽为逆向坡,但岩体上硬(灰岩)下软(页岩);有 10 条断层、夹层,4 组裂隙,2 个危岩体及岩溶塌陷体等地质缺陷;局部地区岩体较破碎。为确保边坡施工期及电站运行期的安全,必须预防和避免边坡可能导致的整体性或局部关键块体的失稳破坏;过大的沉陷或不均匀沉陷可能导致某些台阶边坡的倾覆;201$^\#$ 夹层局部应力集中,岩体破碎,局部被压坏或剪坏。为此,需要进行边坡位移监测。因为岩石边坡中的不利断裂构造的存在是引起边坡失稳的诱发因素,所以,监测重点放在边坡中存在的主要断裂的位移和地下水的变化情况上。

2. 监测布置

高边坡安全监测仪器埋设布置如图 9.38 所示。

本次监测的目的是跟踪边坡的变形,研究边坡的破坏特性,预报其安全稳定性,检验和校核工程设计,并为边坡的加固措施提供依据。因此,监测布置上的总体考虑是:既要以整体稳定性的监测为主,也要兼顾局部断裂等岩体缺陷的监测;既重点进行深部位移监测,也进行表面位移监测;既主要进行位移监测,也适当进行渗压监测。

深部位移监测按若干个观测断面布置,利用排水廊道进行表面位移收敛监测,在主要断层裂隙处进行开合度监测。

3. 监测断面的布置

权衡边坡监测范围和监测经费,由设计、地质和科研三方共同拟定 5 个监测断面。

Ⅰ—Ⅰ断面:靠近高边坡侧向边坡下游末端,正处 4$^\#$ 危岩体上,上有岩溶塌陷体,下有 301$^\#$ 夹层、F$_{15}$ 和 F$_{16}$ 断层,且岸剪裂隙发育,岩体完整性差。因 4$^\#$ 危岩体并不完全挖出,该断面边坡较高,故设此监测断面。

Ⅱ—Ⅱ断面:断面顶部系岩溶塌陷体,中部有 201$^\#$ 夹层和 F$_{10}$ 断层等,该部位的 201$^\#$ 夹层予以置换。下部为软弱页岩,施工期间坡高最大,它和Ⅰ—Ⅰ断面都位于侧面边坡。Ⅱ—Ⅱ断

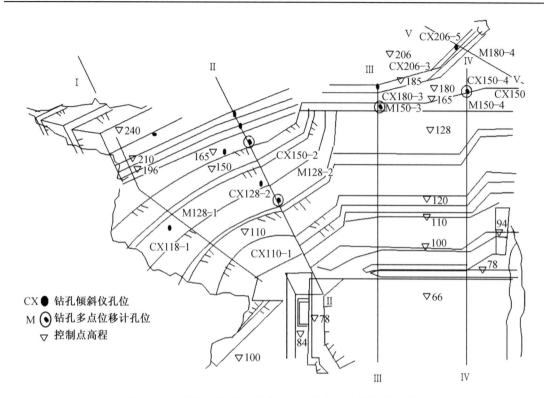

图 9.38　电站厂房及引水洞出口高边坡安全监测仪器埋设图

面是侧面边坡有限元计算的典型断面,根据计算结果,整体稳定性不及正面边坡。

Ⅲ—Ⅲ断面:断面位于正面边坡 1#、2# 引水隧洞之间,岩体为断层 F_{18}、F_1、F_2、F_{2-1} 和 F_{15} 所切割,较破碎,且穿过此间的 201# 夹层将予以开挖并回填混凝土,置换过程中岩体的稳定性和置换后的效果都需监测。此外,正面边坡的有限元计算、地质力学模型试验也取自该断面,通过监测可以互相比较。

Ⅳ—Ⅳ断面:位于 3#、4# 引水隧洞轴线之间,天然边坡两面临空,$NE70°$ 和 $NE30°$ 的两组发育的岸剪裂隙在此交汇;加上处于断层 F_{18} 的上盘,岩石比较破碎;页岩区覆盖厚,风化较严重;此外,隧洞上部覆盖薄,引水洞开挖及爆破振动对边坡的稳定也不利。

Ⅴ—Ⅴ断面:位于两侧临空的 5# 危岩体上,岸剪裂隙发育;4# 机组到大坝护坦一带山坡岩体下沉明显(裂隙宽达数米),在植被被破坏、开挖和爆破振动的影响下,应加强监测。

4. 监测仪器的选型

仪器选型上的基本考虑是:利用钻孔进行岩体深部位移和渗压监测为主,表面位移监测为辅;用钻孔倾斜仪和多点位移计进行岩体深部位移监测;在边坡台阶表面和排水廊道断裂处分别设置测缝计和收敛计测线;渗压计设置在深部变形测量孔的底部,以减少钻孔和节约经费。

深部位移监测包括铅垂方向和水平方向位移监测。利用钻孔多点位移计测量铅垂方向位移,利用钻孔倾斜仪测量水平方向位移。

要求仪器能适合现场条件,长期稳定性好,并满足工程的精度和量程要求。实践证明,所选用的仪器大多数能满足要求。

5. 监测仪器的布置

监测仪器布置的基本考虑是:以控制边坡整体稳定性为主,兼顾局部稳定性监测。整体稳定性采用钻孔变形和钻孔渗压测量进行监测,测量变形的钻孔沿监测断面的深度方向不间断布设,即上一个台阶布置的检测孔要穿过下一个布孔台阶的高程。渗压计只安装在某些测斜仪或多点位移计测孔孔底,不另占用钻孔。局部稳定性采用测缝计和收敛计进行监测。

监测力求控制每个监测断面上存在的断裂构造的位移情况和变化趋势。因此,当观测断面上存在断裂构造时,要求监测钻孔穿过断裂构造。

页岩以上以水平挠度监测为主,沉陷监测主要放在页岩部分,并分别采用钻孔倾斜仪和多点位移计。要求布置的多点位移计从灰岩穿过 201# 夹层直到页岩岩体中。

6. 监测仪器数量统计

根据设计要求,监测仪器埋设情况见表 9.7,表中所列除少量根据现场钻孔情况和开挖中的实际需要征得设计方面同意做出调整外,其他均按设计要求布置埋设。

表 9.7　隔河岩边坡仪器埋设统计表

序号	仪器名称	单位	数量	测孔(点)代号	位置
1	钻孔倾斜仪	孔	18	CX	坡体
2	多点位移计	套	7	M	坡体
3	测缝计	只	5	J	坡面
4	渗压计	只	6	P	孔底
5	收敛计	断面	13	WJ	排水廊道内

9.7.2　成果分析

钻孔倾斜仪是监测岩土边坡深部水平位移的主要手段,它在及时发现滑动面的出现、确定滑动面的位置和监视滑动面的发展及稳定性等方面是行之有效的。这里主要分析 1993 年 4 月下闸蓄水前钻孔倾斜仪所监测到的水平位移成果。

本工程采用铝合金导管,取埋设灌浆后第 28 天的观测为初始值。观测频率由开始一周左右一次到半月一次。每次观测时由孔底起自下而上 0.5 m 测读一次,分别观测 A、B 两个正交方向位移,然后进行计算整理。整理的位移有单向位移、合成位移和累计位移的矢量和。1993年 4 月大坝下闸蓄水前已埋设 14 个钻孔倾斜仪,总进尺为 371 m。14 个钻孔的实施顺序先后不一,位移－深度曲线和地表处的位移－时间曲线示例见图 9.39、图 9.40 和前面的图9.30。14 个钻孔倾斜仪孔均按设计要求、技术规范实施,埋设质量优良,完好率达到 100%。

分析以上成果可以得出以下几点主要认识。

1. 边坡处于相对稳定状况

引水隧洞出口和厂房高边坡于 1991 年 1 月基本完成开挖,同年 7 月,开始埋设钻孔倾斜仪之前,边坡的喷射混凝土和锚杆支护、排水洞和排水沟已基本完成。尽管如此,边坡仍有随时间变化的位移蠕变,但总体上位移不大,地表处最大累计合成位移(水平挠度):变化于2.4～14.4 m;除 CX150－4 孔外,没有发现影响整体稳定性的滑动和错动;目前边坡中渗压值很小,最大值为 0.15 MPa。因此,边坡目前处于相对变形稳定状态。岩层倾向 NW(倾向山内),对边坡的稳定十分有利。

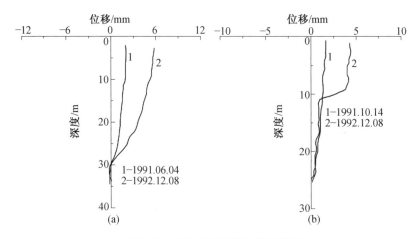

图 9.39 钻孔处的位移－深度曲线

2. 边坡变形的规律

(1)对 180 m 高程以上的灰岩边坡来说，正面边坡(Ⅲ—Ⅲ和Ⅳ—Ⅳ断面)的变形(2.5～4.1 mm)比侧面边坡(Ⅰ—Ⅰ和Ⅱ—Ⅱ断面)的变形(5.1～6.6 mm)要小，且变形稳定性好。这与正面边坡岩体完整性较好、边坡较低有关。

(2)对整个边坡而言，180 m 高程以上的灰岩水平位移较小，地表处最大累计合成位移变形在 2.5～7.9 mm；下部页岩位移较大，相应位移量变形在 5.4～14.4 mm，以 128 m 高程及其以下的页岩变形更为明显。这点与岩体的"上硬下软"的岩性完全一致。

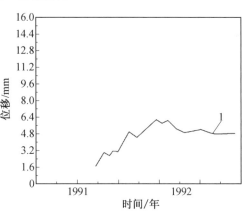

图 9.40 地表处的位移－时间曲线

(3)对正面边坡本身而言，Ⅳ—Ⅳ断面的变形比Ⅲ—Ⅲ断面大，这是由于前者两面临空，一侧靠近 5# 危岩体，岩体断裂发育且较破碎的缘故。

(4)对侧边坡本身而言，目前上部灰岩变形朝坡外，即向河流；下部页岩变形朝山内。页岩朝山内的方向大致与岩层的倾向(160°左右)的方向一致，即侧向边坡有一种旋转的趋势。在设计中，重点对其上部灰岩采取预应力锚索加固措施是很有必要的，加强对位移大的Ⅳ—Ⅳ断面附近的安全监测。

3. 开挖是影响边坡稳定的主要因素

在 14 个钻孔倾斜仪监测孔中，唯一出现岩体明显错动的是 CX150－4 孔。该孔位于 3# 和 4# 引水洞之间，1991 年 9 月开始观察，11 月起位移明显增大，到 1992 年 1 月，地表以下 9.5 m 深处出现位移突变，逐步形成一个 0.5 m 厚的滑动(错动)带，最大错动位移为 3.1 mm 左右，到 1992 年 4 月位移趋于稳定，稳定前地表最大顺坡向位移约为 4.8 mm。经查明，该孔孔深 9.5 m 处有断层 F_{217} 穿过，断层走向为 320°～325°，倾向 SW，倾角为 65°～75°，断层厚为 30～60 cm，由紫红色方解石及方解石胶结的角砾岩组成。沿断层面断续溶蚀成狭缝，多为黏土填充。CX150－4 孔实测错动方向为 300°～330°，与断层面 F_{217} 的走向一致。该孔位于 4#

钢管槽附近,钢管槽于 1991 年 6 月开始开挖,1992 年 3 月完成,4 月完成钢管槽的混凝土浇筑。开挖浇筑过程与观测到的位移-时间过程曲线与图 9.40 和图 9.29 完全吻合;即开挖中位移逐渐增大,并沿断层出现错动,回填浇筑混凝土后,位移又趋于稳定。可见,岩体中存在的不利断裂是引起岩体位移的主要内在因素,而施工开挖往往是引起岩体位移突变或错(滑)动的主要外因之一。因此,弄清边坡地质情况和施工程序不仅是安全监测设计的依据,也是合理解释监测成果进行安全预报的重要依据。

4. 钻孔倾斜仪的优越性

在高边坡的变形监测中,有深部变形监测的钻孔倾斜仪、多点位移计,有用于表面变形监测的测缝计和收敛计。实践证明,钻孔倾斜仪不仅能及时发现岩体滑动的发生、发展和确定其位置,而且量测稳定,连续取得的资料成果也丰富,证明这种仪器在岩体滑坡的安全监测中具有其他仪器不可替代的优越性,这是它目前被国内外广泛采用的原因。

9.7.3　漫湾水电站左岸边坡安全监测

1. 工程概况

漫湾水电站坝区为一单薄的条形山脊,三面临江,岸坡较陡,坝轴线上天然地形为 $40°$～$50°$,下游为 $35°$～$42°$。山坡第四系堆积较薄,仅为 0～3 m,大部分地段地面有基岩出露,基岩为中三叠统忙怀组(T_2^2m),岩性为流纹岩,新鲜流纹岩致密、坚硬、块状。坝址因邻近澜沧江断裂带,流纹岩受区域构造作用,不仅岩体具镶嵌碎裂结构的特征,而且次级破裂结构面,如断层(f)、挤压面(gm)和节理裂隙等很发育,特别是顺坡节理,是控制边坡稳定的主要因素。

由于受左岸地形地质的限制,使水工建筑物布置相当紧凑,从上游的 $2^\#$ 导流洞至下游出口的沿江 1 km 的岸边都有边坡工程。"三洞"进口地段的边坡开挖、坝前(底孔)边坡、坝基、厂房、水垫塘、"三洞"出口地段等边坡工程几乎连成一片。其中大坝、厂房和水垫塘等建筑物范围为 315 m 长度,边坡开挖高度为 60～120 m,开挖坡度为 $42°$～$35°$,与顺坡结构面相同。"三洞"出口地段天然坡高约 225 m,当开挖切断结构面后,边坡将产生失稳,滑移面将由软弱结构面组成优势倾角,倾角为 $40°$～$35°$。显然,左岸边坡工程的安全施工与稳定是整个工程建设的关键。

漫湾水电站左岸半坡在施工开挖过程中,于 1989 年 1 月 7 日在左坝肩发生约 $9.6×10^4 m^3$ 的塌滑,1989 年 9 月 19 日"三洞"出口在高程 994 m 以上又发生约 $5×10^4 m^3$ 的塌滑。在此之后,根据计算得出"三洞"进口至"三洞"出口约 820 m 长范围内有 440 m 为不稳定边坡,必须采取工程处理措施,才能确保边坡永久安全。根据下滑力计算结果,共设置了抗滑桩 36 个、锚固洞 64 个、各种预应力锚索 2 297 根,以及其他的安全处理措施。与此同时,开展了对边坡稳定性的监测工作。自 1989 年 4 月至 1991 年 11 月,在坝横 $0-020$ 至 $0+400$("三洞"出口),高程 $1 026.8$ m 至 921 m 广大范围内,共埋设测斜孔 11 个,多点位移计 5 支,1 000 t 级预应力锚索测力计 3 支,3 000 t 级预应力锚索测力计 1 支,1 000 t 级预应力锚索测力计 2 支,在 4 个锚固洞和 1 个抗滑桩内,埋设钢筋应力计 37 支、压应力计 10 支、渗压计 3 支。5 年来的观测结果,对工程的安全施工和边坡加固处理的设计优化起到了重要作用,同时也为左岸边坡稳定性预报及两年多的安全发电提供了监控条件。

2. 观测布置

该项工程观测点布置的基本原则是:综合考虑工程岩土受力情况和地质结构特征,并重点布置在最有可能发生滑移,对工程施工及运行安全影响最大的部位。由于漫湾左岸边坡的稳定监测工作是在发生滑坡之后进行的,为了监测在清坡、削坡和加固处理过程中边坡的稳定性,观测仪的埋设是随着大坝施工和边坡处理工程的进展情况而实施的。

整个左岸边坡观测工作可划分为两部分,即在坝轴线附近至坝横 0+315 m 的大坝、厂房和水垫塘等建筑物范围内的正面边坡和泄洪洞、导流洞的"三洞"出口边坡。表 9.8 列出了这两部分边坡观测仪器的埋设位置及埋设时间。

表 9.8　观测仪器及埋设时间

边坡部位	起止范围		观测项目	仪器埋设日期	埋设深度/m
	高程/m	坝横			
大坝厂房及水垫塘边坡	1 021.255~ 1 000.575	0−21.176~ 0+088.160	1#、2#、3#、 4#、5# 测斜孔	1989 年 4 月 7 日至 4 月 30 日	30~35
	938.919~ 937.261	0+050.035~ 0+110.056	6#、7# 测斜孔	12 月 29 日至 12 月 30 日	25
	1 000.939~ 986.788	0+006.509~ 0+081.770	1#、2#、3# 多点位移计	1989 年 8 月 20 日至 9 月 7 日	25
	底板 969.82	0+060	A₃ 锚洞 10 支钢筋计	1989 年 9 月 5 日	洞底坡度 11° 洞深 23.6 m 断面 3 m×4 m
	底板 930.4	0+125	A₂₄ 锚洞 10 支钢筋计		洞底坡度 14° 洞深 24 m 断面 3 m×4 m
	1 004.00~ 1 015.00	0−007.00~ 0+062.10	锚索测力计 1#、2#、3# 压应力计	1989 年 6 月 14 日至 7 月 17 日	孔深 30.10 m 锚固段 8.1 m 自由段 22 m
	B₂₅ 底板 925.00	0+265.95	A₃₁ 锚洞钢筋计 4 支、应力计 10 支、渗 压计 3 支、B₂₅ 抗滑 桩钢筋计 5 支	1991 年 11 月 29 日	
	1 005.433	0+263.573	11# 测斜孔	1991 年 11 月 14 日	34
三洞出口边坡	951.924	0+388.806~ 0+398.940	8# 锚洞钢筋计 8 支/多点位移计 2 支	1989 年 6 月 29 日	
	937.953~ 935.581			1991 年 7 月 29 日至 7 月 30 日	
	997.937~ 924.899	0+315.888~ 0+360.101	测斜孔 8#、9#、10#	1991 年 8 月 3 日 1991 年 11 月 14 日 1991 年 11 月 11 日	8# 测斜孔 29.5 m, 9# 测斜孔 36 m, 10# 测斜孔 37 m

3. 观测仪器及埋设

左岸边坡观测仪器可分为两大类:一类为岩体内部位移量测,如钻孔倾斜仪和多点位移计;另一类为加固工程的应力量测,如预应力锚索测力计、钢筋计、压应力计等。

(1)钻孔倾斜仪。

测斜仪是当前观测岩体工程内部水平位移最有效的仪器之一,尤其适用于边坡工程,用该仪器可以准确地探测和确定岩体边坡的滑移界面,同时也可以用于大坝地基、地下工程、基坑开挖等的变形监测。测斜管是和岩体结合在一起的,所以测斜管的位移也就代表了岩体沿水平方向的位移,故可以确定岩体发生位移的区段。根据某一时间内测得的几组读数,就可以确定这一时间的位移大小、方向和位移速率。

(2)钻孔多点位移计。

本工程所用的属于杆式多点位移计,其工作原理是通过测杆将锚头送至基岩待测部位,用灌浆的方法使锚头与基岩固结为一体,当基岩产生位移时,锚头随所处岩体移动。其位移量通过与锚头连接成一体的测杆传送至孔口的位移传感器,并由显示器读数。位移量测也可以用百分表或测深千分尺,通过测量平台与测杆的压紧螺帽之间的距离求得。

(3)预应力锚索测力计。

锚索测力计除常作为一种衡量人工加固系统衰变的手段外,还可以根据所量测到的荷载变化情况对边坡的稳定性做出评价与预测,漫湾左岸边坡安装的 3 个预应力锚索测力计是从国外引进的产品。其测量原理是将测力计置于外锚头的安装平台上,待锚索张拉到预定的吨位后加以锁定,便可用百分表测量 3 个测头的变化量,计算它们的平均值再乘以一个率定系数 K,即为锚索荷载的变化量,荷载增大表示边坡岩体向外移动,荷载减小表示锚索松弛。

(4)钢筋计、应力计和渗压计。

这三种仪器均选用差动电阻式,其工作原理是利用钢丝变形后引起其导线电阻相应变化,这种变化量通过惠斯顿电桥的读数设置——水工比例电桥读数。此类仪器性能稳定,每种仪器都可测温度。

9.7.4　监测成果及分析

1. 观测方法及初始值的确定

由于观测工作是紧随施工的进展而进行的,并要求根据观测结果对边坡的稳定性做出预测,故所有的仪器观测周期较短。在初始值确定以后,各种仪器一般每周观测一次,在特殊情况下,如持续暴雨、边坡切脚爆破时,将增加观测次数。初始值的确定,对于岩体内部位移观测的仪器,一般在灌浆完成一周后;对于埋设在锚洞和抗滑桩的仪器,则在 24 h 或混凝土初凝后;对于锚索测力计则在锚索锁定后即可确定。

2. 观测成果及分析

漫湾左岸边坡三年来的观测成果,被每月定期整理出来,及时反馈给设计与施工单位,为安全施工与加固设计处理提供科学依据。这里介绍其中最主要部分的成果。

(1)岩体内部位移特征。

①倾斜仪观测。在倾斜仪观测中,可获得每个测孔的深度—挠度变化关系曲线和孔口水平位移—时间关系曲线。前者反映了测孔范围内某一位置的位移性质及变形形态,根据该曲线可以确定测孔附近岩体内部是否存在滑移面;后者的孔口位移代表了测孔范围岩体内部的最大水平位移,根据该曲线可以判断岩体有无滑移的迹象。图 9.41~9.44 分别给出了边坡的不同部位的两个测孔的两种关系曲线,清晰地反映了各测孔岩体内部沿钻孔深度的水平位移

全貌。除 $1^{\#}$ 测孔在 17.5 m 和 $2^{\#}$ 测孔在 15 m 左右有一突变段外,其余测孔的两组相互正交导槽的深度—挠度变化曲线,基本是由孔底向上逐渐递增的,而且这些曲线基本是在钻孔轴线不大的范围内摆动的,看不出有明显的滑移面。

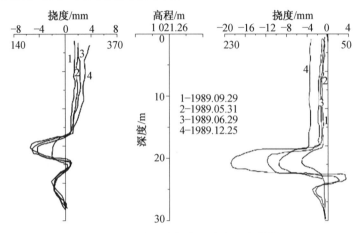

图 9.41　$1^{\#}$ 测孔深度—挠度变化曲线

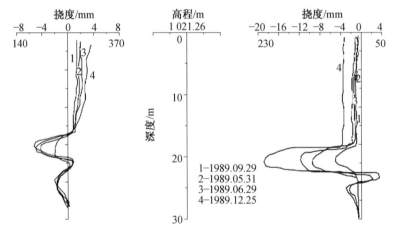

图 9.42　$2^{\#}$ 测孔深度—挠度变化曲线

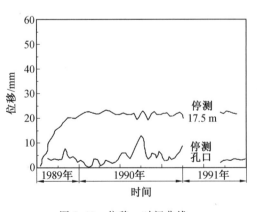

图 9.43　位移—时间曲线

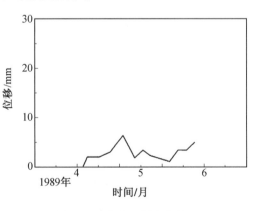

图 9.44　挠度—深度曲线

1#测孔在 1989 年 4 月 19 日开始观察(图 9.41),在 5 月 31 日前,该处的水平位移增加了 5.92 mm,方向为 208°。在进入雨季后,该处的水平位移增加较快,到 6 月 29 日达17.08 mm,平均增长速率为 0.356 mm/d,方向基本不变。从 6 月 30 日到 9 月 8 日的 70 天中,增加了 5.41 mm,平均增长速率为 0.077 mm/d,增长速率大大下降。此后,在两年多的观测中,在 17.5 m 处的水平位移一直在 19～24 mm 范围内变化,方向变化在 197°～214°之间。

虽然在进入雨季后,17.5 m 处变化较大,但孔口的合位移较小,最大值仅 4.46 mm,合位移方向变化不定,在 132°～319°之间,表明 1#测孔附近岩体从整体上来说是稳定的。而 17.5 m 处产生突变的原因,可能与该处的地质条件和施工因素有关。根据地质分析,该处可能存在一软弱构造带,在 1989 年 6 月中旬连续对测孔附近的 4 根锚索进行张拉,17.5 m 附近岩体基本在这些锚索荷载的影响范围内。

2#测孔是紧靠缆机平台下方边坡塌滑后余留下来的倒悬体,图 9.42 所示为 1989 年 3 天不同时间的测孔深度-挠度变化曲线,在 15 m 左右有一较为明显的突变段,孔口最大位移值出现在方位角 340°,孔口最大合位移 7.19 mm,方位角为 314°,故在 15 m 左右处,可能存在一滑移面。后因打锚索孔时测孔被破坏,无法继续观察。

观测结果表明各测孔的两组导槽方向的孔口水平位移和合位移均较小,各测孔孔口合位移随时间的变化较小,除 2#测孔外,其余测孔孔口位移都不随时间的变化而有规律地增加,虽然在个别时间孔口的合位移有所增大,但基本在测试系统的最大综合误差范围内(±7.5 mm),而且合位移的方向多是变化不定的。表明这些测孔附近岩体无滑移迹象。位于左岸坝横 0+00～0+130 桩号之间的 6#、7#测孔,当自高程 921 m 向下开挖切脚时,最大位移为 8.03 mm,合成位移的方向在 203°～240°之间。

②多点位移计观测。根据多点位移计的观测值,可以计算出各测点的相对位移值与绝对位移值,相对位移值是位移各测点相对于孔口的位移,绝对位移值是指各测点相对于最深测点的位移,此时把最深测点作为不动的参考点。无论相对位移还是绝对位移,其数值是正的,表明岩体松弛或外移;数值是负的,表明岩体受压或内移。根据各测点的位移随时间变化的过程线,可以确定岩体是否存在滑移面及其滑动的可能性。图 9.45 给出了 1#多点位移计各测点的绝对位移-时间关系曲线。

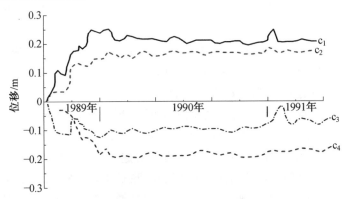

图 9.45　1#多点位移计各测点的绝对位移-时间关系曲线

从位移-时间过程线可以看出,1#测孔从 1989 年 11 月到 1990 年 1 月这 3 个月是位移增加时段,其最大位移值不到 0.3 mm,从 2 月至 4 月又逐渐减少,到 1991 年 4 月均比较稳定。

位移增加时段主要发生在测孔附近锚固洞和边坡切脚开挖的时间,但变化值很小,是属于局部蠕变,最大值仅 0.16～0.27 mm,并且在停止开挖后,部分变形又得到恢复,显示出岩体的弹性变形特征。

(2)加固工程的应力量测。

①预应力锚索测力计观测。图 9.46 给出了三支锚索测力计近两年来的荷载增量的变化过程线。观测结果表明,各测力计的荷载增量的变化规律是相同的,除 3# 锚索在锁定后半个月内的荷载略有衰减(60 kN),在以后缓慢增加,但数值较小。在 1990 年 4 月以前仅增加 8% 左右,在 1990 年 5 月以后基本无变化。荷载增加反映边坡岩体向外移动,由于锚索作用,位移很快得到了抑制,表明锚索加固是成功的。由于这三根锚索均属于自由式的,在爆破开挖的动应力作用下,荷载有升有降,表明边坡的变形有一部分属弹性变形,这与多点位移计观测的结果是一致的。

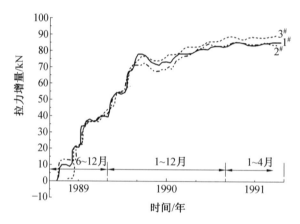

图 9.46　三支锚索测力计近两年来的荷载增量

②锚固洞的钢筋应力量测。在 4 个锚固洞和一个抗滑桩内所埋设的钢筋应力计和压应力计的 1～2 年的观测结果,除 8 号锚固洞变化较大外,其余各锚固洞和抗滑桩的应力变化均较小,各锚固洞实测的最大钢筋应力值分别是:A_3 锚洞为 20～40 MPa,A_{24} 锚洞为 40～42.5 MPa,A_{31}、B_{25} 锚洞桩为 30 MPa,而 A_{25} 锚洞的应力计最大值仅 0.3 MPa。表明各锚洞桩均在弹性范围内工作。

下面介绍在"三洞"出口处的 8# 锚固洞的观测结果。8# 锚洞位于泄洪洞出口西侧,断面尺寸为 3 m×4 m,洞深为 29.6 m,沿着洞深洞底向下倾斜 17°,洞内埋设 8 组钢筋计,但由于受上部山体塌方和清坡的影响,曾多次中断了观测。

实测钢筋应力－时间过程线可分为两个阶段:第一阶段为 1989 年 10 月初以前,初始应力出现负值,这是由于混凝土硬化过程的固结和收缩约束的结果。在以后经过回填灌浆,混凝土强度的增加,山岩压力的作用增大,使曲线呈缓慢上升趋势,一个月后便趋于稳定。第二阶段为 1990 年 12 月中旬至 1991 年 5 月上旬,观测结果,除 C 点外,其余 7 支钢筋计的应力值发生了较大的变化,并且在这之后由于泄洪洞出口明渠段的继续开挖,所有钢筋计的应力值都有不同程度的增加,其中以 B、D 和 A、a 这 4 个测点的应力值增长最快(gm_4、gm_5 和 f_1 附近的测点),分别为 64.15 MPa、30 MPa 和 46.92 MPa、40.55 MPa。在 5 月下旬进入雨季后,由于雨水的渗透作用,致使所有钢筋计的实测应力值都有了较大的增长,表明"三洞"出口地段的稳定性较差,安全度较小。

3. 监测工作对大坝施工及边坡加固处理的指导作用

漫湾左岸边坡监测工作历时三年,为设计与施工提供了大量的极有价值的资料,对大坝的安全施工与加固处理起到了重要的作用。下面举几个例子加以说明。

(1)左岸边坡自 1989 年 1 月 7 日塌滑以后,经数月的加固处理工作,在坝横 0+000.00～+060.00 m、高程 999 m 以上地区范围内,完成预应力锚索、砂浆锚杆、锚固洞等抗滑工程的处理施工。滑坡体总抗力比理论计算的下滑力小的情况下(包括动荷载),根据在低于缆机一侧的 5 支测斜管的水平变位和 3 支预应力锚固测力计的荷载变化均较小,表明经过加固后的这部分边坡是稳定的,故在 7 月下旬缆机启动和浇筑大坝得以实现。

(2)1989 年 5 月 7 日,在离漫湾电站 300 km 左右的耿马一带发生了 6.2 级地震,漫湾地震台记录本地区为四级地震,当天下午和 8、9 两日,连续对已埋设好的 1#、2#、3# 这 3 个测斜孔进行观测,其结果是在地震后的水平位移略有增加,但在 10 天后又恢复到原来的基本状态。表明地震对左岸边坡未造成影响。

(3)1990 年 9 月 19 日,“三洞”出口上部山体发生严重坍塌,估计有 5 万 m³,第二天即对 8# 锚固洞的钢筋应力计进行量测,其结果显示应力值变化甚微,说明塌滑只是发生在边坡的表层,并未危及“三洞”出口边坡的安全,解除了设计与施工的忧虑。

(4)从 1990 年 9 月至 12 月,泄洪洞出口地段边坡的开挖高程由 954 m 降至 938 m 时,引起 8# 锚洞的钢筋应力较大幅度的增加。1991 年 7 月,设计者决定对泄洪洞出口左边墙高程 954 m 和高程 940 m 设置 20 根 3 000 kN 级的预应力锚索加固。此后出口地段高程 938 m 下挖至 930 m 时,实测钢筋应力未见增加。当继续下挖至高程 917 m 左右时,8# 锚洞的钢筋应力又有了增加,在该段边坡又增设 28 根 3 000 kN 级的预应力锚索加固。此后的观测结果显示应力变化甚微。

(5)1991 年 11 月初,在高程 937 m 交通洞桩号 0+368 m 和 0+373.8 m 处发现裂缝,11 月中旬在该交通洞的上部,安装了 11# 测斜孔,孔口高程为 1 005.433 m,孔深为 37 m。该孔竣工后 3 个月的观测结果是,在 27 m 深处挠度值从 0.16 mm 到 0.37 mm,方向为 SW67°,倾向坡外,在该处可能存在一滑移面,设计者及时地采取了削坡和设置了一批预应力锚索的措施,在后来的观测中,该孔的 27 m 深度的挠度值基本未发生变化。

漫湾水电站左岸边坡自坝轴线上游至“三洞”出口长约 820 m 的地段,在各种仪器监测下已基本完成了所有的清坡、削坡及各种加固工程,大大提高了左岸边坡的稳定性和安全度。根据坝轴线至 0+315 m 的大坝、厂房和水垫塘的正面边坡的各种仪器的监测结果看出,岩体的深部变形很小,多表现为弹性变形或局部的蠕变。锚固洞和抗滑桩的钢筋应力实测值也较小,多在 40 MPa 以内。各种仪器在安装埋设不到半年时间里已基本稳定,所以目前正面边坡是稳定的。

根据 8# 锚洞的实测钢筋应力结果,表明“三洞”出口地段安全度较小,但通过加固处理后,从该部分边坡埋设的测斜管、多点位移计的测量结果看出,岩体深部位移变形值很小,锚固洞的钢筋应力已基本稳定,表明该部分边坡的稳定性有了较大的改善。

众所周知,岩体内部的渗透水压力的变化是诱发边坡失稳的一个主要因素。在施工期间,左岸山体内部有“三洞”和众多的交通洞,形成了良好的排水通道,库区水位又较低,所以,在

B_{25}锚固洞内埋设的 3 支渗压计的空隙水压力的实测值仅为 0.03 MPa。在大坝蓄水后,由于库水位的大幅度提高,左岸边坡的渗透压力可能会发生一定的变化,这点应当引起注意。

漫湾左岸边坡的稳定监测按其目的和内容可分为两方面:一是岩体内部位移量测,用多点位移计和测斜仪来确定边坡有无滑移面及其失稳的可能性,这两种仪器性能稳定,灵敏度高,实践证明是行之有效的方法。二是加固工程的应力测量,其作用是研究锚固工程的受力状态和工作机理,并根据观测到的应力变化规律有无突变来判断边坡失稳的可能与否,如预应力锚索测力计、钢筋计等,都得到了良好的效果。

9.7.5 清江隔河岩水库库岸茅坪滑坡稳定性(内观)的安全监测

1. 工程概况

根据地质调查,在隔河岩电站 91 km 长的水库范围内,共有 34 个滑坡、5 个危岩体,总方量为 1.34~1.55 亿 m^3。其中,杨家槽滑坡距大坝最近约 23 km,茅坪滑坡距大坝最远约 66 km。

从 1991 年起,作为第一批监测对象,对杨家槽、墓坪、枣树坪、覃家田和茅坪 5 个滑坡体以及康岩屋、白岩 2 个危岩体首先开展了稳定性监测。监测以深部位移和渗压为主,辅以地表位移、降雨量、水库水位监测;以仪器监测为主,结合现场宏观调查和地质分析;以深部位移监测资料为基础,建立预报模型预测滑坡发展趋势。所有这些措施经付诸实施后,证明是行之有效的。在监测过程中,始终抓住及时埋设、及时观测、及时整理分析资料和及时反馈信息给有关各方等各个环节。稳定性监测中任何一个环节的不及时,不仅会降低、失去监测工作的意义,甚至会给工程带来不可弥补的影响,或对人民生命财产造成重大的损失。

稳定性监测从 1991 年开始,到 1993 年 4 月 10 日隔河岩大坝下闸蓄水前,监测设施基本完成。观测贯穿于大坝蓄水前、蓄水期和运行初期,获得了滑坡变化全过程的资料,取得了滑坡位移、降雨量、地下水位、江水水位之间的相互关系;及时监测到茅坪、墓坪滑坡体滑动面的出现,确定了其位置和性质,掌握了它的发展动态;以钻孔倾斜仪的监测位移为基础建立了预报模型,预报值与真实值十分接近。经文献检索,目前国内外尚无先例。

根据茅坪滑坡监测位移急剧增长,现场宏观巡视发现地表、房屋裂缝不断增多、延伸、扩大,以及预报模型预测位移的发展等情况,及时对滑坡上的居民进行了移民搬迁,避免了因房屋倒塌可能造成的人员伤亡和财产损失。监测成果为移民决策提供了可靠的科学依据,取得了显著的社会效益。根据近 5 年来的监测资料和地质调查表明,杨家槽滑坡基本稳定,可以不予搬迁,但必须以加强安全监测为前提。镇政府和千余名居民不搬迁,可以节约大量资金,取得了显著的经济效益。

2. 监测方法

(1)监测采取 4 个方面相结合的方法:利用钻孔倾斜仪及时发现滑动面;通过地质调查分析了滑动面的性质及滑动机理;利用宏观调查弥补仪器覆盖面的不足;根据钻孔倾斜仪测得的位移资料建立预报模型,预报滑坡位移发展趋势。实践证明,这些方法行之有效,既取得了丰富的宝贵资料,又取得了社会和经济两方面的明显效益。

(2)"三为主"的监测方法。监测以仪器监测为主,以深部位移监测为主,以监测滑坡整体稳定性为主。

3. 深部位移监测

(1)滑坡地质条件。

茅坪滑坡体是隔河岩库区最大的一个古滑坡体,下距大坝 66 km,滑坡体平面形态呈扫帚状,整个滑坡体由两个次级滑坡体组成;纵向最大长度为 1 600 m,滑带剪切出口高程为 150～160 m,后缘高程为 570 m,滑体厚 5～86.33 m,滑体方量约 2 350.7 万 m³。

滑坡体组成物质以块石、黏土及黑色煤质土等为主,结构松散;下伏基岩为泥盆,系上统砂、页岩地层,产状为顺坡向,倾向清江下游,坡度为 15°～20°;滑坡体内存在着厚 1～2 m 的破碎砂岩滑动带,且层间夹煤层剪切带。滑坡体东侧有白岩危岩体,危岩陡崖崩塌下来的块石长期堆积在滑坡体上,且地表流水长年不断,滑坡上有居民 55 户,约 220 人。为确保滑坡体上居民的生命财产安全,在隔河岩水电站大坝下闸蓄水前,必须开展滑坡稳定性安全监测。

(2)监测布置。

在监测布置上,主要有如下考虑。

①深部位移监测以监测滑坡体整体稳定性为主,以表面裂缝开合度、表面倾斜监测为辅,进行局部稳定性监测。考虑到茅坪滑坡由两个次级滑坡体组成和经费上的承受能力,在滑坡体上共布置 4 个钻孔倾斜仪监测孔,以求达到同时掌握 I、II 号次级滑坡体的整体稳定性状况,要求每个钻孔孔底深入基岩 3～5 m。4 个钻孔布置的位置、孔深、埋设时间及目的等情况详见表 9.9。为监测地下水活动情况并节省钻孔,在每个钻孔倾斜仪钻孔孔底埋设渗压计 1支。

表 9.9　钻孔布置信息

	孔号	孔位	滑体厚度/m	滑带深度/m	仪埋深度/m	孔口高程/m	埋设时间(年月日)	监测目的
钻孔倾斜仪	1#	茅坪街	86.33	62.02～68.69	94.0	227.64	1992.12.12	监测 1# 次级滑坡体的稳定性及可能的滑动部位
	2#	I 平台	36.39	27.61～36.39	36.0	252.02	1994.4.15	监测 2# 次级滑坡体的稳定性
	3#	中部鼓丘	61.50	50.0～57.80	67.0	297.01	1993.3.14	监测滑体前缘鼓丘地带的稳定性
	4#	I 平台	63.52	39.07～44.75	75.0	402.39	1993.3.18	监测滑坡整体稳定性

②以深部位移监测为主,及时发现滑动面的出现及其位移发展趋势。其次,对诱发滑坡的因素诸如地下水位、库水位、水库诱发地震及降雨量等也进行监测。

③深部位移监测采用钻孔倾斜仪,地下水位监测采用埋设在钻孔倾斜仪钻孔孔底的渗压计,局部稳定性监测采用收敛计、钢丝位移计、倾角计及简易测点进行地表位移、倾斜测量,采用雨量计进行雨量监测。要求监测仪器适合现场环境条件、准确可靠、操作方便。对仪器设施应加以保护。

④仪器监测通常 1 个月观测读数一次,汛期、异常情况下根据需要加大观测密度。

4. 地质调查分析

由于滑坡地质方面缺陷(如断裂构造或软弱夹层、层面)的存在是滑坡变形、破坏的主要内因,因此地质调查分析工作应贯穿监测活动的全过程,包括:

(1)掌握滑坡工程地质与水文情况,确定滑坡的构成及性质、边界条件(或范围)、滑坡的成因。

(2)根据地质情况,确定监测钻孔(测点)的布置,包括位置、钻孔深度及目的等。钻孔最好能按一个个断(剖)面布置,至少应控制滑坡的前后缘。

(3)当监测表明滑坡已出现滑动面时,应根据钻孔柱状图及其地质资料分析滑动面所在部位、性质、厚度、位移方向及滑动机理等。

(4)结合地质条件解释、分析监测成果,建立预报模型,做出位移(或破坏)发展的趋势性预测。

(5)根据地质调查、分析和监测成果,提供移民搬迁或滑坡整治的科学依据。

5. 现场宏观调查

现场宏观调查一般两个月一次,汛期一个月一次,且与深部位移观测读数在时间上错开或单独进行。宏观调查主要调查地表、房屋、农田裂缝的产生和发展情况,地表渗水的变化,地表沉陷和岩壁的掉块现象等,随时加以记录。宏观调查主要由专业技术人员进行。在非常情况下,同时通过当地政府安排当地群众巡查。发现异常情况随时发简报,或口头通报有关各方。

在 1993～1995 年期间,通过宏观调查,了解到茅坪滑坡在大坝下闸蓄水后的变形发展经历如下过程:

1993 年 5～6 月,后缘 4# 观测孔附近出现一条走向近 EW 的裂缝;7～8 月期间,裂缝增宽、扩展。同期,前缘茅坪镇 1# 观测孔附近民房出现新裂缝,镇粮站大院地表的一条裂缝长达 10 m、宽 2～3 mm,9～12 月上述裂缝均有扩展。后缘 EW 向裂缝发展为长约 30 m、宽达50～60 mm,前缘茅坪街出现了许多新裂缝。2# 观测孔临江一带的民房也出现了裂缝。

1994 年上半年,后缘 4# 孔煤矿一带发现了拉裂缝并逐渐扩展;前缘 1# 孔附近裂缝持续延伸、扩大;2# 下部附近民房地基产生沉陷、倾斜、墙壁拉裂、石块掉落现象。同年下半年,1# 孔附近及前缘临江地段出现了一条平行河流向的微裂缝,几天之内就发展到长约 200 m、宽约 15 mm 的贯穿性大裂缝,随后,裂缝扩展,地基下陷;中部、后缘裂缝继续发展,4# 观测孔孔深 47～48.5 m 滑动面处滑动加剧,测量探头在观测读数时卡在该处不能动弹,随即改用固定式探头继续观察读数并随即发出简报。

1995 年上半年,茅坪滑坡体位移呈急剧发展趋势,前缘 1# 孔在 6 月观测读数时,探头只能放到孔深 63.5 m 处,即滑动面所在位置。4# 孔附近几户民房的水泥地板严重下沉,无法居住。一条近 SN 向的裂缝在高程 382.0 m 左右处缝宽达 50 cm 左右。

地表水从拉裂缝下渗,裂缝被土石填充后又被拉开,水稻田无法盛水。到 1995 年底,上述近 SN 向的裂缝基本上沿整个滑坡体西缘贯通,全长约 490 m。

不同时期现场巡查的异常情况和深部位移监测情况均及时通过书面的(简报)和口头的方式及时通报给有关各方。

6. 预报模型预测

当钻孔倾斜仪监测的位移资料较多、滑坡体明显出现滑动面且位移急剧增长时,可根据位移监测资料建立预报模型,预测滑动面的位移。

7. 深部位移资料分析及预报模型

(1)深部位移资料分析。

利用钻孔倾斜仪监测深部位移,及时发现滑动面的出现及其发展,是清江库岸滑坡稳定性监测行之有效的手段之一。观察一般一个月一次,汛期(5~9 月)每月两次。

例如,茅坪滑坡 1# 测斜孔,位于滑坡前缘,孔深为 94 m,孔口高程为 227.64 m,于 1992 年 12 月 12 日安装埋设。下闸蓄水前(1993 年 4 月 7 日)位移—深度曲线无明显突变点,下闸蓄水后不久,到 4 月 22 日,位移—深度曲线上出现明显滑动面,滑动面在孔深 63~64.5 m 处。

4# 测斜孔埋设较晚(约在 1993 年 3 月 18 日),钻孔位于中后部高程 402.39 m 的Ⅲ号平台上,孔深为 75 m。钻孔埋设后不久,即出现滑动面,滑动面在地表以下 47~48.5 m 处。如图 9.47 所示。

上述 1#、4# 孔的滑动"面",实际上是有一变厚度的"带"出现。1# 孔滑动带位于地表以下 63.0~64.5 m 处,4# 孔滑动带位于地表以下 47.0~48.5 m 处,"带"厚均为 1.5 m 左右。

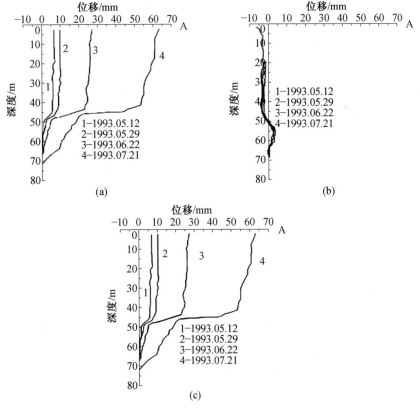

图 9.47　测斜孔位移曲线

通过监测,发现滑动面的重要意义首先在于,如果滑坡失稳,很可能沿该滑动面发生滑动破坏。因此,我们可以把监测的重点放在滑动面上,密切关注其变化和发展趋势。例如,列出茅坪滑坡 1# 和 4# 孔的滑动面上的位移于表 9.10,位移深度和变化速率于图 9.48、图 9.49 并加以分析。

表 9.10　茅坪滑坡 1# 和 4# 孔的滑动面上的位移

孔号	位移量/mm										
	4.07	4.22	5.12	5.29	6.14	6.23	8.27	9.13	9.26	11.11	12.15
1#	12.2	11.0	12.2	18.1	21.8	28.8	34.9	36.0	38.9	44.2	46.7
4#	—	—	6.9	12.3	—	25.0	—	24.6	50.2	58.7	62.4

4# 测孔埋设时间为 1993 年 3 月 18 日,比 1# 孔晚约 3 个月,而从表和图可以看到,4# 孔滑动面位移比 1# 孔小 5.3 mm,但位移速率比 1# 孔高;到 12 月 15 日,4# 孔的相应位移量却比 1# 孔的大 15.7 mm。可见,在 1994 年 4 月以后,滑坡模式转变为牵引式。另外,我们还可以从图上看到,1# 孔和 4# 孔的位移基本同步,说明茅坪滑坡具有整体移动的性质。滑坡体内存在厚为 1~2 m 的破碎砂岩滑动带,且含煤系夹层。由钻孔柱状图可以看到,1#、4# 钻孔倾斜仪监测孔观测到的滑动面位置与此破碎砂岩、煤系夹层所在位置一致。说明滑坡正是沿堆积层与基岩交界面的此破碎带滑动的。

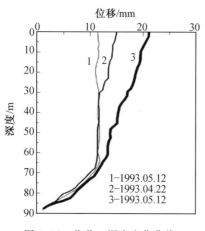

图 9.48　位移-深度变化曲线

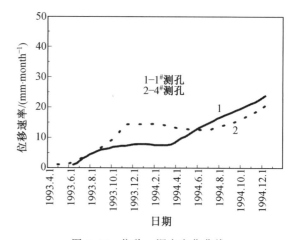

图 9.49　位移-深度变化曲线

(2)预报模型。

为了预测滑坡位移的发展,在茅坪滑坡位移急剧发展前,根据深部位移资料建立了滑坡位移灰色预测模型——GM(1,1)模型方程。

①GM(1,1)模型方程。

按灰色预测模型理论,设非负离散数据系列为

$$X^{(0)} = \{X_1^{(0)}, X_2^{(0)}, \cdots, X_n^{(0)}\} \tag{9.15}$$

对 $X^{(0)}$ 进行一次累加生成处理,可得到生成系列 $X^{(1)}$ 为

$$X^{(1)} = \{X_1^{(1)}, X_2^{(1)}, \cdots, X_n^{(1)}\} \tag{9.16}$$

对生成系列 $X^{(1)}$ 可建立一阶常微分方程为

$$\frac{dX^{(1)}}{dt} + aX^{(1)} = \otimes u \tag{9.17}$$

上式记为 GM(1,1) 模型。式中 a 和 $\otimes u$ 是灰参数,其白化值 $\hat{a} = (a, u)^\mathrm{T}$ 用最小二乘法求解,得

$$\hat{a} = \begin{bmatrix} a \\ u \end{bmatrix} = (\boldsymbol{A}^\mathrm{T}\boldsymbol{A})^{-1}\boldsymbol{A}^\mathrm{T}\boldsymbol{B} \tag{9.18}$$

式中,矩阵 $\boldsymbol{A}$ 按式(9.19)计算:

$$\boldsymbol{A} = \begin{bmatrix} -(X^{(1)}_{(2)} + X^{(1)}_{(1)})/2 & 1 \\ -(X^{(1)}_{(3)} + X^{(1)}_{(2)})/2 & 1 \\ \vdots & \vdots \\ -(X^{(1)}_{(n)} + X^{(1)}_{(n-1)})/2 & 1 \end{bmatrix}, \quad \boldsymbol{B} = \begin{bmatrix} X^{(0)}_{(2)}, X^{(0)}_{(3)}, \cdots, X^{(0)}_{(n)} \end{bmatrix}^\mathrm{T} \tag{9.19}$$

求出 $\hat{a}$ 后,将 $\hat{a}$ 代入式(9.18),解出微分方程得

$$\hat{X}^{(1)}_{(t+1)} = (X^{(0)}_{(1)} - \frac{u}{a})\mathrm{e}^{-at} + \frac{u}{a} \tag{9.20}$$

对 X_{t+1} 作累减生成,可得还原数据

$$\hat{X}^{(0)}_{(t+1)} = \hat{X}^{(1)}_{(t+1)} - \hat{X}^{(1)}_{(t)} \tag{9.21}$$

或

$$\hat{X}^{(0)}_{(t+1)} = (1 - \mathrm{e}^a)(\hat{X}^{(1)}_{(0)} - \frac{u}{a})\mathrm{e}^{-at} \tag{9.22}$$

式(9.21)和式(9.22)为灰色预测理论的两个基本模型。

②茅坪滑坡位移预测模型。从茅坪滑坡安全预报实际需要出发,利用 GM(1,1) 模型对 1#、4# 观测孔的实际观测资料进行拟合,拟合曲线如图 9.50 所示。

由图可以看到:

一是用 GM(1,1) 模型对 1#、4# 孔的实测位移值进行拟合,吻合得非常好。

二是 1994 年曾预测茅坪滑坡位移将继续增大,到 1994 年底,位移值将达到 180 mm 或更大。预测为随后的位移发展所证实。

根据对茅坪滑坡的现场巡视调查和位移模型预测,茅坪滑坡在大坝蓄水后,位移明显增长且继续发展;滑动面已经形成且呈整体滑动的趋势。因此,在 1994 年 9 月发出了简报,建议清江公司和当地政府,作为第一批首先将居住在茅坪滑坡前缘的 12 户 42 人尽快搬迁,以保证他们的生命和财产的安全。截至同年年底,搬迁分期分批全部完成,避免了因房屋倒塌可能造成的人员伤亡和财产损失。监测成果为移民决策提供了可靠的科学依据,取得了显著的社会效益。

9.7.6　天生桥二级电站厂房高边坡的加固监测

1. 工程概况

天生桥二级电站位于贵州安龙县与广西隆陵县交界处的南盘江上(属珠江水系西上游)。电站为一引水式水电工程,由首部枢纽、引水系统及厂房枢纽三大部分组成,首部为混凝土重力坝,最大坝高为 60.7 m。厂房尺寸为 165 m×50 m×58.6 m。设计水头为 176 m,装机容量为 1 320 MW,年发电量为 82 亿 kW·h。

天生桥二级电站厂房高边坡为人工开挖边坡,最大高差达 380 m,工程部位地质条件复杂,1986 年 11 月中旬在厂房基坑开挖时,边坡上部 550 m 高程以上诱发一个约 140 万 m³ 的

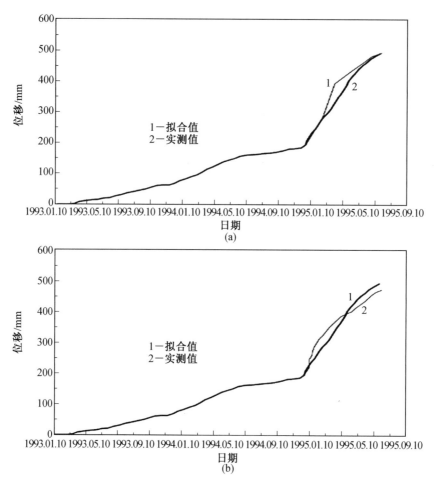

图 9.50　位移拟合曲线

大型古滑坡,即下山包滑坡(又称厂房滑坡)。为保证边坡下方厂房的安全,对边坡进行了综合整治,埋设了监测仪器,经过几年的监测资料分析,证明综合整治取得了较好的效果。

2. 厂房高边坡的整治措施

鉴于高边坡滑坡体所处位置的重要性及滑坡体地质条件的复杂性,滑坡体治理采用了以下措施。

(1)在下山包后部减载 23 万 m^3,滑坡减载至 600 m 高程,最大减载厚度达 30 m,平均厚度为 14 m。经稳定分析,减载后滑坡抗滑稳定安全系数可提高约 10%,并在减载平台形成后,用轮胎在平台面碾压 3~5 次,使之形成防渗壳。

(2)地表、地下排水系统由于在滑坡体上修建空压机站、住房和水池,虽在 1986 年封闭了680 m 高程水池,使其成为干水池,但在这一带仍有 100 多人的生活用水、施工用水及大气降雨,没有排水系统,大量用水下渗,给边坡稳定带来威胁。因此,在边坡设置了有效的排水系统。在滑坡体汇流面积内,自 800 m 高程至 600 m 高程,设置了 9 层拦山沟,14 级人行排水马道,经滑坡体南北两侧的排水总沟引到滑坡体外。在滑坡体表面也布置了完整的纵横向排水沟以减少地表水下渗。从滑坡体 600 m 高程至滑体前缘 500 m 高程,除横向拦山沟外,还设有三级马道排水,整个滑坡体布置了若干排水孔。在滑坡体下部,562 m 和 580 m 高程打了两条排水洞,在芭蕉林向斜轴线附近连成 U 型,总长为 384 m,并在地表向下和洞内向上打穿滑动面形成排水孔幕,在洞内向滑坡底部打斜向排水孔,同样打至滑动面上,用反滤碎石和土工织物作为反滤料,花管排水,把滑体内地下水引入排水洞。

(3)抗滑桩。根据国内挖空桩的施工手段结合下山包滑坡岩性,定桩尺寸为 3 m×4 m,间距为 6 m,每根桩承受滑坡推力为 12 840 kN,抗滑桩用 200 号混凝土浇筑,桩深为 24.95～43.3 m。根据现场地形条件,将抗滑桩布成两组一排,一组在 597 m 高程,共 8 根;另一组在 584 m 高程,共 10 根。

(4)预应力锚索。锚索承担的下滑力为 2 106 kN/m。锚索布置在 565 m 至 580 m 高程之间的坡面上,共设 224 根,长为 23.7～33.7 m。

(5)预应力锚杆。1987 年 3～5 月,滑坡治理工作中的减载、排水、抗滑桩都已完成,滑坡位移速率虽有明显减小,但仍未完全停止。为保证雨季在滑坡前方施工安全,参照日本有关规定提出位移速率与警戒等级关系,确定在 565 m 高程已形成的 3 m 宽马道上,用开挖设备潜孔钻造孔,用螺纹钢作为锚杆材料,在滑坡出口处设置预应力锚杆加固,锚杆间距为 2 m,排距为 2 m,锁定后仍可保持 300 kN 的锚固力,共 152 根,长为 12～20 m。

(6)钢筋桩设在 584 m 平台和滑坡北部 584～700 m 高程公路一线,共 100 根,长为 36 m,用 ϕ32 钢筋束构成。

(7)框架护坡建在滑坡体前部北侧强风化坡面上,断面为 50 cm×50 cm,间距为 2 m×2 m,框架节点设砂浆锚杆。

在以上这些整治措施中,减载能够减少滑坡的下滑力;排水可以提高抗剪强度,对迅速降低滑坡体位移速率起了关键作用,而且对滑坡长期永久的稳定运行起着至关重要的作用;预应力锚索、锚杆能够增加阻滑力,这些措施都可直接地、主动地提高滑坡安全稳定性;钢筋桩和抗滑桩以及预应力锚索等在滑坡产生时,可提高其抗滑稳定性。

3. 厂房高边坡的监测

滑坡体复活后,为了严密监测滑坡体的发展、变形状况,掌握其工作状态,并为电站运行期滑坡的稳定性状况提供资料,设计布置了厂房高边坡的监测系统,另外还埋设了压力盒、渗压计、钢筋计等仪器。

(1)下山包边坡的观察。地下水位监测仪器主要埋设在滑坡后部、中部和前部的水位孔 H'_2、H'_3、H'_4、H'_6;在 584 m 高程减载平台抗滑桩 15#、2#、11# 桩内布置了土压力盒 6 支;并增打了两个检查井,以了解抗滑桩的受力情况,并设置了压力盒、钢筋计、渗压计等仪器。在滑坡体安装了 5 个测斜孔,主要用于观测滑坡体的深层位移。

(2)芭蕉林边坡的观测。地下水位孔共布置 H'_7、H'_8、H'_9、H'_{10}、H'_{11}、H'_{12} 6 个孔,后来边坡治理施工中破坏了大部分水位孔,目前仅有 H'_8 能正常观察。因此准备恢复部分被破坏的水位孔。滑坡深层位移观测共布置了 3 个测斜孔(I_{11}、I_{12}、I_{13})。厂房西坡共布置了 3 个测斜孔(I_6、I_7、I_8)。厂房南坡 460 m 高程以下岩体的位移监测主要有 I_9、I_{10} 两个测斜孔。

4. 厂房高边坡观察资料分析

1992 年以来,对滑坡体位移、地上水位、钢筋计、压力盒、渗压计等项目进行了观测,取得了第一手观测资料。

（1）位移一时间过程曲线呈一水平线，没有突变出现，表明滑坡体的变形较小。

（2）从水位一时间过程线可以看出，高边坡地下水位很稳定，说明边坡排水系统发挥了重要的作用，对边坡稳定十分有利。

（3）从渗压计、钢筋计的观测值来看，电阻值和电阻比的变化非常小，数量在5个阻值内变化，说明监测仪器主要受混凝土的应力或岩体传递给抗滑桩而产生的应力影响，而边坡岩体没有产生较大的变形，应力变化很小，其微小的变化，主要是受季节的变化，特别是降雨和气温的变化引起滑坡体应力细小的改变，但边坡未产生较大的位移变形。

以上的初步分析表明，边坡的位移变化量小，水位涨幅小，抗滑桩承受的推力也较小，说明边坡比治理初期趋于稳定。

9.7.7 国内外边（滑）坡工程及安全监测统计

1. 我国水电工程主要边坡工程及监测情况

表9.11给出了我国水电工程边坡监测的统计。

表9.11 我国水电工程边坡监测的统计

序号	边坡名称	边坡规模	边坡地质情况	边坡或构造要素	监测情况
1	湖北隔河岩引水隧洞出口及厂房边坡	施工期最大坡高220 m左右，边坡范围约350 m	上部为灰岩，下部为页岩，逆向坡，含断层、夹层、裂隙、危岩体、逆向坡	边坡走向NE30°转NE70°，倾向NW，岩层走向70°～80°，倾角SE25°～30°	有5个监测断面，布置有钻孔倾斜仪、多点位移计、渗压计、测缝计及地表变形网
2	河南小浪底进水口边坡	坡高约120 m，长约280 m	砂岩、泥岩互层，含多条断层、泥化夹层，逆向坡	边坡走向NE23°，倾向NW，岩层走向近南北，倾角8°～12°	有3个监测断面，布置有钻孔倾斜仪、多点位移计、渗压计、锚杆应力计
3	湖北五强溪左岸船闸边坡	坡高150～200 m，坡长约4 000 m	板岩和砂岩，含断层，岩体较破碎	高程100～400 m以上为逆向坡，中间为平缓过渡段	经纬仪、水准仪、多点位移计、收敛计、测缝计、断层位移计、伸缩仪
4	广西岩滩左岸导流明渠上游段边坡	开挖最大坡高210 m，长1 140 m	大部分为辉绿岩，少部分为大理岩和灰岩	边坡可分为5段，各段各异	
5	贵州东风电站左岸溢洪道边坡	坡高100多米，长约300 m，垂直人工边坡	灰岩、白云岩、夹层页岩，较完整，层状明显，节理发育，夹层夹泥		有8个监测断面，布置有钻孔倾斜仪、多点位移计、锚杆应力计
6	北京十三陵抽水蓄能电站上池北岸滑坡	坡高约50 m，18万 m³	砾岩、安山岩，有正长斑岩脉穿插	断裂发育，岩体破碎，断层以NW300°～340°近南北两组为主	地表变形网（经纬仪、红外测距仪）、钻孔倾斜仪、钻孔测压管

续表 9.11

序号	边坡名称	边坡规模	边坡地质情况	边坡或构造要素	监测情况
7	四川碧口电站溢洪道倾倒体边坡	100～165 m高,厚一般 20 m	石英千枚岩为主,次为变质凝灰岩,夹少量石英岩透镜体	有 EW、NE、SN 和 NW 共 4 类构造	
8	四川碧口导流泄洪洞出口倾倒体边坡	70～80 m 高,厚一般约 20 m	石英千枚岩为主,次为变质凝灰岩,夹少量石英岩透镜体	有 EW、NE、SN 和 NW 共 4 类构造	在高程 730～770 m 间布置有 4 个水平位移观测点,1991 年最大累计位移约 87 mm
9	青海李家峡左拱端下游边坡	约高 150 m	混合岩及片岩,层理发育,层间断层分布密集	边坡内有 F26,NNE 张裂隙,走向为 NW315°的层理发育等	多点位移计
10	四川二滩水电站库首滑坡	滑坡分成 3 个区,无统一滑面,1 区 380 万 m³,2 区 180 万 m³,3 区 16 万 m³	上部为玄武岩,下部为白云岩、灰岩、石英砂岩、黏土岩等	无大断层,有节理裂隙及小型构造破碎带、高倾角裂隙	变形网、钻孔倾斜仪、渗压计,平洞位移、应力等监测
11	湖北长江黄蜡石滑坡	约 2 000 万 m³,宽 300～800 m,平均坡度 30°,面积 0.85 m²	由泥岩、粉砂岩、泥灰岩、细砂岩、页岩夹煤层和长石英岩组成	岩层 NW 走向265°～280°,倾向 355°～10°,倾角 15°～35°,断层有 3 条,裂隙 3 组	变形网、段基线钻孔倾斜仪监测
12	四川瀑布沟水电站坝前大拉裂体	300～400 万 m³,长 250 m,宽 200 m,水平裂隙发育,深 100～400 m	玄武岩致密坚硬,隐裂隙发育,完整性差,属倾倒变形体	发育一系列 NNW 向压扭性断裂构造,伴生有与其相关的 4 组构造裂隙	目前属稳定
13	湖南涔天河水库雾江滑坡	2 050 万 m³,宽 300～700 m,长 1 000 m	变质石英砂岩、夹砂质板岩,含破碎夹层与泥化夹层	有 4 条断层,6 组主要裂隙,滑面主要受砂质板岩、NW 向组裂隙控制	系水库蓄水引起滑动
14	青海李家峡水电站导流洞进口边坡	边坡高 200 余米,约 35 万 m³	上覆坡积碎石土,基岩为混合岩,夹斜长片岩,穿插花岗伟晶岩脉	单斜构造为主,岩层走向与坡向近正交,Ⅱ、Ⅲ级结构面发育,以陡倾角裂隙最发育	

续表 9.11

序号	边坡名称	边坡规模	边坡地质情况	边坡或构造要素	监测情况
15	四川二滩水电站 2# 尾水渠内侧边坡	144 m 高,总体坡度 63°	上覆坡积堆积基岩为玄武质火山角砾集块岩,一条正长岩脉	有 4 组节理,3 条软弱结构面和一条 0.2～0.3 m 宽的断层破碎带	属蠕滑拉裂变形,有多点位移计、倾斜仪监测
16	湖北大冶矿露天采场边坡	边坡设计高 600～700 m,已挖成的高达 230 m	边坡由大理岩、闪长岩及铁矿体组成	存在褶皱、冲断层及伴生扭性、张性裂隙,存在压性结构面、扭裂面等	做多点位移计、倾斜仪、锚杆应力计等监测
17	青海李家峡水电站 I# 滑坡	700 万 m³,坡高约 260 m,宽 470～520 m,长 390 m	由黑云母变质带混合岩夹斜长片岩和厚度不一的花岗伟晶岩脉组成	变质岩产状为 NW300°～330°倾 SW,倾角 40°～50°,主滑方向 NW290°	进行地表裂缝、地表变形、钻孔倾斜及渗压监测(系大滑坡复活,顺层滑坡)
18	青海李家峡水电站 II# 滑坡	1 845 万 m³,坡高约 260 m,宽 470～520 m,长 390 m	由黑云母变质带混合岩夹斜长片岩和厚度不一的花岗伟晶岩脉组成	变质岩产状为 NW300°～330°倾 SW,倾角 40°～50°	进行地表裂缝、地表变形、钻孔倾斜及渗压监测(系大滑坡复活,顺层滑坡)
19	湖北清江茅坪滑坡	1 390～1 670 万 m³,前后缘高程分别是 155 m 和 525 m	主要是块石、碎石夹土,结构松散,基岩为灰岩泥盆系上统砂、页岩地层(系大滑坡)	滑坡地表以下 47～63 m 存在 1.5 m 左右厚的破碎砂岩滑动带	有地表变形网、钻孔倾斜仪、渗压计、雨量计监测(系大滑坡)
20	湖北清江杨家槽滑坡	滑坡体约 280 万 m³,前缘高程 130 m,后缘高程 470 m,面积 0.3 km²	滑体由亚黏土夹灰岩、砂岩碎块石组成,基岩为灰岩、砂岩、页岩、泥灰岩等组成	裂隙发育,构造滑移面的为 NWW 组,倾向 180°～200°,倾角 30°～55°,平移断层,F₂ 贯穿全边坡	有地表变形网、钻孔倾斜仪、渗压计、雨量计监测(系大滑坡)
21	贵州东风水电站左岸坝肩下游边坡	边坡高 100 余米	中厚层白云质灰岩和隐晶灰岩。单斜构造断层发育	岩层走向 NE45°,倾向 NW,倾角 11°～20°,有断层 F₁₈,泥化类层,属顺层坡	监测有多点位移计、钻孔倾斜仪
22	湖北三峡工程茅坪溪防护工程泄水洞进口高边坡	边坡高 70 余米	闪云斜长花岗岩,风化,裂隙发育,次生充泥缓倾角裂隙对稳定不利	次生充泥缓倾角裂隙,倾向与边坡近乎一致,它们与其他两组裂隙以及边坡临空面组成不利稳定的块体	钻孔倾斜仪、多点位移计、测缝计和锚杆测力计

续表 9.11

序号	边坡名称	边坡规模	边坡地质情况	边坡或构造要素	监测情况
23	四川柳洪电站拉马阿觉滑坡	宽 3～3.5 km，长 6～6.5 km，面积 19 km²	地层从老到新为玄武岩、黏土岩、铝土岩、砂岩夹泥质粉砂岩、黏土岩、灰岩	软弱夹层的存在，夹层倾向与地形坡向一致，河床下切形成临空面是滑坡的内因	（地震和暴雨是外因）
24	天生桥一级电站厂房高边坡	施工期边坡高 157 m，运行期高 130 m	泥岩为主，较软弱，夹有少量砂岩和粉砂岩	边坡走向 NE66°（与岩层基本一致）倾向 NW，倾角 40°～70°（主厂房）或 35°～55°（副厂房）	布置有多点位移计、测斜仪、钻孔水位计、测缝计、锚杆测力计、渗压计、钢筋计、应变计以及地表变形监测等

2. 我国部分滑坡统计

表 9.12 给出了我国部分滑坡的统计。

表 9.12 我国部分滑坡的统计

序号	边（滑）坡名称	滑坡发生时间	滑坡规模	滑坡位移（速率）及其他	备注
1	长江新滩滑坡	1985 年 6 月 12 日凌晨 3:45 发生滑坡	滑体约 3 000 万 m³，滑坡涌浪高 49 m	滑坡前 1 个月内最大水平位移 13.7 m，下座 13.5 m，边坡冒水、冒沙、鼓胀作响，临滑前 350 m/h	大雨后大滑坡复活，有预报
2	湖南柘溪塘岩光滑坡	1961 年 3 月 6 日发生滑坡	滑体 165 万 m³，滑速 20～25 m/s，涌浪高 21 m，坝前涌浪 2.5～3 m	滑坡前 13 h 有小型坍落，坡顶出现弧形裂缝	库水位以 7～11 m/d 上升，浸泡滑体 34 m 深；降雨
3	漫湾左岸边坡	1989 年 1 月 7 日 18:55 发生滑坡，历时 17 s	滑体 9.6 万 m³，宽 70～80 m，滑体高 112 m，厚 10～15 m	2.65～6.43 m/s，顺坡结构面的存在，施工又被挖断，锚固质量差，施工顺序不当以及水作用是滑坡的原因	爆破为失稳的诱发因素
4	天生桥二级电站下山包滑坡	由于及时整治，滑坡未发生	约 140 万 m³	整治前最大位移每天达 8～9 mm	大滑坡复活
5	李家峡大坝 II# 滑坡	目前处于正体蠕滑	1 850 万 m³	地表位移达每月 7～13 mm	系大滑坡复活

续表 9.12

序号	边（滑）坡名称	滑坡发生时间	滑坡规模	滑坡位移（速率）及其他	备注
6	龙羊峡虎山坡Ⅱ#塌滑体	1989 年 7 月 26 日发生滑坡	滑体 87 万 m³	滑前水平位移速率每日最大 136 mm，垂直日位移 199 mm，历时 30 min，滑体滑前有"呼呼"响声	
7	湖北盐池河磷矿滑坡	1980 年 6 月 3 日凌晨 5:35	70～80 万 m³	6 月 1～2 日垂直相对位移达 1 m，滑塌时先下座，紧接着倾覆	连续大雨后，地下开采扰动
8	四川云阳鸡扒子滑坡	1982 年 7 月 17 日	1 500 万 m³	向江心推移 50 m，河床填高 30 余米	特大暴雨后部分大滑坡复活发生，最大日降雨 201 mm
9	甘肃洒勒山滑坡	1983 年 3 月 7 日下午，历时 55 s	约 5 000 万 m³	滑距 1 740 m，最大计算滑速近 30 m/s，平均 15.3～16.4 m/s	无直接触发因素情况下发生
10	四川红崖山崩塌体	滑动兼崩塌，1988 年 1 月 10 日 18:37 发生，历时 4 min	相对坡高 800 余米，约 1 000 万 m³，爬高 60 余米	后缘有 250 m 长的裂缝，1987 年 9 月 3 日缝宽 30 cm，9 月 13 日达 60 cm，发生前下沉量达 4.1 m	有预报
11	湖北鸡鸣寺滑坡	1991 年 6 月 29 日 4:58 顺层滑坡，历时 4 min	约 60 万 m³，毁柑橘林 7 万 m²，房屋 76 间，无人员伤亡	垂直位错由 5.9 cm 增大到 80 cm，此期间水平缝增宽 122.3 cm	有准确预报
12	贵州天生桥二级厂房滑坡	1986 年 11 月中旬	约 150 万 m³，东西向长 500 余米，南北向宽 250 余米		
13	福建大目溪水电站珍山渠道滑坡	1967 年 12 月 5 日	3 万 m³，坡高 45 m，长 90 m，宽 40 m	滑距 80 cm，加剧变形历时约 1 个月	推移式滑坡
14	福建玉山水电站前池渠道滑坡	1969 年 7 月电站建成，首次通水后数小时发生	约 9 万 m³，长 190 m，宽 80 m，前后缘高差 160 m		推移崩塌性滑坡
15	福建华安水电站平安亭渠段滑坡	1989 年 2～5 月	30 万 m³，前缘宽 120 m，长 175 m，高约 50 m	滑坡后缘下座 0.3～0.8 m，前缘鼓胀，公路抬高 0.9 m，平移 1～2 m	牵引—推移式滑坡

续表 9.12

序号	边(滑)坡名称	滑坡发生时间	滑坡规模	滑坡位移(速率)及其他	备注
16	福建顺昌水泥厂该河工程滑坡	1985 年 8 月~1986 年 3 月 10 日	27 万 m^3,前缘宽 120 m,长 130 m,高约 54.4 m,下座最大 11 m	后缘滑壁 2~3 m,张裂缝十分发育,裂隙宽 30~50 m,深 50~150 m	牵引式滑坡
17	四川唐古栋滑坡	1967 年 6 月 8 日	前后缘高差 1 000 m,1.7 km^2,6 800 万 m^3	雅砻江堆成 355 m 高的堆石坝,9 天后坝溃决	切层大滑坡
18	内蒙古包头市白灰厂滑坡		456 万 m^3	坐落式子推滑移滑坡,滑坡前缘每天滑出约 10 cm	降雨和地下开采扰动

3. 国外发生的某些大滑坡

表 9.13 给出了国外滑坡的统计。

表 9.13　国外滑坡的统计

序号	边(滑)坡名称	滑坡发生时间	滑坡规模	滑坡位移(速率)及其他迹象	备注
1	意大利瓦伊昂(Vaiont)大滑坡	1964 年 10 月 9 日	2.7~3.0 亿 m^3,滑速 25 m/s,历时 20 s,滑体爬高 140 m,涌浪 250 m 高	滑坡前几天,位移速度达 20~30 cm/d,前一天为 40 cm/d,当天速度为 80 cm/d	死亡 2 400 余人,朗格尼镇大部被毁
2	阿尔巴尼亚菲尔泽泄洪洞	1976 年 10 月 9 日		滑坡前最大滑速每日约 2.9 cm	
3	智利 Chugucamate 矿边坡	1969 年 2 月 18 日	边坡高 350 m,600 万 m^3	开采 11 个月后位移速率达 20 mm/d	
4	意大利亚得里亚海安科纳大滑坡	1982 年 12 月 13 日 10:00	滑坡面积 340 公顷,前缘长 1.7 km,持续 2 h	最大垂直位移约 6 m,最大水平位移约 11 m	毁 300 余幢建筑,3 000 人无家可归
5	日本岛原海湾大滑坡	1972 年	约 5.35 亿 m^3,从海拔 520 m 高沿 4.8 km 滑入海中	涌浪淹没了该海岸到 10 m 高程,死亡 1.5 万多人	
6	阿拉斯加利通亚海湾大滑坡	1958 年	约 3 000 万 m^3,从高约 900 m 的陡崖落下	涌浪高速冲到对岸的陡壁,高达海拔 530 m	由地震诱发

续表 9.13

序号	边（滑）坡名称	滑坡发生时间	滑坡规模	滑坡位移（速率）及其他迹象	备 注
7	美国 Brieeiant 大滑坡		约 600 万 m³	开始每天位移 2.7 mm，破坏时每小时 0.3 mm	
8	奥地利吉帕施水电站滑坡	1964 年 8 月	2 000 万 m³，前缘宽 1 080 m，结晶片麻岩	滑坡中心位移 11.15 m	由于大坝蓄水引起古滑坡复活
9	意大利庞特塞电站滑坡	1957 年 3 月 22 日	300 万 m³ 石灰岩，强烈破碎	形成 20 m 高涌浪，漫顶水深 5 m	由于水库蓄水引起
10	苏联契尔盖伊水电站滑坡	1970 年 5 月 14 日，在大坝上游 1.0 km 处大坝施工中发生	300 万 m³		由于 7.5～8.5 级地震引起滑坡
11	日本唔子水电站滑坡	1957 年 4 月及 1964 年 10 月	80 万 m³		蓄水 6 天后发生，1964 年 10 月库水迅速下降，又发生滑坡
12	日本影森石灰岩采石场	1973 年 9 月 20 日半夜	30～40 万 m³	从发现裂缝到崩塌，时间约一年，累计变形最大约 450 mm	因有表面简易测点观测，无伤亡损失

参考文献

[1] 上海岩土工程勘察设计研究院.孔隙水压力测试规程:CECS 55—1993[S].北京:中国计划出版社,1993.

[2] 建设综合勘察研究设计院.建筑变形测量规程:JGJ/T 8—1997[S].北京:中国计划出版社,1998.

[3] 中华人民共和国住房和城乡建设部.建筑地基基础设计规范:GB 50007—2011[S].北京:中国建筑工业出版社,2011.

[4] 中华人民共和国住房和城乡建设部.岩土工程勘察规范:GB 50021—2001[S].北京:中国建筑工业出版社,2002.

[5] 国家环境保护总局.城市区域环境振动标准:GB 10070—1988[S].北京:中国标准出版社,1988.

[6] 国家环境保护总局.城市区域环境振动测量标准:GB 10071—1988[S].北京:中国标准出版社,1988.

[7] 冶金工业部沈阳勘察研究院,有色金属工业西安勘察院.强夯地基技术规程:YSJ 209—92/YBJ 25—92[S].北京:中国计划出版社,1993.

[8] 林宗元.岩土工程治理手册[M].沈阳:辽宁科学技术出版社,1993.

[9] 林宗元.岩土工程试验检测手册[M].沈阳:辽宁科学技术出版社,1993.

[10] 张永钧,叶书麟.既有建筑地基基础加固工程实例应用手册[M].北京:中国建筑工业出版社,2002.

[11] 邹婉珠,王友村.福地第(1)号标软基处理工程:第二届塑料排水法加固软基技术研讨会论文集[C].南京:河海大学出版社,1993.

[12] 宋友仁,邹婉珠.塑料排水板在强夯法加固地基中的应用:第二届塑料排水法加固软基技术研讨会论文集[C].南京:河海大学出版社,1993.

[13] 刘招伟,赵运臣.城市地下工程施工监测与信息反馈技术[M].北京:科学出版社,2006.

[14] 董晓龙,汪文秉.基于时域反射数据的分层媒质的参数反演[J].电子学报,1999,27(9):59-62.

[15] 葛德彪,闫玉波.电磁波时域有限差分法[M].西安:西安电子科技大学出版社,2002.

[16] 粟毅,黄春琳,雷文太.探地雷达理论与应用[M].北京:科学出版社,2006.

[17] 曾昭发,刘四新,王者江,等.探地雷达方法原理及应用[M].北京:科学出版社,2006.

[18] 李大心.探地雷达方法与应用[M].北京:地质出版社,1994.

[19] 林为干.电磁场理论[M].北京:人民邮电出版社,1996.

[20] 史小卫.分层媒质的剖面重建[J].电子学报,1995,23(10):169-174.

[21] 王长清,祝西里.电磁场计算中的时域有限差分法[M].北京:北京大学出版社,1994.

[22] 熊皓.无线电波传播[M].北京:电子工业出版社,2000.

[23] ADCOCK A D, DASS W C, RISH J W. Ground-penetrating radar for airfield pavement

evaluations[C]// Proceedings of Nondestructive Evaluation of Aging Infrastructure, California: SPIE. 1995, 373-384.

[24] 熊皓. 无线电波传播[M]. 北京:电子工业出版社,2000.

[25] AI-QADII L, LOULIZI A, LAHOUAR S. Dielectric characterization of hot-mix asphalt at the smart road using GPR[C]// Proceedings of Eighth International Conference on Ground Penetrating Radar, Queensland: SPIE, 2000, 176-180.

[26] AL-QADII L, LAHOUAR S, LOULIZI A. Successful application of ground-penetrating radar for quality assurance-quality control of new pavements[J]. Transportation Research Record Journal of the Transportation Research Board,2003, 1861(1): 86-97.

[27] BANO M. Modelling of GPR waves for lossy media obeying a complex power law of frequency for dielectric permittivity[J]. Geophysical Prospecting, 2004, 52(1): 11-26.

[28] BHAGAT P K, KADABA P K. Relaxation models for moist soils suitable at microwave frequencies[J]. Material Science and Engineering, 1977, 28 (1): 47-51.

[29] CHEW W C. 非均匀介质中的场与波[M]. 聂在平,柳清伙,译. 北京:电子工业出版社, 1992.

[30] DANIELS D J. Surface-penetrating radar[J]. Electronics and Communication Engineering Journal, 1996, 8 (4): 165-182.

[31] DOGARU T, CARIN L. Multiresolution time-domain analysis of scattering from a rough dielectric surface[J]. Radio Science, 2016, 35 (6): 1279-1292.

[32] FAN G X, LIU Q H, HESTHAVEN J S. Multidomain pseudospectral time-domain simulations of scattering by objects buried in lossy media[J]. IEEE Transactions on Geoscience and Remote Sensing, 2002, 40 (6): 1366-1373.

[33] GENG N, CARIN L. Fast multipole method for targets above or buried in lossy soil [C]// Proceedings of IEEE Antennas and Propagation Society International Symposium, Florida: IEEE, 1999, 644-647.

[34] GENG N, SULLIVAN A, CARIN L. Fast multipole method for scattering from an arbitrary perfectly conducting target above or below a lossy half space[C]// Proceedings of IEEE International Geoscience and Remote Sensing Symposium, Piscataway: IEEE, 1999, 1829-1831.

[35] GUREL L, OGUZ U. Simulations of ground-penetrating radars over lossy and heterogeneous grounds[J]. IEEE Transactions on Geoscience and Remote Sensing, 2001, 39 (6): 1190-1197.

[36] HARRINGTON R F. Time-harmonic electromagnetic fields[M]. Hoboken: John Wiley and Sons, 2001.

[37] KOVAS A. Modeling the electromagnetic property trends in sea ice, part I [J]. Cold Regions Science and Technology, 1987, 14(3): 207-235.

[38] VITEBSKIY S, et al. Ultra-wideband, short-pulse ground-penetrating radar: simulation and measurement[J]. IEEE Transaction of Geoscience and Remote Sensing, 1997, 35(3): 762-772.

[39] VITEBSKIY S，STURGESS K，CARIN L. Short-pulse plane-wave scattering from buried perfectly conducting bodies of revolution[J]. IEEE Transactions on Antennas and Propagation，1996，44(2)：143-151.

[40] ZHU X，CARIN L. Multiresolution time-domain analysis of plane-wave scattering from general three-dimensional surface and subsurface dielectric targets[J]. IEEE Transaction on Antennas and Propagation，2001，49(11)：1568-1578.

[41] 何秀凤，华锡生. GPS 一机多天线变形监测系统[J]. 水电自动化与大坝监测，2002，26(3)：34-37.

[42] 徐勇，何秀凤，杨光，等. 浦东海塘 GPS 位移监测系统[J]. 工程勘测，2004(1)：56-60.

[43] 许斌，何秀凤，桑文刚，等. GPS 一机多天线技术在小湾电站边坡监测中的应用[J]. 水电自动化与大坝监测，2005，29(3)：64-67.

[44] 张守信. GPS 卫星测量定位理论与应用[M]. 北京：国防科技大学出版社，1996.

[45] 王广运，郭秉义，李洪涛. 差分 GPS 定位技术与应用[M]. 北京：电子工业出版社，1996.

[46] 万德钧，房建成，王庆. GPS 动态滤波的理论、方法及其应用[M]. 南京：江苏科学技术出版社，2000.

[47] 刘敏，程建川，肖为周，等. 基于 Access 公路工程机械数据库开发[J]. 东南大学学报(自然科学版)，1998，28(3)：127-132.

[48] 李珍，王琳，宋书克. 黄河小浪底观测工作实践[M]. 北京：中国水利水电出版社，2009.

[49] 中国建筑科学研究院. 建筑地基处理技术规范：JGJ 79—2012[S]. 北京：中国建筑工业出版社，2012.

[50] 中国有色金属工业总公司. 工程测量规范：GB 50026—2007[S]. 北京：中国计划出版社，2007.

[51] 何林. 复杂基础工程监测理论、技术与方法：国家自然科学基金研究报告[R]. 哈尔滨工业大学，2010.

[52] 何林. 大型地下结构现代监测理论与验证系统："十一五"国家 863 计划研究报告[R]. 哈尔滨工业大学，2006.

[53] 何林. 现代被动监测技术与信号处理技术：国家自然科学基金研究报告[R]. 哈尔滨工业大学，2008.

名词索引